《大型土木工程设计施工图册》系列丛书·7·

给水排水工程

主　编：李世华　杨远祥

副主编：岑耀辉　黄　琳　李叶坤

封少军　李思洋　吴　疆

徐毅茹　谭晓君　谭日新

中国建筑工业出版社

图书在版编目(CIP)数据

给水排水工程/李世华等主编.—北京:中国建筑工业出版社,2007

(《大型土木工程设计施工图册》系列丛书·7·)

ISBN 978-7-112-09479-0

Ⅰ.给… Ⅱ.李… Ⅲ.①给水工程②排水工程 Ⅳ.TU991

中国版本图书馆 CIP 数据核字(2007)第 106631 号

本书共包括4个部分,分别是常用图例及符号、给水工程、排水工程、预算实例,内容丰富,提供了多个城市的给水布局规划图实例,介绍了国内外典型的城市给水厂设计工艺流程图,以及详细的给排水管网的设计计算、施工图,此外,对给水管配件、水泵、阀等作了详尽介绍。

本书主要供从事市政给排水工程的施工、设计、维修保养和管理、质量、预算、材料等专业人员使用,也是非专业人员了解和学习本专业知识重要的参考资料。

* * *

责任编辑:常 燕

*

《大型土木工程设计施工图册》系列丛书·7·

给水排水工程

主 编:李世华 杨远祥

副主编:岑耀辉 黄 琳 李叶坤

封少军 李思洋 吴 疆

徐毅茹 谭晓君 谭日新

*

中国建筑工业出版社出版、发行(北京西郊百万庄)

新 华 书 店 经 销

广州市一丰印刷有限公司印刷

*

开本:787×1092毫米 横 1/16 印张:35⅛ 字数:855 千字

2007 年 12 月第一版 2007 年 12 月第一次印刷

印数:1—2500 册 定价:**65.00** 元

ISBN 978-7-112-09479-0

(16143)

《大型土木工程设计施工图册》出版说明

随着我国国民经济的高速发展,土木工程建设步入了史无前例的黄金时代。为了提高土木工程设计、施工的整体水平,为广大从事土木工程建设设计、施工、验收的技术与管理人员提供方便,中国建筑工业出版社组织土木工程方面的有关专家学者,编写了本套《大型土木工程设计施工图册》(1~20册)。

本套图册主要以现行的土木工程设计、施工与验收规范、规程、标准等为依据,结合一批资深土木工程设计、施工技术人员的实践经验,以图文形式介绍测量工程、基础工程、道路工程、桥梁工程、隧道工程、轻轨工程、给水排水工程、污水处理工程、房屋工程、装饰工程、防水工程、防洪工程、设备安装工程、电气工程、园林景观工程、地下工程、消防工程、燃气热力工程等的设计与施工方法。本图册中所涉及到的设计与施工方法,既有传统的方法,又有目前正在推广使用的新技术新方法。整套图册的内容全面、简明新颖、通俗易懂,具有广泛性、实用性和可操作性,是从事土木工程设计、施工、验收的工程技术人员必备的工具书,同时也是土木工程的项目经理、技术员、施工员、工长、班组长等管理人员重要的参考书籍。

《大型土木工程设计施工图册》的每册编号由汉语拼音第一个字母组成,其具体名称与编号如下:

1. 测量工程(CL)
2. 基础工程(JC)
3. 道路工程(DL)
4. 桥梁工程(QL)
5. 隧道工程(SD)
6. 轻轨工程(QG)
7. 给水排水工程(JS-PS)

8. 污水处理工程(WS)
9. 房屋工程(FW)
10. 装饰工程(ZS)
11. 防水工程(FS)
12. 防洪工程(FH)
13. 设备安装工程(SH-AZ)
14. 电气工程(DQ)

15. 弱电工程(RD)
16. 管线工程(GX)
17. 园林景观工程(YL-JG)
18. 地下工程(DX)
19. 消防工程(XF)
20. 燃气热力工程(RQ-RL)

前　言

随着国民经济的飞跃发展,我国的土木工程建设步入了史无前例的黄金时期。应出版社的要求,我们组织编写《大型土木工程设计施工图册》系列丛书,供从事土木工程设计、施工、管理人员工作中使用。《给水排水工程》是这套大型丛书中的一本分册,是奉献给广大从事土木工程建设者的一本实用性强、极具有参考价值的给水排水工程中常见的设计、施工示范性图册。本图册较严格地按照我国土木工程系列设计标准、施工规范、质量检验评定标准等要求,结合一批资深工程设计、施工技术人员的实践经验,以图文形式编写而成。《给水排水工程》主要包括:常用图例及符号、给水工程、排水工程、预算实例等内容。

本图册由广州华南路桥实业有限公司副总经理、高级工程师陈念斯任本系列丛书的编审委员会主任。广州大学市政技术学院李世华、广州市自来水公司杨远祥主编,岑耀辉、黄琳、李叶坤、封少军、李思洋、吴疆、徐毅茹、谭晓君、谭日新任副主编。其中广州市自来水公司杨远祥承担第二章"给水工程"中的"水泵"、"给水管及配件"等内容的编写;广州市花木公司岑耀辉承担了第4章"预算实例"等内容的编写;广东水电二局股份有限公司黄琳承担第二章"给水工程"中的"城市给水布局规划"、"给水管网系统规划布局"、"给水管网系统的类型"、"国内外典型城市给水厂设计工艺流程图实例"和第三章"排水工程"中的"化粪池的施工详图"等内容的编写;广东省东莞新能源科技有限公司李思洋承担了第3章、第4章图纸的描绘工作;广州市天河区市政建设局市政维修处李叶坤承担了第3章"排水工程"中的"排水管道"、"排水工程通用图"、"排水泵站"等内容的编写;广东中力集团高雅房地产开发有限公司封少军承担第二章"给水工程"中的"建筑给水系统"、"建筑消防给水"等内容的编写;广州市机电高级技工学校彭石红承担第3章和第4章图纸的描绘工作;广州地铁总公司建设部吴疆承担第二章"给水工程"中的"阀"、"给水承插铸铁管道支墩"等内容的编写;广州大学市政技术学院徐毅茹承担第三章"排水工程"中"排水工程规划图"、"雨水、污水管道水力计算表"、"卫生设备安装详图"等内容的编写;广东省佛山市水业集团公司谭晓君承担第二章"给水工程"中的"给水系统系统附件"和第三章"排水工程"中"排水管渠工程质量检验评定要求与记录"等内容的编写;广州大学市政技术学院谭日新承担了第1章和第2章图纸的描绘工作;其余部分的编写工作由李世华完成。

本图册在编写过程中得到了广州市政集团有限公司、广州市政园林管理局、广州市自来水公司、广州市隧道开发公司、广州华南路桥实业有限公司、广州大学市政技术学院、广州市市政建设学校、佛山市水业集团公司等单位的领导和工程技术人员的大力支持;同时也参考了同行们的许多著作、文献等宝贵资料。在此,一并致谢。限于编者的水平,加之编写时间仓促,书中难免存有着错误和不足之处,敬请广大读者批评指教。

目　录

1　给水排水工程常用图例及符号

2　给水工程

2.1　给水规划与设计计算

1 给水排水工程常用图例及符号

序号	名　称	图　例	备　注
1	生活给水管	—— J ——	
2	热水给水管	—— RJ ——	
3	热水回水管	—— RH ——	
4	中水给水管	—— ZJ ——	
5	循环给水管	—— XJ ——	
6	循环回水管	—— XH ——	
7	热媒给水管	—— RM ——	
8	热媒回水管	—— RMH ——	

管道图例　　　　　　　　　　　　　　　　　　续表

序号	名　称	图　例	备　注
9	蒸汽管	—— Z ——	
10	凝结水管	—— N ——	
11	废水管	—— F ——	可与中水源水管合用
12	压力废水管	—— YF ——	
13	通气管	—— T ——	
14	污水管	—— W ——	
15	压力污水管	—— YW ——	
16	雨水管	—— Y ——	

注:分区管道用加注角标方式表示:如 J_1、J_2、RJ_1、RJ_2……

图名	管道工程常用图例	图号	JS1-1

3

续表

序号	名　称	图　例	备　注
17	压力雨水管	 —— YY ——	
18	膨胀管	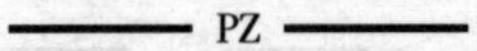 —— PZ ——	
19	保温管	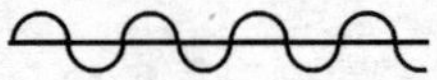	
20	多孔管	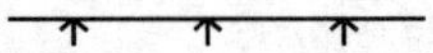	
21	地沟管		
22	防护套管	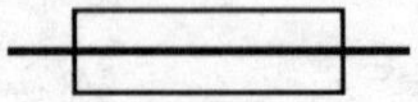	
23	管道立管	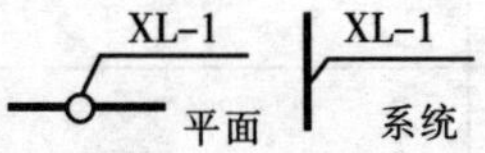 XL-1　　XL-1 平面　　系统	X:管道类别 L:立管 1:编号
24	伴热管		
25	空调凝结水管	 —— KN ——	

管道附件

序号	名　称	图　例	备　注
1	套管伸缩器		
2	方形伸缩器		
3	刚性防水套管	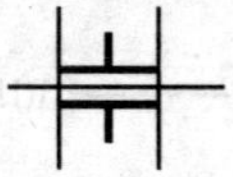	
4	柔性防水套管	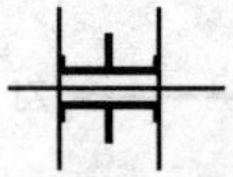	
5	波纹管		
6	可曲挠橡胶接头		
7	管道固定支架		
8	管道滑动支架		

图名	管道图例与管道附件	图号	JS1-2

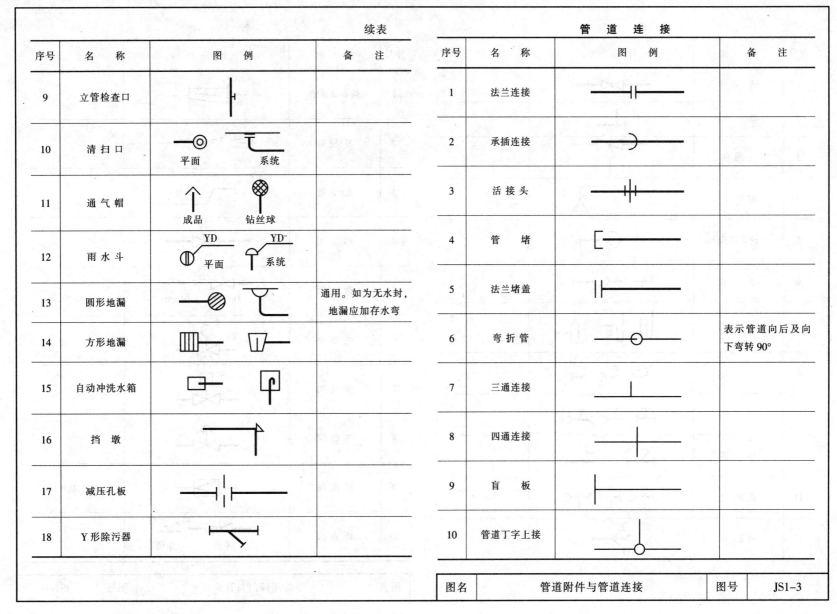

续表

序号	名　称	图　例	备　注
9	立管检查口		
10	清扫口	平面　　　系统	
11	通气帽	成品　　　铅丝球	
12	雨水斗	YD　　　　YD 平面　　　系统	
13	圆形地漏		通用。如为无水封， 地漏应加存水弯
14	方形地漏		
15	自动冲洗水箱		
16	挡墩		
17	减压孔板		
18	Y形除污器		

管　道　连　接

序号	名　称	图　例	备　注
1	法兰连接		
2	承插连接		
3	活接头		
4	管堵		
5	法兰堵盖		
6	弯折管		表示管道向后及向 下弯转90°
7	三通连接		
8	四通连接		
9	盲板		
10	管道丁字上接		

图名	管道附件与管道连接	图号	JS1-3

5

		阀　门		
序号	名　称	图　例		备　注
1	闸　阀			
2	角　阀			
3	三通阀			
4	嗽叭口			
5	转动接头			
6	短　管			
7	存水弯			
8	弯　水			
9	正三通			
10	斜三通			
11	正四通			
12	斜四通			

		管　件		
序号	名　称	图　例		备　注
1	偏心异径管			
2	异径管			
3	乙字管			
4	四通阀			
5	截止阀	$DN \geqslant 50$　　$DN < 50$		
6	电动阀			
7	液动阀			
8	气动阀			
9	减压阀			左侧为高压端
10	旋塞阀	平面　　系统		

图名	常用阀门与管件	图号	JS1-4

续表

序号	名　称	图　例	备　注
11	底　阀		
12	球　阀		
13	隔膜阀		
14	气开隔膜阀		
15	气闭隔膜阀		
16	温度调节阀		
17	压力调节阀		
18	电磁阀		
19	止回阀		
20	消声止回阀		

给 水 配 件

序号	名　称	图　例	备　注
1	放水龙头	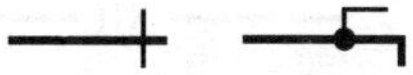	左侧为平面,右侧为系统
2	皮带龙头		左侧为平面,右侧为系统
3	洒水(栓)龙头		
4	化验龙头	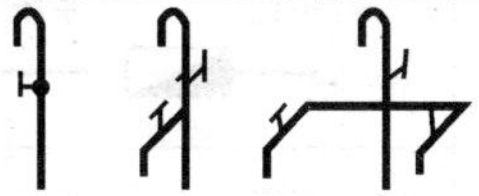	
5	肘式龙头	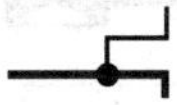	
6	脚踏开关	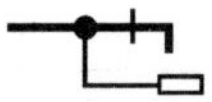	
7	混合水龙头	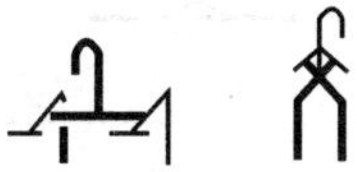	
8	旋转水龙头		
9	浴盆带喷头混合水龙头		

图名	常用管件与给水配件	图号	JS1-5

7

序号	名 称	图 例	备 注
1	消火栓给水管	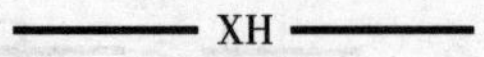 —— XH ——	XH 为消火栓给水管代号①
2	自动喷水灭火给水管	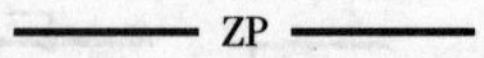 —— ZP ——	ZP 为自动喷水灭火给水管代号①
3	室外消火栓	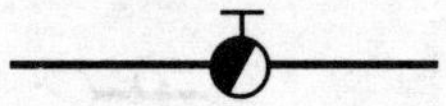	
4	室内消火栓（单口）	 平面　系统	白色为开启面
5	室内消火栓（双口）	 平面　系统	
6	水泵接合理	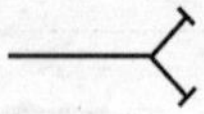	
7	自动喷洒头（开式）	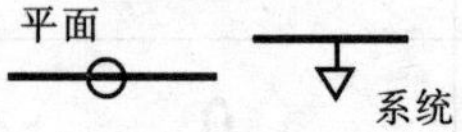 平面　系统	
8	自动喷洒头（闭式）	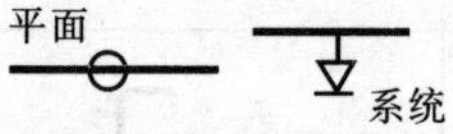 平面　系统	下喷
9	自动喷洒头（开式）	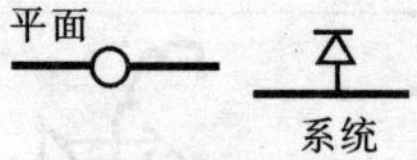 平面　系统	上喷

序号	名 称	图 例	备 注
10	自动喷洒头（闭开）	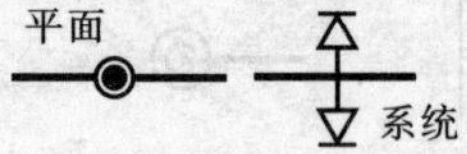 平面　系统	上下喷
11	侧墙式自动喷洒头	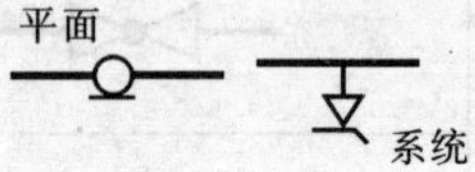 平面　系统	
12	侧喷式喷洒头	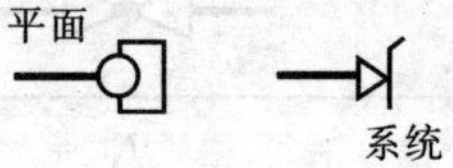 平面　系统	
13	雨淋灭火给水管	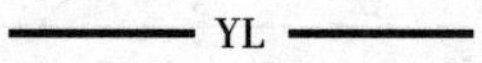 —— YL ——	
14	水幕灭火给水管	 —— SM ——	
15	水炮灭火给水管	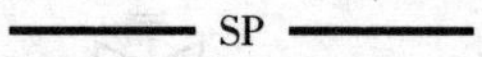 —— SP ——	
16	干式报警阀	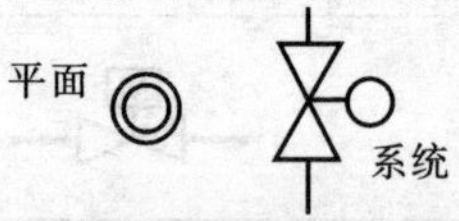 平面　系统	
17	水 炮	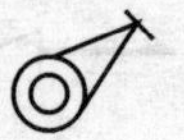	

消 防 设 施

续表

图名	常用消防设施	图号	JS1—6

8

序号	名 称	图 例	备 注
18	湿式报警阀	平面 系统	
19	预作用报警阀	平面 系统	
20	遥控信号阀		
21	水流指示器	L	
22	水力警铃		
23	雨淋阀	平面 系统	
24	末端测试阀	平面 系统	
25	手提式灭火器		
26	推车式灭火器		

① 分区管道用加注角标方式表示：如 XH_1、XH_2、ZP_1、ZP_2……

卫 生 设 备

序号	名 称	图 例	备 注
1	立式洗脸盆		
2	台式洗脸盆		
3	挂式洗脸盆		
4	浴 盆		
5	化验盆、洗涤盆		
6	带沥水板洗涤盆		不锈钢制品
7	盥 洗 槽		
8	污 水 池		

图名	消防设施与卫生设备	图号	JS1-7

序号	名　称	图　例	备　注
9	妇女卫生盆	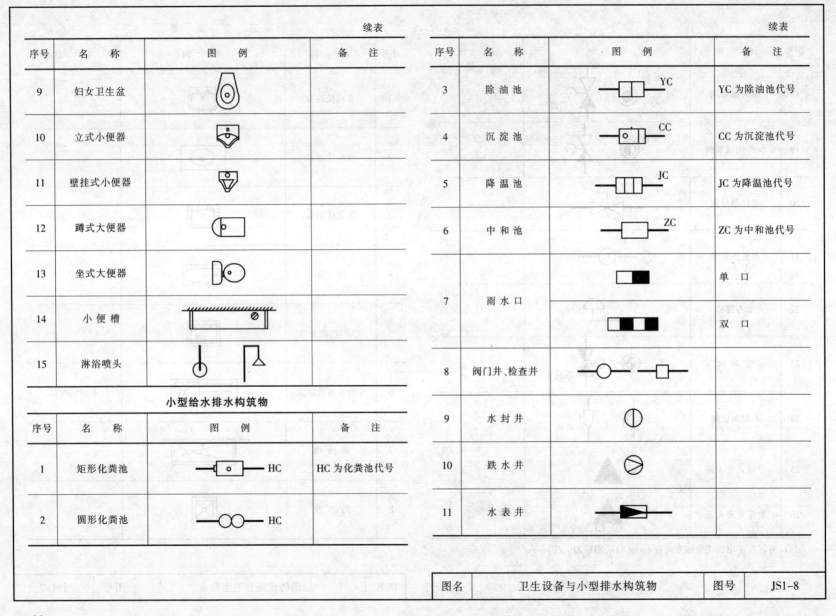	
10	立式小便器		
11	壁挂式小便器		
12	蹲式大便器		
13	坐式大便器		
14	小便槽		
15	淋浴喷头		

小型给水排水构筑物

序号	名　称	图　例	备　注
1	矩形化粪池		HC 为化粪池代号
2	圆形化粪池		

序号	名　称	图　例	备　注
3	除油池	YC	YC 为除油池代号
4	沉淀池	CC	CC 为沉淀池代号
5	降温池	JC	JC 为降温池代号
6	中和池	ZC	ZC 为中和池代号
7	雨水口		单　口
			双　口
8	阀门井、检查井		
9	水封井		
10	跌水井		
11	水表井		

图名	卫生设备与小型排水构筑物	图号	JS1-8

给水排水设备

序号	名　称	图　例	备　注
1	水　泵	平面　　系统	
2	潜水泵		
3	定量泵		
4	管道泵		
5	卧式热交换器		
6	立式热交换器		
7	快速管式热交换器		
8	开水器		
9	喷射器		小三角为进水端

序号	名　称	图　例	备　注
10	除垢器		
11	水锤消除器		
12	浮球液位器		
13	搅拌器		

仪　表

序号	名　称	图　例	备　注
1	温度计		
2	压力表		
3	自动记录压力表		

图名	给水排水设备与仪表	图号	JS1-9

序号	名　称	图　例	备　注
4	压力控制器		
5	水　表		
6	自动记录流量计		
7	转子流量计		
8	真空表		
9	温度传感器	—·—[T]—·—	
10	压力传感器	—·—[P]—·—	
11	pH 值传感器	—·—[pH]—·—	
12	酸传感器	—·—[H]—·—	
13	碱传感器	—·—[Na]—·—	
14	余氯传感器	—·—[Cl]—·—	

铸铁管件(一)

管件名称	管件形式	图　示
三承丁字管		
三盘丁字管		
双承一插丁字管		
双盘一插丁字管		
双承一盘丁字管		
双盘一承丁字管		

铸铁管件(二)

管件名称	管件形式	图　示
承插承管		

图名	常用仪表与铸铁管件	图号	JS1-10

铸铁管件(四)

管件名称	管件形式	图示
盘插弯管	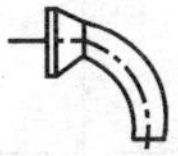	
双盘弯管	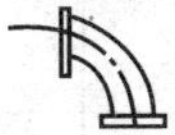	
双承弯管	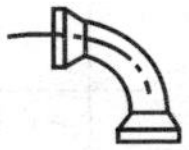	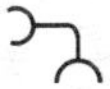
带座双盘弯管		

铸铁管件(三)

管件名称	管件形式	图示
承插渐缩管	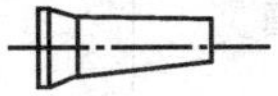	
插承渐缩管		
双承渐缩管	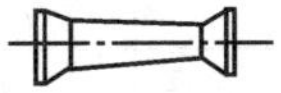	
双插渐缩管	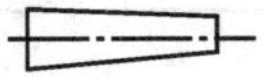	

管件名称	管件形式	图示
双承套管		
承插乙字管	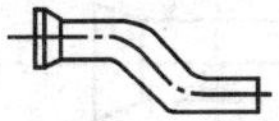	
承盘短管	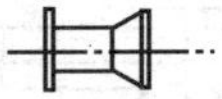	
插盘短管	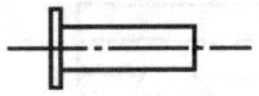	
承盘渐缩短管	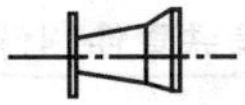	
插盘渐缩短管		

铸铁管件(五)

管件名称	管件形式	图示
承堵(塞头)	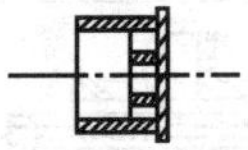	
插堵(帽头)		

图名	常用铸铁管件	图号	JS1-11

13

铸铁管件(六)

管件名称	管件形式	图示
双承一插泄水管	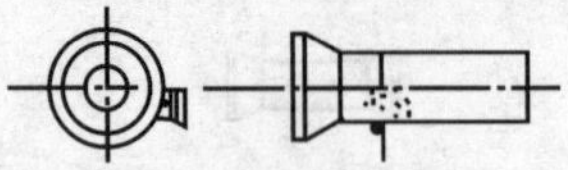	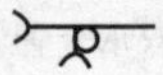
三承泄水管	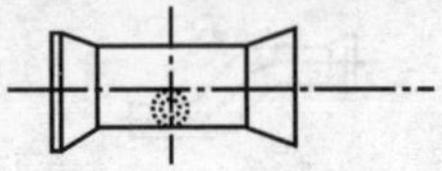	
带人孔承插存渣管	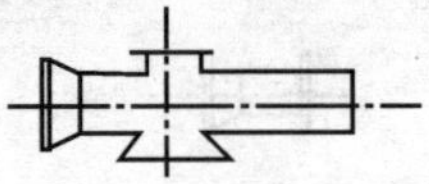	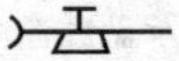
不带人孔双平存渣管	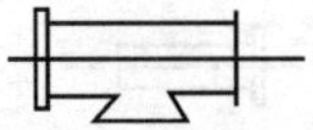	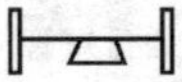

铸铁管件(七)

管件名称	管件形式	图示
带盘管鞍		
带内螺纹管鞍		
三承套管三通	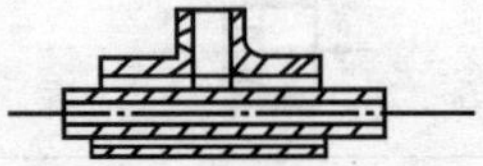	
双承一盘套管三通	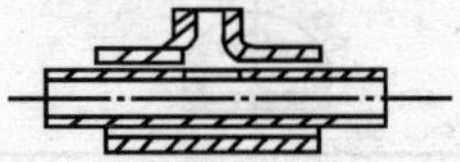	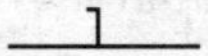

水管零件(配件)

编写	名称	符号
1	承插直管	
2	法兰直管	
3	三法兰三通	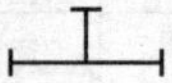
4	三承三通	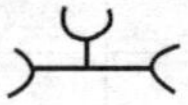
5	双承法兰三通	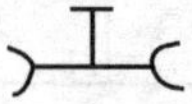
6	法兰四通	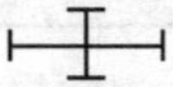
7	四承四通	
8	双承双法兰四通	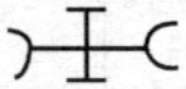
9	法兰泄水管	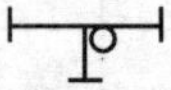
10	承口泄水管	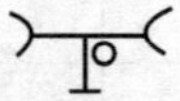

图名	常用铸铁管件与水管配件	图号	JS1-12

编写	名　称	符　号
11	90°法兰弯管	
12	90°双承弯管	
13	90°承插弯管	
14	双承弯管	
15	承插弯管	
16	法兰缩管	
17	承口法兰缩管	
18	双承缩管	
19	承口法兰短管	
20	法兰插口短管	
21	双承口短管	

编写	名　称	符　号
22	双承套管	
23	马鞍法兰	
24	活络接头	
25	法兰式墙管(甲)	
26	承式墙管(甲)	
27	喇叭口	
28	闷头	
29	塞头	
30	法兰式消火栓用弯管	
31	法兰式消火栓用丁字管	
32	法兰式消火栓用十字管	

图名	常用水管配件	图号	JS1-13

15

2 给 水 工 程

2.1 给水规划与设计计算

2.1.1 城市给水布局规划

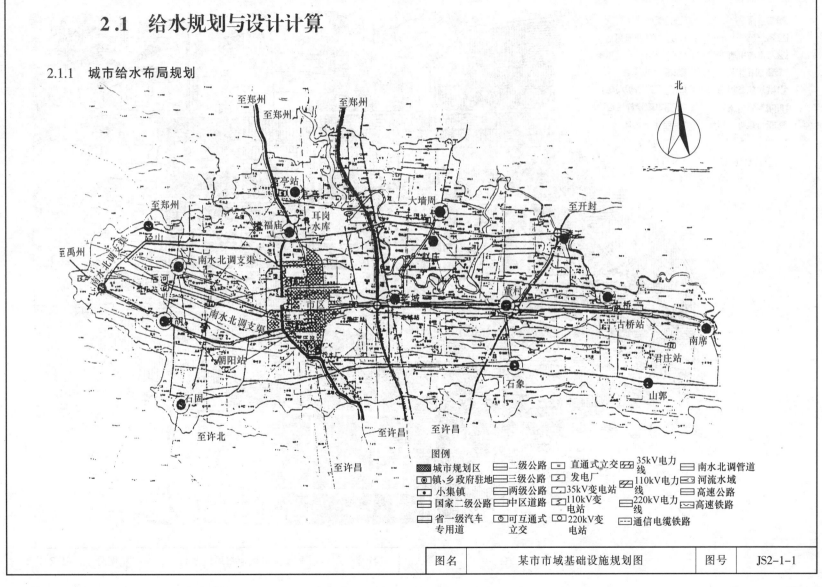

| 图名 | 某市市域基础设施规划图 | 图号 | JS2-1-1 |

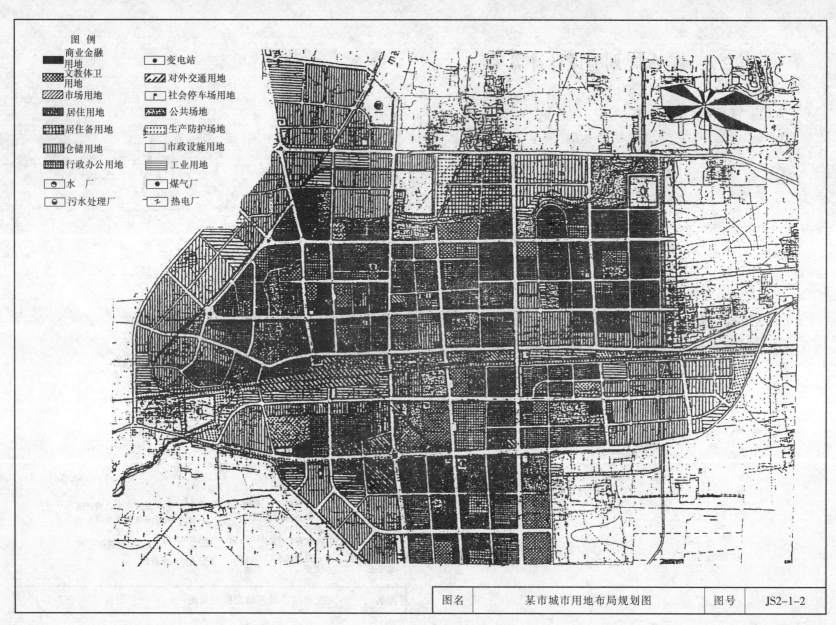

图例

- 商业金融用地
- 文教体卫用地
- 市场用地
- 居住用地
- 居住备用地
- 仓储用地
- 行政办公用地
- 变电站
- 对外交通用地
- 社会停车场用地
- 公共场地
- 生产防护场地
- 市政设施用地
- 工业用地
- 水厂
- 污水处理厂
- 煤气厂
- 热电厂

| 图名 | 某市城市用地布局规划图 | 图号 | JS2-1-2 |

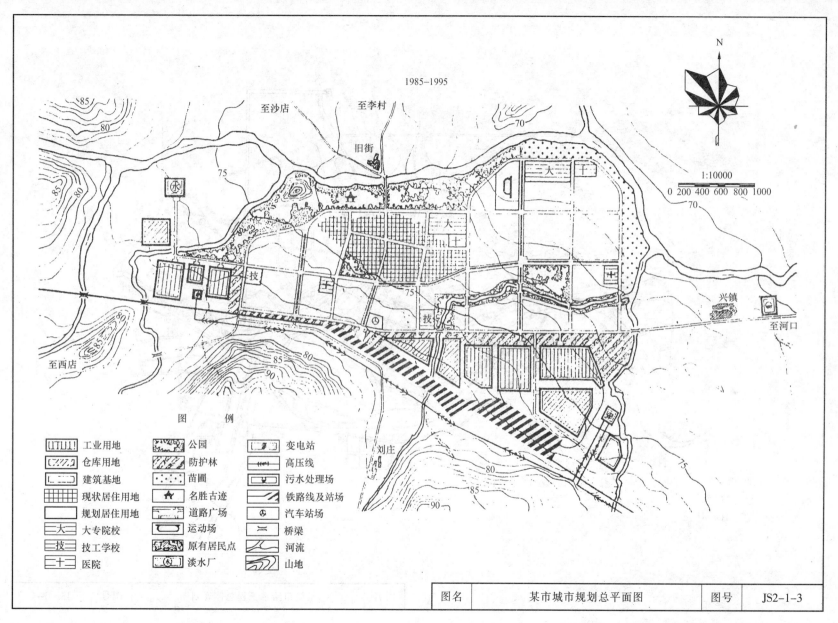

某市城市规划总平面图

图例

工业用地		公园		变电站	
仓库用地		防护林		高压线	
建筑基地		苗圃		污水处理场	
现状居住用地		名胜古迹		铁路线及站场	
规划居住用地		道路广场		汽车站场	
大专院校		运动场		桥梁	
技工学校		原有居民点		河流	
医院		淡水厂		山地	

图名	某市城市规划总平面图	图号	JS2-1-3

21

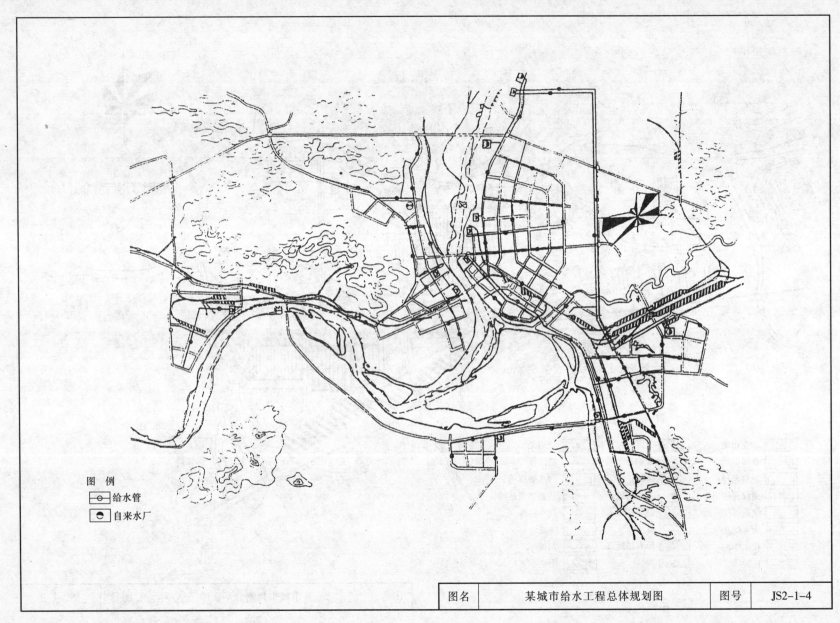

图 例
⊖ 给水管
⊖ 自来水厂

| 图名 | 某城市给水工程总体规划图 | 图号 | JS2-1-4 |

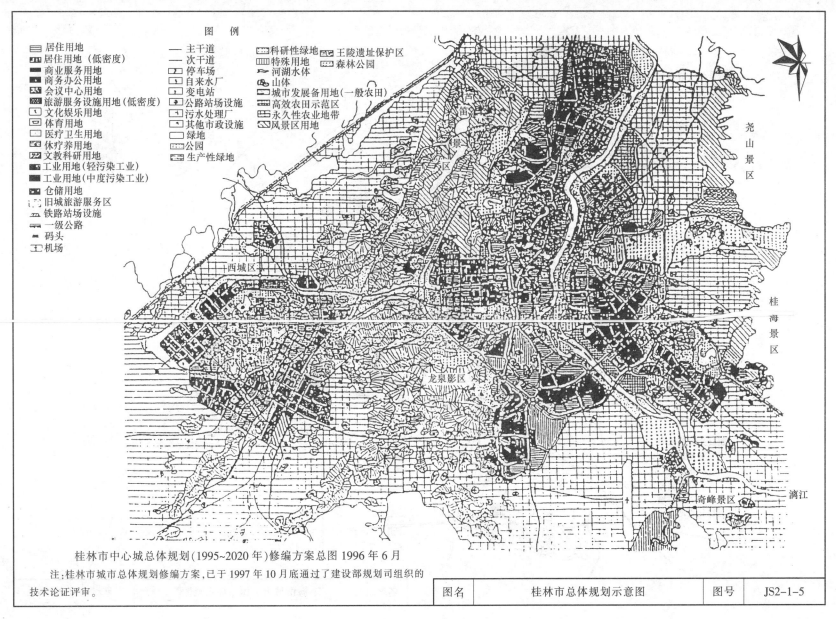

图例

居住用地
居住用地（低密度）
商业服务用地
商务办公用地
会议中心用地
旅游服务设施用地(低密度)
文化娱乐用地
体育用地
医疗卫生用地
休疗养用地
文教科研用地
工业用地（轻污染工业）
工业用地（中度污染工业）
仓储用地
旧城旅游服务区
铁路站场设施
一级公路
码头
机场

主干道
次干道
停车场
自来水厂
变电站
公路站场设施
污水处理厂
其他市政设施
绿地
公园
生产性绿地

科研性绿地
特殊用地
河湖水体
山体
城市发展备用地（一般农田）
高效农田示范区
永久性农业地带
风景区用地

王陵遗址保护区
森林公园

尧山景区

桂海景区

漓江

芦笛景区

西城区

龙泉影区

奇峰景区

桂林市中心城总体规划(1995~2020年)修编方案总图 1996年6月

注：桂林市城市总体规划修编方案，已于1997年10月底通过了建设部规划司组织的
技术论证评审。

| 图名 | 桂林市总体规划示意图 | 图号 | JS2-1-5 |

23

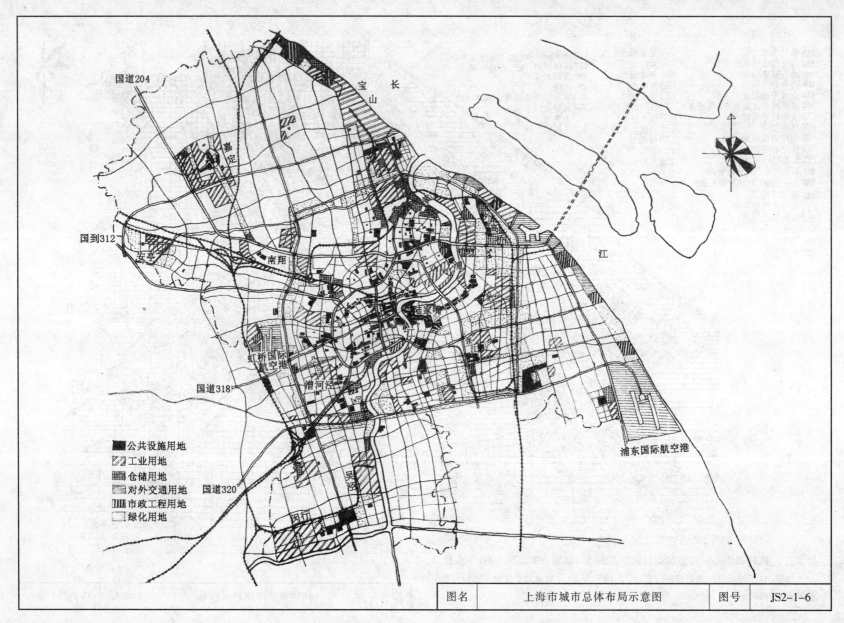

国道204

宝山
长

嘉定

国到312

安亭

南翔

江

虹桥国际
航空港

漕河泾

国道318

吴泾

国道320

闵行

浦东国际航空港

■ 公共设施用地
▨ 工业用地
▤ 仓储用地
▦ 对外交通用地
▥ 市政工程用地
▧ 绿化用地

图名	上海市城市总体布局示意图	图号	JS2-1-6

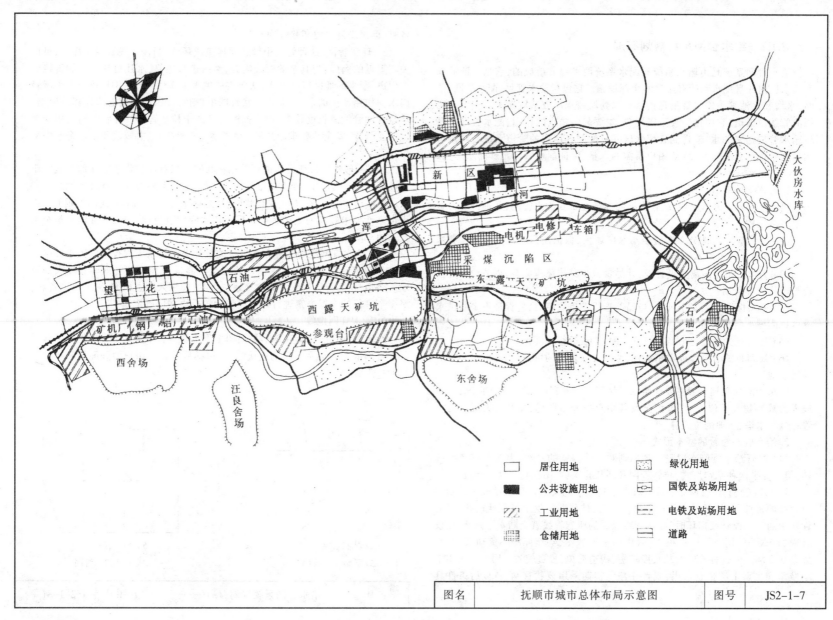

□	居住用地	▨	绿化用地
■	公共设施用地	⊙	国铁及站场用地
▨	工业用地	⊢	电铁及站场用地
▦	仓储用地	⊟	道路

图名	抚顺市城市总体布局示意图	图号	JS2-1-7

25

2.1.2 给水管网系统规划布局

给水管网系统是由输水系统和配水系统两大部分组成的,它是保证输水到给水区内并且配水到所有用户的全部设施。它包括输水管渠、配水管网、泵站、水塔和水池等。输水管渠是指从水源到城镇水厂或从城镇水厂到供水区域的管线或渠道,它中途一般不接用户,主要起转输水的作用;配水管网就是将输水管渠送来的水,输送到各用水区并分配到各用户的管道系统。对输水和配水系统的总要求是:供给用户所需的水量、保证配水管网足够的水压、保证不间断供水。

1. 给水管网布置原则

(1) 按照城市总体规划,结合当地实际情况布置给水管网,并进行多方案技术经济比较;

(2) 管线应均匀地分布在整个给水区域内,保证用户有足够的水量和水压,并保持输送的水质不受污染;

(3) 力求以最短距离敷设管线,并尽量减少穿越障碍物等,以节约工程投资与运行管理费用;

(4) 必须保证供水安全可靠,当局部管线发生故障时,应保证不中断供水或尽可能缩小断水的范围;

(5) 尽量减少拆迁,少占农田;管渠的施工、运行和维护方便;

(6) 规划布置时应远近期相结合,考虑分期建设的可能性,并留有充分的发展余地。

给水管网的规划布置主要受给水区域下列因素影响:地形起伏情况;天然或人为障碍物及其位置;街道情况及其用户的分布情况,尤其是大用户的位置;水源、水塔、水池的位置等。

2. 给水管网布置的基本形式

(1) 尽管给水管网布置受上述原则和影响因素的制约,其形状有各种各样,但不外乎两种基本形式:枝状管网和环状管网,如图(a)、图(b)所示。

1) 枝状管网:因管网布置成树枝状而得名。随着从水厂泵站或水塔到用户管线的延伸,其管径越来越小。显而易见,枝状网的供水可靠性较差,因为管网中的任一段管线损坏时,在该管线以后的所有管线就会断水。另外,在枝状网的末端,因用水量已经很小,管中的水流缓慢,甚至停滞不流动,因此水质容易变坏。但这种管网的总长度较短,构造简单,投资较省。因此最适用于小城镇和小型工矿企业采用,或者在建设初期采用枝状管,待以后条件具备时,再逐步发展成环状管网。

2) 环状管网:这种管网中管线间连接成环状,当任一段管线损坏时,可以关闭附近的阀门,与其余的管线隔开,然后进行检修,水还可从另外的管线供应用户,断水的地区可以缩小,从而增加供水可靠性。环状网还可以大大减轻因水锤作用产生的危害,而在枝状管网中,则往往因此而使管线损坏。但是,环状管网管线总长度较大,建设投资明显高于枝状管网。环状管网使用于对供水连续性、安全性要求较高的供水区域,一般在大、中城镇和工业企业中采用。

(2) 一般在城镇建设初期可采用枝状网,以后随着供水事业的发展逐步连成环状网。实际上,现有城市的给水管网,多数是将枝状网和环状网结合起来。在城市中心地区,布置成环状网,在郊区则以枝状网形式向四周延伸。供水可靠性要求较高的工矿企业须采用环状网,并用枝状网或双管输水至个别较远的车间。

(3) 给水管网规划布置方案直接关系到整个给水工程投资的大小和施工的难易程度,并对今后供水系统的安全可靠运行和经营管理等有较大的影响。因此,在进行给水管网具体规划布置时,应深入调查研究,充分占有资料,对多个可行的布置方案进行技术经济比较后再加以确定。

3. 给水管网定线

给水管网定线是指在地形平面图上确定管线位置和走向。定线时一般只限于管网的干管以及干管的连接管,不包括从干管到用户的分配管和接到用户的进水管。

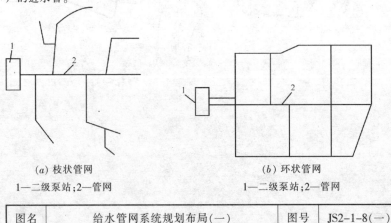

| (a) 枝状管网 | (b) 环状管网 |
| 1—二级泵站;2—管网 | 1—二级泵站;2—管网 |

| 图名 | 给水管网系统规划布局(一) | 图号 | JS2-1-8(一) |

(1) 城镇给水管网

由于城镇给水管线一般敷设在街道下,就近供水给两侧用户,所以管网的形状常随城镇的总平面布置图而定。如右图所示,图中实线表示干管,管径较大,用以输水到各地区。虚线表示分配管,它的作用是从干管取水供给用户和消火栓,管径较小,常由城市消防流量决定所需最小的管径。

1) 城镇给水管网定线取决于城镇平面布置,供水区的地形,水源和调节构筑物位置,街区和用户特别是大用户的分布,河流、铁路、桥梁的位置等。定线时可按以下步骤和要点进行:定线时干管的延伸方向应与水源(二级泵站)输水管渠、水池、水塔、大用户的水流方向基本一致。随水流方向以最短的距离布置一条或数条干管,干管位置应从用水量较大的街区通过。干管的间距,一般为500~800m左右。从经济上来说,给水管网的布置采用一条干管接出许多支管形成枝状网,费用最省,但从供水可靠性着想,以布置几条接近平行的干管并形成环状网为宜,所以应在干管与干管之间的适当位置设置连接管以形成环状管网。连接管的作用在于局部管线损坏时,可通过它重新分配流量,从而缩小断水范围,提高供水管网系统的可靠性。连接管的间距在800~1000m左右。干管与干管、连接管与连接管之间距离的大小,主要取决于供水区域的大小和要求,一般是在保证供水要求的前提下,干管和连接管的数量尽量减少,以节省投资。

2) 干管一般按城镇规划道路定线,尽量避免在高级路面或重要道路下通过,以减少今后检修时的困难。管线在道路下的平面位置和标高,应符合城镇或厂区地下管线综合设计的要求,给水管线与构筑物、铁路以及其他管道的水平净距,均应参照有关规定。

3) 在供水范围内的道路下还需敷设分配管,以便把干管的水送到用户和消火栓,最小分配管直径为100mm,大城市采用150~200mm,主要原因是使通过消防流量时分配管中的水头损失不致过大,以免火灾地区的水压过低。

4) 接户管一般连接于分配管上,将水接入用户的配水管网。一般每一用户设一条接户管,重要或用水量较大的用户可采用两条或数条,并由不同方向接入,以增加供水的可靠性。

5) 为了保证给水管网的正常运行以及消防和管网的维修管理工作,管网上必须安装各种必要的附件,如阀门、消火栓、排气阀和泄水阀等。阀门是控制水流、调节流量和水压的重要设备,阀门的布置应能满足故障管段的切断需要,其位置可结合连接管或重要支管的节点位置;消火栓在设应使用方便、明显易见之处,如路口、道边等位置。

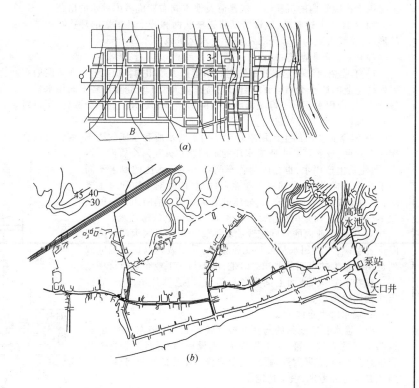

图 1-26 城镇给水管网布置

(a) 干管和分配管布置;(b) 某城镇干管管网布置

1—水塔;2—干管;3—分配管;4—水厂

A、B—工业区

图名	给水管网系统规划布局(二)	图号	JS2-1-8(二)

6）在干管的高处应装设排气阀，用以排除管中积存的空气，减少水流阻力；当管线损坏出现真空时，空气可经该阀门进入水管。在管线低处和两阀门之间的低处，应装设泄水管，管上须安装阀门，用来在检修时放空管内积水或平时用来排除管内的沉积物。泄水管及泄水阀布置应考虑排水的出路。

7）考虑了上述要求，城镇管网将是枝状网和若干环组成的环状网相结合的形式，管线大致均匀地分布于整个给水区域内。

（2）工业企业管网

1）工业企业管网定线的原则与城镇管网大致相同，但工业企业管网的布置根据企业的性质不同也有它自己的特点。大型工业企业的各车间用水量一般较大，生产用水管网不像城镇给水管网那样易于划分干管和分配管，所以定线和计算时都要加以考虑。

2）根据企业内的生产用水和生活用水对水质和水压的要求，两者可以合用一个管网，或者可按水质或水压的不同要求分建两个管网。然而，即使是生产用水，也会因为各车间对水质和水压的要求不同而不完全一样，因此在同一工业企业内，往往根据水质和水压要求，分别布置管网，形成分质、分压的管网系统。消防用水管网通常不单独设置，而是由生活或生产给水管网供给消防用水。

3）工业企业内的管网定线比城镇管网简单，因为厂区内车间位置明确，车间用水量大且比较集中，易于做到以最短的管线到达用水量大的车间的要求。但是，由于某些工业企业有许多地下建筑物和管线，地面上又有各种运输设施，这种情况下，管线定线就比较困难。

4. 输水管渠定线

（1）输水管渠线路的选择，涉及城乡工农业诸方面的问题，线路选择的合理与否，对工程投资、建设周期、运行和管理等均产生直接影响，尤其对跨流域、远距离输水工程的影响将会更大，因此必须全面考虑，慎重选定。

（2）当水源、水厂和配水区的位置较近时，输水管渠的定线问题并不突出。但是由于城镇需水量的快速增长，以及环境污染的日趋严重，为了从水量充沛、水质良好、便于防护的水源地取水，就须有几十千米甚至几百千米以外取水的远距离输水管渠，定线就比较复杂。例如天津的最高日流量为 300 万 m^3、输水距离达 234 千米的引滦入津工程；上海黄浦江上游引水工程；秦皇岛、邯郸的数十千米的输水工程等。这些工程技术相当复杂，投资也很大。

（3）输水管渠在整个给水系统中是很重要的。它的一般特点是距离长，因此与河流、高地、交通路线等交叉较多。多数情况下，输水管渠定线时，缺乏现成的地形平面图可以参照。如有地形图时，应先在图上初步选定几种可能的定线方案，然后到现场沿线踏勘了解，从投资、施工、管理等方面，对各种方案进行技术经济比较后再做决定。缺乏地形图时，而需在踏勘选线的基础上，进行地形测量，绘出地形图，然后在图上确定管线位置。

（4）输水管渠定线时，必须与城市建设规划相结合，尽量缩短线路长度，减少拆迁，少占农田，以利于管渠施工和运行维护，保证供水安全；应选择最佳地形和地质条件，尽量沿现有道路定线，以便施工和检修；减少与铁路、公路和河流的交叉；管线避免穿越滑坡、岩层、沼泽、地下水位和河水淹没与冲刷地区，以降低造价和便于管理。下图为输水管渠的平面和纵断面图。

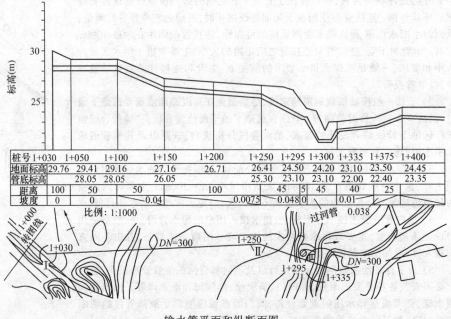

桩号	1+030	1+050	1+100	1+150	1+200	1+250	1+295	1+300	1+335	1+375	1+400
地面标高	29.76	29.41	29.16	27.16	26.71	26.41	24.50	24.20	23.10	23.50	24.45
管底标高	28.05	28.05	26.05			25.30	23.10	23.10	22.00	22.40	23.35
距离	100	50	50		100		45	5	45	40	25
坡度	0	0	-0.04		0.0075	0.048	0		0.01		

比例：1:1000

过河管 0.038

$DN=300$

输水管平面和纵断面图

图名	给水管网系统规划布局(三)	图号	JS2-1-8(三)

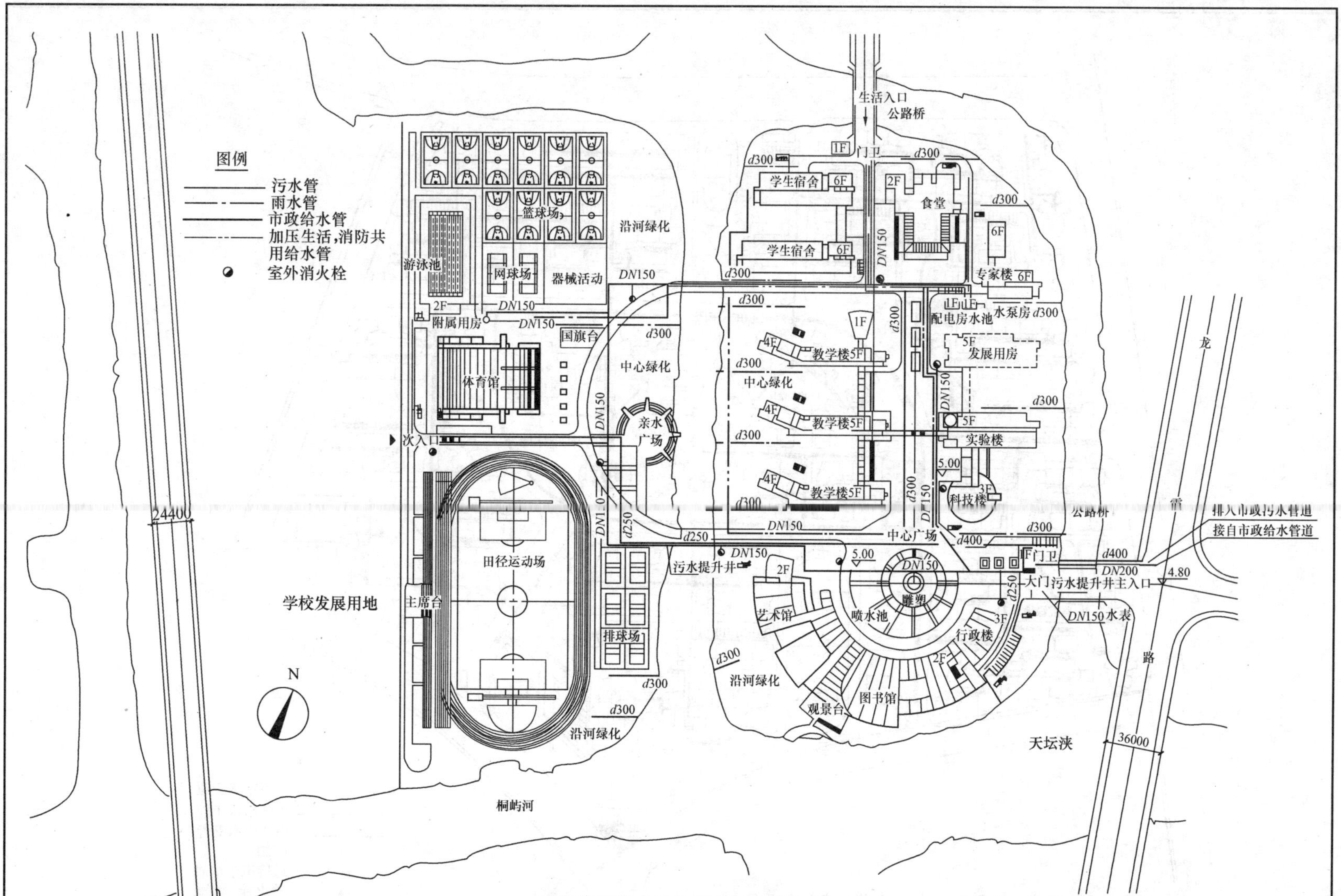
图例
污水管
雨水管
市政给水管
加压生活,消防共用给水管
室外消火栓
生活入口
公路桥
1F
门卫
d300
学生宿舍
6F
2F
食堂
学生宿舍
6F
DN150
专家楼
6F
篮球场
沿河绿化
游泳池
网球场
器械活动
DN150
2F
附属用房
DN150
DN150
国旗台
d300
中心绿化
配电房水池
水泵房
1F
1F
教学楼5F
4F
发展用房
5F
体育馆
中心绿化
亲水广场
教学楼5F
4F
实验楼
5F
次入口
5.00
教学楼5F
4F
科技楼
3F
公路桥
d250
DN150
中心广场
d400
排入市政污水管道
接自市政给水管道
d250
DN150
5.00
门卫
d400
DN200
4.80
污水提升井
2F
DN150
大门污水提升井主入口
田径运动场
雕塑
d250
学校发展用地
主席台
艺术馆
喷水池
3F
DN150
水表
行政楼
排球场
d300
2F
沿河绿化
d300
图书馆
观景台
N
d300
沿河绿化
天坛泆
36000
24400
龙
雷
路
桐屿河

温州市瓯海中学给排水系统平面

图名	给水管网系统规划布局(四)	图号	JS2-1-8(四)

武汉市常青花园四号小区给水系统总平面图

图例

———·———·— 城市给水管道
———··———··— 小区给水干管
———————— 小区给水支管
⋈ 闸阀
▣ 远传电子水表
⊙ 消火栓

图名	给水管网系统规划布局(五)	图号	JS2-1-8(五)

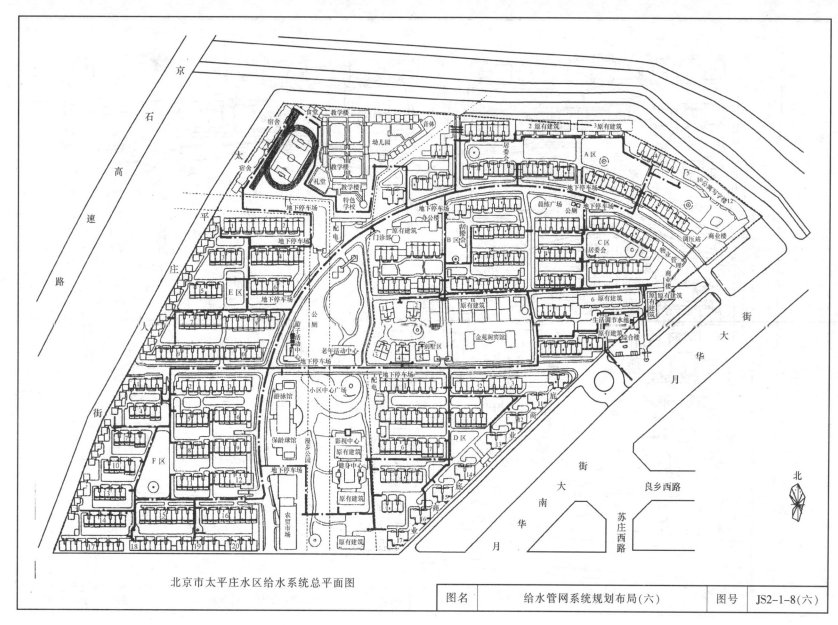

北京市太平庄水区给水系统总平面图

图名	给水管网系统规划布局(六)	图号	JS2-1-8(六)

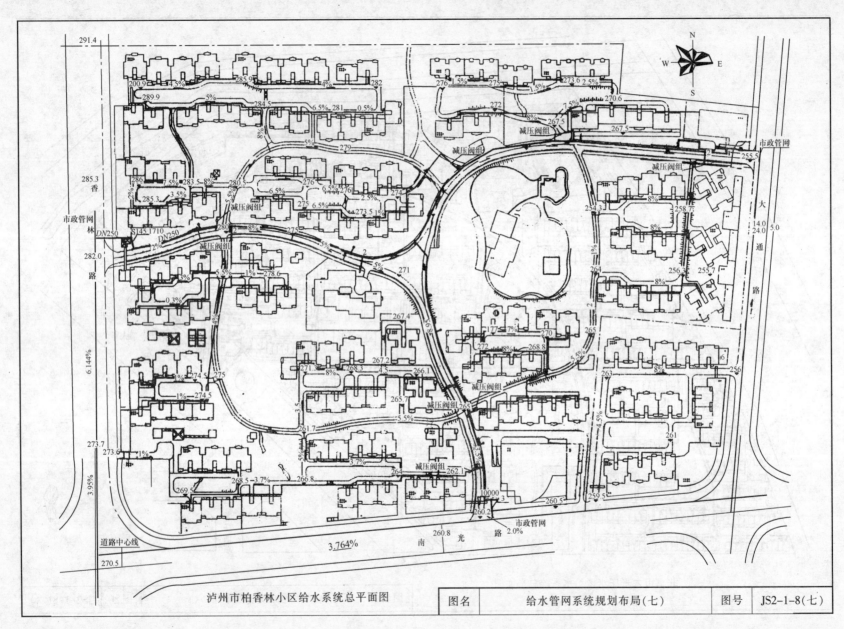

泸州市柏香林小区给水系统总平面图

| 图名 | 给水管网系统规划布局(七) | 图号 | JS2-1-8(七) |

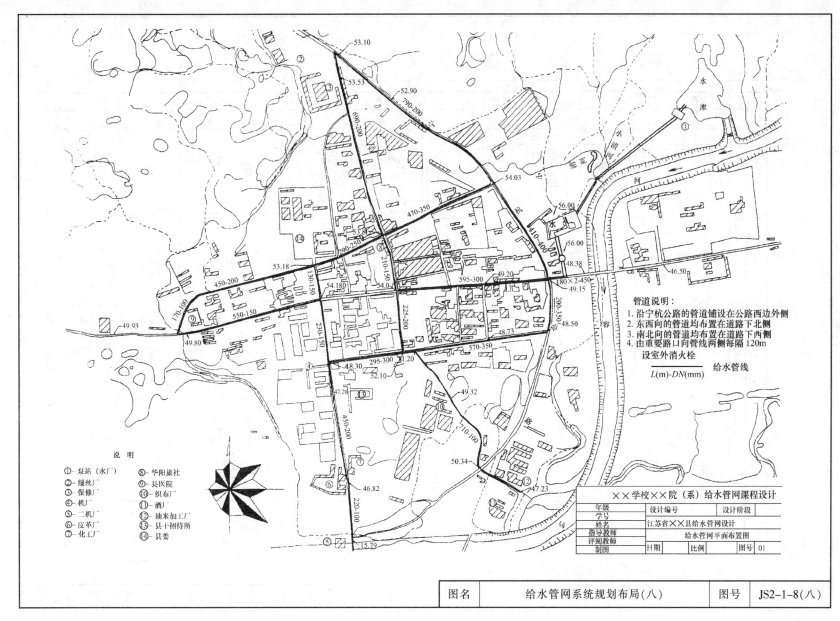

管道说明：

1. 沿宁杭公路的管道铺设在公路西边外侧
2. 东西向的管道均布置在道路下北侧
3. 南北向的管道均布置在道路下丙侧
4. 由重要路口向管线两侧每隔120m
   设室外消火栓

$L(m)-DN(mm)$ 给水管线

说 明

① 泵站（水厂）   ⑧ 华阳旅社
② 缫丝厂   ⑨ 县医院
③ 保修厂   ⑩ 织布厂
④ 机厂   ⑪ 酒厂
⑤ 二机   ⑫ 油米加工厂
⑥ 皮革厂   ⑬ 县干招待所
⑦ 化工厂   ⑭ 县委

| 图名 | 给水管网系统规划布局(八) | 图号 | JS2-1-8(八) |

××学校××院（系）给水管网课程设计

年级	设计编号		设计阶段	
学号				
姓名	江苏省××县给水管网设计			
指导教师			给水管网平面布置图	
评阅教师				
制图	日期		比例	图号 01

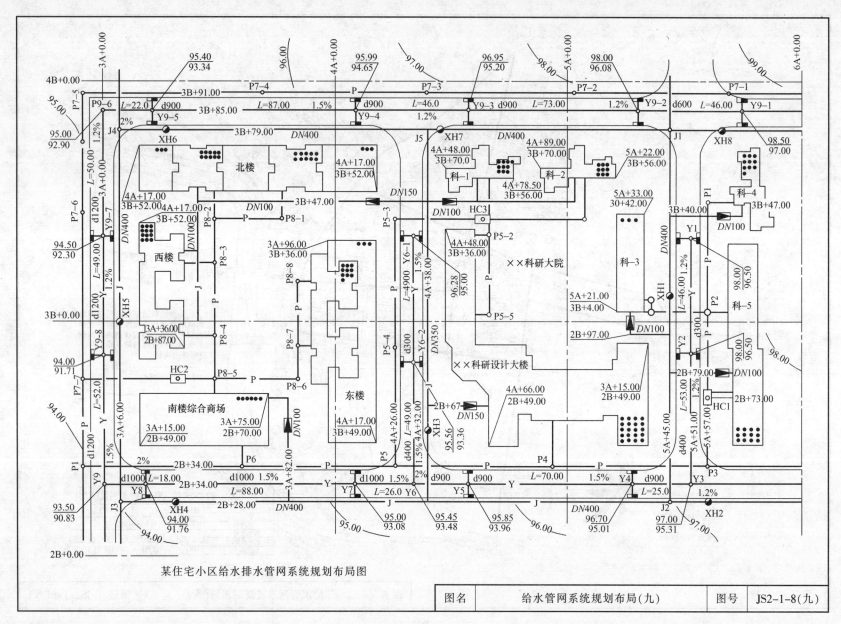

某住宅小区给水排水管网系统规划布局图

| 图名 | 给水管网系统规划布局(九) | 图号 | JS2-1-8(九) |

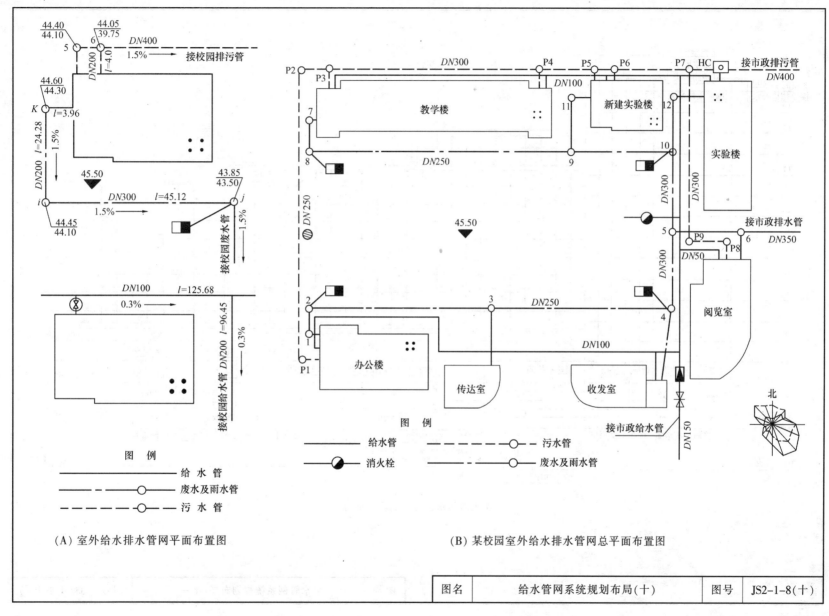

（A）室外给水排水管网平面布置图

（B）某校园室外给水排水管网总平面布置图

| 图名 | 给水管网系统规划布局(十) | 图号 | JS2-1-8(十) |

35

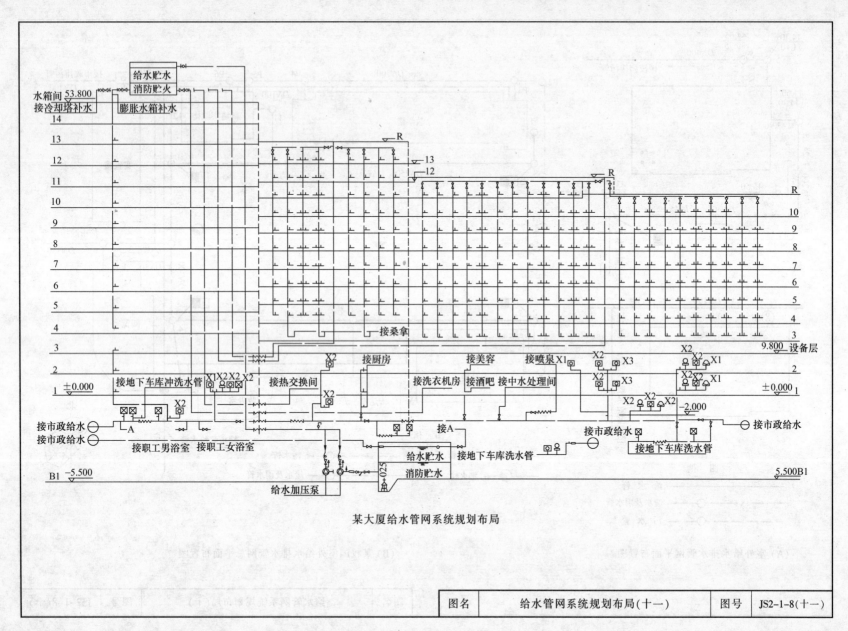

某大厦给水管网系统规划布局

图名	给水管网系统规划布局(十一)	图号	JS2-1-8(十一)

2.1.3 给水管网系统的类型

1. 统一给水管网系统

整个给水区域的生活、生产、消防等多项用水,均以同一水压和水质,用统一的管网系统供给各个用户。该系统适用于地形起伏不大、用户较为集中,且各用户对水质、水压要求相差不大的城镇和工业企业的给水工程。如果个别用户对水质或水压有特殊要求,可统一给水管网取水再进行局部处理或加压后再供给使用。根据向管网供水的水源数目,统一给水管网系统可分为单水源给水管网系统和多水源给水管网系统两种形式。

(1) 单水源给水管网系统:即只有一个水源地,处理过的清水经过泵站加压后进入输水管和管网,所有用户的用水来源于一个水厂清水池,给水管网系统较小,如企事业单位或小城镇给水管网系统,多为单水源给水管网系统,系统简单,管理方便。如图(b)所示。

(2) 多水源给水管网系统:有多个水厂作为水源的给水管网系统,清水从不同的地点经输水管进入管网,用户的用水可以来源于不同的水厂。较大的给水管网系统,如中大城市甚至跨城镇的给水管网系统,一般是多水源给水管网系统,如图(a)所示。

(3) 多水源给水管网系统的特点是:调度灵活、供水安全可靠、就近给水,动力消耗较小;管网内水压较均匀,便于分期发展,但随着水源的增多,设备和管理工作也相应增加。

2. 分系统给水管网系统

根据具体情况,分系统给水管网系统又可分为:分区给水管网系统、分压给水管网系统和分质给水管网系统。

(1) 分区给水管网系统:将给水管网系统划分为多个区域,各区域管网具有独立的供水泵站,供水具有不同的水压。分区给水管网系统可以降低平均供水压力,避免局部水压过高的现象,减少爆管的几率和泵站能量的浪费。分区给水管网系统有两种情况:一种是城镇地形较平坦,功能分区较明显或自然分隔而分区,如图(c)所示,城镇被河流分隔,两岸工业和居民用水分别供给,自成给水系统,随着城镇发展,再考虑将管网相互沟通,成为多水源给水系统。另一种是因地形高差较大或输水距离较长而分区,又有串联分区和

并联分区两种:采用串联分区,设泵站加压(或减压措施)从某一区取水,向另一区供水;采用并联分区,不同压力要求的区域有不同泵站(或泵站中不同水泵)供水。大型管网系统可能既有串联分区又有并联分区,以便更加节约能量,图(d)所示为并联分区给水管网系统。图(A)所示为串联分区给水管网系统。

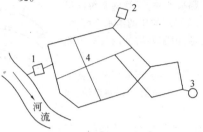

(a) 多水源给水管网系统示意图
1—地表水水源;2—地下水水源;
3—水塔;4—给水管网

(b) 单水源给水管网系统示意图
1—取水设施;2—给水处理厂;
3—加压泵站;4—给水管网

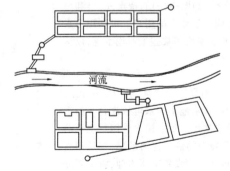

(c) 分区给水管网系统

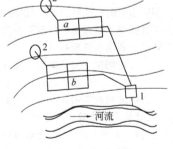

(d) 并联分区给水管网系统
a—高区;b—低区;
1—净水厂;2—水塔

图名	给水管网系统的类型(一)	图号	JS2-1-9(一)

37

(2) 分压给水管网系统：由于用户对水压的要求不同而分成两个或两个以上的系统给水，如图(B)所示。符合用户水质要求的水，由同一泵站内的不同扬程的水泵分别通过高压、低压输水管网送往不同用户。如果给水区域中用户对水压要求差别较大，采用一个管网系统，对于水压要求较低的用户就会存在较大的富余水压，不但造成动力浪费，同时对使用和维护管理都很不利，且管网系统漏损水量也会增加，危害很多。采用分压给水或局部加压的给水系统，可避免上述缺点，减少高压管道和设备用量，但需要增加低压管道和设备，管理较为复杂。

(3) 分质给水管网系统：因用户对水质的要求不同而分成两个或两以上系统，分别供给各类用户，称为分质给水管网系统，如(C)图中(a)、(b)所示。

(C)图中(a)是从同一水源取水，在同一水厂中经过不同的工艺和流程处理后，由彼此独立的水泵、输水管和管网，将不同水质的水供给各用户。该系统的主要特点是城市水厂的规模可缩小，特别是可以节约大量的药剂费用和动力费用，但管道设备多，管理较复杂。

(C)图中(b)是从不同水源取水，再由自成独立的给水系统分别供给各自用户，这种布置方式除具有(C)图中(a)的特点外，可利用不同水源的水质特点，分别供应不同水质要求的用户。可利用海水或某些废水经过适当处理后作为冲洗厕所和某些工业用水等，以达到综合利用水资源的目的。

3. 不同输水方式的管网系统

(1) 重力输水管网系统：当水源地高于给水区，并且高差可保证以经济的造价输送所需的水量时，清水池中的水可依靠自身的重力，经重力输水管进入管网并供用户使用。重力输水管网系统无动力消耗，而且管理方便，是运行较为经济的输水管网系统。当地形高差很大时，为降低水管中的压力，可在中途设置减压水池，将水管分成几段，形成多级重力输水系统。

(2) 水泵加压输水管网系统：指水源地没有可充分利用的地形优势，清水池(清水库)中的水须由泵站加压送出，经输水管进入管网供用户使用，甚至要通过多级加压将水送至更远或更高处的用户使用。压力给水管网系统需要消耗大量的动力。

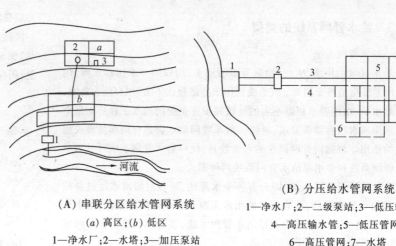

(A) 串联分区给水管网系统

(a) 高区；(b) 低区

1—净水厂；2—水塔；3—加压泵站

(B) 分压给水管网系统

1—净水厂；2—二级泵站；3—低压输水管；

4—高压输水管；5—低压管网；

6—高压管网；7—水塔

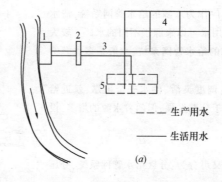

——— 生产用水

——— 生活用水

(a)

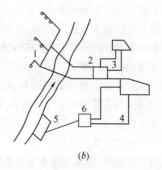

(b)

(C) 分质给水管网系统

(a)

1—分质净水厂；2—二级泵站；3—输水管；4—居住区；5—工厂区

(b)

1—井群；2—地下水水厂；3—生活用水管网；4—生产用水管网；

5—取水构筑物；6—生产用水厂

图名	给水管网系统的类型(二)	图号	JS2-1-9(二)

2.1.4　国内外典型城市给水厂设计工艺流程图实例

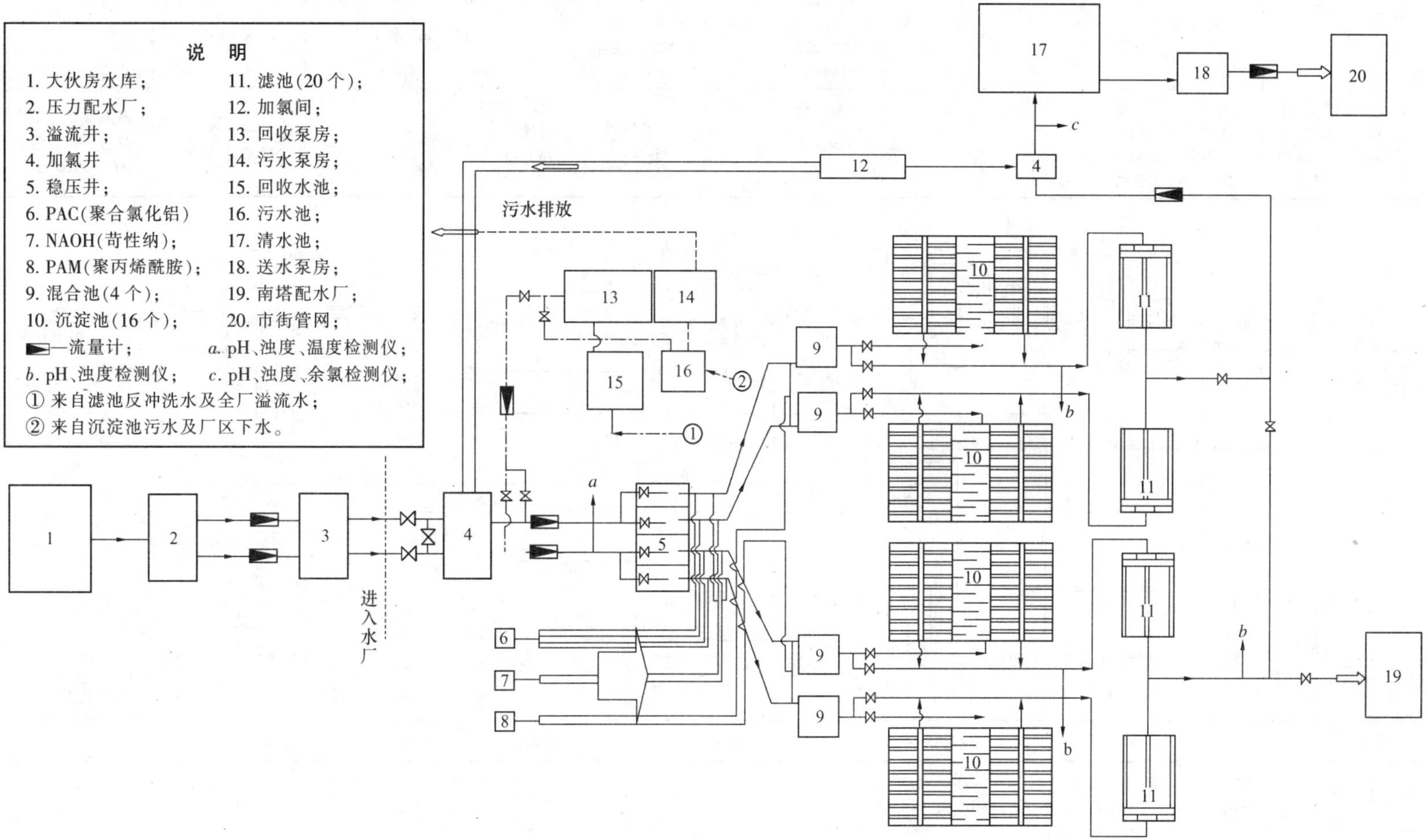

说　明
1. 大伙房水库；
2. 压力配水厂；
3. 溢流井；
4. 加氯井；
5. 稳压井；
6. PAC(聚合氯化铝)
7. NAOH(苛性纳)；
8. PAM(聚丙烯酰胺)；
9. 混合池(4 个)；
10. 沉淀池(16 个)；
11. 滤池(20 个)；
12. 加氯间；
13. 回收泵房；
14. 污水泵房；
15. 回收水池；
16. 污水池；
17. 清水池；
18. 送水泵房；
19. 南塔配水厂；
20. 市街管网；
—流量计；
a. pH、浊度、温度检测仪；
b. pH、浊度检测仪；
c. pH、浊度、余氯检测仪；
① 来自滤池反冲洗水及全厂溢流水；
② 来自沉淀池污水及厂区下水。
污水排放
进入水厂
a
b
c
①
②
1
2
3
4
5
6
7
8
9
10
11
12
13
14
15
16
17
18
19
20

沈阳市李巴彦净水厂设计工艺流程图

图名	沈阳市李巴彦净水厂设计工艺流程图	图号	JS2-1-10

构筑物名称	流量计井	阀室	静态混合器井	配水井	连接渠道	折板反应池	平流沉淀池	连接渠道	V形滤池	流量计井	清水池	吸水井	送水泵房	流量计井
设计参数						反应时间 11min	停留时间 2.0h 水平流速 14mm/s		滤速 9.9m/h 单池面积 84m²		13.5%产水量		K_h=1.4	
主要设备	超声波流量计 DN1400 2台	电动调节阀 DN1400 2台	管式静态混合器 DN1400 2台				刮泥机 L_k=200m 4台		气动阀门 16套	超声波流量计 DN1400 2台			定速离心泵 3台 变速离心泵 3台	超声波流量计 DN1600,2台 DN800,6台

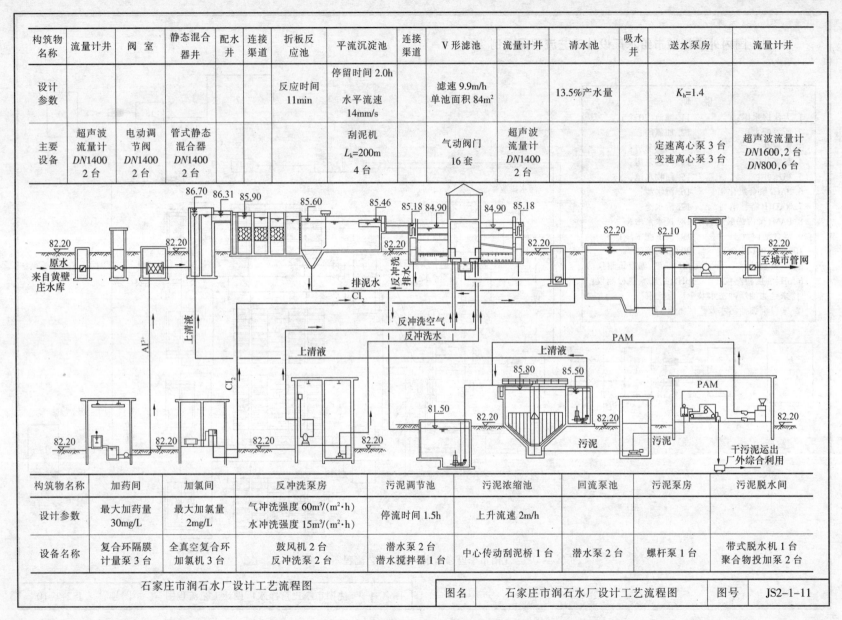

构筑物名称	加药间	加氯间	反冲洗泵房	污泥调节池	污泥浓缩池	回流泵池	污泥泵房	污泥脱水间
设计参数	最大加药量 30mg/L	最大加氯量 2mg/L	气冲洗强度 60m³/(m²·h) 水冲洗强度 15m³/(m²·h)	停流时间 1.5h	上升流速 2m/h			
设备名称	复合环隔膜计量泵 3台	全真空复合环加氯机 3台	鼓风机 2台 反冲洗泵 2台	潜水泵 2台 潜水搅拌器 1台	中心传动刮泥桥 1台	潜水泵 2台	螺杆泵 1台	带式脱水机 1台 聚合物投加泵 2台

石家庄市润石水厂设计工艺流程图		图名	石家庄市润石水厂设计工艺流程图	图号	JS2-1-11

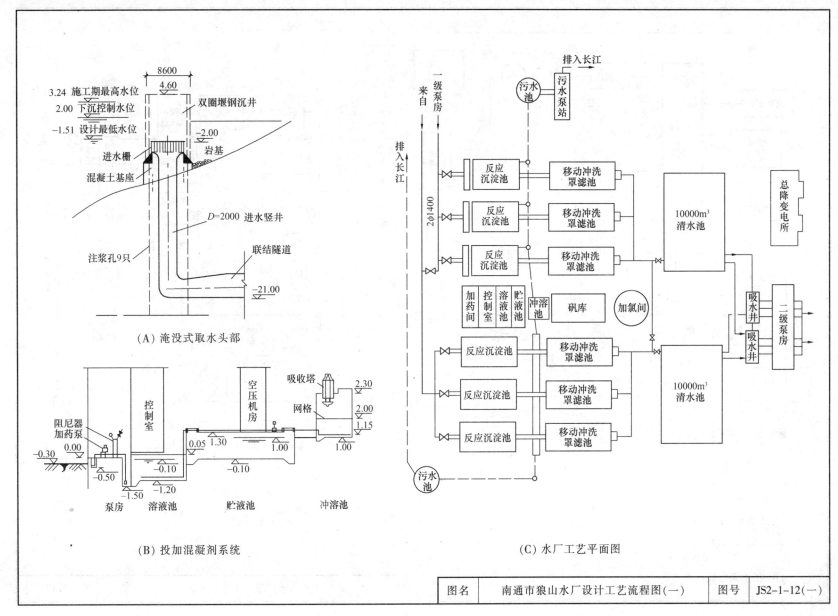

(A) 淹没式取水头部

(B) 投加混凝剂系统

(C) 水厂工艺平面图

图名	南通市狼山水厂设计工艺流程图(一)	图号	JS2-1-12(一)

41

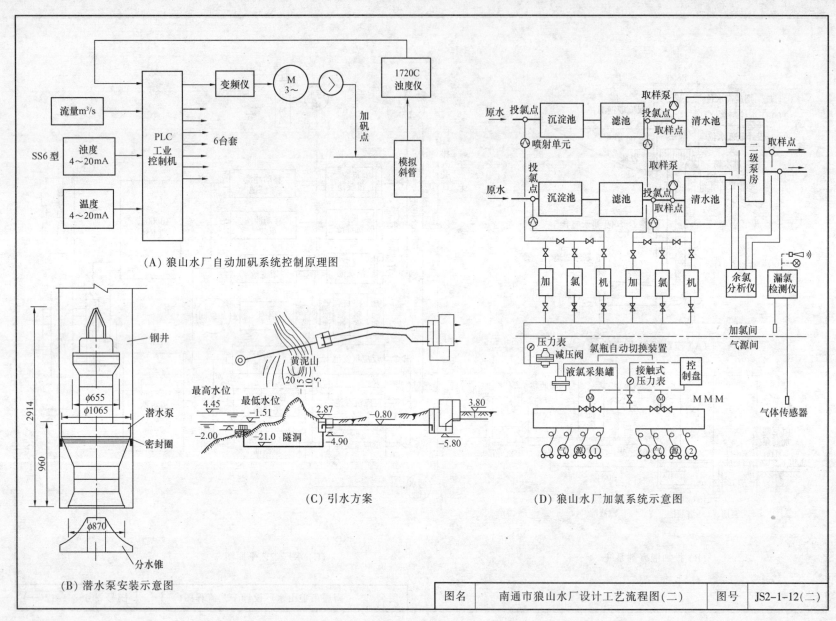

（A）狼山水厂自动加矾系统控制原理图

（B）潜水泵安装示意图

（C）引水方案

（D）狼山水厂加氯系统示意图

图名	南通市狼山水厂设计工艺流程图(二)	图号	JS2-1-12(二)

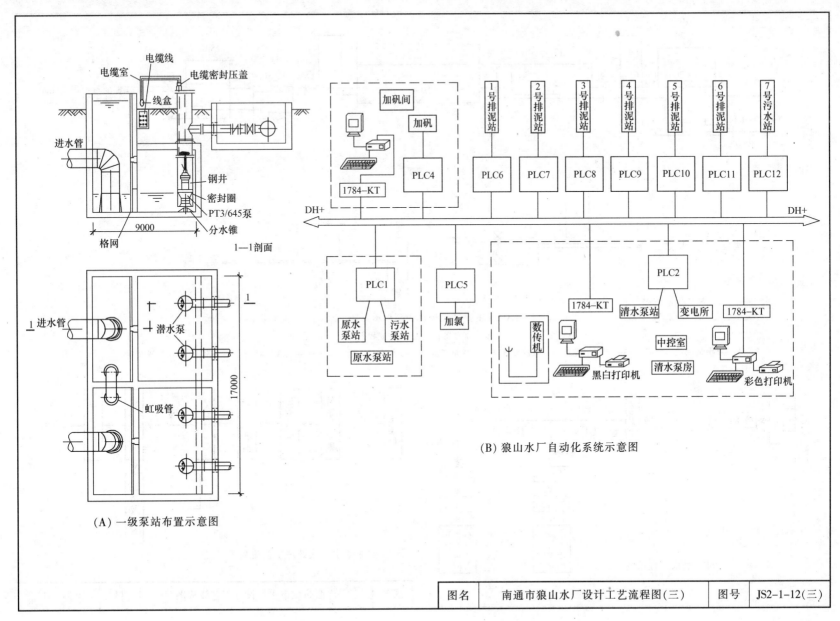

（A）一级泵站布置示意图

（B）狼山水厂自动化系统示意图

图名	南通市狼山水厂设计工艺流程图(三)	图号	JS2-1-12(三)

43

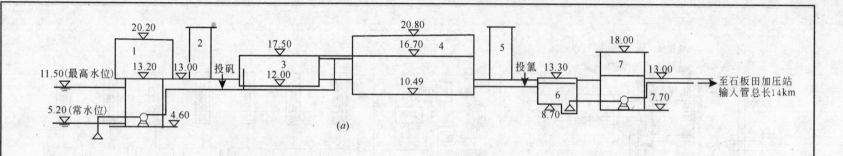

11.50(最高水位)
5.20(常水位)

20.20 1 13.20
2 13.00
投矾 17.50 3 12.00
20.80 16.70 4 10.49
5
投氯 13.30 6 8.70
18.00 7 13.00 7.70

至石板田加压站
输入管总长14km

4.60

(a)

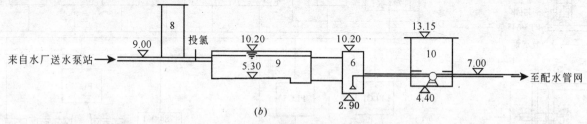

来自水厂送水泵站

8 9.00
投氯 10.20 9 5.30 2.90
10.20 6
13.15 10 7.00
4.40

至配水管网

(b)

(A) 各主要处理构筑物高程示意图

(a) 水厂流程图；(b) 加压站流程图

1—取水泵房；2—加矾间；3—絮凝沉淀池；4—双阀滤池；5—一次加氯间；6—吸水池；7—送水泵房；8—二次加氯间；9—清水池；10—加压泵房

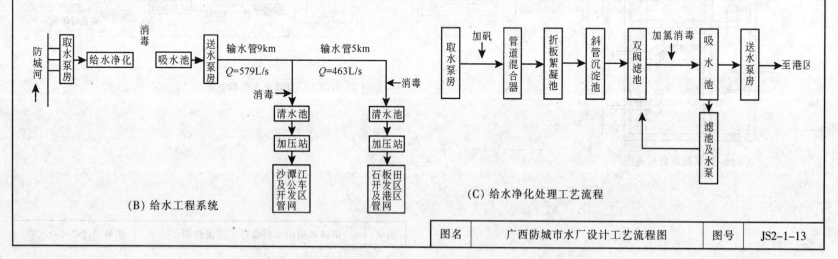

防城河 → 取水泵房 → 给水净化 → 消毒 → 吸水池 → 送水泵房

输水管9km $Q=579L/s$
输水管5km $Q=463L/s$
消毒
消毒

清水池 → 加压站 → 沙潭江及公车开发区管网

清水池 → 加压站 → 石板田区开发及港区管网

(B) 给水工程系统

取水泵房 → 加矾 → 管道混合器 → 折板絮凝池 → 斜管沉淀池 → 双阀滤池 → 加氯消毒 → 吸水池 → 送水泵房 → 至港区

滤池及水泵

(C) 给水净化处理工艺流程

图名	广西防城市水厂设计工艺流程图	图号	JS2-1-13

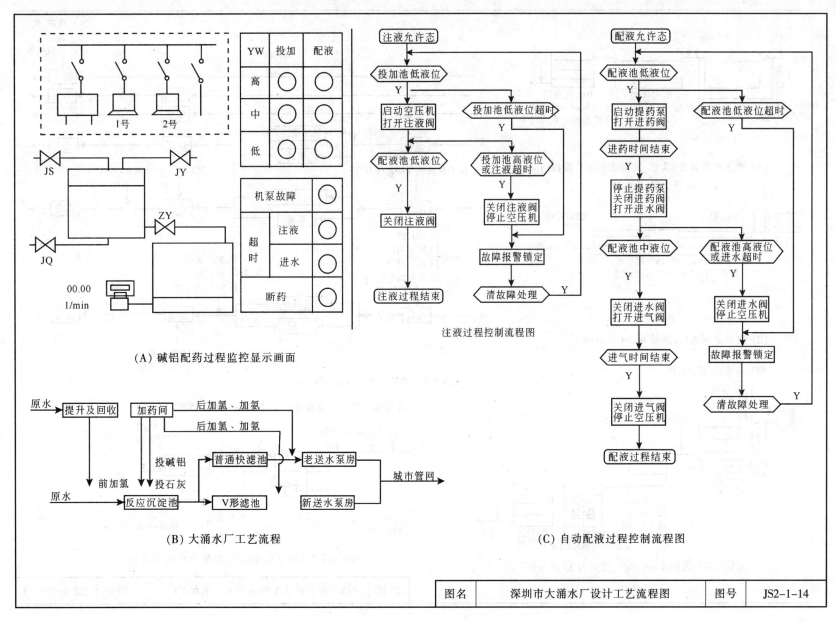

YW	投加	配液
高	○	○
中	○	○
低	○	○

机泵故障		○
超时	注液	○
	进水	○
断药		○

00.00
1/min

（A）碱铝配药过程监控显示画面

注液过程控制流程图

注液允许态

投加池低液位 — Y

启动空压机 打开注液阀

配液池低液位 — Y

关闭注液阀

注液过程结束

投加池低液位超时 — Y

投加池高液位 或注液超时 — Y

关闭注液阀 停止空压机

故障报警锁定

清故障处理 — Y

（C）自动配液过程控制流程图

配液允许态

配液池低液位 — Y

启动提药泵 打开进药阀

进药时间结束 — Y

停止提药泵 关闭进药阀 打开进水阀

配液池中液位 — Y

关闭进水阀 打开进气阀

进气时间结束 — Y

关闭进气阀 停止空压机

配液过程结束

配液池低液位超时 — Y

配液池高液位 或进水超时 — Y

关闭进水阀 停止空压机

故障报警锁定

清故障处理 — Y

（B）大涌水厂工艺流程

原水 → 提升及回收 → 加药间

加药间 → 后加氯、加氨

后加氯、加氨

前加氯

投碱铝

投石灰

原水 → 反应沉淀池 → 普通快滤池 / V形滤池

普通快滤池 → 老送水泵房

V形滤池 → 新送水泵房

老送水泵房 / 新送水泵房 → 城市管网

图名	深圳市大涌水厂设计工艺流程图	图号	JS2-1-14

45

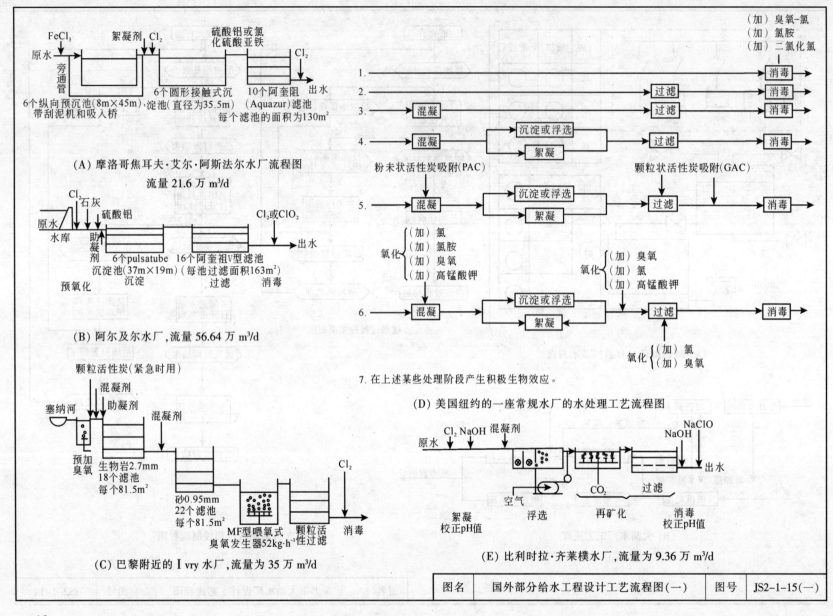

（A）摩洛哥焦耳夫·艾尔·阿斯法尔水厂流程图

流量 21.6 万 m³/d

（B）阿尔及尔水厂，流量 56.64 万 m³/d

（C）巴黎附近的Ⅰvry水厂，流量为 35 万 m³/d

7. 在上述某些处理阶段产生积极生物效应。

（D）美国纽约的一座常规水厂的水处理工艺流程图

（E）比利时拉·齐莱楼水厂，流量为 9.36 万 m³/d

图名	国外部分给水工程设计工艺流程图(一)	图号	JS2-1-15(一)

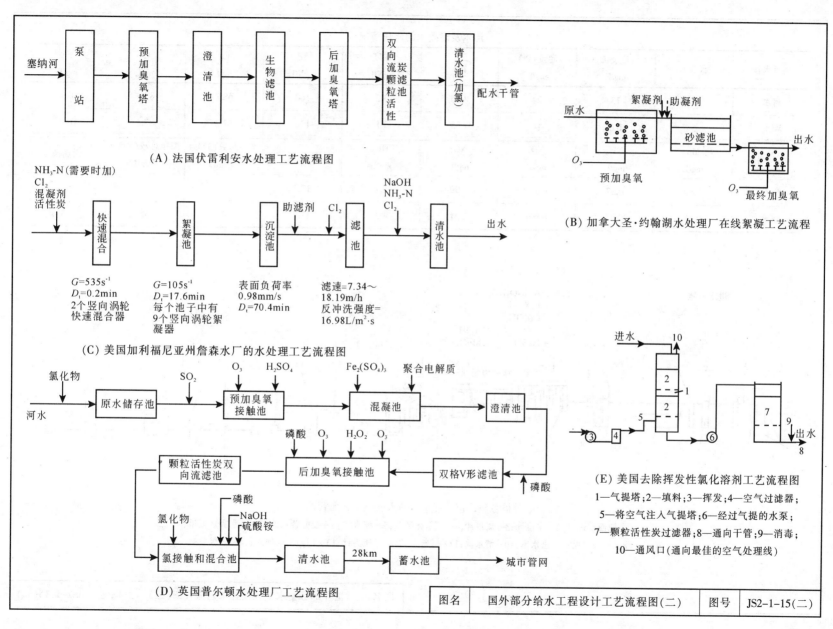

（A）法国伏雷利安水处理工艺流程图

塞纳河 → 泵站 → 预加臭氧塔 → 澄清池 → 生物滤池 → 后加臭氧塔 → 双向流炭滤池颗粒活性 → 清水池（加氯）→ 配水干管

NH₃-N（需要时加）
Cl₂
混凝剂
活性炭

快速混合 → 絮凝池 → 沉淀池 → 滤池 → 清水池 → 出水

助滤剂（沉淀池前）
Cl₂（滤池前）
NaOH NH₃-N Cl₂（清水池前）

$G=535s^{-1}$
$D_t=0.2min$
2个竖向涡轮
快速混合器

$G=105s^{-1}$
$D_t=17.6min$
每个池子中有
9个竖向涡轮絮
凝器

表面负荷率
0.98mm/s
$D_t=70.4min$

滤速=7.34～
18.19m/h
反冲洗强度=
16.98L/m²·s

（C）美国加利福尼亚州詹森水厂的水处理工艺流程图

原水 → 絮凝剂 助凝剂 → 砂滤池 → 出水
O₃
预加臭氧
O₃
最终加臭氧

（B）加拿大圣·约翰湖水处理厂在线絮凝工艺流程

河水
氯化物 SO₂ O₃ H₂SO₄ Fe₂(SO₄)₃ 聚合电解质

原水储存池 → 预加臭氧接触池 → 混凝池 → 澄清池

磷酸 O₃ H₂O₂ O₃

颗粒活性炭双向流滤池 ← 后加臭氧接触池 ← 双格V形滤池 ← 磷酸

氯化物
磷酸
NaOH
硫酸铵

氯接触和混合池 → 清水池 → 28km → 蓄水池 → 城市管网

（D）英国普尔顿水处理厂工艺流程图

进水 10

（E）美国去除挥发性氯化溶剂工艺流程图
1—气提塔；2—填料；3—挥发；4—空气过滤器；
5—将空气注入气提塔；6—经过气提的水泵；
7—颗粒活性炭过滤器；8—通向干管；9—消毒；
10—通风口（通向最佳的空气处理线）

图名	国外部分给水工程设计工艺流程图(二)	图号	JS2-1-15(二)

河水及渗渠水的水质情况

项目水样	水温℃	浊度(SiO₂) mg/L	色度(Pt) mg/L	pH	碱度 mgN/L	硬度 mgN/L	Ca mg/L	Cl mg/L	Fe mg/L
河水	3	13	24	8.06	3.2	160	68.8	87.4	0.9
湖水	5	0.6	14	7.85	3.1	176	67.2	87.4	0.01

项目水样	Mn mg/L	NH₄ mg/L	NO₂ mg/L	NO₃ mg/L	COD_Mn mg/L	吸光度	细菌总数(37℃) 个/mL	细菌总数(20℃) 个/mL	大肠菌
河水	0.09	0.32	0.012	1.99	5.7	17.3	—	—	—
湖水	0.02	0.07	0.001	2.21	4.3	11.7	4	65	18

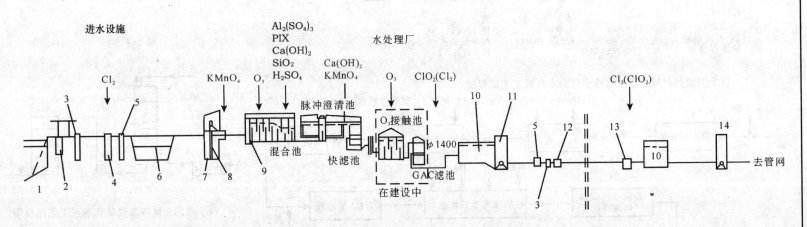

波兰华沙市北部水厂的水处理工艺流程图

1—地面水进口;2—水位计;3—流量计;4—预氯化装置;5—配水室;6—接触蓄水池;7—进水吸水渠道;
8—一级泵站;9—进水室;10—清水池;11—二级泵站;12—压力计;13—Cl₂(ClO₂)加入;14—三级泵站

图名	国外部分给水工程设计工艺流程图(三)	图号	JS2-1-15(三)

48

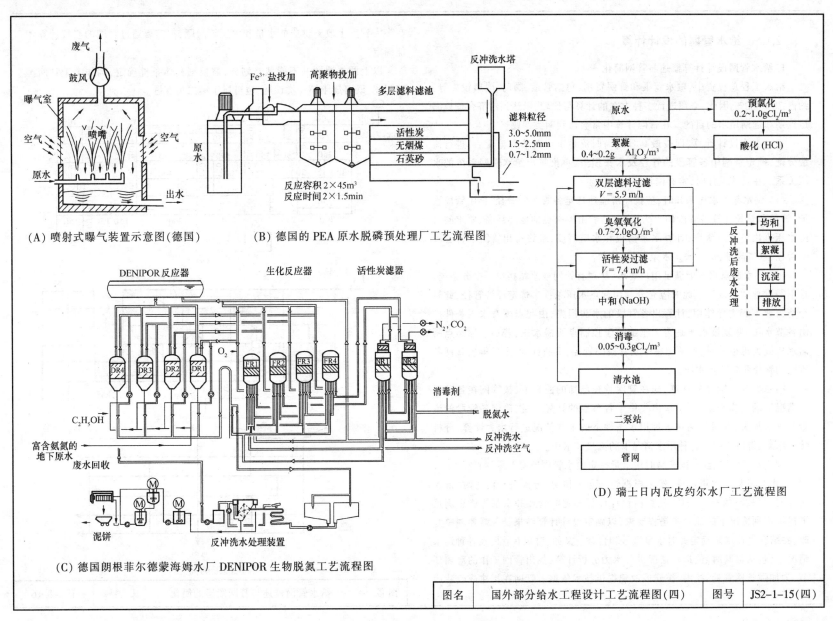

（A）喷射式曝气装置示意图（德国）

（B）德国的 PEA 原水脱磷预处理厂工艺流程图

（C）德国朗根菲尔德蒙海姆水厂 DENIPOR 生物脱氮工艺流程图

（D）瑞士日内瓦皮约尔水厂工艺流程图

图名	国外部分给水工程设计工艺流程图(四)	图号	JS2-1-15(四)

49

2.1.5 给水管网的设计计算

1. 给水管网设计计算概述与管网简化

给水工程总投资中,输水管渠和管网费用(包括管道、阀门、附属设施等)约占70%~80%。因此,必须进行多种方案的计算与比较,以达到经济合理地满足近期和远期用水的目的。在管网计算中常会遇到两类课题:

第一类为设计计算,即按最高日最高时流量求出各节点流量后,进行流量分配,确定管网中各管段的管径及水头损失,再推算出给水管网系统的水压关系。在具体设计时,常有两种情况:

(1) 供水起点水压未知时,应按经济流速选定各管段的管径,再由管段流量、管径和管长计算各管段的水头损失,然后由控制点的地形标高、要求的自由水压推出各节点水压,计算水泵扬程和水塔高度,最终得出管网中各管段的管径、水塔高度;进而确定水泵型号、台数。

(2) 供水起点水压能满足用户要求,从现有管网或泵站接出一个分系统,且不需设置增压设施。此时应充分利用起点水压条件来选定经济管径,此时经济流速不起主导作用,计算出各管段的水头损失,由起点现有水压条件推出各节水压,并复核水压是否大于或等于控制点所需水压,若小于控制点所需水压或大得很多时,均须调整个别管段的管径,重新计算,最后得出管网各管段的管径和各节点水压。

第二类为管网复核计算,即在管网管径已知的前提下,按管网在各种用水情况下的工作流量,分别求出集中于各节点的计算流量,确定各管段的流量和水头损失,并对管网在各种用水条件下的工作情况进行水力计算,分析计算结果,得出管网在各种用水情况下的流量和水压。

例如新建管网,首先按最高时用水量确定给水管网所有管段的直径、水头损失、水泵扬程和水塔高度,然后根据管网布置情况,分别进行消防时、最大转输时、事故时的复核条件,核算由设计计算确定的管径和水泵等能否满足上述最不利情况下的流量和扬程要求,以确定设计计算结果是否需要调整修改,并结合复核结果确定此时水泵型号和台数。又如,对现有管网在各种用水情况下(包括最高时)的运转情况进行水力分析计算,找出管网工作的薄弱环节,为加强管网管理、挖潜、扩建或改建提供技术依据。管网在扩建或改建后

在多大程度上改善供应的水量和水压等问题,都需要通过管网的复核计算才能确定。

以上两类课题并不能截然划分,需根据具体条件确定,例如关于管网扩建问题,既可属于第一类课题,也可属于第二类课题。

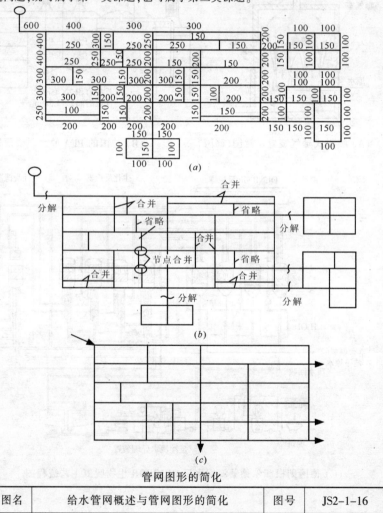

管网图形的简化

图名	给水管网概述与管网图形的简化	图号	JS2-1-16

50

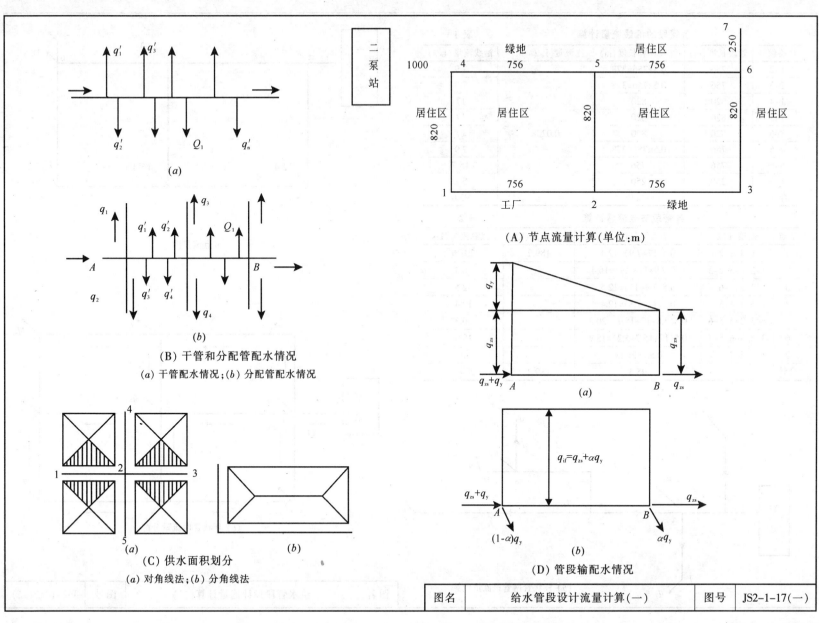

(a)

(b)

（B）干管和分配管配水情况

(a) 干管配水情况；(b) 分配管配水情况

（C）供水面积划分

(a) 对角线法；(b) 分角线法

二泵站

（A）节点流量计算(单位:m)

(a)

(b)

（D）管段输配水情况

图名	给水管段设计流量计算(一)	图号	JS2-1-17(一)

各管段的沿线流量计算　　　　　　表1

管段编号	管段长度(m)	管段计算长度(m)	比流量[L/(s·m)]	沿线流量(L/s)
1~2	756	0.5×756=378		7.9
2~3	756	0.5×756=378		7.9
1~4	820	820		17
2~5	820	820		17
3~6	820	820	0.0208	17
4~5	756	0.5×756=378		7.9
5~6	756	756		15.7
6~7	250	250		5.2
合 计		4600		95.6

各管段节点流量计算　　　　　　表2

节点	连接管段	节点流量(L/s)	集中流量(L/s)	节点总流量(L/s)
1	1~4、1~2	0.5(17+7.9)=12.4	189.2	201.6
2	1~2、2~5、2~3	0.5(7.9+17+7.9)=16.4		16.4
3	2~3、3~6	0.5(7.9+17)=12.5		12.5
4	1~4、4~5	0.5(17+7.8)=12.4		12.4
5	4~5、2~5、5~6	0.5(7.8+17+15.7)=20.3		20.3
6	3~6、5~6、5~7	0.5(17+15.7+5.2)=18.9		18.9
7	6~7	0.5×5.2=2.6		2.6
合 计		95.5	189.2	284.7

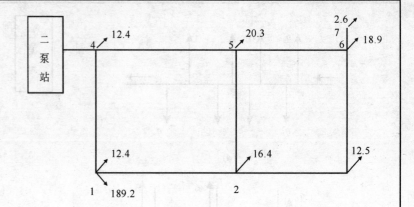

(a) 节点流量图

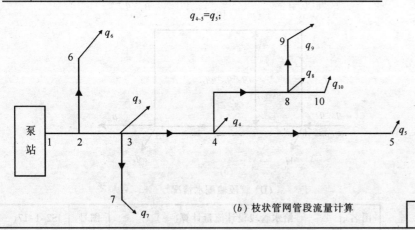

(b) 枝状管网管段流量计算

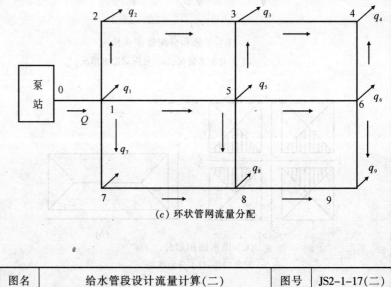

(c) 环状管网流量分配

图名	给水管段设计流量计算(二)	图号	JS2-1-17(二)

2. 枝状管网水力计算

多数小型给水和工业企业给水在建设初期采用枝状管网，以后随着用水量的发展，可根据需要逐步连接形成环状管网。枝状管网中的计算比较简单，因为水从供水起点到任一节点的水流路线只有一个，每一管段也只有惟一确定的计算流量。因此，在枝状管网计算中，应首先计算对供水经济性影响最大的干管，即管网起点到控制点的管线，然后再计算支管。

当管网起点水压未知时，应先计算干管，按经济流速和流量选定管径，并求得水头损失；再计算支管，此时支管起点及终点水压均为已知，支管计算应按充分利用起端的现有水压条件选定管径，经济流速不起主导作用，但需考虑技术上对流速的要求，若支管负担消防任务，其管径还应满足消防要求。当管网起点水压已知时，仍先计算干管，再计算支管，但注意此时干管和支管的计算方法均与管网起点水压未知时的支管相同。

枝状管网水力计算步骤：

（1）按城镇管网布置图，绘制计算草图，对节点和管段顺序编号，并标明段长度和节点地形标高；

（2）按最高日最高时用水量计算节点流量，并在节点旁引出箭头，注明节点流量。大用户的集中流量也标注在相应节点上；

（3）在管网计算草图上，按照任一管段中的流量等于其下游所有节点流量之和的关系，求出每一管段流量。

干管水力计算表　　　　表1

节点 (1)	地形标高 (m) (2)	管段编号 (3)	管段长度 (m) (4)	流量 (L/s) (5)	管径 (mm) (6)	$1000i$ (7)	流速 (m/s) (8)	水头损失 (m) (9)	水压标高 (m) (10)	自由水压 (m) (11)
9	56.0	6~9	600	12.67	150	7.20	0.73	4.32	76.00	20.0
6	56.3	2~6	500	68.08	300	4.90	0.96	2.45	80.32	24.02
2	56.6								82.77	26.17
1	57.4	1~2	400	144.62	500	1.53	0.73	0.61	83.38	25.98

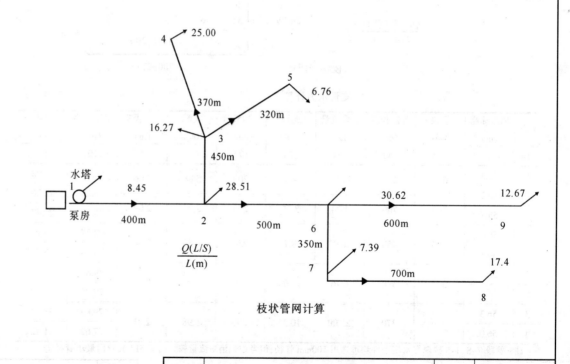

枝状管网计算

图名	枝状管网水力计算(一)	图号	JS2-1-18(一)

53

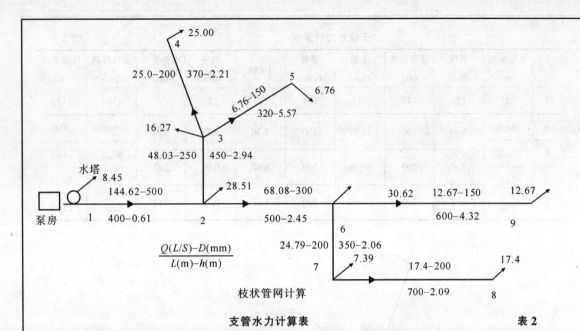

$$\frac{Q(L/S)-D(mm)}{L(m)-h(m)}$$

枝状管网计算

（4）选定泵房到控制点的管线为干线,按经济流速求出管径和水头损失;

（5）按控制点要求的最小服务水头和从水泵到控制点管线的总水头损失,求出水塔高度和水泵扬程;

（6）支管管径参照支管的水力坡度选定,即按充分利用起点水压的条件来确定;

（7）根据管网各节点的压力和地形标高,绘制等水压线和自由水压线图。

例如:进行支管水力计算:由于干管上各节点的水压已经确定（表1）,即支管起点的水压已定,因此支管各管段的经济管径选定必须满足:从干管节点到该支管的控制点（常为支管的终点）的水头损失之和应等于或小于干管上此节点的水压标高与支管控制点所需的水压标径。但当支管由两个或两个以上管段串联而成时,各管段水头损失之和可有多种组合能满足上述要求。

3. 环状管网水力计算

（1）按城镇管网布置图,绘制计算草图,对节点和管段顺序编号,并标明管段长度和节点地形标高。

（2）按最高日最高时用水量计算节点流量,并在节点旁引出箭头,注明节点流量。

支管水力计算表 表2

节点 (1)	地形标高 (m) (2)	管段编号 (3)	管段长度 (m) (4)	管段流量 (L/s) (5)	允许 1000i (6)	管段管径 (mm) (7)	实际 1000i (8)	水头损失 (m) (9)	水压标高 (m) (10)	自由水压 (m) (11)
6	56.3	6~7	350	24.79	4.4	200	5.88	2.06	80.32	42.02
7	56.2								78.26	22.06
8	55.7	7~8	700	17.4	3.66	200	2.99	2.09	76.17	20.47
2	56.6	2~3	450	48.03	8.7	250	6.53	2.94	82.77	26.17
3	56.3								79.83	23.53
3	56.3	3~5	320	6.76	11.65	150	2.31	0.74	79.83	23.53
5	56.1								79.09	22.99
3	56.3	3~4	370	25.00	10.35	200	5.98	2.21	79.83	23.53
4	56.0								77.62	21.62

注:管段7~8、3~5按现有水压条件均可选用100mm管径,但考虑到消防流量较大（q_x=35L/s）,管网最小管径定为150mm。

图名	枝状管网水力计算（二）	图号	JS2-1-18（二）

(3) 在管网计算草图上，将最高用水时由二级泵站和水塔供入管网的流量（指对置水塔的管网），沿各节点进行流量预分配，定出各管段的计算流量。

(4) 根据所定出的各管段计算流量和经济流速，选取各管段的管径。

(5) 计算各管段的水头损失 h 及各个环内的水头损失代数和 $\sum h$。

(6) 如若 $\sum h$ 超过规定的值(即出现闭合差 Δh)，须进行管网平差，将预分配的流量进行校正，以使各个环的闭合差达到所规定的允许范围之内。

(7) 按控制点要求的最小服务水头和从水泵到控制点管线的总水头损失，求出水塔高度和水泵扬程。

(8) 根据管网各节点的压力和地形标高，绘制等水压线和自由水压线图。

管网平差计算

环号	管段编号	管长 $L(m)$	管径 $D(m)$	初分配流量			第一次校正				
				$q(L/s)$	$1000i$	$h(m)$	$\left\|\dfrac{h}{q}\right\|$	$\Delta q(L/s)$	$q(L/s)$	$1000i$	$h(m)$
(1)	(2)	(3)	(4)	(5)	(6)	(7)	(8)	(9)	(10)	(11)	(12)

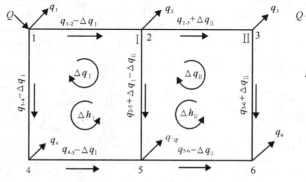

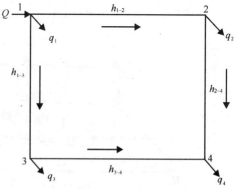

(A) 两环管网的流量调整

(B) 单环管网

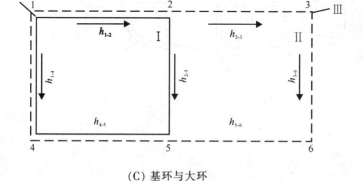

(C) 基环与大环

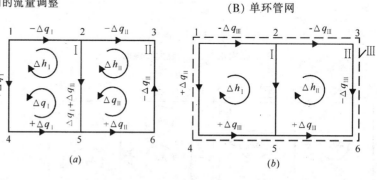

(D) 闭合差方向相同的两基环

图名	环状管网水力计算(一)	图号	JS2-1-19(一)

55

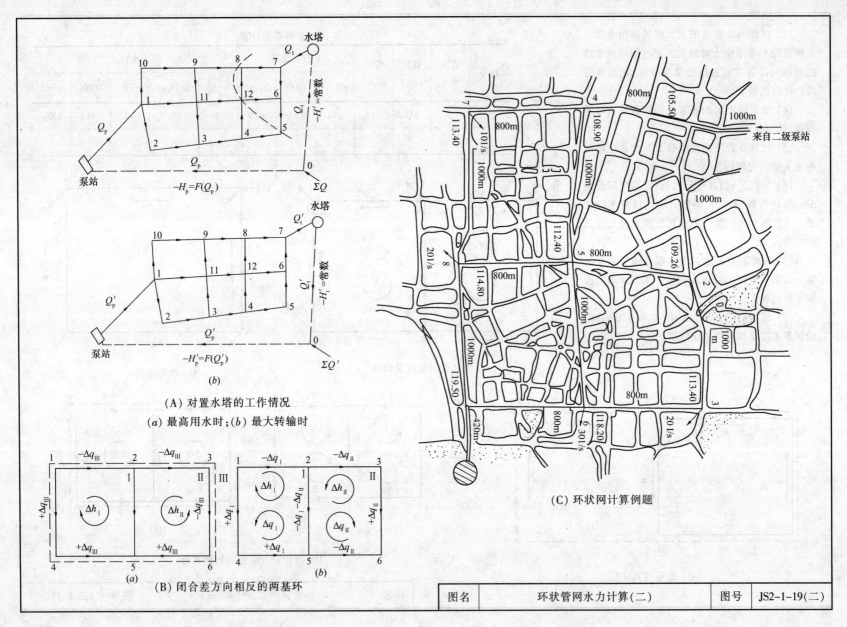

（A）对置水塔的工作情况

（a）最高用水时；（b）最大转输时

（B）闭合差方向相反的两基环

（C）环状网计算例题

| 图名 | 环状管网水力计算(二) | 图号 | JS2-1-19(二) |

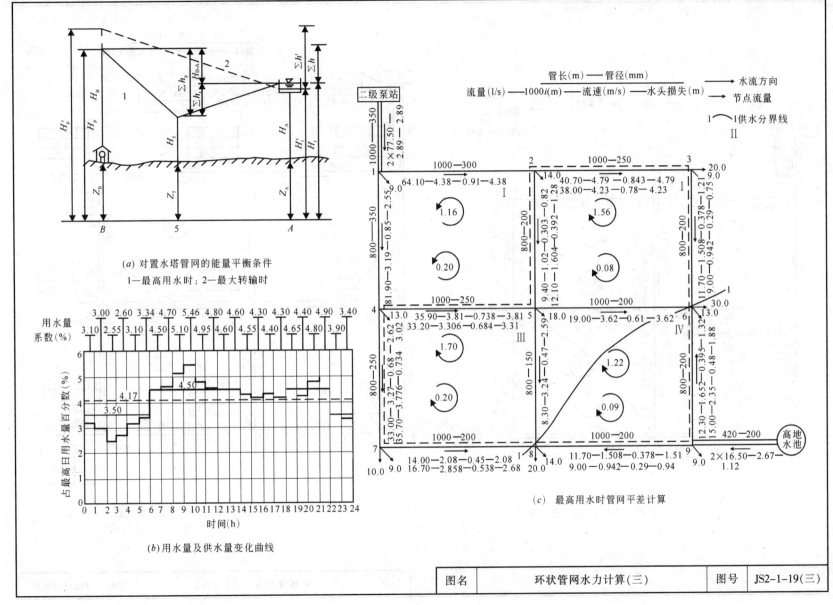

(a) 对置水塔管网的能量平衡条件

1—最高用水时；2—最大转输时

(b) 用水量及供水量变化曲线

(c) 最高用水时管网平差计算

图名	环状管网水力计算(三)	图号	JS2-1-19(三)

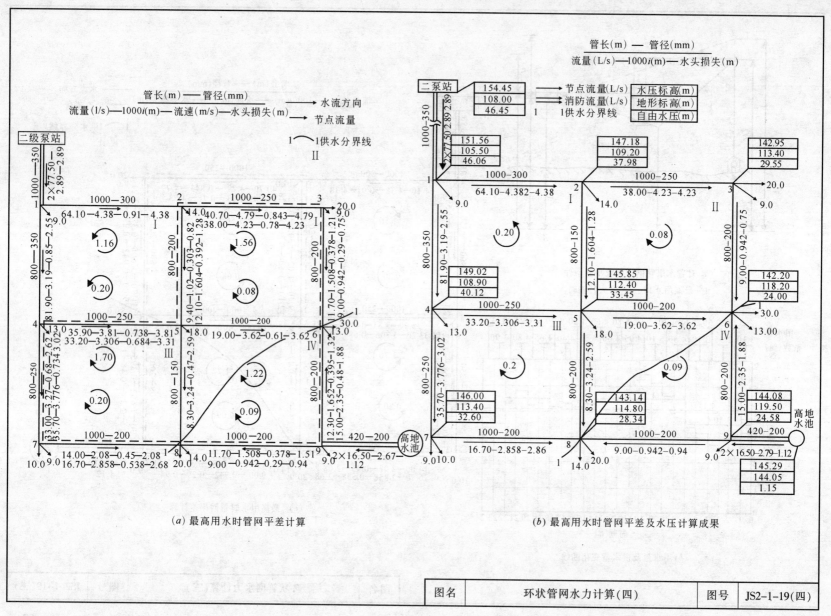

（a）最高用水时管网平差计算

（b）最高用水时管网平差及水压计算成果

| 图名 | 环状管网水力计算(四) | 图号 | JS2-1-19(四) |

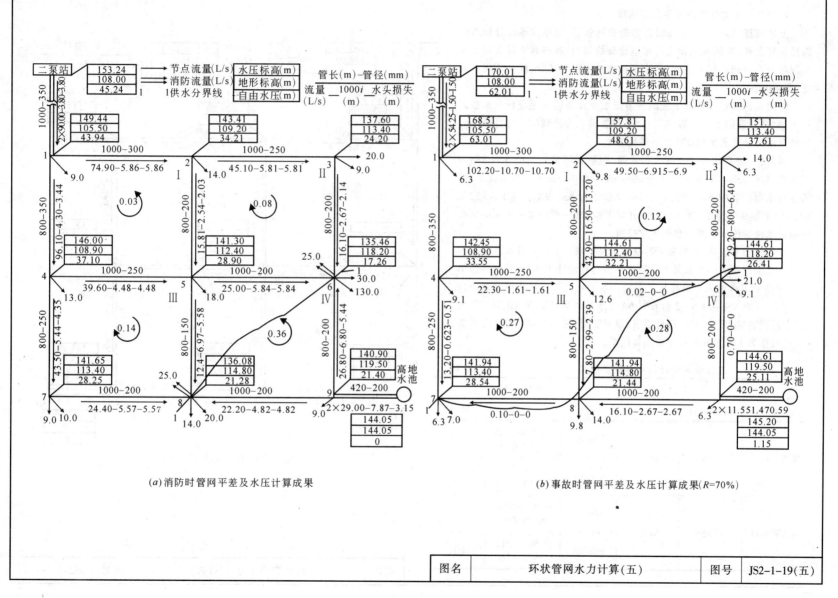

(a)消防时管网平差及水压计算成果

(b)事故时管网平差及水压计算成果(R=70%)

图名	环状管网水力计算(五)	图号	JS2-1-19(五)

59

环状管网水力计算成果及水泵选择

上述核算结果表明,最高时选定的管网管径、高地水池设计标高均满足核算条件,管网水头损失分布也比较均匀,且各核算工况所需水泵扬程与最高时相比相差不大,经水泵初选基本可以兼顾,故计算成果成立,不需调整。

管网设计管径和计算工况的各节点水压及高地水池设计供水参数如上述"环状管网水力计算(三)"~"环状管网水力计算(六)"的图所示。二级泵站设计供水参数及选泵结果见表1。

因此,二级泵站共需设置5台水泵(包括备用泵),其中3台8Sh-9型水泵,1台8Sh-9A型水泵,1台6Sh-6A型水泵。正常工作情况下,共需3台水泵。其中6~22时,1台8Sh-9和1台8Sh-9A并联工作;22~6时,1台8Sh-9以及和1台6Sh-6A并联工作。每一级供水中水泵的切换可通过水位远传仪由高地水池水位控制。

消防时和事故时,由两台8Sh-9型水泵并联工作即可得到满足。

给水工程建成通水需若干年后达到最高日设计用水量,达到后每年也有许多天用水量低于最高日用水量。本例题二级泵站还可设置2台8Sh-9型、1台8Sh-9A型、2台6Sh-6A型水泵以满足最高用水时、最大转输时、消防时和事故时的设计要求。设置2台6Sh-6A型水泵可互为备用,且可作为1台8Sh-9型水泵的备用泵。

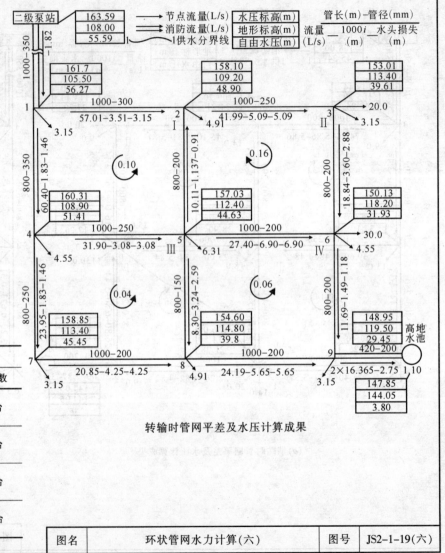

转输时管网平差及水压计算成果

二级泵站设计供水参数及选泵　　　　　　　　表1

项目	设计供水参数		水泵选择		
工况	流量(L/s)	扬程(m)	型号	性能	台数
最高用水时	155.00	51.03	8Sh-9	$Q=97.5\sim60L/s$ $H=50\sim69m$	1台
			8Sh-9A	$Q=90\sim50L/s$ $H=37.5\sim54.5m$	1台
最大转输时	120.56	61.17	8Sh-9	$Q=97.5\sim60L/s$ $H=50\sim69m$	1台
			6Sh-6A	$Q=50\sim31.5L/s$ $H=55\sim67m$	1台

图名	环状管网水力计算(六)	图号	JS2-1-19(六)

4. 输水管水力计算

从水源到城市水厂或工业企业自备水厂的输水管渠设计流量,应按最高日平均时供水量与水厂自用水量之和确定。当远距离输水时,输水管渠的设计流量应计入管渠漏失水量。

从水源到水厂或从水厂到管网的输水管必须保证不间断输水。输水系统的一般特点是距离长,和河流、高地、交通路线等交叉较多。

输水管渠有多种形式,常用的有:

(1) 压力输水管渠:此种形式通常用得最多,当输水量大时可采用输水渠,常用于高地水源或水泵供水。

(2) 无压输水管渠(非满流水管或暗渠):无压输水管渠的单位长度造价较压力管渠低,但在定线时,为利用与水力坡度相接近的地形,不得不延长路线,因此,建筑费用相应增加。重力无压输水管渠可节约水泵输水所耗电费。

(3) 加压与重力相结合的输水系统:在地形复杂的地区常用加压与重力结合的输水方式。

(4) 明渠:明渠是人工开挖的河槽,一般用于远距离输送大量水。

以下重点介绍压力输水管:

1) 输水管平行工作的管线数,应从可靠性要求和建造费用两方面来比较。若增加平行管线数,虽然可提高供水的可靠性,但输水系统的建造费用随之增大。实际上,常采用简单而造价又增加不多的方法,以提高供水的可靠性,即在平行管线之间设置连接管,将输水管线分成多段,分段数越多,供水可靠性越高。合理的分段数应根据用户对事故流量的要求确定。

2) 输水管计算的任务是确定管径和水头损失,以及达到一定事故流量所需的输水管条数和需设置的连接管条数。确定大型输水管的管径时,应考虑具体的埋管条件、管材和形式、附属构筑物数量和特点、输水管条数等,通过方案比较确定。具体计算时,先确定输水管条数,依据经济供水的原则,即按设计流量和经济流速(或可资用水头)确定管径,进而计算水头损失。

3) 重力供水时的压力输水管:水源在高地时(如取用蓄水库水时),若水源水位和水厂内处理构筑物之间有足够的水位高差,可利用水源水位向水厂重力输水。右边(A)图为重力流压力输水管示意图,右边(B)图为输水管正常时与事故时工作情况示意图。

下面介绍满管流的钢筋混凝土圆管水力计算表和镀锌钢管水力的计算表:

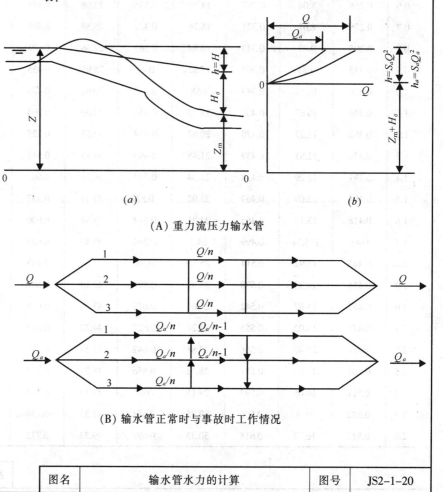

(A) 重力流压力输水管

(B) 输水管正常时与事故时工作情况

图名	输水管水力的计算	图号	JS2-1-20

钢筋混凝土圆管(满流, $n=0.013$)水力计算表

$i/‰$	200 v /(m/s)	Q /(L/s)	250 v /(m/s)	Q /(L/s)	300 v /(m/s)	Q /(L/s)	350 v /(m/s)	Q /(L/s)	400 v /(m/s)	Q /(L/s)	450 v /(m/s)	Q /(L/s)	500 v /(m/s)	Q /(L/s)
0.6	0.256	8.04	0.297	14.58	0.335	23.68	0.371	35.69	0.406	51.02	0.439	69.32	0.471	92.48
0.7	0.276	8.67	0.321	15.76	0.362	25.59	0.401	38.58	0.438	55.04	0.474	75.38	0.509	99.94
0.8	0.295	9.27	0.343	16.84	0.387	27.36	0429	41.27	0.469	58.93	0.507	80.63	0.544	106.81
0.9	0.313	9.83	0.363	17.82	0.41	28.98	0.455	43.78	0.497	62.45	0.538	85.56	0.577	113.29
1.0	0.330	10.37	0.383	18.8	0.433	30.61	0.479	46.08	0.524	65.85	0.567	90.18	0.608	119.38
1.1	0.346	10.87	0.402	19.73	0.454	32.09	0.503	48.39	0.55	69.11	0.595	94.63	0.638	125.27
1.2	0.362	11.37	0.420	20.62	0.474	33.51	0.525	50.51	0.574	72.13	0.621	98.76	0.666	130.77
1.3	0.376	11.81	0.437	21.45	0.493	34.85	0.547	52.63	0.598	75.14	0.646	102.74	0.693	136.17
1.4	0.391	12.29	0.453	22.24	0.512	36.19	0.567	54.55	0.62	77.91	0.671	106.72	0.72	141.37
1.5	0.404	12.69	0.469	23.02	0.53	37.47	0.587	56.48	0.642	80.67	0.694	110.37	0.745	146.28
1.6	0.418	13.13	0.485	23.81	0.547	38.67	0.606	58.35	0.663	88.31	0.717	114.03	0.769	150.99
1.7	0.43	135.51	0.499	24.5	0.564	39.87	0.625	60.13	0.683	85.83	0.739	117.53	0.793	155.71
1.8	0.443	13.92	0.514	25.23	0.58	41	0.643	61.86	0.703	88.34	0.761	121.03	0.816	160.22
1.9	0.455	14.30	0.528	25.92	0.596	42.13	0.661	63.59	0.722	90.73	0.781	124.21	0.838	164.54
2.0	0.467	14.67	0.542	26.61	0.612	43.26	0.678	65.23	0.741	93.11	0.802	127.55	0.860	168.86
2.1	0.478	15.02	0.555	27.24	0.627	44.32	0.695	66.87	0.759	95.38	0.821	130.57	0.881	172.98
2.2	0.49	15.40	0.568	27.88	0.642	45.38	0.711	68.41	0.777	97.64	0.841	133.75	0.902	177.11
2.3	0.501	15.74	0.581	28.52	0.656	46.37	0.727	69.95	0.795	99.9	0.86	136.77	0.922	181.03
2.4	0.511	16.06	0.593	29.11	0.67	47.36	0.743	71.48	0.812	102.04	0.878	139.64	0.942	184.96
2.5	0.522	16.4	0.606	29.75	0.684	48.35	0.758	72.97	0.829	104.17	0.896	142.5	0.962	188.89
2.6	0.532	16.72	0.618	30.33	0.698	49.34	0.773	74.37	0.845	106.18	0.914	145.36	0.981	192.62

图名 钢筋混凝土圆管水力的计算表(一) 图号 JS2-1-21(一)

62

i/‰	200		250		300		350		400		450		500	
	v	Q	v	Q	v	Q	v	Q	v	Q	v	Q	v	Q
	/(m/s)	/(L/s)	/(m/s)	/(L/s)	/(m/s)	/(L/s)	/(m/s)	/(L/s)	/(m/s)	/(L/s)	/(m/s)	/(L/s)	/(m/s)	/(L/s)
2.7	0.542	17.03	0.629	30.88	0.711	50.26	0.778	75.81	0.861	108.19	0.931	148.07	0.999	196.15
2.8	0.552	17.34	0.641	31.47	0.724	51.18	0.802	77.16	0.877	110.2	0.949	150.93	1.018	199.88
2.9	0.562	17.66	0.652	32.01	0.737	52.1	0.816	78.51	0.892	112.09	0.965	153.47	1.036	203.42
3.0	0.572	17.97	0.664	32.6	0.749	52.95	0.83	79.85	0.908	114.1	0.982	156.18	1.053	206.76
3.1	0.581	18.26	0.675	33.14	0.762	53.87	0.844	81.2	0.923	115.98	0.998	158.72	1.071	210.29
3.2	0.591	18.57	0.685	33.63	0.774	54.71	0.858	82.55	0.937	117.74	1.014	161.27	1.088	213.63
3.3	0.600	18.85	0.696	34.17	0.786	55.56	0.871	83.8	0.952	119.63	1.03	163.81	1.105	216.97
3.4	0.609	19.13	0.706	34.66	0.798	56.41	0.884	85.05	0.966	121.39	1.045	166.2	1.121	220.11
3.5	0.618	19.42	0.717	35.2	0.809	57.19	0.897	86.3	0.98	123.15	1.061	168.74	1.138	223.45
3.6	0.626	19.67	0.727	35.69	0.821	58.04	0.91	87.55	0.994	124.91	1.076	171.13	1.154	226.59
3.7	0.635	19.95	0.737	36.18	0.832	58.81	0.922	88.71	1.008	126.67	1.09	173.35	1.17	229.73
3.8	0.644	20.23	0.747	36.67	0.843	59.59	0.935	89.96	1.022	128.42	1.105	175.74	1.185	232.67
3.9	0.652	20.49	0.757	37.16	0.854	60.37	0.947	91.11	1.035	130.06	1.119	177.97	1.201	235.82
4.0	0.660	20.74	0.766	37.6	0.865	61.15	0.959	92.27	1.048	131.69	1.134	180.35	1.216	238.76
4.1	0.668	20.99	0.776	38.09	0.876	61.92	0.971	93.42	1.061	133.33	1.148	182.58	1.231	241.71
4.2	0.677	21.27	0.785	38.54	0.887	62.7	0.983	94.57	1.074	134.96	1.162	184.8	1.246	244.65
4.3	0.685	21.52	0.794	38.98	0.897	63.41	0.994	95.63	1.087	136.59	1.175	186.87	1.261	247.6
4.4	0.696	21.77	0.804	39.47	0.907	64.12	1.006	96.79	1.099	138.1	1.189	189.1	1.276	250.54
4.5	0.700	21.99	0.813	39.91	0.918	64.89	1.017	97.85	1.112	139.73	1.203	191.33	1.29	253.29
4.6	0.708	22.25	0.822	40.35	0.928	65.6	1.028	98.9	1.124	141.24	1.216	193.39	1.304	256.04
4.7	0.716	22.5	0.831	40.79	0.938	66.31	1.039	99.96	1.236	142.75	1.229	195.46	1.318	258.79
4.8	0.723	22.72	0.839	41.19	0.948	67.01	1.05	101.02	1.148	144.26	1.242	197.53	1.332	261.54
4.9	0.731	22.97	0.848	41.63	0.958	67.72	1.061	102.08	1.16	145.77	1.255	199.6	1.346	264.29

图名	钢筋混凝土圆管水力的计算表(二)	图号	JS2-1-21(二)

i/‰	200		250		300		350		400		450		500	
	v	Q	v	Q	v	Q	v	Q	v	Q	v	Q	v	Q
	/(m/s)	/(L/s)	/(m/s)	/(L/s)	/(m/s)	/(L/s)	/(m/s)	/(L/s)	/(m/s)	/(L/s)	/(m/s)	/(L/s)	/(m/s)	/(L/s)
5.0	0.738	23.19	0.857	42.07	0.967	68.36	1.072	103.14	1.172	147.27	1.268	201.66	1.36	267.04
5.1	0.746	23.44	0.865	42.46	0.977	69.06	1.083	104.2	1.184	148.78	1.28	203.57	1.373	269.59
5.2	0.753	23.66	0.874	42.9	0.987	69.77	1.093	105	1.195	150.16	1.293	205.64	1.387	272.34
5.3	0.76	23.88	0.882	43.3	0.996	70.41	1.104	106.22	1.207	151.67	1.305	207.55	1.4	274.89
5.4	0.767	24.1	0.89	43.69	1.005	71.04	1.114	107.18	1.218	153.05	1.317	209.46	1.413	277.44
5.5	0.774	24.32	0.898	44.08	1.015	71.75	1.124	108.174	1.229	154.44	1.329	211.36	1.426	280
5.6	0.781	24.54	0.907	44.52	1.024	72.39	1.135	109.2	1.24	155.82	1.341	213.27	1.439	282.55
5.7	0.788	24.76	0.915	44.92	1.033	73.02	1.145	110.16	1.251	157.2	1.353	215.18	1.452	285.1
5.8	0.795	24.98	0.923	45.31	1.042	73.66	1.155	111.12	1.262	158.58	1.365	217.09	1.465	287.65
5.9	0.802	25.2	0.931	45.7	1.051	74.3	1.165	112.08	1.273	159.97	1.377	219	1.477	290.01
6.0	0.809	25.42	0.938	46.05	1.061	74.93	1.174	112.95	1.284	161.35	1.389	220.91	1.49	292.56
6.1	0.815	25.61	0.946	46.44	1.068	75.5	1.184	113.91	1.294	162.6	1.4	222.66	1.502	294.92
6.2	0.822	25.83	0.954	46.83	1.077	76.13	1.194	114.87	1.305	163.99	1.412	224.56	1.514	297.27
6.3	0.829	26.05	0.962	47.2	1.086	76.77	1.204	115.84	1.315	165.24	1.423	226.31	1.526	299.63
6.4	0.835	26.24	0.969	47.57	1.094	77.33	1.213	116.7	1.326	166.63	1.434	228.06	1.528	301.99
6.5	0.842	26.46	0.977	47.96	1.103	77.97	1.222	117.57	1.336	167.88	1.445	229.81	1.55	304.34
6.6	0.848	26.64	0.984	48.3	1.111	87.54	1.232	118.53	1.346	169.14	1.456	231.56	1.562	306.7
6.7	0.855	26.86	0.992	48.7	1.12	79.17	1.241	119.4	1.357	170.52	1.467	233.31	1.574	309.05
6.8	0.861	27.05	0.999	49.04	1.128	79.74	1.25	120.28	1.367	171.75	1.478	235.06	1.586	311.41
6.9	0.867	27.24	1.006	49.38	1.136	80.3	1.259	121.13	1.377	173.03	1.489	236.81	1.597	313.57
7.0	0.873	27.43	1.014	49.78	1.145	80.94	1.268	121.99	1.387	174.29	1.5	238.56	1.609	315.93
7.1	0.88	27.65	1.021	50.12	1.153	81.51	1.277	122.86	1.396	175.42	1.51	240.15	1.62	318.09
7.2	0.886	27.84	1.028	50.46	1.161	82.07	1.286	123.73	1.406	176.68	1.521	241.9	1.632	320.44

图名	钢筋混凝土圆管水力的计算表(三)	图号	JS2-1-21(三)

i/‰	200		250		300		350		400		450		500	
	v	Q	v	Q	v	Q	v	Q	v	Q	v	Q	v	Q
	/(m/s)	/(L/s)	/(m/s)	/(L/s)	/(m/s)	/(L/s)	/(m/s)	/(L/s)	/(m/s)	/(L/s)	/(m/s)	/(L/s)	/(m/s)	/(L/s)
7.3	0.892	28.03	1.035	50.81	1.169	82.64	1.295	124.59	1.416	177.93	1.532	243.65	1.643	322.6
7.4	0.898	28.22	1.042	51.15	1.177	83.2	1.304	125.47	1.426	179.19	1.542	245.24	1.654	324.76
7.5	0.904	28.4	1.049	51.5	1.185	83.77	1.313	126.32	1.435	180.32	1.552	245.83	1.665	326.92
7.6	0.91	28.59	1.056	51.84	1.193	84.33	1.322	127.19	1.445	181.58	1.563	248.58	1.677	329.28
7.7	0.916	28.78	1.063	52.18	1.2	84.83	1.33	127.98	1.454	182.71	1.573	250.17	1.688	331.44
7.8	0.922	28.97	1.07	52.58	1.208	85.39	1.339	128.83	1.464	183.97	1.583	251.76	1.698	333.4
7.9	0.928	29.16	1.077	52.87	1.216	85.96	1.348	129.69	1.473	185.1	1.593	253.35	1.709	335.56
8.0	0.934	29.35	1.084	53.21	1.224	86.52	1.356	130.46	1.482	186.23	1.603	254.94	1.72	337.72
8.1	0.94	29.53	1.09	53.51	1.231	87.02	1.364	131.23	1.492	187.48	1.613	256.53	1.731	339.88
8.2	0.945	29.69	1.097	53.85	1.239	87.58	1.373	132.1	1.501	188.62	1.623	258.12	1.741	341.85
8.3	0.951	29.88	1.104	54.2	1.246	88.08	1.381	132.87	1.51	189.75	1.633	259.71	1.752	344.01
8.4	0.957	30.07	1.11	54.49	1.254	88.65	1.39	133.73	1.519	190.88	1.643	261.3	1.763	346.17
8.5	0.963	30.26	1.117	54.83	1.261	89.14	1.398	134.5	1.528	192.01	1.653	262.89	1.773	348.13
8.6	0.968	30.41	1.123	55.13	1.269	89.71	1.406	135.27	1.537	193.14	1.662	264.32	1.783	350.09
8.7	0.974	30.6	1.13	55.47	1.276	90.2	1.414	136.04	1.546	194.27	1.672	265.91	1.794	352.25
8.8	0.979	30.76	1.136	55.77	1.283	90.7	1.422	136.81	1.555	195.4	1.682	267.5	1.804	354.22
8.9	0.985	30.95	1.143	56.11	1.291	91.26	1.43	137.58	1.563	196.41	1.691	268.54	1.814	356.18
9.0	0.99	31.11	1.149	56.4	1.298	91.76	1.438	138.35	1.572	197.54	1.7	270.37	1.824	358.14
9.1	0.996	31.29	1.156	56.75	1.305	92.25	1.446	139.12	1.581	198.67	1.71	271.96	1.835	360.3
9.2	1.001	31.45	1.162	57.04	1.312	92.75	1.454	139.89	1.59	199.8	1.719	273.39	1.845	362.27
9.3	1.007	31.64	1.168	57.34	1.319	93.24	1.462	140.66	1.598	200.8	1.729	274.98	1.855	364.23
9.4	1.012	31.8	1.175	57.68	1.326	93.73	1.47	141.43	1.607	201.94	1.738	276.41	1.865	366.19

图名	钢筋混凝土圆管水力的计算表(四)	图号	JS2-1-21(四)

65

i/‰	200		250		300		350		400		450		500	
	v	Q	v	Q	v	Q	v	Q	v	Q	v	Q	v	Q
	/(m/s)	/(L/s)	/(m/s)	/(L/s)	/(m/s)	/(L/s)	/(m/s)	/(L/s)	/(m/s)	/(L/s)	/(m/s)	/(L/s)	/(m/s)	/(L/s)
9.5	1.018	31.99	1.181	57.88	1.333	94.23	1.478	142.2	1.615	202.94	1.747	277.84	1.874	367.96
9.6	1.023	32.14	1.187	58.27	1.34	94.72	1.485	142.87	1.624	204.07	1.756	279.27	1.884	369.92
9.7	1.028	32.3	1.193	58.56	1.347	95.22	1.493	143.64	1.632	205.08	1.766	280.86	1.894	371.89
9.8	1.034	32.49	1.199	58.86	1.354	95.71	1.501	144.41	1.641	206.21	1.775	282.3	1.904	373.85
9.9	1.039	32.65	1.205	59.15	1.361	96.21	1.509	145.18	1.649	207.21	1.784	283.73	1.913	375.62
10	1.044	32.8	1.211	59.45	1.368	96.7	1.516	145.85	1.657	208.22	1.793	285.16	1.923	377.58
11	1.095	34.4	1.271	62.39	1.435	101.44	1.59	152.97	1.738	218.4	1.88	299	2.017	396.04
12	1.144	35.94	1.327	65.14	1.499	105.96	1.661	159.8	1.815	228.07	1.964	312.35	2.107	413.71
13	1.19	37.39	1.381	67.79	1.56	110.28	1.729	166.35	1.89	237.5	2.044	325.08	2.193	430.6
14	1.235	38.8	1.433	70.35	1.619	114.45	1.794	172.6	1.961	246.42	2.121	337.32	2.275	446.7
15	1.279	40.19	1.484	72.85	1.675	118.41	1.857	178.66	2.03	255.09	2.196	349.25	2.355	462.4
16	1.321	41.51	1.532	75.21	1.73	122.29	1.918	184.53	2.096	263.38	2.268	360.7	2.433	477.72
17	1.361	41.76	1.58	77.56	1.784	126.11	1.977	190.21	2.161	271.55	2.337	371.68	2.507	492.25
18	1.401	44.02	1.625	79.79	1.835	129.72	2.034	195.69	2.223	279.34	2.405	382.49	2.58	506.58
19	1.439	45.21	1.67	81.98	1.886	133.32	2.09	201.08	2.284	287.01	2.471	392.99	2.651	520.52
20	1.476	46.38	1.713	84.09	1.935	136.79	2.144	206.27	2.344	294.55	2.535	403.17	2.72	534.07
21	1.513	47.54	1.756	86.2	1.982	140.11	2.197	211.37	2.402	301.84	2.598	413.19	2.787	547.23
22	1.549	48.67	1.797	88.21	2.029	143.43	2.249	216.38	2.458	308.87	2.659	422.89	2.852	559.99
23	1.583	49.74	1.837	90.18	2.075	146.68	2.299	221.19	2.513	315.78	2.719	432.43	2.917	572.75
24	1.617	50.81	1.877	92.14	2.119	149.79	2.349	226	2.567	322.57	2.777	441.65	2.979	584.93
25	1.651	51.87	1.915	94.01	2.163	152.9	2.397	230.62	2.62	329.23	2.834	450.72	3.041	597.1
26	1.683	52.88	1.953	95.87	2.206	155.94	2.445	235.23	2.672	335.76	2.891	459.78	3.101	608.88

图名	钢筋混凝土圆管水力的计算表(五)	图号	JS2-1-21(五)

i/‰	200		250		300		350		400		450		500	
	v	Q	v	Q	v	Q	v	Q	v	Q	v	Q	v	Q
	/(m/s)	/(L/s)	/(m/s)	/(L/s)	/(m/s)	/(L/s)	/(m/s)	/(L/s)	/(m/s)	/(L/s)	/(m/s)	/(L/s)	/(m/s)	/(L/s)
27	1.715	53.89	1.991	94.74	2.248	158.91	2.491	239.66	2.723	342.17	2.946	468.53	3.16	620.47
28	1.747	54.89	2.027	99.51	2.289	161.81	2.537	244.08	2.773	348.46	3.000	477.12	3.218	631.85
29	1.778	55.86	2.063	101.27	2.33	164.71	2.582	248.41	2.822	354.61	3.053	485.55	3.275	643.05
30	1.808	56.81	2.098	103.01	2.37	167.54	2.626	252.65	2.87	360.64	3.105	493.82	3.331	654.04
35	1.953	61.36	2.266	111.24	2.559	180.9	2.836	272.85	3.1	389.55	3.354	533.42	3.598	706.47
40	2.088	65.6	2.423	118.95	2.736	193.41	3.032	291.71	3.315	416.56	3.585	570.16	3.846	755.16
45	2.215	69.6	2.57	126.16	2.902	205.14	3.216	309.41	3.516	441.82	3.807	605.47	4.079	800.91
50	2.334	73.33	2.709	132.98	3.059	216.24	3.39	326.15	3.706	465.7	4.008	637.43	4.3	844.31
55	2.448	76.92	2.841	139.46	3.208	226.77	3.556	342.12	3.887	488.44	4.204	668.6	4.51	885.54
60	2.557	80.34	2.967	145.65	3.351	236.88	3.714	357.32	4.059	510.05	4.391	698.34	4.711	925
65	2.662	83.64	3.089	151.64	3.488	246.57	3.865	371.85	4.225	530.91	4.57	726.81	4.903	962.7
70	2.762	86.78	3.205	157.33	3.619	255.83	4.011	385.9	4.385	551.02	4.743	854.33	5.088	999.03
75	2.859	89.83	3.318	162.88	3.747	264.88	4.152	399.46	4.539	570.37	4.909	780.83	5.267	1034.18
80	2.953	92.78	3.427	168.23	3.869	273.50	4.288	412.55	4.687	588.97	5.07	806.33	5.439	1067.95
85	3.044	95.64	3.532	173.39	3.988	281.91	4.42	425.25	4.832	607.19	5.226	831.14	5.607	1100.93
90	3.132	98.41	3.634	178.39	4.104	290.11	4.548	437.56	4.972	624.78	5.378	855.32	5.769	1132.74
95	3.218	101.11	3.734	183.3	4.217	298.1	4.673	449.59	5.108	641.87	5.525	878.7	5.927	1163.77
100	3.301	103.72	3.831	188.06	4.326	305.8	4.794	461.23	5.241	658.58	5.669	901.6	6.081	1194

图名	钢筋混凝土圆管水力的计算表(六)	图号	JS2-1-21(六)

i/‰	600		700		800		900		1000		1100		1200	
	v	Q	v	Q	v	Q	v	Q	v	Q	v	Q	v	Q
	/(m/s)	/(L/s)	/(m/s)	/(L/s)	/(m/s)	/(L/s)	/(m/s)	/(L/s)	/(m/s)	/(L/s)	/(m/s)	/(L/s)	/(m/s)	/(L/s)
0.6	0.532	150.42	0.59	227.06	0.644	323.71	0.697	443.41	0.748	587.48	0.797	757.41	0.844	954.54
0.7	0.575	162.58	0.637	245.14	0.696	349.84	0.753	479.04	0.808	634.6	0.861	818.23	0.912	1031.44
0.8	0.614	173.6	0.681	262.08	0.744	373.97	0.805	512.12	0.863	677.8	0.92	874.3	0.975	1102.7
0.9	0.651	184.06	0.722	277.85	0.789	396.59	0.854	543.29	0.916	719.43	0.976	927.52	1.034	1169.42
1.0	0.687	194.24	0.761	292.86	0.832	418.2	0.9	572.55	0.965	757.91	1.029	977.89	1.09	1232.76
1.1	0.72	203.57	0.798	307.1	0.873	438.81	0.944	600.54	1.012	794.82	1.079	1024.41	1.143	1292.7
1.2	0.752	212.62	0.834	320.96	0.911	457.91	0.986	627.26	1.057	830.17	1.127	1072.02	1.194	1350.38
1.3	0.783	221.39	0.868	334.04	0.949	477.01	1.026	652.71	1.101	864.73	1.173	1114.74	1.243	1405.8
1.4	0.813	229.87	0.9	346.36	0.984	494.61	1.065	677.52	1.142	896.93	1.217	1156.55	1.29	1458.95
1.5	0.841	237.78	0.932	358.67	1.019	512.2	1.102	701.06	1.182	958.34	1.26	1197.42	1.335	1509.84
1.6	0.869	245.7	0.963	370.6	1.052	528.79	1.138	723.96	1.221	958.97	1.301	1236.38	1.379	1559.61
1.7	0.895	253.05	0.992	381.76	1.085	545.38	1.173	746.23	1.259	988.82	1.341	1274.39	1.421	1607.11
1.8	0.921	260.4	1.021	392.92	1.116	560.96	1.207	767.86	1.295	1017.09	1.38	1311.46	1.463	1654.61
1.9	0.947	267.75	1.049	403.7	1.147	576.54	1.24	788.85	1.331	1045.37	1.418	1347.57	1.503	1699.85
2.0	0.971	274.54	1.076	414.09	1.176	591.12	1.273	809.84	1.365	1072.07	1.455	1382.73	1.542	1743.96
2.1	0.995	281.33	1.103	424.49	1.206	606.2	1.304	829.57	1.399	1098.77	1.491	1416.94	1.58	1786.93
2.2	1.019	288.11	1.129	434.48	1.234	620.27	1.335	849.29	1.432	1124.69	1.526	1450.2	1.617	1828.78
2.3	1.041	294.33	1.154	444.11	1.262	634.34	1.365	868.37	1.464	1149.83	1.56	1482.51	1.653	1869.49
2.4	1.064	300.84	1.179	453.73	1.289	647.92	1.394	886.82	1.496	1174.96	1.594	1514.83	1.689	1910.21
2.5	1.086	307.06	1.203	462.96	1.315	660.98	1.423	905.27	1.526	1198.52	1.626	1545.24	1.724	1949.79
2.6	1.107	312.99	1.227	472.2	1.341	674.05	1.541	923.08	1.557	1222.87	1.659	1576.6	1.758	1988.25

图名	钢筋混凝土圆管水力的计算表(七)	图号	JS2-1-21(七)

i/‰	600		700		800		900		1000		1100		1200	
	v	Q	v	Q	v	Q	v	Q	v	Q	v	Q	v	Q
	$/(m/s)$	$/(L/s)$	$/(m/s)$	$/(L/s)$	$/(m/s)$	$/(L/s)$	$/(m/s)$	$/(L/s)$	$/(m/s)$	$/(L/s)$	$/(m/s)$	$/(L/s)$	$/(m/s)$	$/(L/s)$
2.7	1.128	318.93	1.251	481.43	1.367	687.12	1.479	940.9	1.586	1245.64	1.69	1606.06	1.791	2025.57
2.8	1.149	324.87	1.273	489.90	1.392	699.69	1.506	958.07	1.615	1268.42	1.721	1635.52	1.824	2062.89
2.9	1.169	330.52	1.296	498.75	1.417	712.26	1.532	974.61	1.644	1291.2	1.752	1664.98	1.856	2099.08
3.0	1.189	336.18	1.318	507.22	1.441	724.32	1.559	991.79	1.672	1313.19	1.782	1693.49	1.888	2135.27
3.1	1.209	341.83	1.34	515.69	1.465	736.38	1.584	1007.69	1.7	1335.18	1.811	1721	1.919	2170.33
3.2	1.228	347.2	1.361	523.77	1.488	747.94	1.61	1024.23	1.727	1356.39	1.84	1748.61	1.95	2205.39
3.3	1.248	352.86	1.383	532.23	1.511	759.5	1.635	1040.14	1.754	1377.59	1.869	1776.17	1.98	2239.32
3.4	1.266	357.95	1.403	539.93	1.534	771.07	1.659	1055.41	1.78	1398.01	1.897	1802.78	2.01	2273.25
3.5	1.285	363.32	1.424	548.01	1.556	782.12	1.684	1071.31	1.806	1418.43	1.924	1828.43	2.039	2306.05
3.6	1.303	368.41	1.444	555.71	1.578	793.18	1.707	1085.94	1.832	1438.85	1.952	1855.04	2.068	2338.85
3.7	1.321	373.5	1.464	563.41	1.6	804.24	1.731	1101.21	1.857	1458.49	1.979	1880.7	2.097	2371.64
3.8	1.339	378.59	1.484	571.1	1.622	815.3	1.754	1115.84	1.882	1478.12	2.005	1905.41	2.125	2403.31
3.9	1.356	383.4	1.503	578.41	1.643	825.85	1.777	1130.47	1.906	1496.97	2.031	1930.12	2.153	2434.98
4.0	1.373	388.2	1.522	585.73	1.664	836.41	1.8	1145.11	1.931	1516.61	2.057	1954.83	2.18	2465.51
4.1	1.391	393.29	1.541	593.04	1.684	846.46	1.822	1159.1	1.955	1535.46	2.083	1979.54	2.207	2496.05
4.2	1.407	397.82	1.56	600.35	1.705	857.02	1.844	1173.1	1.978	1553.52	2.108	2003.3	2.234	2526.59
4.3	1.424	402.62	1.578	607.28	1.725	867.07	1.866	1187.09	2.002	1572.37	2.133	2027.05	2.26	2555.99
4.4	1.44	407.15	1.596	614.2	1.745	877.12	1.888	1201.09	2.025	1590.44	2.158	2050.81	2.287	2586.53
4.5	1.457	411.95	1.614	621.13	1.765	887.18	1.909	1214.45	2.048	1608.5	2.182	2073.62	2.312	2615.8
4.6	1.473	416.48	1.632	628.06	1.784	896.73	1.93	1227.81	2.07	1625.78	2.206	2096.43	2.338	2644.21
4.7	1.489	421	1.65	634.99	1.804	906.78	1.951	1241.17	2.093	1643.84	2.23	2119.24	2.363	2671.48
4.8	1.505	425.52	1.667	641.53	1.823	916.33	1.972	1254.53	2.115	1661.12	2.254	2142.04	2.388	2700.76
4.9	1.52	429.76	1.685	648.46	1.842	925.88	1.992	1267.25	2.137	1678.4	2.227	2163.9	2.413	2729.03

图名	钢筋混凝土圆管水力的计算表(八)	图号	JS2-1-21(八)

i/‰	600		700		800		900		1000		1100		1200	
	v	Q	v	Q	v	Q	v	Q	v	Q	v	Q	v	Q
	/(m/s)	/(L/s)	/(m/s)	/(L/s)	/(m/s)	/(L/s)	/(m/s)	/(L/s)	/(m/s)	/(L/s)	/(m/s)	/(L/s)	/(m/s)	/(L/s)
5	1.536	434.29	1.702	655.00	1.86	934.93	2.012	1279.97	2.159	1695.68	2.3	2185.76	2.438	2757.3
5.1	1.551	438.53	1.719	611.54	1.879	944.48	2.032	1292.7	2.18	1712.17	2.323	2207.62	2.462	2784.44
5.2	1.566	442.77	1.735	667.7	1.897	953.53	2.052	1305.42	2.201	1728.67	2.346	2229.47	2.486	2811.59
5.3	1.581	447.01	1.752	674.24	1.915	962.57	2.072	1318.14	2.222	1745.16	2.368	2250.38	2.51	2838.73
5.4	1.596	451.25	1.769	680.78	1.933	971.62	2.091	1330.23	2.243	1761.65	2.39	2271.29	2.533	2864.75
5.5	1.611	455.49	1.785	686.94	1.951	980.67	2.11	1342.32	2.264	1778.15	2.412	2292.2	2.557	2891.89
5.6	1.625	459.45	1.801	693.1	1.969	989.72	2.129	1354.41	2.284	1793.85	2.434	2313.1	2.58	2917.9
5.7	1.64	463.69	1.817	699.25	1.986	998.26	2.148	1366.49	2.305	1810.35	2.456	2334.01	2.603	2943.91
5.8	1.654	467.65	1.833	705.41	2.004	1007.31	2.167	1378.58	2.325	1826.06	2.477	2353.97	2.625	2968.8
5.9	1.668	471.61	1.849	711.57	2.021	1015.86	2.186	1390.67	2.345	1841.76	2.499	2374.87	2.648	2994.81
6	1.682	475.57	1.864	717.34	2.038	1024.4	2.204	1402.12	2.365	1857.47	2.52	2394.83	2.67	3019.69
6.1	1.696	479.53	1.88	723.5	2.055	1032.95	2.222	1413.57	2.384	1872.39	2.541	2414.79	2.692	3044.57
6.2	1.71	483.49	1.895	729.27	2.071	1040.99	2.241	1425.66	2.404	1888.1	2.561	2433.8	2.714	3069.45
6.3	1.724	487.44	1.91	735.04	2.088	1049.53	2.259	1437.11	2.423	1903.02	2.582	2453.75	2.736	3094.33
6.4	1.737	491.12	1.925	740.82	2.105	1058.08	2.277	1448.56	2.442	1917.95	2.602	2472.76	2.758	3119.22
6.5	1.751	495.08	1.94	746.59	2.121	1066.12	2.294	1459.37	2.461	1932.87	2.623	2492.72	2.779	3142.97
6.6	1.764	498.75	1.955	752.36	2.137	1074.16	2.312	1470.83	2.48	1947.79	2.643	2511.72	2.801	3167.85
6.7	1.778	502.71	1.97	758.13	2.153	1082.21	2.329	1481.64	2.499	1962.71	2.663	2530.72	2.822	3191.6
6.8	1.791	506.39	1.985	763.91	2.169	1090.25	2.347	1493.09	2.517	1976.85	2.682	2548.79	2.843	3215.35
6.9	1.804	510.06	1.999	769.3	2.185	1098.29	2.364	1503.91	2.536	1991.77	2.702	2567.79	2.863	3237.97
7	1.817	513.74	2.014	775.07	2.201	1106.33	2.381	1514.72	2.554	2005.91	2.722	2586.8	2.884	3261.72
7.1	1.83	517.41	2.028	780.46	2.217	1114.38	2.398	1525.54	2.572	2020.05	2.741	2604.85	2.905	3285.47
7.2	1.843	521.09	2.042	785.84	2.232	1121.91	2.415	1536.35	2.59	2034.19	2.76	2622.91	2.925	3308.09

图名	钢筋混凝土圆管水力的计算表(九)	图号	JS2-1-21(九)

i/‰	600		700		800		900		1000		1100		1200	
	v	Q	v	Q	v	Q	v	Q	v	Q	v	Q	v	Q
	/(m/s)	/(L/s)	/(m/s)	/(L/s)	/(m/s)	/(L/s)	/(m/s)	/(L/s)	/(m/s)	/(L/s)	/(m/s)	/(L/s)	/(m/s)	/(L/s)
7.3	1.855	524.48	2.056	791.23	2.248	1129.96	2.431	1546.53	2.608	2048.32	2.77	2640.97	2.945	3330.71
7.4	1.868	528.16	2.07	796.62	2.263	1137.5	2.448	1557.34	2.626	2062.46	2.798	2659.02	2.965	3353.33
7.5	1.881	531.83	2.084	802.01	2.278	1145.04	2.464	1567.52	2.644	2076.6	2.817	2677.08	2.985	3375.95
7.6	1.893	535.23	2.098	807.39	2.293	1152.58	2.481	1578.34	2.661	2089.95	2.836	2695.02	3.005	3398.66
7.7	1.906	538.90	2.112	812.78	2.308	1160.12	2.497	1588.52	2.679	2104.09	2.854	2712.24	3.025	3421.18
7.8	1.918	524.3	2.126	818.17	2.323	1167.66	2.513	1598.7	2.696	2117.44	2.873	2730.3	3.045	3443.8
7.9	1.93	545.69	2.139	823.17	2.338	1175.2	2.529	1608.87	2.713	2130.79	2.891	2747.4	3.064	3465.29
8	1.942	549.08	2.153	828.56	2.353	1172.74	2.545	1619.05	2.73	2144.14	2.91	2765.46	3.083	3686.78
8.1	1.954	552.47	2.166	833.56	2.368	1190.28	2.561	1629.23	2.747	2157.49	2.928	2782.57	3.103	3509.4
8.2	1.966	555.87	2.179	838.57	2.382	1197.31	2.577	1639.41	2.764	2170.85	2.946	2799.67	3.122	3530.89
8.3	1.978	559.26	2.193	843.95	2.397	1204.85	2.592	1648.95	2.781	2184.2	2.964	2816.78	3.141	3552.38
8.4	1.99	562.65	2.206	848.96	2.411	1211.89	2.608	1659.13	2798	2197.55	2.981	2832.93	3.159	3572.73
8.5	2.002	566.05	2.219	853.96	2.425	1218.93	2.624	1669.31	2.814	2210.12	2.999	2850.04	3.178	3594.22
8.6	2.014	569.44	2.232	858.96	2.44	1226.47	2.639	1678.85	2.831	2223.47	3.017	2867.15	3.197	3615.71
8.7	2.026	572.83	2.245	863.97	2.454	1233.5	2.654	1688.4	2.847	2236.03	3.034	2883.3	3.215	3636.07
8.8	2.037	575.94	2.258	868.97	2.468	1240.54	2.669	1697.94	2.864	2249.39	3.052	2900.41	3.234	3657.56
8.9	2.049	579.33	2.27	873.59	2.482	1247.58	2.685	1708.12	2.88	2261.95	3.069	2916.56	3.252	3677.91
9	2.06	582.44	2.283	878.59	2.496	1254.61	2.7	1717.66	2.896	2274.52	3.086	2932.76	3.27	3698.27
9.1	2.072	585.84	2.296	883.59	2.51	1261.65	2.715	1727.2	2.912	2287.08	3.103	2948.87	3.288	3718.63
9.2	2.083	588.95	2.308	888.21	2.523	1268.19	2.729	1736.11	2.928	2299.65	3.120	2965.03	3.306	3738.99
9.3	2.094	592.06	2.321	893.21	2.537	1275.22	2.744	1745.65	2.944	2312.22	3.137	2981.19	3.324	3759.34
9.4	2.105	595.17	2.333	897.83	2.551	1282.26	2.759	1755.19	2.96	2324.78	3.154	2997.34	3.342	3779.7

图名	钢筋混凝土圆管水力的计算表(十)	图号	JS2-1-21(十)

i/‰	600		700		800		900		1000		1100		1200	
	v	Q	v	Q	v	Q	v	Q	v	Q	v	Q	v	Q
	/(m/s)	/(L/s)	/(m/s)	/(L/s)	/(m/s)	/(L/s)	/(m/s)	/(L/s)	/(m/s)	/(L/s)	/(m/s)	/(L/s)	/(m/s)	/(L/s)
9.5	2.117	598.56	2.346	902.83	2.564	1288.79	2.774	1764.74	2.975	2336.57	3.171	3013.5	3.36	3800.05
9.6	2.128	601.67	2.358	907.45	2.578	1295.83	2.788	1773.64	2.991	2349.13	3.187	3028.7	3.378	3820.42
9.7	2.139	604.78	2.37	912.07	2.591	1302.37	2.803	1783.18	3.007	2361.7	3.204	3044.86	3.395	3839.64
9.8	2.15	607.89	2.382	916.69	2.604	1308.9	2.817	1792.08	3.022	2373.48	3.22	3060.06	3.413	3860
9.9	2.161	611	2.395	921.69	2.618	1315.94	2.831	1801	3.037	2385.26	3.237	3076.22	3.43	3879.23
10	2.172	614.11	2.407	926.31	2.631	1322.47	2.846	1810.54	3.053	2397.83	3.253	3091.42	3.447	3898.45
11	2.278	644.08	2.524	971.34	2.759	1386.81	2.985	1898.97	3.202	2514.85	3.412	3242.53	3.615	4088.46
12	2.379	672.64	2.636	1014.44	2.882	1448.64	3.117	1982.94	3.344	2626.038	3.563	3386.03	3.776	4270.54
13	2.476	700.06	2.744	1056	3	1507.95	3.245	2064.37	3.481	2733.98	3.709	3524.77	3.93	4444.71
14	2.57	726.64	2.848	1096.02	3.112	1564.25	3.367	2141.98	3.612	2836.86	3.849	3657.82	4.079	4613.22
15	2.66	752.09	2.948	1134.51	3.222	1619.54	3.485	2217.05	3.739	2936.61	3.984	3786.11	4.222	4774.96
16	2.747	776.69	3.044	1171.45	3.328	1672.82	3.599	2289.58	3.861	3032.43	4.115	3910.61	4.36	4931.03
17	2.831	800.44	3.138	1207.63	3.43	1724.09	3.71	2360.19	3.98	3125.89	4.241	4030.35	4.495	5083.71
18	2.914	823.9	3.229	1242.65	3.529	1773.85	3.818	2428.9	4.096	3217	4.364	4147.24	4.625	5230.74
19	2.993	846.24	3.317	1276.51	3.626	1822.61	3.922	2495.06	4.208	3304.96	4.484	4261.28	4.752	5374.36
20	3.071	868.29	3.404	1310	3.72	1869.86	4.024	2559.95	4.317	3390.57	4.6	4371.52	4.875	5513.48
21	3.147	889.78	3.488	1342.32	3.812	1916.1	4.124	2623.57	4.424	3474.61	4.714	4479.86	4.996	5650.33
22	3.221	910.71	3.57	1373.88	3.902	1961.34	4.221	2685.27	4.528	3556.29	4.825	4585.34	5.113	5782.65
23	3.293	931.06	3.65	1404.67	3.99	2005.57	4.316	2745.71	4.63	3636.4	4.933	4687.98	5.228	5912.71
24	3.364	951.14	3.728	1434.68	4.076	2048.8	4.408	2804.24	4.729	3714.16	5.039	4788.71	5.34	6039.38
25	3.434	970.93	3.805	1464.32	4.16	2091.02	4.499	2862.13	4.827	3791.13	5.143	4887.55	5.451	6164.92

图名	钢筋混凝土圆管水力的计算表(十一)	图号	JS2-1-21(十一)

i/‰	600		700		800		900		1000		1100		1200	
	v	Q	v	Q	v	Q	v	Q	v	Q	v	Q	v	Q
	/(m/s)	/(L/s)	/(m/s)	/(L/s)	/(m/s)	/(L/s)	/(m/s)	/(L/s)	/(m/s)	/(L/s)	/(m/s)	/(L/s)	/(m/s)	/(L/s)
26	3.502	990.16	3.881	1493.56	4.242	2132.24	4.588	2918.75	4.922	3865.74	5.245	4984.48	5.558	6285.93
27	3.568	1008.82	3.955	1522.04	4.323	2172.96	4.676	2974.73	5.016	3939.57	5.345	5079.51	5.664	6405.81
28	3.634	1027.48	4.027	1549.75	4.402	2212.67	4.762	3029.44	5.108	4011.85	5.443	5172.65	5.768	6523.43
29	3.698	1045.57	4.098	1577.07	4.48	2251.87	4.846	3082.88	5.199	4083.29	5.54	5264.83	5.87	6638.79
30	3.761	1063.39	4.168	1604.01	4.557	2290.58	4.929	3135.68	5.287	4152.41	5.634	5354.16	5.971	6753.02
35	4.063	1148.77	4.502	1732.55	4.922	2474.04	5.324	3386.97	5.711	4485.42	6.086	5783.71	6.449	7293.63
40	4.343	1227.94	4.813	1852.23	5.261	2644.44	5.691	3620.44	6.105	4794.87	6.506	6182.85	6.894	7796.91
45	4.607	1302.4	5.105	1961.61	5.581	2805.29	6.036	3839.92	6.476	5086.25	6.901	6558.23	7.313	8270.78
50	4.856	1372.99	5.381	2070.82	5.882	2956.59	6.363	4047.95	6.826	5361.14	7.274	6912.7	7.708	8717.52
55	5.093	1439.99	5.644	2172.04	6.17	3101.35	6.674	4245.8	7.159	5622.68	7.629	7250.07	8.084	9142.76
60	5.319	1503.89	5.895	2268.63	6.444	3239.08	6.97	4434.1	7.478	5873.22	7.968	7572.23	8.444	9549.91
65	5.537	1565.53	6.136	2361.38	6.707	3371.27	7.255	4615.41	7.783	6112.77	8.293	7881.09	8.789	9940.1
70	5.746	1624.62	6.367	2450.28	6.96	3498.44	7.529	4789.72	8.077	6343.68	8.607	8179.49	9.121	10315.58
75	5.947	1681.45	6.591	2536.48	7.205	3621.59	7.793	4957.67	8.36	6565.94	8.909	8466.49	9.441	10677.49
80	6.142	1736.59	6.807	2619.61	7.441	3740.22	8.049	5120.53	8.834	6781.14	9.201	8743.99	9.75	11026.96
85	6.331	1790.03	7.017	2700.42	7.67	3855.33	8.296	5277.67	8.9	6990.06	9.484	9012.93	10.05	11366.25
90	6.515	1842.05	7.22	2778.54	7.892	3966.91	8.537	5430.98	9.158	7192.69	9.795	9274.27	10.342	11696.49
95	6.693	1892.38	7.418	2854.74	8.108	4075.49	8.771	5579.85	9.409	7389.83	10.026	9528.01	10.625	12016.56
100	6.867	1941.58	7.611	2929.02	8.319	4181.55	8.999	5724.89	9.653	7581.47	10.287	9776.04	10.901	12328.7

图名	钢筋混凝土圆管水力的计算表(十二)	图号	JS2-1-21(十二)

i/‰	1250		1300		1350		1400		1500		1600		1640	
	v	Q	v	Q	v	Q	v	Q	v	Q	v	Q	v	Q
	/(m/s)	/(L/s)	/(m/s)	/(L/s)	/(m/s)	/(L/s)	/(m/s)	/(L/s)	/(m/s)	/(L/s)	/(m/s)	/(L/s)	/(m/s)	/(L/s)
0.6	0.868	1065.2	0.891	1182.6	0.913	1306.9	0.936	1440.9	0.98	1731.8	1.023	2056.7	1.04	2196.9
0.7	0.937	1149.9	0.962	1276.9	0.987	1412.8	1.011	1556.3	1.058	1869.6	1.105	2221.5	1.123	2372.2
0.8	1.002	1229.6	1.028	1364.5	1.055	1510.1	1.081	1664.1	1.131	1998.6	1.181	2374.9	1.201	2537.0
0.9	1.063	1304.5	1.091	1448.1	1.119	1601.7	1.146	1764.1	1.2	2120.6	1.253	2518.9	1.274	2691.2
1	1.12	1374.4	1.15	1526.4	1.179	1687.6	1.208	1859.6	1.265	2235.4	1.321	2655.2	1.343	2837.0
1.1	1.175	1441.9	1.206	1600.8	1.237	1770.6	1.267	1950.4	1.327	2345.0	1.385	2784.8	1.408	2974.3
1.2	1.227	1505.8	1.26	1672.4	1.292	1849.4	1.323	2036.6	1.386	2449.3	1.447	2908.6	1.471	3107.4
1.3	1.277	1567.1	1.311	1740.1	1.344	1923.8	1.377	2119.7	1.442	2548.2	1.506	3027.4	1.531	3234.1
1.4	1.325	1626.0	1.361	1806.5	1.395	1996.8	1.429	2199.8	1.497	2645.4	1.563	3141.7	1.588	3354.5
1.5	1.372	1683.7	1.408	1868.9	1.444	2066.9	1.48	2278.3	1.549	2737.3	1.617	3251.9	1.644	3472.8
1.6	1.417	1738.9	1.454	1929.9	1.492	2135.6	1.528	2352.2	1.6	2827.4	1.67	3358.6	1.698	3586.9
1.7	1.461	1792.9	1.499	1989.7	1.537	2200.1	1.575	2424.5	1.649	2914.0	1.722	3461.9	1.75	3696.7
1.8	1.503	1844.5	1.543	5048.1	1.582	2264.5	1.621	2495.3	1.697	2998.8	1.772	3562.3	1.801	3804.5
1.9	1.544	1894.8	1.585	2103.8	1.625	2326.0	1.665	2563.1	1.744	3081.9	1.82	3659.9	1.851	3910.1
2	1.584	1943.9	1.626	2158.2	1.668	2387.6	1.708	2629.3	1.789	3161.4	1.868	3755.0	1.899	4011.5
2.1	1.623	1911.7	1.666	2211.3	1.709	2446.3	1.751	2695.5	1.833	3239.2	1.914	3847.7	1.945	4108.6
2.2	1.661	2038.4	1.706	2264.4	1.749	2503.5	1.792	2758.6	1.876	3315.2	1.959	3938.3	1.991	4205.8
2.3	1.699	2085.0	1.744	2314.9	1.788	2559.3	1.832	2820.1	1.917	3389.4	2.003	4026.8	2.036	4300.9
2.4	1.735	2129.2	1.781	2364.0	1.827	2615.2	1.872	2881.7	1.96	3463.6	2.046	4113.4	2.08	4393.8
2.5	1.771	2173.3	1.818	2413.1	1.864	2668.1	1.91	2940.2	2.0	3534.3	2.088	4198.2	2.123	4484.7
2.6	1.806	2216.3	1.854	2460.9	1.901	2721.1	1.948	2998.7	2.04	3605.0	2.129	4281.3	2.165	4573.4

图名	钢筋混凝土圆管水力的计算表(十三)	图号	JS2-1-21(十三)

i/‰	1250		1300		1350		1400		1500		1600		1640	
	v	Q	v	Q	v	Q	v	Q	v	Q	v	Q	v	Q
	/(m/s)	/(L/s)	/(m/s)	/(L/s)	/(m/s)	/(L/s)	/(m/s)	/(L/s)	/(m/s)	/(L/s)	/(m/s)	/(L/s)	/(m/s)	/(L/s)
2.7	1.841	2259.2	1.889	2507.3	1.938	2774.0	1.985	3055.7	2.079	3673.9	2.17	4362.9	2.206	4660.0
2.8	1.874	2299.7	1.924	2553.8	1.973	2824.1	2.022	3112.6	2.117	3741.0	2.21	4443.0	2.246	4744.5
2.9	1.908	2341.5	1.958	2598.9	2.008	2874.2	2.057	3166.5	2.154	3806.4	2.249	4521.6	2.286	4829.0
3	1.94	2380.7	1.992	2644.0	2.042	2922.9	2.092	3220.4	2.191	3871.8	2.287	4598.9	2.325	4911.4
3.1	1.972	2420.0	2.025	2687.8	2.076	2971.6	2.127	3274.3	2.227	3935.4	2.325	4674.9	2.364	4993.7
3.2	2.004	2459.3	2.057	2730.3	2.109	3018.8	2.161	3326.6	2.263	3999.0	2.362	4749.7	2.402	5074.0
3.3	2.035	2497.3	2.089	2772.8	2.142	3066.0	2.195	3378.9	2.298	4060.9	2.399	4823.4	2.439	5152.2
3.4	2.066	2535.4	2.12	2813.9	2.174	3111.8	2.228	3429.7	2.332	4121.0	2.435	4895.9	2.475	5228.2
3.5	2.096	2572.2	2.151	2855.1	2.206	3157.7	2.26	3479.0	2.367	4182.8	2.471	4967.4	2.512	5306.4
3.6	2.125	2607.8	2.182	2896.2	2.237	3202.0	2.292	3528.3	2.4	4241.1	2.506	5037.8	2.547	5380.3
3.7	2.155	2644.6	2.212	2936.0	2.268	3246.4	2.324	3577.5	2.433	4299.5	2.54	5107.3	2.582	5454.2
3.8	2.184	2680.2	2.241	2974.5	2.299	3290.8	2.355	3625.2	2.466	4357.8	2.574	5175.9	2.617	5528.2
3.9	2.212	2714.5	2.271	3014.3	2.329	3333.7	2.386	3673.0	2.498	4414.3	2.608	5243.6	2.651	5600.0
4	2.24	2748.9	2.3	3052.8	2.358	3375.2	2.416	3719.1	2.53	4470.9	2.641	5310.4	2.685	5671.8
4.1	2.268	2783.2	2.328	3090.0	2.388	3418.2	2.446	3765.3	2.561	4525.7	2.674	5376.3	2.718	5741.5
4.2	2.296	2817.6	2.356	3127.2	2.417	3459.7	2.476	3811.5	2.592	4580.4	2.706	5441.5	2.751	5811.2
4.3	2.323	2850.7	2.384	3164.3	2.445	3499.8	2.505	3856.2	2.623	4635.2	2.738	5505.9	2.784	5881.0
4.4	2.35	2883.9	2.412	3201.5	2.473	3539.8	2.534	3900.8	2.653	4688.2	2.77	5569.5	2.816	5948.6
4.5	2.376	2915.8	2.439	3237.3	2.501	3579.9	2.563	3945.4	2.683	4741.2	2.801	5632.5	2.848	6016.1
4.6	2.403	2948.9	2.466	3273.2	2.529	3620.0	2.591	3988.5	2.713	4974.3	2.832	5694.7	2.879	6081.6
4.7	2.429	2980.8	2.493	3309.0	2.556	3658.6	2.619	4031.6	2.742	4845.5	2.863	5756.3	2.91	6147.1
4.8	2.454	3011.5	2.519	3343.5	2.583	3697.3	2.647	4074.7	2.771	4896.7	2.893	5817.2	2.941	6212.6
4.9	2.48	3043.4	2.545	3378.0	2.61	3735.9	2.674	4116.3	2.8	4948.0	2.923	5877.5	2.972	6278.1

图名	钢筋混凝土圆管水力的计算表(十四)	图号	JS2-1-21(十四)

75

i/‰	1250		1300		1350		1400		1500		1600		1640	
	v	Q	v	Q	v	Q	v	Q	v	Q	v	Q	v	Q
	/(m/s)	/(L/s)	/(m/s)	/(L/s)	/(m/s)	/(L/s)	/(m/s)	/(L/s)	/(m/s)	/(L/s)	/(m/s)	/(L/s)	/(m/s)	/(L/s)
5	2.505	3074.1	2.571	3412.5	2.637	3774.6	2.701	4157.9	2.829	4999.2	2.953	5937.2	3.002	6341.5
5.1	2.53	3104.8	2.597	3447.1	2.663	3811.8	2.728	4199.4	2.857	5048.7	2.982	5996.2	3.032	6404.8
5.2	2.554	3134.2	2.622	3480.2	2.689	3849.0	2.755	4241.0	2.885	5098.2	3.011	6054.7	3.061	6466.1
5.3	2.579	3164.9	2.647	3513.4	2.715	3886.2	2.781	4281.0	2.912	5145.9	3.04	6112.7	3.091	6529.5
5.4	2.603	3194.4	2.672	3546.6	2.74	3922.0	2.807	4321.0	2.94	5195.4	3.069	6170.1	3.12	6590.7
5.5	2.627	3223.8	2.697	3579.8	2.765	3957.8	2.833	4361.1	2.967	5243.1	3.097	6226.9	3.148	6649.9
5.6	2.651	3253.3	2.721	3611.6	2.79	3993.6	2.859	4401.1	2.993	5289.1	3.125	6283.3	3.177	6711.1
5.7	2.674	3281.5	2.745	3643.5	2.815	4029.4	2.884	4439.6	3.02	5336.8	3.153	6339.4	3.205	6770.3
5.8	2.698	3310.9	2.769	3675.4	2.84	4065.2	2.909	4478.1	3.046	5382.7	3.18	9394.5	3.233	6829.4
5.9	2.721	3339.2	2.793	3707.2	2.864	4099.5	2.934	4516.5	3.073	5430.4	3.208	6449.4	3.261	6888.6
6	2.744	3367.4	2.817	3739.1	2.888	4133.9	2.95	4555.0	3.099	5476.4	3.235	6503.8	3.288	6945.6
6.1	2.767	3395.6	2.84	3769.6	2.912	4168.2	2.984	4593.5	3.124	5520.6	3.262	6557.8	3.316	7004.8
6.2	2.789	3422.6	2.863	3800.1	2.936	4202.6	3.008	4630.5	3.15	5566.5	3.288	6611.3	3.343	7061.8
6.3	2.812	3450.8	2.886	3830.7	2.96	4236.9	3.032	4667.4	3.175	5610.7	3.315	6664.4	3.37	7118.8
6.4	2.834	3477.8	2.909	3861.2	2.983	4269.8	3.056	4704.4	3.2	5654.9	3.341	6717.1	3.396	7173.7
6.5	2.856	3504.8	2.932	3891.7	3.006	4302.8	3.08	4741.3	3.225	5699.0	3.367	6769.4	3.423	7230.8
6.6	2.878	3531.8	2.954	3920.9	3.029	4335.7	3.104	4778.2	3.25	5743.2	3.393	6821.3	3.449	7285.7
6.7	2.9	3558.8	2.976	3950.1	3.052	4368.6	3.127	4813.6	3.274	5785.6	3.418	6872.8	3.475	7340.6
6.8	2.921	3584.6	2.998	3979.3	3.075	4401.5	3.15	4849.1	3.299	5829.8	3.444	6923.9	3.501	7395.6
6.9	2.942	3610.4	3.02	4008.5	3.097	4433.0	3.173	4884.5	3.323	5872.2	3.469	6974.6	3.526	7448.4
7	2.964	3637.4	3.042	4037.7	3.12	4465.9	3.196	4919.9	3.347	5914.6	3.494	7024.9	3.552	7503.3
7.1	2.985	3663.1	3.064	4066.9	3.142	4497.4	3.219	4955.3	3.371	5957.0	3.519	7074.9	3.577	7556.1
7.2	3.006	3688.9	3.085	4094.8	3.164	4528.9	3.242	4990.7	3.394	5997.7	3.543	7124.6	3.602	7608.9

图名	钢筋混凝土圆管水力的计算表(十五)	图号	JS2-1-21(十五)

i/‰	1250 v /(m/s)	1250 Q /(L/s)	1300 v /(m/s)	1300 Q /(L/s)	1350 v /(m/s)	1350 Q /(L/s)	1400 v /(m/s)	1400 Q /(L/s)	1500 v /(m/s)	1500 Q /(L/s)	1600 v /(m/s)	1600 Q /(L/s)	1640 v /(m/s)	1640 Q /(L/s)
7.3	3.027	3714.7	3.107	4124.0	3.186	4560.4	3.264	5024.5	3.418	6040.1	3.568	7173.9	3.627	7661.7
7.4	3.047	3739.2	3.128	4151.9	3.208	4591.9	3.286	5058.4	3.441	6080.7	3.592	7222.9	3.652	7714.5
7.5	3.068	3765.0	3.149	4179.7	3.229	4622.0	3.309	5093.8	3.464	6121.4	3.617	7271.5	3.677	7767.3
7.6	3.088	3789.5	3.17	4207.6	3.251	4653.5	3.33	5126.1	3.487	6162.0	3.641	7319.8	3.701	7818.0
7.7	3.108	3814.1	3.191	4235.5	3.272	4683.5	3.352	5160.0	3.51	6202.7	3.664	7367.8	3.725	7868.7
7.8	3.129	3839.9	3.211	4262.0	3.293	4713.6	3.374	5193.9	3.533	6243.3	3.688	7415.5	3.749	7919.4
7.9	3.148	3863.2	3.232	4289.9	3.314	4743.6	3.396	5227.7	3.555	6282.2	3.712	7462.9	3.773	7970.1
8	3.168	3887.7	3.252	4316.4	3.335	4773.7	3.417	5260.1	3.578	6322.8	3.735	7510.0	3.797	8020.8
8.1	3.188	3912.3	3.273	4344.3	3.356	4803.7	3.438	5292.4	3.6	6361.7	3.758	7556.8	3.821	8071.5
8.2	3.208	3936.8	3.293	4370.9	3.377	4833.8	3.459	5324.7	3.622	6400.6	3.782	7603.3	3.744	8120.1
8.3	3.227	3960.1	3.313	4397.4	3.397	4862.4	3.48	5357.0	3.644	6439.5	3.805	7649.5	3.868	8170.8
8.4	3.247	3984.7	3.333	4424.0	3.418	4892.5	3.501	5389.4	3.666	6478.3	3.827	7695.4	3.891	8219.4
8.5	3.266	4008.0	3.352	4449.2	3.438	4921.1	3.522	5421.7	3.688	6517.2	3.85	7741.1	3.914	8268.0
8.6	3.285	4031.3	3.372	4475.7	3.458	4949.8	3.543	5454.0	3.71	6556.1	3.873	7786.5	3.937	8316.6
8.7	3.304	4054.6	3.392	4502.3	3.478	4978.4	3.563	5484.8	3.731	6593.2	3.895	7831.6	3.96	8365.1
8.8	3.323	4077.9	3.411	4527.5	3.498	5007.0	3.584	5517.1	3.752	6630.3	3.917	7876.5	3.982	8411.6
8.9	3.342	4101.2	3.43	4552.7	3.518	5035.6	3.604	5547.9	3.774	6669.2	3.94	7921.2	4.005	8460.2
9	3.361	4124.6	3.45	4579.3	3.537	5062.8	3.624	5578.7	3.795	6706.3	3.962	7965.5	4.027	8506.7
9.1	3.379	4146.6	3.469	4604.5	3.557	5091.5	3.644	5609.5	3.816	6743.4	3.984	8009.7	4.05	8555.3
9.2	3.398	4170.0	3.488	4629.7	3.577	5120.1	3.664	5640.3	3.837	6780.5	4.006	8053.5	4.072	8601.7
9.3	3.416	4192.1	3.507	4654.9	3.596	5147.3	3.684	5671.1	3.858	6817.6	4.027	8097.2	4.094	8648.2

图名	钢筋混凝土圆管水力的计算表(十六)	图号	JS2-1-21(十六)

i/‰	1250		1300		1350		1400		1500		1600		1640	
	v	Q	v	Q	v	Q	v	Q	v	Q	v	Q	v	Q
	/(m/s)	/(L/s)	/(m/s)	/(L/s)	/(m/s)	/(L/s)	/(m/s)	/(L/s)	/(m/s)	/(L/s)	/(m/s)	/(L/s)	/(m/s)	/(L/s)
9.4	3.434	4214.1	3.525	4678.8	3.615	5174.5	3.704	5701.9	3.878	6853.0	4.049	8140.6	4.116	8694.7
9.5	3.453	4237.5	3.544	4704.0	3.634	5201.7	3.724	5732.7	3.899	6890.1	4.07	8183.8	4.138	8741.2
9.6	3.471	4259.5	3.563	4729.2	3.653	5228.9	3.743	5761.9	3.919	6925.4	4.092	8226.8	4.16	8787.6
9.7	3.489	4281.6	3.581	4753.1	3.672	5256.1	3.763	5792.7	3.94	6962.5	4.113	8269.5	4.181	8832.0
9.8	3.507	4303.7	3.6	4778.4	3.691	5283.3	3.782	5821.9	3.96	6997.9	4.134	8312.0	4.203	8878.5
9.9	3.525	4325.8	3.618	4802.2	3.71	5310.5	3.801	5851.2	3.98	7033.2	4.155	8354.3	4.224	8922.8
10	3.542	4346.7	3.636	4826.1	3.729	5337.7	3.82	5880.4	4	7068.6	4.176	8396.4	4.245	8967.2
11	3.715	4559.0	3.814	5062.4	3.911	5598.2	4.007	6168.3	4.195	7413.2	4.38	8806.2	4.453	9406.2
12	3.88	4761.5	3.983	5286.7	4.085	5847.2	4.185	6442.3	4.382	7743.6	4.575	9197.8	4.651	9824.8
13	4.039	4956.6	4.416	5503.1	4.252	6086.3	4.356	6705.5	4.561	8059.9	4.761	9573.4	4.84	10224.1
14	4.191	5143.1	4.302	5692.4	4.412	6315.3	4.52	6958.0	4.733	8363.9	4.941	9934.8	5.023	10610.6
15	4.338	5323.5	4.453	5910.6	4.567	6537.2	4.679	7202.8	4.899	8657.2	5.115	10283.5	5.199	10982.4
16	4.481	5499.0	4.599	6104.3	4.717	6751.9	4.832	7438.3	5.06	8941.7	5.282	10620.7	5.37	11343.6
17	4.619	5668.3	4.741	6292.8	4.862	6959.4	4.981	7667.7	5.216	9217.4	5.445	10947.6	5.535	11692.2
18	4.753	5832.8	4.878	6474.7	5.003	7161.2	5.126	7890.9	5.367	9484.2	5.603	11265.0	5.696	12032.6
19	4.883	5992.3	5.012	6652.5	5.14	7357.3	5.266	8106.4	5.514	9744.0	5.756	11573.6	5.852	12361.8
20	5.01	6148.2	5.142	6825.1	5.273	7547.7	5.403	8317.3	5.657	9996.7	5.906	11874.3	6.004	12682.9
21	5.133	6299.1	5.269	6993.7	5.404	7735.2	5.536	8522.0	5.797	10244.1	6.052	12167.5	6.152	12995.6
22	5.254	6447.6	5.393	7158.2	5.531	7917.0	5.666	8722.1	5.933	10484.4	6.194	12453.9	6.297	13301.9
23	5.372	6592.4	5.515	7320.2	5.655	8094.5	5.794	8919.2	6.067	10721.2	6.333	12733.8	6.438	13599.7
24	5.488	6734.8	5.633	7476.8	5.777	8269.1	5.918	9110.1	6.197	10951.0	6.469	13007.7	6.577	13893.3

图名	钢筋混凝土圆管水力的计算表(十七)	图号	JS2-1-21(十七)

i/‰	1250 v /(m/s)	1250 Q /(L/s)	1300 v /(m/s)	1300 Q /(L/s)	1350 v /(m/s)	1350 Q /(L/s)	1400 v /(m/s)	1400 Q /(L/s)	1500 v /(m/s)	1500 Q /(L/s)	1600 v /(m/s)	1600 Q /(L/s)	1640 v /(m/s)	1640 Q /(L/s)
25	5.601	6873.4	5.749	7630.8	5.896	8439.5	6.04	9298.9	6.325	11177.2	6.603	13275.9	6.712	14178.5
26	5.712	7009.7	5.863	7782.1	6.013	8607.0	6.16	9482.6	6.45	11398.1	6.734	13538.8	6.845	14459.5
27	5.821	7143.4	5.975	7930.7	6.127	8770.1	6.277	9662.7	6.573	11615.4	6.862	13796.7	6.976	14736.2
28	5.927	7273.5	6.084	8075.4	6.24	8931.9	6.393	9841.3	6.694	11829.2	6.988	14049.9	7.104	15006.6
29	6.032	7402.4	6.192	8218.8	6.35	9089.3	6.506	10015.2	6.812	12037.2	7.112	14298.6	7.23	15272.7
30	6.135	7528.8	6.298	8359.5	6.459	9245.4	6.617	10186.1	6.928	12242.8	7.233	14543.0	7.353	15532.6
35	6.627	8132.5	6.803	9029.8	6.976	9985.4	7.147	11002.0	7.484	13225.3	7.813	15708.2	7.942	16776.8
40	7.085	8694.6	7.272	9652.3	7.458	10675.3	7.641	11762.4	8	14137.1	8.352	16792.8	8.491	17936.5
45	7.514	9221.0	7.714	10238.9	7.91	11322.3	8.104	12475.1	8.486	14996.0	8.858	17811.5	9.006	19024.4
50	7.921	9720.5	8.131	10792.4	8.338	11934.9	8.543	13150.9	8.945	15807.1	9.338	18774.9	9.493	20053.1
55	8.308	10195.4	8.528	11319.4	8.745	12517.5	8.959	13791.3	9.381	16577.5	9.794	19691.3	9.956	21031.2
60	8.677	10648.2	8.907	11822.4	9.134	13074.3	9.358	14405.5	9.798	17314.4	10.229	20566.9	10.399	21967.0
65	9.031	11082.7	9.27	12304.3	9.507	13608.2	9.74	14993.6	10.198	18021.3	10.647	21406.7	10.824	22864.7
70	9.372	11501.1	9.62	12768.8	9.866	14122.1	10.108	15560.1	10.583	18701.6	11.049	22214.8	11.232	23726.6
75	9.701	11904.9	9.958	13217.5	10.212	14617.4	10.462	16105.0	10.955	19359.0	11.437	22994.5	11.626	24558.9
80	10.019	12295.1	10.285	13651.5	10.547	15096.9	10.806	16634.5	11.314	11993.4	11.812	23748.6	12.008	25365.8
85	10.328	12674.3	10.601	14070.9	10.871	15560.6	11.138	17145.6	11.662	20608.4	12.175	24479.5	12.377	26145.3
90	10.627	13041.2	10.909	14479.7	11.186	16011.5	11.461	17642.8	12	21205.7	12.528	25189.2	12.736	26903.7
95	10.918	13398.4	11.207	14875.3	11.493	16451.0	11.775	18126.2	12.329	21787.1	12.871	25879.4	13.085	27640.9
100	11.202	13746.9	11.499	15262.9	11.792	16879.0	12.081	18597.3	12.65	22354.3	13.206	26551.8	13.425	28359.1

图名	钢筋混凝土圆管水力的计算表(十八)	图号	JS2-1-21(十八)

i/‰	1800		2000		2100		2200		2300		2400		2500	
	v	Q	v	Q	v	Q	v	Q	v	Q	v	Q	v	Q
	/(m/s)	/(L/s)	/(m/s)	/(L/s)	/(m/s)	/(L/s)	/(m/s)	/(L/s)	/(m/s)	/(L/s)	/(m/s)	/(L/s)	/(m/s)	/(L/s)
0.6	1.106	2814.4	1.187	3729.1	1.226	4247.2	1.265	4808.1	1.303	5413.2	1.34	6063.8	1.377	6761.2
0.7	1.195	3040.9	1.282	4027.5	1.324	4587.5	1.366	5193.4	1.407	5847.0	1.448	6549.7	1.488	7302.9
0.8	1.278	3252.1	1.371	4307.1	1.416	4904.2	1.461	5551.9	1.504	6250.7	1.548	7001.9	1.59	7807.1
0.9	1.355	3448.1	1.454	4567.9	1.502	5201.7	1.549	5888.7	1.596	6629.8	1.642	7426.6	1.687	8280.7
1	1.428	3633.8	1.532	4812.9	1.583	5483.1	1.633	6207.3	1.682	6988.4	1.73	7828.3	1.778	8728.6
1.1	1.498	3812.0	1.607	5048.5	1.66	5750.7	1.713	6510.2	1.764	7329.5	1.815	8210.4	1.865	9154.7
1.2	1.565	3982.4	1.679	5274.7	1.734	6006.4	1.789	6799.7	1.843	7655.5	1.896	8575.5	1.948	9561.7
1.3	1.629	4145.3	1.747	5488.4	1.805	6251.7	1.862	7077.4	1.918	7958.1	1.973	8925.7	2.027	9952.2
1.4	1.69	4300.5	1.813	5695.7	1.873	6487.7	1.932	7344.5	1.99	8268.8	2.047	9262.6	2.14	10327.9
1.5	1.749	4450.7	1.877	5896.8	1.939	6715.4	2	7602.3	2.06	8559.1	2.119	9587.7	2.178	10690.4
1.6	1.807	4598.3	1.938	6088.4	2.002	6935.6	2.065	7851.6	2.128	8839.8	2.189	9902.2	2.249	11040.9
1.7	1.862	4738.2	1.998	6276.9	2.064	7149.1	2.129	8093.3	2.193	9111.8	2.256	10206.9	2.318	11380.7
1.8	1.916	4875.6	2.056	6459.1	2.124	7356.3	2.191	8327.9	2.257	9376.0	2.322	10502.8	2.386	11710.7
1.9	1.969	5010.5	2.112	6635.0	2.182	7557.9	2.251	8556.1	2.319	9632.9	2.385	10790.6	2.451	12031.6
2	2.02	5140.3	2.167	6807.8	2.239	7754.2	2.309	8778.4	2.379	9883.2	2.447	11070.9	2.515	12344.2
2.1	2.07	5267.5	2.221	6977.5	2.294	7945.7	2.366	8995.2	2.438	10127.2	2.508	11344.3	2.577	12649.0
2.2	2.119	5392.2	2.273	7140.8	2.348	8132.7	2.422	9206.9	2.495	10365.5	2.567	11611.3	2.637	12946.7
2.3	2.166	5511.8	2.324	7301.1	2.401	8315.5	2.476	9413.3	2.551	10598.5	2.624	11872.3	2.697	13237.6
2.4	2.213	5631.4	2.374	7458.1	2.452	8494.4	2.53	9616.3	2.606	10826.5	2.681	12127.6	2.755	13522.3
2.5	2.259	5748.5	2.423	7612.1	2.503	8669.5	2.582	9814.5	2.66	11049.7	2.736	12377.7	2.812	13801.2
2.6	2.303	5860.4	2.471	7762.9	2.553	8841.2	2.633	10008.9	2.712	11268.5	2.79	12622.8	2.867	14074.5

图名	钢筋混凝土圆管水力的计算表（十九）	图号	JS2-1-21(十九)

i/‰	1800 v /(m/s)	1800 Q /(L/s)	2000 v /(m/s)	2000 Q /(L/s)	2100 v /(m/s)	2100 Q /(L/s)	2200 v /(m/s)	2200 Q /(L/s)	2300 v /(m/s)	2300 Q /(L/s)	2400 v /(m/s)	2400 Q /(L/s)	2500 v /(m/s)	2500 Q /(L/s)
2.7	2.347	5972.4	2.518	7910.5	2.601	9009.6	2.683	10199.6	2.764	11483.2	2.843	12863.3	2.922	14342.6
2.8	2.39	6081.8	2.564	8055.0	2.649	9174.9	2.732	10386.7	2.815	11693.9	2.896	13099.3	2.975	14605.8
2.9	2.433	6191.2	2.61	8199.6	2.696	9337.3	2.781	10570.6	2.864	11900.9	2.947	13331.2	3.028	14864.3
3	2.474	6295.6	2.654	8337.8	2.742	9497.0	2.828	10751.3	2.913	12104.3	2.997	13559.1	3.08	15118.4
3.1	2.515	6399.9	2.698	8476.0	2.787	9654.0	2.875	10929.0	2.962	12304.4	3.047	13783.2	3.13	15368.3
3.2	2.555	6501.7	2.741	8611.1	2.832	9808.4	2.921	11103.9	3.009	12501.3	3.096	14003.8	3.181	15614.3
3.3	2.595	6603.5	2.784	8746.2	2.876	9960.5	2.966	11276.1	3.056	12886.1	3.144	14220.9	3.23	15856.4
3.4	2.634	6702.7	2.826	8878.1	2.919	10110.9	3.011	11445.6	3.102	12695.1	3.191	14434.7	3.279	16094.8
3.5	2.672	6799.4	2.867	9006.9	2.962	10257.9	3.055	11612.7	3.147	1374.2	3.237	14645.5	3.327	16329.8
3.6	2.71	6896.1	2.908	9135.7	3.004	10403.4	3.098	11777.5	3.191	13259.6	3.283	14853.2	3.374	16561.4
3.7	2.748	6992.8	2.948	9261.4	3.045	10546.9	3.141	11939.9	3.235	13442.5	3.329	15058.1	3.42	16789.9
3.8	2.785	7087.0	2.987	9383.9	3.086	10688.5	3.183	12100.2	3.279	13623.0	3.373	15260.2	3.466	17015.2
3.9	2.821	7178.6	3.026	9506.5	3.126	10828.5	3.225	12258.4	3.322	13801.1	3.417	15459.7	3.512	17237.7
4	2.857	7270.2	3.065	9629.0	3.166	10966.2	3.266	12414.5	3.364	13976.9	3.461	15656.7	3.556	17457.3
4.1	2.892	7359.2	3.103	9748.4										
4.2	2.927	7448.3	3.14	9864.6										
4.3	2.962	7537.4	3.178	9984.0										
4.4	2.996	7623.9	3.214	10097.1										
4.5	3.03	7710.4	3.251	10213.3	3.358	11631.4	3.464	13167.6	3.568	14824.7	3.671	16606.4	3.772	17516.2
4.6	3.064	7796.9	3.287	10326.4										
4.7	3.097	7880.9	3.322	10436.4										
4.8	3.13	7964.9	3.357	10546.3										
4.9	3.162	8046.3	3.392	10656.3										

图名	钢筋混凝土圆管水力的计算表(二十)	图号	JS2-1-21(二十)

i/‰	1800		2000		2100		2200		2300		2400		2500	
	v	Q	v	Q	v	Q	v	Q	v	Q	v	Q	v	Q
	/(m/s)	/(L/s)	/(m/s)	/(L/s)	/(m/s)	/(L/s)	/(m/s)	/(L/s)	/(m/s)	/(L/s)	/(m/s)	/(L/s)	/(m/s)	/(L/s)
5	3.194	8127.7	3.427	10766.2	3.54	12260.5	3.651	13879.9	3.761	15626.7	3.869	17504.7	3.976	19517.8
5.1	3.226	8209.1	3.461	10873.0										
5.2	3.257	8288.1	3.494	10976.7										
5.3	3.289	8369.5	3.528	11083.5										
5.4	3.319	8445.8	3.561	11187.2										
5.5	3.35	8524.7	3.594	11290.9	3.713	12859.0	3.83	14557.3	3.945	16389.4	4.058	18359.1	4.17	20470.5
5.6	3.38	8601.1	3.626	11391.4										
5.7	3.41	8677.4	3.659	11495.1										
5.8	3.44	8753.7	3.691	11595.6										
5.9	3.47	8830.1	3.722	11693.0										
6	3.499	8903.9	3.754	11793.5	3.878	13430.7	4	15204.6	4.12	17228.1	4.239	19175.4	4.356	21380.7
6.1	3.528	8977.7	3.785	11890.9										
6.2	3.557	9051.5	3.816	11988.3										
6.3	3.585	9122.7	3.846	12082.6										
6.4	3.614	9196.5	3.877	12179.9										
6.5	3.642	9267.8	3.907	12274.2	4.036	13979.2	4.163	15825.5	4.288	17817.1	4.412	19958.4	4.533	22253.7
6.6	3.67	9339.0	3.937	12368.4										
6.7	3.697	9407.7	3.967	1246.27										
6.8	3.725	9479.0	3.996	12553.8										
6.9	3.752	9547.7	4.025	12644.9										
7	3.779	9616.4	4.054	12736.0	4.188	14506.9	4.32	16422.9	4.45	18489.7	4.578	20711.8	4.705	23093.8
7.1	3.806	9685.1	4.083	12827.1										
7.2	3.833	9753.8	4.112	12918.2										

图名	钢筋混凝土圆管水力的计算表(二十一)	图号	JS2-1-21(二十一)

i/‰	1800		2000		2100		2200		2300		2400		2500	
	v	Q	v	Q	v	Q	v	Q	v	Q	v	Q	v	Q
	/(m/s)	/(L/s)	/(m/s)	/(L/s)	/(m/s)	/(L/s)	/(m/s)	/(L/s)	/(m/s)	/(L/s)	/(m/s)	/(L/s)	/(m/s)	/(L/s)
7.3	3.859	9820.0	4.14	13006.2										
7.4	3.886	9888.7	4.169	13097.3										
7.5	3.912	9954.8	4.197	13185.3	4.335	15016.0	4.472	16999.3	4.606	19138.6	4.739	21438.8	4.87	23904.3
7.6	3.938	10021.0	4.225	13273.2										
7.7	3.964	10087.2	4.252	13358.0										
7.8	3.989	10150.8	4.28	13446.0										
7.9	4.015	10216.9	4.307	13530.8										
8	4.04	10280.6	4.334	13615.7	4.478	15508.5	4.619	17556.8	4.758	19766.3	4.894	22141.9	5.029	24688.3
8.1	4.065	10344.2	4.361	13700.5										
8.2	4.09	10407.8	4.388	13785.3										
8.3	4.115	10471.4	4.415	13870.1										
8.4	4.14	10535.0	4.441	13951.8										
8.5	4.165	10598.6	4.468	14036.6	4.615	15985.8	4.761	18097.1	4.904	20374.6	5.045	22823.3	5.184	25448.1
8.6	4.189	10659.7	4.494	14118.3										
8.7	4.213	10720.8	4.52	14200.0										
8.8	4.237	10781.9	4.546	14281.7										
8.9	4.261	10842.9	4.572	14363.4										
9	4.285	10904.0	4.597	14441.9	4.749	16449.2	4.899	18621.8	5.046	20965.3	5.191	23485.0	5.335	26185.9
9.1	4.309	10965.1	4.623	14523.6										
9.2	4.333	11026.1	4.648	14602.1										
9.3	4.356	11084.7	4.673	14680.7										
9.4	4.38	11145.7	4.698	14759.2										

图名	钢筋混凝土圆管水力的计算表(二十二)	图号	JS2-1-21(二十二)

i/‰	1800		2000		2100		2200		2300		2400		2500	
	v	Q	v	Q	v	Q	v	Q	v	Q	v	Q	v	Q
	/(m/s)	/(L/s)	/(m/s)	/(L/s)	/(m/s)	/(L/s)	/(m/s)	/(L/s)	/(m/s)	/(L/s)	/(m/s)	/(L/s)	/(m/s)	/(L/s)
9.5	4.403	11204.3	4.723	14837.7	4.879	16900.0	5.033	19132.1	5.184	21539.8	5.334	24128.6	5.481	26903.5
9.6	4.426	11262.8	4.748	14916.3										
9.7	4.449	11321.3	4.773	14994.8										
9.8	4.472	11379.9	4.797	15070.2										
9.9	4.495	11438.4	4.822	15148.8										
10	4.517	11494.4	4.846	15224.2	5.006	17339.0	5.164	19629.1	5.319	22099.4	5.472	24755.4	5.623	27602.4
11	4.738	12056.7	5.082	15965.6	5.25	18185.3	5.416	20587.2	5.579	23178.0	5.739	25963.7	5.898	28949.6
12	4.948	12591.1	5.308	16675.6	5.484	18993.9	5.657	21502.6	5.827	24208.7	5.994	27118.2	6.16	30236.9
13	5.15	13105.2	5.525	17357.3	5.708	19769.5	5.888	22380.6	6.065	25197.2	6.239	28225.5	6.411	31471.5
14	5.345	13601.4	5.734	18013.9	5.923	20515.8	6.11	23225.4	6.294	26148.4	6.475	29291.0	6.653	32659.6
15	5.532	14077.2	5.935	18645.3	6.131	21235.9	6.324	24040.6	6.514	27066.1	6.702	30319.0	6.887	33805.9
16	5.714	14540.4	6.13	19258.0	6.332	21932.3	6.532	24829.0	6.728	27953.8	6.922	31313.4	7.113	34914.5
17	5.89	14988.2	6.318	19848.6	6.527	22607.3	6.733	25593.0	6.935	28814.1	7.135	32277.1	7.332	35989.1
18	6.06	15420.8	6.501	20423.5	6.716	23262.7	6.928	26335.2	7.136	29649.5	7.342	33212.8	7.544	37032.5
19	6.226	15843.2	6.68	20985.8	6.9	23900.2	7.118	27056.8	7.332	30461.9	7.543	34122.9	7.751	38047.2
20	6.388	16255.5	6.853	21529.3	7.08	24521.1	7.303	27759.7	7.522	31253.3	7.739	35009.4	7.952	39035.6
21	6.546	16657.5	7.022	22060.2	7.254	25126.6	7.483	28445.2	7.708	32025.1	7.93	35873.9	8.149	39999.6
22	6.7	17049.4	7.188	22581.8	7.425	25717.9	7.659	29114.6	7.889	32778.7	8.117	36718.2	8.34	40940.9
23	6.851	17433.7	7.349	23087.5	7.592	26295.9	7.831	29769.0	8.067	33515.4	8.299	37543.4	8.528	41861.1
24	6.998	17807.7	7.507	23583.9	7.755	26861.5	8	30409.2	8.24	34236.2	8.477	38350.9	8.711	42761.4
25	7.142	18174.2	7.662	24070.9	7.915	27415.4	8.165	31036.3	8.41	34942.2	8.652	39141.7	8.891	43643.2
26	7.284	18535.5	7.814	24548.4	8.072	27958.3	8.326	31650.9	8.577	35634.2	8.824	39916.8	9.067	44507.5

图名	钢筋混凝土圆管水力的计算表(二十三)	图号	JS2-1-21(二十三)

i/‰	1800		2000		2100		2200		2300		2400		2500	
	v	Q	v	Q	v	Q	v	Q	v	Q	v	Q	v	Q
	/(m/s)	/(L/s)	/(m/s)	/(L/s)	/(m/s)	/(L/s)	/(m/s)	/(L/s)	/(m/s)	/(L/s)	/(m/s)	/(L/s)	/(m/s)	/(L/s)
27	7.422	18886.7	7.963	25016.5	8.226	28490.9	8.485	32253.9	8.74	36313.0	8.992	40677.2	9.24	45355.3
28	7.559	19235.3	8.109	25475.2	8.377	29013.7	8.641	32845.7	8.9	36979.4	9.157	41423.7	9.409	46187.6
29	7.692	19573.8	8.252	25924.4	8.525	29527.3	8.794	33427.1	9.058	37633.9	9.319	42156.9	9.576	47005.1
30	7.824	19909.7	8.393	26367.4	8.671	30032.1	8.944	33998.6	9.213	38277.3	9.478	42877.6	9.74	47808.7
35	8.451	21505.2	9.066	28484.7	9.365	32438.3	9.66	36722.7	9.951	41344.2	10.237	46313.1	10.52	51639.3
40	9.034	22988.7	9.692	30448.3	10.012	34678.0	10.327	39258.2	10.638	44198.8	10.944	49510.8	11.246	55204.7
45	9.582	24383.2	10.28	32295.6	10.619	36781.6	10.954	41639.6	11.283	46879.9	11.608	52514.1	11.928	58553.4
50	10.101	25703.9	10.836	34042.3	11.194	38771.2	11.546	43892.0	11.894	49415.8	12.236	55354.7	12.574	61720.8
55	10.594	26958.5	11.365	35704.2	11.74	40663.6	12.11	46034.3	12.474	51827.7	12.833	58056.5	13.187	64733.3
60	11.065	28157.0	11.87	37290.7	12.262	42471.7	12.649	48081.2	13.029	54123.2	13.404	60638.0	13.774	67611.7
65	11.517	29307.2	12.355	38814.3	12.763	44206.0	13.165	50044.5	13.561	56342.6	13.951	63114.1	14.336	70372.5
70	11.951	30411.6	12.821	40278.3	13.245	45874.7	13.662	51833.7	14.073	58469.5	14.478	65496.6	14.877	73029.0
75	12.371	31480.4	13.271	41692.0	13.71	47484.8	14.142	53756.5	14.567	60521.7	14.986	67795.4	15.4	75592.2
80	12.776	32511.0	13.706	43058.6	14.159	49042.1	14.605	55519.4	15.045	62506.5	15.478	70018.8	15.905	78071.3
85	13.17	33513.6	14.128	44384.4	14.595	50551.5	15.055	57228.1	15.508	64430.3	15.954	72173.7	16.394	80474.0
90	13.551	34483.1	14.538	45672.4	15.018	52017.0	15.491	58887.3	15.957	66298.2	16.416	74266.1	16.869	82807.1
95	13.923	35429.7	14.936	46922.8	15.43	53442.4	15.916	60500.8	16.394	68114.9	16.866	76301.2	17.332	85076.2
100	14.284	36348.4	15.324	48141.7	15.831	54830.8	16.329	62072.6	16.82	69884.4	17.304	78283.4	17.782	87286.3

图名	钢筋混凝土圆管水力的计算表(二十四)	图号	JS2-1-21(二十四)

i/‰	2600		2700		2800		2900		3000	
	v	Q	v	Q	v	Q	v	Q	v	Q
	/(m/s)	/(L/s)	/(m/s)	/(L/s)	/(m/s)	/(L/s)	/(m/s)	/(L/s)	/(m/s)	/(L/s)
0.6	1.414	7506.61	1.45	8301.41	1.485	9146.81	1.521	10044.07	1.555	10994.41
0.7	1.527	8108.07	1.566	8966.55	1.604	9879.69	1.642	10848.84	1.68	11875.32
0.8	1.633	8667.89	1.674	9585.64	1.715	10561.83	1.756	11597.87	1.796	12695.25
0.9	1.732	9193.69	1.776	10167.11	1.819	11202.51	1.862	12301.42	1.905	13465.34
1	1.825	9691	1.872	10717.07	1.918	11808.49	1.963	12966.84	2.008	14193.72
1.1	1.914	10164	1.963	11240.16	2.011	12384.85	2.059	13599.74	2.106	14886.5
1.2	2	10615.95	2.05	11739.97	2.101	12935.55	2.15	14204.46	2.2	15548.44
1.3	2.081	11049.44	2.134	12219.34	2.187	13463.75	2.238	14784.47	2.289	16183.33
1.4	2.16	11466.54	2.215	12680.61	2.269	13971.99	2.323	15342.57	2.376	16794.23
1.5	2.236	11869	2.292	13125.68	2.349	14462.38	2.404	15881.07	2.459	17383.68
1.6	2.309	12258.25	2.368	13556.14	2.426	14936.69	2.483	16401.9	2.54	17953.79
1.7	2.38	12635.51	2.441	13973.35	2.5	15396.38	2.56	16906.69	2.618	18506.34
1.8	2.449	13001.84	2.511	14378.46	2.573	15842.72	2.634	17395.84	2.694	19042.87
1.9	2.516	13358.12	2.58	14772.47	2.643	16276.88	2.706	17873.56	2.768	19564.69
2	2.581	13705.14	2.647	15156.23	2.712	16699.72	2.776	18337.88	2.84	20072.95
2.1	2.645	14043.59	2.712	15530.51	2.779	17112.12	2.845	18790.74	2.91	20568.65
2.2	2.707	14374.07	2.776	15895.99	2.844	17514.82	2.912	19232.93	2.978	21052.69
2.3	2.768	14697.12	2.839	16253.25	2.908	17908.46	2.977	19665.19	3.045	21525.84
2.4	2.828	15013.23	2.9	16602.82	2.971	18293.63	3.041	20088.14	3.111	21988.81
2.5	2.886	15322.81	2.96	16945.18	3.032	18670.86	3.104	20502.37	3.175	22442.24

图名	钢筋混凝土圆管水力的计算表(二十五)	图号	JS2-1-21(二十五)

i/‰	2600 v /(m/s)	2600 Q /(L/s)	2700 v /(m/s)	2700 Q /(L/s)	2800 v /(m/s)	2800 Q /(L/s)	2900 v /(m/s)	2900 Q /(L/s)	3000 v /(m/s)	3000 Q /(L/s)
2.6	2.943	15626.26	3.018	17280.76	3.092	19040.61	3.165	20908.4	3.238	22886.68
2.7	2.999	15923.93	3.076	17609.95	3.151	19403.32	3.226	21306.69	3.299	23322.66
2.8	3.054	16216.14	3.132	17933.09	3.209	19759.38	3.285	21697.67	3.36	23750.63
2.9	3.108	16503.17	3.188	18250.52	3.266	20109.13	3.343	22081.73	3.42	24171.03
3	3.161	16785.3	3.242	18562.52	3.322	20452.9	3.4	22459.23	3.478	24584.24
3.1	3.214	17062.76	3.296	18869.35	3.377	20790.99	3.456	22830.48	3.535	24990.62
3.2	3.265	17335.78	3.348	19171.28	3.431	21123.66	3.512	23195.79	3.592	25390.5
3.3	3.316	17604.57	3.4	19468.53	3.484	21451.18	3.566	23555.44	3.648	25784.17
3.4	3.366	17869.31	3.451	19761.31	3.536	21773.77	3.62	23909.67	3.703	26171.92
3.5	3.415	18130.17	3.502	20049.81	3.588	22091.66	3.673	24258.74	3.757	26554.02
3.6	3.463	18387.37	3.551	20334.22	3.639	22405.03	3.725	24602.85	3.81	26930.69
3.7	3.511	18641	3.6	20614.7	3.689	22714.08	3.776	24942.22	3.862	27302.16
3.8	3.558	18891.23	3.649	20891.42	3.738	23018.98	3.827	25277.03	3.914	27668.65
3.9	3.605	19138.18	3.697	21164.52	3.787	23319.89	3.877	25607.46	3.965	28030.35
4	3.651	19381.99	3.744	21434.15	3.835	23616.97	3.926	25933.68	4.016	28387.44
4.5	3.872	20557.71	3.971	22734.35	4.068	25049.58	4.164	27506.82	4.26	30109.42
5	4.081	21669.73	4.185	23964.1	4.288	26404.58	4.39	28994.74	4.49	31738.12
5.5	4.281	22727.4	4.39	25133.77	4.497	27693.36	4.604	30409.94	4.709	33287.22
6	4.471	23738	4.585	26251.36	4.697	28924.77	4.809	31762.14	4.919	34767.37
6.5	4.654	24707.29	4.772	27323.28	4.889	30105.85	5.005	33059.09	5.119	36187.02
7	4.829	25639.97	4.952	28354.71	5.074	31242.32	5.194	34307.03	5.313	37553.05

图名	钢筋混凝土圆管水力的计算表(二十六)	图号	JS2-1-21(二十六)

i/‰	2600		2700		2800		2900		3000	
	v	Q	v	Q	v	Q	v	Q	v	Q
	/(m/s)	/(L/s)	/(m/s)	/(L/s)	/(m/s)	/(L/s)	/(m/s)	/(L/s)	/(m/s)	/(L/s)
7.5	4.999	26539.89	5.126	29349.91	5.525	32338.87	5.376	35511.15	5.499	38871.1
8	5.163	27410.28	5.294	30312.46	5.424	33399.44	5.553	36675.76	5.679	40145.9
8.5	5.322	28253.87	5.457	31245.37	5.591	34427.36	5.723	37804.51	5.854	41381.44
9	5.476	29072.99	5.615	32151.22	5.753	35425.46	5.889	37800.52	6.024	42581.15
9.5	5.626	29869.66	5.769	33032.24	5.911	36396.2	6.051	39966.49	6.189	43747.98
10	5.772	30645.62	5.919	33890.36	6.064	37341.71	6.208	41004.75	6.35	44884.48
11	6.054	32141.4	6.208	35544.51	6.36	39164.32	6.511	43006.14	6.66	47075.24
12	6.323	33570.60	6.484	37125.03	6.64	40905.8	6.8	44918.45	6.956	49168.48
13	6.581	34941.38	6.749	38640.96	6.914	42576.1	7.078	46752.61	7.24	51176.18
14	6.83	36260.39	7.004	40099.62	7.176	44183.31	7.345	48517.47	7.513	53108.03
15	7.069	37533.07	7.249	41507.05	7.427	45734.07	7.603	50220.36	7.777	54972.03
16	7.301	38763.99	7.487	42868.29	7.671	47233.95	7.853	51867.36	8.032	56774.87
17	7.526	39957	7.718	44187.63	7.907	48687.64	8.094	53463.65	8.279	58522.2
18	7.744	41115.42	7.941	45468.69	8.136	50099.17	8.329	55013.64	8.519	60218.85
19	7.956	42242.07	8.195	46714.64	8.359	51472	8.557	56521.15	8.753	61828.98
20	8.163	43339.45	8.371	47928.21	8.576	52809.16	8.779	57989.47	8.98	63476.24
21	8.365	44409.72	8.578	49111.8	8.788	54113.28	8.996	59421.53	9.202	65043.79
22	8.561	45454.8	8.78	50267.53	8.995	55386.71	9.208	60819.87	9.418	55574.44
23	8.754	46476.39	8.977	51397.28	9.197	56631.51	9.415	62186.78	9.63	68070.68
24	8.942	47475.99	9.17	52502.72	9.395	57849.54	9.617	63524.28	9.837	69534.73
25	9.126	48454.98	9.359	53585.37	9.589	59042.43	9.816	64834.2	10.04	70968.59

图名	钢筋混凝土圆管水力的计算表(二十七)	图号	JS2-1-21(二十七)

$i/‰$	2600		2700		2800		2900		3000	
	v	Q	v	Q	v	Q	v	Q	v	Q
	/(m/s)	/(L/s)	/(m/s)	/(L/s)	/(m/s)	/(L/s)	/(m/s)	/(L/s)	/(m/s)	/(L/s)
26	9.307	49414.58	9.544	54646.57	9.779	60211.71	10.01	66118.17	10.239	72374.05
27	9.484	50355.89	9.726	55687.55	9.965	61358.7	10.201	67377.68	10.434	73752.75
28	9.659	51279.93	9.905	56709.42	10.148	62484.64	10.388	68614.07	10.625	75106.1
29	9.829	52187.61	10.08	57713.21	10.327	63590.65	10.572	69828.57	10.813	76435.51
30	9.998	53079.77	10.252	58699.83	10.504	64677.75	10.752	71022.31	10.998	77742.2
35	10.799	57332.71	11.074	63403.06	11.345	69859.95	11.614	76712.86	11.88	83971.17
40	11.544	61291.24	11.838	67780.72	12.129	74683.43	12.416	82009.5	12.7	89768.96
45	12.244	65009.18	12.556	71892.31	12.865	79213.74	13.169	86984.21	13.47	95214.36
50	12.907	68525.69	13.236	75781.15	13.56	83498.61	13.881	91689.41	14.199	100364.74
55	13.537	71870.35	13.882	79479.94	14.222	87574.08	14.559	96164.66	14.892	105263.43
60	14.139	75066.13	14.499	83014.09	14.855	91468.15	15.206	100440.71	15.554	109944.07
65	14.716	78131.31	15.091	86403.81	15.461	95203.06	15.827	104542.01	16.189	114433.43
70	15.271	81080.69	15.661	89665.47	16.045	98796.89	16.425	108488.37	16.8	118753.17
75	15.807	83926.49	16.21	92812.58	16.608	102264.5	17.001	112296.13	17.39	122921.21
80	16.326	86678.91	16.742	95856.42	17.153	105618.32	17.559	115978.95	17.96	126952.48
85	16.828	89346.57	17.257	98806.53	17.681	108868.87	18.099	119548.36	18.513	130859.62
90	17.316	91936.86	17.757	101671.09	18.193	112025.14	18.624	123014.25	19.05	134653.43
95	17.791	94456.15	18.244	104457.11	18.692	215094.89	19.134	126385.13	19.572	138343.25
100	18.253	96909.96	18.718	107170.73	19.177	518084.87	19.631	129668.4	20.08	141937.18

图名	钢筋混凝土圆管水力的计算表(二十八)	图号	JS2-1-21(二十八)

给水管(镀锌钢管)水力计算表

$q_g/$ (L/s)	DN15 v/ (m/s)	DN15 i/ (kPa/m)	DN20 v/ (m/s)	DN20 i/ (kPa/m)	DN25 v/ (m/s)	DN25 i/ (kPa/m)	DN32 v/ (m/s)	DN32 i/ (kPa/m)	DN40 v/ (m/s)	DN40 i/ (kPa/m)	DN50 v/ (m/s)	DN50 i/ (kPa/m)	DN70 v/ (m/s)	DN70 i/ (kPa/m)	DN80 v/ (m/s)	DN80 i/ (kPa/m)	DN100 v/ (m/s)	DN100 i/ (kPa/m)
0.05	0.29	0.284																
0.07	0.41	0.518	0.22	0.111														
0.10	0.58	0.985	0.31	0.208														
0.12	0.70	1.37	0.37	0.288	0.23	0.086												
0.14	0.82	1.82	0.43	0.38	0.26	0.113												
0.16	0.94	2.34	0.50	0.485	0.30	0.143												
0.18	1.05	2.91	0.56	0.601	0.34	0.176												
0.20	1.17	3.54	0.62	0.727	0.38	0.213	0.21	0.52										
0.25	1.46	5.51	0.78	1.09	0.47	0.318	0.26	0.077	0.20	0.039								
0.30	1.76	7.93	0.93	1.53	0.56	0.442	0.32	0.107	0.24	0.054								
0.35			1.09	2.04	0.66	0.586	0.37	0.141	0.28	0.080								
0.40			1.24	2.63	0.75	0.748	0.42	0.179	0.32	0.089								
0.45			1.40	3.33	0.85	0.932	0.47	0.221	0.36	0.111	0.21	0.0312						
0.50			1.55	4.11	0.94	1.13	0.53	0.267	0.40	0.134	0.23	0.0374						
0.55			1.71	4.97	1.04	1.35	0.58	0.318	0.44	0.159	0.26	0.0444						
0.60			1.86	5.91	1.13	1.59	0.63	0.373	0.48	0.184	0.28	0.0516						
0.65			2.02	6.94	1.22	1.85	0.68	0.431	0.52	0.215	0.31	0.0597						
0.70					1.32	2.14	0.74	0.495	0.56	0.246	0.33	0.0683	0.20	0.020				
0.75					1.41	2.46	0.79	0.562	0.60	0.283	0.35	0.0770	0.21	0.023				
0.80					1.51	2.79	0.84	0.632	0.64	0.314	0.58	0.0852	0.23	0.025				
0.85					1.60	3.16	0.90	0.707	0.68	0.351	0.40	0.0963	0.24	0.028				
0.90					1.69	3.54	0.95	0.787	0.72	0.390	0.42	0.107	0.25	0.0311				
0.95					1.79	3.94	1.00	0.869	0.76	0.431	0.45	0.118	0.27	0.0342				
1.00					1.88	4.37	1.05	0.957	0.80	0.473	0.47	0.129	0.28	0.0376	0.20	0.0164		
1.10					2.07	5.28	1.16	1.14	0.87	0.564	0.52	0.153	0.31	0.0444	0.22	0.0195		
1.20							1.27	1.35	0.95	0.663	0.56	0.18	0.34	0.0518	0.24	0.0227		
1.30							1.37	1.59	1.03	0.769	0.61	0.208	0.37	0.0599	0.26	0.0261		
1.40							1.48	1.84	1.11	0.884	0.66	0.237	0.40	0.0683	0.28	0.0297		
1.50							1.58	2.11	1.19	1.01	0.71	0.27	0.42	0.0772	0.30	0.0336		
1.60							1.69	2.40	1.27	1.14	0.75	0.304	0.45	0.0870	0.32	0.0376		
1.70							1.79	2.71	1.35	1.29	0.80	0.340	0.48	0.0969	0.34	0.0419		
1.80							1.90	3.04	1.43	1.44	0.85	0.378	0.51	0.107	0.36	0.0466		

图名	镀锌钢管水力的计算表(一)	图号	JS2-1-22(一)

$q_g/$ (L/s)	DN15		DN20		DN25		DN32		DN40		DN50		DN70		DN80		DN100	
	$v/$ (m/s)	$i/$ (kPa/m)	$v/$ (m/s)	$i/$ (kPa/m)	$v/$ (m/s)	$i/$ (kPa/m)	$v/$ (m/s)	$i/$ (kPa/m)	$v/$ (m/s)	$i/$ (kPa/m)	$v/$ (m/s)	$i/$ (kPa/m)	$v/$ (m/s)	$i/$ (kPa/m)	$v/$ (m/s)	$i/$ (kPa/m)	$v/$ (m/s)	$i/$ (kPa/m)
1.90							2.00	3.39	1.51	1.61	0.89	0.418	0.54	0.119	0.38	0.0513		
2.0									1.59	1.78	0.94	0.460	0.57	0.13	0.40	0.0562	0.23	0.0147
2.2									1.75	2.16	1.04	0.549	0.62	0.155	0.44	0.0666	0.25	0.0172
2.4									1.91	2.56	1.13	0.645	0.68	0.182	0.48	0.0779	0.28	0.0200
2.6									2.07	3.01	1.22	0.749	0.74	0.21	0.52	0.0903	0.30	0.0231
2.8											1.32	0.869	0.79	0.241	0.56	0.103	0.32	0.0263
3.0											1.41	0.998	0.85	0.274	0.60	0.117	0.36	0.0298
3.5											1.65	1.36	0.99	0.365	0.70	0.155	0.40	0.0393
4.0											1.88	1.77	1.13	0.468	0.81	0.198	0.46	0.0501
4.5											2.12	2.24	1.28	0.586	0.91	0.246	0.52	0.0620
5.0											2.35	2.77	1.42	0.723	1.01	0.30	0.58	0.0749
5.5											2.59	2.35	1.56	0.875	1.11	0.358	0.63	0.0892
6.0													1.70	1.04	1.21	0.421	0.69	0.105
6.5													1.84	1.22	1.31	0.494	0.75	0.121
7.0													1.99	1.42	1.41	0.573	0.81	0.139
7.5													2.13	1.63	1.51	0.657	0.87	0.158
8.0													2.27	1.85	1.61	0.748	0.92	0.178
8.5													2.41	2.09	1.71	0.844	0.98	0.199
9.0													2.55	2.34	1.81	0.946	1.04	0.221
9.5															1.91	1.05	1.10	0.245
10.0															2.01	1.17	1.15	0.269
10.5															2.11	1.29	1.21	0.295
11.0															2.21	1.41	1.27	0.324
11.5															2.32	1.55	1.33	0.354
12.0															2.42	1.68	1.39	0.385
12.5															2.52	1.86	1.44	0.418
13.0																	1.50	0.452
14.0																	1.62	0.524
15.0																	1.73	0.602
16.0																	1.85	0.685
17.0																	1.96	0.773
20.0																	2.31	1.07

注：DN100以上的给水管道水力计算，可参见《给水排水设计手册》第1册。

图名	镀锌钢管水力的计算表(二)	图号	JS2-1-22(二)

室内给水管网水力计算表(住宅建筑)

用水定额:142.2L/P·d　　每户用水人数:3.5人　　时变化系数:2.5

管段编号 自	至	卫生器具数当量数	洗涤盘 $N=1$	洗脸盘 $N=0.57$	拖布池 $N=1$	大便器 $N=$	浴盆 $N=$	淋浴盘 $N=0.57$	洗衣机 $N=1$	小便器 $N=$	$N=$	$N=$	当量总数 N	平均出流概率 U_0	同时出流概率 U	流量 q L/s	管径 d mm	流速 v m/s	单阻 i mmH$_2$O/m	管长 l m	管段沿程水头损失 $h=il$ mmH$_2$O	备注
①	②	n						1					0.75			0.15	De20	0.81	64	0.79	50.56	
		N						0.75														
②	③	n			1			1					1.75	4.1%		0.29	De25	0.92	57.1	1.485	84.8	
		N			1			0.75														
③	④	n		1	1			1					2.5	2.9%		0.32	De25	0.96	63.1	8	504.8	
		N		0.75	1			0.75														
④	⑤	n		1	1			1	1				3.5	2.1%		0.38	De32	1.19	81.2	1.36	110.4	
		N		0.75	1			0.75	1													
⑤	⑥	n	1	1	1			1	1				4.5	1.6%		0.43	De32	1.32	108.3	2.24	242.6	
		N	1	0.75	1			0.75	1													
⑥	⑦	n	1	1	1			1	1				4.5	1.6%		0.43	DN32	0.53	11.9	2.85	33.92	
		N	1	0.75	1			0.75	1													
⑦	⑧	n	2	2	2			2	2				9	1.6%		0.61	DN32	0.72	20.1	6.25	125.6	
		N	2	1.5	2			1.5	2													
⑧	⑨	n	4	4	4			4	4				18	1.6%		0.97	DN32	1.03	37.7	23.21	871.6	
		N	4	3	4			3	4													
⑨	⑩	n	8	8	8			8	8				36	1.6%		1.25	DN40	1.1	36.2	23.05	834.4	
		N	8	6	8			6	8													
⑩	⑪	n	12	12	12			12	12				54	1.6%		1.55	DN50	0.79	14.3	13.78	197.1	
		N	12	9	12			9	12													
⑪	⑫	n	16	16	16			16	16				72	1.6%		1.80	DN50	0.92	18.7	5.69	106.4	
		N	16	12	16			12	16													

图名	室内给水管网水力计算表	图号	JS2-1-23

铸铁管水力计算表

Q		DN(mm)									
		50		75		100		125		150	
(m³/s)	(L/s)	v	1000i	v	1000i	v	1000i	v	1000i	v	1000i
1.80	0.50	0.26	4.99								
2.16	0.60	0.32	6.90								
2.52	0.70	0.37	9.09								
2.88	0.80	0.42	11.6								
3.24	0.90	0.48	14.3	0.21	0.92						
3.60	1.0	0.53	17.3	0.23	2.31						
3.96	1.1	0.58	20.6	0.26	2.76						
4.32	1.2	0.64	24.1	0.28	3.20						
4.68	1.3	0.69	27.9	0.30	3.69						
5.04	1.4	0.74	32.0	0.33	4.22						
5.40	1.5	0.79	36.3	0.35	4.77	0.20	1.17				
5.76	1.6	0.85	40.9	0.37	5.34	0.21	1.31				
6.12	1.7	0.90	45.7	0.39	5.95	0.22	0.45				
6.48	1.8	0.95	50.8	0.42	6.59	0.23	1.61				
6.84	1.9	1.01	56.2	0.44	7.28	0.25	1.77				
7.20	2.0	1.06	61.9	0.46	7.98	0.26	1.94				
7.56	2.1	1.11	67.9	0.49	8.71	0.27	2.11				
7.92	2.2	1.17	74.0	0.51	9.47	0.29	2.29				
8.28	2.3	1.22	80.3	0.53	10.3	0.30	2.48				
8.64	2.4	1.27	87.5	0.56	11.1	0.31	2.66	0.20	0.902		
9.00	2.5	1.33	94.9	0.58	11.9	0.32	2.88	0.21	0.966		
9.36	2.6	1.38	103	0.60	12.8	0.34	3.08	0.215	1.03		
9.72	2.7	1.43	111	0.63	13.8	0.35	3.30	0.22	1.11		
10.08	2.8	1.48	119	0.65	14.7	0.36	3.52	0.23	1.18		
10.44	2.9	1.54	128	0.67	15.7	0.38	3.75	0.24	1.25		
10.80	3.0	1.59	137	0.70	16.7	0.39	0.98	0.25	1.33		
11.16	3.1	1.64	146	0.72	17.7	0.40	4.23	0.26	1.41		
11.52	3.2	1.70	155	0.74	18.8	0.42	4.47	0.265	1.49		
11.23	3.3	1.75	165	0.77	19.9	0.43	4.73	0.27	1.57		
12.24	3.4	1.80	176	0.79	21.0	0.44	4.99	0.28	1.66		
12.60	3.5	1.86	186	0.81	22.2	0.45	5.26	0.29	1.75	0.20	0.723
12.96	3.6	1.91	197	0.84	23.2	0.47	5.53	0.30	1.84	0.21	0.755
13.32	3.7	1.96	208	0.86	24.5	0.48	5.81	0.31	1.93	0.212	0.794
13.68	3.8	2.02	219	0.88	25.8	0.49	6.10	0.315	2.03	0.22	0.834
14.04	3.9	2.07	231	0.91	27.1	0.51	6.39	0.32	2.12	0.224	0.874
14.40	4.0	2.12	243	0.93	28.4	0.52	6.69	0.33	2.22	0.23	0.909
14.76	4.1	2.17	255	0.95	29.7	0.53	7.00	0.34	2.31	0.235	0.952
15.12	4.2	2.23	268	0.98	31.1	0.55	7.31	0.35	12.42	0.24	0.995
15.48	4.3	2.28	281	1.00	32.5	0.56	7.63	0.36	2.53	0.25	1.04
15.84	4.4	2.33	294	1.02	33.9	0.57	7.96	0.364	2.63	0.252	1.08

图名	铸铁管水力的计算表(一)	图号	JS2-1-24(一)

Q		DN(mm)											
		50		75		100		125		150		200	
(m³/s)	(L/s)	v	1000i	v	1000i	v	1000i	v	1000i	v	1000i	v	1000i
16.20	4.5	2.39	308	1.05	35.3	0.58	8.29	0.37	2.74	0.26	1.12		
16.56	4.6	2.44	321	1.07	36.8	0.60	8.63	0.38	2.85	0.264	1.17		
16.92	4.7	2.49	335	1.09	38.3	0.61	8.97	0.39	2.96	0.27	1.22		
17.28	4.8	2.55	350	1.12	39.8	0.62	9.33	0.40	3.07	0.275	1.26		
17.64	4.9	2.60	365	1.14	41.4	0.64	9.68	0.41	3.20	0.28	1.31		
18.00	5.0	2.65	380	1.16	43.0	0.65	10.0	0.414	3.31	0.286	1.35		
18.36	5.1	2.70	395	1.19	44.6	0.66	10.4	0.42	3.43	0.29	1.40		
18.72	5.2	2.76	411	1.21	46.2	0.68	10.8	0.43	3.56	0.30	1.45		
19.08	5.3	2.81	427	1.23	48.0	0.69	11.2	0.44	3.68	0.304	1.50		
19.44	5.4	2.86	443	1.26	49.8	0.70	11.6	0.45	3.80	0.31	1.55		
19.80	5.5	2.92	459	1.28	51.7	0.72	12.0	0.455	3.92	0.315	1.60		
20.16	5.6	2.97	476	1.30	53.6	0.73	12.3	0.46	4.07	0.32	1.65		
20.52	5.7	3.02	493	1.33	55.3	0.74	12.7	0.47	4.19	033	1.71		
20.88	5.8			1.35	57.3	0.75	13.2	0.48	4.32	0.333	1.77		
21.24	5.9			1.37	59.3	0.77	13.6	0.49	4.47	0.34	1.81		
21.60	6.0			1.39	61.5	0.78	14.0	0.50	4.60	0.344	1.87		
21.96	6.1			1.42	63.6	0.79	14.4	0.505	4.74	0.35	1.93		
22.32	9.2			1.44	65.7	0.80	14.9	0.551	4.87	0.356	1.99		
22.68	6.3			1.46	67.8	0.82	15.3	0.52	5.03	0.36	2.08	0.20	0.505
23.04	6.4			1.49	70.0	0.83	15.8	0.53	5.17	0.37	2.10	0.206	0.518
23.40	6.5			1.51	72.2	0.84	16.2	0.54	5.31	0.373	2.16	0.21	0.531
23.76	6.6			1.53	74.4	0.86	16.7	0.55	5.46	0.38	2.22	0.212	0.545
24.12	6.7			1.56	76.7	0.87	17.2	0.555	5.62	0.384	2.28	0.215	0.559
24.48	6.8			1.58	79.0	0.88	17.7	0.56	5.77	0.39	2.34	0.22	0.577
24.84	6.9			1.60	81.3	0.90	18.1	0.57	5.92	0.396	2.41	0.222	0.591
25.20	7.0			1.63	83.7	0.91	18.6	0.58	6.09	0.40	2.46	0.225	0.605
25.56	7.1			1.65	86.1	0.92	19.1	0.59	6.24	0.41	2.53	0.228	0.619
25.92	7.2			1.67	88.6	0.93	19.6	0.60	6.40	0.413	2.60	0.23	0.634
26.28	7.3			1.70	91.1	0.95	20.1	0.604	6.56	0.42	2.66	0.235	0.653
26.64	7.4			1.72	93.6	0.96	20.7	0.61	6.74	0.424	2.72	0.238	0.668
27.00	7.5			1.74	96.1	0.97	21.2	0.62	6.90	0.43	2.79	0.24	0.683
27.36	7.6			1.77	98.7	0.99	21.7	0.63	7.06	0.436	2.86	0.244	0.698
27.72	7.7			1.79	101	1.00	22.2	0.64	7.25	0.44	2.93	0.248	0.718
28.08	7.8			1.81	104	1.01	22.8	0.65	7.41	0.45	2.99	0.25	0.734
28.44	7.9			1.84	107	1.03	23.3	0.654	7.58	0.453	3.07	0.254	0.749
28.80	8.0			1.86	109	1.04	23.9	0.66	7.75	0.46	3.14	0.257	0.765
29.16	8.1			1.88	112	1.05	24.4	0.67	7.95	0.465	3.21	0.26	0.781
29.52	8.2			1.91	115	1.06	25.0	0.68	8.12	0.47	3.28	0.264	0.802
29.884	8.3			1.93	118	1.08	25.6	0.69	8.30	0.476	3.35	0.267	0.819
30.24	8.4			1.95	121	1.09	26.2	0.70	8.50	0.48	3.43	0.27	0.835

图名	铸铁管水力的计算表(二)	图号	JS2-1-24(二)

Q		DN(mm)													
(m³/s)	(L/s)	75		100		125		150		200		250		300	
		v	$1000i$	v	$1000i$	v	$1000i$	v	$1000i$	v	$1000i$	v	$1000i$	v	$1000i$
30.60	8.5	1.98	123	1.10	26.7	0.704	8.68	0.49	3.49	0.273	0.851				
30.96	8.6	2.00	126	1.12	27.3	0.71	8.86	0.493	3.57	0.277	0.874				
31.32	8.7	2.02	129	1.13	27.9	0.72	9.04	0.50	3.65	0.28	0.891				
31.68	8.8	2.05	132	1.14	28.5	0.73	9.25	0.505	3.73	0.283	0.908				
32.04	8.9	2.07	135	1.16	29.2	0.75	9.44	0.51	3.80	0.287	0.930				
32.40	9.0	2.09	138	1.17	29.9	0.745	9.63	0.52	3.91	0.29	0.942				
33.30	9.25	2.15	146	1.2	31.3	0.77	10.1	0.53	4.07	0.30	0.989				
34.20	9.5	2.21	154	1.23	33.0	0.79	10.6	0.54	4.28	0.305	1.04				
35.10	9.75	2.27	162	1.27	34.7	0.81	11.2	0.56	4.49	0.31	1.09				
36.00	10.0	2.33	171	1.30	36.5	0.83	11.7	0.57	4.69	0.32	1.13	0.20	0.384		
36.90	10.25	2.38	180	1.33	38.4	0.85	12.2	0.59	4.92	0.33	1.19	0.21	0.400		
37.80	10.5	2.44	188	1.36	40.3	0.87	12.8	0.60	5.13	0.34	1.24	0.216	0.421		
38.70	10.75	2.50	197	1.40	42.2	0.89	13.4	0.62	5.37	0.35	1.30	0.22	0.438		
39.60	11.0	2.56	207	1.43	44.2	0.91	14.0	0.63	5.59	0.354	1.35	0.226	0.456		
40.50	11.25	2.62	216	1.46	46.2	0.93	14.6	0.64	5.82	0.36	1.41	0.23	0.474		
41.40	11.5	2.67	226	1.49	48.3	0.95	15.1	0.66	6.07	0.37	1.46	0.236	0.492		
42.30	11.75	2.73	236	1.53	50.4	0.97	15.8	0.67	6.31	0.38	1.52	0.24	0.510		
43.20	12.0	2.79	246	1.56	52.6	0.99	16.4	0.69	6.55	0.39	1.58	0.246	0.529		
44.10	12.25	2.85	256	1.59	54.8	1.01	17.0	0.70	6.82	0.394	1.64	0.25	0.552		
45.00	12.5	2.91	267	1.62	57.1	1.03	17.7	0.72	7.07	0.40	1.70	0.26	0.572		
45.90	12.75	2.96	278	1.66	59.4	1.06	18.4	0.73	7.32	0.41	1.76	0.262	0.592		
46.80	13.0	3.02	289	1.69	61.7	1.08	19.0	0.75	7.60	0.42	1.82	0.27	0.612		
47.70	13.25			1.72	64.1	1.10	19.7	0.76	7.87	0.43	1.88	0.272	0.632		
48.60	13.5			1.75	66.6	1.12	20.4	0.77	8.14	0.434	1.95	0.28	0.653		
49.50	13.75			1.79	69.1	1.14	21.2	0.79	8.43	0.44	2.01	0.282	0.674		
50.40	14.0			1.82	71.6	1.16	21.9	0.80	8.71	0.45	2.08	0.29	0.695		
51.30	14.25			1.85	74.2	1.18	22.6	0.82	8.99	0.46	2.15	0.293	0.721		
52.20	14.5			1.88	76.8	1.20	23.3	0.83	9.30	0.47	2.21	0.30	0.743	0.20	0.301
53.10	14.75			1.92	79.5	1.22	24.1	0.85	9.59	0.474	2.28	0.303	0.766	0.21	0.312
54.00	15.0			1.95	82.2	1.24	24.9	0.86	9.88	0.48	2.35	0.31	0.788	0.212	0.320
55.80	15.5			2.01	87.8	1.28	26.6	0.89	10.5	0.50	2.50	0.32	0.834	0.22	0.338
57.60	16.0			2.08	93.5	1.32	28.4	0.92	11.1	0.51	2.64	0.33	0.886	0.23	0.358
59.40	16.5			2.14	99.5	1.37	30.2	0.95	11.8	0.53	2.79	0.34	0.935	0.233	0.377
61.20	17.0			2.21	106	1.41	32.0	0.97	12.5	0.55	2.96	0.35	0.985	0.24	0.398
63.00	17.5			2.27	112	1.45	33.9	1.00	13.2	0.56	3.12	0.36	1.04	0.25	0.421
64.80	18.0			2.34	118	1.49	35.9	1.03	13.9	0.58	3.28	0.37	1.09	0.255	0.443
66.60	18.5			2.40	125	1.53	37.9	1.06	14.6	0.59	3.45	0.38	1.15	0.26	0.464
68.40	19.0			2.47	132	1.57	40.0	1.09	15.3	0.61	3.62	0.39	1.20	0.27	0.486
70.20	19.5			2.53	139	1.61	42.1	1.12	16.1	0.63	3.80	0.40	1.26	0.28	0.509
72.00	20.2			2.60	146	1.66	44.3	1.15	16.9	0.64	3.97	0.41	1.32	0.283	0.532

| 图名 | 铸铁管水力的计算表(三) | 图号 | JS2-1-24(三) |

Q		DN(mm)																
		100		125		150		200		250		300		350		400		450	
(m³/s)	(L/s)	v	1000i	v	1000i	v	1000i	v	1000i	v	1000i	v	1000i	v	1000i	v	1000i	v	1000i
73.8	20.5	2.66	1554	1.70	46.5	1.18	17.7	0.66	4.16	0.42	1.38	0.29	0.556	0.213	0.264				
75.60	21.0	2.73	161	1.74	48.8	1.20	18.4	0.67	4.34	0.43	1.44	0.30	0.580	0.22	0.275				
77.40	21.5	2.79	169	1.78	51.2	1.23	19.3	0.69	4.53	0.44	1.50	0.304	0.604	0.223	0.286				
79.20	22.0	2.86	177	1.82	53.6	1.26	20.2	0.71	4.73	0.45	1.57	0.31	0.629	0.23	0.300				
81.00	22.5	2.92	185	1.86	56.1	1.29	21.2	0.72	4.93	0.46	1.63	0.32	0.655	0.234	0.311				
82.80	23.0	2.99	193	1.90	58.6	1.32	22.1	0.74	5.13	0.47	1.69	0.325	0.681	0.24	0.323				
84.60	23.5			1.95	61.2	1.35	23.1	0.76	5.35	0.48	1.77	0.33	0.707	0.244	0.335				
86.40	24.0			1.99	63.8	1.38	24.1	0.77	5.56	0.49	1.83	0.34	0.734	0.25	0.347				
88.20	24.5			2.03	66.5	1.41	25.1	0.79	5.77	0.50	1.90	0.35	0.765	0.255	0.362				
90.00	25.0			2.07	69.2	1.43	26.1	0.80	5.98	0.51	1.97	0.354	0.793	0.26	0.375				
91.80	25.5			2.11	72.0	1.46	27.2	0.82	6.21	052	2.05	0.36	0.821	0.265	0.388	0.20	0.204		
93.60	26.0			2.15	74.9	1.49	28.3	0.84	6.44	0.53	2.12	0.37	0.850	0.27	0.401	0.207	0.211		
95.40	26.5			2.19	77.8	1.52	29.4	0.85	6.67	0.54	2.19	0.375	0.879	0275	0.414	0.21	0218		
97.20	27.0			2.24	80.7	1.55	30.5	0.87	6.90	0.55	2.26	0.38	0.910	0.28	0.430	0.215	0.225		
99.00	27.5			2.28	83.8	1.58	31.6	0.88	7.14	0.56	2.35	0.39	0.939	0.286	0.444	0.22	0.233		
100.8	28.0			2.32	86.8	1.61	32.8	0.90	7.38	0.57	2.42	0.40	0.969	0.29	0.458	0.223	0.240		
102.6	28.5			2.36	90.0	1.63	34.0	0.92	7.62	0.58	2.50	0.403	1.00	0.296	0.472	0.227	0.248		
104.4	29.0			2.40	93.2	1.66	35.2	0.93	7.87	0.59	2.58	0.41	1.03	0.30	0.486	0.23	0.256		
106.2	29.5			2.44	96.4	1.69	36.4	0.95	8.13	0.61	2.66	0.42	1.06	0.31	0.803	0.235	0.264		
108.0	30.0			2.48	99.6	1.72	37.7	0.96	8.40	0.62	2.75	0.424	1.10	0.312	0.518	0.24	0.271		
109.8	30.5			2.53	103	1.75	38.9	0.98	8.66	0.63	2.83	0.43	1.13	0.32	0.533	0.243	0.280		
111.6	31.0			2.57	106	1.78	40.2	1.00	8.92	0.64	2.92	0.44	1.17	0.322	0.548	0.247	0.288		
113.4	31.5			2.61	110	1.81	41.5	1.01	9.19	0.65	3.00	0.45	1.20	0.33	0.563	0.25	0.296		
115.2	32.0			2.65	113	1.84	42.8	1.03	9.46	0.66	3.09	0.453	1.23	0.333	0.582	0.255	0.304	0.20	0.172
117.0	32.5			2.69	117	1.86	44.2	1.04	9.74	0.67	3.18	0.46	1.27	0.34	0.597	0.26	0.313	0.204	0.176
118.8	33.0			2.73	121	1.89	45.6	1.06	10.0	0.68	3.27	0.47	1.30	0.343	0.613	0.263	0.322	0.207	0.181
120.6	33.5			2.77	124	1.92	47.0	1.08	10.3	0.69	3.36	0.474	1.34	0.35	0.629	0.267	0.330	0.21	0.187
122.4	34.0			2.82	128	1.95	48.4	1.09	10.6	0.70	3.45	0.48	1.37	0.353	0.646	0.27	0.339	0.214	0.192
124.2	34.5			2.86	132	1.98	49.8	1.11	10.9	0.71	3.54	0.49	1.41	0.36	0.665	0.274	0.346	0.217	0.196
126.0	35.0			2.90	136	2.01	51.3	1.12	11.2	0.72	3.64	0.495	1.45	0.364	0.682	0.28	0.355	0.22	0.201
127.8	35.5			2.94	140	2.04	52.7	1.14	11.5	0.73	3.74	0.50	1.49	0.37	0.699	0.282	0.364	0.223	0.206
129.6	36.0			2.98	144	2.06	54.2	1.16	11.8	0.74	3.83	0.51	1.52	0.374	0.716	0.286	0.373	0.226	0.211
131.4	36.5			3.02	148	2.09	55.7	1.17	12.1	0.75	3.93	0.52	1.56	0.38	0.733	0.29	0.382	0.23	0.216
133.2	37.0					2.12	57.3	1.19	12.4	0.76	4.03	0.523	1.60	0.385	0.754	0.294	0.392	0.233	0.223
135.0	37.5					2.15	58.8	1.21	12.7	0.77	4.13	0.53	1.64	0.39	0.772	0.30	0.401	0.236	0.228
136.8	38.0					2.18	60.4	1.22	13.0	0.78	4.23	0.54	1.68	0.395	0.789	0.302	0.411	0.24	0.233
138.6	38.5					22.21	62.0	1.24	13.4	0.79	4.33	0.545	1.72	0.40	0.808	0.306	0.420	0.242	0.238
140.4	39.0					2.24	63.6	1.25	13.7	0.80	4.44	0.55	1.76	0.405	0.826	0.31	0.430	0.245	0.242
142.2	39.5					2.27	65.3	1.27	14.1	0.81	4.54	0.56	1.81	0.41	0.848	0.314	0.440	0.248	0.249
144.0	40.0					2.29	66.9	1.29	14.4	0.82	4.63	0.57	1.85	0.42	0.866	0.32	0.450	0.25	0.254

图名	铸铁管水力的计算表(四)	图号	JS2-1-24(四)

Q		DN(mm)																	
		150		200		250		300		350		400		450		500		600	
(m³/s)	(L/s)	v	1000i	v	1000i	v	1000i	v	1000i	v	1000i	v	1000i	v	1000i	v	1000i	v	1000i
147.6	41	2.35	70.3	1.32	15.2	0.84	4.87	0.58	1.93	0.43	0.904	0.33	0.471	0.26	0.267	0.21	0.160		
151.2	42	2.41	73.8	1.35	15.9	0.86	5.09	0.59	2.02	0.44	0.943	0.334	0.492	0.264	0.278	0.214	0.167		
154.8	43	2.47	77.4	1.38	16.7	0.88	5.32	0.61	2.10	0.45	0.986	0.34	0.513	0.27	0.289	0.22	0.174		
158.4	44	2.52	81.0	1.41	17.5	0.90	5.56	0.62	2.19	0.46	1.03	0.35	0.534	0.28	0.302	0.224	0.181		
162.0	45	2.58	84.7	1.45	18.3	0.92	5.79	0.64	2.29	0.47	1.07	0.36	0.557	0.283	0.314	0.23	0.188		
165.6	46	2.64	88.5	1.48	19.1	0.94	6.04	0.65	2.38	0.48	1.11	0.37	0.579	0.29	0.326	0.234	0.196		
169.2	47	2.70	92.4	1.51	19.9	0.90	6.27	0.66	2.48	0.49	1.15	0.374	0.602	0.293	0.338	0.24	0.203		
172.8	48	2.75	96.4	1.54	20.8	0.99	6.53	0.68	2.57	0.50	1.20	0.38	0.625	0.30	0.353	0.244	0.211		
176.4	49	2.81	100	1.58	21.7	1.01	6.78	0.69	2.67	0.51	1.25	0.39	0.649	0.31	0.365	0.25	0.218		
180.0	50	2.87	105	1.61	22.6	1.03	7.05	0.71	2.77	0.52	1.30	0.40	0.673	0.314	0.378	0.255	0.228		
183.6	51	2.92	109	1.64	23.5	1.05	7.30	0.72	2.87	0.53	1.34	0.41	0.697	0.32	0.393	0.26	0.236		
187.2	52	2.98	113	1.67	24.4	1.07	7.58	0.74	2.99	0.54	1.39	0.414	0.722	0.33	0.406	0.265	0.244		
190.8	53	3.04	118	1.70	25.4	1.09	7.85	0.75	3.09	0.55	1.44	0.42	0.747	0.333	0.420	0.27	0.252		
194.4	54			1.74	26.3	1.11	8.13	0.76	3.20	0.56	1.49	0.43	0.773	0.34	0.433	0.275	0.260		
198.0	55			1.77	27.3	1.13	8.41	0.78	3.31	0.57	1.54	0.44	0.799	0.35	0.449	0.28	0.269		
201.6	56			1.80	28.3	1.15	8.70	0.79	3.42	0.58	1.59	0.45	0.826	0.352	0.463	0.285	0.277		
205.2	57			1.83	29.3	1.17	8.99	0.81	3.53	0.59	1.64	0.454	0.853	0.36	0.477	0.29	0.286		
208.8	58			1.86	30.4	1.19	9.29	0.82	3.64	0.60	1.70	0.46	0.876	0.365	0.494	0.295	0.295	0.20	0.122
212.4	59			1.90	31.4	1.21	9.58	0.83	3.77	0.61	1.75	0.46	0.905	0.37	0.509	0.30	0.304	0.21	0.127
216.0	60			1.93	32.5	1.23	9.91	0.85	3.88	0.62	1.81	0.48	0.932	0.38	0.524	0.306	0.315	0.212	0.130
219.6	61			1.96	33.6	1.25	10.2	0.86	4.00	0.63	1.86	0.485	0.960	0.383	0.539	0.31	0.324	0.216	0.134
223.2	62			1.99	34.7	1.27	10.6	0.88	4.12	0.64	1.91	0.49	0.989	0.39	0.557	0.316	0.333	0.22	0.137
226.8	63			2.03	35.8	1.29	10.9	0.89	4.25	0.65	1.97	0.50	1.02	0.40	0.572	0.32	0.343	0.223	0.142
230.4	64			2.06	37.0	1.31	11.3	0.91	4.37	0.67	2.03	0.51	1.05	0.402	0.588	0.326	0.352	0.226	0.145
234.0	65			2.09	38.1	1.33	11.7	0.92	4.50	0.68	2.09	0.52	1.08	0.41	0.606	0.33	0.362	0.23	0.150
237.6	66			2.12	39.3	1.36	12.0	0.93	4.64	0.69	2.15	0.525	1.11	0.415	0.622	0.336	0.372	0.233	0.153
241.2	67			2.15	40.5	1.38	12.4	0.95	4.76	0.70	2.20	0.53	1.14	0.42	0.639	0.34	0.382	0.237	0.158
244.8	68			2.19	41.7	1.40	12.7	0.96	4.90	0.71	2.27	0.54	1.17	0.43	0.658	0.346	0.392	0.24	0.161
248.4	69			2.22	43.0	1.42	13.1	0.98	5.03	0.72	2.33	0.55	1.20	0.434	0.674	0.35	0.402	0.244	0.166
252.0	70			2.25	44.2	1.44	13.5	0.99	5.17	0.73	2.39	0.56	1.23	0.44	0.691	0.356	0.412	0.248	0.171
255.6	71			2.28	45.5	1.46	13.9	1.00	5.30	0.74	2.46	0.565	1.27	0.45	0.708	0.36	0.425	0.25	0.175
259.2	72			2.31	46.8	1.48	14.3	1.02	5.45	0.75	2.52	0.57	1.30	0.453	0.729	0.367	0.435	0.255	0.180
262.8	73			2.35	48.1	1.50	14.7	1.03	5.59	0.76	2.59	0.58	1.33	0.46	0.746	0.37	0.446	0.26	0.183
266.4	74			2.38	49.4	1.52	15.1	1.05	5.74	0.77	2.65	0.59	1.37	0.465	0.764	0.377	0.457	0.262	0.189
270.0	75			2.41	50.8	1.54	15.5	1.06	5.88	0.78	2.71	0.60	1.40	0.47	0.785	0.38	0.468	0.265	0.192
273.6	76			2.44	52.1	1.56	15.9	1.07	6.02	0.79	2.78	0.605	1.43	0.48	0.803	0.387	0.479	0.27	0.198
277.2	77			2.48	53.5	1.58	16.3	1.09	6.17	0.80	2.85	0.61	1.46	0.484	0.821	0.39	0.490	0.272	0.201
280.8	78			2.51	54.9	1.60	16.7	1.10	6.32	0.81	2.92	0.62	1.50	0.49	0.840	0.397	0.501	0.276	0.207
284.8	79			2.54	56.3	1.62	17.2	1.12	6.48	0.82	2.99	0.63	1.54	0.50	0.858	0.40	0.513	0.28	0.211
288.0	80			2.57	57.8	1.64	17.6	1.13	6.63	0.83	3.06	0.64	1.58	0.503	0.880	0.407	0.524	0.283	0.216

图名	铸铁管水力的计算表(五)	图号	JS2-1-24(五)

Q		DN(mm)																		
		200		250		300		350		400		450		500		600		700		800	
(m³/s)	(L/s)	v	1000i	v	1000i	v	1000i	v	1000i	v	1000i	v	1000i	v	1000i	v	1000i	v	1000i	v	1000i
291.6	81	2.60	59.2	1.66	18.1	1.15	6.79	0.84	3.13	0.645	1.61	0.51	0.899	0.41	0.536	0.286	0.220	0.21	0.104		
295.2	82	2.64	60.7	1.68	18.5	1.16	6.94	0.85	3.20	0.65	1.64	0.516	0.922	0.42	0.550	0.29	0.226	0.213	0.107		
298.8	83	2.67	62.2	1.70	19.0	1.17	7.10	0.86	3.28	0.66	1.68	0.52	0.941	0.423	0.562	0.293	0.230	0.216	0.110		
302.4	84	2.70	63.7	1.73	19.4	1.19	7.26	0.87	3.35	0.67	1.72	0.53	0.961	0.43	0.574	0.297	0.235	0.218	0.112		
306.0	85	2.73	65.2	1.75	19.9	1.20	7.41	0.88	3.42	0.68	1.76	0.534	0.981	0.433	0.586	0.30	0.241	0.22	0.114		
309.6	86	2.77	66.8	1.77	20.4	1.22	7.58	0.89	3.50	0.684	1.80	0.54	1.00	0.44	0.598	0.304	0.245	0.223	0.116		
313.2	87	2.80	68.3	1.79	20.8	1.23	7.76	0.90	3.57	0.69	1.83	0.55	1.02	0.443	0.610	0.308	0.2551	0.226	0.119		
316.8	88	2.83	69.9	1.81	21.3	1.24	7.94	0.91	3.65	0.70	1.87	0.553	1.04	0.45	0.623	0.31	0.256	0.228	0.121		
320.4	89	2.86	71.5	1.83	21.8	1.26	8.12	0.93	3.73	0.71	1.91	0.56	1.07	0.453	0.635	0.315	0.261	0.23	0.123		
324.0	90	2.89	73.1	1.85	22.3	1.27	8.30	0.94	3.80	0.72	1.95	0.57	1.09	0.46	0.648	0.32	0.266	0.234	0.126		
327.6	91	2.93	74.8	1.87	22.8	1.29	8.49	0.95	3.88	0.724	1.98	0.572	1.11	0.463	0.661	0.322	0.272	0.236	0.128		
331.2	92	2.96	76.4	1.89	23.3	1.30	8.68	0.96	3.69	0.73	2.03	0.58	1.13	0.47	0.674	0.325	0.276	0.24	0.131		
334.8	93	2.99	78.1	1.91	23.8	1.32	8.87	0.97	4.05	0.74	2.07	0.585	1.16	0.474	0.690	0.33	0.282	0.242	0.134		
338.4	94	3.02	79.8	1.93	24.3	1.33	9.06	0.98	4.12	0.75	2.12	0.59	1.18	0.48	0.703	0.332	0.287	0.244	0.136		
342.0	95			1.95	24.8	1.34	9.25	0.99	4.20	0.76	2.16	0.60	1.20	0.484	0.716	0.336	0.291	0.247	0.139		
345.6	96			1.97	25.4	1.36	9.45	1.00	4.29	0.764	2.20	0.604	1.23	0.49	0.730	0.34	0.2998	0.25	0.141		
349.2	97			1.99	25.9	1.37	9.65	1.01	4.37	0.77	2.24	0.61	1.25	0.494	0.743	0.343	0.304	0.252	0.144		
352.8	98			2.01	26.4	1.39	9.85	1.02	4.46	0.78	2.29	0.62	1.27	0.50	0.757	0.347	0.311	0.255	0.147		
356.4	99			2.03	27.0	1.40	10.0	1.03	4.54	0.79	2.33	0.622	1.29	0.504	0.771	0.35	0.315	0.257	0.149		
360.0	100			2.05	27.5	1.41	10.2	1.04	4.62	0.80	2.37	0.63	1.32	0.51	0.784	0.354	0.322	0.26	0.152	0.20	0.08
367.2	102			2.09	28.6	1.44	10.7	1.06	4.80	0.81	2.46	0.64	1.37	0.52	0.813	0.36	0.333	0.265	0.157	0.203	0.0827
374.4	104			2.14	29.8	1.47	11.1	1.08	4.98	0.83	2.55	0.65	1.42	0.53	0.844	0.37	0.345	0.27	0.163	0.207	0.0856
381.6	106			2.18	30.9	1.50	11.5	1.10	5.16	0.84	2.64	0.67	1.47	0.54	0.873	0.375	0.357	0.275	0.168	0.21	0.0885
388.8	108			2.22	32.1	1.53	12.0	1.12	5.34	0.86	2.73	0.68	1.52	0.55	0.903	0.38	0.369	0.28	0.175	0.215	0.0915
396.0	110			2.26	33.3	1.56	12.4	1.14	5.53	0.88	2.83	0.69	1.57	0.56	0.933	0.39	0.381	0.286	0.180	0.22	0.0945
403.2	112			2.30	34.5	1.58	12.9	1.16	5.72	0.89	2.92	0.70	1.62	0.57	0.963	0.40	0.394	0.29	0.186	0.223	0.0976
410.4	114			2.34	35.8	1.61	13.3	1.18	5.91	0.91	3.02	0.72	1.68	0.58	0.997	0.403	0.406	0.296	0.192	0.227	0.101
417.6	116			2.38	37.0	1.64	13.8	1.21	6.09	0.92	3.12	0.73	1.73	0.59	1.03	0.41	0.419	0.30	0.197	0.23	0.104
424.8	118			2.42	38.3	1.67	14.3	1.23	6.31	0.94	3.22	0.74	1.79	0.60	1.06	0.42	0.432	0.307	0.204	0.235	0.107
432.0	120			2.46	39.6	1.70	14.8	1.25	6.52	0.95	3.32	0.75	1.84	0.61	1.09	0.424	0.445	0.31	0.210	0.24	0.110
439.2	122			2.51	41.0	1.73	15.3	1.27	6.74	0.97	3.43	0.77	1.90	0.62	1.13	0.43	0.458	0.32	0.216	0.243	0.114
446.4	124			2.55	42.3	1.75	15.8	1.29	6.96	0.99	3.73	0.78	1.96	0.63	1.16	0.44	0.474	0.322	0.222	0.247	0.117
453.6	126			2.59	43.7	1.78	16.3	1.31	7.19	1.00	3.64	0.79	2.02	0.64	1.20	0.45	0.487	0.33	0.226	0.25	0.120
460.8	128			2.63	45.1	1.81	16.8	1.33	7.42	1.02	3.75	0.80	2.09	0.65	1.23	0.453	0.501	0.333	0.236	0.255	0.124
468.0	130			2.67	46.5	1.84	17.3	1.35	7.65	1.03	3.85	0.82	2.15	0.66	1.27	0.46	0.515	0.34	0.242	0.26	0.127
475.2	132			2.71	48.0	1.87	17.9	1.37	7.89	1.05	3.96	0.83	2.21	0.67	1.30	0.47	0.530	0.343	0.249	0.263	0.131
482.4	134			2.75	49.4	1.90	18.4	1.39	8.13	1.07	4.08	0.84	2.27	0.68	1.34	0.474	0.544	0.35	0.256	0.267	0.134
489.6	136			2.79	50.9	1.92	19.0	1.41	8.38	1.08	4.19	0.85	2.34	0.69	1.38	0.48	0.559	0.353	0.262	0.27	0.138
496.8	138			2.83	52.4	1.95	19.5	1.43	8.62	1.10	4.31	0.87	2.40	0.70	1.41	0.49	0.573	0.36	0.270	0.274	0.140
504.0	140			2.88	53.9	1.98	20.1	1.46	8.88	1.11	4.43	0.88	2.46	0.71	1.45	0.495	0.588	0.364	0.277	0.28	0.144

图名	铸铁管水力的计算表(六)	图号	JS2-1-24(六)

Q		DN(mm)																		
		300		350		400		450		500		600		700		800		900		10000	
(m³/s)	(L/s)	v	1000i	v	1000i	v	1000i	v	1000i	v	1000i	v	1000i	v	1000i	v	1000i	v	1000i	v	1000i
511.2	142	2.01	20.7	1.48	9.13	1.13	4.55	0.89	2.53	0.72	1.49	0.50	0.603	0.37	0.284	0.282	0.148	0.22	0.0837		
518.4	144	2.04	21.3	1.50	9.39	1.15	4.67	0.91	2.59	0.73	1.53	0.51	0.619	0.374	0.291	0.286	0.152	0.226	0.0857		
525.6	146	2.07	21.8	1.52	9.65	1.16	4.79	0.92	2.66	0.74	1.57	0.52	0.634	0.38	0.2998	0.29	0.155	0.23	0.0877		
532.8	148	2.09	22.5	1.54	9.92	1.18	4.92	0.93	2.73	0.75	1.61	0.523	0.650	0.385	0.306	0.294	0.159	0.233	0.0905		
540.0	150	2.12	23.1	1.56	10.2	1.19	5.04	0.94	2.80	0.76	1.65	0.53	0.666	0.39	0.313	0.30	0.163	0.236	0.0925		
547.2	152	2.15	23.7	1.58	10.5	1.21	5.16	0.96	2.87	0.77	1.69	0.544	0.684	0.395	0.321	0.302	0.167	0.24	0.0946		
554.4	154	2.18	24.3	1.60	10.7	1.23	5.29	0.97	2.94	0.78	1.73	0.545	0.700	0.40	0.328	0.306	0.171	0.242	0.0967		
561.6	156	2.21	24.0	1.62	11.0	1.24	5.43	0.98	3.01	0.79	1.77	0.55	0.718	0.405	0.335	0.31	0.175	0.245	0.0989		
568.8	158	2.24	25.6	1.64	11.3	1.26	5.57	0.99	3.08	0.80	1.81	0.56	0.733	0.41	0.343	0.314	0.179	0.248	0.101		
576.0	160	2.26	26.2	1.66	11.6	1.27	5.71	1.01	3.14	0.81	1.85	0.57	0.750	0.416	0.352	0.32	0.183	0.25	0.103	0.20	0.0624
583.2	162	2.29	26.9	1.68	11.9	1.29	5.86	1.02	3.22	0.83	1.90	0.573	0.767	0.42	0.360	0.322	0.187	0.255	0.106	0.206	0.0635
590.4	164	2.32	27.6	1.70	12.2	1.31	6.00	1.03	3.29	0.84	1.94	0.58	0.7884	0.426	0.367	0.326	0.191	0.258	0.108	0.209	0.0651
597.6	166	2.35	28.2	1.73	12.5	1.332	6.15	1.04	3.37	0.85	1.98	0.59	0.802	0.43	0.375	0.33	0.195	0.26	0.111	0.21	0.0662
604.8	168	2.38	28.9	1.75	12.8	1.34	6.30	1.06	3.44	0.86	2.03	0.594	0.819	0.436	0.383	0.334	0.200	0.264	0.113	0.214	0.0679
612.0	170	2.40	29.6	1.77	13.1	1.35	6.45	1.07	3.52	0.87	2.07	0.60	0.837	0.44	0.392	0.34	0.204	0.267	0.115	0.216	0.0690
619.2	172	2.43	30.3	1.79	13.4	1.37	6.50	1.08	3.59	0.88	2.12	0.61	0.855	0.447	0.400	0.342	0.208	0.27	0.117	0.219	0.0707
626.4	174	2.46	31.0	1.81	13.7	1.38	6.76	1.09	3.67	0.89	2.16	0.615	0.873	0.45	0.409	0.346	0.2113	0.273	0.120	0.22	0.0719
633.6	176	2.49	31.8	1.83	14.0	1.40	6.91	1.11	3.75	0.90	2.21	0.62	0.891	0.457	0.417	0.35	0.217	0.277	0.123	0.224	0.0736
640.8	178	2.52	32.5	1.85	14.3	1.42	7.07	1.12	3.83	0.91	2.26	0.63	0.909	0.46	0.425	0.354	0.222	0.28	0.125	0.227	0.0753
648.0	180	2.55	33.2	1.87	14.7	1.43	7.23	1.13	3.91	0.92	2.31	0.64	0.931	0.47	0.435	0.36	0.226	0.283	0.128	0.23	0.0765
655.2	182	2.57	34.0	1.89	15.0	1.45	7.39	1.14	3.99	0.93	2.35	0.64	0.95	0.47	0.443	0.36	0.231	0.286	0.130	0.232	0.078
662.4	184	2.60	34.7	1.91	15.3	1.46	7.56	1.16	4.08	0.94	2.40	0.65	0.97	0.48	0.452	0.36	0.235	0.29	0.132	0.234	0.080
669.6	186	2.63	35.5	1.93	15.7	1.48	7.72	1.17	4.16	0.95	2.45	0.66	0.983	0.48	0.461	0.37	0.240	0.292	0.135	0.237	0.081
676.8	188	2.66	36.2	1.95	16.0	1.50	7.89	1.18	4.24	0.96	2.50	0.66	1.01	0.49	0.469	0.37	0.244	0.295	0.137	0.24	0.083
684.0	190	2.69	37.0	1.97	16.3	1.51	8.06	1.19	4.33	0.97	2.55	0.67	1.03	0.49	0.480	0.38	0.249	0.30	0.1441	0.242	0.084
691.2	192	2.72	37.8	2.00	16.7	1.53	8.23	1.21	4.41	0.98	2.60	0.68	1.05	0.50	0.488	0.38	0.254	0.302	0.143	0.244	0.086
698.4	194	2.74	38.6	2.02	17.0	1.54	8.40	1.22	4.50	0.99	2.65	0.69	1.07	0.50	0.497	0.38	0.2559	0.305	0.146	0.247	0.087
705.6	196	2.77	39.4	2.04	17.4	1.56	8.57	1.23	4.59	1.00	2.70	0.69	1.09	0.51	0.506	0.39	0.2263	0.308	0.148	0.25	0.089
712.8	198	2.80	40.2	2.06	17.7	1.58	8.75	1.24	4.69	1.01	2.75	0.70	1.11	0.51	0.515	0.39	0.268	0.31	0.151	0.252	0.091
720.0	200	2.83	41.0	2.08	18.1	1.59	8.93	1.26	4.78	1.02	2.81	0.71	1.13	0.52	0.526	0.40	0.273	0.3114	0.153	0.255	0.093
730.8	203	2.87	42.2	2.11	18.7	1.62	9.20	1.28	4.93	1.03	2.88	0.72	1.16	0.53	0.539	0.400	0.281	0.32	0.158	0.26	0.095
741.6	206	2.91	43.5	2.14	19.2	1.64	9.47	1.30	5.07	1.05	2.96	0.73	1.19	0.53	0.554	0.41	0.288	0.324	0.162	0.262	0.097
752.4	209	2.96	44.8	2.17	19.8	1.66	9.75	1.31	5.22	1.06	3.04	0.74	1.22	0.54	0.569	0.42	0.296	0.33	0.166	0.266	0.100
763.2	212	3.00	46.1	2.20	20.3	1.67	10.0	1.33	5.37	1.08	3.13	0.75	1.25	0.55	0.585	0.42	0.303	0.333	0.170	0.27	0.102
774.0	215			2.23	20.9	1.71	10.3	1.35	5.53	1.09	3.21	0.76	1.29	0.56	0.600	0.43	0.311	0.34	0.175	0.274	0.1005
784.8	218			2.27	21.5	1.73	10.6	1.37	5.68	1.11	3.29	0.77	1.32	0.57	0.614	0.43	0.319	0.343	0.180	0.278	0.108
795.6	221			2.30	22.1	1.76	10.9	1.39	5.84	1.13	3.37	0.78	1.36	0.57	0.630	0.44	0.327	0.35	0.183	0.28	0.110
806.4	224			2.33	22.7	1.78	11.2	1.41	6.00	1.14	3.47	0.79	1.39	0.58	0.646	0.45	0.335	0.352	0.188	0.285	0.113
817.2	227			2.36	23.3	1.81	11.5	1.43	6.16	1.16	3.55	0.80	1.42	0.59	0.662	0.45	0.343	0.357	0.193	0.29	0.115
828.0	230			2.39	24.0	1.83	11.8	1.45	6.32	1.17	3.64	0.81	1.46	0.60	0.679	0.46	0.352	0.36	0.197	0.293	0.118

图名	铸铁管水力的计算表(七)	图号	JS2-1-24(七)

99

Q		DN(mm)																	
		350		400		450		500		600		700		800		900		1000	
(m³/s)	(L/s)	v	1000i	v	1000i	v	1000i	v	1000i	v	1000i	v	1000i	v	1000i	v	1000i	v	1000i
838.8	233	2.42	24.6	1.85	12.1	1.47	6.49	1.19	3.73	0.82	1.49	0.605	0.693	0.463	0.359	0.366	0.202	0.297	0.121
849.6	236	2.45	25.2	1.88	12.4	1.48	6.66	1.20	3.81	0.83	1.53	0.61	0.710	0.47	0.367	0.37	0.207	0.30	0.123
860.4	239	2.48	25.9	1.90	12.7	1.50	6.83	1.22	3.91	0.85	1.56	0.62	0.727	0.475	0.376	0.376	0.212	0.304	0.126
871.2	242	2.52	26.5	1.93	13.1	1.52	7.00	1.23	4.00	0.86	1.60	0.63	0.744	0.48	0.384	0.38	0.216	0.31	0.129
882.0	245	2.55	27.2	1.95	13.4	1.54	7.17	1.25	4.10	0.87	1.64	0.64	0.762	0.49	0.393	0.385	0.221	0.312	0.132
892.3	248	2.58	27.8	1.97	13.7	1.56	7.35	1.26	1.21	0.88	1.67	0.644	0.777	0.493	0.402	0.39	0.226	0.316	0.1335
903.6	251	2.61	28.5	2.00	14.1	1.58	7.53	1.28	4.31	0.89	1.72	0.65	0.795	0.50	0.411	0.394	0.230	0.32	0.138
914.4	254	2.64	29.2	2.02	14.4	1.60	7.71	1.29	4.41	0.90	1.75	0.66	0.813	0.505	0.420	0.40	0.235	0.323	0.141
925.2	257	2.67	29.9	2.05	14.7	1.62	7.89	1.31	4.52	0.91	1.79	0.67	0.831	0.51	0.429	0.404	0.241	0.327	0.144
936.0	260	2.70	30.6	2.07	15.1	1.63	8.08	1.32	4.62	0.92	1.83	0.68	0.849	0.52	0.438	0.41	0.246	0.33	0.147
946.8	263	2.73	31.3	2.09	15.4	1.65	8.27	1.34	4.73	0.93	1.87	0.683	0.865	0.523	0.447	0.413	0.250	0.335	0.150
957.6	266	2.76	32.0	2.12	15.8	1.67	8.46	1.35	4.84	0.94	1.91	0.69	0.884	0.53	0.456	0.42	0.256	0.34	0.153
968.4	269	2.80	32.8	2.14	16.1	1.69	8.65	1.37	4.95	0.95	1.95	0.70	0.903	0.535	0.466	0.423	0.262	0.342	0.156
979.2	272	2.83	33.5	2.16	16.5	1.71	8.84	1.39	5.06	0.96	1.99	0.71	0.922	0.54	0.475	0.43	0.267	0.346	0.159
990.0	275	2.86	34.2	2.19	16.9	1.73	9.04	1.40	5.17	0.97	2.03	0.715	0.942	0.55	0.485	0.432	0.272	0.35	0.162
1000.8	278	2.89	35.0	2.21	17.2	1.75	9.24	1.42	5.29	0.98	2.07	0.72	0.958	0.553	0.495	0.44	0.277	0.354	0.166
1011.6	281	2.92	35.8	2.24	17.6	1.77	9.44	1.43	5.40	0.99	2.11	0.73	0.978	0.56	0.505	0.442	0.283	0.36	0.169
1022.4	284	2.95	36.5	2.26	18.0	1.79	9.64	1.45	5.52	1.00	2.15	0.74	0.997	0.565	0.514	0.446	0.288	0.362	0.172
1033.2	287	2.98	37.3	2.28	18.4	1.80	9.85	1.46	5.63	1.02	2.20	0.75	1.02	0.57	0.524	0.45	0.294	0.365	0.175
1044.0	290	3.01	38.1	2.31	18.8	1.82	10.0	1.48	5.75	1.03	2.24	0.753	1.03	0.58	0.534	0.456	0.299	0.37	0.178
1054.8	293			2.33	19.2	1.84	10.3	1.49	5.87	1.04	2.28	0.76	1.05	0.583	0.545	0.46	0.305	0.373	0.182
1065.6	296			2.36	19.5	1.86	10.5	1.51	5.99	1.05	2.33	0.77	1.08	0.59	0.555	0.465	0.310	0.377	0.185
1076.4	299			2.38	19.9	1.88	10.7	1.52	6.11	1.06	2.37	0.785	1.10	0.595	0.565	0.47	0.316	0.38	0.189
1087.2	302			2.40	20.3	1.90	10.9	1.54	6.24	1.07	2.42	0.785	1.12	0.60	0.576	0.475	0.322	0.384	0.192
1098.0	305			2.43	20.8	1.92	11.1	1.55	6.36	1.08	2.46	0.79	1.14	0.61	0.586	0.48	0.327	0.39	0.195
1108.8	308			2.45	21.2	1.94	11.3	1.57	6.49	1.09	2.51	0.80	1.16	0.613	0.597	0.484	0.333	0.392	0.199
1119.6	311			2.47	21.6	1.96	11.6	1.58	6.61	1.10	2.55	0.81	1.18	0.62	0.608	0.49	0.340	0.396	0.203
1130.4	314			2.50	22.0	1.97	11.8	1.60	6.74	1.11	2.60	0.82	1.20	0.625	0.618	0.494	0.346	0.40	0.206
1141.2	317			2.52	22.4	1.99	12.0	1.61	6.87	1.12	2.64	0.824	1.22	0.63	0.629	0.50	0.351	0.404	0.210
1152.0	320			2.55	22.8	2.01	12.2	1.63	7.00	1.13	2.69	0.83	1.24	0.64	0.640	0.503	0.357	0.41	0.213
1166.4	324			2.58	23.4	2.04	12.5	1.65	7.18	1.15	2.76	0.84	1.27	0.645	0.655	0.51	0.365	0.412	0.217
1180.8	328			2.61	24.0	2.06	12.9	1.67	7.36	1.16	2.82	0.85	1.30	0.65	0.668	0.52	0.374	0.42	0.223
1195.2	332			2.64	24.6	2.09	13.2	1.69	7.54	1.17	2.88	0.86	1.33	0.66	0.683	0.522	0.382	0.423	0.228
1209.6	336			2.67	25.2	2.11	13.5	1.71	7.72	1.19	2.95	0.87	1.36	0.67	0.698	0.53	0.390	0.43	0.233
1224.0	340			2.71	25.8	2.14	13.8	1.73	7.91	1.20	3.01	0.88	1.39	0.68	0.714	0.534	0.398	0.433	0.238
1238.4	344			2.74	26.4	2.16	14.1	1.75	8.09	1.22	3.08	0.89	1.42	0.684	0.729	0.54	0.408	0.44	0.243
1252.8	348			2.77	27.0	2.18	14.5	1.77	8.28	1.23	3.15	0.90	1.45	0.69	0.745	0.55	0.416	0.443	0.248
1267.2	352			2.80	27.6	2.21	14.8	1.79	8.47	1.24	3.22	0.91	1.48	0.70	0.761	0.553	0.425	0.45	0.253
1281.6	356			2.83	28.3	2.24	15.1	1.81	8.67	1.26	3.30	0.93	1.51	0.71	0.777	0.56	0.434	0.453	0.258
1296.0	360			2.86	28.9	2.26	15.5	1.83	8.86	1.27	3.37	0.94	1.54	0.72	0.793	0.57	0.443	0.46	0.263

图名	铸铁管水力的计算表(八)	图号	JS2-1-24(八)

Q		DN(mm)															
		400		450		500		600		700		800		900		1000	
(m³/s)	(L/s)	v	1000i	v	1000i	v	1000i	v	1000i	v	1000i	v	1000i	v	1000i	v	1000i
1310.4	364	2.90	29.6	2.29	15.8	1.85	9.06	1.29	3.45	0.95	1.58	0.724	0.809	0.572	0.451	0.463	0.268
1324.8	368	2.93	30.2	2.31	16.2	1.87	9.26	1.30	3.52	0.96	1.61	0.73	0.826	0.58	0.460	0.47	0.274
1339.2	372	2.96	30.9	2.34	16.5	1.89	9.46	1.32	3.60	0.97	1.64	0.74	0.843	0.585	0.470	0.474	0.280
1353.6	376	2.99	31.5	2.36	16.9	1.91	6.67	1.33	3.68	0.98	1.67	0.75	0.859	0.59	0.479	0.48	0.285
1368.0	380	3.02	32.2	2.39	17.3	1.94	9.88	1.34	3.76	0.99	1.71	0.76	0.876	0.60	0.488	0.484	0.291
1382.4	384			2.41	17.6	1.96	10.1	1.36	3.84	1.00	1.74	0.764	0.893	0.604	0.498	0.49	0.296
1396.8	388			2.44	18.0	1.98	10.3	1.37	3.92	1.01	1.77	0.77	0.911	0.61	0.508	0.494	0.302
1411.2	392			2.46	18.4	2.00	10.5	1.39	4.00	1.02	1.81	0.78	0.928	0.62	0.517	0.50	0.307
1425.6	396			2.49	18.7	2.02	10.7	1.40	4.08	1.03	1.84	0.79	0.946	0.622	0526	0.504	0.313
1440.0	400			2.52	19.1	2.04	10.9	1.41	4.16	1.04	1.88	0.80	0.964	0.63	0.537	0.51	0.319
1458.0	405			2.55	19.6	2.06	11.2	1.43	4.27	1.05	1.92	0.81	0.986	0.64	0.549	0.52	0.326
1476.0	410			2.58	20.1	2.09	11.5	1.45	4.37	1.07	1.97	0.82	1.01	0.644	0.560	0.522	0.333
1494.0	415			2.61	20.6	2.11	11.8	1.47	4.48	1.08	2.01	0.83	1.03	0.65	0.573	0.53	0.340
1512.0	420			2.64	21.1	2.14	12.1	1.49	4.59	1.09	2.06	0.84	1.05	0.66	0.586	0.535	0.349
1530.0	425			2.67	22.1	2.16	12.3	1.50	4.70	1.10	2.10	0.85	1.08	0.67	0.599	0.54	0.356
1548.0	430			2.70	22.1	2.19	12.6	1.52	4.81	1.12	2.15	0.86	1.10	0.68	0.612	0.55	0.363
1566.0	435			2.74	22.6	2.22	12.9	1.54	4.92	1.13	2.20	0.87	1.12	0.684	0.626	0.554	0.371
1584.0	440			2.77	23.1	2.24	13.2	1.56	5.04	1.14	2.24	0.88	1.15	0.69	0.639	0.56	0.379
1602.0	445			2.80	23.7	2.27	13.5	1.57	5.15	1.16	2.29	0.89	1.17	0.70	0.651	0.57	0.387
1620.0	450			2.83	24.2	2.29	13.8	1.59	5.27	1.17	2.34	0.90	1.20	0.71	0.665	0.573	0.395
1638.0	455			2.86	24.7	2.32	14.2	1.61	5.39	1.18	2.39	0.91	1.22	0.715	0.679	0.58	0.402
1656.0	460			2.89	25.3	2.34	14.5	1.63	5.51	1.19	2.44	0.92	1.25	0.72	0.693	0.59	0.411
1674.0	465			2.92	25.8	2.37	14.8	1.64	5.63	1.21	2.49	0.93	1.27	0.73	0.707	0.592	0.419
1692.0	470			2.96	26.4	2.39	15.1	1.66	5.75	1.22	2.54	0.935	1.30	0.74	0.721	0.60	0.427
1710.0	475			2.99	27.0	2.42	15.4	1.68	5.85	1.23	2.59	0.94	1.32	0.75	0.736	0.605	0.436
1728.0	480			3.02	27.5	2.44	15.8	1.70	5.99	1.25	2.65	0.95	1.35	0.754	0.748	0.61	0.444
1746.0	485					2.47	16.1	1.72	6.12	1.26	2.70	0.96	1.38	0.76	0.763	0.62	0.452
1764.0	490					2.50	16.4	1.73	6.25	1.27	2.76	0.97	1.40	0.77	0.778	0.624	0.461
1782.0	495					2.52	16.8	1.75	6.38	1.29	2.82	0.98	1.43	0.78	0.793	0.63	0.469
1800.0	500					2.55	17.1	1.77	6.50	1.30	2.87	0.99	1.46	0.79	0.808	0.64	0.479
1836.0	510					2.60	17.8	1.80	6.77	1.33	2.99	1.01	1.51	0.80	0.838	0.65	0.496
1872.0	520					2.65	18.5	1.84	7.04	1.35	3.11	1.03	1.56	0.82	0.867	0.66	0.514
1908.0	530					2.70	19.2	1.87	7.31	1.38	3.23	1.05	1.62	0.83	0.899	0.67	0.532
1944.0	540					2.75	19.9	1.91	7.59	1.40	3.35	1.07	1.68	0.85	0.931	0.69	0.550
1980.0	550					2.80	20.7	1.95	7.87	1.43	3.48	1.09	1.74	0.86	0.962	0.70	0.569
2016.0	560					2.85	21.4	1.98	8.16	1.46	3.60	1.11	1.80	0.88	0.995	0.71	0.589
2052.0	570					2.90	22.2	2.02	8.45	1.48	3.73	1.13	1.86	0.90	1.03	0.73	0.609
2088.0	580					2.95	23.0	2.05	8.75	1.51	3.87	1.15	1.92	0.91	1.06	0.740	0.627
2124.0	590					3.00	23.8	2.09	9.06	1.53	4.00	1.17	1.98	0.93	1.10	0.75	0.648
2160.0	600							2.12	9.37	156	4.14	1.19	2.05	0.94	1.13	0.76	0.669

图名	铸铁管水力的计算表(九)	图号	JS2-1-24(九)

Q		DN(mm)									
		600		700		800		900		1000	
(m³/s)	(L/s)	v	1000i	v	1000i	v	1000i	v	1000i	v	1000i
2196	610	2.16	9.68	1.59	4.28	1.21	2.11	0.96	1.17	0.78	0.690
2232	620	2.19	10.0	1.61	4.42	1.23	2.18	0.97	1.20	0.79	0.709
2268	630	2.23	10.3	1.64	4.56	1.25	2.25	0.99	1.24	0.80	0.731
2304	640	2.26	10.7	1.66	4.71	1.27	2.32	1.01	1.28	0.81	0.753
2340	650	2.30	11.0	1.69	4.86	1.29	2.39	1.02	1.31	0.83	0.775
2376	660	2.33	11.3	1.71	5.01	1.31	2.47	1.04	1.35	0.84	0.796
2412	670	2.37	11.7	1.74	5.16	1.33	2.54	1.05	1.39	0.85	0.819
2448	680	2.41	12.0	1.77	5.32	1.35	2.62	1.05	1.43	0.87	0.842
2484	690	2.44	12.4	1.79	5.47	1.37	2.70	1.08	1.47	0.88	0.864
2520	700	2.48	12.7	1.82	5.63	1.39	2.78	1.10	1.51	0.89	0.888
2556	710	2.51	13.1	1.84	5.79	1.41	2.86	1.12	1.55	0.90	0.912
2592	720	2.55	13.5	1.87	5.96	1.43	2.94	1.13	1.59	0.92	0.937
2628	730	2.58	13.9	1.90	6.13	1.45	3.02	1.15	1.63	0.93	0.959
2664	740	2.62	14.2	1.92	6.29	1.47	3.10	1.16	1.67	0.94	0.985
2700	750	2.65	14.6	1.95	6.47	1.49	3.19	1.18	1.72	0.95	1.01
2736	760	2.69	15.0	1.97	6.64	1.51	3.27	1.19	1.76	0.97	1.04
2772	770	2.72	15.4	2.00	6.82	1.53	3.36	1.21	1.80	0.98	1.06
2808	780	2.76	15.8	2.03	6.99	1.55	3.45	1.23	1.85	0.99	1.09
2844	790	2.79	16.2	2.05	7.17	1.57	3.53	1.24	1.89	1.01	1.11
2880	800	2.83	16.6	2.08	7.36	1.59	3.62	1.26	1.94	1.02	1.14
2916	810	2.86	17.1	2.10	7.54	1.61	3.72	1.27	1.99	1.03	1.16
2952	820	2.90	17.5	2.13	7.73	1.63	3.81	1.29	2.04	1.04	1.19
2988	830	2.94	17.9	2.16	7.92	1.65	3.90	1.30	2.09	1.06	1.22
3024	840	2.97	18.4	2.18	8.11	1.67	4.00	1.32	2.14	1.07	1.24
3060	850	3.01	18.8	2.21	8.31	1.69	4.09	1.34	2.19	1.08	1.27
3096	860			2.23	8.50	1.71	4.19	1.35	2.24	1.09	1.30
3132	870			2.26	8.70	1.73	4.29	1.37	2.30	1.11	1.33
3168	880			2.29	8.90	1.75	4.39	1.38	2.35	1.12	1.36
3204	890			2.31	9.11	1.77	4.49	1.40	2.40	1.13	1.39
3240	900			2.34	9.31	1.79	4.59	1.41	2.46	1.15	1.42
3276	910			2.36	9.52	1.81	4.69	1.43	2.51	1.16	1.45
3312	920			2.39	9.73	1.83	4.79	1.45	2.57	1.17	1.48
3348	930			2.42	9.94	1.85	4.90	1.46	2.62	1.18	1.51
3384	940			2.44	10.2	1.87	5.00	1.48	2.68	1.20	1.53
3420	950			2.47	10.4	1.89	5.11	1.19	2.74	1.21	1.57
3456	960			1.49	10.6	1.91	5.22	1.51	2.80	1.22	1.60
3492	970			2.52	10.8	1.93	5.33	1.52	2.85	1.24	1.63
3528	980			2.55	11.0	1.95	5.44	1.54	2.91	1.25	1.67
3564	990			2.57	11.3	1.97	5.55	1.56	2.97	1.26	1.70
3600	1000			2.60	11.5	1.99	5.66	1.57	3.03	1.27	1.74

图名	铸铁管水力的计算表(十)	图号	JS2-1-24(十)

2.1.6 钢筋混凝土圆管水力计算图

钢筋混凝土圆管(不满流,n=0.014)水力计算图

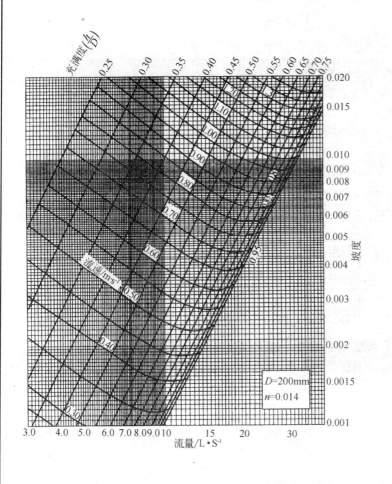

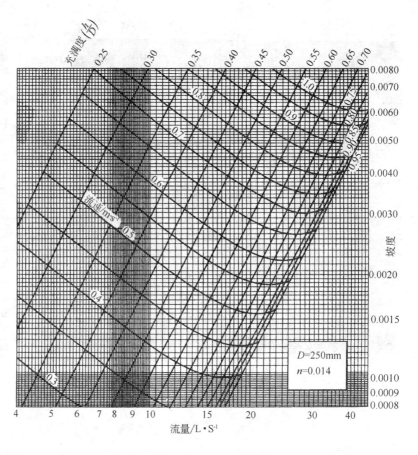

| 图名 | 钢筋混凝土圆管水力计算图(一) | 图号 | JS2-1-25(一) |

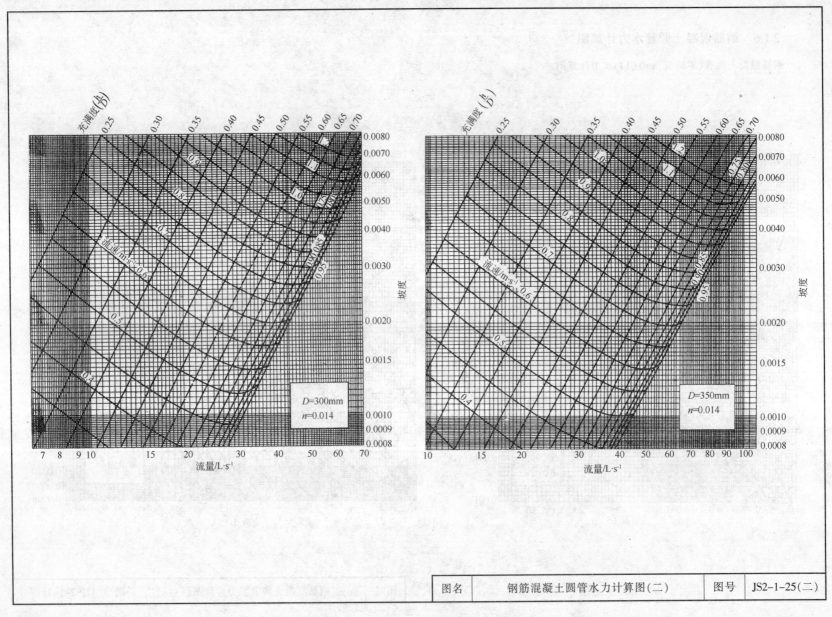

| 图名 | 钢筋混凝土圆管水力计算图(二) | 图号 | JS2-1-25(二) |

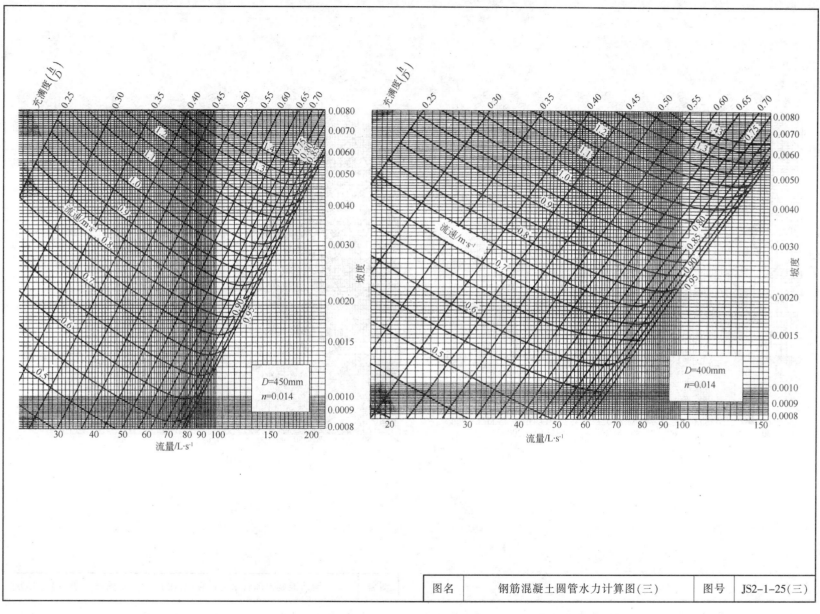

图名	钢筋混凝土圆管水力计算图(三)	图号	JS2-1-25(三)

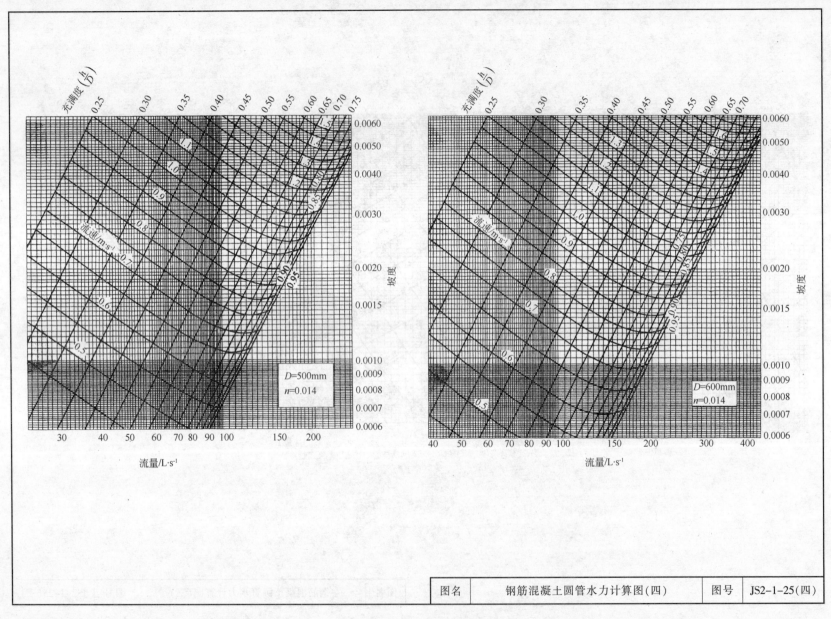

| 图名 | 钢筋混凝土圆管水力计算图(四) | 图号 | JS2-1-25(四) |

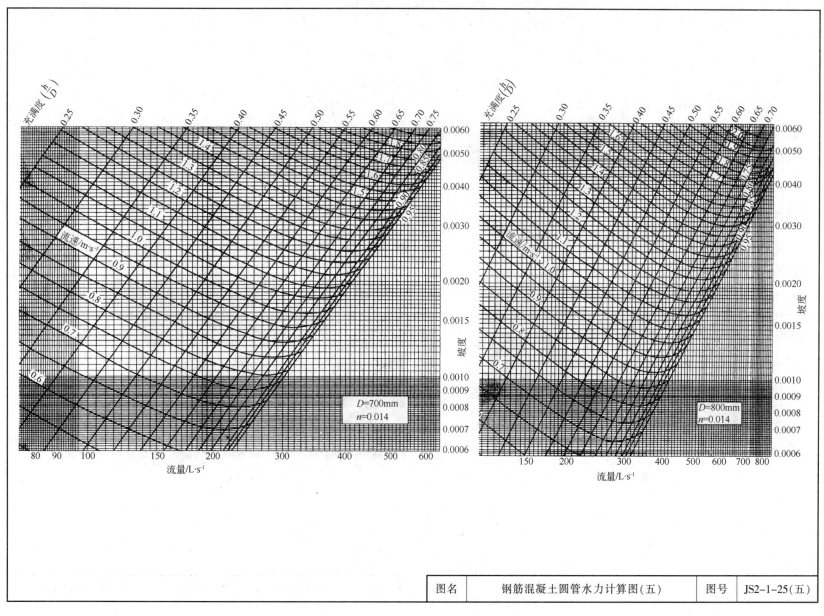

| 图名 | 钢筋混凝土圆管水力计算图(五) | 图号 | JS2-1-25(五) |

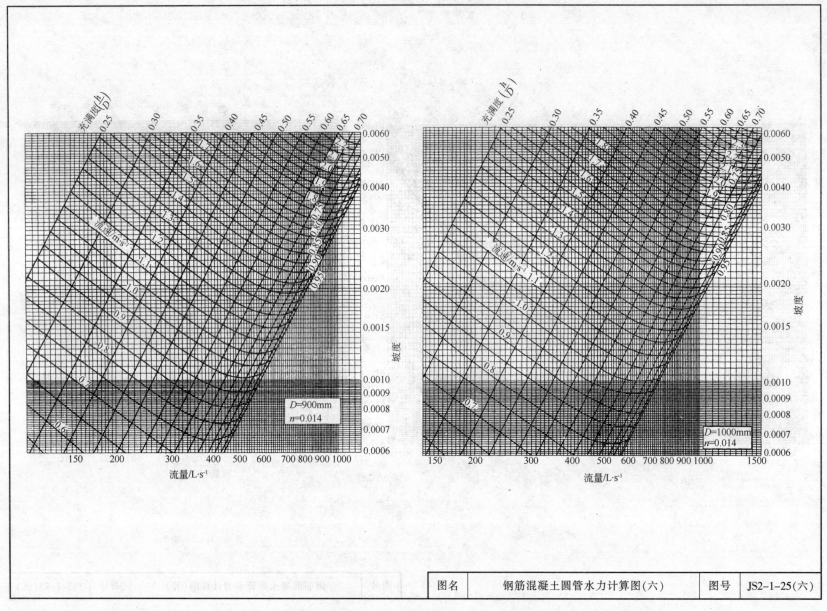

| 图名 | 钢筋混凝土圆管水力计算图(六) | 图号 | JS2-1-25(六) |

2.1.7 给水工程设计程序及其有关要求

1. 给水工程设计程序

给水工程设计程序

序号	设计阶段	设 计 的 主 要 内 容
1	立 项	(1) 立项是工程建设程序的第一步骤。主要内容包括：建设项目提出的必要性和依据；拟建规模和工程建设的初步设想；投资估算和资金筹措的设想；资源情况、建设条件的初步分析；建设进度安排；经济效益和社会效益的初步估算 (2) 工程项目由计划部门审批。给排水项目按隶属关系分别由国务院，各省、自治区、直辖市计划行政主管部门审批
2	可行性研究	(1) 工程项目经批准后，即可开展前期工作，进行可行性研究。可行性研究的任务是对建设项目在技术、工程和经济上是否合理和可行，进行全面分析、论证，做出方案比较，提出评价，为编制和审批设计任务书提供可靠的依据。可行性研究的主要内容包括：① 项目提出的背景，投资的必要性和经济意义；② 项目的编制范围和城市（或供水地区）概况；③ 总体规划及方案论证，包括水源论证、输水方式及输水线路的选择、净水厂及主要加压站位置的布局论证、配水系统（包括分区、分压、分质供水）方案论证以及大型或较复杂工程进行的系统工程分析及论证；④ 设计方案，包括主要设备选型、单项工程及辅助配套工程的构成等；⑤ 管理机构、劳动定员及建设工期；⑥ 投资估算与资金筹措；⑦ 财务效益分析及工程效益分析，投资的经济效益与社会效益等 (2) 可行性研究应委托有资格的咨询机构或设计单位进行，要保证研究成果的可靠性、客观性和准确性；可行性研究报告要经过评估确认，才能作为投资决策的依据
3	设计任务书	(1) 初步设计是具体实施批准的可行性研究报告，应能满足投资、材料、设备订货、土地征用和施工准备等要求 (2) 设计说明书内容包括概述、总体设计、取水构筑物设计、输水管渠设计、净水厂设计、配水管网设计、建筑设计、结构设计、采暖及通风设计、供电设计、仪表及自控通信设计、机械设计、环境保护、人员编制、劳动安全等以及对下阶段的设计要求 (3) 工程概算以及主要材料和设备表 (4) 设计图纸内容包括总体布置图，水厂平面和高程布置图，管网布置和水力计算图，主要管渠纵继面图，主要构筑物工艺和土建设计图，供电系统和主要变配电设备布置图，自控仪表布置图等 (5) 依据文件应包括与水利、土地、电力等部门的用水、征地、用电协议书，设计任务批准文件和其他文件
4	施工图设计	(1) 初步设计批准后，进行施工图设计，其深度应能满足施工安装要求 (2) 内容包括设计说明书，施工图纸和必要的修正概算或施工图预算
5	工程施工	(1) 组织施工是工程项目建设的实施阶段。施工单位应按照建筑安装承包合同规定的权利、义务进行，要确保工程质量、施工安全、文明施工和工期 (2) 必须严格按图施工；建设单位、监理单位、工程质量监督管理单位要对施工过程及工程质量实行全过程监督管理，对不符合质量要求的，要及时采取措施，不留隐患
6	竣工验收	(1) 竣工验收是工程项目建设的最后环节，是全面考核建设成果、检验设计与施工质量的重要环节和法定手续。所有建设项目，按批准的设计文件所规定的内容建成后，都必须组织竣工验收 (2) 竣工验收合格的工程，承发包双方应签订竣工验收书，并按有关规定，及时办理固定资产移交与结算

图名	给水工程设计程序	图号	JS2-1-26

2. 给水构筑物设计流量

给水构筑物设计流量表

序号	计 算 公 式	说 明
1	取水构筑物,一级泵房,净水构筑物,从水源到水厂的输水管等,按最高日平均时流量加水厂自用水量计算: $$Q_h = \frac{\alpha Q_d}{T} \quad (m^3/h)$$ 或 $\quad Q_h = \frac{\alpha Q_d}{3.6T} \quad (L/s)$	
2	地下水源时,一级泵房按最高日平均时流量计算: $$Q_h = \frac{Q_d}{T} \quad (m^3/d)$$	Q_d——最高日设计流量(m^3/d) α——水厂自身用水系数,1.05~1.10,原水含悬浮物较多时取用大值 T——一级泵房或水厂每天工作时间(h),大、中水厂一般为24h连续运行,小水厂有时为8h或16h K_h——时变化系数
3	管网按最高日最高时流量计算: $$Q_h = K_h \frac{Q_d}{T} \quad (m^3/h)$$ 或 $\quad Q_h = K_h \frac{Q_d}{3.6T} \quad (L/s)$	
4	输 水 管 (1) 网前设有配水厂或水塔,从二级泵站到配水厂或水塔的输水管,按二级泵房最大供水量计算 (2) 网中或网后设有水量调节构筑物的输水管应按最高日最高时流量减去调节构筑物输入管网的流量计算 (3) 输水管同时有消防给水任务时,应分别按包括消防补充水量或消防流量进行复核	
5	二级泵房能力以及清水池和管网调节构筑物的调节容积按照用水量曲线和拟定的二级泵房工作曲线确定	

图名	给水构筑物设计流量	图号	JS2-1-27

3. 给水设计基础资料

给水设计基础资料明细表

序号	资 料	主 要 内 容
1	有关文件	建设项目可行性研究报告和主管机关审批文件,有关协议书
2	自然资料	(1) 气象——气温、土壤冰冻深度、降雨量、蒸发量、风向频率 (2) 地表水——河流概况、水下地形、河床断面、水文记录、冰冻和污染情况、水质分析、最高及最低水位 (3) 地下水——地质和水文地质剖面、地下水储量、含水层厚度和颗粒组成、水位变化、土的渗透系数、现有水管井使用情况、水质分析资料 (4) 地形图——总体布置图、管渠沿线地形图、取水河床断面图等 (5) 地质——工程地点的地质资料和管渠沿线地质柱状图 (6) 地震烈度
3	城镇规划	(1) 城镇现状图 (2) 总体规划总平面图和说明书
4	给水现状	(1) 水量、水压、水质现状和存在问题 (2) 取水方式、净水工艺、管网系统情况 (3) 厂内外调节和加压设备现况
5	供 电	(1) 供电的电源电压、频率、有无改制计划 (2) 供电方向、电源可靠程度、工作或备用电源情况 (3) 供电方式(架空或电缆)、供电与用电点距离、是否专用线 (4) 供电母线点短路容量 (5) 当地供电部门对用电点功率因数的要求
6	施工条件	(1) 施工力量、机具设备、交通运输等 (2) 当地编制概、预算定额和有关指标 (3) 房屋拆迁、征地,修复路面,迁移电杆和其他补偿费用 (4) 当地主要建筑材料和供应情况与价格

图名	给水设计基础资料	图号	JS2-1-28

4. 一、二级水泵房扬程

(1) 一级泵房扬程：

$$H_p = H_0 + h_s + h_d \quad (m)$$

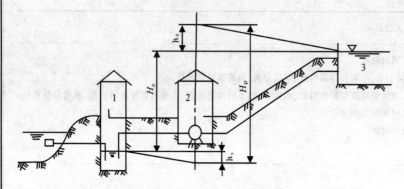

（A）取水构筑物、一级泵房和水处理构筑物的高程关系

1—取水构筑物；2—一级泵房；3—水处理构筑物

H_0——静扬程，等于水源吸水井最低水位和处理构筑物起端最高水位之差(m)；

h_s——水泵吸水管、压水管和泵房内的水头损失(m)；

h_d——输水管水头损失(m)。

(2) 无水塔管网的二级泵房扬程：

$$H_p = Z_0 + H_0 + h_s + h_0 + h_n \quad (m)$$

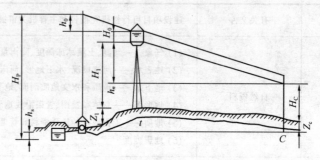

（B）无水塔管网的水压线

1—最小用水时；2—最高用水时

Z_0——离泵房远或地形高的控制点 C，地形标高与清水池最低水位的高差(m)；

H_0——控制点要求的最小服务水头(m)；

h_s、h_0、h_n——分别表示水泵管路、输水管和管网中的水头损失(m)，按最高时水量计算。

图名	一、二级水泵房扬程	图号	JS2-1-29

5. 水塔的设计高度

(1) 网前水塔管网的水位高度：

$$H_t=H_0+h_n-(Z_t-Z_e) \quad (m)$$

(2) 二级泵站的扬程

$$H_p=Z_t+H_t+H_0+h_0+h_s$$

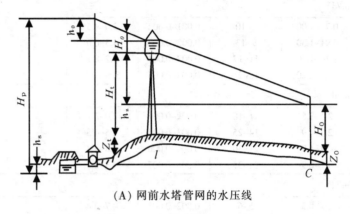

（A）网前水塔管网的水压线

Z_0——水塔处地面和清水池最低水位的高差(m)；

H_0——水塔水柜的有效水深(m)，其余符号意义同上。

注：1. 一级泵房水泵按最高日平均时流量,通过计算求出扬程；
　　2. 二级泵房水泵扬程和水塔高度按最高日最高时流量计算；
　　3. 按以上各式计算水泵扬程时,应考虑 1~2m 的富裕水头。

(3) 网后水塔管网

最高用水时, H_p 同无水塔管网, H_t 和网前水塔管网相同, 但控制点 C 在分界上线。

(4) 最大转输时二级水泵房扬程

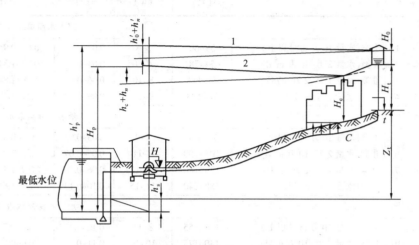

（B）对置水塔的管网水压线

1—最大转输时；2—最高用水时

h'_s、h'_0、h'_n 分别表示最大转输时,水泵吸水管路、输水管和管网的水头损失(m),按最大转输时流量计算。

| 图名 | 水塔的设计高度 | 图号 | JS2-1-30 |

6. 取水工程实物量指标

取水工程实物量指标表

序号	设计规模	投资 (元)	设备 (W)	用地 (m²)	主要工料					
					人工(工日)	钢材(kg)	水泥(kg)	锯材(m³)	金属管(kg)	非金属管(kg)
地表水简单取水工程(m³/d)										
1	I类(水量 10 万 m³/d 以上)	39~60	5~8	0.02~0.04	0.66~0.95	0.71~1.00	6~10	0.001~0.002	3.0~4.5	
2	II类(水量 2 万~10 万 m³/d)	54~78	7~9	0.04~0.06	0.99~1.37	0.91~1.30	9~13	0.002~0.003	4.3~6.0	
3	III类(水量 1 万~2 万 m³/d)	72~111	8~10	0.06~0.09	1.18~1.84	1.10~1.80	11~17	0.003~0.004	5.2~8.1	
4	(水量 1 万 m³/d 以下)	78~138	9~12	0.09~0.12	1.27~2.27	1.20~2.20	12~21	0.004~0.005	5.5~10.1	
地表水复杂取水工程(m³/d)										
5	I类(水量 10 万 m³/d 以上)	75~114	7~9	0.03~0.05	0.5~0.8	2.1~3.5	11~18	0.002~0.004	2.0~3.2	
6	II类(水量 2 万~10 万 m³/d)	108~150	8~11	0.05~0.07	0.6~1.2	2.7~4.9	14~25	0.003~0.005	2.5~4.5	
7	III类(水量 1 万~2 万 m³/d)	135~180	10~12	0.06~0.10	0.9~1.3	4.1~5.9	21~30	0.004~0.006	3.8~5.3	
8	(水量 1 万 m³/d 以下)	180~240	11~15	0.10~0.14	1.1~1.6	4.7~6.9	24~35	0.005~0.007	4.3~6.2	
地下水深层取水工程(m³/d)										
9	I类(水量 10 万 m³/d 以上)	110~155	8~11	0.10~0.12	0.5~0.7	0.2~0.3	5~6	0.002~0.003	4.7~6.8	
10	II类(水量 2 万~10 万 m³/d)	140~175	10~16	0.11~0.14	0.6~0.8	0.2~0.3	6~7	0.003~0.004	6.2~7.8	
11	III类(水量 1 万~2 万 m³/d)	157~205	14~20	0.13~0.15	0.7~0.9	0.3~0.4	7~8	0.003~0.004	7.0~9.2	
12	(水量 1 万 m³/d 以下)	175~250	16~26	0.14~0.17	0.8~1.1	0.3~0.5	7~10	0.003~0.005	7.8~110	
地下水浅层取水工程(m³/d)										
13	I类(水量 10 万 m³/d 以上)	65~127	7~10	0.35~0.40	1.0~2.1	1.2~2.3	5~10	0.002~0.004	2.3~3.8	9~18
14	II类(水量 2 万~10 万 m³/d)	112~145	8~12	0.40~0.45	1.8~2.4	2.0~2.6	9~11	0.003~0.004	3.2~4.2	16~21
15	III类(水量 1 万~2 万 m³/d)	128~175	11~15	0.42~0.55	2.1~2.9	2.3~3.2	10~13	0.004~0.005	3.8~5.0	13~25
16	(水量 1 万 m³/d 以下)	157~282	15~30	0.71~1.95	2.6~4.7	2.9~5.2	12~22	0.005~0.009	4.5~8.0	23~41

说明：1. 在地表水水源中,指标上限适用于:水源地和水厂分设,水源地布置内有单独的变、配电间及其他附属建筑,水位变化较大,取水泵房为地下式或深井式等情况。对下列情况应另作适当调整(1) 有防冻、防淤设施;(2) 河床不稳定,整治复杂,水位落差悬殊,取水构筑物结构或施工特别复杂,或设有为保证供水安全所采取的特别措施;(3) 取水构筑物特别简单,如利用灌溉渠就近取水或其他简易临时取水等;

2. 在地下水水源中,指标上限适用于:地下水储量较少、地下水位较低、地层情况较差或浅层水的地质情况较为复杂等情况。当工程情况与上述过于悬殊时,则应调整使用;

3. 取用水库水的取水工程,不包括水库的建筑工程费;

4. 深层水取水构筑物是按管井计算的,浅层取水构筑物按渗渠、大口井综合考虑。井间联络管按金属管和非金属管综合考虑。

图名	取水工程实物量指标	图号	JS2-1-31

7. 净水工程实物量指标

净水工程实物量指标表

序号	设计规模	投资(元)	设备(W)	用地(m²)	主要工料					
					人工(工日)	钢材(kg)	水泥(kg)	锯材(m³)	金属管(kg)	非金属管(kg)
		1	2	3	4	5	6	7	8	9
	地面水沉淀净化工程(m³/d)									
1	I类(水量10万 m³/d 以上)	185~260	12~16	0.2~0.3	1.2~1.9	7.4~10.2	23~33	0.002~0.003	7.8~12.5	2~4
2	II类(水量2万~10万 m³/d)	234~290	15~18	0.3~0.5	1.4~2.1	8.7~11.5	27~37	0.002~0.004	9.5~14.0	3~4
3	III类(水量2万 m³/d 以下)	278~364	18~22	0.5~1.0	1.9~2.6	11.3~14.2	35~45	0.003~0.005	12.5~17.0	4~5
	地面水过滤净化工程(m³/d)									
4	I类(水量10万 m³/d 以上)	285~365	14~18	0.2~0.4	1.1~1.4	11.0~12.0	39~46	0.008~0.010	6.4~8.0	3~4
5	II类(水量2万~10万 m³/d)	375~450	17~22	0.4~0.8	1.3~1.7	11.5~14.3	45~55	0.009~0.012	7.4~9.8	4~5
6	III类(水量1万~2万 m³/d)	410~510	20~28	0.8~1.4	1.4~2.0	12.0~15.5	52~64	0.011~0.012	8.1~11.4	4~6
7	(水量5千~1万 m³/d)	450~610	27~35	1.2~1.7	1.7~2.3	13.3~17.7	63~73	0.013~0.017	9.8~13.0	5~6
8	(水量5千 m³/d 以上)	525~635	32~42	1.5~2.0	2.0~2.6	15.5~19.8	72~83	0.015~0.019	11.4~14.7	6~7
	地下水除铁净化工程(m³/d)									
9	I类(水量2万~6万 m³/d)	185~270	12~22	0.3~0.4	0.7~1.0	7.0~9.9	24~32	0.004~0.006	4.2~5.9	1~2
10	II类(水量1万~2万 m³/d)	270~360	22~35	0.3~0.4	0.9~1.1	8.4~11.2	28~36	0.005~0.007	5.1~6.7	1~2
11	(水量5千~1万 m³/d)	320~360	33~48	0.4~0.7	1.0~1.3	9.9~12.6	33~41	0.006~0.008	5.9~7.6	2
12	(水量1千~5千 m³/d)	340~410	45~70	2.0~2.5	1.1~1.4	11.2~13.9	37~45	0.007~0.009	6.7~8.4	2~3
13	(水量1千 m³/d 以下)	380~560	65~90	2.5~3.5	1.3~1.7	12.6~16.8	43~55	0.008~0.011	7.6~10.1	2~3

说明：1. 指标上限适用于：原水水质较差,处理比较困难；地质条件较差,结构及建筑标准较高；或工艺标准较高,有部分自控装置。

2. 对下列情况应另作调整：
　(1) 北方严寒地区净水构筑物设在室内,有采暖防寒设备；自动化程度较高,化验设备完善；水厂平面土方量较大者,指标均宜相应提高；
　(2) 原水水质较好,无絮凝沉淀设备的一次过滤净化,指标可适当降低。

3. 原水浊度甚大,必须二次沉淀者,可进行调整。

图名	净水工程实物量指标	图号	JS2-1-32

8. 输水、配水工程实物量指标

输水工程实物量指标表

序号	设计规模	投资(元)	设备(W)	用地(m²)	主要工料					
					人工(工日)	钢材(kg)	水泥(kg)	锯材(m³)	金属管(kg)	非金属管(kg)
		1	2	3	4	5	6	7	8	9
	输水工程(m³/d·km)									
1	Ⅰ类(水量10万m³/d以上)	19~31			0.1~0.2	0.05~0.08	0.3~0.4		2.9~3.9	4~6
2	Ⅱ类(水量5万~10万m³/d)	20~34			0.1~0.2	0.07~0.11	0.4~0.6		3.4~5.4	5~8
3	(水量2万~5万m³/d)	21~38			0.2~0.3	0.08~0.13	0.4~0.7		3.9~6.3	6~9
4	Ⅲ类(水量1万~2万m³/d)	25~40			0.3~0.4	0.13~0.17	0.7~0.9		6.3~8.3	9~12
5	(水量1万m³/d以下)	30~45			0.4~0.6	0.17~0.25	0.9~1.3		8.3~12.2	12~17

说明：1. 指标上限适用于输水距离过短、地形起伏大、穿越障碍复杂、地质条件不良等情况；
　　　2. 输水工程系按金属管和非金属管综合计算,如设计采用一种管道时,投资及主要工料指标应作调整。

配水工程实物量指标表

序号	设计规模	投资(元)	设备(W)	用地(m²)	主要工料					
					人工(工日)	钢材(kg)	水泥(kg)	锯材(m³)	金属管(kg)	非金属管(kg)
		1	2	3	4	5	6	7	8	9
	配水管道(m³/d·km⁵)									
1	Ⅰ类(水量10万m³/d以上)	15~22			0.2~0.3	0.02~0.03	0.1~0.2		2.2~3.8	2~3
2	Ⅱ类(水量2万~10万m³/d)	17~24			0.2~0.4	0.02~0.04	0.2~0.3		3.2~5.4	3~4
3	(水量2万~5万m³/d)	20~28			0.3~0.4	0.03~0.04	0.2~0.3		3.8~5.9	3~5
4	Ⅲ类(水量1万~2万m³/d)	21~33			0.4~0.6	0.04~0.06	0.3~0.4		5.4~8.1	4~6
5	(水量1万m³/d以下)	24~40			0.6~0.8	0.06~0.08	0.4~0.6		8.1~10.08	6~8
	配水厂(m³/d)									
6	Ⅰ类(水量10万m³/d以上)	117~159	10~16		0.6~0.8	5.1~7.0	21~29		2.7~3.7	1~1
7	Ⅱ类(水量2万~10万m³/d)	132~174	14~20		0.6~0.8	5.8~7.7	24~32		3.0~4.0	1~1
8	Ⅲ类(水量1万~2万m³/d)	150~189	18~25		0.7~0.9	6.6~8.3	27~35		3.5~4.4	1~1
9	(水量1万m³/d以下)	174~231	25~30		0.8~1.1	7.7~10.1	32~42		4.0~5.4	1~2

说明：1. 配水管道上限适用于地质条件不良、地形起伏大、穿越障碍复杂、管网较短等情况；
　　　2. 配水管道系统按金属管与非金属管综合分析；
　　　3. 配水厂指生活用水的配水厂(包括地下水经过简单处理的净水厂)。

图名	输水、配水工程实物量指标	图号	JS2-1-33

9. 给水工程抗震要求

给水工程抗震要求表

	抗 震 要 求
水 源	(1) 宜有两个以上水源,并布局在城市的不同位置 (2) 选择水源应通过技术经济比较,优先采用地下水水源;对取地表水作为主要水源的城市,在条件许可时,在总水量内应配备一定数量的水井 (3) 在城市统筹规划、合理布局的前提下,用水量较大的工业企业宜自建水源供水
管 道	(1) 给水干线宜敷设成环状,主干线之间应尽量连通 (2) 用水量较大的工业企业的自备生活饮用水供水系统,应尽量与城市配水管网连通,并应设置阀门,保证平时隔离,必要时可以相互补充 (3) 水厂、有调节水池的加压泵房、水塔宜分散布置 (4) 地下直埋管道应尽量采用延性较好或具有较好柔性接口构造的管材 (5) 给水管道应尽量采用承插式胶圈接口的预应力混凝土管 (6) 过河倒虹管和架空管、通过地震断裂带的管道、穿越铁路或其他主要交通干线以及位于地基土为可液化土地段的管道,应采用钢管 (7) 地下直埋承插式铸铁管道的直线管段上,当采用胶圈水泥填料的半柔性接口代替管柔性接口时,应在该管段上全线设置半柔性接口 (8) 地下直埋承插式管道和地下管沟,在地基土质突变处,穿越铁路及其他重要的交通干线两端,过河倒虹管或架空管的弯头两侧,承插式管道的三通和四通、大于45°的弯头等附件与直线管段连接处,均应为柔性接口 (9) 管道穿过建筑物的墙或基础时,应在墙或基础上设置套管,管道与套管间的缝隙内应采用柔性填料。当穿越的管道必须与墙或基础嵌固时,应在穿越的管道上就近设置柔性连接 (10) 架空管道不得架设在设防标准低于其设计烈度的建筑物上。架空管道的活动支架上,应设置侧向挡板 (11) 架空管道的支架宜采用钢筋混凝土结构。当设计烈度为7、8度,且场地土为Ⅰ、Ⅱ类(稳定岩石和一般稳定土)时,管道支线的支墩可采用砖、石砌体 (12) 管网的阀门及给水消火栓的设置,应合理布置,并应便于养护和管理。地下管网的阀门应设置阀门井 (13) 当设计烈度为7、8度,且地基土为可液化土地段,以及设计烈度为9度,且场地土为Ⅲ类(饱和松砂、软塑至流塑的轻亚黏土、淤泥和淤泥质土、松散人工填土等)时,地下管网的阀门井、检查井(室)等附属构筑物的砖砌体,应采用强度等级不低于MU7.5的砖、M5砂浆砌筑;并应配置环向水平封闭钢筋,每50cm高度内不宜小于2φ6

图名	给水工程抗震要求(一)	图号	JS2-1-34(一)

117

	抗　震　要　求
取　水	(1) 当管井必须设置在可液化土地段时,井管应采用钢管,井管应尽量采用潜水泵;水泵的出水管应为柔性连接 (2) 除设计烈度为 7 度,且场地土为Ⅰ、Ⅱ类(稳定岩石和一般稳定土)外,不宜采用非金属井管 (3) 采用深井泵时,井管内径与泵体外径间的空隙不宜少于 5cm (4) 对运转中可能出砂的管井,应设置补充滤料设施 (5) 当岸边取水泵房建造在可能滑坡的岸边时,应修建牢靠的基础(如采用桩基或结合进水间设计为箱形基础、沉井基础等);出水管宜采用钢管,并应采取有效措施,防止由于滑坡引起管道推移而导致建筑物及设备的损失
厂站建筑物	(1) 水厂站中的建筑物宜按工艺单元分开,并应设置超越管道 (2) 泵房应尽量采用半地下式,水池应尽量采用地下式,结构的平面形式宜采用圆形。当设计烈度为 9 度时,水池应采用钢筋混凝土结构 (3) 当泵房和控制室、配电室或生活用房等毗连时,基础应尽量避免位于不同高程;当不能避免时,基础应设在原状土上,并以高宽比不大于 1:2 的缓坡台阶相连接。回填土应夯实 (4) 当泵房和控制室、配电室或生活用房等毗连时,如基础坐落高差或立面高差较大,平面布置不规则,结构刚度截然不同时,宜设置防震缝。防震缝应沿建筑物全高设置,缝两侧均应布置墙体,基础可不设缝(当结合沉降缝考虑时应贯通基础),缝宽一般取 5~7cm (5) 当设计烈度为 7 度,且地基土为可液化土地段,以及设计烈度为 8、9 度,且场地土为Ⅱ类时,水泵的进、出水管上宜设置柔性连接 (6) 水质净化用的液氯、液氨等有毒药剂容器,应固定牢靠
水　池	(1) 水池的混凝土强度等级不应低于 C18;砖的强度等级不应低于 MU7.5;块石强度等级不应低于 MU20;砂浆强度等级不应低于 M5 (2) 预制装配的水池顶盖,在板缝内应配置不少于 1ϕ6 钢筋;板缝宜采用 M10 水泥砂浆灌严;板与梁的连接不应少于三个角焊接。当设计烈度为 9 度时,宜浇筑二期钢筋混凝土叠合层 (3) 水池顶盖与池壁应连接牢靠,顶盖在池壁上的搁置长度不应小于 20cm;当设计烈度为 8 度,顶盖为预制装配时,砌体池壁的顶部应设置钢筋混凝土圈梁;钢筋混凝土壁的顶部,应设置预埋件并与顶盖内预埋件焊接 (4) 设计烈度为 8 度或 9 度时,有盖水池的柱子应采用钢筋混凝土结构,其纵向总配筋率分别不宜小于 0.6% 或 0.8%;柱两端 1/8 或 1/6 高度范围内的箍筋应加密,间距不应大于 10cm;柱与梁或板连接应锚固 (5) 设计烈度为 8 度时,采用砌体结构的矩形水池,在池壁拐角处,每 30~50cm 高度内,应加设不少于 3ϕ6 水平钢筋,伸入两侧池壁内的长度不应小于 1.0m (6) 设计烈度为 8 度或 9 度时,采用钢筋混凝土结构的矩形水池,在池壁的拐角处,里、外层水平方向配筋率均不宜小于 0.3%,伸入两侧池壁内的长度不应小于 1.0m

图名	给水工程抗震要求(二)	图号	JS2-1-34(二)

2.2 建筑给水系统

2.2.1 给水系统的分类与组成

建筑给水系统是将城镇给水管网(或自备水源给水管网)中的水引入一幢建筑或一个建筑群体,供人们生活、生产和消防之用,并满足各类用水对水质、水量和水压要求的冷水供应系统。

1. 给水系统的分类:

给水系统按照其用途可分为3类基本给水系统。

(1) 生活给水系统:供人们在不同场合的饮用、烹饪、盥洗、洗涤及沐浴等日常生活用水的给水系统,其水质必须符合国家规定的生活饮用水卫生标准。

(2) 生产给水系统:供给各类产品生产过程中所需的用水、生产设备的冷却、原料和产品的洗涤及锅炉用水等的给水系统。生产用水对水质、水量、水压及安全性随工艺要求的不同,而有较大的差异。

(3) 消防给水系统:供给各类消防设备扑灭火灾用水的给水系统。消防用水对水质的要求不高,但必须按照建筑设计防火规范保证供应足够的水量和水压。

上述3类基本给水系统可以独立设置,也可根据各类用水对水质、水量、水压、水温的不同要求,结合室外给水系统的实际情况,经技术经济比较,或兼顾社会、经济、技术、环境等因素的综合考虑,设置成组合各异的共用系统。如生活、生产共用给水系统,生活、消防共用给水系统,生产、消防共用给水系统,生活、生产、消防共用给水系统。还可按供水用途和系统功能的不同,设置成饮用水给水系统、杂用水(中水)给水系统、消火栓给水系统、自动喷水灭火给水系统、水幕消防给水系统以及循环或重复使用的生产给水系统等等。

2. 给水系统的组成

一般情况的建筑给水系统如下图所示,由下列各部分组成:

(1) 水源:指城镇给水管网、室外给水管网或自备水源。

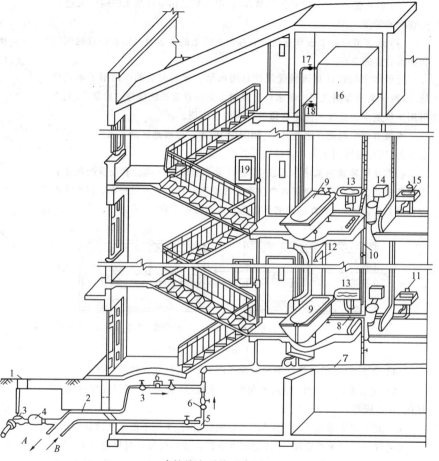

建筑给水系统示意图

1—门井;2—引入管;3—闸阀;4—水表;5—水泵;6—止回阀;7—干管;8—支管;
9—浴盆;10—立管;11—水龙头;12—淋浴器;13—洗脸盆;14—大便器;
15—洗涤盆;16—水箱;17—进水管;18—出水管;19—消火栓;
A—入贮水池;B—入贮水池

图名	给水系统的分类与组成	图号	JS2-2-1

119

(2) 引入管:对于一幢单体建筑而言,引入管是由室外给水管网引入建筑内管网的管段。

(3) 水表节点:水表节点是安装在引入管上的水表及其前后设置的阀门和泄水装置的总称。

此处水表用以计量该幢建筑的总用水量。水表前后的阀门用于水表检修、拆换时关闭管路之用。泄水口主要用于室内管道系统检修时放空之用,也可用来检测水表精度和测定管道进户时的水压值。

水表节点一般设在水表井中,如图(A)所示。温暖地区的水表井一般设在室外,寒冷地区的水表井宜设在不会冻结之处。

在非住宅建筑内部给水系统中,需计量水量的某些部位和设备的配水管上也要安装水表。住宅建筑每户住家均应安装分户水表。分户水表以前大都设在每户住家之内,现在的趋势是将分户水表集中设在户外。

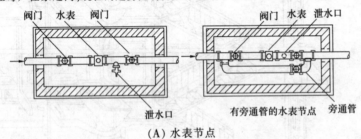

(A) 水表节点

(4) 给水管网:给水管网指的是建筑内水平干管、立管和横支管。

(5) 配水装置与附件:即配水龙头、消火栓、喷头与各类阀门(控制阀、减压阀、止回阀等)。

(6) 增压和贮水设备:当室外给水管网的水量、水压不能满足建筑用水要求,或建筑内对供水可靠性、水压稳定性有较高要求时及在高层建筑中,需要设置的各种设备,如水泵、气压给水装置、变频调速给水装置、水池、水箱等增压和贮水设备。

(7) 给水局部处理设施:当有些建筑对给水水质要求很高、超出我国现行生活饮用水卫生标准时或其他原因造成水质不能满足要求时,就需要设置一些设备、构筑物进行给水深度处理。

2.2.2 建筑的给水方式

给水方式是指建筑内给水系统的具体组成与具体布置的实施方案(同时,根据管网中水平干管的位置不同,又分为下行上给式、上行下给式、中分式以及枝状和环状等形式)。现将给水方式的基本类型介绍如下:

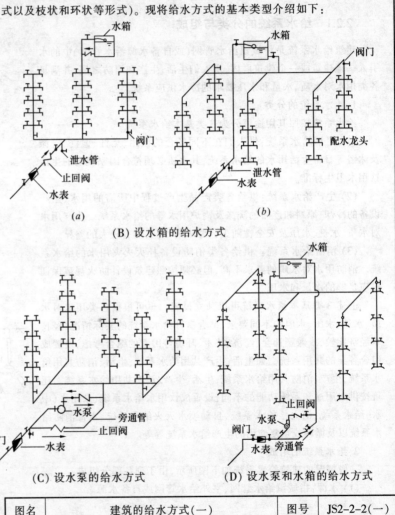

(B) 设水箱的给水方式

(C) 设水泵的给水方式　　(D) 设水泵和水箱的给水方式

图名	建筑的给水方式(一)	图号	JS2-2-2(一)

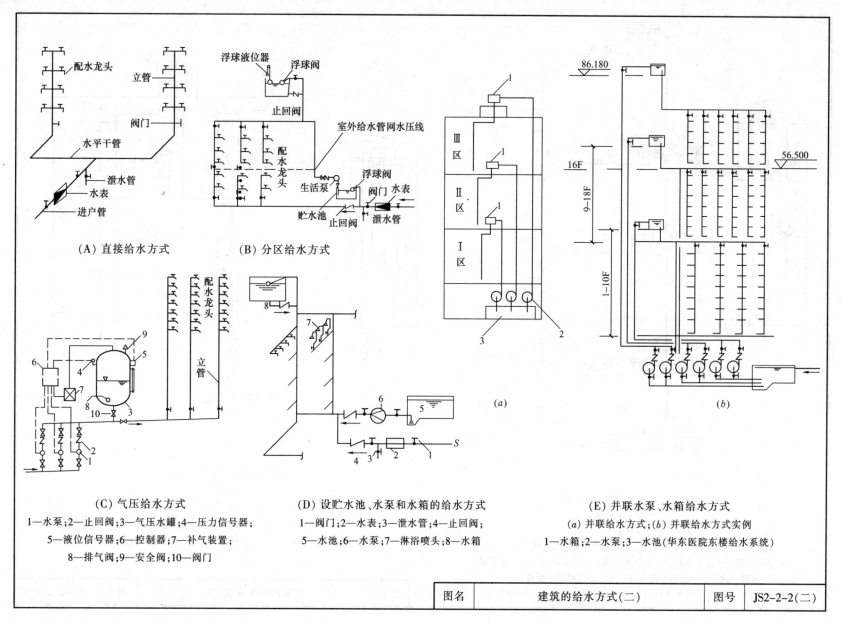

（A）直接给水方式

（B）分区给水方式

（C）气压给水方式
1—水泵；2—止回阀；3—气压水罐；4—压力信号器；
5—液位信号器；6—控制器；7—补气装置；
8—排气阀；9—安全阀；10—阀门

（D）设贮水池、水泵和水箱的给水方式
1—阀门；2—水表；3—泄水管；4—止回阀；
5—水池；6—水泵；7—淋浴喷头；8—水箱

（E）并联水泵、水箱给水方式
（a）并联给水方式；（b）并联给水方式实例
1—水箱；2—水泵；3—水池（华东医院东楼给水系统）

| 图名 | 建筑的给水方式(二) | 图号 | JS2-2-2(二) |

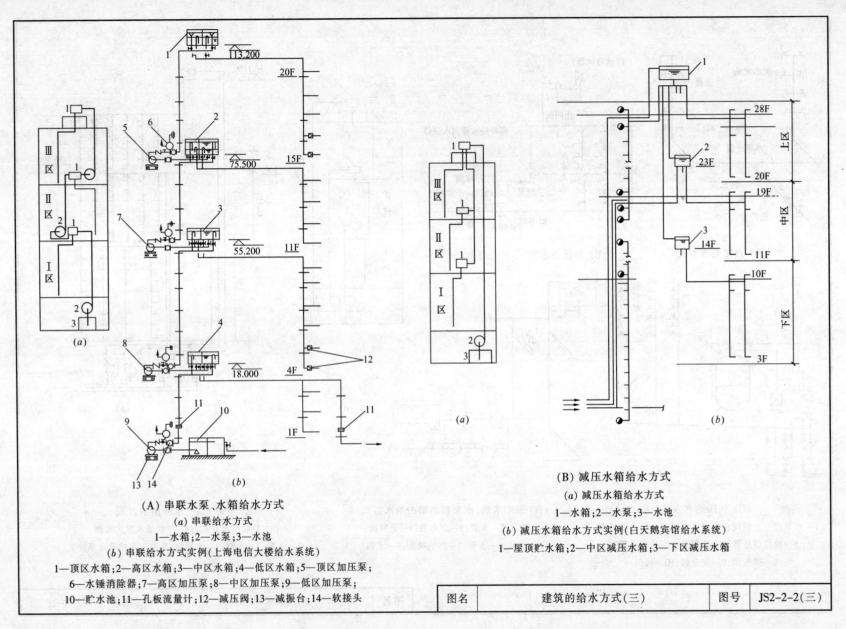

（A）串联水泵、水箱给水方式

(a) 串联给水方式

1—水箱；2—水泵；3—水池

(b) 串联给水方式实例(上海电信大楼给水系统)

1—顶区水箱；2—高区水箱；3—中区水箱；4—低区水箱；5—顶区加压泵；

6—水锤消除器；7—高区加压泵；8—中区加压泵；9—低区加压泵；

10—贮水池；11—孔板流量计；12—减压阀；13—减振台；14—软接头

（B）减压水箱给水方式

(a) 减压水箱给水方式

1—水箱；2—水泵；3—水池

(b) 减压水箱给水方式实例(白天鹅宾馆给水系统)

1—屋顶贮水箱；2—中区减压水箱；3—下区减压水箱

图名	建筑的给水方式(三)	图号	JS2-2-2(三)

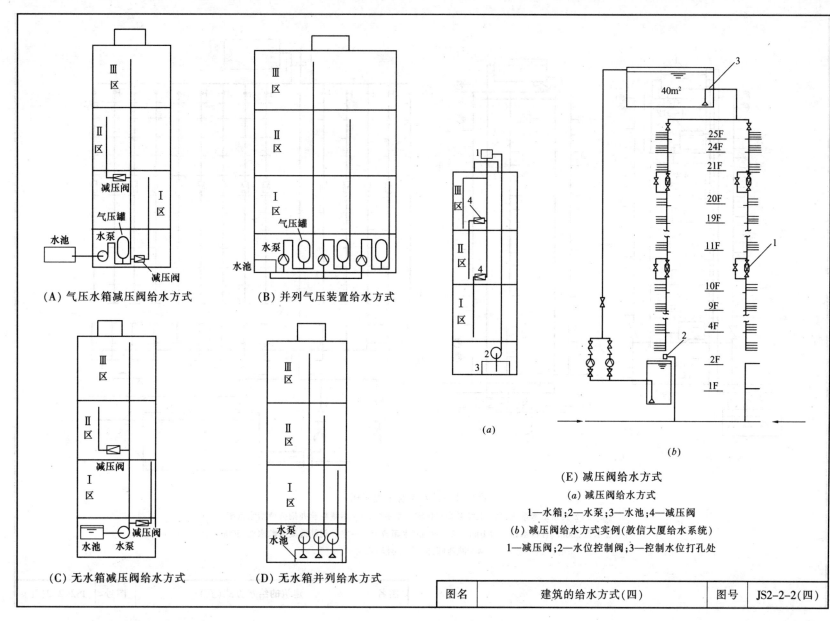

（A）气压水箱减压阀给水方式

（B）并列气压装置给水方式

（C）无水箱减压阀给水方式

（D）无水箱并列给水方式

（a）

（b）

（E）减压阀给水方式

（a）减压阀给水方式

1—水箱；2—水泵；3—水池；4—减压阀

（b）减压阀给水方式实例（敦信大厦给水系统）

1—减压阀；2—水位控制阀；3—控制水位打孔处

图名	建筑的给水方式(四)	图号	JS2-2-2(四)

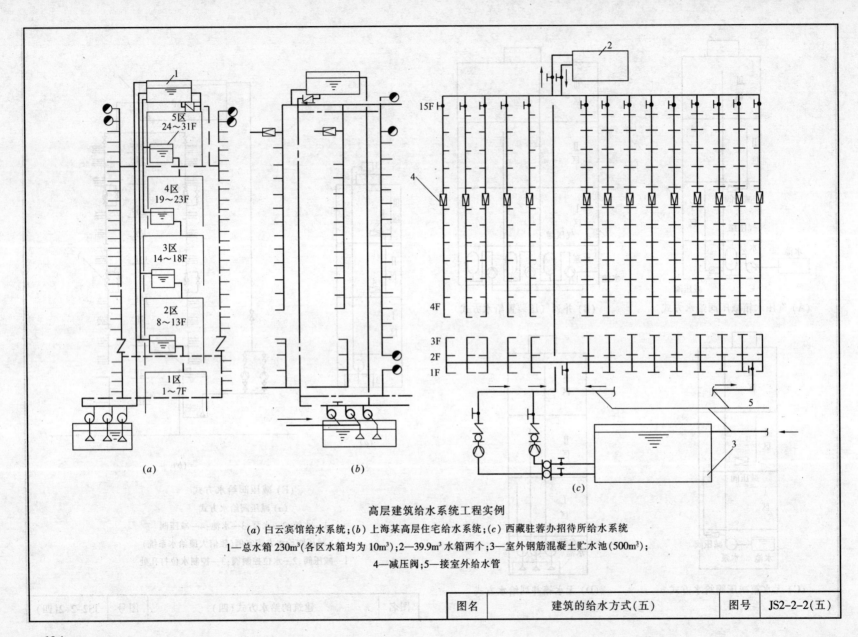

高层建筑给水系统工程实例

(*a*) 白云宾馆给水系统；(*b*) 上海某高层住宅给水系统；(*c*) 西藏驻蓉办招待所给水系统

1—总水箱 230m³（各区水箱均为 10m³）；2—39.9m³ 水箱两个；3—室外钢筋混凝土贮水池(500m³)；

4—减压阀；5—接室外给水管

图名	建筑的给水方式(五)	图号	JS2-2-2(五)

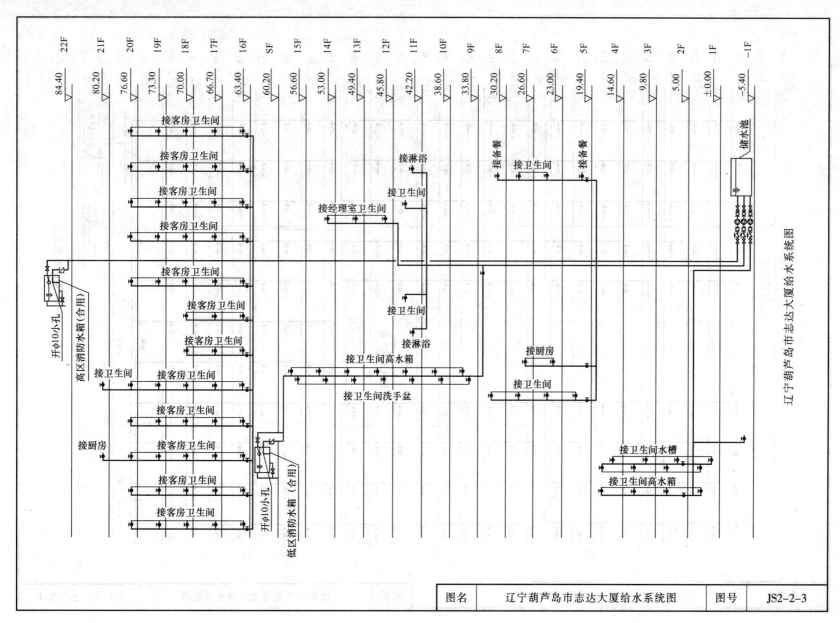

图名	辽宁葫芦岛市志达大厦给水系统图	图号	JS2-2-3

125

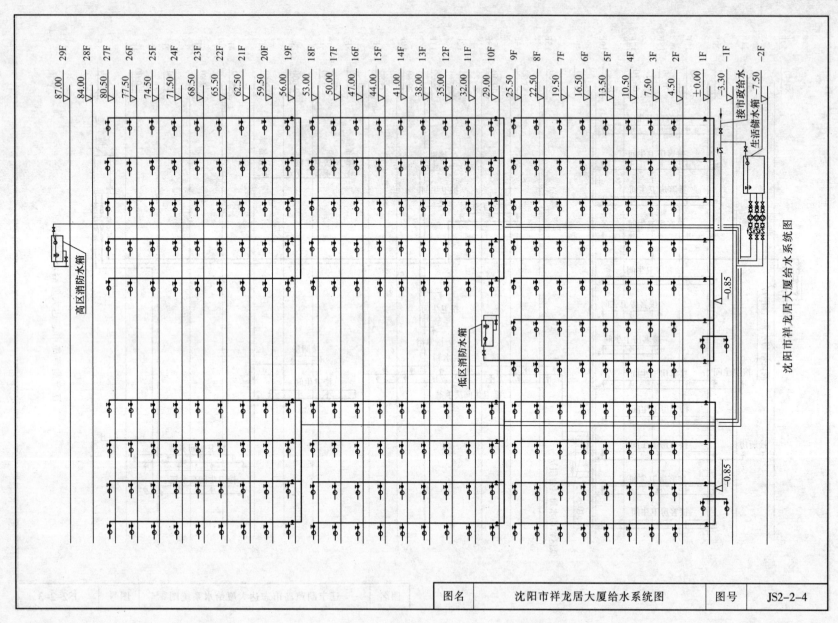

| 图名 | 沈阳市祥龙居大厦给水系统图 | 图号 | JS2-2-4 |

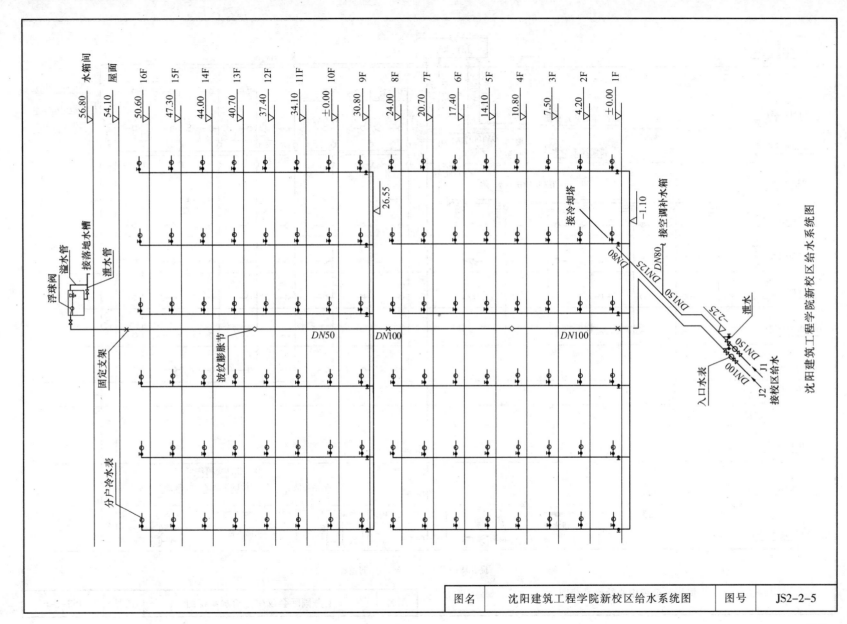

沈阳建筑工程学院新校区给水系统图

| 图名 | 沈阳建筑工程学院新校区给水系统图 | 图号 | JS2-2-5 |

127

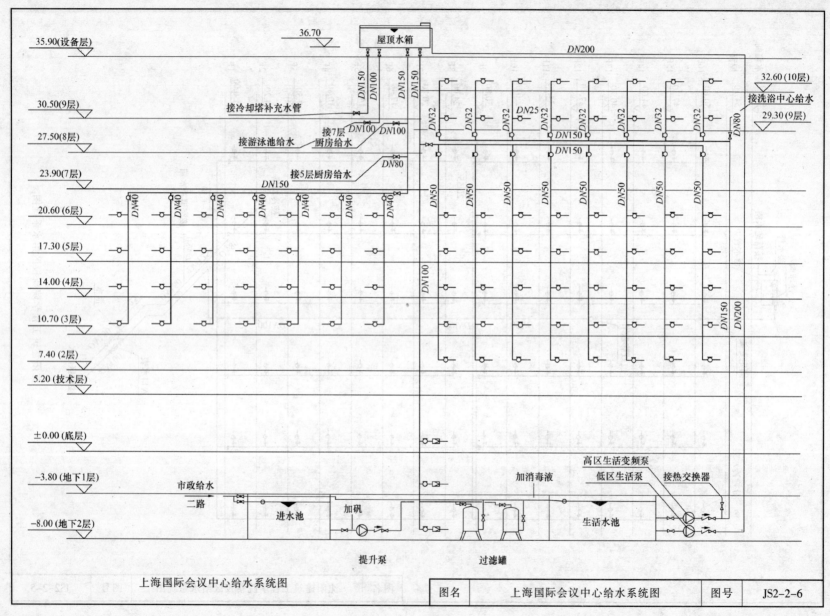

上海国际会议中心给水系统图

| 图名 | 上海国际会议中心给水系统图 | 图号 | JS2-2-6 |

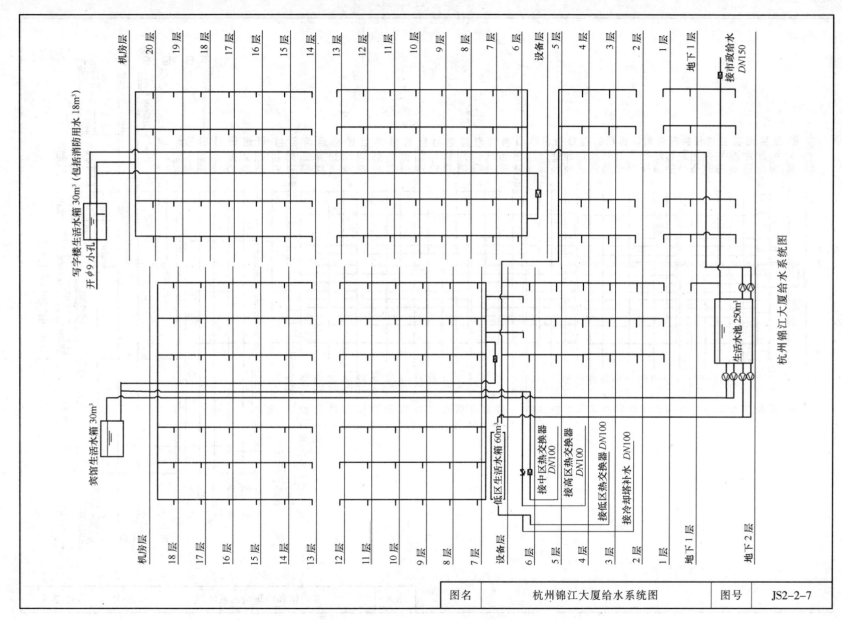

杭州锦江大厦给水系统图

图名	杭州锦江大厦给水系统图	图号	JS2-2-7

机房层

写字楼生活水箱 30m³ （包括消防用水 18m³）

开 φ9 小孔

宾馆生活水箱 30m³

低区生活水箱 60m³

接中区热交换器 DN100

接高区热交换器 DN100

接低区热交换器 DN100

接冷却塔补水 DN100

生活水池 250m³

接市政给水 DN150

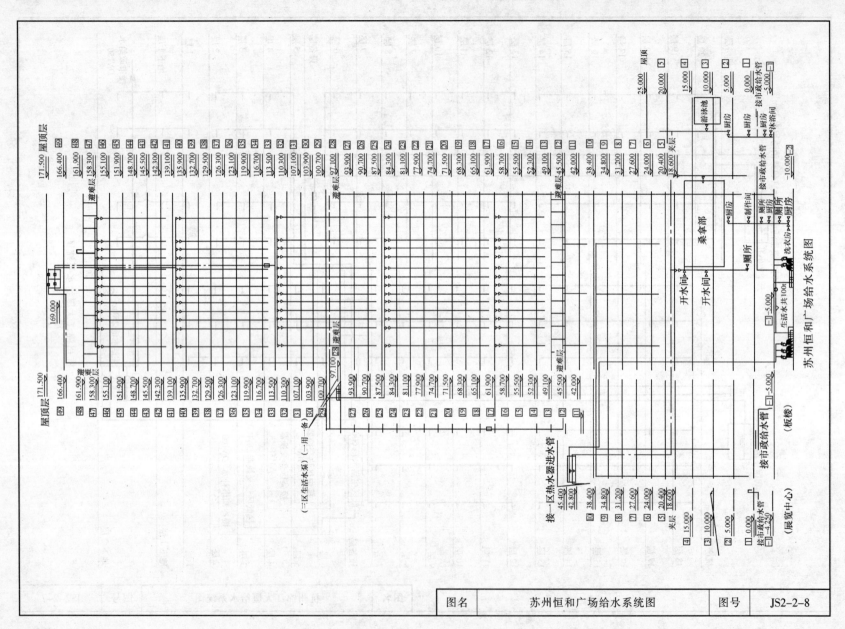

苏州恒和广场给水系统图

| 图名 | 苏州恒和广场给水系统图 | 图号 | JS2-2-8 |

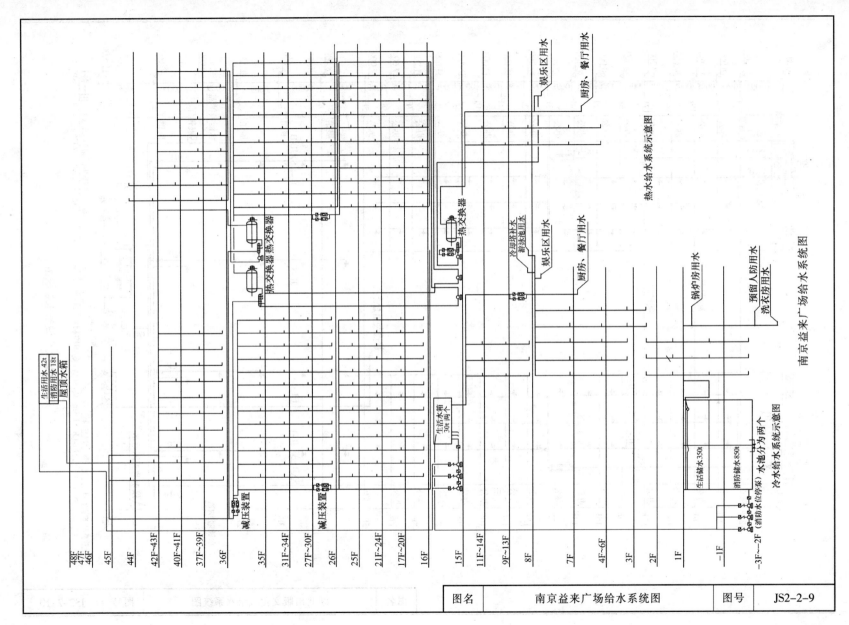

热水给水系统示意图

冷水给水系统示意图

南京益来广场给水系统图

| 图名 | 南京益来广场给水系统图 | 图号 | JS2-2-9 |

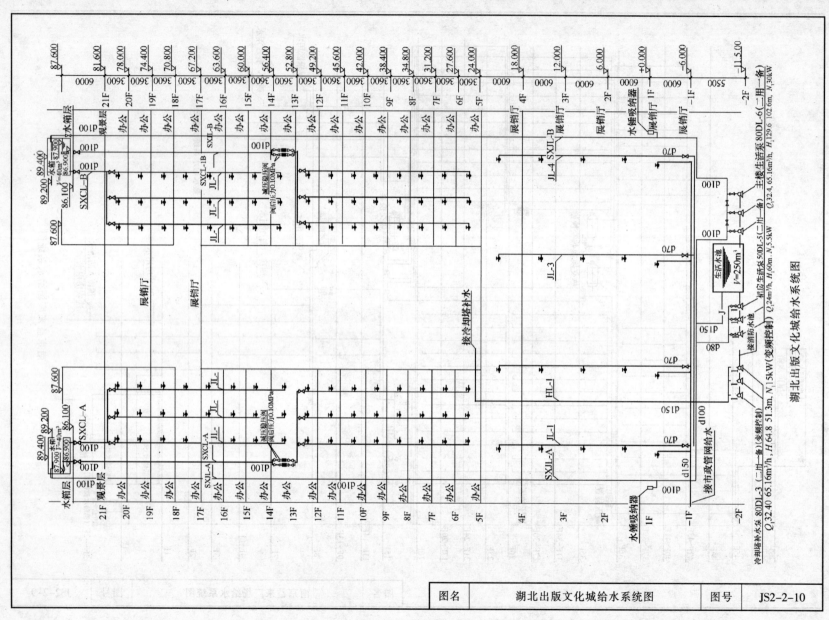

湖北出版文化城给水系统图

| 图名 | 湖北出版文化城给水系统图 | 图号 | JS2-2-10 |

132

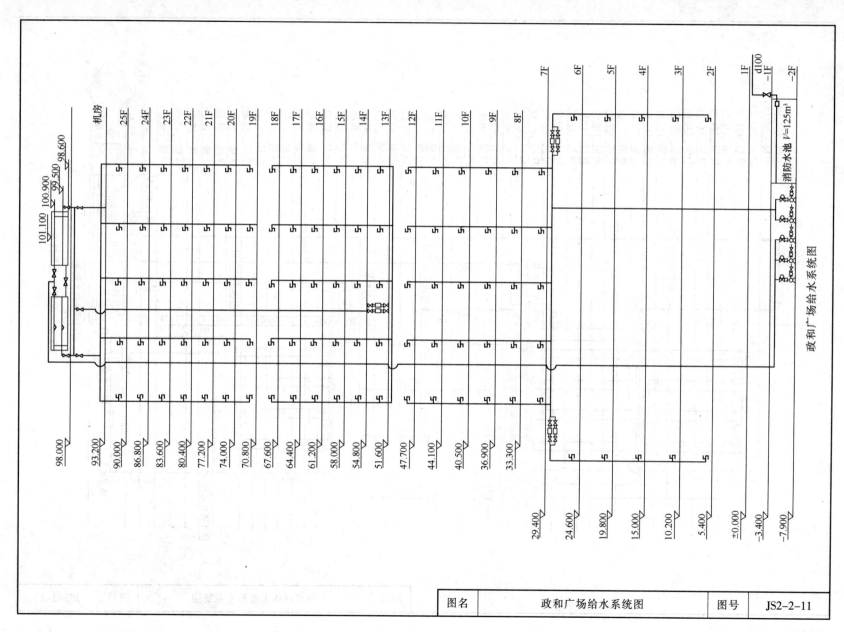

政和广场给水系统图

| 图名 | 政和广场给水系统图 | 图号 | JS2-2-11 |

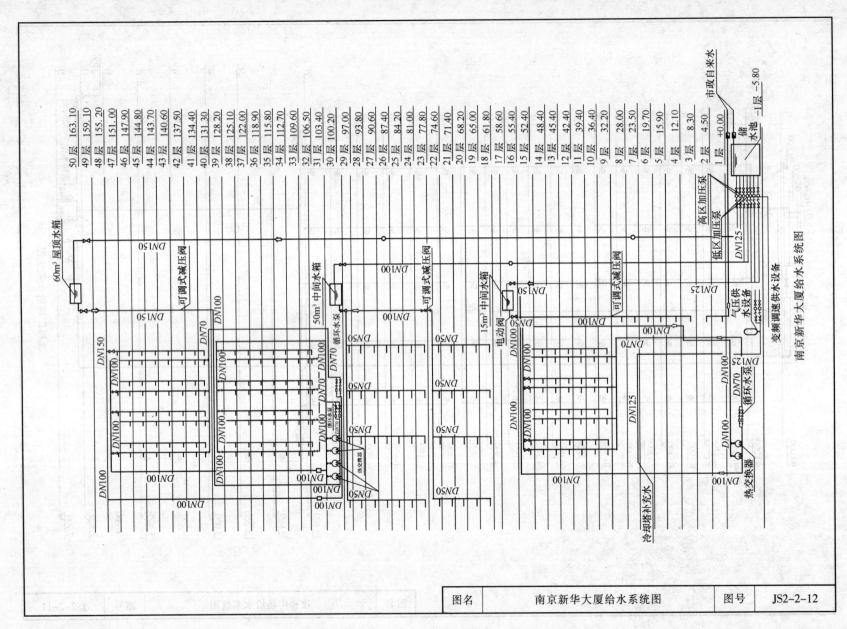

南京新华大厦给水系统图

| 图名 | 南京新华大厦给水系统图 | 图号 | JS2-2-12 |

134

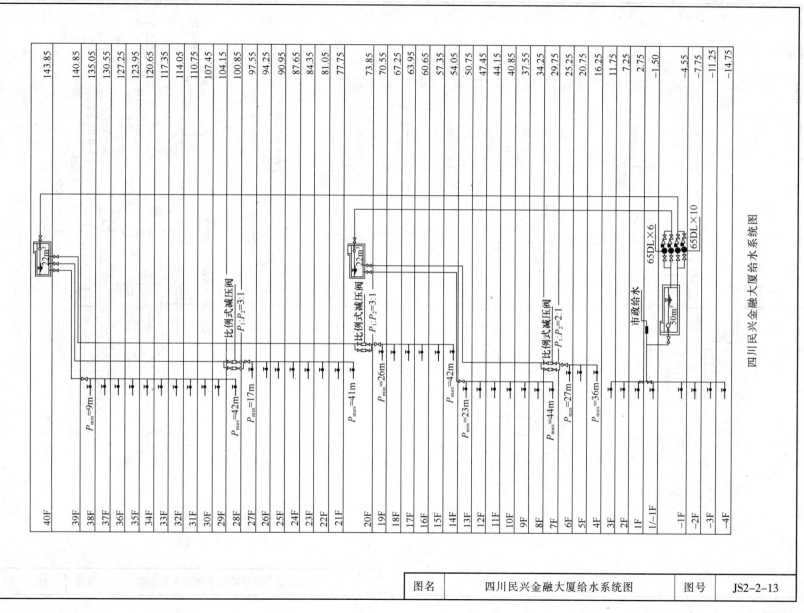

四川民兴金融大厦给水系统图

| 图名 | 四川民兴金融大厦给水系统图 | 图号 | JS2-2-13 |

135

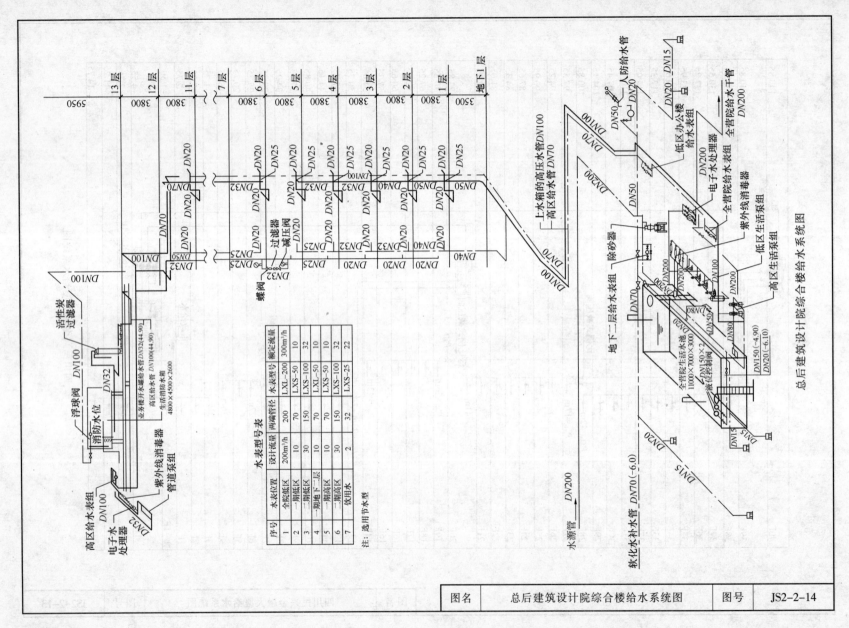

水表型号表

序号	水表位置	设计流量 200m³/h	两端管径	水表型号	额定流量 300m³/h
1	全院低区	200	200	LXL-200	10
2	一期低区	10	70	LXS-50	32
3	二期低区	30	150	LXS-100	10
4	一期地下二层	10	70	LXL-50	10
5	一期高区	10	70	LXS-50	32
6	二期高区	30	150	LXS-100	22
7	饮用水	2	32	LXS-25	

注：选用节水型

总后建筑设计院综合楼给水系统图

图名	总后建筑设计院综合楼给水系统图	图号	JS2-2-14

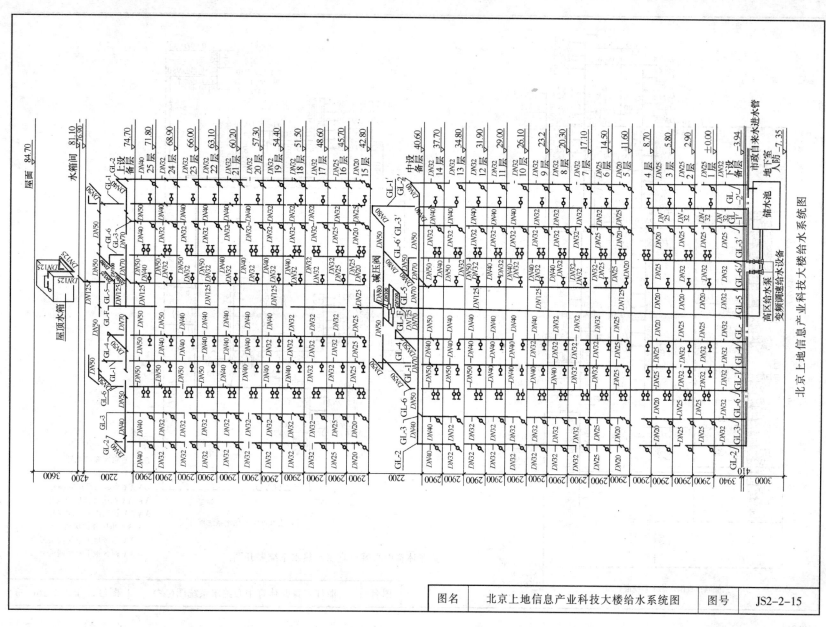

北京上地信息产业科技大楼给水系统图

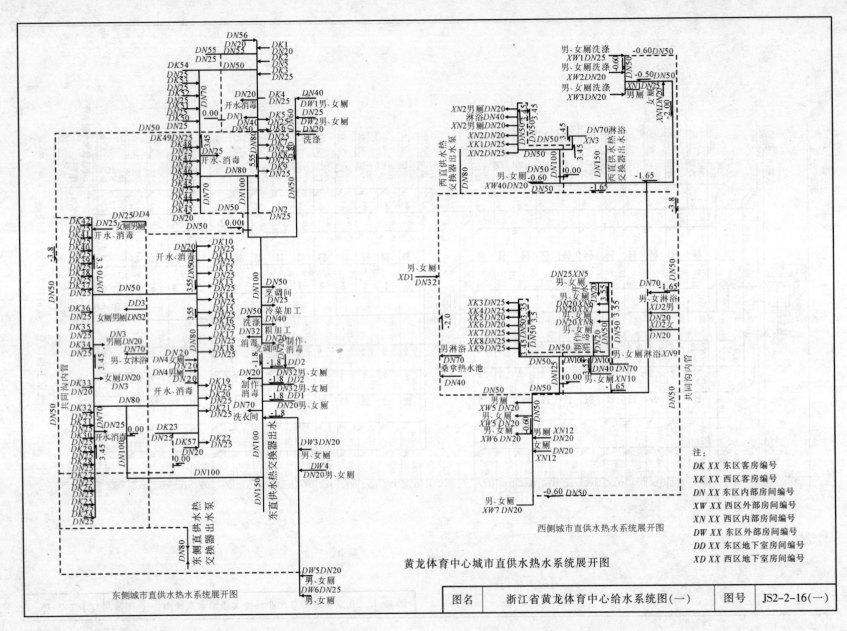

黄龙体育中心城市直供水热水系统展开图

东侧城市直供水热水系统展开图

西侧城市直供水热水系统展开图

注:
DK XX 东区客房编号
XK XX 西区客房编号
DN XX 东区内部房间编号
XW XX 西区外部房间编号
XN XX 西区内部房间编号
DW XX 东区外部房间编号
DD XX 东区地下室房间编号
XD XX 西区地下室房间编号

图名	浙江省黄龙体育中心给水系统图(一)	图号	JS2-2-16(一)

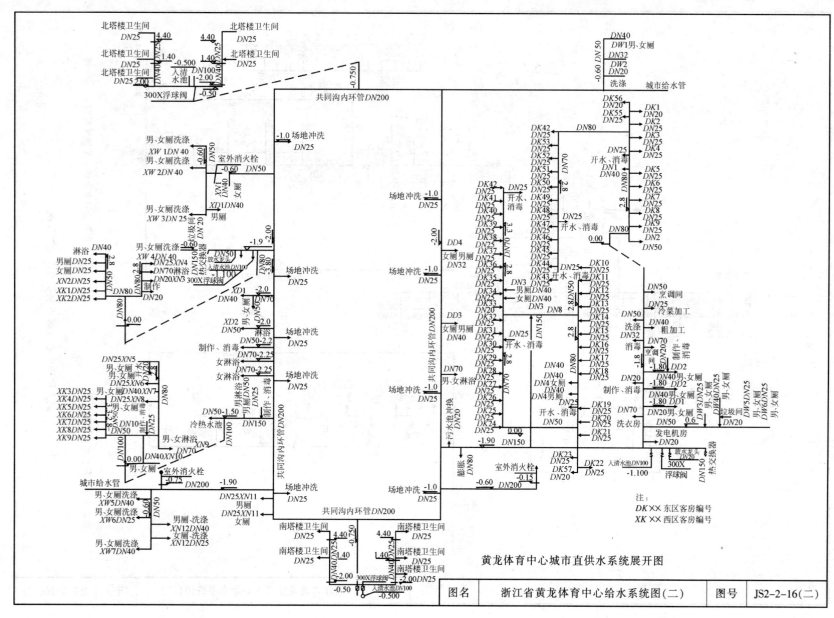

黄龙体育中心城市直供水系统展开图

注：
DK×× 东区客房编号
XK×× 西区客房编号

图名	浙江省黄龙体育中心给水系统图(二)	图号	JS2-2-16(二)

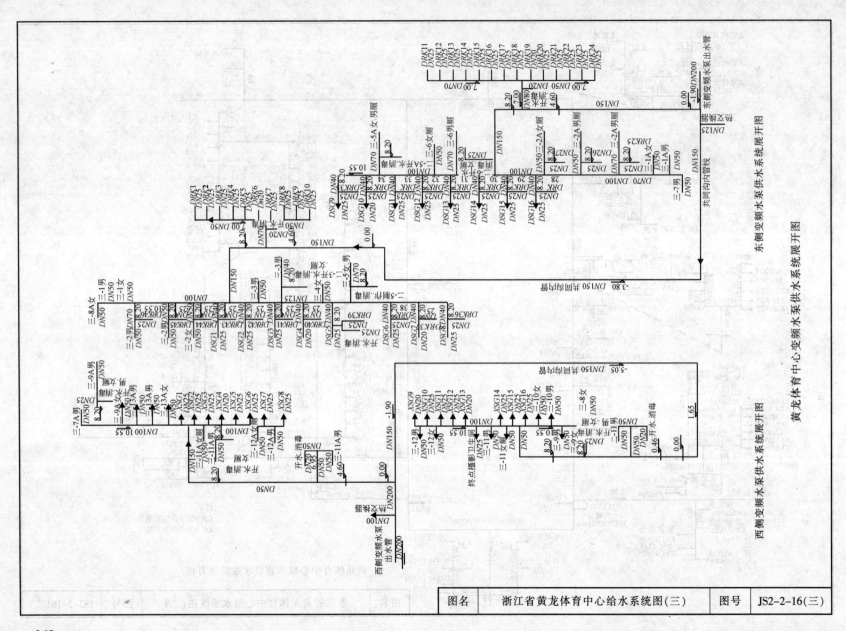

黄龙体育中心变频水泵供水系统展开图

| 图名 | 浙江省黄龙体育中心给水系统图(三) | 图号 | JS2-2-16(三) |

140

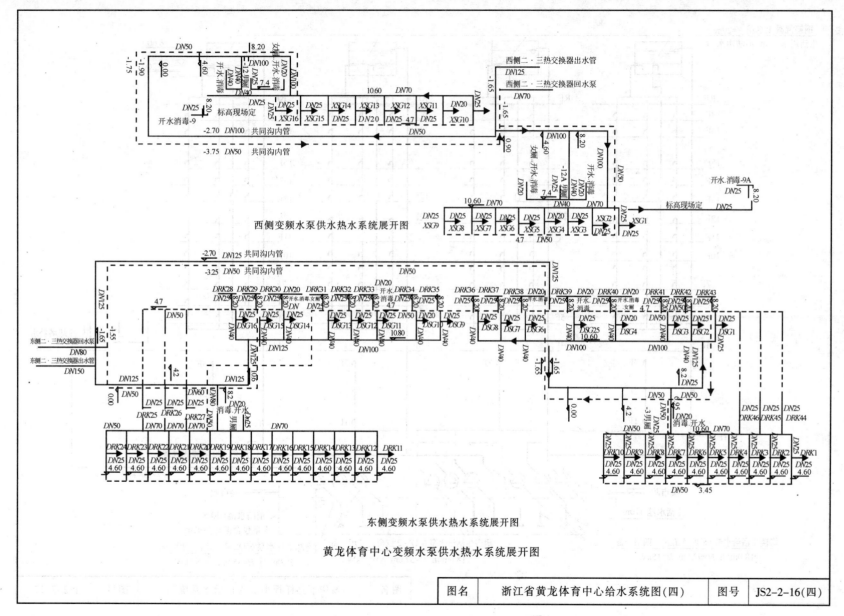

西侧变频水泵供水热水系统展开图

东侧变频水泵供水热水系统展开图

黄龙体育中心变频水泵供水热水系统展开图

| 图名 | 浙江省黄龙体育中心给水系统图(四) | 图号 | JS2-2-16(四) |

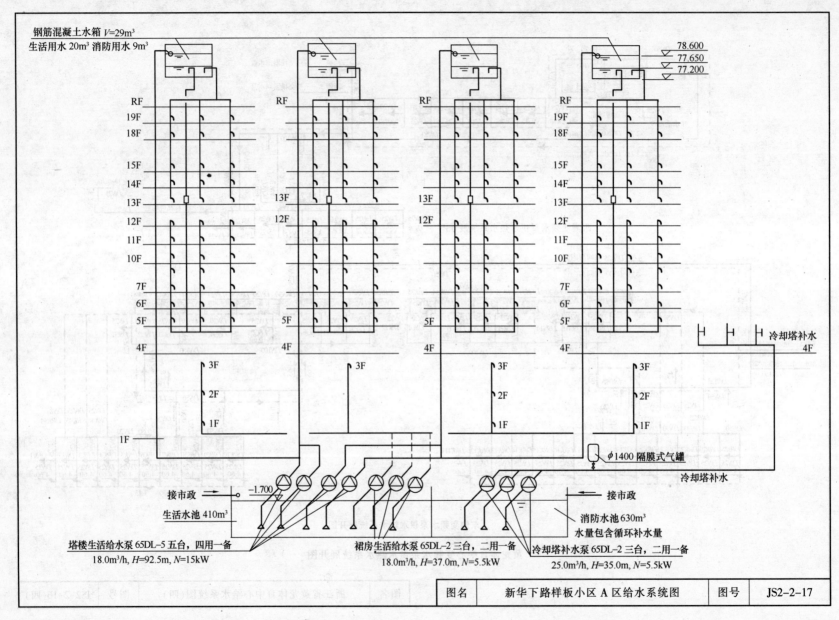

钢筋混凝土水箱 $V=29m^3$
生活用水 $20m^3$ 消防用水 $9m^3$

78.600
77.650
77.200

$\phi 1400$ 隔膜式气罐

冷却塔补水

冷却塔补水

接市政

-1.700

接市政

生活水池 $410m^3$

消防水池 $630m^3$
水量包含循环补水量

塔楼生活给水泵 65DL-5 五台，四用一备
$18.0m^3/h$，$H=92.5m$，$N=15kW$

裙房生活给水泵 65DL-2 三台，二用一备
$18.0m^3/h$，$H=37.0m$，$N=5.5kW$

冷却塔补水泵 65DL-2 三台，二用一备
$25.0m^3/h$，$H=35.0m$，$N=5.5kW$

图名	新华下路样板小区 A 区给水系统图	图号	JS2-2-17

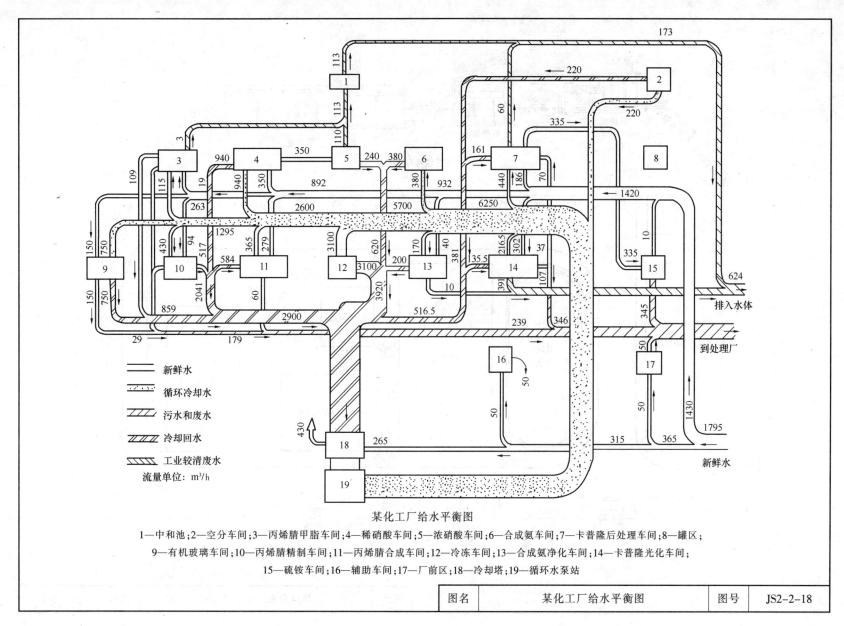

某化工厂给水平衡图

1—中和池；2—空分车间；3—丙烯腈甲脂车间；4—稀硝酸车间；5—浓硝酸车间；6—合成氨车间；7—卡普隆后处理车间；8—罐区；
9—有机玻璃车间；10—丙烯腈精制车间；11—丙烯腈合成车间；12—冷冻车间；13—合成氨净化车间；14—卡普隆光化车间；
15—硫铵车间；16—辅助车间；17—厂前区；18—冷却塔；19—循环水泵站

图名	某化工厂给水平衡图	图号	JS2-2-18

143

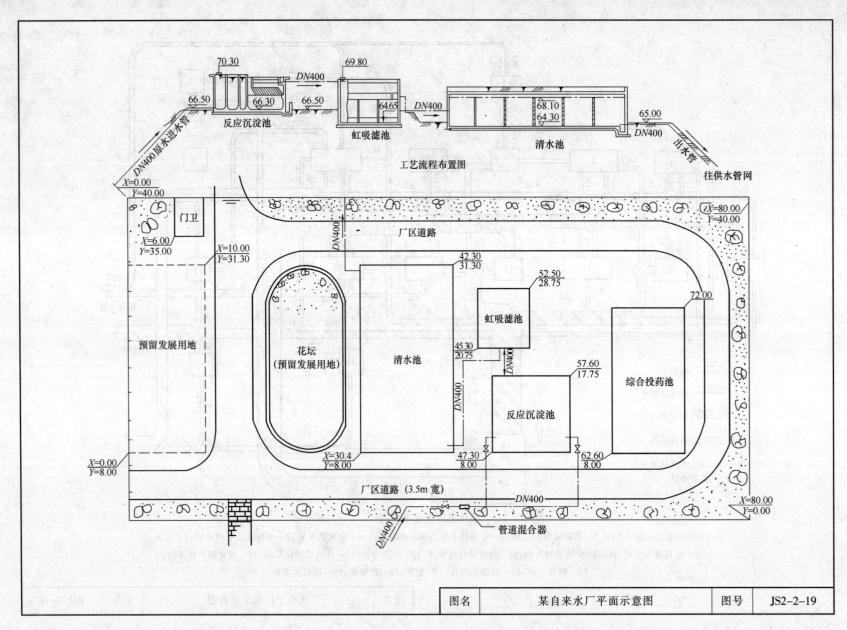

工艺流程布置图

某自来水厂平面示意图

| 图名 | 某自来水厂平面示意图 | 图号 | JS2-2-19 |

2.3 建筑消防给水

2.3.1 消防系统的类型、工作原理和适用范围

建筑消防系统根据设置的位置与灭火范围可分为室内消防系统与室外消防系统。

(1)室外消防系统根据服务的范围可分为城市室外消防系统，小区室外消防系统与单栋建筑室外消防系统；城市室外消防系统可根据管网中的给水压力分为高压系统与低压系统；小区室外消防系统也可根据管网中的给水压力分为常高压消防系统、临时高压消防系统和低压消防系统。

(2)室内消防系统根据使用灭火剂的种类和灭火方式可分为下列3种灭火系统：

1)消火栓灭火系统；

2)自动喷水灭火系统；

3)其他使用非水灭火剂的固定灭火系统，如二氧化碳灭火系统、干粉灭火系统、卤代烷灭火系统、泡沫灭火系统等。

(3)灭火剂的灭火原理可分为4种：冷却、窒息、隔离和化学抑制。其中前3种灭火作用主要是物理过程，化学抑制是一个化学过程。

(4)消火栓灭火系统与自动喷水灭火系统的灭火原理主要为冷却，可用于多种火灾；二氧化碳灭火系统的灭火原理主要是窒息作用，并有少量的冷却降温作用，适用于图书馆的珍藏库、图书楼、档案楼、大型计算机房、电信广播的重要设备机房、贵重设备室和自备发电机房等；干粉灭火系统的灭火原理主要是化学抑制作用，并具有少量的冷却降温作用，可扑救可燃气体、易燃与可燃液体和电气设备火灾，具有良好的灭火效果；卤代烷灭火系统的主要灭火原理是化学抑制作用，灭火后不留残渍，不污染，不损坏设备，可用于贵重仪表、档案、总控制室等的火灾；泡沫灭火系统的主要灭火原理是隔离作用，能有效的扑灭烃类液体火焰与油类火灾。

2.3.2 室外消防系统

1. 作用与系统组成

(1)室外消防系统的作用为：一是供消防车从该系统取水，经水泵接合器向室内消防系统供水，增补室内消防用水不足；二是消防车从该系统取水，供消防车、曲臂车等的带架水枪用水，控制和扑救火灾。

(2)室外消防系统是由：室外消防水源、室外消防管道和室外消火栓组成。

2. 室外消防水源、水量与水压

(1)室外消防水源：建筑物室外消防用水可从下列水源取得：

1)由市政给水管网提供(一般为低压室外消防系统)；

2)有条件时可就近利用天然水源供室外消防用水(此时应考虑天然水源地与保护建筑的距离、天然水源的水量与水位，以及天然水源与保护建筑之间的交通条件)；

3)可利用建筑的室内(外)水池中的储备消防用水作为室外消防水源。

消防水源可根据具体情况从上面的三种形式中选取。三种水源次序不分先后，可任选一种、两种或三种。但如具有下列情况之一者应设消防水池来满足室内、外消防用水要求。

①市政给水管道和进水管或天然水源不能满足消防用水总量；

②市政给水管道为枝状或只有一条进水管(对于多层建筑消防用水总量不超过25L/s，对于高层建筑二类居住建筑除外)。

消防水池是消防用水量的储备构筑物，一般设计成室内、外消防共用水池。应根据室外管网的补水情况、建筑物类型，综合考虑室内、外消防水量的要求确定。

市政给水管网为环状，在保证发生火灾时向消防水池连续补水情况下，消防水池容量可减去火灾延续时间内的补水量，水池充水时间不宜超过48h，水池总容积超过500m³时，应分隔成两个能独立使用的水池。

储存室外消防流量的消防水池应设取水口或取水井，其最低水位应保证消防车的消防水泵吸水高度不超过6.0m。如不能保证时，可在消防水泵房内设专用加压泵由消防水池直接取水向室外消防供水管网供水。供消防车取水的消防水池，其保护半径不得大于150m。

取水口或取水井的有效容积不应小于7.2m³，消防水池与取水口(井)之间的连接管道的管径不小于200mm。

室外消防水池与被保护建筑的外墙距离不宜小于5m，并不宜大于100m；与甲、乙、丙类液体储罐的距离不宜小于40m；与液化石油气储罐的距离不宜小于60m，若有防止辐射热的保护设施时，可减为40m；寒冷地区的消防水池应有防冻措施。

(2)室外消防水量：

1)城市与居住区的消防用水量可按下式计算：

$$Q = N \cdot q$$

式中　Q——室外消防用水量(L/s)；

　　　N——同一时间火灾次数，见表1；

　　　q——一次灭火用水量(1/次)，见表2。

城市与居住区的消防水量，可作为城市和居住区室外给水管网设计时管网校核的依据。

2)建筑室外消防用水量：建筑物的室外消防用水量应根据建筑物的性质、高度、面积、体积等因素确定，单、低层建筑和工业建筑不应小于表3的规定。

图名	建筑室外消防系统(一)	图号	JS2-3-1(一)

同一时间内的火灾次数表 表1

名称	基地面积(hm²)	附有居住区的人数(万人)	同一时间内的火灾次数	备注
工厂	≤100	≤1.5	1	按需水量最大的一座建筑物计算
		>1.5	2	工厂、居住区各一次
	>100	不限	2	按需水量最大的两座建筑物计算
仓库民用建筑	不限	不限	1	需水量最大的一座建筑物计算

注:采矿、选矿等工业企业,如有分散基地有单独的消防给水系统时,可分别计算。

城镇、居住区室外消防用水量 表2

人数(万人)	同一时间内的火灾次数(次)	一次灭火用水量(L/S)
≤1.0	1	10
≤2.5	1	15
≤5.0	2	25
≤10.0	2	35
≤20.0	2	45
≤30.0	2	55
≤40.0	2	65
≤50.0	3	75
≤60.0	3	85
≤70.0	3	90
≤80.0	3	95
≤100.0	3	100

注:城镇室外消防用水包括居住区、工厂、仓库和民用建筑物的室外消防用水量。当工厂、仓库、民用建筑的室外消防用水量超过本表规定时,仍需确保其室外消防用水量。

(3)室外消防水压:室外消防管网按消防水压的情况可分为:高压管网、临时高压管网和低压管网。

建筑物的室外消火栓用水量 表3

耐火等级	建筑物名称及类别		≤1500	1501~3000	3001~5000	5001~20000	20001~50000	>50000
1、2级	厂房	甲、乙	10	15	20	25	30	35
		丙	10	15	20	25	30	40
		丁、戊	10	10	10	15	15	20
	库房	甲、乙	15	15	25	25	—	—
		丙	15	15	25	25	35	45
		丁、戊	10	10	10	15	15	20
	民用建筑		10	15	15	20	25	30
3级	厂房或库房	乙、丙	15	20	30	40	45	—
		丁、戊	10	10	15	20	25	35
	民用建筑		10	15	20	25	30	—
4级	丁、戊类厂房或库房		10	15	20	25	—	—
	民用建筑		10	15	20	25	—	—

（表头：一次灭火用水量(L/s)／建筑物体积(m³)）

注:1. 室外消火栓用水量应按消防需水量最大的一座建筑物或一个防水分区计算,成组布置的建筑物应按消防需水量较大的相邻两座计算;
2. 火车站、码头和机场的中转库房,其室外消火栓用水量应按相应耐火等级的丙类物品库房确定;
3. 国家级文物保护单位的重点砖木、木结构的建筑物室外消防用水量,按3级耐火等级民用建筑物消防用水量。

1)室外高压消防管网:管网内经常保持足够高的水压,灭火时不需要使用消防车或其他移动式水泵加压,而直接由消火栓接出水带水枪灭火。室外高压消防管网的水压可按下式计算确定:

$$H = H_z + h_1 + h_2$$

式中 H——管网最不利处消火栓的压力(kPa);

H_z——消火栓与建筑物最高处的标高差所要求的静压(kPa);

h_1——6条直径65mm麻质水带的水头损失之和(kPa);

h_2——充实水柱不小于100kPa时,口径19mm水枪所需的水压(kPa)。

2)室外临时高压消防管网:消防管网内,平时水压不高,在泵站内设置高压消防泵,当发生火警时,消防泵开动后,管网内压力达到高压管网的要求。

3)室外低压消防管网:管网内平时水压较低,灭火时水枪所需要的压力,由消防车或移动式消防泵供给。

图名	建筑室外消防系统(二)	图号	JS2-3-1(二)

3.消防管道和消火栓的布置

(1)室外消防给水管道的布置:

1)室外消防给水管道是指从市政给水干管接往居住小区、工厂和公共建筑物室外的消防给水管道;

2)室外消防管网按其用途分为:生活用水与消防用水合并的给水管网;生产用水与消防用水合并的给水管网;生产用水、生活用水与消防用水合并的给水管网;独立的消防给水管网。设计时应根据具体情况正确的选择室外消防管网的形式;

3)室外消防管网也可按管道的布置形式分为:枝状管网和环状管网。消防管网一般宜采用环状管网,只有在管网建设初期或室外消防水量少于15L/s时,可采用枝状管网。但高层建筑的室外消火给水管道应布置为环状;

4)环状管网的输水干管(指环网中承担输水的主要管道)及向环状管网输水的输水管(指市政管网向小区环网的进水管)均不得少于二条,输水管中一条发生故障后,其余输水管仍应保证供应100%的生活、生产与消防用水。当只能从一条市政给水管引入输入管时,应在该市政水管上设一阀门。管网上应设置消防分隔阀门。阀门应设在管道的三通、四通处,三通处设两个,四通处设三个,皆应设在下游侧,且两阀门之间的消火栓数目不应超过5个。室外消防管道的管径不应小于100mm。

(2)室外消火栓的布置:

1)室外消火栓有地上式与地下式两种。在我国北方寒冷地区宜采用地下式消火栓;在南方温暖的地区可采用地上式或地下式消火栓;室外地上式消火栓应有一个直径150mm或100mm和两个直径65mm的栓口;室外地下式消火栓应有直径100mm和65mm的栓口两个,并有明显的标志。

2)室外消火栓的间距不应超过120m,其保护半径不应超过150m。在市政消火栓保护半径150m以内,如消防用水量不超过15L/s时,可不再设置室外消火栓;室外消火栓的数量应按室外消防用水量计算决定,每个消火栓的用水量应按10~15L/s计算。

3)室外消火栓应沿道路设置,道路宽度超过60m时,宜在道路的两边设置消火栓,并宜靠近十字路口;消火栓距车行道边不应大于2m,距建筑不宜小于5m(一般设在人行道边),但不宜大于40m,在此范围内的市政消火栓可计入室外消火栓的数量;甲、乙、丙类液体储罐区和液化石油气储罐区的消火栓,应设在防火堤外。

2.3.3 低层建筑室内消火栓消防系统

低层与高层建筑的划分是根据我国目前普遍使用的登高消防器材的性能,消防车的供水能力和建筑的结构状况,并参照国外低、高层建筑划分标准制定。我国公安部规定:低层与高层建筑的高度分界线为24m;高层与超高层建筑的高度分界线为100m。

建筑高度为建筑室外地面到女儿墙或檐口的高度。

我国的《住宅设计规范》(GB 50096—1999)也规定住宅按层数划分如下:

1)低层住宅为1层至3层;

2)多层住宅为4层至6层;

3)中高层住宅为7层至9层;

4)高层住宅为10层及10层以上。

低层建筑的室内消火栓系统是指9层及9层以下的住宅建筑、高度小于24m以下的其他民用建筑和高度不超过24m的厂房、车库以及单层公共建筑的室内消火栓消防系统。这种建筑物的火灾,能依靠一般消防车的供水能力直接进行灭火。

1.消火栓给水系统的设置范围及系统组成

(1)设置范围:按照我国现行的《建筑设计防水规范》的规定,下列建筑应设置消火栓给水系统:

1)厂房、库房(单体耐火等级为1、2级且可燃物较少的丁、戊类厂房、库房,耐火等级为3、4级且建筑体积不超过3000m³的丁类厂房和建筑体积不超过5000m³的戊类厂房除外)和科研楼(储存有与水接触能引起燃烧、爆炸的房间除外);

2)剧院、电影院、俱乐部和超过1200个座位的礼堂、体育馆;

3)车站、码头、机场建筑物以及展览馆、商店、病房楼、门诊楼、教学楼、图书馆等体积超过5000m³的公共建筑;

4)超过6层的塔式住宅、通廊式住宅、底层设有商业网点的单元式住宅和超过7层以上的单元式住宅;

5)超过5层或体积超过10000m³的其他民用建筑物;

6)国家级文物保护的重点砖木或木结构的古建筑;

7)作为下列功能的人防建筑工程:作为商场、医院、旅馆、展览厅、旱冰场、体育馆、舞厅、电子游艺场等使用且面积超过300m²时;作为餐厅、丙类和丁类生产车间,丙类和丁类物品库房使用且面积超过450m²时;作为电影院、礼堂使用时;

8)消防电梯的前室、停车库、修车库。

(2)消火栓给水系统的组成:建筑消火栓给水系统一般由水枪、水带、消火栓、消防管道、消防水池、高位水箱、水泵接合器及增压水泵等组成。下页图(B)所示为设有水泵、水箱的消防供水方式,下页图(A)、(C)、(D)所示为消火栓箱、双出口消火栓和水泵接合器外形图。

图名	低层建筑室内消防系统(一)	图号	JS2-3-2(一)

147

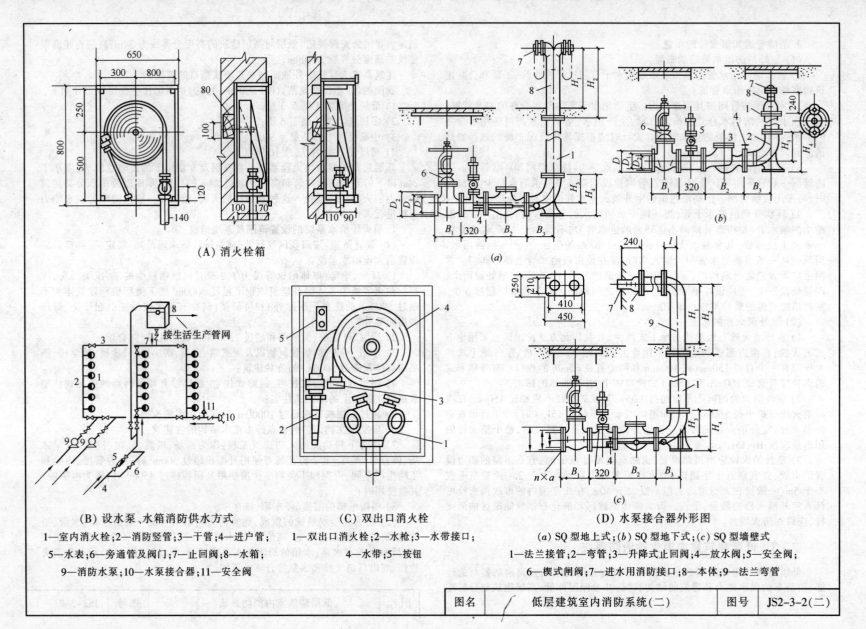

(A) 消火栓箱

(B) 设水泵、水箱消防供水方式

(C) 双出口消火栓

(D) 水泵接合器外形图

1—室内消火栓；2—消防竖管；3—干管；4—进户管；
5—水表；6—旁通管及阀门；7—止回阀；8—水箱；
9—消防水泵；10—水泵接合器；11—安全阀

1—双出口消火栓；2—水枪；3—水带接口；
4—水带；5—按钮

(a) SQ型地上式；(b) SQ型地下式；(c) SQ型墙壁式
1—法兰接管；2—弯管；3—升降式止回阀；4—放水阀；5—安全阀；
6—楔式闸阀；7—进水用消防接口；8—本体；9—法兰弯管

| 图名 | 低层建筑室内消防系统(二) | 图号 | JS2-3-2(二) |

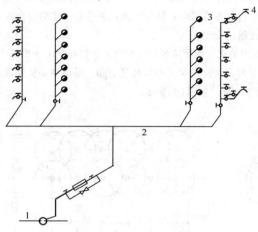

(a) 直接供水的消防—生活共用给水方式
1—室外给水管网;2—室内管网;
3—消火栓及立管;4—给水立管及支管

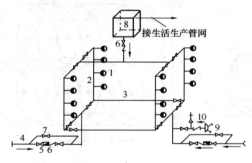

接生活生产管网

(b) 设水箱的消火栓给水系统
1—室内消火栓;2—消防竖管;3—干管;4—进户管;
5—水表;6—止回阀;7—旁通管及阀门;
8—水箱;9—水泵接合器;10—安全阀

2. 水源及给水方式

(1) 低层建筑室内消防水源:同前面室外消防水源。

(2) 低层建筑室内消火栓给水方式:按照室外给水管网可提供室内消防所需水量和水压情况,低层建筑室内消火栓给水方式有以下三种方式。

1) 无水箱、水泵室内消火栓给水方式,如图(a)。当室外给水管网所提供的水量、水压,在任何时候均能满足室内消火栓给水系统所需水量、水压,可以优先采用这种方式。当选用这种方式且与室内生活(或生产)合用管网时,进水管上如设有水表,则所选水表应考虑通过消防水量能力。

2) 仅设水箱不设水泵的消火栓给水方式,如图(b)所示。这种方式适用于室外给水管网一日间压力变化较大,但水量能满足室内消防、生活和生产用水。这种方式管网应独立设置,水箱可以和生产、生活合用,但其生活或生产用水不能动用消防10min储备的水量。

3) 设有消防泵和消防水箱的室内消火栓给水方式,如下页图(A)所示。这种方式适用于室外给水管网的水压不能满足室内消火栓给水系统所需水压,为保证初期使用消火栓灭火时有足够的消防水量,而设置水箱储备10min室内消防用水量。水箱补水采用生活用水泵,严禁消防泵补水。为防止消防时消防泵出水进入水箱,在水箱进入消防管网的出水管上应设止回阀。

3. 室内消火栓给水系统布置

(1) 消火栓消防管道系统布置:建筑物内的消火栓给水系统是否与生产、生活给水系统合用或单独设置,应根据建筑物的性质和使用要求经技术经济比较后确定。与生活、生产给水系统合用时,给水管一般采用热浸镀锌钢管或给水铸铁管。单独消防系统的给水管可采用非镀锌钢管或给水铸铁管;

1) 室内消火栓超过10个,且室外消防用水量大于15L/s时,室内消防给水管道至少应有两条进水管与室外环状管网连接,并应将室内管道连成环状或将进水管与室外管道连成环状。当环状管网的一条进水管发生事故时,其余的进水管应仍能供应全部用水量。7至9层的单元住宅,其室内消防给水管道可为枝状,进水管可采用一条。超过6层的塔式(采用双出口消火栓者除外)和通廊式住宅,超过5层或体积超过10000m³的其他民用建筑,超过4层的厂房和库房,如室内消防竖管为两条或两条以上时,应至少每两根竖管相连组成环状管道。每条竖管直径应按最不利点消火栓出水;

2) 超过4层的厂房和库房、设有消防管网的住宅、超过5层的其他民用建筑,其室内消防管网应设消防水泵接合器。距接合器15~40m内应设室外消火栓或消防水池。接合器的数量应按室内消防用水量计算确定,每个接合器的流量按10~15L/s计算。室内消防给水管道应用阀门分成若干独立段,如某段损坏时,停止使用的消火栓在一层中不应超过5个。阀门应经常处于开启状态,并应有明显的启闭标志。

| 图名 | 低层建筑室内消防系统(三) | 图号 | JS2-3-2(三) |

（2）低层建筑消火栓的设置：设有消防给水的建筑物，其各层（无可燃物的设备层除外）均应设置消火栓。室内消火栓的布置，应保证有两支水枪的充实水柱可同时达到室内任何部位（建筑高度≤24m，体积≤5000m³库房可采用1支），均用单出口消火栓布置，这是因为考虑到消火栓是室内主要灭火设备，任何情况下，均可使用室内消火栓进行灭火。

（3）消火栓的保护半径：消火栓的保护半径是指某种规格的消火栓、水枪和一定长度的水带配套后，并考虑消防人员使用该设备时有一定的安全保障（为此水枪的上倾角不宜超过45°）。

（4）消火栓的间距：室内消火栓间距应经过计算确定。但高层工业建筑、高架库房、甲、乙类厂房，室内消火栓的间距不宜超过30m。单层和多层建筑室内消火栓的间距不应超过50m。如图（B）所示。

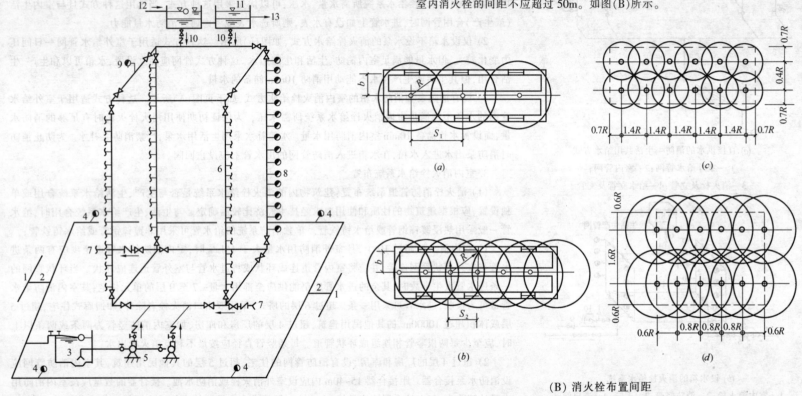

（A）高层建筑独立室内消火栓给水系统

1—室外给水管网；2—进户管；3—贮水池；4—室外消火栓；5—消防泵；

6—消防管网；7—水泵接合器；8—室内消火栓；9—屋顶消火栓；

10—止回阀；11—水箱；12—给水；13—生活用水

（B）消火栓布置间距

（a）单排1股水柱到达室内任何部位；（b）单排2股水柱到达室内任何部位；

（c）多排1股水柱到达室内任何部位；（d）多排2股水柱到达室内任何部位

图名	低层建筑室内消防系统(四)	图号	JS2-3-2(四)

2.3.4 高层建筑室内消火栓消防系统

高层建筑室内消火栓消防系统,是指10层和10层以上的住宅建筑、建筑高度在24m以上的其他民用建筑和工业建筑的室内消火栓消防给水系统。高层建筑中高层部分的火灾扑救因一般消防车的供水能力已达不到,因而应立足于自救。

1. 高层建筑室内消防特点

(1) 火种多、火势猛、蔓延快:高层建筑人员众多,人流频繁,烟蒂余星多。电器设备漏电走火,检修焊接,引起火灾的火种多。高层建筑装饰要求高,具有大量的可燃物质,如家具设备、窗帘、地毯、吊顶装饰,容易发生火灾。高层建筑竖井多,如电梯井、楼梯井、垃圾井、管道井、通风井、风道等,是火灾蔓延的通路,加上这些竖井的拔风作用,一旦发生火灾,火焰蔓延迅速,楼高风大,火势凶猛。

(2) 消防扑救困难:消防队员身负消防设备,沿楼梯快步迅速登高至24m以上高度时,呼吸和心跳都超过限度,已不能保持正常的消防战斗力。国产解放牌消防车的供水水压,其直接出水扑灭的供水高度也不能超过24m。因此高层建筑的消防设备要立足于"自救"。

(3) 人员疏散困难:在高层建筑中,由于竖井的拔风作用,火势、烟雾蔓延扩散极其迅速,烟雾的竖向扩散速度约3~5m/s,横向扩散速度约0.3~0.8m/s,烟雾中含有大量的一氧化碳,对人体有窒息作用,当烟雾浓度大时,仅需2~3min,人就会因缺氧晕倒而被毒死、烧死,在烟雾弥漫中,人的最大行走距离为20~30m,加上高层建筑人多,在旅馆性建筑中,因人地生疏,疏散极为困难。

(4) 经济损失大:高层建筑一旦发生火灾,如不能及时扑灭,人员伤亡多,经济损失大,对旅游宾馆更有政治影响。

因此必须重视高层建筑的消防问题,除积极地从建筑、结构、装饰、设备等方面,在设计和选材上要做到符合消防要求外,对已发生的火灾必须及时报警,疏导并以最快的速度扑灭火灾于初期,因此,高层建筑必须设置完善的消防设备。目前高层建筑常用的消防灭火设备有:消火栓消防设备、自动喷水灭火设备、二氧化碳气体灭火设备等。

2. 消防用水量与水压

(1) 消防用水量:高层建筑室内消火栓系统消防用水量应按《高层民用建筑设计防火规范》和《建筑设计防火规范》规定确定。高层建筑室内消火栓给水系统消防用水量,见下表所列。

(2) 消防水压:高层建筑室内消火栓给水系统的消防水压要求和低层建筑一样,应确保室内消火栓用水量达到计算流量,其水压能满足最不利点消火栓的出口水压要求。

高层建筑消火栓消防水枪的充实水柱长度(H_m)的要求应通过水力计算确定,但是当高度小于100m时,充实水柱的长度(H_m)不应小于10m,当高度超过100m时,充实水柱的长度(H_m)不应小于13m。高层工业建筑的充实水柱长度(H_m)不应小于13m。

高层民用建筑室内消火栓给水系统用水量

建 筑 物 名 称	建筑高度(m)	消火栓消防用水量(L/s)		每根立管最小流量(L/s)	每支水枪最小流量(L/s)
		室外	室内		
普通住宅	≤50	15	10	10	5
	>50	15	20	10	5
高级住宅、医院、教学楼、普通旅馆、办公楼、科研楼、档案楼、图书楼、省级以下的邮政楼每层建筑面积≤1000m²的百货楼、展览楼每层建筑面积≤800m²的电信楼、财贸金融楼、市级和县级的广播楼、电视楼	≤50	20	20	10	5
地、市级电力调度楼,防洪指挥调度楼	>50	20	30	15	5
高级旅馆重要的办公楼、科研楼、档案楼、图书楼、每层建筑面积>1000m²的百货楼、展览楼、综合楼,每层面积超过800m²的电信楼、财贸金融楼	≤50	30	30	15	5
中央和省级的广播楼、电视楼大区级和省级电力调度楼、防洪指挥楼	>50	30	40	15	5
厂 房	24~50	30	25	15	5
	>50		30	15	5
库 房	24~50		30	15	5
	>50		40	15	5

图名	高层建筑室内消防系统(一)	图号	JS2-3-3(一)

3. 水源及室内消火栓给水方式

(1) 水源:同室外消防。

(2) 消火栓给水方式:按建筑高度可把高层建筑消火栓给水系统分为两类;即不分区室内消火栓给水方式与分区供水的室内消火栓给水方式。

1) 不分区室内消火栓给水方式:当建筑的高度不超过50m或建筑物内的最低处消火栓静水压力不超过0.80MPa时,整个建筑的消火栓可组成一个消防给水系统。参见前面高层建筑独立室内消防栓给水系统图所示。

2) 分区供水的室内消火栓给水方式:当建筑高度超过50m或建筑物内的最低处消火栓静水压力已超过0.80MPa时,室内消火栓给水系统难于得到消防车的供水支援,为加强供水安全和保证火场灭火用水,宜采用分区给水方式。常见的分区供水方式有下列三种:

① 并联供水方式:其特点是水泵集中布置,易于管理。这种方式适用于建筑高度不超过100m的情况为宜。见下图(a)。

② 串联供水方式:其主要特点是系统内设中转水箱(池),中转水箱(池)的蓄水由生活泵补给。消防时,生活给水补给流量不能满足消防要求,随着水位下降,形成信号使下一区的消防泵自动启动供水。如下图(b)所示。

③ 设置减压阀分区方式:其特点是无须按分区设置水泵与中转水箱(池),初期投资较少,如下图(c)所示。此种方式不宜用于分区数超过两个的建筑。

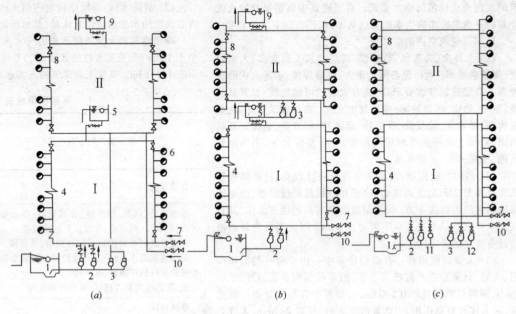

分区供水的室内消火栓给水方式

(a) 并联分区供水方式;(b) 串联分区供水;(c) 无水箱供水
1—水池;2—Ⅰ区消防泵;3—Ⅱ区消防泵;4—Ⅰ区管网;5—Ⅰ区水箱;
6—消火栓;7—Ⅰ区水泵接合器;8—Ⅱ区管网;9—Ⅱ区水箱;
10—Ⅱ区水泵接合器;11—Ⅰ区补压泵;12—Ⅱ区补压泵

图名	高层建筑室内消防系统(二)	图号	JS2-3-3(二)

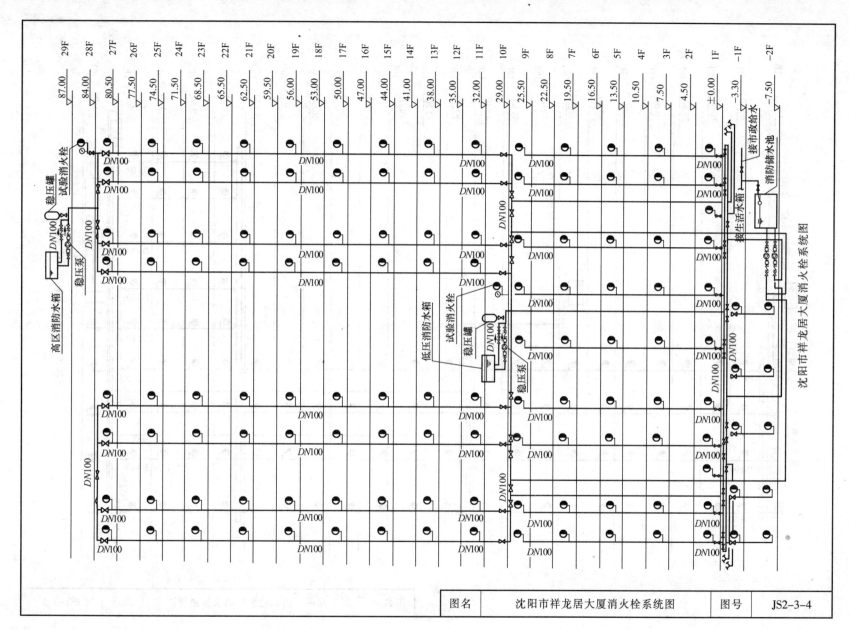

| 图名 | 沈阳市祥龙居大厦消火栓系统图 | 图号 | JS2-3-4 |

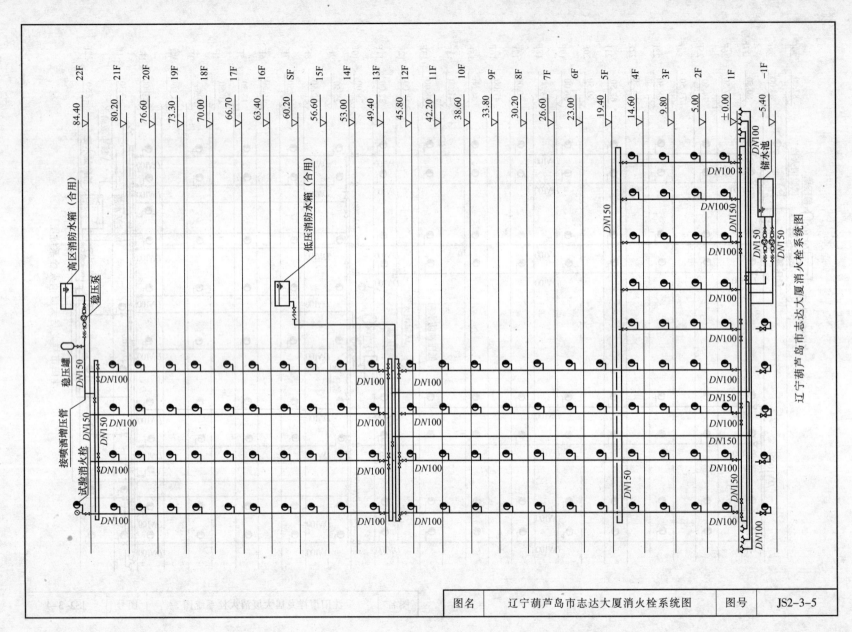

辽宁葫芦岛市志达大厦消火栓系统图

| 图名 | 辽宁葫芦岛市志达大厦消火栓系统图 | 图号 | JS2-3-5 |

154

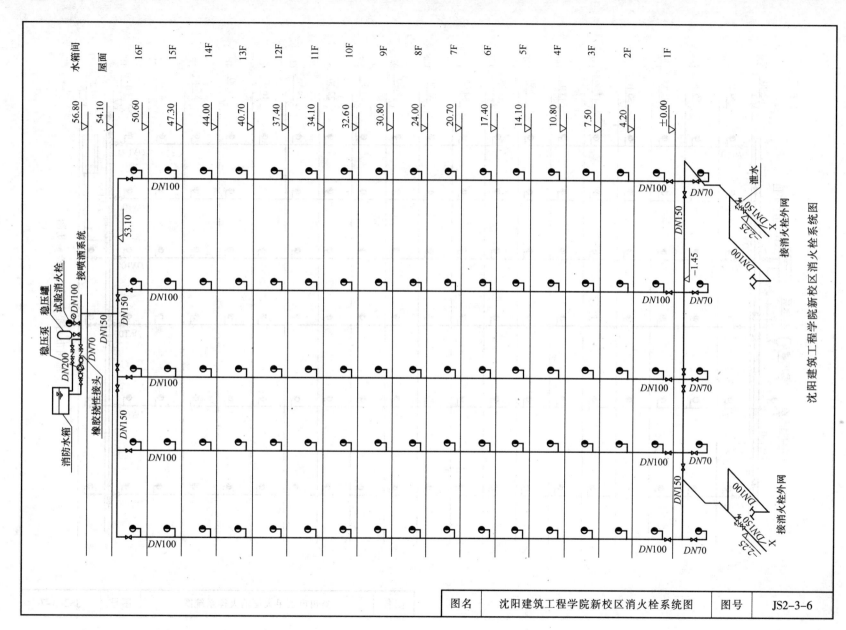

沈阳建筑工程学院新校区消火栓系统图

| 图名 | 沈阳建筑工程学院新校区消火栓系统图 | 图号 | JS2-3-6 |

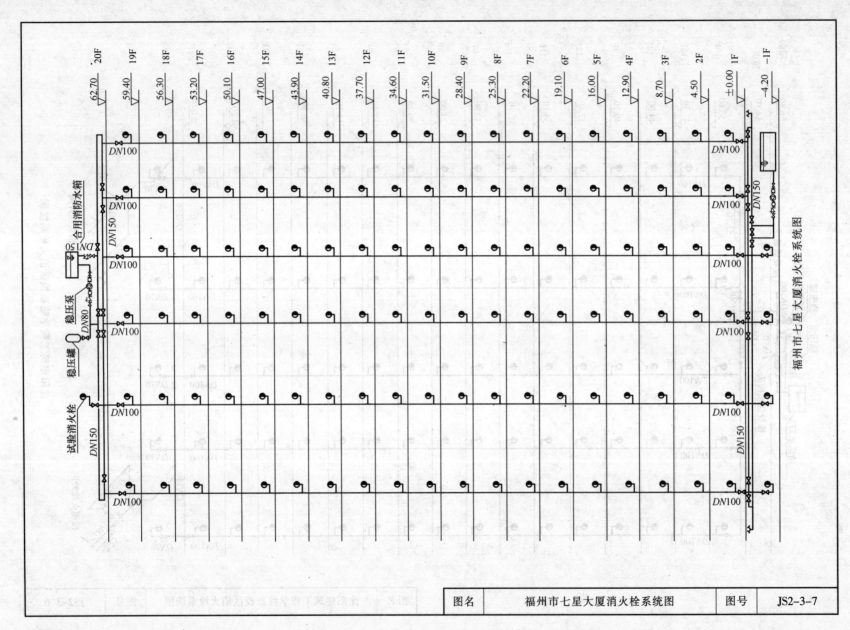

| 图名 | 福州市七星大厦消火栓系统图 | 图号 | JS2-3-7 |

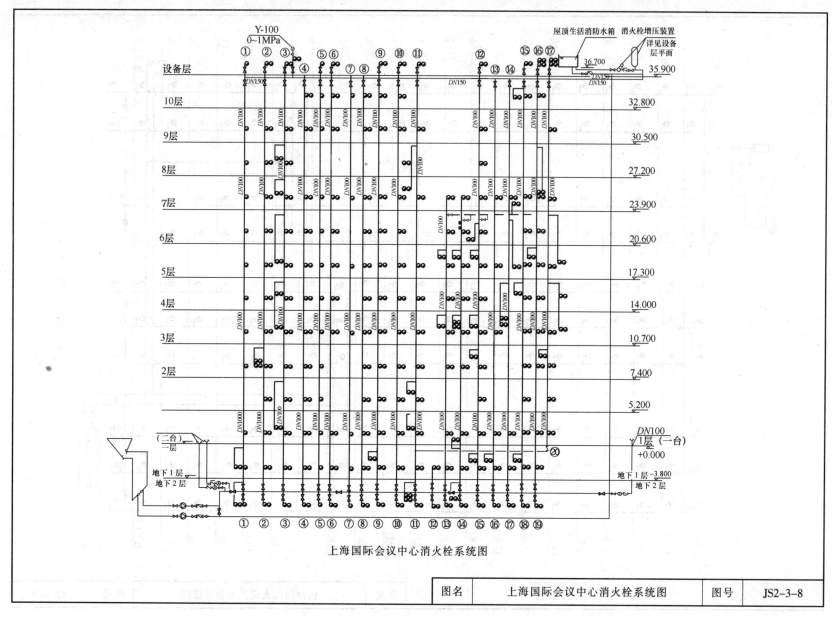

上海国际会议中心消火栓系统图

图名	上海国际会议中心消火栓系统图	图号	JS2-3-8

157

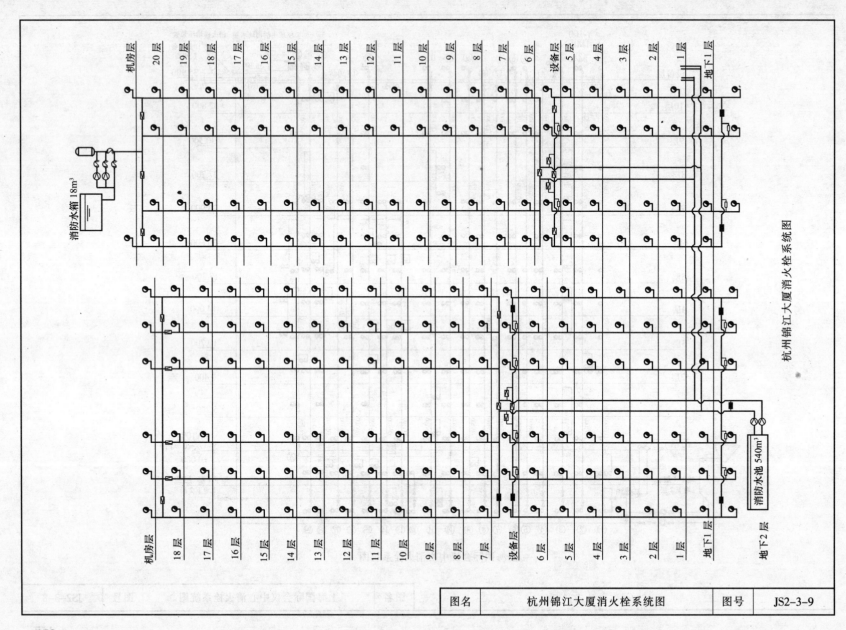

机房层 20层 19层 18层 17层 16层 15层 14层 13层 12层 11层 10层 9层 8层 7层 设备层 5层 4层 3层 2层 1层 地下1层

消防水箱 18m³

杭州锦江大厦消火栓系统图

机房层 18层 17层 16层 15层 14层 13层 12层 11层 10层 9层 8层 7层 设备层 6层 5层 4层 3层 2层 1层 地下1层 地下2层

消防水池 540m³

图名	杭州锦江大厦消火栓系统图	图号	JS2-3-9

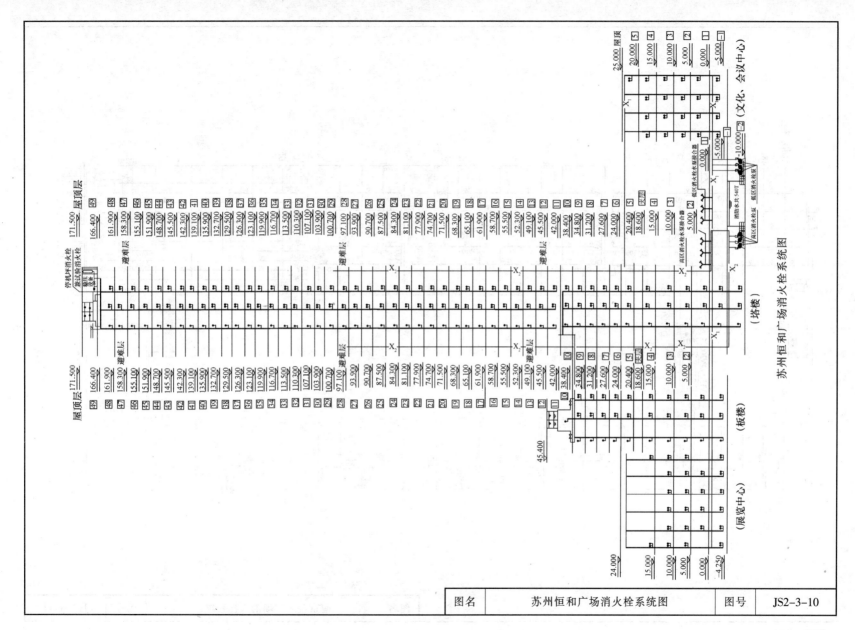

| 图名 | 苏州恒和广场消火栓系统图 | 图号 | JS2-3-10 |

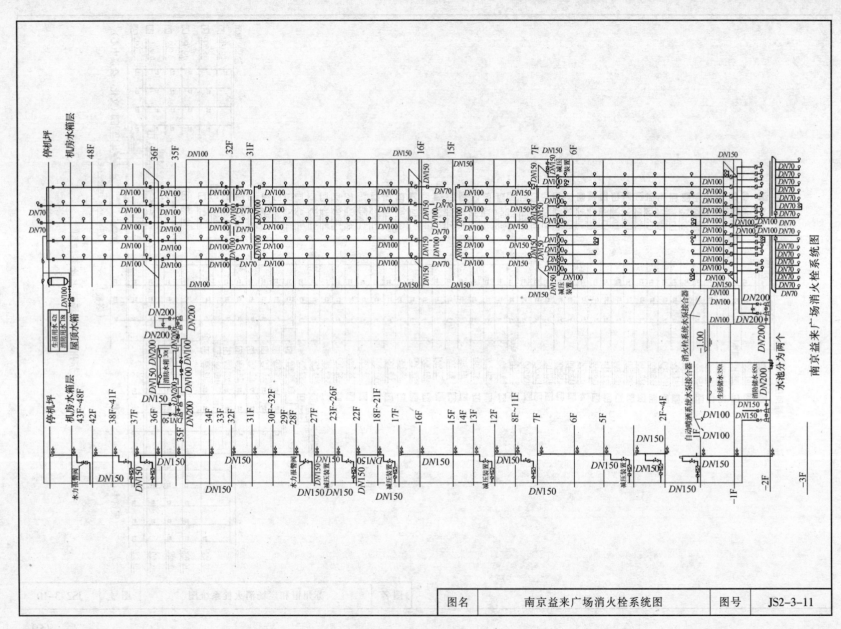

| 图名 | 南京益来广场消火栓系统图 | 图号 | JS2-3-11 |

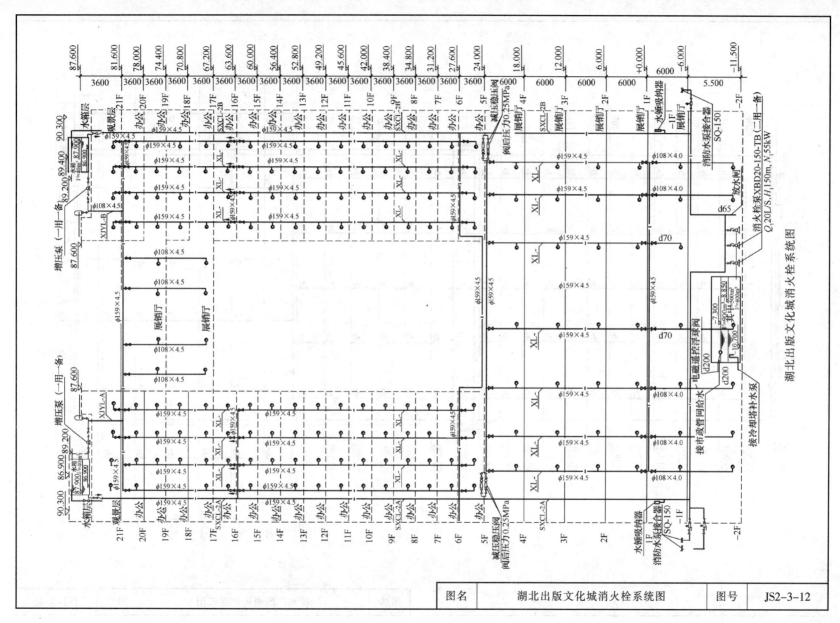

| 图名 | 湖北出版文化城消火栓系统图 | 图号 | JS2-3-12 |

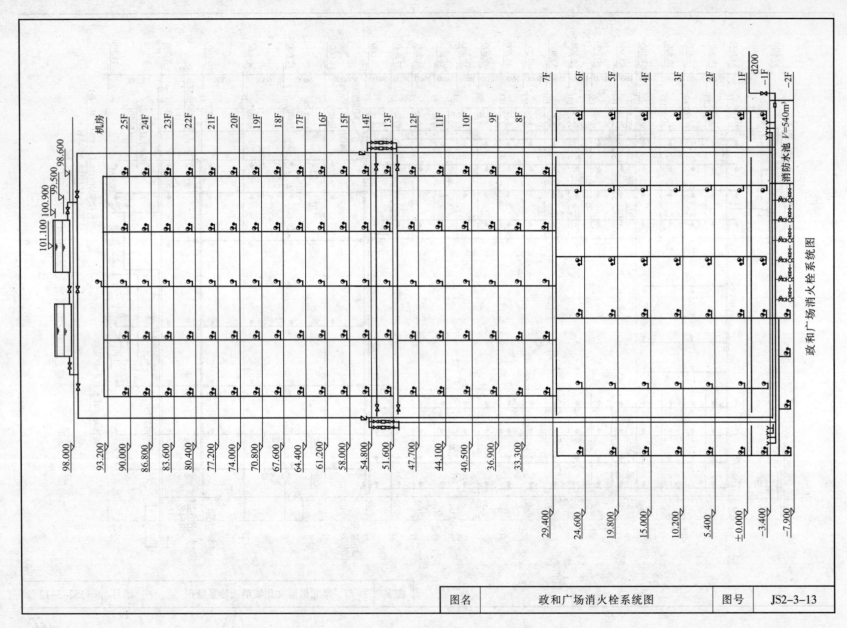

政和广场消火栓系统图

| 图名 | 政和广场消火栓系统图 | 图号 | JS2-3-13 |

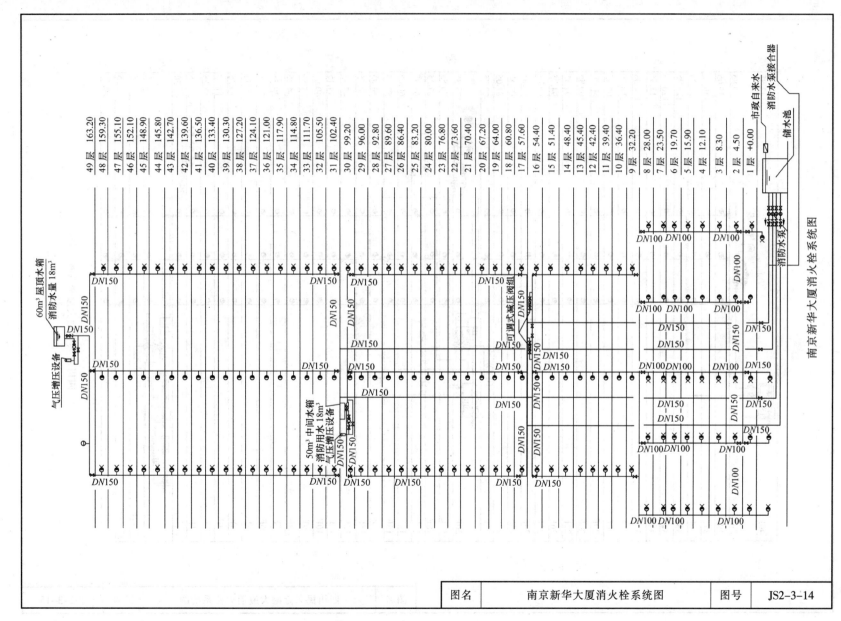

| 图名 | 南京新华大厦消火栓系统图 | 图号 | JS2-3-14 |

四川民兴金融大厦消火栓系统图

| 图名 | 四川民兴金融大厦消火栓系统图 | 图号 | JS2-3-15 |

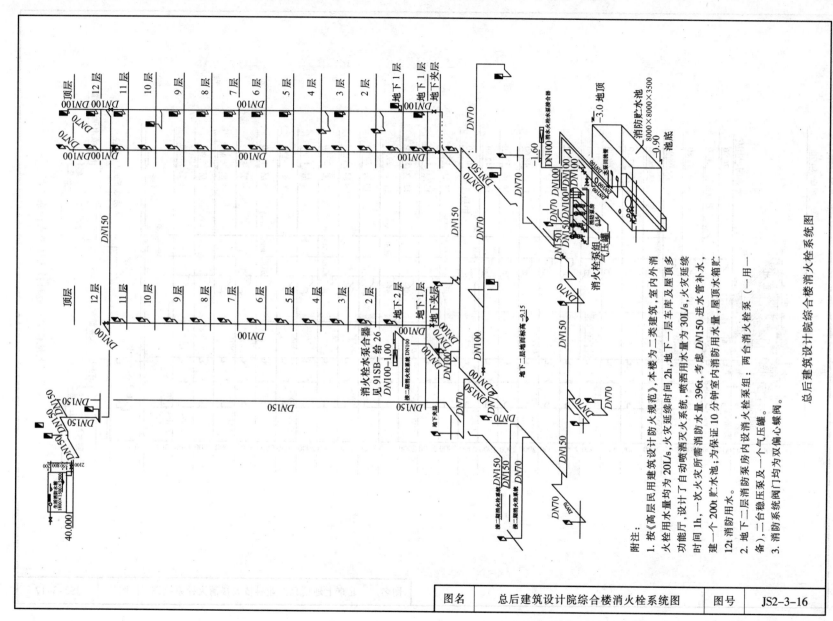

附注：
1. 按《高层民用建筑设计防火规范》，本楼为二类建筑，室内外消火栓用水量均为 20L/s，火灾延续时间 2h，地下一层车库及顶层多功能厅，设计了自动喷洒灭火系统，喷洒用水量为 30L/s，火灾延续时间 1h，一次火灾所需消防水量 396t，考虑 DN150 进水管补水，建一个 200t 贮水池；为保证 10 分钟室内消防用水量，屋顶水箱贮 12t 消防用水。
2. 地下二层消防泵房内设消火栓泵组：两台消火栓泵（一用一备），二台稳压泵及一个气压罐。
3. 消防系统阀门均为双偏心蝶阀。

总后建筑设计院综合楼消火栓系统图

图名	总后建筑设计院综合楼消火栓系统图	图号	JS2-3-16

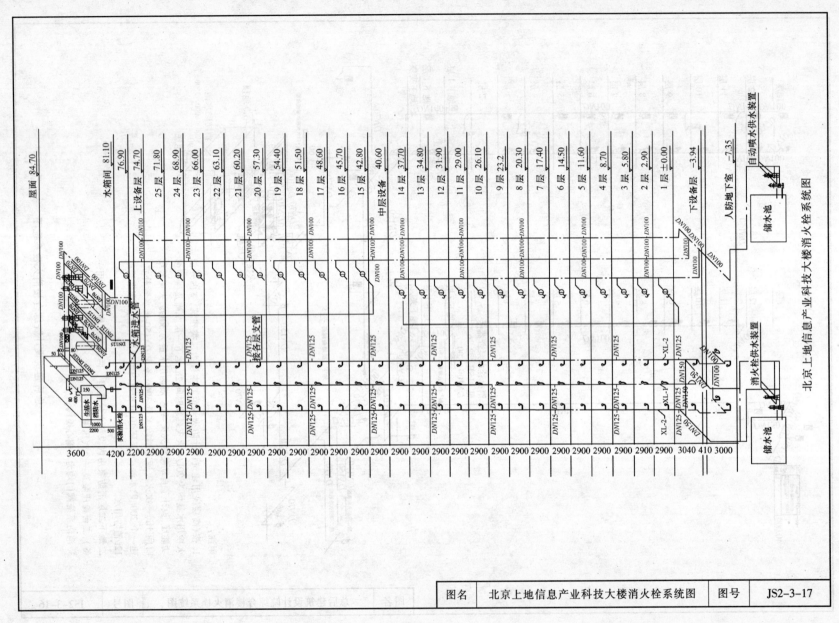

北京上地信息产业科技大楼消火栓系统图

图名	北京上地信息产业科技大楼消火栓系统图	图号	JS2-3-17

166

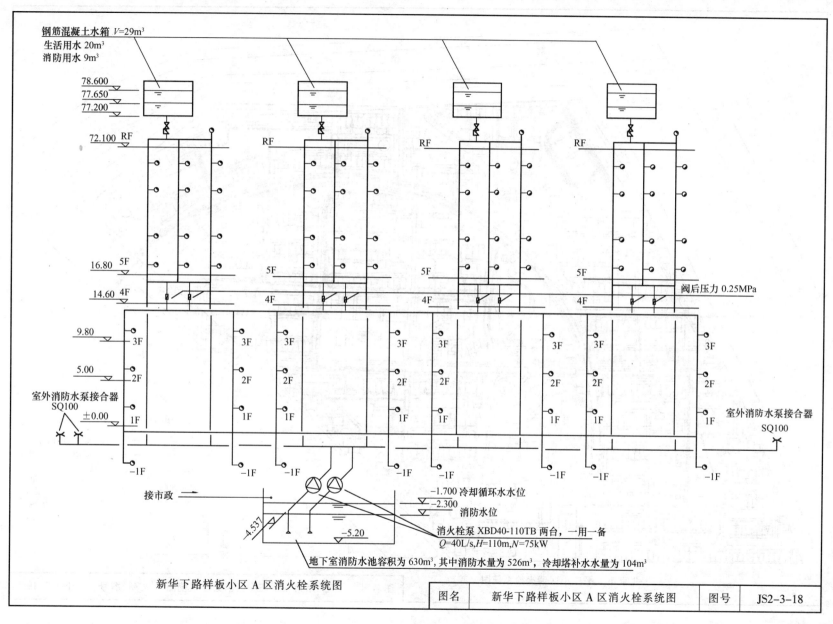

钢筋混凝土水箱 $V=29m^3$
生活用水 $20m^3$
消防用水 $9m^3$

78.600
77.650
77.200

72.100 RF
RF
RF
RF

阀后压力 0.25MPa

16.80 5F
5F
5F
5F

14.60 4F
4F
4F
4F

9.80 3F
5.00 2F

室外消防水泵接合器
SQ100
±0.00 1F

室外消防水泵接合器
SQ100

−1F

接市政 →

−1.700 冷却循环水水位
−2.300
消防水位

−4.537

−5.20

消火栓泵 XBD40-110TB 两台,一用一备
$Q=40L/s, H=110m, N=75kW$

地下室消防水池容积为 $630m^3$,其中消防水量为 $526m^3$,冷却塔补水水量为 $104m^3$

新华下路样板小区 A 区消火栓系统图

| 图名 | 新华下路样板小区 A 区消火栓系统图 | 图号 | JS2-3-18 |

167

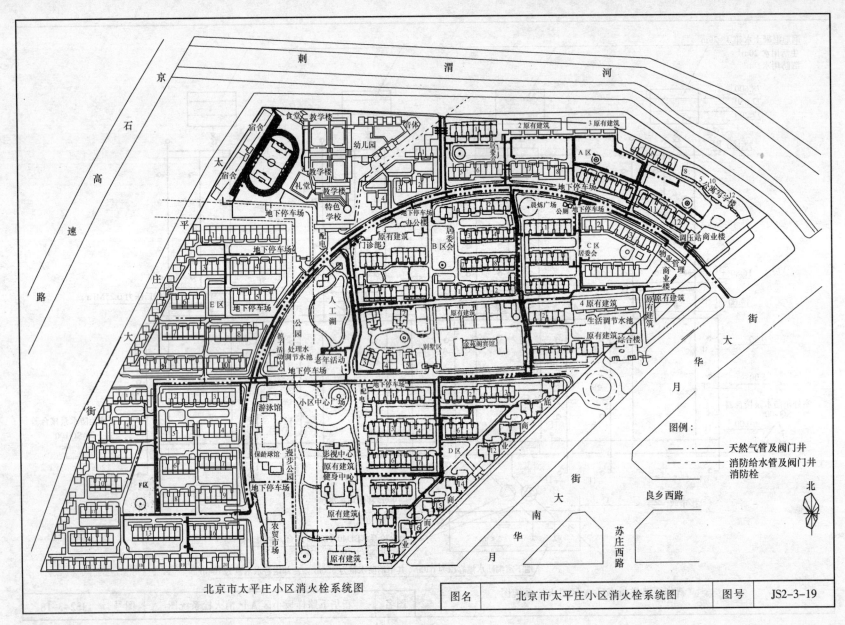

北京市太平庄小区消火栓系统图

| 图名 | 北京市太平庄小区消火栓系统图 | 图号 | JS2-3-19 |

2.3.5 自动喷水灭火系统

自动喷水灭火系统是一种在发生火灾时,能自动打开喷头喷水灭火并同时发出火警信号的消防灭火设施。据资料统计,自动喷水灭火系统扑救初期火灾的效率在97%以上,因此在国外一些国家的公共建筑都要求设置自动喷水灭火系统。

自动喷水灭火系统按喷头开、闭形式可分为闭式自动喷水灭火系统和开式自动喷水灭火系统。前者有湿式、干式、干湿式和预作用喷水灭火系统,后者有雨淋喷水、水幕喷水灭火系统。鉴于我国的经济发展状况,仅要求对发生火灾频率高,火灾危险等级高的建筑物中一些部位设置自动喷水灭火系统,见下表所示。

下面简要介绍闭式自动喷水灭火系统:

闭式自动喷水灭火系统是指在自动喷水灭火系统中采用闭式喷头,平时系统为封闭系统,火灾发生时喷头打开,使得系统为敞开式系统喷水。

(1) 系统的组成、类型和工作原理:闭式自动喷水灭火系统一般由水源、加压蓄水设备、喷头、管网、报警装置等组成。闭式自动喷水灭火系统根据管网中充水与否分为下列三种闭式自动喷水灭火系统,其工作原理如下:

1) 湿式自动喷水灭火系统:为喷头常闭的灭火系统,如右边图所示,管网中充满有压水,当建筑物发生火灾,火点温度达到开启闭式喷头时;喷头出水灭火。此时管网中有压水流动,水流指示器被感应送出电信号,在报警控制器上指示,某一区域已在喷水。持续喷水造成报警阀的上部水压低于下部水压,其压力差值达到一定值时,原来处于关闭的报警阀就会自动开启。同时,消防水通过湿式报警阀,流向自动喷洒管网供水灭火。另一部分水进入延迟器、压力开关及水力警铃等设施发出火警信号。另

外,根据水流指示器和压力开关的信号或消防水箱的水位信号,控制箱内控制器能自动开启消防泵,以达到持续供水的目的。该系统有灭火及时、扑救效率高的优点,但由于管网中充有压水,当渗漏时会直接损坏建筑装饰和影响建筑的使用。该系统适用环境温度 $4℃<t<70℃$ 的建筑物;

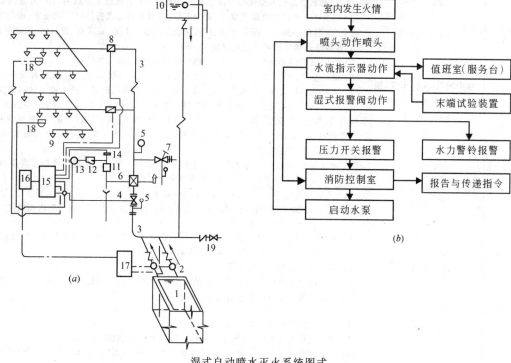

湿式自动喷水灭火系统图式

(a) 组成示意图;(b) 工作原理流程图

1—消防水池;2—消防泵;3—管网;4—控制蝶阀;5—压力表;6—湿式报警阀;7—泄放试验阀;8—水流指示器;9—喷头;10—高位水箱、稳压泵或气压给水设备;11—延时器;12—过滤器;13—水力警铃;14—压力开关;15—报警控制器;16—非标控制箱;17—水泵启动箱;18—探测器;19—水泵接合器

图名	自动喷水灭水系统(一)	图号	JS2-3-20(一)

设置自动喷水灭水系统的原则

序号	自动喷水灭火系统类型	设置自动喷水灭火的原则
1	设置闭式喷水灭火系统（常用的是湿式、干式、预作用喷水灭水系统）	(1) ≥50000 纱锭的棉纺厂的开包、清花车间；等于或大于 5000 锭的麻纺厂的分级、梳麻车间；服装、针织高层厂房；面积>1500m² 的木器厂房；火柴厂的烤梗、筛选部位；泡沫塑料厂的预发、成型、切片、压花部位 (2) 占地面积>1000m² 的棉、毛、丝、麻、化、纤、毛皮及其制品库房；占地面积>60000m² 的香烟、火柴库房；建筑面积>500m² 的可燃物品的地下库房；可燃、难燃物品的高架库房和高层库房(冷库除外)；省级以上或藏书>100 万册图书馆的书库 (3) >1500 个座位的剧院观众厅、舞台上部(屋顶采用金属构件时)、化妆室、道具室、贵宾室；>2000 个座位的会堂或礼堂的观众厅、舞台上部、贮藏室、贵宾室；>3000 个座位的体育馆、观众厅的吊顶上部、贵宾室、器材间、运动员休息室 (4) 省级邮政楼的信函和包裹分检间、邮袋库 (5) 每层面积>3000m² 或建筑面积>9000m² 的百货楼、展览楼 (6) 设有空气调节系统的旅馆、综合办公楼内的走道、办公室、餐厅、商店、库房和无楼层服务台的客房 (7) 飞机发动机实验台的准备部位；国家级文物保护单位的重点砖木或木结构建筑 (8) 一类高层民用建筑(普通住宅、教学楼、普通旅馆、办公楼以及建筑中不宜用水扑救的部位除外)的主体建筑和主体建筑相连的附属建筑的下列部位；舞台、观众厅、展览厅、多功能厅、门厅、电梯厅、舞厅、餐厅、厨房、商场营业厅和保龄球房等公共活动用房；走道(电信楼内走道除外)、办公室和每层无服务台的客房；>25 辆的汽车停车库和可燃品库房；自动扶梯底部和垃圾道顶部；避难层或避难区；二类高层民用建筑中的商场营业厅、展览厅、可燃物陈列室 (9) 建筑高度>100m² 超高层建筑(卫生间、厕所除外)；高层民用建筑物顶层附设的观众厅、会议厅 (10) Ⅰ、Ⅱ、Ⅲ类地下停车库、多层停车库和底层停车库 (11) 人防工程的下列部位：使用面积>1000m² 的商场、医院、旅馆、餐厅、展览厅、旱冰场、体育场、舞厅、电子游艺场、丙类生产车间、丙类和丁类物品库房等；>800 个座位的电影院、礼堂的观众厅，且吊顶下表面至观众席地面高度>8m 时，舞台面积>200m² 时
2	设置水幕系	(1) >1500 个座位的剧院和>2000 个座位的会堂、礼堂的舞台口以及与舞台相连的侧台、后台的门窗侧口 (2) 应设防火墙等防火分隔物而无法设置的开口部位 (3) 防火卷帘或防火幕的上部 (4) 高层民用建筑物内>800 个座位的剧院、礼堂的舞台口和设有防火卷帘、防火幕的部位 (5) 人防工程内代替防火墙的防火卷帘的上部
3	雨淋喷水系	(1) 火柴厂的氯酸钾压碾厂房 (2) 建筑面积超过 60m² 或储存质量超过 2t 的硝化棉、喷漆棉、火胶棉、赛璐珞胶片、硝化纤维库房 (3) 建筑面积超过 100m² 生产、使用硝化棉、喷漆棉、火胶棉、赛璐珞胶片、硝化纤维的厂房 (4) 日装瓶数超过 3000 瓶的液化石油气储配站的灌瓶间、买瓶间 (5) 超过 1500 个座位的剧院和超过 2000 个座位的会堂舞台的葡萄架下部 (6) 建筑面积超过 400m² 的演播室、录音室 (7) 建筑面积超过 500m² 的电影摄影棚 (8) 乒乓球厂的扎胚、切片、磨球、分球检验部位

	图名	自动喷水灭水系统(二)		图号	JS2-3-20(二)

2) 干式自动喷水灭火系统:为喷头常闭的灭火系统,管网中平时不充水,充有压空气(或氮气),如右边图所示。当建筑物发生火灾火点温度达到开启闭式喷头时,喷头开启、排气、充水、灭火。该系统有灭火时,需先排除管网中的空气,故喷头出水不如湿式系统及时。但管网中平时不充水,对建筑装饰无影响,对环境温度也无要求,适用于采暖期长而建筑物内无采暖的场所。为减少排气时间,一般要求管网的容积不大于3000L;

3) 干、湿交替自动喷水灭火系统:在环境温度满足湿式自动喷水灭火系统设置条件(4℃<t<70℃)时,报警阀后的管段充以有压水,系统形成湿式自动喷水灭火系统;当环境温度不满足湿式自动喷水灭火系统设置条件时,报警阀后的管段充以有压空气(或氮气),系统形成干式自动喷水灭火系统,该系统适合于环境温度周期变化较大的地区;

4) 预作用喷水灭火系统:为喷头常闭的灭火系统,管网中平时不充水(无压),如右图所示。发生火灾时,火灾探测器报警后,自动控制系统控制阀门排气、充水,由干式变为湿式系统。只有当着火点温度达到开启闭式喷头时,才开始喷水灭火。该系统弥补了上述两种系统的缺点,适用于对建筑装饰要求高,灭火及时的建筑物。

(2)系统主要组件:

1)喷头:闭式喷头的喷口用热敏元件组成的释放机构封闭,当达到一定温度时能自动开启,如玻璃球爆炸、易熔合金脱离。其构造按溅水盘的形式和安装位置有直立型、下垂型、边墙型、普通型、吊顶型和干式下垂型喷头之分,例如下页图"自动喷水灭火系统(五)"所示。各种喷头的适用场所见表1。各种喷头的技术性能和色标见表2。

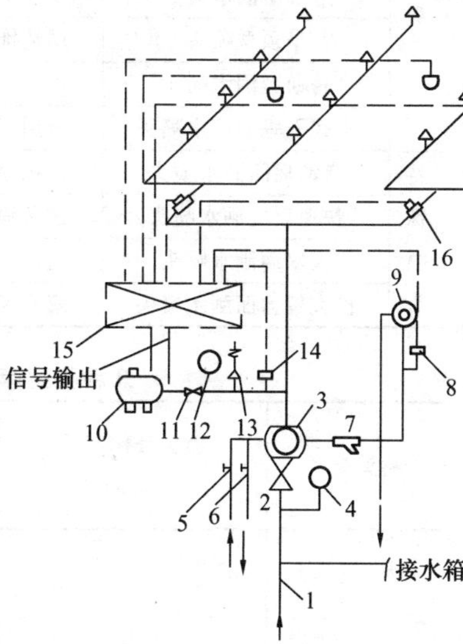

(A) 干式自动喷水灭火系统图式

1—供水管;2—闸阀;3—干式阀;4—压力表;
5、6—截止阀;7—过滤器;8—压力开关;9—水力警铃;
10—空压机;11—止回阀;12—压力表;13—安全阀;
14—压力开关;15—火灾报警控制箱;
16—水流指示器;17—闭式喷头;18—火灾探测器

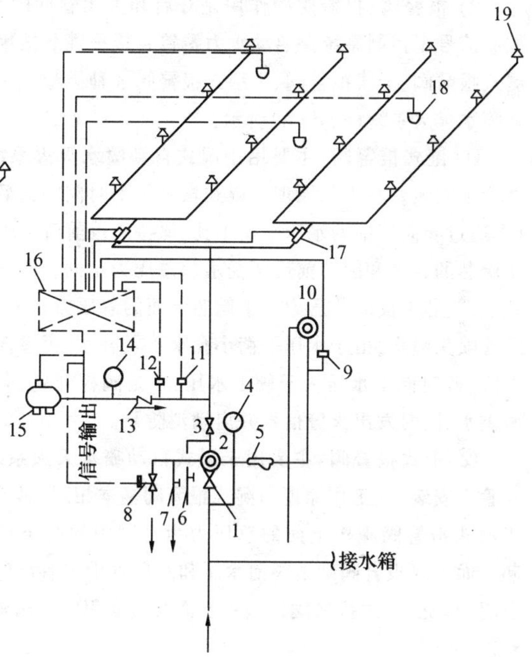

(B) 预作用喷水灭火系统图式

1—总控制阀;2—预作用阀;3—检修闸阀;4—压力表;
5—过滤器;6—截止阀;7—手动开启截止阀;8—电磁阀;
9—压力开关;10—水力警铃;11—压力开关(启闭空压机);
12—低气压报警压力开关;13—止回阀;14—压力表;
15—空压机;16—火灾报警控制箱;17—水流指示器;
18—火灾探测器;19—闭式喷头

图名	自动喷水灭水系统(三)	图号	JS2-3-20(三)

选择喷头时应严格按照环境温度来选用喷头温度。为了正确有效地使喷头发挥喷水作用，在不同环境温度场所内设置喷头时，喷头的动作温度要比环境温度高30℃左右。

2) 报警阀：报警阀的作用是开启和关闭管网的水流，传递控制信号至控制系统并启动水力警铃直接报警。报警阀又分为湿式报警阀、干式报警阀、干湿式报警阀3种类型，如下页图"自动喷水灭火系统(六)"(A)所示：

① 湿式报警阀：主要用于湿式自动喷水灭火系统上，在其立管上安装。其工作原理：湿式报警阀平时阀芯前后水压相等（水通过导向管中的水压平衡小孔，保持阀板前后水压平衡）。由于阀芯的自重和阀芯前后所受水的总压力不同，阀芯处于关闭状态（阀芯上面的总压力大于阀芯下面的总压力）。发生火灾时，闭式喷头喷水，由于水压平衡小孔来不及补水，报警阀上面水压下降，此时阀下水压大于阀上水压，于是阀板开启，向立管及管网供水，同时发出火警信号并启动消防泵。

② 干式报警阀：主要用于干式自动喷水灭火系统上，在其立管上安装。其工作原理与湿式报警阀基本相同。其不同之处在于湿式报警阀阀板上面的总压力为管网中的有压水的压强引起，而干式报警阀则由阀前水压和阀后管中的有压气体的压强引起。因此，干式报警阀的阀板上面受压面积要比阀板下面积大8倍。

③ 干湿式报警阀：这种阀用于干、湿交替式喷水灭火系统，既适合湿式喷水灭火系统，又适合干式喷水，灭火系统的双重作用阀门，它是由湿式报警阀与干式报警阀依次连接而成。在温暖季节用湿式装置，在寒冷季节则用干式装置。当装置转为湿式喷水灭火系统时，差动阀板从干式报警阀中取出，全部闭式喷水管网、干式和湿式报警阀中均充满水。当闭式喷头开启时，喷水管网中的压力下降，湿式报警阀的盘形阀板升起，水经喷水管网由喷头喷出，同时水流经过环形槽、截止阀和管道进入号设施。

各种类型喷头适用场所　表1

喷头类别		适　用　场　所
闭式喷头	玻璃球洒水喷头	因其有外型美观、体积小、重量轻、耐腐蚀。适用于宾馆等美观要求高和具有腐蚀性场所
	易熔合金洒水喷头	适用于外观要求不高，腐蚀性不大的工厂、仓库和民用建筑
	直立型洒水喷头	适用安装在管路下经常有移动物体场所，在尘埃较多的场所
	下垂型洒水喷头	适用于各种保护场所
	边墙型洒水喷头	安装空间狭窄、通道状建筑适用此种喷头
	吊顶型喷头	属装饰型喷头，可安装于旅馆、客厅、餐厅、办公室等建筑
	普通型洒水喷头	可直立，下垂安装，适用于有可燃吊顶的房间
	干式下垂型洒水喷头	专用于干式喷水灭火系统的下垂型喷头
特殊喷头	自动启闭洒水喷头	这种喷头具有自动启闭功能，凡需降低水渍损失场所均适用
	快速反应洒水喷头	这种喷头具有短时启动效果，凡要求启动时间短场所均适用
	大水滴洒水喷头	适用于高架库房等火灾危险等级高的场所
	扩大覆盖面洒水喷头	喷水保护面积可达30~36m²，可降低系统造价

几种类型喷头的技术性能参数　表2

喷头类型	喷头公称口径 (mm)	动作温度(℃)和颜色	
		玻璃球喷头	易熔元件喷头
闭式喷头	10、15、20	57—橙、68—红、79—黄、93—绿、141—蓝、182—紫红、227—黑、260—黑、343—黑	57~77—本色 80~107—白 121~149—蓝 163~191—红 204~246—绿 260~302—橙 320~343—黑
开式喷头	10、15、20		
水幕喷头	6、8、10、12.7、16、19		

图名	自动喷水灭水系统(四)	图号	JS2-3-20(四)

当装置转为干式喷水灭火系统时,干式报警阀的上室和闭式喷水管网充满压缩空气,干式报警阀的下室和湿式报警阀充满水,当闭式喷头开启时,压缩空气从喷水管网中喷出,使管网中的压力下降,当气压降到供水压力的1/8以下时,作用在阀板上的力平衡受到破坏,阀板被举起,水进入喷水管网,并通过截止阀和信号进入信号设施。

报警阀宜设在明显地点,且便于操作,距地面高度宜为1.2m,报警阀地面应有排水措施。

3)延迟器:延迟器是一个罐式容器,安装于报警阀与水力警铃(或压力开关)之间。用于防止由于水压波动原因引起报警阀开启而导致的误报。报警阀开启后,水流需经30s左右充满延迟器后方可冲打水力警铃。

4)火灾探测器:火灾探测器是启动喷水灭火系统的重要组成部分。目前常用的有感烟、感温探测器。感烟探测器是利用火灾发生地点的烟雾浓度进行探测,感温探测器是通过火灾引起的温升进行探测。火灾探测器布置在房间或走道的顶棚下面,其数量应根据探测器的保护面积和探测区的面积计算确定。

5)末端检试装置:末端检试装置是指在自动喷水灭火系统中,每个水流指示器作用范围内供水最不利处,设置一检验水压、检测水流指示器以及报警阀和自动喷水灭水系统的消防水泵联动装置可靠性的检测装置。该装置由控制阀、压力表以及排水管组成,排水管可单独设置,也可利用雨水管,但必须间接排除。

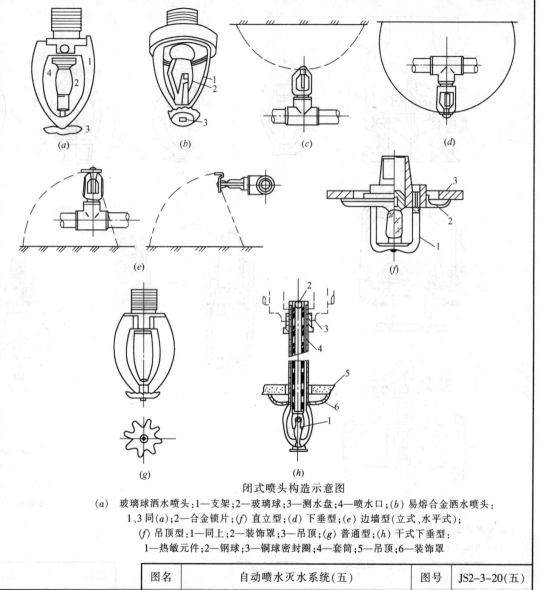

(a) (b) (c) (d)

(e) (f)

(g) (h)

闭式喷头构造示意图

(a) 玻璃球洒水喷头:1—支架;2—玻璃球;3—测水盘;4—喷水口;(b) 易熔合金洒水喷头:
1、3同(a);2—合金锁片;(f) 直立型;(d) 下垂型;(e) 边墙型(立式、水平式);
(f) 吊顶型:1—同上;2—装饰罩;3—吊顶;(g) 普通型;(h) 干式下垂型:
1—热敏元件;2—钢球;3—铜球密封圈;4—套筒;5—吊顶;6—装饰罩

图名	自动喷水灭水系统(五)	图号	JS2-3-20(五)

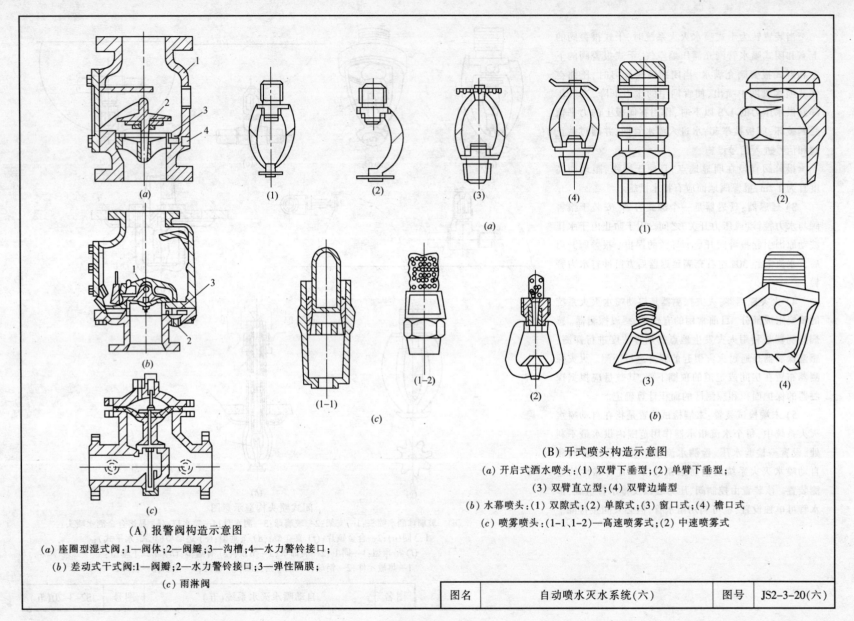

（A）报警阀构造示意图

（a）座圈型湿式阀:1—阀体;2—阀瓣;3—沟槽;4—水力警铃接口;

（b）差动式干式阀:1—阀瓣;2—水力警铃接口;3—弹性隔膜;

（c）雨淋阀

（B）开式喷头构造示意图

（a）开启式洒水喷头:(1) 双臂下垂型;(2) 单臂下垂型;

（3）双臂直立型;(4) 双臂边墙型;

（b）水幕喷头:(1) 双隙式;(2) 单隙式;(3) 窗口式;(4) 檐口式

（c）喷雾喷头:(1-1、1-2)—高速喷雾式;(2) 中速喷雾式

图名	自动喷水灭水系统(六)	图号	JS2-3-20(六)

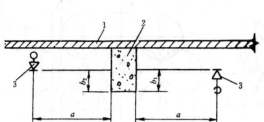

（A）喷头与梁的距离

1—顶棚；2—梁；3—喷头

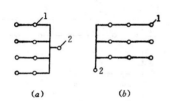

（a）　　　　（b）

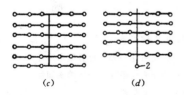

（c）　　　　（d）

（B）管网布置方式

（a）侧边中心方式；（b）侧边末端方式；

（c）中央中心方式；（d）中央末端方式

设置场所危险等级 　　　　　　　　　表1

危险等级		设 置 场 所
轻危险级		旅馆、科研实验楼、办公楼、教学楼、医院、疗养院、博物馆、美术馆、健身场所、计算机房、洁净厂房、影剧院和音乐厅及礼堂（舞台除外）、住宅等
中危险级	Ⅰ级	高层民用建筑中的宾馆、办公楼、综合楼、邮政楼、金融电信楼、指挥调度楼、广播电视楼（塔）、娱乐场所、木结构古建筑、国家文物保护单位、图书馆（书库除外）、档案馆、展览馆（厅）、建筑面积小于10000m²的商场、小于2000m²的地下商场、食品、家用电器、玻璃制品厂等备料与生产车间、宜室内净空不超过4m
	Ⅱ级	舞台（葡萄架除外）、书库、建筑面积10000m²及以上的商场。2000m³及以上的地下商场、汽车库及修理厂、棉毛丝及化纤的纺织、织物及制品厂生产车间、谷物加工、烟草及制品、饮料酒（啤酒除外）、皮革及制品、造纸及纸制品、制药厂等的备料与生产车间、室内净空超过4m的中Ⅰ级场所；钢屋架
严重危险级	Ⅰ级	棉毛麻丝及化纤厂备料车间、木材木器及胶合板厂、印刷厂、酒精制品厂等备料与生产车间、使用可燃液体车间等
	Ⅱ级	固体易燃物品备料及生产车间、喷雾操作易燃液体的车间、可燃的气溶胶制品、溶剂、油漆、塑料及制品、橡胶及制品、沥青制品厂等的备料及生产车间、摄影棚、舞台葡萄架下部及易燃材料制作的景观展厅等
仓库（含货棚）	Ⅰ级	木箱、纸箱包装的不燃物品、一般化学物品等
	Ⅱ级	食品、烟酒、木材、纸、谷物及制品、棉毛麻丝化纤及制品、家用电器、电缆、钢塑混合材料制品、各种塑料瓶盒包装的不燃物品及各类物品混杂储存的仓库等
	Ⅲ级	塑料、橡胶及制品、沥青制品等

民用建筑和厂房自动喷水灭火系统的设计基本系数 　　　　表2

设置场所危险等级		喷水强度 [L/(min·m²)]	系统作用面积 （m²）	持续喷水时间 （min）
轻危险级		4	160	
中危险级	Ⅰ级	6		60
	Ⅱ级	8		
严重危险级	Ⅰ级	12	240	
	Ⅱ级	16		

图名	自动喷水灭水系统（七）	图号	JS2-3-20（七）

同一根配水支管上喷头或相邻配水支管的最大间距　表1

喷水强度 [L/(min·m²)]	正方形布置的边长 (m)	矩形或平行四边形布置的长边边长(m)	一只喷头的最大保护面积(m²)
4	4.45	4.6	20.0
6	3.65	4.0	13.3
8~12	3.4	3.6	11.5
16~20	3.2	3.4	10.0

注：保护防火卷帘、门窗等分隔物的闭式喷头,间距不得小于2m。

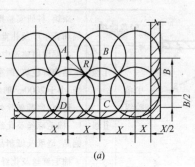
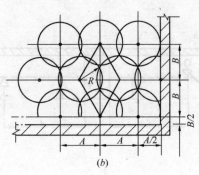

(a) 　　　　　　　　　　(b)

喷头与梁边的距离　表2

喷头与梁边的距离 a(cm)	喷头向上安装 b₁(cm)	喷头向下安装 b₂(cm)	喷头与梁边的距离 a(cm)	喷头向上安装 b₁(cm)	喷头向下安装 b₂(cm)
20	1.7	4.0	120	13.5	46.0
40	3.4	10.0	140	20.0	46.0
60	5.1	20.0	160	26.5	46.0
80	6.8	30.0	180	34.0	46.0
100	9.0	41.5			

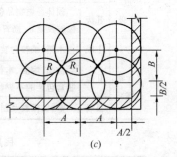
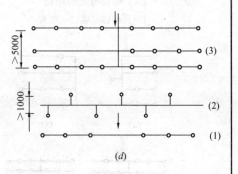

(c) 　　　　　　　　　　(d)

喷头布置几种形式

(a) 喷头正方形布置: X—喷头间距; R—喷头计算喷水半径

(b) 喷头长方形布置: A—长边喷头间距; B—短边喷头间距

(c) 喷头菱柱形布置

(d) 双排及水幕防火带平面布置:(1)单排;(2)双排;(3)防火带

配水支管、配水管控制的标准喷头数　表3

公称直径(mm)	控制的标准喷头数(只) 轻级	控制的标准喷头数(只) 中级	公称直径(mm)	控制的标准喷头数(只) 轻级	控制的标准喷头数(只) 中级
25	1	1	65	18	12
32	3	3	80	48	32
40	5	4	100	—	64
50	10	8	125	—	—

图名	自动喷水灭水系统(八)	图号	JS2-3-20(八)

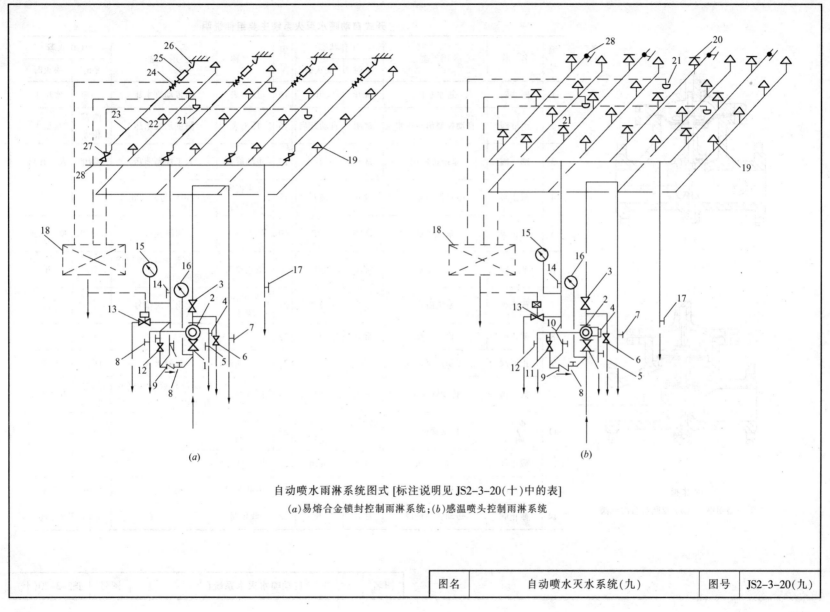

自动喷水雨淋系统图式 [标注说明见 JS2-3-20(十)中的表]

(a)易熔合金锁封控制雨淋系统;(b)感温喷头控制雨淋系统

图名	自动喷水灭水系统(九)	图号	JS2-3-20(九)

开式自动喷水灭火系统主要组件说明

编号	名 称	用 途	工作状态 平时	工作状态 失火时	编号	名 称	用 途	工作状态 平时	工作状态 失火时
1	闸 阀	进水总阀	常开	开	15	压力表	测传动管水压		水压小
2	雨淋阀	自动控制消防供水	常闭	自动开启	16	压力表	测供水管水压	两表相等	水压大
3	闸 阀	系统检修用	常开	开	17	手动旋塞	人工控制泄压	常闭	人工开启
4	截止阀	雨淋管网充水	微开	微开	18	火灾报警控制箱	接收电信号发出指令		
5	截止阀	系统放水	常闭	闭	19	开式喷头	雨淋灭火	不出水	喷水灭火
6	闸 阀	系统试水	常闭	闭	20	闭式喷头	探测火灾,控制传动管网动作	闭	开
7	截止阀	系统溢水	微开	微开	21	火灾探测器	发出火灾信号		
8	截止阀	检 修	常开	开	22	钢丝绳			
9	止回阀	传动系统稳压	开	开	23	易熔锁封	探测火灾	闭锁	熔断
10	截止阀	传动管注水	常闭	闭	24	拉紧弹簧	保持易熔锁封受拉力250N	拉力250N	拉力为0
11	带φ3小孔闸阀	传动管补水	阀闭孔开	阀闭孔开	25	拉紧联接器			
12	截止阀	试 水	常闭	常闭	26	固定挂钩			
13	电磁阀	电动控制系统动作	常闭	开	27	传动阀门	传动管网泄压	常闭	开启
14	截止阀	传动管网检修	常开	开	28	截止阀	放 气	常闭	常闭

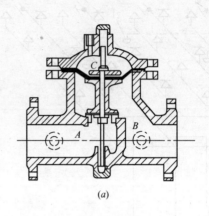

(a)

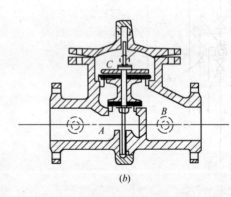

(b)

雨淋阀
(a) 隔膜型雨淋阀;(b) 双圆盘型雨淋阀

图名	自动喷水灭水系统(十)	图号	JS2-3-20(十)

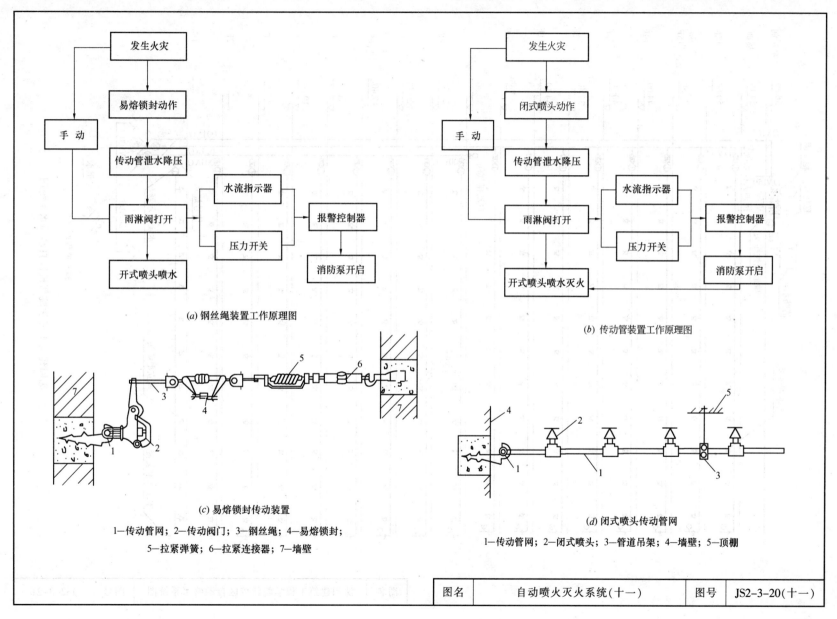

(a) 钢丝绳装置工作原理图

(b) 传动管装置工作原理图

(c) 易熔锁封传动装置

1—传动管网；2—传动阀门；3—钢丝绳；4—易熔锁封；
5—拉紧弹簧；6—拉紧连接器；7—墙壁

(d) 闭式喷头传动管网

1—传动管网；2—闭式喷头；3—管道吊架；4—墙壁；5—顶棚

| 图名 | 自动喷火灭火系统(十一) | 图号 | JS2-3-20(十一) |

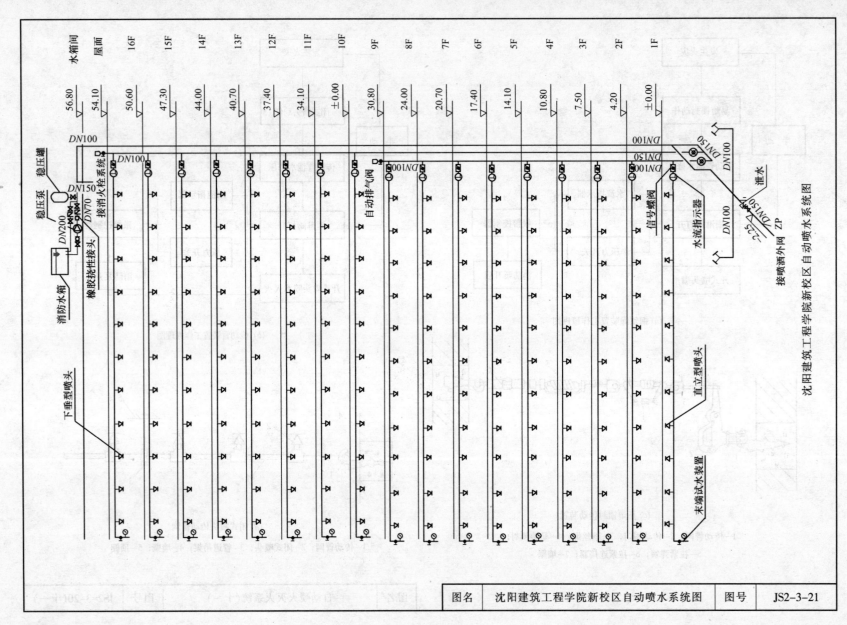

沈阳建筑工程学院新校区自动喷水系统图

| 图名 | 沈阳建筑工程学院新校区自动喷水系统图 | 图号 | JS2-3-21 |

180

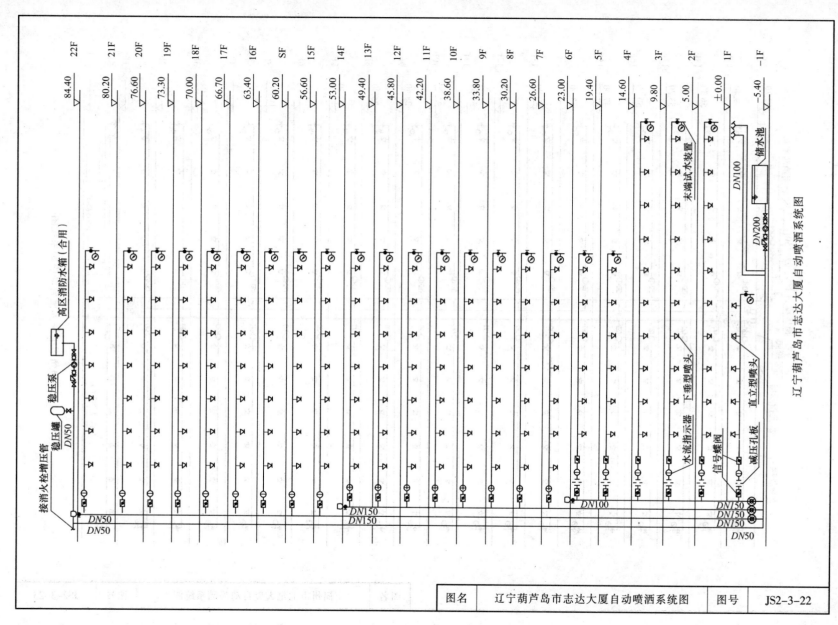

辽宁葫芦岛市志达大厦自动喷洒系统图

| 图名 | 辽宁葫芦岛市志达大厦自动喷洒系统图 | 图号 | JS2-3-22 |

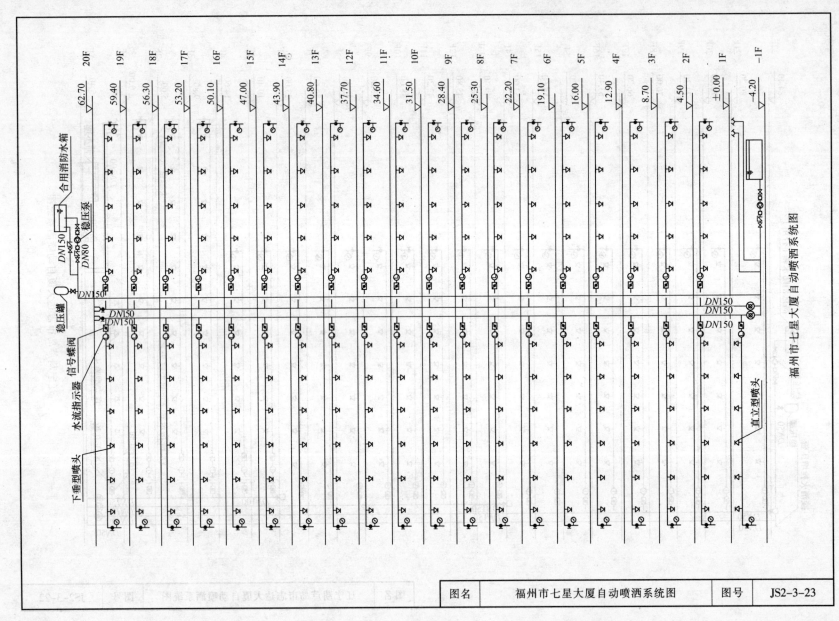

福州市七星大厦自动喷洒系统图

图名	福州市七星大厦自动喷洒系统图	图号	JS2-3-23

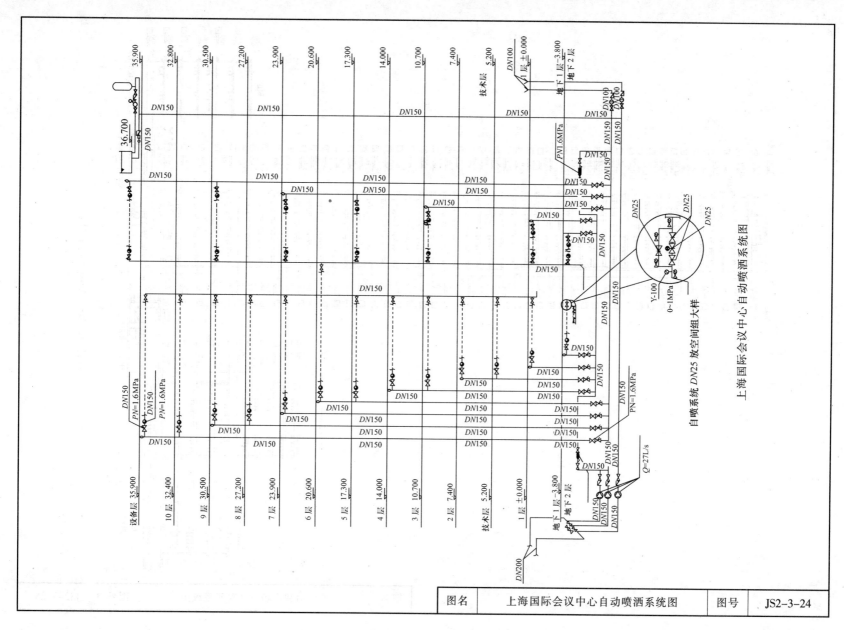

上海国际会议中心自动喷洒系统图

| 图名 | 上海国际会议中心自动喷洒系统图 | 图号 | JS2-3-24 |

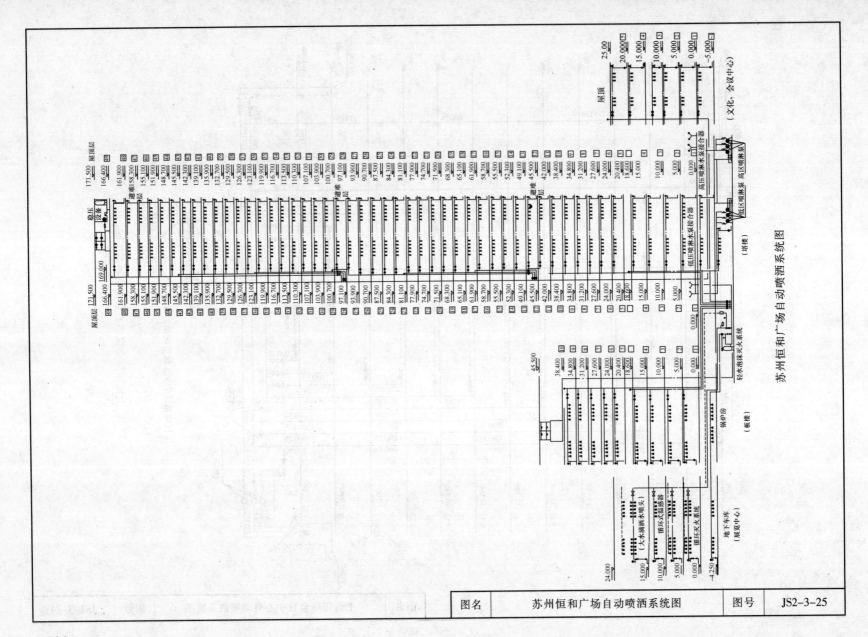

苏州恒和广场自动喷洒系统图

| 图名 | 苏州恒和广场自动喷洒系统图 | 图号 | JS2-3-25 |

184

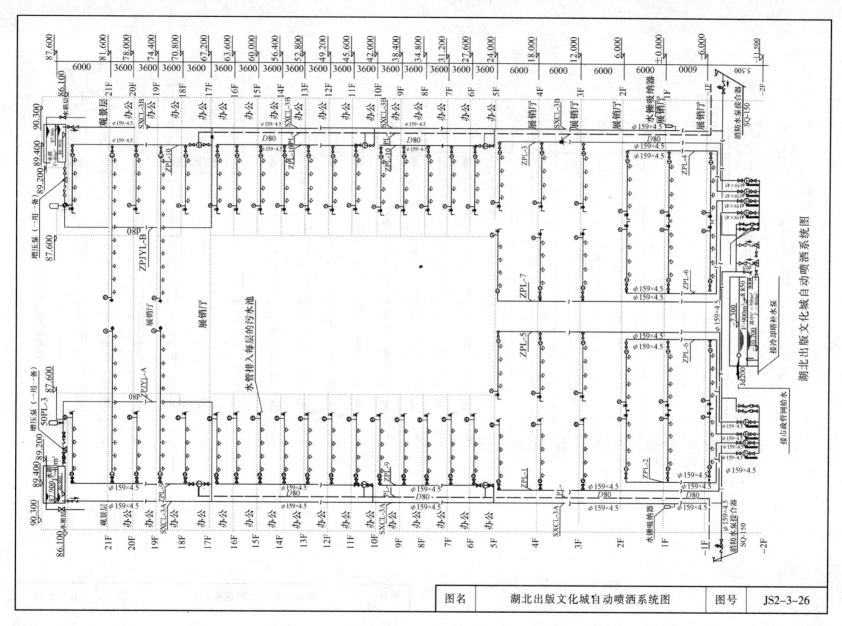

湖北出版文化城自动喷洒系统图

图名	湖北出版文化城自动喷洒系统图	图号	JS2-3-26

185

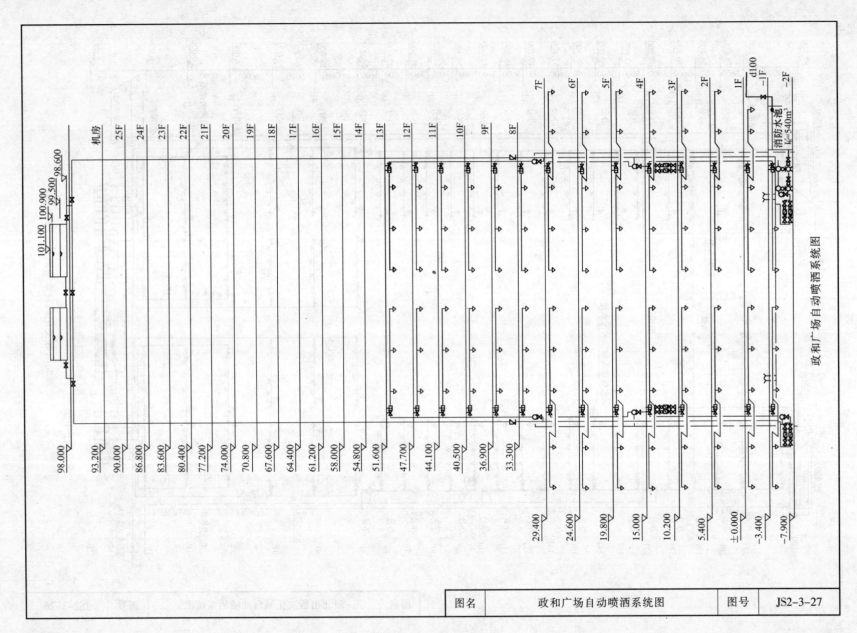

政和广场自动喷洒系统图

| 图名 | 政和广场自动喷洒系统图 | 图号 | JS2-3-27 |

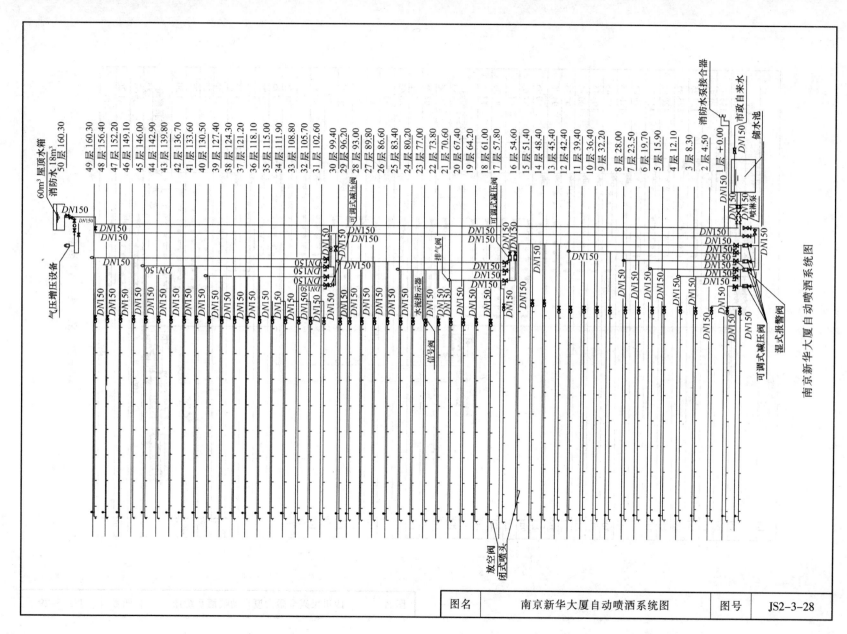

| 图名 | 南京新华大厦自动喷洒系统图 | 图号 | JS2-3-28 |

187

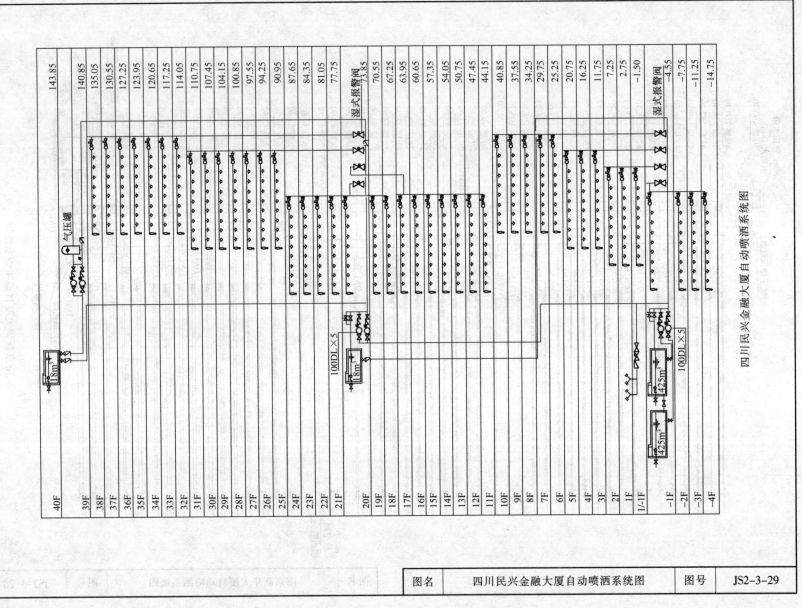

四川民兴金融大厦自动喷洒系统图

| 图名 | 四川民兴金融大厦自动喷洒系统图 | 图号 | JS2-3-29 |

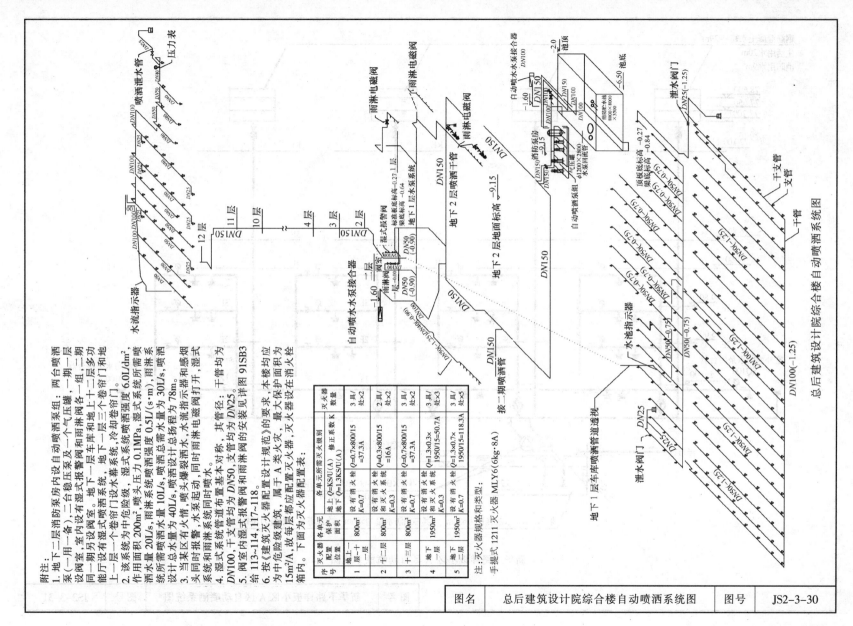

总后建筑设计院综合楼自动喷洒系统图

附注:

1. 地下二层消防泵房内设自动喷洒泵组:两台喷洒泵(一用一备),二台稳压泵又一气压罐,一期一层能厅另设有湿式喷洒系统。地下一层车库和地上十二层多功能厅另设湿式喷洒系统,地下一层三个卷帘门和地上一层一个卷帘门设水幕系统,冷却幕门。

2. 该系统为中危险级,湿式喷洒强度6.0L/dm²,作用面积200m²,喷头工作压力0.1MPa,湿式系统所需喷洒水量20L/s,雨淋系统喷洒强度0.5L/(s·m),雨淋系统喷洒总需为30L/s,喷洒设计总水量为40L/s,喷头工作压力保护总扬程为78m。

3. 当某区有火情,喷头爆裂喷洒水,水流指示器和感烟头同时报警,水泵启动,同时雨淋电磁阀打开,湿式系统和雨淋系统同时喷水。

4. 湿式系统管道布置基本对称,其管径:干管均为DN100,干支管均为DN50,支管均为DN25。

5. 阀室内湿式报警阀和雨淋阀的安装详见详图91SB3给113~114,117~118。

6. 按《建筑灭火器设计规范》的要求,本楼均为中危险级建筑,属于A类火灾,最大保护面积为15m²/A,故每层都应配置灭火器,灭火器设在消火栓箱内。下面为灭火器配置表:

序号	灭火器配置位置	各单元保护面积	各单元所需灭火级别		灭火器数量
			各单元 $Q=KS/U(A)$ 地上 $Q=KS/U$ $K=0.7$ 地下 $Q=1.3KS/U(A)$	修正系数K	
1	地上一层~十一层	800m²	设有消火栓和灭火系统 $K=0.7$	$Q=0.7×800/15$ $=37.3A$	3具/ 处×2
2	十二层	800m²	设有消火栓和灭火系统 $K=0.3$	$Q=0.3×800/15$ $=16A$	2具/ 处×2
3	十三层	800m²	设有消火栓和灭火系统 $K=0.7$	$Q=0.7×800/15$ $=37.3A$	3具/ 处×2
4	地下一层	1950m²	设有消火栓和灭火系统 $K=0.3$	$Q=1.3×0.3×$ $1950/15=50.7A$	3具/ 处×3
5	地下二层	1950m²	设有消火栓和灭火系统 $K=0.7$	$Q=1.3×0.7×$ $1950/15=118.3A$	3具/ 处×5

注:灭火器规格和类型:
手提式1211灭火器MLY6(6kg·8A)

图名	总后建筑设计院综合楼自动喷洒系统图	图号	JS2-3-30

189

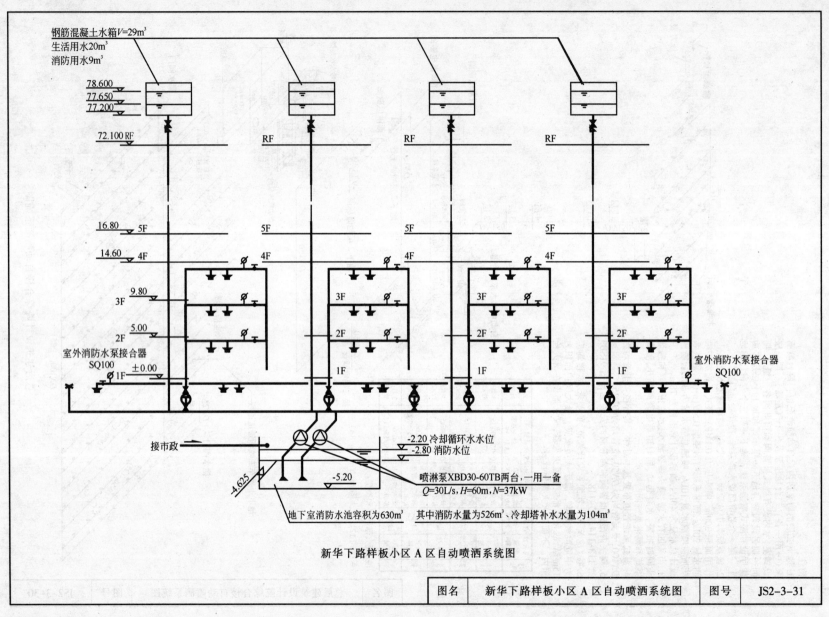

新华下路样板小区 A 区自动喷洒系统图

| 图名 | 新华下路样板小区 A 区自动喷洒系统图 | 图号 | JS2-3-31 |

2.3.6 其他固定灭火设施简介

因建筑使用功能不同，其内的可燃物性质各异，仅使用水作为消防手段是不能达到扑救火灾的目的，甚至还会带来更大的损失。因此，应根据可燃物的物理、化学性质，采用不同的灭火方法和手段，才能达到预期的目的。

1. 二氧化碳灭火系统

(1) 这是一种物理的、没有化学变化的气体灭火系统。这种灭火系统具有不污损保护物、灭火快、空间淹没效果好等优点。由于二氧化碳灭火系统可用于扑灭某些气体、固体表面、液体和电器火灾。一般可以使用卤代烷灭火系统场合均可以采用 CO_2 灭火系统，加之卤代烷灭火剂因氟氯烃施放而破坏地球的臭氧层，为了保护地球环境，CO_2 灭火系统日益被重视，但这种灭火系统造价高，灭火时对人体有害。CO_2 灭火系统不适用于扑灭含氧化剂的化学制品和硝酸纤维、赛璐珞、火药等物质燃烧，不适用于扑灭活泼金属如锂、钠、钾、镁、铝、锑、钛、镉、铀、钚火灾，也不适用于金属氢化物类物质的火灾。

(2) CO_2 灭火剂是一种液化气体型，以液相 CO_2 储存于高压($p \geq 6MPa$)容器内。当 CO_2 以气体喷向某些燃烧物时，可产生对燃烧物窒息和冷却作用。

(3) 右图为 CO_2 灭火系统组成部件图。CO_2 灭火系统的组件一般由以下三部分组成：储存装置(一般由储存容器、容器阀、甲向阀和集流管以及称重检漏装置等组成)、管道及其附件、CO_2 喷头及选择阀组成。

(4) CO_2 灭火系统按灭火方式有全淹没系统、局部应用系统。全淹没系统应用于扑救封闭空间内的火灾；局部应用系统应用于扑灭不需封闭空间条件的具体保护对象的非深位火灾。

2. 蒸汽灭火系统

(1) 蒸汽灭火工作原理是在火场燃烧区内，向其施放一定量的蒸汽时，可产生阻止空气进入燃烧区效应而使燃烧窒息。这种灭火系统只有在经常具备充足蒸汽源的条件下才能设置。蒸汽灭火系统适用于石油化工、炼油、火力发电等厂房，也适用于燃油锅炉房、重油油品等库房或扑灭高温设备。蒸汽灭火系统具有设备简单、造价低、淹没性好等优点。但不适用于体积大、面积大的火灾区，不适用于扑灭电器设备、贵重仪表、文物档案等火灾。

(2) 蒸汽灭火系统组成如下页"其他固定灭火设施简介(二)"图所示。该系统有固定式和半固体式两种类型。固定式蒸汽灭火系统为全淹没式灭火系统，保护空间的容积 $\leq 500m^2$ 效果好。半固定式蒸汽灭火系统多用于扑救局部火灾。

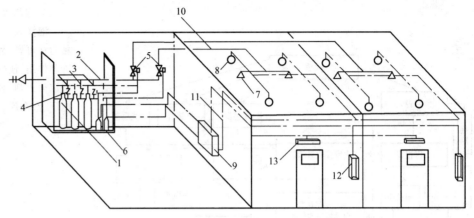

二氧化碳灭火系统的组成

1—灭火剂储瓶(含瓶头阀及引升管)；2—汇流管，各储瓶出口连接在它上面；
3—汇流管与储瓶之间的连接软管；4—防止灭火剂向储瓶倒流的止回阀；
5—组合分配系统向各灭火作用区施放灭火剂的选择阀；6—释放启动装置；
7—灭火喷头；8—灭火探测器，有感温、感烟、感光不同类型；
9—灭火报警及灭火控制盘；10—灭火剂输送管道；
11—深测与控制线路(图中细线表示)；12—紧急启动器；13—释放显示灯

(3) 蒸汽灭火系统宜采用高压饱和蒸汽($p \leq 0.49 \times 10^6Pa$)，不宜采用过热蒸汽源，与被保护区距离一般不大于 60m 为好，蒸汽喷射时间 $\leq 3min$。配气管可沿保护区一侧四种墙面布置，距离宜短不宜太长。管线距地面高度宜在 200~300mm 范围。管线干管上应设总控制阀，配管段上根据情况可设置选择阀，接口短管上应设短管手阀。

3. 干粉灭火系统

以干粉作为灭火介质的灭火系统称为干粉灭火系统。干粉灭火剂是一种干燥的、易于流动的细微粉末，平时储存于干粉灭火器或干粉灭火设备中，灭火时靠加压气体的压力将干粉从喷嘴射出，形成一股携夹着加压气体的雾状粉流射向燃烧物。干粉灭火具有历时短、效率高、绝缘好、灭火后损失小、不怕冻、不用水、可长期储存等优点。

图名	其他固定灭火设施简介(一)	图号	JS2-3-32(一)

191

4. 泡沫灭火系统

泡沫灭火工作原理是应用泡沫灭火剂,使其与水混溶后产生一种可漂浮、粘附在可燃、易燃液体或固体表面,或者充满某一着火场所的空间,起到隔绝、冷却作用,使燃烧熄灭。泡沫灭火剂按其成分可分为:化学泡沫灭火剂、蛋白质泡沫灭火剂、合成型泡沫灭火剂 3 种类型。广泛应用于油田、炼油厂、油库、发电厂、汽车库、飞机库、矿井坑道等场所。

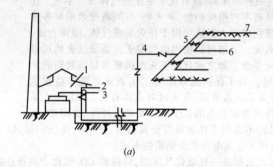

(a)

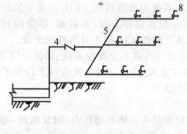

(b)

（B）固定和半固定式蒸汽灭火系统

(a)固定式;(b)半固定式

1—蒸汽锅炉房;2—生活蒸汽管网;3—生产蒸汽管网;4—输汽干管;
5—配气支管;6—配气管;7—蒸汽幕;8—接蒸汽喷枪短管

（A）系统的动作控制程序方框图

图名	其他固定灭火设施简介(二)	图号	JS2-3-32(二)

2.4 水 泵

2.4.1 水泵安装说明

1. 安装前的准备

(1) 施工技术资料的准备、施工现场准备、机具的准备、材料和人员的准备。

(2) 设备开箱检查,并做好记录。主要是箱号、箱数,设备名称、型号、规格,设备有无缺件、损坏和锈蚀等情况。

(3) 基础尺寸、平面位置和标高的验收与放线。

(4) 垫铁的准备和安置,地脚螺栓的检查处理等。

2. 安装底座

(1) 基础的尺寸、位置、标高符合设计要求后,用吊装工具将底座置于基础上,套上地脚螺栓,调整底座的纵横中心位置并努力保证与设计的位置一致。

(2) 测定底座水平度:用水平仪(或水平尺)在底座的加工面上进行水平度检测,其允许误差纵、横向均不大于 0.1/1000。底座安装时应用平垫铁片使其调成水平,并将地脚螺栓拧紧。

(3) 地脚螺栓的安装要求:地脚螺栓的不垂直度不大于 10/1000;地脚螺栓距孔壁的距离不应小于 15mm。其底端不应碰预留孔底;安装前应将地脚螺栓上的油脂和污垢认真清除干净;螺栓与垫圈、垫圈与水泵底座接触面府平整,不得有毛刺、杂屑;地脚螺栓的坚固,应在混凝土达到规定强度的 75% 后进行,当拧紧螺母后,螺栓必须露出螺母的 1.5~5 个螺距。

(4) 当地脚螺栓按要求拧紧后,立即用水泥砂浆将底座与基础之间的缝隙嵌填充实,再用混凝土将底座下的空间填满填实,以保证基础底座的稳定。

(5) 平垫铁安装注意事项:

1) 每个地脚螺栓旁至少应有一组垫铁;

2) 当垫铁组在能放稳和不影响灌水泥砂浆的情况下,应尽量靠近地脚螺栓;

3) 每个垫铁组应尽量减少垫铁块数,一般不超过 3 块,并少用薄垫铁。放置平垫铁时,最厚的放在下面,最薄的放在中间,并将各垫铁相互焊接(铸铁垫铁可不焊);

4) 每一组垫铁应放置平稳,接触良好。设备找平后每一垫铁应被塞紧,并可用 0.5kg 手锤轻击听闻检查;

5) 当设备找平以后,垫铁应该露出设备底座底面的外缘,平垫秩应露出 10~30mm,斜垫铁应露出 10~50mm;垫铁组伸入设备底座底面的长度应超过设备地脚螺栓的孔。

3. 水泵和电动机的吊装

吊装工具可用三脚架和捯链滑车,也可用吊车直接吊装就位。起吊时钢丝绳应系在泵体电机吊环上,不允许系在轴承座或轴上,以免损伤轴承座和使轴弯曲。

4. 水泵找平

水泵找平的方法有:① 把水平尺放在水泵轴上测量轴向水平;② 放在水泵底座加工面上或出口法兰面上测量纵向横向水平;③ 用吊垂线的方法,测量水泵进口的法兰垂直平面与垂直是否平行,若不平行,可调整泵座下垫的铁片。

水泵的找平应符合下列要求:

(1) 卧式和立式泵的纵、横向不水平度不应超过 0.1/1000;测量时应以卧式为基准;

(2) 对于小型整体安装的水泵,不应有明显的偏斜。否则,必须进行重装。

5. 水泵找正

水泵找正,在水泵外缘以纵横中心线位置立桩,并在空中拉相互交角 90° 的中心线,在两根线上各挂垂线,使水泵的轴心和横向中心线的垂线相重合,使其进出口中心与纵向中心线相重合。泵的找正应符合下列要求:

(1) 主动轴与从动轴以联轴节连接时,两轴的不同轴度、两半轴节端面间的间隙应符合设备技术文件的规定。

(2) 水泵轴不得有弯曲变形的现象,且电动机的旋转方向应与水泵轴的旋转方向相符。

(3) 电动机与泵连接前,应先单独试验电动机的转向,确认无误后再连接。

(4) 安装中,其主动轴与从动轴找正、并联结紧固螺母后,应盘车检查是否灵活,应无阻滞、无卡住现象,无异常声音。

(5) 泵与管路连接后,应复校找正情况,如由于与管路连接而不正常时,应调整管路。

6. 水泵安装应符合以下要求

(1) 首先用于用力转动联轴器,其感觉应该轻便灵活,不得有卡紧或摩擦现象。

(2) 水泵泵体必须放平找正,直接传动的水泵与电动机连接部位的中心必须对正,其允许偏差为 0.1mm,两个联轴器之间的间隙,以 2~3mm 为宜。

图名	水泵安装说明(一)	图号	JS2-4-1(一)

(3) 与水泵连接的管道,不得用泵体作为支撑,并应考虑维修时便于拆装。

(4) 水泵润滑部分所加注油脂的规格和数量,应符合说明书的规定。

(5) 水泵安装允许偏差应符合国家标准,水泵的安装基准线与建筑线和设备平面位置及标高的允许偏差和检验方法也应符合国家标准,其具体内容分别见表1、表2所列。

水泵安装允许偏差 表1

| 序号 | 项 目 | | | 允许偏差(mm) | 检验频率 | | 检 验 方 法 |
					范围	点数	
1	底座水平度			±2	每台	4	用水准仪测量
2	地脚螺栓位置			±2	每只	1	用尺量
3	泵体水平度、铅垂度			每米0.1	每台	2	用水准仪测量
4	联轴器同心度	轴向倾斜		每米0.8		2	在联轴器互相垂直四个位置上用水平仪、百分表、测微螺钉和塞尺检查
		径向位移		每米0.1		2	
5	皮带传动	轮宽中心平面位移	平皮带	1.5		2	在主从动皮带轮端面拉线用尺检查
			三角皮带	1.0		2	

水泵安装基准线的允许偏差和检验方法 表2

项次	项 目		允许偏差(mm)	检 验 方 法
1	安装基准线	与建筑轴线距离	±20	用钢卷尺检查
2		与设备 平面位置	±10	用水准仪和钢板尺检查
3		标 高	+20 −10	

2.4.2 水泵的试运转

1. 试运转前的准备工作

(1) 清除泵内一切不需要的东西。

(2) 电动机的检查。检查电动机的绕组绝缘电阻,并要盘车检查电机转子转动是否灵活。

(3) 检查并装好水泵两端的盘根,其盘根压盖受力不可过大,水环应对准尾盖的来水口。

(4) 滑动轴承要注入20号机械油,注油量一定要符合规定要求。

(5) 检查阀门是否灵活可靠。

(6) 电动机空转试验,检查电动机的旋转方向是否正确。

(7) 检查填料压盖的松紧程度是否合适。

(8) 检查真空表和压力表管上的旋栓是否关闭,指针是否指示在零位。

(9) 装上并拧紧联轴器的联结螺栓,联轴器间隙不允许大于0.5~1.2mm。

(10) 用手盘车检查水泵与电动机是否自由转动,检查后通过漏斗向水泵和吸水管内注灌引水,灌满后关闭放气阀(设有喷射器装置时,可用其灌引水)。

(11) 检查接地线是否良好。

2. 试运转

在一切准备工作完成后,首先关闭阀门,启动电动机,当电动机达到额定转数时,然后逐渐打开阀门。水泵机组运转正常的情况如下:

(1) 电动机运转平稳、均匀、声音正常。

(2) 由出水管出来的水流量均匀,无间歇现象。

(3) 当阀门开到一定程度时,出水管上的压力表所指示的压力,不应有较大的波动。

(4) 滑动轴承的温度不应超过60℃,而滚动轴承温度不应超过70℃。

(5) 盘根和外壳不应过热。允许有一点微热。出水盘根完好,应以每分钟渗水10~20滴为宜。

(6) 试运转初期,应经常检查或更换滑动轴承油箱的油,加油量不能大于油盒高度的2/3,但要保证能够使油环带上油,同时,要注意油环转动是否灵活。

(7) 水泵停车前,先把阀门慢慢关闭,然后再停止电动机运转。水泵绝对不许空运转。

3. 试运转时间及移交

(1) 水泵试运转时间为每台连续排水运转2h后,停机检查。而后再启动另一台水泵,排水运转时间也为2h,交替运转。当每台水泵试运转的时间达到8h以后,经仔细检查无异常现象,便可移交给使用单位。

(2) 在试运转时,要认真作好各种记录,如机体声音、轴承温度、压力、电机温度、电流、电压。按运转时间,检查的各部位均要有详细记载。

| 图名 | 水泵安装说明(二) | 图号 | JS2-4-1(二) |

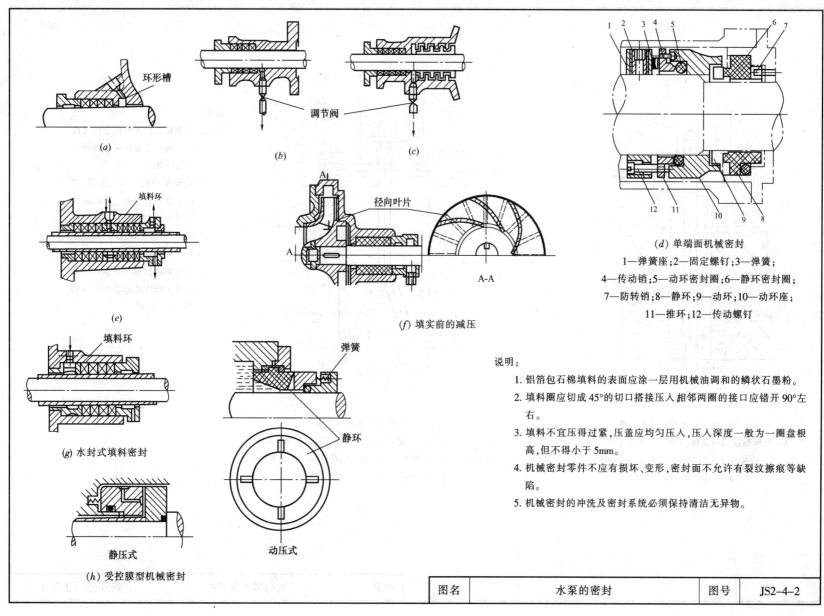

环形槽

(a)

调节阀

(b)   (c)

填料环

(e)

A

径向叶片

A

A-A

(f) 填实前的减压

(d) 单端面机械密封

1—弹簧座;2—固定螺钉;3—弹簧;

4—传动销;5—动环密封圈;6—静环密封圈;

7—防转销;8—静环;9—动环;10—动环座;

11—推环;12—传动螺钉

填料环

(g) 水封式填料密封

弹簧

静环

静压式

动压式

(h) 受控膜型机械密封

说明：

1. 铝箔包石棉填料的表面应涂一层用机械油调和的鳞状石墨粉。

2. 填料圈应切成 45°的切口搭接压入,相邻两圈的接口应错开 90°左右。

3. 填料不宜压得过紧,压盖应均匀压入,压入深度一般为一圈盘根高,但不得小于 5mm。

4. 机械密封零件不应有损坏、变形,密封面不允许有裂纹擦痕等缺陷。

5. 机械密封的冲洗及密封系统必须保持清洁无异物。

| 图名 | 水泵的密封 | 图号 | JS2-4-2 |

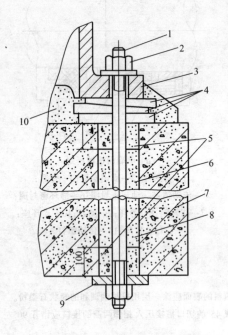

(a) 带锚板地脚螺栓孔浇灌
1—地脚螺栓;2—螺母、垫圈;3—底座;4—垫铁组;
5—砂浆层;6—预留孔;7—基础;8—干砂层;
9—锚板;10—二次灌浆层

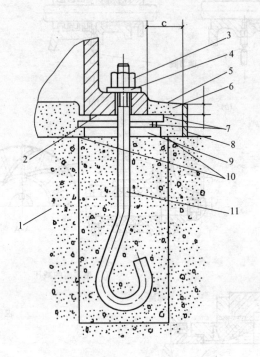

(b) 地脚螺栓垫铁和灌浆部分示意图
1—地坪或基础;2—底座底面;3—螺母;4—垫圈;
5—灌浆层斜面;6—灌浆层;7—成对斜垫铁;8—外模板;
9—平垫铁;10—麻画;11—地脚螺栓

说明:
1. 地脚螺栓的光杆部分应无油污和氧化皮螺纹部分应涂上少量油脂。
2. 地脚螺栓应垂直无歪斜,螺栓上任一部位离孔壁的距离不得小于 15mm。
3. 拧紧螺母后,螺栓必须露出 3~5 个螺距。
4. 拧紧地脚螺栓应在预留孔内混凝土强度达到设计强度的 75% 以上后进行。

图名	地脚螺栓安装图	图号	JS2-4-3

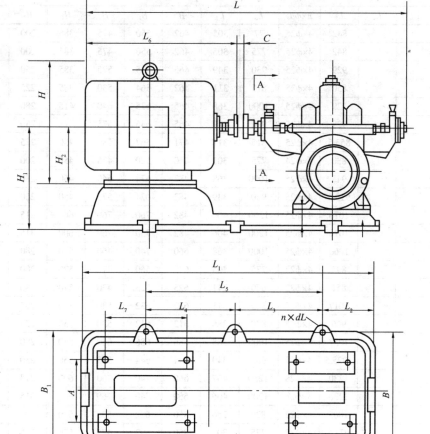

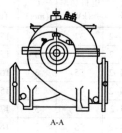

A-A

S型泵安装外形尺寸图(带底座)

说明:

1. 地脚螺栓必须埋设牢固,泵座与基座应接触严密,多台水泵并列时各种高程必须符合设计规定。

2. 水泵轴不得有弯曲,电动机应与水泵轴向相符;水泵安装允许偏差应符合国家规定。

3. S型单级双吸清水离心泵主要适应城市供水、工厂、电站、大型水利工程、农田灌溉和排涝等。

4. S型单级双吸清水离心泵的扬程范围为9~140m,流量范围为111~12500m³/h,功率范围为25~585kW。

图名	S型泵安装(带底座)(一)	图号	JS2-4-4(一)

泵型号	电机型号	电机功率 (kW)	C (mm)	L (mm)	底座及电机尺寸 (mm)													
					L_1	L_2	L_3	L_4	L_5	$n×\phi d_4$	L_6	L_7	B	B_1	H	H_1	H_2	A
150-S50	Y200L$_2$-2	37	3	1512.5	1275.5	215			842	4×φ25	77	305	462	550	475	385	200	318
150-S50A	Y200L$_1$-2	30	3	1512.5	1275.5	215			842	4×φ25	775	305	462	550	475	385	200	318
150-S78	Y250M-2	55	3	1665.5	1412	221			929	4×φ25	930	349	465	635	575	385	250	406
150-S78A	Y225M-2	45	3	1556.5	1302	211			850	4×φ25	815	311	462	564	530	385	225	356
150-S100	Y280S-2	75	3	1716.1	1412	221			929	4×φ25	1000	368	465	635	640	415	280	475
150-S100A	Y250M-2	55	3	1646.1	1412	221			929	4×φ25	930	349	465	635	575	415	250	406
200-S42	Y225M-2	45	3	1600	1319	216			853.5	4×φ25	815	311	471	567	530	450	225	356
200-S42A	Y200L$_2$-2	37	3	1552	1260	215			830	4×φ24	775	305	460	520	475	450	200	318
200-S63	Y280S-2	75	3	1778	1448	191			945	4×φ25	1000	368	482	674	640	450	280	475
200-S63A	Y250M-2	55	3	1708	1392	196			913.5	4×φ25	930	349	482	624	575	450	250	406
200-S95	Y315S-2	110	4	2083	1860	300			1076	4×φ25	1200	406	482	760	760	600	315	508
200-S95A	Y315S-2	110	4	2083	1860	300			1076	4×φ25	1200	406	482	750	760	600	315	508
250-S95B	Y280S-2	75	4	1883	1650	250			1060	4×φ25	1000	368	660	740	460	550	280	457
250-S14	Y200L-4	30	4	1679.5	1393	242			895	4×φ22	775	305	625	560	475	570	200	318
250-S14A	Y180M-4	18.5	4	1574.5	1318	242			851	4×φ22	670	241	625	523	430	570	180	279
250-S24	Y225M-4	45	4	1800.5	1475	236			1017	4×φ25	845	311	632	632	530	550	225	356
250-S24A	Y225S-4	37	4	1775.5	1447	236			966	4×φ25	820	286	612	612	530	550	225	356
250-S39	Y280S-4	75	4	1974.5	1620	241			1057	4×φ25	1000	368	686	686	640	550	280	457
250-S39A	Y250M-4	55	4	1904.5	1564	241			1025.5	4×φ25	930	349	644	644	575	550	250	406
250-S65	Y315M-4	132	4	2031.5	1868	300			1230	4×φ28	1250	457	660	740	760	600	315	508
250-S65A	Y315S-4	110	4	2281.5	1868	300			1230	4×φ28	1200	406	660	740	760	600	315	508
300-S12	Y225S-4	37	4	1858	1629	360			1005	4×φ22	820	286	850	622	530	670	225	356
300-S12A	Y200L-4	30	4	1813	1600	360			978.5	4×φ22	775	305	850	582	475	670	200	318
300-S19	Y250M-4	55	4	1919.5	1611	290			1030	4×φ25	930	349	682	682	575	610	250	406
300-S19A	Y225M-4	45	4	1834.5	1551	290			990	4×φ25	845	311	682	682	530	610	225	356
300-S32	Y315S-4	110	4	2297.5	1850	307	539	609		6×φ25	1200	406	730	730	760	630	315	508
300-S32A	Y280S-4	75	4	2097.5	1760	302			1123	4×φ25	1000	368	712	712	640	630	280	457

图名	S 型泵安装(带底座)(二)	图号	JS2-4-4(二)

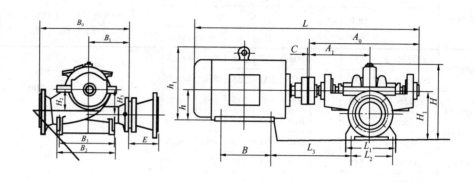

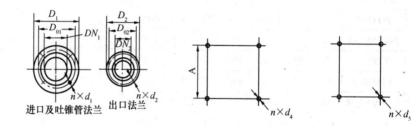

进口及吐锥管法兰　　出口法兰

S 型泵外形及安装尺寸图(不带底座)

说明:

1. 地脚螺栓必须埋设牢固,泵座与基座应接触严密,多台
   S 型泵并列时各种高程必须符合设计规定。

2. 泵轴不得有弯曲,电动机应与泵轴向相符;水泵安装允
   许偏差应符合国家最新规定。

3. S 型单级双吸清水离心泵主要适应城市供水、工厂、电
   站、大型水利工程、农田灌溉和排涝等。

4. S 型单级双吸清水离心泵的扬程范围为 9~140m,流量
   范围为 111~12500m³/h,功率范围为 25~586kW。

图名	S 型泵安装(不带底座)(一)	图号	JS2-4-5(一)

S型泵安装尺寸表(不带底座)(mm)

泵型号	型号	功率(kW)	电压(V)	A	B	h	h_1	$n×\phi d$	C	A_0	A_1	B_0	B_1	B_2	B_3	H	H_1	H_2	H_3	L_1	L_2	$n×\phi d$	L	L_3	E
200S95	$Y315M_1-2$	132		508	457	315	865	4×φ28	4	862	485	650	300	340	250	565	355	170	170	300	250	4×φ17.5	2176	720	375
	JS_2-355S_2-2	132		610	500	355	850	4×φ30															2066	758	
200S95A	$Y315S-2$	110		508	406	315	865	4×φ28															2110	720	
	JS_2-355S_1-2	112		610	500	355	850	4×φ30															2180	758	
250S65	$Y315L_1-4$	160	380	508	508	315	865	4×φ28	4	1047	581	850	400	510	400	796	450	240	300	410	350		2390	796	
	$JS116-4$	155		620	590	375	875	4×φ26															2350	870	
	$JS2-355M_1-4$	160		610	560	355	850	4×φ30															2310	834	
250S65A	$Y315M_1-4$	132		508	457	315	865	4×φ28															2400	796	
	$JS115-4$	135		620	590	375	875	4×φ26															2350	870	
	JS_2-355S_2-4	132		610	500	355	850	4×φ30															2250	834	
300S90	$Y355-4$	315	6000	630	900	355	1255	4×φ28	5	1189	664	1046	470	600	450	510	898	268	325	520	450	4×φ26	2920	969	500
	$Y355M-4$	315	380	610	560	355	1010	4×φ28															2695	908	
	JS_2-400M_2-4	320		686	630	400	960	4×φ36															2600	934	
300S90A	$Y355-4$	280	6000	630	900	355	1255	4×φ28															2920	969	
	$Y355M-4$	280	380	610	560	355	1010	4×φ28															2695	908	
	JS_2-400M_1-4	280		686	630	400	960	4×φ36															2600	934	
300S90B	$Y355-4$	220	6000	630	900	355	1255	4×φ28															2920	969	
	$Y315M-4$	220		508	457	315	865	4×φ28															2410	830	
	JS_2-400S_1-4	220	380	686	560	400	960	4×φ36															2620	934	
300S58	$Y315M_1-4$	200		508	457	315	865	4×φ28	6	1139	645	1070	530				830	250	310				2355	812	
	$Y355-4$	200	6000	630	900	355	1255	4×φ28															2870	951	
	JS_2-355M_2-4	190	380	610	560	355	850	4×φ30															2410	850	

图名	S型泵安装(不带底座)(二)	图号	JS2-4-5(二)

泵型号	电动机 型号	功率(kW)	电压(V)	A	B	h	h_1	n×φd	C	A_0	A_1	B_0	B_1	B_2	B_3	H	H_1	H_2	H_3	L_1	L_2	n×φd	L	L_3	E
300S58A	Y315L₁-4	160	380	508	508	315	865	4×φ28	6	1139	645	1070	530	600	450	830	510	250	310	520	450	4×φ26	2485	812	500
300S58A	JS116-4	155		620	590	375	875	4×φ26															2450	886	
300S58A	JS₂-355M₁-4	160		610	560	355	850	4×φ30															2410	850	
300S58B	Y315M₁-4	132		508	457	315	865	4×φ28															2485	812	
300S58B	JS115-4	135		620	590	375	875	4×φ26															2450	886	
300S58B	JS₂-355S₁-4	132		610	500	355	850	4×φ30															2350	850	
350S125	Y450-4	710	6000	800	1120	450	1645	4×φ35	7	1448	830	1210	550			1080	330	410					3490	1152	750
350S125	JS158-4	680		1100	1020	630	1435	4×φ42															3380	1127	
350S125A	Y450-4	630		800	1120	450	1645	4×φ35															3490	1152	
350S125B	Y400-4	500		710	1000	400	1445	4×φ35															3315	1132	
350S75	Y400-4	355		710	1000	400	1445	4×φ35	5	1272	710	1250	600	690	500	1000	620	274	356	600	500	4×φ35	3140	1010	500
350S75	JS147-4	360		940	870	560	1270	4×φ42															3060	1030	
350S75A	Y355-4	280	380	630	900	355	1255	4×φ28															3000	990	
350S75A	Y355M-4	280		610	560	355	1010	4×φ28															2780	929	
350S75A	JS₂-400M₁-4	280		686	630	400	960	4×φ36															2680	955	
350S75B	Y355-4	220	6000	630	900	355	1255	4×φ28															3000	990	
350S75B	Y315M-4	220	380	508	457	315	865	4×φ28															2490	851	
350S75B	JS₂-400S₁-4	220		686	560	400	960	4×φ36															2610	955	
350S44	Y355-4	220	6000	630	900	355	1255	4×φ28		1251	695	1080	510			980	300	300					2980	975	500
350S44	Y315M-4	220		508	457	315	865	4×φ28															2470	836	
350S44	JS₂-400S₁-4	220	380	686	560	400	960	4×φ36															2590	940	
350S44A	Y315L₁-4	160		508	508	315	865	4×φ28															2600	836	

图名	S 型泵安装(不带底座)(三)	图号	JS2-4-5(三)

泵型号	电动机 型号	功率(kW)	电压(V)	A	B	h	h1	n×φd	C	A0	A1	B0	B1	B2	B3	H	H1	H2	H3	L1	L2	n×φd	L	L3	E
350S44A	JS116-4	155	380	620	590	375	875	4×φ26	5	1251	695	1080	510			980		300	300				2560	910	
	JS2-355M1-4	160		610	560	355	850	4×φ30															2560	874	
350S26	Y315M1-4	132		508	457	315	865	4×φ28	4	1162	633	1040	460	690	500	963	620	290	300	600	500	4×φ35	2510	773	500
	JS115-4	135		620	590	375	875	4×φ26															2470	847	
	JS2-355S2-4	132		610	500	355	850	4×φ30															2370	811	
350S26A	Y315S-4	110		508	406	315	865	4×φ28															2440	773	
	JS2-355S1-4	112		610	500	355	850	4×φ30															2370	811	
350S16	Y280S-4	75		457	368	280	640	4×φ24		1091	584	1168	584			970		310	310				2100	668	
350S16A	Y250M-4	55		406	349	250	575	4×φ24															2030	646	
500S98	Y500-6	800	6000	900	1250	500	1895	4×φ42	7	1640	912	1550	750	1020	800	1400	800	425	545	760	580	4×φ42	3870	1354	1000
	JS1512-6	780		1100	1020	630	1435	4×φ42															5590	1169	
500S98A	Y450-6	630		800	1120	450	1645	4×φ35															3590	1234	
	JS1510-6	650		1100	1020	630	1435	4×φ42															3590	1169	
500S98B	Y450-6	560		800	1120	450	1645	4×φ35															3590	1234	
	JS158-6	550		1100	1020	630	1435	4×φ42															3590	1169	
500S59	Y450-6	450		800	1120	450	1645	4×φ35															3730	1227	800
	JS157-6	460		1100	820	630	1435	4×φ42															3510	1157	
500S59A	Y400-6	400		710	1000	400	1445	4×φ35		1638	905	1640	810			1300		370	480				3510	1167	
	JS1410-6	380		940	970	560	1270	4×φ42															3550	1187	
500S59B	Y400-6	315		710	1000	400	1445	4×φ35															3510	1167	
	JS148-6	310		940	870	560	1270	4×φ42															3450	1187	
500S35	Y400-6	280		710	1000	400	1445	4×φ35	6	1374	766	1350	630				1270	415	415				3240	1027	

图名	S 型泵安装(不带底座)(四)	图号	JS2-4-5(四)

泵型号	电动机 型号	功率 (kW)	电压 (V)	A	B	h	h_1	$n×\phi d$	C	A_0	A_1	B_0	B_1	B_2	B_3	H	H_1	H_2	H_3	L_1	L_2	$n×\phi d$	L	L_3	E
500S35	JS137-6	280	380	790	760	500	1125	$4×\phi32$															2920	987	
	JS$_2$-400M$_3$-6	280		686	630	400	960	$4×\phi32$															2800	972	
500S35A	Y355-6	220	6000	630	900	355	1255	$4×\phi28$	6	1374	766	1350	630			1270		415	415				3100	1007	800
	Y355M-6	220		610	560	355	1255	$4×\phi28$															3100	946	
	JS$_2$400S$_3$-6	220		686	560	400	960	$4×\phi36$															2730	972	
500S22	Y355M-6	185	380	610	560	355	985	$4×\phi28$		1376	750	1460	640			1266	800	410	410	760	580	$4×\phi42$	2900	929	600
	JS127-6	185		710	650	450	1005	$4×\phi32$															2810	955	
	JS$_2$-400S$_2$-6	190		686	560	400	960	$4×\phi36$															2730	955	
500S22A	J315M$_1$-6	132		508	457	315	865	$4×\phi28$	5	1376	750	640	1460	1020	800				410				2720	851	
	JS125-6	130		710	550	450	1005	$4×\phi32$															2680	955	
	JS$_2$-355M$_2$-6	132		610	560	355	850	$4×\phi30$										410					2630	889	
500S13	Y315S-6	110		508	406	315	865	$4×\phi28$		1312	718	1550	775			1270		410	410				2590	819	
	JS117-6	115		620	590	375	875	$4×\phi26$															2510	893	
	JS$_2$-355M$_1$-6	112		610	560	355	850	$4×\phi30$															2570	857	
600S22	Y355M-6	250	380	610	560	355	990	$4×\phi28$	6	1472	810	1790	840			1476	950	460	460	940	760		3000	900	
	Y355-6	250	6000	630	900	355	1260	$4×\phi28$															3200	961	
600S22A	Y355M-6	185	380	610	560	355	990	$4×\phi28$															3000	900	

图名	S 型泵安装(不带底座)(五)	图号	JS2-4-5(五)

203

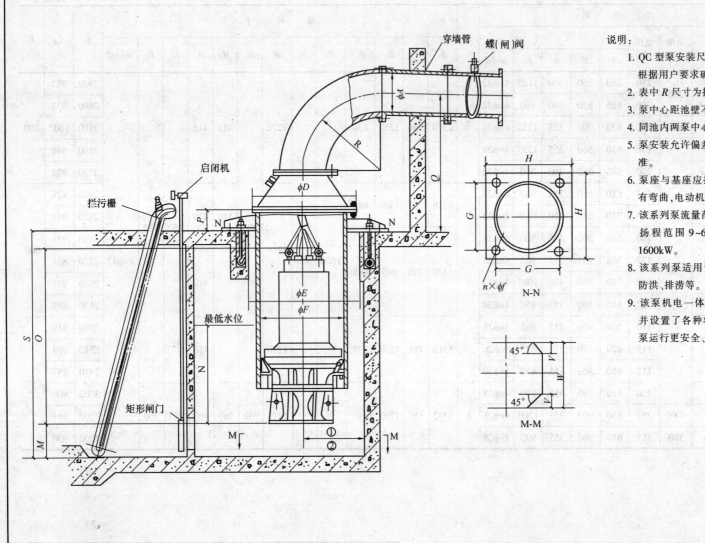

穿墙管　蝶(闸)阀

启闭机

拦污栅

ϕD

ϕE

ϕF

最低水位

矩形闸门

说明:

1. QC 型泵安装尺寸中的 S、Q、R 尺寸可根据用户要求确定。

2. 表中 R 尺寸为推荐值。

3. 泵中心距池壁不大于 T。

4. 同池内两泵中心距不少于 Z。

5. 泵安装允许偏差应符合国家的最新标准。

6. 泵座与基座应接触严密,水泵轴不得有弯曲,电动机应与水泵轴向相符。

7. 该系列泵流量范围为 200~12000m³/h,扬程范围 9~60m、功率范围为 11~1600kW。

8. 该系列泵适用于给水排水、水利以及防洪、排涝等。

9. 该泵机电一体化,整个泵结构紧凑,并设置了各种状态显示保护装置,使泵运行更安全、可靠。

H

G

$n \times \phi f$

N-N

45°

45°

M-M

| 图名 | QG 型泵悬吊式安装(一) | 图号 | JS2-4-6(一) |

泵 型 号	φA	φD	φE	φF	G	H	n×φf	R	M	N	O	P	Z	T	W	V
350QG1100-10-45	350	755	800	600	1150	1350	4×M24×400	525	400	1400	1850	200	1400	450	850	210
350QG1100-15-75	350	975	1050	800	1350	1600	4×M30×400	525	400	1400	2000	200	1650	575	1100	210
400QG1500-10-75	400	975	1050	800	1350	1600	4×M30×400	600	450	1600	2000	200	1605	575	1100	250
400QG1500-15-90	400	975	1050	800	1350	1600	4×M30×400	600	450	1600	2000	200	1650	575	1100	250
450QG2200-10-90	450	975	1050	800	1350	1600	4×M30×400	675	500	1700	2000	200	1650	575	1200	300
350QG1000-28-110	350	1175	1365	1000	1700	2000	4×M36×400	525	400	1400	2200	220	2050	725	1450	210
400QG1200-20-110	400	975	1050	800	1350	1600	4×M30×400	600	450	1500	2200	200	1650	575	1100	230
500QG2000-15-132	500	1175	1365	1000	1700	2000	4×M36×500	750	500	1700	2200	220	2050	575	1450	285
700QG2500-11-132	700	1175	1365	1000	1700	2000	4×M36×500	1050	500	1700	2200	220	2050	725	1450	350
600QG3000-10-132	600	1175	1365	1000	1700	2000	4×M36×500	900	600	1900	2200	220	2050	725	1450	350
350QG1000-36-160	350	1175	1365	1000	1700	2000	4×M36×500	525	400	1400	2400	220	2050	725	1450	210
400QG1800-20-160	400	1175	1365	1000	1700	2000	4×M36×500	600	500	1700	2400	220	2050	725	1450	275
600QG3300-12-160	600	1175	1365	1000	1700	2000	4×M36×500	900	600	1900	2400	220	2050	725	1450	270
350QG1100-40-185	350	1175	1365	1000	1700	2000	4×M36×500	525	400	1700	2400	220	2050	725	1450	210
400QG1500-30-185	400	1175	1365	1000	1700	2000	4×M36×500	600	450	1600	2400	220	2050	725	1450	250
600QG3000-16-185	600	1175	1365	1000	1700	2000	4×M36×500	900	600	1900	2400	220	2050	725	1450	350
500QG2400-22-200	500	1175	1365	1000	1700	2000	4×M36×500	750	500	1700	2400	220	2050	725	1450	320
350QG1100-50-220	350	1175	1365	1000	1700	2000	4×M36×500	525	400	1400	2600	220	2050	725	1450	210
350QG1000-60-250	350	1305	1365	1100	1700	2000	4×M36×500	525	400	1400	2600	220	2050	725	1450	210
400QG1800-32-250	400	1405	1450	1200	1900	2150	4×M36×500	600	500	1700	2600	260	2200	775	1550	275
600QG3750-17-250	600	1305	1365	1100	1700	2000	4×M36×500	900	650	2000	2600	220	2050	725	1450	395
700QG5000-12-250	700	1305	1365	1100	1700	2000	4×M36×500	1050	700	2100	2600	220	2050	725	1820	455
400QG1800-24-280	400	1175	1365	1000	1700	2000	4×M36×500	600	500	1700	2800	220	2050	725	1450	475
600QG3000-25-315	600	1405	1365	1100	1700	2000	4×M36×500	900	600	1900	3200	220	2050	725	1450	350
700GG4000-20-315	800	1405	1365	1100	1700	2000	4×M36×500	1050	700	2000	3200	220	2050	725	1450	455
700QG2000-35-315	700	1520	1600	1300	2000	2250	4×M36×500	1050	500	1800	3200	300	2300	850	1700	285

图名	QG 型泵悬吊式安装(二)	图号	JS2-4-6(二)

泵 型 号	ϕA	ϕD	ϕE	ϕF	G	H	$n \times \phi f$	R	M	N	O	P	Z	T	W	V
900QG6000-9-220	900	1520	1600	1300	1650	1850	4×M36×500	1350	850	2400	3000	300	2000	850	1700	500
900QG6000-12-280	900	1520	1600	1300	1650	1850	4×M36×500	1350	850	2400	3000	300	2000	850	1700	500
900QG6000-16-400	900	1520	1600	1300	1650	1850	4×M36×500	1350	850	2400	3000	300	2000	850	1700	500
900QG6000-20-450	900	1520	1600	1300	1650	1850	4×M36×500	1350	850	2400	3000	300	2000	850	1700	500
900QG6000-24-560	900	1830	1900	1600	1900	2200	6×M36×500	1350	850	2400	3000	400	2250	1000	2200	500
900QG6000-30-710	900	1830	1900	1600	1900	2200	6×M36×500	1350	850	2400	3100	400	2250	850	2200	500
900QG6000-35-800	900	11830	1900	1600	1900	2200	6×M36×500	1350	850	2400	3100	400	2250	850	2200	500
900QG6000-41-1000	900	2045	2100	1800	2100	2400	6×M36×500	1350	850	2400	3200	400	2450	1100	2200	500
900QG6000-50-1120	900	2045	2100	1800	2100	2400	6×M36×500	1350	850	2400	3200	400	2450	1100	2200	500
900QG6000-60-1400	900	2045	2100	1800	2100	2400	6×M36×500	1350	850	2400	3200	400	2450	1100	2200	500
1000QG8000-9-280	100	1830	1900	1600	1900	2200	6×M36×500	1500	100	2600	3500	400	2300	1000	2300	575
1000QG8000-12-400	100	1830	1900	1600	1900	2200	6×M36×500	1500	100	2600	3500	400	2300	1000	2300	575
1000QG8000-16-500	100	1830	1900	1600	1900	2200	6×M36×500	1500	100	2600	3500	400	2300	1000	2300	575
1000QG8000-20-630	100	1830	1900	1600	1900	2200	6×M36×500	1500	100	2600	3500	400	2300	1000	2300	575
1000QG8000-24-800	100	1830	1900	1600	1900	2200	6×M36×500	1500	100	2600	3500	400	2300	1000	2300	575
1000QG8000-30-900	100	2045	2100	1800	2100	2400	6×M36×500	1500	100	2600	3500	400	2450	1100	2300	575
1000QG8000-35-1120	100	2045	2100	1800	2100	2400	6×M36×500	1500	100	2600	3500	400	2450	1100	2300	575
1000QG8000-41-1250	100	2045	2100	1800	2100	2400	6×M36×500	1500	100	2600	3500	400	2450	1100	2300	575
1000QG8000-50-1600	100	2475	2520	2200	2500	2800	6×M36×500	1500	100	2600	3500	400	2350	1200	2600	575
1200QG1000-9-335	120	1830	1900	1600	1900	2200	6×M36×500	1800	120	2800	3500	400	2580	1100	2575	645
1200QG10000-12-450	120	1830	1000	1600	1900	2200	6×M36×500	1800	120	2800	3500	400	2580	1100	2575	645
1200QG10000-16-630	120	2045	2100	1800	2100	2400	6×M36×500·	1800	120	2800	3500	400	2580	1100	2575	645
1200QG10000-9-450	120	1830	1900	1600	1900	2200	6×M36×500	1800	120	3000	3500	400	2825	1150	2825	705
1200QG10000-12-560	120	2045	2100	1800	2100	2400	6×M36×500	1800	120	3000	3500	400	2825	1150	2825	705
1200QG1000-16-710	120	2045	2100	1800	2100	2400	6×M36×500	1800	120	3000	3500	400	2825	1150	2825	705
1200QG10000-20-900	120	2045	2100	1800	2100	2400	6×M36×500	1800	120	3000	3500	400	2825	1150	2825	705

图名	QG 型泵悬吊式安装(三)	图号	JS2-4-6(三)

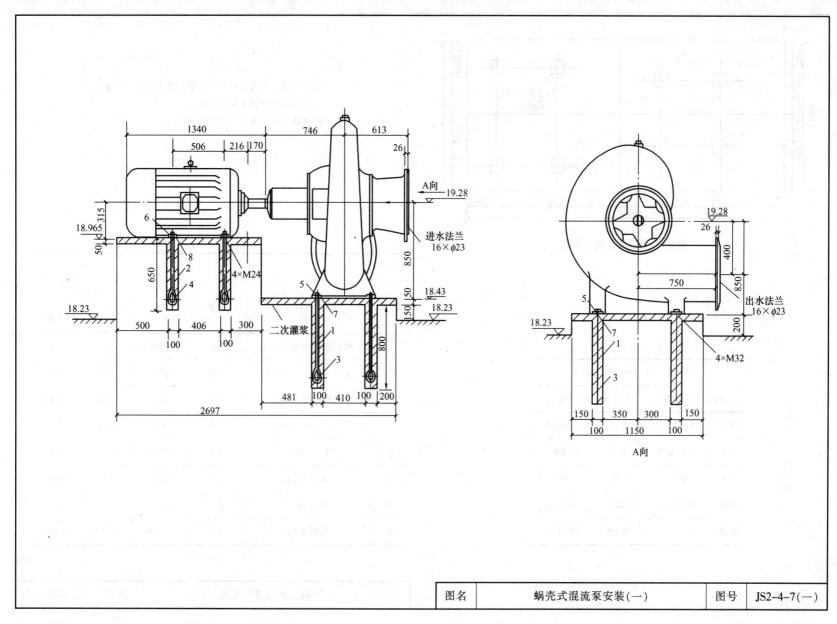

| 图名 | 蜗壳式混流泵安装(一) | 图号 | JS2-4-7(一) |

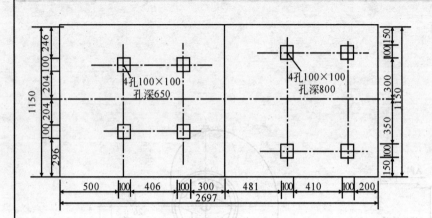

蜗壳式混流泵基础平面图

说明:
1. 施工前必须先校核水泵安装尺寸无误后方可施工。
2. 安装位置详见泵房平面图。
3. 本图按泰安水泵厂样本绘制。

设 备 技 术 规 范			
蜗壳式混流泵		电 动 机	
型号	500HWC-11	型号	Y31512-8
流量	2265m³/h	功率	110kW
扬程	10.50m	电压	360V
转数	730r/min	转数	740r/min
重量		重量	1230kg

	材 料 表				
编号	名称及规范	数量	材料	重量(kg)	
				单重	总重
1	地脚螺栓 M30×7500	4 根	Q235	4.45	17.80
2	地脚螺栓 M24×600	4 根	Q235	2.11	8.44
3	圆钢 φ45 l=80	4 根	Q235	1.00	4.00
4	圆钢 φ30 l=80	4 根	Q235	0.44	1.76
5	螺母 M30	4 个	Q235	0.24	0.96
6	螺母 M24	4 个	Q235	0.12	0.48
7	垫圈 M30	4 个	Q235	0.131	0.524
8	垫圈 M24	4 个	Q235	0.088	0.352

图名	蜗壳式混流泵安装(二)	图号	JS2-4-7(二)

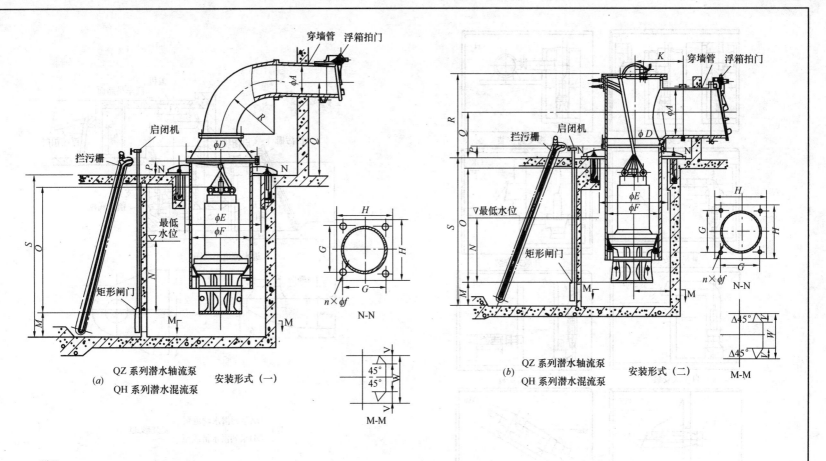

穿墙管　浮箱拍门

启闭机

拦污栅

ϕA

R

ϕD

P　N

最低水位

ϕE
ϕF

S

O

Q

N

M

矩形闸门

H

G

H

G

$n \times \phi f$

N-N

45°
45°

W

V

M-M

QZ 系列潜水轴流泵
QH 系列潜水混流泵

(a)　安装形式（一）

穿墙管　浮箱拍门

K

启闭机

拦污栅

ϕA

ϕD

R

Q

P

N

ϕE
ϕF

最低水位

S

O

N

M

矩形闸门

M

H

G

H

G

$n \times \phi f$

N-N

$\triangle 45°$

W

$\triangle 45°$

M-M

QZ 系列潜水轴流泵
QH 系列潜水混流泵

(b)　安装形式（二）

说明：

1. 地脚螺栓必须埋设牢固,泵座与基座应接触严密,水泵轴不得有弯曲,电动机应与水泵轴向相符。

2. 该系列泵广泛适用于城市给水、工农业输送水、轻度污水排放和调水工程。

3. 该系列泵的流量为 800~10656m³/h,扬程为 2~7m,功率为 6~240kW,能在 50℃ 以下的环境中吸送清水或物理化学性质类似于水的液体。

| 图名 | QZ、QH 系列潜水泵安装(一) | 图号 | JS2-4-8(一) |

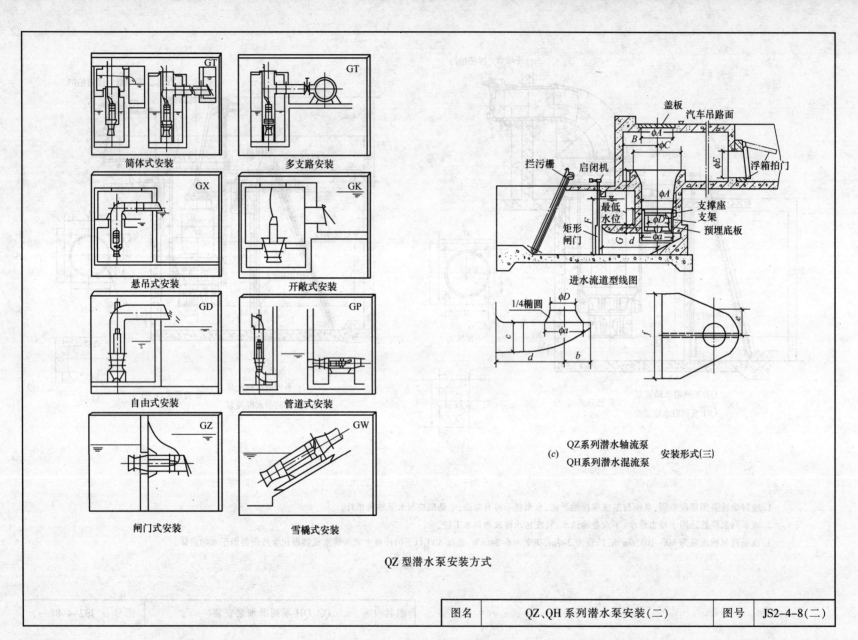

筒体式安装   GT

多支路安装   GT

悬吊式安装   GX

开敞式安装   GK

自由式安装   GD

管道式安装   GP

闸门式安装   GZ

雪橇式安装   GW

QZ型潜水泵安装方式

盖板 汽车吊路面

拦污栅 启闭机 浮箱拍门

最低水位 支撑座 支架

矩形闸门 预埋底板

进水流道型线图

1/4椭圆

ϕD ϕa

(c) QZ系列潜水轴流泵 安装形式(三)
QH系列潜水混流泵

| 图名 | QZ、QH 系列潜水泵安装(二) | 图号 | JS2-4-8(二) |

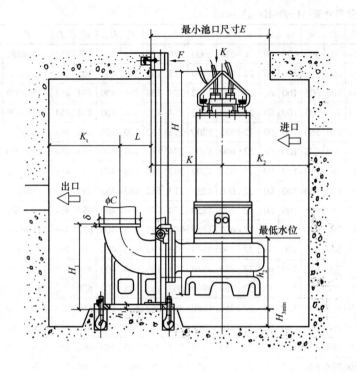

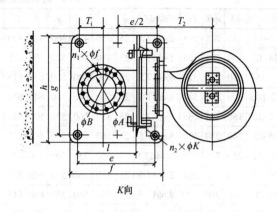

K向

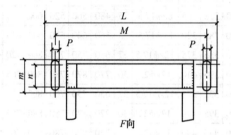

F向

说明:
1. QGW 型潜水供水泵自动耦合式安装,图中 K_1 尺寸为出口中心距出口池壁最小距离;K_2 尺寸为泵中心距进口池壁最小距离。
2. 该泵具有机组效率高、可靠性好、装卸快捷、自动控制和减少泵站土建造价等优点。
3. 该泵流量范围为 200~12000m³/h,扬程范围为 9~60m,功率范围为 11~1600kW。
4. 该系列泵适用于城市给水、排水、水利以及防洪、排涝等。

| 图名 | QGW 型潜水泵安装(一) | 图号 | JS2-4-9(一) |

QGW 型泵自动耦合式安装尺寸表（H=60~100m）（mm）

泵型号	ϕA	ϕB	ϕC	$n_1 \times \phi f$	δ	e	f	g	h	H_1	h_1	$n_2 \times \phi K$	L	M	m	n	p	K	H	l	T_1	T_2	H_{3min}	H_2	J	E	K_1	K_2
150QGW200–10–11	150	225	265	8×φ17.5	25	350	420	360	425	480	25	4×φ24	505	440	100	60	18	370	1000	128	125	273	300	365	253	1150×850	750	550
150QGW200–14–15	150	225	265	8×φ17.5	25	480	560	520	600	525	35	4×φ33	640	560	100	60	22	460	1100	213	152	345	400	365	365	1150×850	750	550
200QGW350–9–15	200	280	320	8×φ17.5	25	560	640	550	640	615	30	4×φ33	700	605	100	60	22	460	1100	274	180	354	400	454	454	1150×900	800	600
200QGW300–12–18.5	200	280	320	8×φ17.5	25	560	640	550	640	615	30	4×φ33	700	605	100	60	22	440	1100	274	180	334	400	454	454	1150×900	800	600
150QGW200–22–22	150	225	265	8×φ17.5	25	480	560	520	600	525	35	4×φ33	640	560	100	60	22	595	1200	213	152	480	400	365	365	1150×850	750	550
200QGW300–16–22	200	280	320	8×φ17.5	25	560	640	550	640	615	30	4×φ33	700	605	100	60	22	600	1200	274	180	494	400	454	454	1150×900	800	600
250QGW500–10–22	250	335	375	12×φ17.5	27	650	750	700	800	720	42	4×φ40	798	710	150	90	27	620	1200	303	185	458	400	620	488	1150×900	950	750
150QGW200–30–30	150	225	265	8×φ17.5	25	480	560	520	600	525	35	4×φ33	640	560	100	60	22	600	1250	213	152	485	400	365	365	1150×850	750	550
200QGW300–22–30	200	280	320	8×φ17.5	25	560	640	550	640	615	30	4×φ33	700	605	100	60	22	600	1250	274	180	494	400	454	454	1150×900	800	600
250QGW500–13–30	250	335	375	12×φ17.5	27	650	750	700	800	720	42	4×φ40	798	710	150	90	27	600	1250	303	185	438	400	620	488	1150×900	950	750
150QGW200–40–37	150	225	265	8×φ17.5	25	480	560	520	600	525	35	4×φ33	640	560	100	60	22	750	1840	213	152	635	400	365	365	1300×900	750	550
200QGW300–30–37	200	280	320	8×φ17.5	25	560	640	550	640	615	30	4×φ33	700	605	100	60	27	750	1840	274	180	644	400	454	454	1300×850	800	600
250QGW500–16–17	250	335	375	12×φ17.5	27	650	750	700	800	720	42	4×φ40	798	710	150	90	27	750	1860	303	185	588	400	620	488	1300×850	950	750
300QGW800–10–37	300	395	440	12×φ22	30	770	870	780	880	765	45	4×φ40	888	800	150	90	27	750	1880	383	250	613	500	660	633	1300×900	950	850
250QGW500–20–45	250	335	375	12×φ17.5	27	650	750	700	800	720	42	4×φ40	798	710	150	90	27	780	1920	303	185	618	400	620	488	1350×1000	950	750
300QGW800–14–45	300	395	440	12×φ22	30	770	870	780	880	765	45	4×φ40	888	800	150	90	27	780	1920	383	250	643	500	660	633	1350×1000	950	850
350QGW1100–10–45	350	445	490	12×φ22	30	770	870	780	880	765	45	4×φ40	888	800	150	90	27	800	1950	383	250	663	600	700	633	1350×1000	1000	850
200QGW250–50–55	200	280	320	8×φ17.5	25	560	640	550	640	615	30	4×φ33	700	605	100	60	22	800	2000	274	180	694	400	454	454	1400×1200	800	600
200QGW300–40–55	200	280	320	8×φ17.5	25	560	640	550	640	615	30	4×φ33	700	605	100	60	22	780	2000	274	180	674	400	454	454	1400×1200	800	600
200QGW400–30–55	200	280	320	8×φ17.5	25	560	640	550	640	615	30	4×φ33	700	605	100	60	22	760	2050	274	180	654	400	454	454	1400×1200	800	600
250QGW550–22–55	250	335	375	12×φ17.5	27	650	750	700	800	720	42	4×φ40	798	710	150	90	27	750	2050	303	185	588	400	620	488	1400×1200	950	750
200QGW250–60–75	200	280	320	8×φ17.5	25	560	640	550	640	615	30	4×φ33	700	605	100	60	22	750	1850	274	180	644	400	454	454	1400×1200	800	600
200QGW350–50–75	200	280	320	8×φ17.5	25	560	640	550	640	615	30	4×φ33	700	605	100	60	22	800	2000	274	180	694	400	454	454	1400×1200	800	600
250QGW400–40–75	250	335	375	12×φ17.5	27	650	750	700	800	720	42	4×φ40	798	710	150	90	27	800	2000	303	185	450	400	620	488	1400×1200	950	750
250QGW600–25–75	250	335	375	12×φ17.5	27	650	750	700	800	720	42	4×φ40	798	710	150	90	27	800	2103	303	185	407	400	620	488	1400×1200	950	750
300QGW900–18–75	300	395	440	12×φ22	30	770	870	780	880	765	45	4×φ40	888	800	150	90	27	800	2100	383	250	663	500	660	633	1450×1200	950	850

图名	QGW 型潜水泵安装(二)	图号	JS2-4-9(二)

泵型号	ϕA	ϕB	ϕC	$n_1 \times \phi f$	δ	e	f	g	h	H_1	h_1	$n_2 \times \phi K$	L	M	m	n	p	K	H	l	T_1	T_2	H_{3min}	H_2	J	E	K_1	K_2
350QGW1000-15-75	350	445	490	12×φ22	30	770	870	780	880	765	45	4×φ40	888	800	150	90	27	900	2100	383	250	763	600	700	633	1450×1200	1000	850
400QGW1500-10-75	400	515	565	16×φ26	30	850	950	780	880	800	50	6×φ40	630	542	150	90	22	915	2100	390	240	695	600	620	630	1450×1200	1100	950
200QGW350-60-90	200	280	320	8×φ17.5	25	560	640	550	640	615	30	4×φ33	700	605	100	60	27	89	2120	374	180	784	400	454	454	1450×1200	800	600
250QGW650-30-90	250	335	375	12×φ175	27	650	750	700	800	720	42	4×φ40	798	710	150	90	27	870	2150	303	185	708	400	620	488	1450×1200	950	750
400QGW1500-15-90	400	515	565	16×φ26	30	850	950	780	880	800	50	6×φ40	630	542	150	90	26	920	2150	390	240	700	600	620	630	1500×1200	1100	950
450QGW2200-10-90	450	565	615	20×φ26	30	1145	1265	810	930	1350	40	4×φ40	902	833	100	84	27	857	2200	700	252	664	600	750	952	1500×1350	1200	1050
260QGW600-40-110	250	335	375	12×φ175	27	650	750	700	80	720	42	4×φ40	798	710	150	90	27	980	2300	303	185	818	400	620	488	1600×1300	950	750
350QGW1000-28-110	350	445	490	12×φ22	30	770	870	780	880	765	45	4×φ40	888	800	150	90	27	950	2340	383	250	813	600	700	633	1650×1300	1000	850
400QGW1200-20-110	400	515	565	16×φ22	30	850	950	780	880	800	50	6×φ40	630	542	150	90	27	950	2340	390	240	730	600	620	630	1650×1300	1100	950
250QGW500-60-132	250	335	375	12×φ175	27	650	750	700	800	720	42	4×φ40	298	710	150	90	27	970	2400	303	185	808	400	620	488	1700×1350	950	750
500QGW600-50-132	250	335	375	12×φ175	27	650	750	700	800	720	42	4×φ40	798	710	150	90	27	950	2450	303	185	788	400	620	488	1750×1350	950	750
500QGW2000-15-132	500	620	670	20×φ26	32	1140	1260	830	950	1350	50	6×φ48	798	710	150	90	27	930	2480	595	300	685	600	850	895	1750×1350	1300	1100
600QGW3000-10-132	600	725	780	20×φ30	32	1180	1300	1090	1210	1400	55	6×φ48	888	800	150	90	27	1000	2500	635	320	775	600	950	955	1800×1550	1300	1100
350QGW1000-36-160	350	445	490	12×φ22	30	770	870	780	880	765	45	4×φ40	888	800	150	90	27	1100	2600	383	250	963	600	700	633	1900×1500	1000	850
400QGW1800-20-160	400	515	565	16×φ26	30	850	950	780	880	800	50	6×φ40	630	542	150	90	27	1160	2600	390	240	940	600	620	630	1900×1500	1100	950
600QGW3300-12-160	600	725	780	20×φ30	32	1180	1300	1090	1210	1400	55	6×φ48	888	800	150	90	27	1100	2600	635	320	875	600	950	955	1900×1500	1300	1100
300QGW700-60-185	300	395	440	12×φ22	30	770	870	780	880	765	45	4×φ40	888	800	150	90	27	900	2580	383	250	763	500	660	633	1900×1600	950	850
350QGW1100-40-185	350	445	490	12×φ22	30	770	870	780	880	765	45	4×φ40	888	800	150	90	27	1100	2580	383	250	963	600	700	633	1900×1550	1000	850
400QGW1500-30-185	400	515	565	16×φ26	30	850	950	780	880	800	50	6×φ40	630	542	150	90	27	1025	2580	390	240	805	600	620	630	1850×1600	1100	950
600QGW3000-16-185	600	725	780	20×φ30	32	1180	1300	1090	1210	1400	55	6×φ48	888	800	150	90	27	1230	2600	635	320	1005	600	950	955	2100×1700	1300	1100
500QGW2400-22-200	500	620	670	20×φ26	32	1140	1260	830	950	1350	50	6×φ48	798	710	150	90	27	1250	2680	595	300	1005	600	850	895	2100×1700	1300	1100
350QGW1100-50-220	350	445	490	12×φ22	30	770	870	780	880	765	45	4×φ40	888	800	150	90	27	950	2700	383	250	813	600	700	633	2100×1700	1000	850
350QGW1000-60-250	350	445	490	12×φ22	30	770	870	780	880	765	45	4×φ40	888	800	150	90	27	950	2720	383	250	813	600	700	633	2100×1700	1000	850
400QGW1800-32-250	400	515	565	16×φ26	30	850	950	780	880	800	50	6×φ40	630	542	150	90	27	1240	2750	390	240	1020	600	620	630	2100×1700	1100	950
600QGW3750-17-125	600	725	780	20×φ30	32	1180	1300	1090	1210	1400	55	6×φ48	888	800	150	90	27	1280	2800	630	320	1055	600	950	955	2100×1800	1300	1100
400QGW1800-40-280	400	515	565	16×φ26	30	850	950	780	880	800	50	6×φ40	630	542	150	90	27	1100	2800	390	240	880	600	620	630	2100×1800	1100	950
600QGW3000-25-315	600	725	780	20×φ30	32	1180	1300	1090	1210	1400	55	6×φ48	888	800	150	90	27	1200	2850	635	320	975	600	950	955	2100×1800	1300	1100

图名	QGW 型潜水泵安装(三)	图号	JS2-4-9(三)

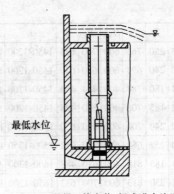

（a）A 混凝土管安装,闭式进水流道,
上溢式排水,用于低吸入水位

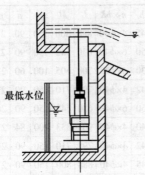

（b）BU 钢制排水道水管,开式进水室,上溢式排水

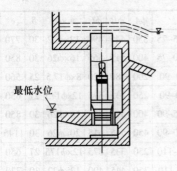

（c）BU 钢制排水管,闭式进水流道,上溢式排水

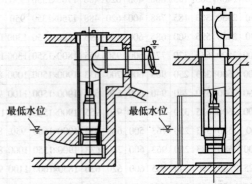

（d）CG 钢制排水管,闭式
进水流道,下管路排水,
用于低吸入水位

（e）DU 钢制排水管,开式进水室,
上管路排水,带管路接口

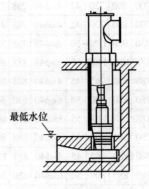

（f）DG 钢制排水管,闭式进水流道,
上管路排水,带管路接口,用于低吸入水位

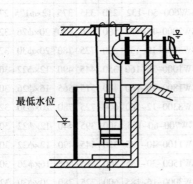

（g）CU 钢制排水管,开式进水室,
下管路排水

说明:
1. P 型泵适用于水利灌溉和城市排水泵站,雨水泵站,适用于水厂和污水泵站中原水和清水的输送,适应电站和
   工业冷却水的输送,适用工业供水、防洪、水产养殖等。
2. P 型泵流量范围 5~8m³/h,扬程高度为 12m,介质温度最高达 30℃。

图名	P 型泵安装	图号	JS2-4-10

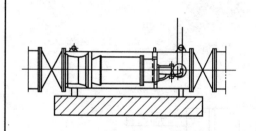

(a) H 在管路中水平安装

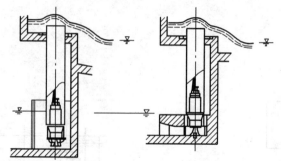

(b) BU 钢制排水管,开式
进水室,上溢式排水

(c) BG 钢制排水管,闭式
进水流道,上溢式排水
用于低吸入水位

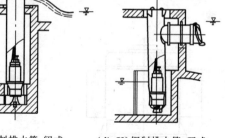

(d) CU 钢制排水管,开式
进水室,下管路排水

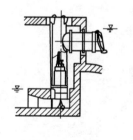

(e) CG 钢制排水管,闭式
进水流道,下管路排水,
用于低吸入水位

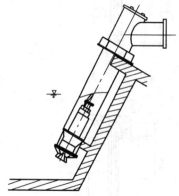

(f) S 倾斜式钢管安装,上管
路排水,带管路接口

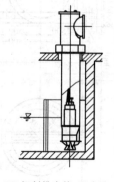

(g) DU 钢制排水管,开式进
水室,上管路排水,带管
路接口

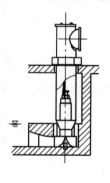

(h) DG 钢制排水管,闭式进
水流道,上管路排水,带
管路接口,用于低吸入水位

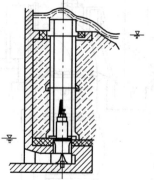

(i) A 混凝土管安装,闭式
进水流道,上溢式排
水,用于低吸入水位

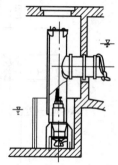

(j) CS 属 CU 变形,下管道
排水,上盖必须方便
机械吊装

说明:

1. SNT 型泵是一种直联式潜水混流泵,可输送不含缠线物质的合流污水和清水。

2. 该泵适用于城市排水泵站、雨水泵站,水厂取送净水、原水,输送冷却水、工业用水等。

3. 该泵流量为 6m³/s、扬程为 40m、电机额定功率为 1100kW,并能输送温度低于 30℃的液体。

图名	SNT 型泵安装	图号	JS2-4-11

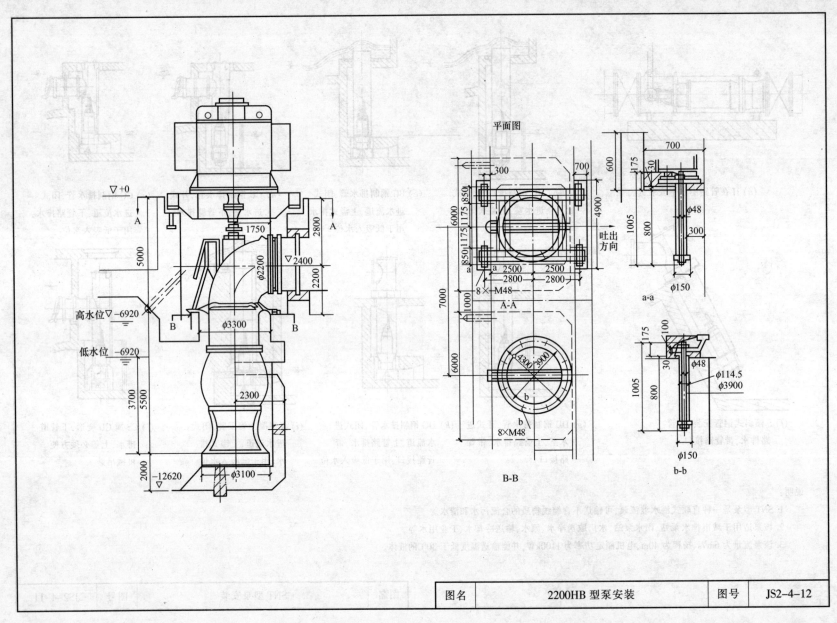

平面图

▽ +0

1750

φ2200

▽2400

2800

2200

5000

高水位 ▽-6920

φ3300

低水位 -6920

2300

3700

5500

2000

-12620 ▽

φ3100

300

700

600

175

700

30

6000

1175 1175 850

850

a   a   2500   2500

2800   2800

8×M48

A-A

1000

4900

吐出方向

1005

800

φ48

300

φ150

a-a

7000

6000

4300 3900

b

b

8×M48

φ150

B-B

175

100

30

φ48

φ114.5

φ3900

1005

800

φ150

b-b

| 图名 | 2200HB 型泵安装 | 图号 | JS2-4-12 |

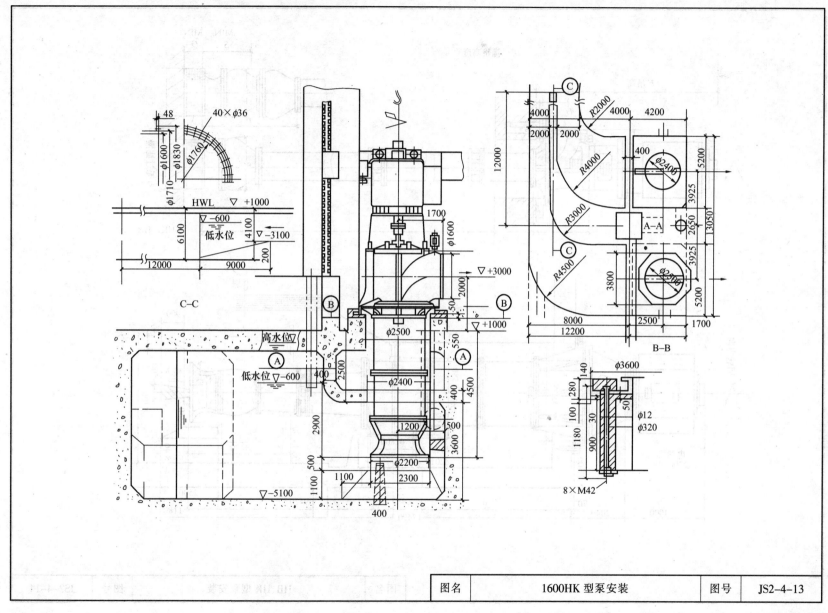

| 图名 | 1600HK 型泵安装 | 图号 | JS2-4-13 |

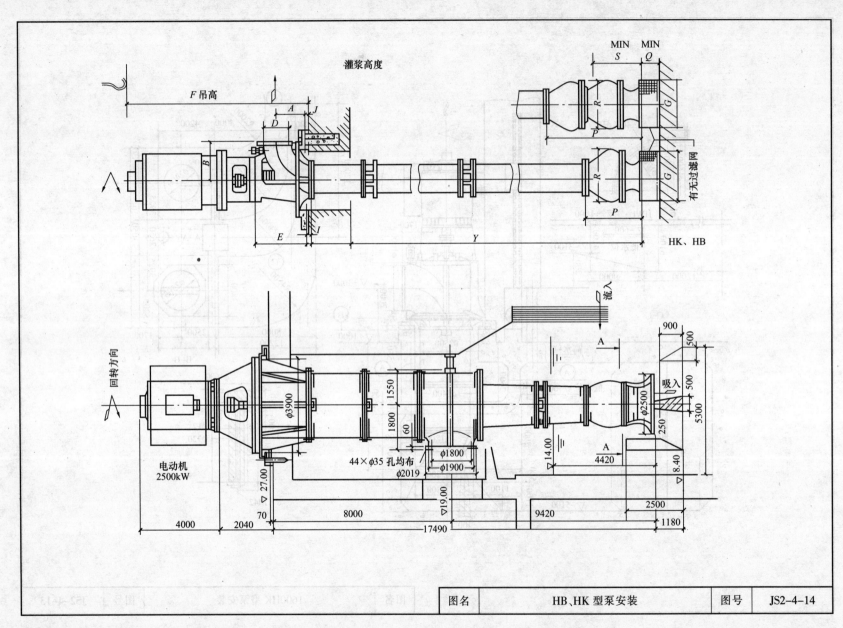

灌浆高度

F 吊高

MIN MIN

有无过滤网

HK、HB

流入

回转方向

电动机
2500kW

φ3900

1550

1800 60

44×φ35 孔均布
φ2019

φ1800
φ1900

φ2500

吸入

900

500

500

5300

250

14.00

4420

8.40

27.00

19.00

4000 2040 70 8000 9420

2500

1180

17490

图名	HB、HK 型泵安装	图号	JS2-4-14

WS 型泵外形安装尺寸表(mm)

泵型号	A	B	X	L	L_1	L_2	L_3	L_4	L_5	C	D	d	H	H_1	F	E
200WS-325	400	925	4	2065	2000	300	265	300	1000	454	510	19	457	617	230	150
200WS-350	400	925	4	2065	2000	300	265	300	1000	454	510	19	457	617	230	150
200WS-400	600	925	4	2505	2200	450	420	450	1100	454	510	19	546	726	257	150
250WS-450	550	925	4	2505	2000	420	385	420	1100	500	560	19	680	860	305	180
250WS-350	415	975	4	2095	2000	350	290	350	1000	500	560	19	660	840	450	180
250WS-400	520	975	4	2120	2000	400	365	400	1000	500	560	19	670	850	400	200
300WS-450	520	985	5	2825	2500	400	365	400	1250	700	760	24	680	860	449	210
300WS-350	530	985	5	2610	2500	400	365	400	1250	700	760	24	660	840	456	368
300WS-500	530	985	5	2315	2200	400	365	400	1100	700	760	24	690	870	435	368
350WS-500	530	985	5	3700	3000	400	365	400	1500	700	760	24	690	870	508	375
350WS-400	550	1172	5	3160	3000	420	385	420	1500	700	760	24	670	850	600	356
350WS-600	530	1300	5	3500	3000	400	365	400	1500	700	760	24	864	1064	508	375
400WS-600	550	1172	6	3260	3000	420	385	420	1500	850	915	24	864	1064	750	445
400WS-625	600	1300	6	3410	3000	450	420	450	1500	850	915	24	857	1057	800	400
400WS-750	530	1400	6	3930	3200	400	365	400	1600	850	915	24	902	1102	508	375
500WS-550	650	1400	6	3460	3000	490	455	490	1500	1100	1170	24	1040	1241	850	400
500WS-625	572	1200	6	4180	3500	450	400	450	1750	1100	1170	24	1072	1272	559	483

说明:

1. WS 系列污水泵是为适应环保产业的发展而研制的。最大可以满足 $100 \times 10^4 m^3/d$ 城市污水处理厂的需要,可以输送泥浆、粪便、灰渣及纸浆等介质,还可适用于作循环水泵、给水、排水泵及其他用途。

2. WS 系列污水泵输送流量 $100 \sim 25000 m^3/h$,扬程 $3 \sim 55m$。大流道叶轮、无堵塞、防缠绕性能好,能顺利通过固体颗粒直径达 2500mm,纤维长度达 1500mm 的液体。

3. 该系列泵安装时,其安装允许偏差必须符合国家最新标准。

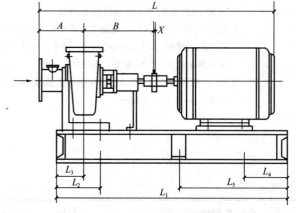

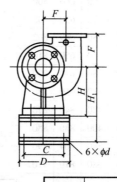

图名	WS 型污水泵安装	图号	JS2-4-15

219

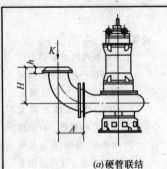

(a) 硬管联结

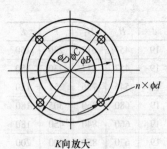

K向放大

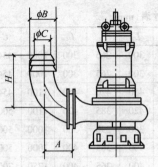

(b) 软管联结

QW型泵外形图

硬、软管联结尺寸表(mm)

排出口径 φD	硬管联结尺寸					软管联结尺寸				
	A	φB	φC	H	n×φd	h	A	φB	φC	H
50	70	110	140	100	4×φ13.5	16	70	58	54	105
80	85	150	190	120	4×φ17.5	18	85	86	82	120
100	105	170	210	135	4×φ17.5	18	150	104	100	180
150	160	225	265	200	8×φ17.5	20	197	154	150	260

QW 系列泵移动式安装外形尺寸表(mm)

序号	型号	φA	B	C	序号	型号	φA	B	C
1	50QW18-15-1.5	240	400	610	13	100QW100-7-4	360	650	770
2	50QW25-10-1.5	240	397	605	14	50QW25-30-5.5	400	660	800
3	50QW15-22-2.2	240	398	683	15	80QW45-22-5.5	380	650	735
4	50QW27-15-2.2	240	400	680	16	100QW30-22-5.5	380	649	802
5	50QW42-9-2.2	240	400	710	17	100QW65-15-5.5	380	650	810
6	80QW50-10-3	340	573	886	18	150QW120-10-5.5	380	640	820
7	100QW70-7-3	340	570	860	19	150QW140-7-5.5	380	650	830
8	50QW25-22-4	380	700	670	20	50QW30-30-7.5	420	840	870
9	50QW24-20-4	380	700	740	21	100QW70-20-7.5	400	830	880
10	50QW40-15-4	360	690	750	22	150QW145-10-7.5	380	804	890
11	80QW60-13-4	360	690	750	23	150QW210-7-7.5	380	810	910
12	100QW70-10-4	360	664	760					

说明:

1. QW 系列潜水排污泵是在消化、吸收国外同类产品先进技术的基础上研制成功的,具有高效防缠绕、无堵塞、自动耦合、高可靠性和自动控制等优点,在排送固体颗粒和长纤维垃圾方面,具有独特功能。

2. QW 系列潜水排污泵结构紧凑,并设置了各种状态显示、保护装置,使得泵运行安全、可靠。

3. QW 系列潜水排污泵主要用于市政工程、工业、医院、建筑、宾馆、饭店等行业,用于排送带固体及各种长纤维的淤泥、废水、城市生活污水。

4. 该系列泵排出口径为 50~600mm,流量为 18~3750m³/h,扬程为 5~60m。

图名	QW 系列污水泵安装	图号	JS2-4-16

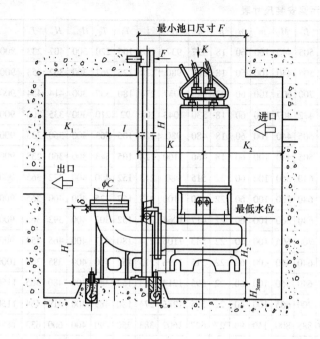

最小池口尺寸 F

进口

出口

ϕC

最低水位

说明：

1. K_1 尺寸为出口中心距出口池壁最小距离；K_2 尺寸为泵中心距进口池壁最小距离。
2. 在选型时，应注明泵的型号、安装方式、池深、泵控制保护方式，以便提供最优的系统。
3. 如用户有特别需要，生产厂家可以提供特种材料的泵。

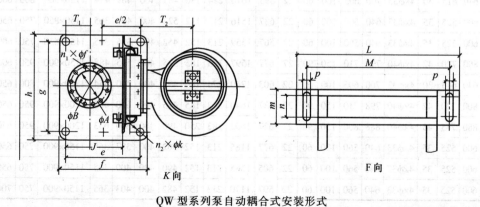

K 向

F 向

QW 型系列泵自动耦合式安装形式

| 图名 | QW 型排污泵安装(一) | 图号 | JS2-4-17(一) |

221

QW 系列潜水排污泵安装尺寸表

型 号	ϕA	ϕB	ϕC	$n_1 \times \phi f$	δ	e	f	g	h	H_1	h_1	$n_2 \times \phi k$	L	M	m	n	p	k	H	l	T_1	T_2	H_{3min}	H_2	J	E	K_1	K_2
100QW70-22-11	100	170	210	4×φ17.5	25	350	420	360	425	480	25	4×φ24	505	440	100	60	18	337	937	128	105	220	300	407	233	900×750	650	500
150QW100-15-11	150	225	265	8×φ17.5	25	350	420	360	425	480	25	4×φ24	505	440	100	60	18	364	980	128	125	267	300	362	253	900×750	750	500
200QW360-6-11	200	280	320	8×φ17.5	25	560	640	550	640	615	30	4×φ33	700	605	100	60	22	443	1037	274	180	337	300	414	454	900×750	800	550
50QW20-75-15	50	110	140	4×φ13.5	25	320	390	320	390	400	25	4×φ20	472	407	100	60	18	330	1043	108	92	210	300	335	200	900×750	600	550
100QW87-28-15	100	170	210	4×φ17.5	25	350	420	360	425	480	25	4×φ24	505	440	100	60	18	480	980	128	105	363	300	360	233	900×750	650	550
100QW100-22-15	100	170	210	4×φ17.5	25	350	420	360	425	480	25	4×φ24	505	440	100	60	18	460	1100	128	105	343	300	360	233	900×750	650	550
150QW140-18-15	150	225	265	8×φ17.5	25	480	560	520	600	525	35	4×φ33	640	560	100	60	22	515	980	213	152	400	400	372	365	900×800	750	550
150QW150-15-15	150	225	265	8×φ17.5	25	480	560	520	600	525	35	4×φ33	640	560	100	60	22	440	1100	213	152	325	400	400	365	900×800	750	550
150QW200-10-15	150	225	265	8×φ17.5	25	480	560	520	600	525	35	4×φ33	640	560	100	60	22	417	1064	213	152	302	400	393	365	900×800	750	500
20QW400-7-15	200	280	320	8×φ17.5	25	560	640	550	640	615	30	4×φ33	700	605	100	60	22	543	1106	274	180	437	400	465	454	900×800	800	600
150QW70-40-18.5	150	225	265	8×φ17.5	25	480	560	520	600	525	35	4×φ24	640	560	100	60	22	515	1196	213	152	400	400	385	365	1000×800	750	550
150QW200-14-18.5	150	225	265	8×φ17.5	25	480	560	520	600	525	35	4×φ33	640	560	100	60	22	595	1214	213	152	480	400	480	365	1150×850	750	650
200QW250-15-18.5	200	280	320	8×φ17.5	25	560	640	550	640	615	30	4×φ33	700	605	100	60	22	595	1285	274	180	489	400	419	454	1150×850	800	600
300QW720-5.5-18.5	300	395	440	12×φ22	30	770	870	780	880	765	45	4×φ40	888	800	150	90	27	627	1602	383	250	490	400	600	633	1150×850	950	650
200QW300-10-18.5	200	280	320	8×φ17.5	25	560	640	550	640	615	30	4×φ33	700	605	100	60	22	593	1616	274	180	487	400	489	454	1150×900	800	600
150QW130-30-22	150	225	265	8×φ17.5	25	480	560	520	600	525	35	4×φ33	640	560	100	60	22	637	1516	213	152	522	400	405	365	1150×850	750	650
150QW150-22-22	150	225	265	8×φ17.5	25	480	560	520	600	525	35	4×φ33	640	560	100	60	22	567	1559	213	152	452	400	396	365	1150×850	750	600
250QW-250-17-22	250	335	375	12×φ17.5	27	650	750	700	800	720	42	4×φ40	798	710	150	90	27	677	1597	303	185	515	400	595	488	1150×900	950	600
200QW400-10-22	200	280	320	8×φ17.5	25	560	640	550	640	615	30	4×φ33	700	605	100	60	22	603	1240	274	180	497	400	480	454	1300×900	800	650
250QW600-7-22	250	335	375	12×φ17.5	27	650	750	700	800	720	42	4×φ40	798	710	150	90	27	637	1640	303	185	475	400	600	488	1200×900	950	650
300QW720-6-22	300	395	440	12×φ22	30	770	870	780	880	765	45	4×φ40	888	800	150	90	27	627	1602	383	250	490	400	600	633	1200×900	950	650
150QW100-40-30	150	225	265	8×φ17.5	25	480	560	520	600	525	35	4×φ33	640	560	100	60	22	677	1185	213	152	562	400	387	365	1150×900	750	650
150QW200-30-30	150	225	265	8×φ17.5	25	480	560	520	600	525	35	4×φ33	640	560	100	60	22	605	1185	213	152	490	400	400	365	1150×900	750	650
150QW200-22-30	150	225	265	8×φ17.5	25	480	560	520	600	525	35	4×φ33	640	560	100	60	22	597	1170	213	152	482	400	403	365	1150×900	750	700

图名	QW 型排污泵安装(二)	图号	JS2-4-17(二)

型　号	ϕA	ϕB	ϕC	$n_1\times\phi f$	δ	e	f	g	h	H_1	h_1	$n_2\times\phi k$	L	M	m	n	p	k	H	l	T_1	T_2	H_{3min}	H_2	J	E	K_1	K_2
200QW360-15-30	200	280	320	8×φ17.5	25	560	640	550	640	615	30	4×φ33	700	605	100	60	22	600	1250	274	180	494	400	420	454	1150×900	800	700
200QW350-20-37	200	280	320	8×φ17.5	25	560	640	550	640	615	30	4×φ33	700	605	100	60	22	750	1840	274	180	644	400	450	454	1300×900	800	750
250QW700-11-37	250	335	375	12×φ17.5	27	650	750	700	800	720	45	4×φ40	798	710	150	90	27	737	2053	303	185	575	500	570	488	1300×1000	950	800
300QW900-8-37	300	395	440	12×φ22	30	770	870	780	880	765	45	4×φ40	888	800	150	90	27	760	1860	383	250	623	500	660	633	1300×1000	950	750
350QW1440-5.5-37	350	445	490	12×φ22	30	770	870	780	880	765	45	4×φ40	888	800	150	90	27	777	2089	383	250	640	500	660	633	1300×1000	1000	750
200QW250-35-45	200	280	320	8×φ17.5	25	560	640	550	640	615	30	4×φ33	700	605	100	60	22	780	1950	274	180	674	400	650	454	1350×1000	800	700
200QW400-24-25	200	280	320	8×φ17.5	25	560	640	550	640	615	30	4×φ33	700	605	100	60	22	635	1970	274	180	547	400	500	454	1350×1000	800	750
250QW600-15-45	250	335	375	12×φ17.5	27	650	750	700	800	720	42	4×φ40	798	710	150	90	27	727	2152	303	185	565	500	620	488	1350×1000	950	750
350QW1100-10-45	350	445	490	12×φ22	30	770	870	780	880	765	45	4×φ40	888	800	150	90	27	727	2151	383	250	590	500	580	633	1350×1000	1000	750
150QW150-56-55	150	225	265	8×φ17.5	25	480	560	520	600	525	35	4×φ33	640	560	100	60	22	687	1993	213	152	572	500	405	365	1400×1200	750	900
200QW250-40-55	200	280	320	8×φ17.5	25	560	640	550	640	615	30	4×φ33	700	605	100	60	22	705	2087	274	180	599	500	485	454	1400×1200	800	900
200QW400-34-55	200	280	320	8×φ17.5	25	560	640	550	640	615	30	4×φ33	700	605	100	60	22	693	2012	274	180	587	500	456	454	1400×1200	800	900
250QW600-20-55	250	335	375	12×φ17.5	27	650	750	700	800	720	42	4×φ40	798	710	150	90	27	800	2120	303	185	638	500	680	488	1400×1200	950	950
300QW800-15-55	300	395	440	12×φ22	30	770	870	780	880	765	45	4×φ40	888	800	150	90	27	732	2099	383	250	595	500	588	633	1400×1200	950	850
400QW1692-7.25-55	400	515	565	16×φ26	30	850	950	780	880	800	50	6×φ40	630	542	150	90	27	975	2464	390	240	755	500	650	630	1450×1200	1100	950
150QW108-60-75	150	225	265	8×φ17.5	25	480	560	520	600	525	35	4×φ33	640	560	100	60	22	687	2053	213	152	572	500	397	365	1450×1200	750	900
200QW350-50-75	200	280	320	8×φ17.5	25	560	640	550	640	615	30	4×φ33	700	605	100	60	22	783	2072	274	180	677	500	430	454	1450×1200	800	900
250QW600-25-75	250	335	375	12×φ17.5	27	650	750	700	800	720	42	4×φ40	798	710	150	90	27	797	2110	303	185	635	500	574	488	1400×1200	950	1000
400QW1500-10-75	400	515	565	16×φ26	30	850	950	780	880	800	50	6×φ40	630	542	150	90	27	915	2360	390	240	695	500	590	630	1450×1200	1100	950
400QW2016-7.25-75	400	515	565	16×φ26	30	850	950	780	880	800	50	6×φ40	630	542	150	90	27	975	2464	390	240	755	500	650	630	1450×1200	1100	1050
250QW600-30-90	250	335	375	12×φ17.5	27	650	750	700	800	720	42	4×φ40	798	710	150	90	27	870	2120	303	185	708	500	630	488	1450×1200	950	1000
250QW700-22-90	250	335	375	12×φ17.5	27	650	750	700	800	720	42	4×φ40	798	710	150	90	27	797	1505	303	185	635	500	610	488	1450×1200	950	900
350QW1200-18-90	350	445	490	12×φ22	30	770	870	780	880	765	45	4×φ40	888	800	150	90	27	897	2271	383	250	760	500	592	633	1450×1200	1000	1000

图名	QW 型排污泵安装（三）	图号	JS2-4-17（三）

型　　号	ϕA	ϕB	ϕC	$n_1 \times \phi f$	δ	e	f	g	h	H_1	h_1	$n_2 \times \phi k$	L	M	m	n	p	k	H	l	T_1	T_2	H_{3min}	H_2	J	E	K_1	K_2
350QW1500-15-90	350	445	490	12×φ22	30	770	870	780	880	765	45	4×φ40	888	800	150	90	27	880	2140	383	250	743	500	680	633	1450×1200	1000	1000
250QW600-40-110	250	335	375	12×φ17.5	27	650	750	700	800	720	42	4×φ40	798	710	150	90	27	977	2303	303	185	815	500	575	488	1750×1350	950	1050
250QW700-33-110	250	335	375	12×φ17.5	27	650	750	700	800	720	42	4×φ40	798	710	150	90	27	980	2320	303	185	818	500	630	488	1600×1300	950	1050
300QW800-36-110	300	395	440	12×φ22	30	770	870	780	880	765	45	4×φ40	888	800	150	90	27	777	2314	383	250	640	500	555	633	1600×1300	950	1000
300QW950-24-110	300	395	440	12×φ22	30	770	870	780	880	765	45	4×φ40	888	800	150	90	27	950	2340	383	250	813	500	700	633	1650×1300	950	1000
450QW2200-10-110	450	565	615	20×φ26	30	1145	1265	810	930	1350	40	4×φ40	902	833	100	84	26	900	2404	700	252	707	600	1033	952	1550×1350	1200	1050
550QW3500-7-110	550	675	730	20×φ30	32	1180	1300	1090	1210	1200	55	6×φ48	798	710	150	90	27	1188	2696	665	290	963	600	1065	955	1800×1550	1300	1200
250QW600-50-132	250	335	375	12×φ17.5	27	650	750	700	800	720	42	4×φ40	798	710	150	90	27	977	2303	303	185	815	600	575	488	1750×1350	950	1050
350QW1000-28-132	350	445	490	12×φ22	30	770	870	780	880	765	45	4×φ40	888	800	150	90	27	877	2433	383	250	740	600	580	633	1800×1400	1000	1000
400QW2000-15-132	400	515	565	16×φ26	30	850	950	780	880	800	50	6×φ40	630	542	150	90	27	930	2500	390	240	710	600	650	630	1750×1350	1000	1050
350QW1000-36-160	350	445	490	12×φ22	30	770	870	780	880	765	45	4×φ40	888	800	1500	90	27	1100	2600	383	250	963	600	700	633	1900×1500	1000	1200
400QW1500-26-160	400	515	565	16×φ26	30	850	950	780	880	800	50	6×φ40	630	542	150	90	27	1180	2600	390	240	960	600	620	930	1900×1500	1100	1150
400QW1700-22-160	400	515	565	16×φ26	30	850	950	780	880	800	50	6×φ40	630	542	150	90	27	1175	2742	390	240	955	600	590	630	1900×1500	1100	1150
500QW2600-15-160	500	620	670	20×φ26	32	1140	1260	830	950	1350	50	6×φ48	798	710	150	90	27	1030	2775	595	300	785	600	1005	895	1950×1600	1300	1100
550QW3000-12-160	550	675	730	20×φ30	32	1180	1300	1090	1210	1200	55	6×φ48	798	710	150	90	27	1108	2674	665	290	883	600	942	955	1800×1550	1300	1000
600QW3500-12-185	600	725	780	20×φ30	32	1180	1300	1090	1210	1400	55	6×φ48	888	800	150	90	27	1140	3025	635	320	915	600	1040	955	2000×1600	1300	1050
400QW1700-30-200	400	515	565	16×φ26	30	850	950	780	880	800	50	6×φ40	630	542	150	90	27	1175	3010	390	240	955	600	590	630	1850×1600	1100	1150
550QW3000-16-200	550	675	730	20×φ30	32	1180	1300	1090	1210	1200	55	6×φ48	798	710	150	90	27	1230	2680	665	290	1005	600	1120	955	2100×1700	1300	1200
500QW2400-22-220	500	620	670	20×φ26	32	1140	1260	830	950	1350	50	6×φ48	798	710	150	90	27	1280	3010	595	300	1035	600	950	895	2100×1750	1300	1200
400QW1800-32-250	400	515	565	16×φ26	30	850	950	780	880	800	50	6×φ40	630	542	150	90	27	1175	3010	390	240	955	600	590	630	2100×1700	1100	1150
500QW2650-24-250	500	620	670	20×φ26	32	1140	1260	830	950	1350	50	6×φ48	798	710	150	90	27	1260	2880	595	300	1015	600	1120	895	2100×1750	1300	1200
600QW3750-17-250	600	725	780	20×φ30	32	1180	1300	1090	1210	1400	55	6×φ48	888	800	150	90	27	1280	2900	635	320	1055	600	1150	955	2100×1800	1300	1250
400QW1500-47-280	400	515	565	16×φ26	30	850	950	780	880	800	50	6×φ40	630	542	150	90	27	1050	2923	390	240	830	600	1200	630	1450×1200	1100	1150

图名	QW 型排污泵安装(四)	图号	JS2-4-17(四)

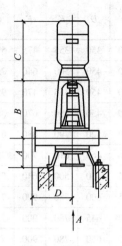

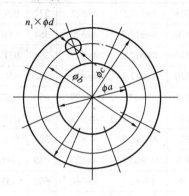

出口法兰

$n_1 \times \phi d$

进口法兰

$n_2 \times \phi d$

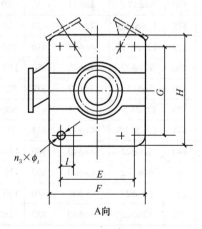

$n_3 \times \phi_i$

A向

说明:

1. WL系列立式排污泵采用单(双)流道或单双叶片结构,无堵塞水力设计,通过性能好,运转平稳,振动小,可靠性高,安装简便,操作容易并可自动控制。

2. 该系列排污泵采用进口轴承,机械密封,不锈钢轴,使性能更加优良。

3. 该系列排污泵广泛用于城市的污水处理、给排水,工矿企业的污水、泥浆、粪便、灰渣、纸浆等输送及排放等。

4. 该系列泵的流量为20~10000m³/h,扬程为6~54m,电机功率4~1800kW,通过颗粒为25~300mm。

| 图名 | WL I 型排污泵安装(一) | 图号 | JS2-4-18(一) |

WL I 型泵安装尺寸(mm)

型　号	出口法兰				进口法兰				$n_3 \times \phi i$	A	B	C	D	E	F	G	H	i
	ϕa	ϕb	ϕc	$n_1 \times \phi d$	ϕe	ϕf	ϕg	$n_2 \times \phi d$										
100WL80-35-22	100	180	220	8×φ17.5	150	225	265	8×φ17.5	4×φ22	277	907	600	350	355	475	590	670	—
150WL250-18-22	150	225	265	8×φ17.5	200	280	320	8×φ17.5	4×φ27	364	951	600	450	500	640	750	840	—
150WL300-18-22	150	225	265	8×φ17.5	200	280	320	8×φ17.5	4×φ27	364	951	600	450	355	470	950	670	—
150WL414-11.4-22	150	225	265	8×φ17.5	200	280	320	8×φ17.5	4×φ27	320	950	600	450	590	670	355	470	—
250WL600-8.4-22	250	350	395	12×φ22	300	395	440	12×φ22	4×φ27	450	1100	600	520	790	880	610	700	—
250WL680-6.8-22	250	350	395	12×φ22	300	395	440	12×φ22	4×φ27	450	1006	600	460	610	700	790	880	—
150WL262-19.9-30	150	225	265	8×φ17.5	200	280	320	8×φ17.5	4×φ27	380	950	665	450	500	640	750	840	—
250WL675-10.1-30	250	350	395	12×φ22	300	395	440	12×φ22	4×φ27	480	1441	665	600	780	900	735	856	—
250WL725-9.4-30	250	350	395	12×φ22	300	395	440	12×φ22	4×φ40	500	1435	1030	645	780	900	735	855	—
300WL1000-7.1-30	300	400	445	12×φ22	350	445	490	12×φ22	4×φ40	450	1300	665	650	780	900	730	850	—
150WL350-20-37	150	225	265	8×φ17.5	200	280	320	8×φ17.5	4×φ27	380	950	895	450	500	640	750	840	—
200WL400-17.5-37	200	295	340	8×φ22	250	335	375	12×φ17.5	4×φ27	420	970	895	550	500	640	750	840	—
200WL480-13-37	200	295	340	8×φ22	250	335	375	12×φ17.5	4×φ27	410	953	895	483	500	640	750	840	—
300WL1000-8.5-37	300	400	445	12×φ22	350	445	490	12×φ22	4×φ40	450	1300	980	650	780	900	730	850	—
150WL320-26-45	150	225	265	8×φ17.5	200	280	320	8×φ17.5	4×φ27	377	925	795	400	500	640	750	840	—
200WL500-20.5-45	200	295	340	8×φ22	250	335	375	12×φ17.5	4×φ27	420	950	980	550	500	640	750	840	—
200WL600-15-45	200	295	340	8×φ22	250	335	375	12×φ17.5	4×φ27	414	973	980	550	500	640	750	840	—
250WL750-12-45	250	350	395	12×φ22	300	395	440	12×φ22	4×φ40	500	1405	1030	645	780	900	735	855	—
100WL100-70-55	100	180	220	8×φ17.5	150	225	265	8×φ17.5	4×φ40	355	1195	890	570	780	900	730	850	—
250WL800-15-55	250	350	395	12×φ22	300	395	440	12×φ22	4×φ40	480	1400	1030	600	780	900	735	855	—
300WL900-12-55	300	400	445	12×φ22	350	445	490	12×φ22	4×φ40	455	1285	1220	750	780	900	730	850	—
350WL1500-8-55	350	460	505	16×φ22	400	495	540	16×φ12	4×φ40	500	1305	1030	550	840	970	745	875	—
400WL1750-7.6-55	400	515	565	16×φ27	450	550	595	16×φ12	4×φ40	555	1310	1030	620	840	970	745	875	—

图名	WL I 型排污泵安装(二)	图号	JS2-4-18(二)

型　号	出口法兰				进口法兰				$n_3 \times \phi i$	A	B	C	D	E	F	G	H	i
	ϕa	ϕb	ϕc	$n_1 \times \phi d$	ϕe	ϕf	ϕg	$n_2 \times \phi d$										
350WL1714-15.3-110	350	460	505	16×φ22	400	495	540	16×φ22	4×φ40	600	1400	1505	800	840	970	745	875	—
500WL2490-9-110	500	620	670	20×φ27	550	655	705	20×φ26	6×φ40	600	1780	1480	850	1080	1210	1030	1160	540
600WL3322-7.5-110	600	725	780	20×φ30	650	760	820	20×φ26	6×φ40	700	1780	1480	900	1210	1340	1160	1290	605
200WL600-50-132	200	295	340	8×φ22	250	335	375	12×φ17.5	4×φ27	555	1359	1170	500	745	875	840	970	
250WL820-35-132	250	350	395	12×φ22	300	395	440	12×φ22	4×φ40	500	1450	1320	650	780	900	735	855	
400WL2200-12-132	400	515	565	16×φ27	450	550	595	16×φ22	4×φ40	555	1304	1505	800	840	970	745	875	
250WL900-40-160	250	350	395	12×φ22	300	395	440	12×φ22	4×φ40	500	1450	1505	700	780	900	735	855	
300WL1300-25-160	300	400	445	12×φ22	350	445	490	12×φ22	4×φ40	480	1400	1505	700	780	900	730	850	
300WL1250-28-160	300	400	445	12×φ22	350	445	490	12×φ22	4×φ40	500	1400	1505	700	780	900	730	850	
350WL1900-20-160	350	460	505	16×φ22	400	495	540	16×φ22	4×φ40	550	1300	1505	750	840	970	745	875	
400WL2100-16-160	400	515	565	16×φ27	450	550	595	16×φ22	4×φ40	555	1465	1505	800	840	970	745	875	
500WL3000-13-160	500	620	670	20×φ27	550	655	705	20×φ26	6×φ40	600	1520	1505	900	1080	1210	1030	1160	540
600WL4000-8.5-160	600	725	780	20×φ30	700	840	895	24×φ30	6×φ40	600	1520	1505	900	1080	1210	1030	1160	540
600WL5000-10-185	600	725	780	20×φ30	650	760	810	20×φ26	6×φ40	570	1355	1415	1200	510	780	1320	1450	255
500WL2900-15-200	500	620	670	20×φ27	550	655	705	20×φ26	6×φ40	650	1355	1415	950	510	780	1320	1450	255
600WL4000-11-200	600	725	780	20×φ30	650	760	810	20×φ24	6×φ40	700	1355	1415	900	510	780	1320	1450	255
700WL5500-8.5-200	700	840	895	24×φ30	800	950	1015	24×φ33	6×φ40	800	1355	1415	1100	1000	1270	1600	1730	500
350WL1200-42-220	350	460	505	16×φ22	400	495	540	16×φ22	4×φ40	600	1360	1505	800	840	970	745	965	—
350WL1500-32-220	350	460	505	16×φ22	400	495	540	16×φ22	4×φ40	600	1400	1505	800	840	970	745	875	—
350WL2150-24-220	350	460	505	16×φ22	400	495	540	16×φ22	4×φ40	600	1400	1505	800	840	970	745	875	—
500WL3000-19-220	500	620	670	20×φ27	550	655	705	20×φ26	6×φ40	530	1590	1430	925	1080	1210	1030	1160	540
500WL3400-17-250	500	620	670	20×φ27	550	655	705	20×φ26	6×φ40	700	2070	1710	1000	510	780	1320	1450	255
400WL1100-52-250	400	515	565	16×φ27	450	550	595	16×φ22	4×φ40	600	1400	2444	800	840	970	745	965	—
600WL4820-12.3-250	600	725	780	20×φ30	700	810	860	24×φ26	6×φ40	700	2070	1710	1000	1000	1270	1600	1730	500

图名	WL I 型排污泵安装(三)	图号	JS2-4-18(三)

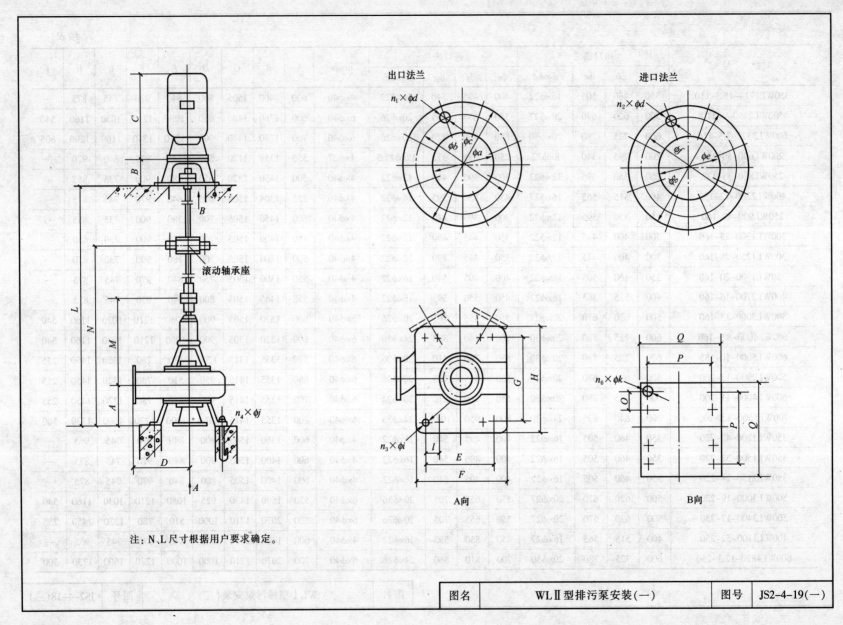

出口法兰

进口法兰

滚动轴承座

A向

B向

注：N、L尺寸根据用户要求确定。

| 图名 | WLⅡ型排污泵安装(一) | 图号 | JS2-4-19(一) |

WL Ⅱ型泵安装尺寸表(mm)

型 号	出口法兰				进口法兰				$n_3×\phi i$	A	B	C	D	E	F	G	H	i	M	O	P	Q	$n_6×\phi k$
	ϕa	ϕb	ϕc	$n_1×\phi d$	ϕe	ϕf	ϕg	$n_2×\phi d$															
100WL100-10-5.5	100	180	220	8×φ17.5	150	225	265	8×φ17.5	4×φ22	300	430	395	300	355	435	590	670	—	555	300	600	700	6×φ27
100WL30-25-5.5	100	180	220	8×φ17.5	150	225	265	8×φ17.5	4×φ22	301	430	400	340	355	435	590	670	—	555	300	600	700	6×φ27
150WL210-7-7.5	150	225	265	8×φ17.5	200	280	320	8×φ17.5	4×φ22	312	430	495	400	590	670	355	470	—	654	300	600	700	6×φ27
150WL190-18-18.5	150	225	265	8×φ17.5	200	280	320	8×φ17.5	4×φ22	320	430	560	450	590	670	355	470	—	840	300	600	700	6×φ27
150WL292-13.3-18.5	150	225	265	8×φ17.5	200	280	320	8×φ17.5	4×φ22	320	430	560	450	590	670	355	470	—	840	300	600	700	6×φ27
200WL450-8.4-18.5	200	295	340	8×φ22	250	335	375	12×φ17.5	4×φ22	320	430	560	480	500	640	750	840	—	810	300	600	700	6×φ27
100WL80-35-22	100	180	220	8×φ17.5	150	225	265	8×φ17.5	4×φ22	320	430	600	450	355	435	590	670	—	800	300	600	700	6×φ27
150WL250-18-22	150	225	265	8×φ17.5	200	280	320	8×φ17.5	4×φ22	320	430	600	450	590	670	355	470	—	844	300	600	700	6×φ27
150WL300-16-22	150	225	265	8×φ17.5	200	280	320	8×φ17.5	4×φ22	320	430	600	450	590	670	355	470	—	840	300	600	700	6×φ27
150WL414-11.4-22	150	225	265	8×φ17.5	200	280	320	8×φ17.5	4×φ22	320	430	600	450	590	670	355	470	—	840	300	600	700	6×φ27
250WL600-8.4-22	250	350	395	12×φ22	300	395	440	12×φ22	4×φ27	450	430	600	520	790	880	610	700	—	854	300	600	700	6×φ27
250WL680-6.8-22	250	350	395	12×φ22	300	395	440	12×φ22	4×φ27	450	430	600	480	610	700	740	880	—	854	300	600	700	6×φ27
150WL262-19.9-30	150	225	265	8×φ17.5	200	280	320	8×φ17.5	4×φ22	380	430	665	450	500	640	750	840	—	810	300	600	700	6×φ27
250WL675-10.1-30	250	350	395	12×φ22	300	395	440	12×φ22	4×φ27	450	430	665	480	790	880	610	700	—	854	300	600	700	6×φ27
250WL720-9.4-30	250	350	395	12×φ22	300	395	440	12×φ22	4×φ40	500	430	1030	645	780	900	735	855	—	1160	300	600	700	6×φ27
300WL1000-7.1-30	300	400	445	12×φ22	350	445	490	12×φ22	4×φ40	450	430	665	650	780	900	735	855	—	1160	300	600	700	6×φ27
150WL350-20-37	150	225	265	8×φ17.5	200	280	320	8×φ17.5	4×φ27	380	430	895	450	500	640	750	840	—	810	300	600	700	6×φ27
200WL400-17.5-37	200	280	320	8×φ22	250	335	375	12×φ17.5	4×φ27	410	430	895	460	500	640	750	840	—	810	300	600	700	6×φ27
200WL480-13-37	200	280	320	8×φ22	250	335	375	12×φ17.5	4×φ27	410	430	895	483	500	640	750	840	—	820	300	600	700	6×φ27
300WL1000-8.5-37	300	400	445	12×φ22	350	445	490	12×φ22	4×φ40	450	430	980	650	780	900	750	850	—	1160	300	600	700	6×φ27

图名	WL Ⅱ型排污泵安装(二)	图号	JS2-4-19(二)

型 号	出口法兰				进口法兰				$n_3×\phi i$	A	B	C	D	E	F	G	H	i	M	O	P	Q	$n_6×\phi k$
	ϕa	ϕb	ϕc	$n_1×\phi d$	ϕe	ϕf	ϕg	$n_2×\phi d$															
150WL320-26-45	150	225	265	8×φ17.5	200	280	320	8×φ17.5	4×φ27	377	430	795	400	500	640	750	840	—	800	300	600	700	6×φ27
200WL500-20.5-45	200	295	340	8×φ22	250	335	375	12×φ17.5	4×φ27	414	430	980	550	500	640	750	840	—	818	300	600	700	6×φ27
200WL600-15-45	200	295	340	8×φ22	250	335	375	12×φ17.5	4×φ27	414	430	980	550	500	640	750	840	—	840	300	600	700	6×φ27
250WL750-12-45	250	350	395	12×φ22	300	395	440	12×φ22	4×φ40	500	430	1030	645	780	900	735	855	—	1231	300	600	700	6×φ27
100WL100-70-55	100	180	220	8×φ17.5	150	225	265	8×φ17.5	4×φ40	355	430	890	570	780	900	730	850	—	1045	300	600	700	6×φ27
250WL800-15-55	250	350	395	12×φ22	300	395	440	12×φ22	4×φ40	480	430	1030	600	780	900	735	855	—	1260	300	600	700	6×φ27
300WL900-12-55	300	400	445	12×φ22	350	445	490	12×φ22	4×φ40	455	430	1220	750	780	900	735	855	—	1140	300	600	700	6×φ27
350WL1500-8-55	350	460	505	16×φ22	400	495	540	16×φ22	4×φ40	500	430	1030	550	840	970	745	875	—	1115	300	600	700	6×φ27
400WL1750-7.6-55	400	515	565	16×φ26	450	550	595	16×φ22	4×φ40	555	430	1030	620	840	970	745	875	—	1160	300	600	700	6×φ27
200WL350-40-75	200	295	340	8×φ22	250	335	375	12×φ17.5	4×φ40	440	530	1220	640	780	900	735	855	—	1230	—	840	970	4×φ40
200WL400-30-75	200	295	340	8×φ22	250	335	375	12×φ17.5	4×φ27	420	530	1220	600	780	900	735	855	—	1230	—	840	970	4×φ40
200WL460-35-75	200	295	340	8×φ22	250	335	375	12×φ17.5	4×φ27	450	530	1220	620	780	900	735	855	—	1215	—	840	970	4×φ40
200WL600-25-75	250	350	395	12×φ22	300	395	440	12×φ22	4×φ40	484	530	1220	620	780	900	735	855	—	1239	—	840	970	4×φ40
250WL900-18-75	250	350	395	12×φ22	300	395	440	12×φ22	4×φ40	480	530	1220	600	780	900	735	855	—	1240	—	840	970	4×φ40
300WL938-15.8-75	300	400	445	12×φ22	350	445	490	12×φ22	4×φ40	480	530	1320	700	780	900	735	855	—	1130	—	840	970	4×φ40
350WL1400-12-75	350	460	505	16×φ22	400	495	540	16×φ22	4×φ40	500	530	1220	700	780	900	730	850	—	1130	—	840	970	4×φ40
400WL2000-7-15	400	515	565	16×φ27	450	550	595	16×φ22	4×φ40	555	530	1030	550	840	970	745	875	—	1160	300	600	700	6×φ27
300WL1328-15-90	300	400	445	12×φ22	350	445	490	12×φ22	4×φ40	500	530	1320	700	780	900	730	850	—	1130	—	840	970	4×φ40
350WL1500-13-90	350	460	505	16×φ22	400	495	540	16×φ22	4×φ40	550	530	1320	840	840	970	745	875	—	1251	—	840	970	4×φ40
250WL792-27-110	250	350	395	12×φ22	300	395	540	12×φ22	4×φ40	500	530	1320	645	780	900	735	855	—	1132	—	840	970	4×φ40

图名	WLⅡ型排污泵安装(三)	图号	JS2-4-19(三)

型　号	出口法兰				进口法兰				$n_3 \times \phi i$	A	B	C	D	E	F	G	H	i	M	O	P	Q	$n_6 \times \phi k$
	ϕa	ϕb	ϕc	$n_1 \times \phi d$	ϕe	ϕf	ϕg	$n_2 \times \phi d$															
250WL1000–22–110	250	350	395	12×φ22	300	395	440	12×φ22	4×φ40	500	530	1320	645	780	900	735	855	—	1235	—	840	970	4×φ40
350WL1714–15.3–110	350	460	505	16×φ22	400	495	540	16×φ22	4×φ40	600	530	1505	800	840	970	745	875	—	1190	—	840	970	4×φ40
500WL2490–9–110	500	620	670	20×φ27	550	655	705	20×φ26	6×φ40	600	530	1480	1080	1080	1210	1030	1160	540	1570	—	840	970	4×φ40
600WL3322–7.5–110	600	725	780	20×φ30	700	840	895	24×φ30	6×φ40	700	530	1480	900	1210	1340	1160	1290	605	1600	—	840	970	4×φ40
200WL600–50–132	200	295	340	8×φ22	250	335	375	12×φ17.5	4×φ27	555	530	1170	500	745	875	840	970	—	1280	—	840	970	4×φ40
250WL820–35–132	350	380	395	12×φ22	300	395	440	12×φ22	4×φ40	555	530	1320	650	780	900	735	855	—	1280	—	840	970	4×φ40
400WL2200–12–132	400	515	565	16×φ27	450	550	595	16×φ22	4×φ40	555	530	1525	800	840	970	745	875	—	1255	—	840	970	4×φ40
250WL900–40–160	250	350	395	12×φ22	300	395	440	12×φ22	4×φ40	500	530	1505	700	780	900	735	855	—	1280	—	840	970	4×φ40
300WL1300–25–160	300	400	445	12×φ22	350	445	490	12×φ22	4×φ40	480	530	1505	700	780	900	730	850	—	1230	—	840	970	4×φ40
300WL1250–28–160	300	400	445	12×φ22	350	445	490	12×φ22	4×φ40	480	530	1505	700	780	900	730	850	—	1230	—	840	970	4×φ40
300WL1900–20–160	300	400	445	12×φ22	350	445	490	12×φ22	4×φ40	480	530	1505	700	780	900	730	850	—	1230	—	840	970	4×φ40
400WL2100–16–160	400	515	565	16×φ27	450	550	595	16×φ22	4×φ40	555	530	1505	800	840	970	745	875	—	1290	—	840	970	4×φ40
500WL3000–13–160	500	620	670	20×φ27	550	655	705	20×φ26	6×φ40	600	530	1505	900	1080	1210	1030	1160	540	1336	—	840	970	4×φ40
600WL4000–8.5–160	600	725	780	20×φ30	650	760	810	20×φ26	6×φ40	570	530	1505	1000	1080	1210	1030	1160	540	1330	—	840	970	4×φ40
600WL5000–10–185	600	725	780	20×φ30	650	760	810	20×φ26	6×φ40	570	530	1415	1200	510	780	1320	1450	255	1355	—	840	970	4×φ40
500WL2900–15–200	500	620	670	20×φ27	550	655	705	20×φ26	6×φ40	600	530	1505	900	1080	1210	1030	1160	540	1300	—	840	970	4×φ40
600WL4000–11–200	600	725	780	20×φ30	700	840	895	24×φ30	4×φ40	600	780	1505	1000	1080	1210	1030	1160	540	1300	—	1050	1150	4×φ40
700WL5500–8.5–200	700	840	895	24×φ30	800	950	1015	24×φ33	6×φ40	600	780	1505	1100	1080	1210	1030	1160	540	1350	—	1050	1150	4×φ40
350WL1200–42–220	350	460	505	16×φ22	400	495	540	16×φ22	4×φ40	600	780	1505	800	840	970	745	875	—	1190	—	1050	1150	4×φ40
350WL1500–32–220	350	460	505	16×φ22	400	495	540	16×φ22	6×φ40	600	780	1505	800	1080	1210	1030	1160	540	1330	—	1050	1150	4×φ40

图名	WLⅡ型排污泵安装(四)	图号	JS2-4-19(四)

型 号	出口法兰				进口法兰				$n_3 \times \phi i$	A	B	C	D	E	F	G	H	i	M	O	P	Q	$n_6 \times \phi k$
	ϕa	ϕb	ϕc	$n_1 \times \phi d$	ϕe	ϕf	ϕg	$n_2 \times \phi d$															
350WL2150-24-220	350	460	505	16×φ22	400	495	540	16×φ22	6×φ40	600	780	1505	900	1080	1210	1030	1160	540	1330	—	1050	1150	4×φ40
500WL3000-19-220	500	620	670	20×φ27	550	655	705	20×φ26	6×φ40	530	780	1430	925	1080	1210	1030	1160	540	1330	—	1050	1150	4×φ40
400WL1100-52-250	400	515	565	16×φ27	450	550	595	16×φ22	6×φ40	600	1400	2444	800	840	970	745	965	—	1900	—	1050	1150	4×φ40
500WL3400-17-250	500	620	670	20×φ27	550	655	705	20×φ26	6×φ40	600	780	1710	900	1080	1270	1030	1160	540	1900	—	1050	1150	4×φ40
600WL4820-12.3-250	600	725	780	20×φ30	700	840	895	24×φ30	6×φ40	600	780	1710	1000	1000	1270	1600	1730	500	1900	—	1050	1150	4×φ40
700WL6100-10-250	700	840	895	24×φ30	800	950	1015	24×φ33	6×φ40	600	780	1710	1200	1000	1270	1600	1730	500	1900	—	1050	1150	4×φ40
700WL6500-9.5-250	700	840	895	24×φ30	800	950	1015	24×φ33	6×φ40	600	780	1710	1200	1000	1270	1600	1730	500	1900	—	1050	1150	4×φ40
400WL2600-28-315	400	515	565	16×φ27	450	550	595	16×φ22	6×φ40	600	780	1710	1100	1000	1270	1600	1730	500	1900	—	1050	1150	4×φ40
500WL3740-20.2-315	500	620	670	20×φ26	550	655	705	20×φ26	6×φ40	600	780	1710	1200	1000	1270	1600	1730	500	1900	—	1050	1150	4×φ40
700WL6400-11.6-315	700	840	895	24×φ30	800	950	1015	24×φ33	6×φ40	600	780	1710	1300	1000	1270	1600	1730	500	1900	—	1050	1150	4×φ40
500WL3550-23-355	500	620	670	20×φ27	550	655	705	20×φ26	6×φ40	600	780	1710	1300	1000	1270	1600	1730	500	1900	—	1050	1150	4×φ40
600WL5000-17-355	600	725	780	20×φ30	700	810	860	24×φ26	6×φ40	600	780	1710	1200	1000	1270	1600	1730	500	1900	—	1050	1150	4×φ40
400WL2540-35.6-400	400	515	565	16×φ22	450	550	595	16×φ22	6×φ40	700	780	1850	1200	1000	1270	1600	1730	500	1900	—	1050	1150	4×φ40
700WL7580-13-400	700	840	895	24×φ30	800	950	1015	24×φ33	6×φ40	700	780	2100	1400	1100	1370	1800	1930	550	2000	600	1200	1350	6×φ40
800WL8571-11.8-400	800	950	1015	24×φ33	900	1020	1075	24×φ33	6×φ40	700	780	2100	1400	1100	1370	1800	1930	550	2000	600	1200	1350	6×φ40
500WL4240-26.4-450	500	620	670	20×φ27	550	655	705	20×φ26	6×φ40	700	780	2000	1300	1100	1370	1800	1930	550	2000	—	1050	1150	4×φ40
600WL6000-19-450	600	725	780	20×φ30	700	810	860	24×φ26	6×φ40	700	780	2000	1300	1100	1370	1800	1930	550	2000	—	1050	1150	4×φ40
700WL7700-16.8-560	700	840	895	24×φ30	800	950	1015	24×φ33	6×φ40	700	780	2200	1350	1300	1600	2000	2200	650	2200	600	1200	1350	6×φ40
800WL10800-13.5-630	800	950	1015	24×φ33	900	1020	1075	24×φ33	6×φ40	700	780	2350	1400	1300	1600	2000	2200	650	2200	600	1200	1350	6×φ40
800WL10000-16-630	800	950	1015	24×φ33	900	1020	1075	24×φ33	6×φ40	700	780	2350	1400	1300	1600	2000	2200	650	2200	600	1200	1350	6×φ40
700WL9200-19-710	700	840	895	24×φ30	800	950	1015	24×φ33	6×φ40	700	780	2350	1400	1300	1600	2000	2200	650	2200	600	1200	1350	6×φ40

图名	WLⅡ型排污泵安装(五)	图号	JS2-4-19(五)

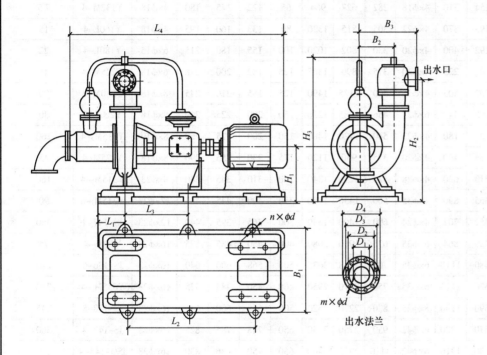

出水口

出水法兰

说明：

1. SWB、SNB 型系列强自吸泵启动时不用灌水、不用真空泵、不用底阀，泵能自动抽气吸水自吸高度可达 8m。

2. 该系列泵的自吸时间短，从 30~500m³/h，自吸时间为 8~180s，大大少于国外同类产品的自吸时间。

3. 该系列泵具有奇特的吸真空装置，使水面到叶轮间始终处于真空状态，减少了对叶轮的汽蚀破坏，提高了泵的效率。

4. 泵在运行中，即使出现"失水"现象，也可以通过吸真空装置自动抽气，随时达到充水自复的效果。

5. 安装使用方便，把泵安装在地面，吸入管插入水中即可。

6. 强自吸污水泵广泛用于油罐倒油、清洗、原油输送、地下污油抽取、污水处理场污水的抽送、矿山井下排水、城建基坑、下水道排水等。

7. 强自吸泥浆泵：泵用于钻井、电厂、煤矿、钢铁厂、渣浆抽送等。

| 图名 | SWB、SNB 型系列污水泵与泥浆泵安装(一) | 图号 | JS2-4-20(一) |

SWB/SNB 型系列强自吸 污水泵/泥浆泵 安装尺寸表

型 号	安装尺寸（mm）											出水口法兰尺寸（mm）					电机	
	L_1	L_2	L_3	L_4	B_1	B_2	B_3	$n×\phi d$	H_1	H_2	H_3	D_1	D_2	D_3	D_4	$m×\phi d$	型号	功率(kW)
80/65SWB30/50-15	150	970	0	1500	540	230	410	4×φ22	330	815	950	65	122	160	180	4×φ18	Y160L-4	15
80/65SWB50/20-7.5	220	480		1210	390	154	310	4×φ18	282	627	964	65	122	145	180	4×φ18	Y132M-4	7.5
100/80SWB80/30-15	200	700		1380	400	193	370	4×φ22	305	815	1320	80	133	160	195	4×φ18	Y160L-4	15
150/100SWB160/25-22	200	800		1450	540	192	400	4×φ20	330	802	1020	100	155	180	215	6×φ15	Y180L-4	22
150/125SWB200/50-45	65	1300		1670	595	0	225	4×φ20	375	890	1305	125	182	200	248	6×φ18	Y225M-4	45
150/125SWB250/80-90	450	1150		2330	1100	302	505	4×φ35	500	1125	1490	125	185	210	245	8×φ18	Y280M-4	90
200/150SWB300/20-30	60	1400	760	1930	420	205	443	6×φ27	456	1085	1220	150	200	225	260	8×φ18	Y200L-4	30
200/150SWB350/100-160	315	1117		2505	600	0	180	4×φ23	540	1120	1480	150	200	225	260	8×φ19	Y315M₂-4	160
200/175SWB420/24-45	122	1300		2010	595	234	490	4×φ20	375	950	1120	175	230	255	290	8×φ18	Y225M-4	45
300/250SWB750/45-160	90	1220	0	2430	760	313	620	4×φ28	424	1215	1340	250	310	345	380	8×φ23	Y315M₂-4	160
350/350SWB1200/14-90	450	1150		2880	1100	365	890	4×φ35	500	1430	1750	350	400	445	485	12×φ23	Y315M₁-6	90
350/300SWB1200/60-360	480	1200		3040	950	352	702	4×φ24	600	1400	1630	300	365	395	440	12×φ23	JS-147-4	360
400/400SWB2000/8-75	310	2460	1540	3380	1180	420	864	6×φ35	675	1910	2680	400	450	485	525	16×φ23	Y280S-4	75
500/500SWB2500/25-240	180	2740	1550	3550	1340	480	1110	6×φ35	700	2118	3035	500	568	600	640	16×φ23	JS-136-6	240
400/400SWB3200/20.6-250	200	2800	1600	3890	1380	520	1125	6×φ35	750	2170	2950	400	450	485	525	16×φ23	Y355M₂-4	250
550/500SWB4100/15-245	50	3000	1050	4230	1460	590	1190	8×φ25	820	2270	2620	500	568	600	645	16×φ23	JS-138-8	245
650/650SWB5800/15-360	150	3940	2120	5110	1540	670	1280	6×φ42	950	2750	3340	650	748	785	825	16×φ28	JS-147-4	360
650/650SWB6200/17-440	230	4020	2240	5735	1720	730	1310	6×φ42	1110	2920	3400	650	750	786	830	16×φ28	JSQ-148-4	440
125/100SNB100/10-11	150	862	0	1340	520	150	250	4×φ28	290	800	1020	100	155	180	215	6×φ15	Y160M-4	11
150/125SNB160/13-22	200	850		1470	425	165	375	4×φ24	330	781	950	125	182	200	248	6×φ15	Y180L-4	22
150/125SNB160/20-30	120	1250		1892	530	186	416	4×φ24	350	950	1220	125	178	200	245	6×φ18	Y200L-4	30
150/125SNB200/35-55	150	1300		2150	600	230	468	4×φ23	380	980	1370	125	178	200	245	6×φ18	Y250M-4	55

图名	SWB、SNB 型系列污水泵与泥浆泵安装(二)	图号	JS2-4-20(二)

2.5 给水管及配件

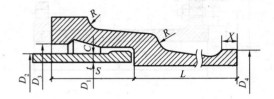

规格与各部尺寸表(GB 3420)(mm)

公称直径	壁厚	内径	外径	承插口各部尺寸							有效长度	重量(kg)
D	t	D_1	D_2	D_3	D_4	S	C	X	R	L		
75	9.0	75	93	113	103	90	14	15	24	3000	58.5
100	9.0	100	118	138	128	90	14	15	24	3000	75.7
125	9.0	125	143	163	153	95	14	15	24	4000	119
150	9.0	150	169	189	179	100	14	15	24	4000	149
200	10.0	200	220	240	230	100	15	15	25	400	207
250	10.0	250	271	293	281	105	15	20	26	4000	277
300	11	300	322	344	332	105	16	20	27	4000	348
350	12	350	374	396	384	110	17	20	28	4000	426

续表

公称直径	壁厚	内径	外径	承插口各部尺寸							有效长度	重量(kg)
D	t	D_1	D_2	D_3	D_4	S	C	X	R	L		
400	13	400	425	447	436	110	18	25	29	4000	519
450	13	450	477	499	488	115	19	25	30	4000	610
500	14	500	528	552	540	115	19	25	31	4000	706
600	15	600	630	654	643	120	20	25	32	4000	928
700	17	700	733	757	745	125	21	25	33	4000	1160
800	18	800	836	860	848	130	23	25	35	4000	1440
900	20	900	939	963	951	135	25	25	37	4000	1760
1000	22	1000	1041	1067	1053	140	27	25	40	4000	2210
1100	24	1100	1144	1170	1156	145	29	25	42	4000	2590
1200	25	1200	1246	1272	1258	150	30	25	43	4000	3010
1350	28	1350	1400	1426	1412	160	33	25	46	4000	3740
1500	30	1500	1554	1580	1566	165	35	25	48	4000	4530

说明:

1. 给水承插铸铁管具有经久耐用,有较强的耐腐蚀性,广泛应用在给排水及污水处理系统中。

2. 法兰式直管连接及检修方便,常用于水泵站和水塔内的水道上。

3. 铸铁管材质脆,不能经受振动和弯折,重量较大。

4. 铸铁管材质规格均严格按照 GB 3420 执行。

图名	给水承插铸铁管(普压)	图号	JS2-5-1

规格与尺寸表

公称直径	壁厚	内径	外径	盘 尺 寸				孔径	孔数	长度	重量
				(mm)				(个)		(mm)	(kg)
D	t	D_1	D_2	D_3	D_4	D_5	K	d	N	L	
75	9.0	75	93	125	168	211	19	18	4	3000	59.5
100	9.0	100	118	152	195	238	19	18	4	3000	76.4
125	9.0	125	143	177	220	263	19	13	6	3000	93.1
150	9.5	150	169	204	247	290	20	18	6	3000	116
200	10	200	220	256	299	342	21	18	3	4000	207
250	11	250	272	308	360	410	22	21	3	4000	280
300	11	300	322	362	414	464	23	21	10	4000	353
350	12	350	374	414	472	530	24	24	10	4000	434
400	13	400	426	466	524	582	25	24	12	4000	525
450	13	450	477	518	585	652	26	28	12	4000	622
500	14	500	528	572	639	706	27	28	12	4000	721
600	15	600	630	676	743	810	28	28	16	4000	942
700	17	700	733	780	854	928	29	31	16	4000	1180
800	18	800	836	886	960	1034	31	31	20	4000	1470
900	20	900	939	990	1073	1156	33	34	20	4000	1800
1000	22	1000	1041	1096	1179	1262	34	34	24	4000	2230
1100	24	1100	1144	1200	1283	1366	36	34	24	4000	2610
1200	25	1200	1246	1304	1387	1470	38	34	28	4000	3030
1350	28	1350	1400	1462	1552	1642	40	38	28	4000	3760
1500	30	1500	1554	1620	1710	1800	42	38	32	4000	4540

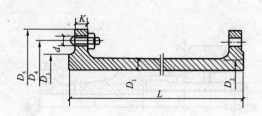

连续铸铁管的试验水压性能(GB 3422—82)

公称直径 DN	试 验 水 压 力 (MPa)		
(mm)	LA 级	A 级	B 级
≤450	2.0	2.5	3.0
≥500	1.5	2.0	2.5

注:如用于输送煤气,需做气密性试验时,由供需双方协议规定:1kg/cm²＝98.0665kPa。

说明:

1. 铸铁给水管的材质和规格均严格按照 GB 3420 执行。

2. 法兰式铸铁给水管的连接及检修方便,主要用于水泵站和水塔内的水道上。

3. 给水承插式铸铁给水管具有经久耐用,而且有较强的耐腐蚀性,所以广泛应用于市政及建筑的给水与排水中。

4. 铸铁管的材质脆,不能经受较大的振动和弯折,而且铸铁管重量较大,给移动和安装带来一些不便。

图名	给水铸铁法兰管(普压)	图号	JS2-5-2

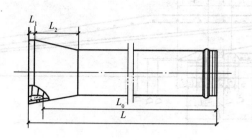

一阶段工艺预应力钢筋混凝土输水管外形

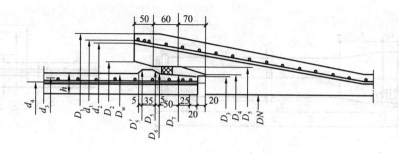

一阶段工艺预应力钢筋混凝土输水管接头大样

一阶段工艺预应力钢筋混凝土输水管标准规格

公称内径 DN (mm)	外径 D_w (mm)	壁厚 h (mm)	长度 (mm)		接 头 尺 寸 (mm)												钢 筋 位 置 (mm)				参考重量 (kg/根)
					承 口						插 口						承 口		插 口		
			L_0	L	D_1	D_2	D_3	D_4	L_1	L_2	D'_5	D_5	D_6	D_7	D_8	d_1	d_2	d_3	d_4	
400	500	50	4980	5160	684	548	524	494	70	504	518	516	500	496	490	654	642	470	458	825
500	600	50	4980	5160	784	648	624	594	70	504	618	616	600	596	590	754	742	570	558	1220
600	710	55	4980	5160	894	748	724	694	70	504	718	716	700	696	690	854	842	670	658	1600
700	810	55	4980	5160	1004	858	834	804	70	532	828	826	810	806	800	969	957	775	763	1830
800	920	60	4980	5160	1124	968	944	914	70	560	938	936	920	916	910	1089	1077	885	873	2340
900	1030	65	4980	5160	1248	1082	1056	1024	80	599	1050	1048	1030	1026	1020	1211	1199	993	981	2800
1000	1140	70	4980	5160	1368	1192	1166	1134	80	626	1160	1158	1140	1136	1130	1331	1319	1103	1091	3300
1200	1360	80	4980	5160	1608	1412	1386	1354	80	682	1380	1378	1360	1356	1350	1569	1557	1312	1300	4500
1400	1580	90	4980	5160	1850	1636	1608	1572	80	714	1602	1600	1580	1576	1570	1802	1790	1512	1500	6500

图名	水泥预应力混凝土输水管(一)	图号	JS2-5-3(一)

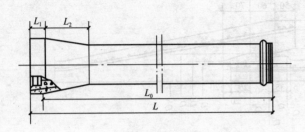

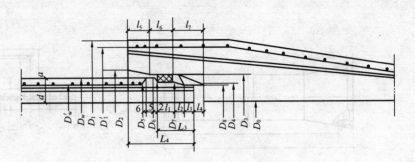

三阶段工艺预应力钢筋混凝土输水管外形　　　　三阶段工艺预应力钢筋混凝土输水管接头大样

说明：

1. 水泥预应力混凝土输水管的材质和规格严格执行 GB 4084 的规定。

2. 预应力和自应力钢筋混凝土管，作为压力给水管已日趋广泛应用在城市的给水系统。

3. 水泥预应力和自应力输水管具有良好的抗渗性和耐久性，施工方便，内壁不结垢，输送能力保持不变等。

4. 材质较脆，在用给水管时，当运输装卸严禁抛掷和撞碰，在敷设管道时，沟底必须平整，以免水管架空，沟底覆土必须夯实。

预应力钢筋混凝土输水管类别及压力指标

型　号	工作压力 (MPa)	抗渗压力 (MPa)	抗　裂　压　力　(MPa)							
			一　阶　段　工　艺　(JC197)				三　阶　段　工　艺　(JC114)			
			管　径　(mm)				管　径　(mm)			
			400~500	600~700	800~1000	1200~1400	400~500	600~700	800~1000	1200~1400
工压-4	0.4	0.8	1.2	1.3	1.4	1.5	1.1	1.2	1.3	1.4
工压-6	0.6	1.0	1.4	1.5	1.6	1.7	1.3	1.4	1.5	1.6
工压-8	0.8	1.2	1.6	1.7	1.8	1.9	1.5	1.6	1.7	1.8
工压-10	0.10	1.4	1.8	1.9	2.0	2.1	1.7	1.8	1.9	2.0
工压-12	0.12	1.6	2.0	2.1	2.2	2.3	1.9	2.0	2.1	2.2

注：1. 各型号管子的压力指标均按管顶覆土≤2.0m确定，但管顶最小覆土深度为0.8m，若超过此范围，应另行计算；

　　2. 若所需工作压力不在上表范围内，由供需双方另行协商确定。

图名	水泥预应力混凝土输水管(二)	图号	JS2-5-3(二)

自应力钢筋混凝土输水管类别及压力指标

类　型	公称内径 (mm)	压力指标,kg/cm²(MPa)		类　型	公称内径 (mm)	压力指标,kg/cm²(MPa)	
		工作压力	出厂检验压力			工作压力	出厂检验压力
工压-4	100~800	4(0.4)	8(0.8)	工压-8	100~800	8(0.8)	14(1.4)
工压-5		5(0.5)	10(1.0)	工压-10		10(1.0)	17(1.7)
工压-6		6(0.6)	12(1.2)	工压-12		12(1.2)	20(2.0)

注：1. 管道压力指标均按管顶覆土≤2.0m确定,但管顶最小覆土深度:内径100~350mm不小于0.8m,内径400~600mm不小于0.6m;

2. 各种管道铺设时接头处的允许偏转角:内径100~350的管子为2°,内径400~800的管子为1.5°,纵向允许位移5mm;

3. 若所需压力不在上表所列范围,由供需双方协商确定。

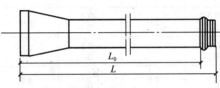

自应力钢筋混凝土输水管外形

说明：

1. 水泥自应力混凝土输水管的材质和规格应符合 GB 40843 的规定。

2. 预应力和自应力钢筋混凝土管,作为压力给水管已日趋广泛应用在城市的给水系统。

3. 水泥自应力和预应力输水管具有良好的抗渗性和耐久性,施工方便,内壁不结垢,输送能力保持不变等。

4. 材质较脆,在用给水管时,当运输装御严禁抛掷和撞碰,在敷设管道时,沟底必须平整,以免水管架空,沟底覆土必须夯实。

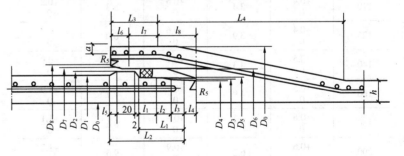

自应力钢筋混凝土输水管接头大样

图名	水泥自应力混凝土输水管	图号	JS2-5-4

239

硬聚氯乙烯管规格(mm)

续表

公称外径 d_e		壁厚 δ			
		公称压力 0.63MPa		公称压力 1.00MPa	
基本尺寸	允许偏差	基本尺寸	允许偏差	基本尺寸	允许偏差
20	+0.3 0	1.6	+0.4 0	1.9	+0.4 0
25	+0.3 0	1.6	+0.4 0	1.9	+0.4 0
32	+0.3 0	1.6	+0.4 0	1.9	+0.4 0
40	+0.3 0	1.6	+0.4 0	1.9	+0.4 0
50	+0.3 0	1.6	+0.4 0	2.4	+0.5 0
63	+0.3 0	2.0	+0.4 0	3.0	+0.5 0
75	+0.3 0	2.3	+0.5 0	3.6	+0.6 0
90	+0.3 0	2.8	+0.5 0	4.3	+0.7 0
110	+0.4 0	3.4	+0.6 0	5.3	+0.8 0
125	+0.4 0	3.9	+0.6 0	6.0	+0.8 0
140	+0.5 0	4.3	+0.7 0	6.7	+0.9 0
160	+0.5 0	4.9	+0.7 0	7.7	+1.0 0
180	+0.6 0	5.5	+0.8 0	8.6	+1.1 0
200	+0.6 0	6.2	+0.9 0	9.6	+1.2 0
225	+0.7 0	6.9	+0.9 0	10.8	+1.3 0
250	+0.8 0	7.7	+1.0 0	11.9	+1.4 0
280	+0.9 0	8.6	+1.1 0	13.4	+1.6 0
315	+1.0 0	9.7	+1.2 0	15.0	+1.7 0

注: 1. 壁厚是以20℃时环向(诱导)应力为10MPa确定的。

2. 公称压力是管材在20℃下输送水的工作压力。若水温不同时,应按温度系数表校核工作压力。

温度系数表

温 度 (℃)	与公称压力相对应的系数
$0 < t \leqslant 25$	1
$25 < t \leqslant 35$	0.8
$35 < t \leqslant 45$	0.63

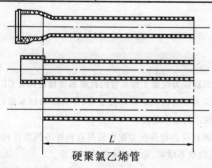

硬聚氯乙烯管

说明:
1. 施工所使的硬聚氯乙烯给水管管材、管件应分别符合《给水用硬聚氯乙烯管件》(GB 10002.2—88)的要求。如发现有损坏、变形、变质迹象或存放超过规定期限时,使用前应进行抽样鉴定。

2. 管材与插口的工作面,必须表面平整,尺寸准确,既要保证安装时插入容易,又要保证接口的密封性能。

3. 硬聚氯乙烯管在安装前应进行承口与插口的管径量测,并编号记录,进行偏差配合,以便安装时插入容易和保证接口的严密性。

4. 管材具有强度高、表面光滑,耐腐蚀,重量轻,加工和接头方便等优点。但材质脆,并易老化变质。

图名	聚氯乙烯管(PVC管)(一)	图号	JS2-5-5(一)

PVC管密封圈连接承插口规格(mm)

管材公称外径 d_e	最小承口长度 L	管材公称外径 d_e	最小承口长度 L
63	64	180	90
75	67	200	94
90	70	225	100
110	75	250	105
125	78	280	112
140	81	315	118
160	86	—	—

生活给水管卫生性能

性 能	指 标
铝的萃取值	第一次小于 1.0mg/L,第三次小于 0.3mg/L
锡的萃取值	第三次小于 0.02mg/L
镉的萃取值	三次萃取液均不大于 0.01mg/L
汞的萃取值	三次萃取液均不大于 0.001mg/L
聚氯乙烯单体含量	≤1.0mg/L

溶剂粘接承插口(mm)

承口公称内径 d_e	最小承口长度 L	在承口深度中点的平均内径(用于有间隙的接头)	
		最 小	最 大
20	16.0	20.1	20.3
25	18.5	25.1	25.3
32	22.0	32.1	32.3
40	26.0	40.1	40.3
50	31.0	50.1	50.3
63	37.5	63.1	63.3
75	43.5	75.1	75.3
90	51.0	90.1	90.3
110	61.0	110.1	110.4
125	68.5	125.1	125.4
140	76.0	140.2	140.5
160	86.0	160.2	160.5

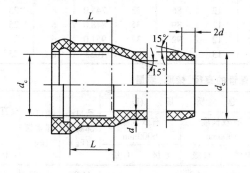

弹性密封圈粘接型承插口

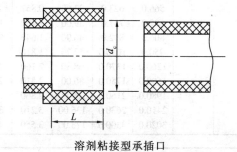

溶剂粘接型承插口

注：1. 承口部分的平均内径,系指在承口深度中点所测定相互垂直的两直径的算术平均值,承口部分的最大夹角 0℃时应不超过 30′。

2. 承口内径不圆度公差:最大不圆度公差(即最大直径与最小直径之差)应等于 0.007d_e;如果 0.007d_e<0.2mm,应等于 0.2mm。

图名	聚氯乙烯管(PVC 管)(二)	图号	JS2-5-5(二)

砂型离心铸铁直管外形规格

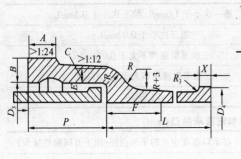

公称直径 DN (mm)	各 部 尺 寸 (mm)											有效长度
	承 口							插 口				
	D_3	A	B	C	P	E	F	R	D_4	R_3	X	L
200	240.0	38	30	15	100	10	71	25	230.0	5	15	5000
250	293.6	38	32	15	105	11	73	26	281.6	5	20	5000
300	344.8	38	33	16	105	11	75	27	332.8	5	20	5000
350	396.0	40	34	17	110	11	77	28	384.0	5	20	6000
400	447.6	40	36	18	110	11	78	29	435.0	5	25	6000
450	498.8	40	37	19	115	11	80	30	486.8	5	25	6000
500	552.9	40	38	19	115	12	82	31	540.0	6	25	6000
600	654.8	42	41	20	120	12	84	32	642.8	6	25	6000
700	757.0	42	43	21	125	12	86	33	745.0	6	25	6000
800	860.0	45	46	23	130	12	89	35	848.0	6	25	6000
900	963.0	45	50	25	135	12	92	37	951.0	6	25	6000
1000	1067.0	50	54	27	140	13	98	40	1035.0	6	25	6000

砂型离心铸铁直管的直径、壁厚、质量

公称直径 DN (mm)	壁 厚 (mm)		内 径 (mm)		外径 (mm)	总 质 量 (kg)				承口凸部质量 (kg)	插口凸部质量 (kg)	直部每米质量 (kg)	
						有效长度 5000mm		有效长度 6000mm					
	P 级	G 级	P 级	G 级		P 级	G 级	P 级	G 级			P 级	G 级
200	8.8	10.0	202.4	200	220.0	227.0	254.0			16.30	0.382	42.0	47.5
250	9.5	10.8	252.6	250	271.6	303.0	340.0			21.30	0.626	56.5	63.7
300	10.0	11.4	302.8	300	322.8	381.0	428.0	452.0	509.0	26.10	0.741	70.8	80.3
350	10.8	12.0	352.4	350	374.0			566.0	623.0	32.60	0.857	88.7	98.3
400	11.5	12.8	402.6	400	425.6			687.0	757.0	39.00	1.460	107.7	119.5
450	12.0	13.4	452.4	450	476.8			806.0	892.0	46.90	1.640	126.2	140.5
500	12.8	14.0	502.4	500	528.0			950.0	1030.0	52.70	1.810	149.2	162.8
600	14.2	15.6	602.4	599.6	630.8			1260.0	1370.0	68.80	2.160	198.0	217.1
700	15.5	17.1	702.0	698.8	733.0			1600.0	1750.0	86.00	2.510	251.6	276.9
800	16.8	18.5	802.6	799.0	838.0			1980.0	2160.0	109.00	2.860	311.3	342.1
900	18.2	20.0	902.6	899.0	939.0			2410.0	2630.0	136.00	3.210	379.1	415.7
1000	20.5	22.6	1000.0	955.8	1041.0			3020.0	3300.0	173.00	3.550	473.2	520.6

图名	砂型离心铸铁直管性能	图号	JS2-5-6

连续铸铁直管外形及规格尺寸

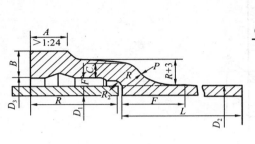

公称直径 DN (mm)	承口内径 D_3 (mm)	A	B	C	E	P	F	R	公称直径 DN (mm)	承口内径 D_3 (mm)	A	B	C	E	P	F	R
75	113.0	36	26	12	10	90	75	32	500	552.0	40	40	21	12	115	97	45
100	138.0	36	26	12	10	95	75	32	600	654.8	42	44	23	12	120	101	47
150	189.0	36	26	12	10	100	75	32	700	757.0	42	48	26	12	125	106	50
200	240.0	38	28	13	10	100	77	33	800	860.0	45	51	28	12	130	111	52
250	293.6	38	32	15	11	105	83	37	900	963.0	45	56	31	12	135	115	55
300	344.8	38	33	16	11	105	85	38	1000	1067.0	50	60	33	13	140	121	59
350	396.0	40	34	17	11	110	87	39	1100	1170.0	50	64	36	13	145	126	62
400	447.6	40	36	18	11	110	89	40	1200	1272.0	52	68	38	13	150	130	64
450	498.8	40	37	19	11	115	91	41									

连续铸铁直管壁厚、质量

公称直径 DN (mm)	外径 D_2 (mm)	壁厚 t(mm)			承口凸部质量 (kg)	直部质量 (kg/m)			管子总质量 (kg/节)								
									有效长度 4000mm			有效长度 5000mm			有效长度 6000mm		
		LA级	A级	B级		LA级	A级	B级	LA级	A级	B级	LA级	A级	B级	LA级	A级	B级
75	93.0	9.0	9.0	9.0	6.66	17.1	17.1	17.1	75.1	75.1	75.1	92.2	92.2	92.2			
100	118.0	9.0	9.0	9.0	8.26	22.2	22.2	22.2	97.1	97.1	97.1	119	119	119			
150	169.0	9.0	9.2	10.0	11.43	32.6	33.3	36.0	142	145	155	174	178	191	207	211	227
200	220.0	9.2	10.1	11.0	15.62	43.9	43.0	52.0	191	208	224	235	256	276	279	304	328
250	271.6	10.0	11.0	12.0	23.06	59.2	64.8	70.5	260	282	305	319	347	376	378	412	446
300	322.8	10.8	11.9	13.0	28.30	76.2	83.7	91.1	333	363	393	409	447	484	486	531	575
350	374.0	11.7	12.8	14.0	34.01	95.9	104.6	114.0	418	452	490	514	557	604	609	662	718
400	425.6	12.5	13.8	15.0	42.31	116.8	128.5	139.3	510	556	600	626	685	739	743	813	878
450	476.8	13.3	14.7	16.0	50.49	139.4	153.7	166.8	608	665	718	747	819	884	887	973	1050
500	528.0	14.2	15.6	17.0	62.10	165.0	180.8	196.5	722	785	848	887	966	1040	1050	1150	1240
600	630.8	15.8	17.4	19.0	83.53	219.8	241.4	262.9	963	1050	1140	1180	1290	1400	1400	1530	1660
700	733.0	17.5	19.3	21.0	110.79	283.2	311.6	338.2	1240	1360	1460	1530	1670	1800	1810	1980	2140
800	836.0	19.2	21.1	23.0	139.64	354.7	388.9	423.0	1560	1700	1830	1910	2080	2250	2270	2470	2680
900	939.0	20.8	22.9	25.0	176.79	432.0	474.5	516.9	1900	2070	2240	2340	2550	2760	2770	3020	3280
1000	1041.0	22.5	24.8	27.0	219.98	518.4	570.0	619.3	2290	2500	2700	2810	3070	3320	3330	3640	3940
1100	1144.0	24.2	26.6	29.0	268.41	613.0	672.3	731.4	2720	2960	3190	3330	3630	3930	3950	4300	4660
1200	1246.0	25.8	28.4	31.0	318.51	712.0	782.2	852.0	3170	3450	3730	3880	4230	4580	4590	5010	5430

图名	连续铸铁直管性能	图号	JS2-5-7

A 型排水直管承插口外形、尺寸(mm)

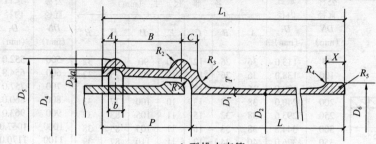

A 型排水直管

公称口径 DN	管厚 T	内径 D₁	外径 D₂	承 口 尺 寸											插 口 尺 寸			
				D_3	D_4	D_5	A	B	C	P	R	R_1	R_2	a	b	D_5	X	R_4	R_5
50	4.5	50	59	73	84	98	10	48	10	65	6	15	8	4	10	66	10	15	5
75	5	75	85	100	111	126	10	53	10	70	6	15	8	4	10	92	10	15	5
100	5	100	110	127	139	154	11	57	11	75	7	16	8.5	4	12	117	15	15	5
125	5.5	125	136	154	166	182	11	62	11	80	7	16	9	4	12	143	15	15	5
150	5.5	150	161	181	193	210	12	66	12	85	7	18	9.5	4	12	168	15	15	5
200	6	200	212	232	246	264	12	76	13	95	7	18	10	4	12	219	15	15	5

排水铸铁直管规格(GB 8716)(mm)

公称直径 DN	内 径 d	有效长度 L	管身壁厚 S	承口壁厚 t	承口深度 L_s	承插口间隙 $\dfrac{d_3-d_1}{2}$	承口倾斜 H
50	50	300,500	14	≥10	≥40	≥10	≈4
75	75			≥10	≥40		≈4
100	100		17		≥50		
150	150		18	≥13	≥55	≥12	≈5
200	200		20		≥60		
250	250	500,600,700,	22	≥16		≥15	
300	300	800,1000	24	≥20	≥70		≈6
400	400		30	≥24	≥75	≥20	
500	500		35	≥28			≈7
600	600		40	≥32	≥80	≥25	

图名	A 型排水直管承插口	图号	JS2-5-8

B型排水直管承插口外形尺寸(mm)

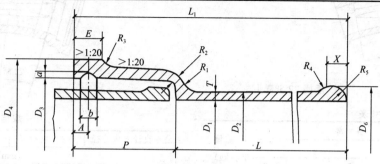

B 型排水直管

公称直径 DN	管厚 T	内径 D_1	外径 D_2	承 口 尺 寸											插 口 尺 寸			
				D_3	D_5	E	P	R	R_1	R_2	R_3	A	a	b	D_6	X	R_4	R_5
50	4.5	50	59	73	98	18	65	6	15	12.5	25	10	4	10	66	10	15	5
75	5	75	85	100	126	18	70	6	15	12.5	25	10	4	10	92	10	15	5
100	5	100	110	127	154	20	75	7	16	14	25	11	4	12	117	15	15	5
125	5.5	125	136	154	182	20	80	7	16	14	25	11	4	12	143	15	15	5
150	5.5	150	161	181	210	20	85	7	18	14.5	25	12	4	12	168	15	15	5
200	6	200	212	232	264	25	95	7	18	15	25	12	4	12	219	15	15	5

排水直管的壁厚及质量

公称直径 DN (mm)	外径 D_2 (mm)	壁厚 T (mm)	承口凸部质量 (kg)		插口凸部质量 (kg)	直部一米质量 (kg)	有 效 长 度 L (mm)								总长度 L_1(mm)	
							500		1000		1500		2000		1830	
							总 质 量 (kg)									
			A 型	B 型			A 型	B 型	A 型	B 型	A 型	B 型	A 型	B 型	A 型	B 型
50	59	4.5	1.13	1.18	0.05	5.55	3.96	4.01	6.73	6.78	9.51	9.56	12.28	12.33	10.98	11.03
75	85	5	1.62	1.70	0.07	9.05	6.22	6.30	10.74	10.82	15.27	15.35	19.79	19.87	17.62	17.70
100	110	5	2.33	2.45	0.14	11.88	8.41	8.53	14.35	14.47	20.29	20.41	26.23	26.35	23.32	23.44
125	136	5.5	3.02	3.16	0.17	16.24	11.31	11.45	19.43	19.57	27.55	27.69	35.67	35.81	31.61	31.75
150	161	5.5	3.99	4.19	0.20	19.35	13.87	14.07	23.54	23.74	33.22	33.42	42.89	43.09	37.96	38.16
200	212	6	6.10	6.40	0.26	27.96	20.34	20.64	34.32	34.62	48.30	48.60	62.28	62.58	54.87	55.17

图名	B 型排水直管承插口	图号	JS2-5-9

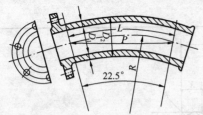
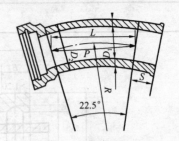

承插 22.5°弯头

承插 22.5°弯头

规格及尺寸表

公称直径	内 径	外 径	壁厚	各 部 尺 寸 (mm)				重量 (kg)
DN	D_1	D_2	t	R	P	L	S	
75	73	93	10	800	312.1	314.1	150	14.1
100	98	118	10	800	312.1	314.1	150	17.5
125	123	143	10	1000	390.1	392.7	150	23.4
150	147	169	11	1000	390.1	392.7	150	30.1
200	198	220	11	1200	468.2	471.2	150	43.7
250	247	271	12	1200	468.2	471.2	150	60.0
300	296	322	13	1400	546.3	549.7	150	84.9
350	376	374	14	1600	624.3	628.3	—	99
400	395	425	15	1800	702.3	706.8	—	131
450	444	476	16	2000	780.4	785.4	—	172
500	494	528	17	2200	858.4	863.9	—	218
600	594	630	18	2600	1014.5	1021	—	314
700	695	733	19	3000	1170.5	1178.1	—	437
800	796	336	20	3400	1326.5	1335.1	—	588
900	895	939	22	3800	1482.7	1492.2	—	803
1000	995	1041	23	4200	1638.8	1649.3	—	1010
1100	1094	1144	25	4500	1755.8	1767.1	—	1280
1200	1194	1246	26	4500	1755.8	1767.1	—	1460
1350	1344	1400	28	4500	1755.8	1767.1	—	1780
1500	1494	1554	30	4500	1755.8	1767.1	—	2120

规格及尺寸表

公称直径	内 径	外 径	壁厚	各 部 尺 寸 (mm)				重量 (kg)
DN	D_1	D_2	t	R	P	L	S	
75	73	93	10	800	312.1	314.1	150	16.5
100	98	118	10	800	312.1	314.1	150	21.1
125	123	143	10	1000	390.1	392.7	150	27.7
150	147	169	11	1000	390.1	392.7	150	35
200	198	220	11	1200	468.2	471.2	150	50.8
250	247	271.6	12	1200	468.2	471.2	150	68.4
300	296.8	322.8	13	1400	546.3	549.7	150	94.3
350	346	374	14	1600	624.3	628.3	—	110
400	395.6	425.6	15	1800	702.3	706.8	—	145
450	444.8	476.8	16	2000	780.4	785.4	—	187
500	494	528	17	2200	858.4	863.9	—	233
600	594.8	630.8	18	2600	1014.5	1021	—	338
700	695	733	19	3000	1170.5	1178.1	—	465
800	796	836	20	3400	1326.5	1335.1	—	625
900	895	939	22	3800	1482.7	1492.2	—	848
1000	995	1041	23	4200	1638.8	1649.3	—	1080
1100	1094	1144	25	4500	1755.8	1767.1	—	1380
1200	1194	1246	26	4500	1755.8	1767.1	—	1560
1350	1344	1400	28	4500	1755.8	1767.1	—	1910
1500	1494	1554	30	4500	1755.8	1767.1	—	2290

图名	铸铁承插 22.5°弯头规格及尺寸表	图号	JS2-5-10

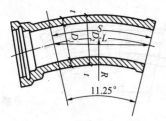

承插 11.25°弯头

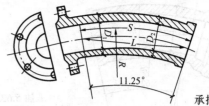

承插 11.25°弯头

规格及尺寸表

| 公称直径 | 内 径 | 外 径 | 壁 厚 | 各 部 尺 寸 | | | 重量 |
DN	D_1	D_2	t	R	S	L	(kg)
				(mm)			
75	73	93	10	3000	588.1	589	18.8
100	98	118	10	3000	588.1	589	24.1
125	123	143	10	3000	588.1	589	29.1
150	147	169	11	3000	588.1	589	36.8
200	198	220	11	4000	784.1	785.4	59.3
250	247	271	12	4000	784.1	785.4	79.9
300	296	322	13	4000	784.1	785.4	102
350	346	374	14	5000	980.2	981.7	150
400	395	425	15	5000	980.2	981.7	183
450	444	476	16	5000	980.2	981.7	219
500	494	528	17	6000	1176.2	1178.1	295
600	594	630	18	6000	1176.2	1178.1	377
700	695	733	19	6000	1176.2	1178.1	465
800	796	836	20	6000	1176.2	1178.1	567
900	895	939	22	6000	1176.2	1178.1	704
1000	995	1041	23	6000	1176.2	1178.1	836
1100	1094	1144	25	6000	1176.2	1178.1	999
1200	1194	1246	26	6000	1176.2	1178.1	1140
1350	1344	1400	28	6000	1176.2	1178.1	1140
1500	1494	1554	30	6000	1176.2	1178.1	1680

规格及尺寸表

| 公称直径 | 内 径 | 外 径 | 壁 厚 | 各 部 尺 寸 | | | 重量 |
DN	D_1	D_2	t	R	S	L	(kg)
				(mm)			
75	73	93	10	3000	538.1	589	16.1
100	98	118	10	3000	588.1	589	20.6
125	123	143	10	3000	583.1	589	24.8
150	147	169	11	3000	588.1	589	31.9
200	108	220	11	4000	784.1	785.4	52.3
250	247	271	12	4000	784.1	785.4	71.6
300	296	322	13	4000	784.1	785.4	92.7
350	346	374	14	5000	980.2	981.7	139
400	305	425	15	6000	980.2	981.7	169
450	444	476	16	5000	980.2	981.7	205
500	494	528	17	6000	1176.2	1178.1	280
600	594	630	18	6000	1176.2	1178.1	353
700	695	733	19	6000	1176.2	1178.1	437
800	796	836	20	6000	1176.2	1178.1	530
900	895	939	22	6000	1176.2	1178.1	660
1000	995	1041	23	6000	1176.2	1178.1	765
1100	1094	1144	25	6000	1176.2	1178.1	912
1200	1194	1246	26	6000	1176.2	1178.1	1040
1360	1344	1400	28	6000	1176.2	1178.1	1270
1600	1494	1554	30	6000	1176.2	1178.1	1510

图名	铸铁承插 11.25°弯头规格及尺寸表	图号	JS2-5-11

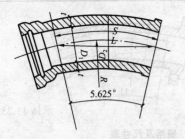

承插 5.625°弯头

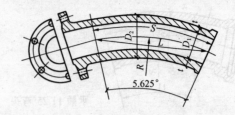

承插 5.625°弯头

规格及尺寸表

公称直径	内 径	外 径	壁 厚	各 部 尺 寸			重量
			(mm)				(kg)
DN	D_1	D_2	t	R	S	L	
75	73	93	10	—	—	—	—
100	98	118	10	—	—	—	—
125	123	143	10	—	—	—	—
150	147	169	11	—	—	—	—
200	198	220	11	—	—	—	—
250	247	271	12	—	—	—	—
300	296	322	13	1000	981.4	981.7	120
350	346	374	14	1000	981.4	981.7	150
400	395	425	15	1000	981.4	981.7	183
450	444	476	16	1000	981.4	981.7	219
500	494	528	17	12000	1177.6	1178.1	295
600	594	630	18	12000	1177.6	1178.1	377
700	695	733	19	12000	1177.6	1178.1	465
800	796	836	20	12000	1177.6	1178.1	597
900	895	639	22	12000	1177.6	1178.1	704
1000	995	1041	23	12000	1177.6	1178.1	836
1100	1094	1144	25	12000	1177.6	1178.1	999
1200	1194	1246	26	12000	1177.6	1178.1	1140
1360	1344	1400	28	12000	1177.6	1178.1	1400
1500	1494	1554	30	12000	1177.6	1178.1	1680

规格及尺寸表

公称直径	内 径	外 径	壁 厚	各 部 尺 寸			重量
			(mm)				(kg)
DN	D_1	D_2	t	R	S	L	
300	296	322	13	1000	981.4	981.7	111
350	346	374	14	1000	981.4	981.7	139
400	395	425	15	1000	981.4	981.7	169
450	444	476	16	1000	981.4	981.7	205
500	494	528	17	12000	1177.6	1178.1	280
600	594	630	18	12000	1177.6	1178.1	353
700	695	733	19	12000	1177.6	1178.1	437
800	796	836	20	12000	1177.6	1178.1	530
900	895	939	22	12000	1177.6	1178.1	660
1000	995	1041	23	12000	1177.6	1178.1	765
1100	1094	1144	25	12000	1177.6	1178.1	912
1200	1194	1246	26	12000	1177.6	1178.1	1040
1350	1344	1400	28	12000	1177.6	1178.1	1270
1500	1494	1554	30	12000	1177.6	1178.1	1510

图名	铸铁承插 5.625°弯头规格及尺寸表	图号	JS2-5-12

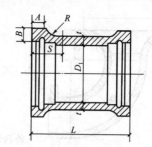

铸铁套管(接轮)

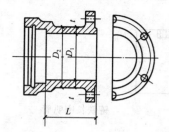

铸铁承盘短管

规格及尺寸表

公称直径	套管口径	壁厚	各 部 尺 寸						重量
			(mm)						(kg)
DN	D_1	t	A	B	R	S	L		
75	113	14	36	28	14	90	300		15.9
100	138	14	36	28	14	95	300		19.1
125	163	14	36	28	14	95	300		22.1
150	189	14	36	28	14	100	300		25.4
200	240	15	38	30	15	100	300		34.3
250	294	15	38	32	15	105	300		43
300	345	16	38	33	16	105	350		59.1
350	396	17	40	34	17	110	350		71.8
400	448	18	40	36	18	110	350		85.6
450	499	19	40	37	19	115	350		100
500	552	19	40	38	19	115	350		110
600	655	20	42	41	20	120	400		156
700	757	21	42	43	21	125	400		189
800	860	23	45	46	23	130	400		236
900	963	25	45	50	25	135	400		288
1000	1067	26	50	54	27	140	450		382
1100	1170	27	50	57	29	145	450		446
1200	1272	28	52	60	30	150	450		506
1350	1426	30	55	65	33	160	500		680
1500	1580	32	57	70	35	165	500		809

规格及尺寸表

公称直径	内 径	外 径	壁 厚	管 长	重量
		(mm)			(kg)
DN	D_1	D_2	t	L	
75	73	93	10	120	13.1
100	98	118	10	120	16.2
125	123	143	10	120	18.9
150	147	169	11	120	23
200	198	220	11	120	30.6
250	247	271	12	170	44.9
300	296	322	13	170	56.2
350	346	374	14	170	71.1
400	395	425	15	170	84.8
450	444	476	16	170	103
500	494	528	17	170	119
600	594	630	18	250	171
700	695	733	19	250	214
800	796	836	20	250	266
900	895	939	22	250	334
1000	995	1041	23	250	404
1100	1094	1144	25	320	523
1200	1194	1246	26	320	601
1350	1344	1400	28	320	753
1500	1494	1554	30	320	909

图名	铸铁套管和短管规格及尺寸表	图号	JS2-5-13

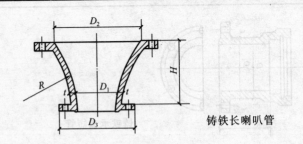

铸铁长喇叭管

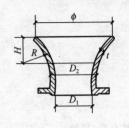

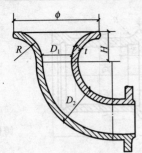

铸铁短喇叭管

规格及尺寸表

公称直径	内 径	外 径	壁 厚	管　　长			重 量
			(mm)				(kg)
DN	D_1	D_2	D_3	t	H	R	(kg)
75	73	95	93	10	45	97.5	0.97
100	98	125	118	10	60	140.1	1.65
125	123	155	143	10	80	208	2.68
150	147	190	169	11	95	220.6	4.23
200	198	250	220	11	125	313.5	7.26
250	247	310	271	12	160	425.9	12.5
300	296	375	322	13	190	481.2	19.6
350	346	440	374	14	220	538.4	27.7
400	395	500	425	15	250	624.8	39
450	444	560	476	16	280	709.4	52.1
500	494	630	528	17	310	740.6	68.7
600	594	750	630	18	370	920.9	103
700	695	870	733	19	440	1150	150
800	796	1000	836	20	500	1276.5	206
900	895	1130	939	22	560	1396.5	262
1000	995	1250	1041	23	630	1620.2	372
1100	1094	1380	1144	25	690	1736.2	488
1200	1194	1500	1246	26	750	1914.7	597
1350	1344	1690	1440	28	840	2125.8	814
1500	1494	1880	1554	30	940	2385.6	1090

规格及尺寸表

公称直径	内 径	外 径	壁 厚	各 部 尺 寸			重 量
				(mm)			
DN	D_1	D_2	t	ϕ	H	R	(kg)
100	98	118	10	150	40	43.8	1.45
125	123	143	10	190	48	51.1	2.21
150	147	169	11	230	56	58.5	3.52
200	198	220	11	300	75	80.6	5.74
250	247	271	12	375	95	102.7	10.1
300	296	322	13	450	110	117.3	15.3
350	346	374	14	530	130	137.8	22.9
400	395	425	15	600	150	161.2	31.8
450	444	476	16	680	170	181.7	43.5
500	494	528	17	750	190	205	56.5
600	594	630	18	900	230	249.6	86.4
700	695	733	19	1050	260	279.2	103
800	796	836	20	1200	300	323.8	167
900	895	930	22	1350	340	368	233

图名	铸铁喇叭管规格及尺寸表	图号	JS2-5-14

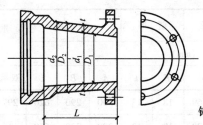

铸铁承盘异径短管

规格及尺寸表

公称直径	内 径		外 径		壁 厚	管 长	重 量
			(mm)				(kg)
DN	D_1	d_1	D_2	d_2	t	L	
75	73	75.4	93	95.4	10	220	15
100	98	101.4	118	121.4	10	220	18.8
125	123	127.6	143	147.6	10	220	22
150	147	151.6	169	173.6	11	220	27
200	198	208	220	225	11	220	35.9
250	247	254	271	278	12	220	48.6
300	296	304	322	330	13	260	64.7
350	346	354	374	382	14	260	81.7
400	395	404	425	434	15	260	97.7
450	444	454	476	486	16	260	118
500	494	505	528	539	17	260	137
600	594	607	630	643	18	300	184
700	695	709	733	747	19	300	230
800	796	812	836	852	20	300	285
900	895	912	939	956	22	300	385
1000	995	1015	1041	1061	23	330	448
1100	1094	1115	1144	1165	25	330	531
1200	1194	1217	1246	1260	26	330	611
1350	1344	1370	1400	1426	28	380	813
1500	1494	1523	1554	1583	30	380	975

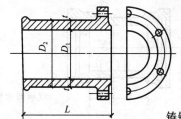

铸铁插盘短管

规格及尺寸表

公称直径	内 径	外 径	壁 厚	管 长	重 量
		(mm)			(kg)
DN	D_1	D_2	t	L	
75	73	93	10	700	17.3
100	98	118	10	700	22.1
125	123	143	10	700	26.8
150	147	169	11	700	34.4
200	198	220	11	700	45.3
250	247	271	12	700	62.1
300	296	322	13	700	79.7
350	346	374	14	700	101
400	395	425	15	750	129
450	444	476	16	750	156
500	494	528	17	750	183
600	594	630	18	750	231
700	695	733	19	750	286
800	796	836	20	750	346
900	895	939	22	800	454
1000	995	1041	23	800	526
1100	1094	1144	25	800	624
1200	1194	1246	26	800	709
1350	1344	1400	28	800	868
1500	1494	1554	30	800	1030

图名	铸铁短管规格及尺寸表	图号	JS2-5-15

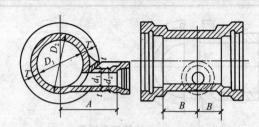

双承泄水管

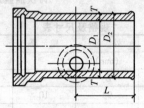

承插泄水短管

规格及尺寸表

公称直径	内径		外径		壁厚		管长			重量 (kg)	
				(mm)							
DN	D_1	d_1	D_2	d_2	T	t	A	B	L	双承	承插
200	198	73	220	93	11	10	160	170	540	57.5	61.2
250	247	73	271	93	12	10	190	180	550	75.5	81.4
300	296	73	322	93	13	10	210	190	550	94.4	102
350	346	73	374	93	14	10	240	200	550	118	127
400	395	98	425	118	15	10	270	220	560	149	160
400	395	147	425	169	15	11	270	240	600	158	171
450	444	147	476	169	16	11	300	260	600	193	206
450	444	198	476	220	16	11	300	290	650	206	223
500	494	143	528	169	17	13	330	270	610	225	243
500	494	194	528	220	17	13	330	290	650	237	258

续表

公称直径	内径		外径		壁厚		管长			重量 (kg)	
				(mm)							
DN	D_1	d_1	D_2	d_2	T	t	A	B	L	双承	承插
600	594	143	630	169	18	13	390	290	620	297	315
600	594	194	680	220	18	13	390	320	650	316	333
700	695	194	733	220	19	13	440	330	660	394	414
700	695	245	733	271	19	13	440	360	690	416	437
800	796	194	836	220	20	13	490	340	660	492	506
800	796	245	836	271	20	13	490	360	700	511	532
900	895	241	939	271	22	15	550	390	700	661	671
900	895	290	939	322	22	16	550	410	740	681	701
1000	995	290	1041	322	23	16	600	440	740	863	853
1000	995	393	1041	425	23	16	600	490	810	927	927
1100	1094	288	1144	322	25	17	650	450	760	1040	1040
1100	1094	391	1144	425	25	17	650	530	820	1150	1140
1200	1194	288	1246	322	26	17	710	470	770	1220	1200
1200	1194	391	1246	425	26	17	710	530	820	1290	1290
1350	1344	284	1400	322	28	19	790	495	790	1500	1500
1350	1344	387	1400	425	28	19	790	540	840	1600	1600
1500	1494	282	1554	322	30	20	850	510	800	1820	1820
1500	1494	385	1554	425	30	20	850	560	850	1940	1940

图名	铸铁泄水短管规格及尺寸表	图号	JS2-5-16

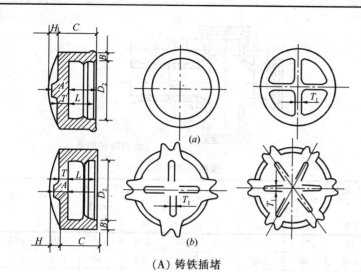

（A）铸铁插堵

（a）插堵甲；（b）插堵乙

尺寸表

公称直径	各 部 尺 寸								加强筋根数	重量
	(mm)									(kg)
DN	D_2	T	T_1	A	B	C	H	L		
75	113	12		36	28	—	—	90	—	7
100	138	12		36	28	—	—	95	—	9
125	163	12		36	28	—	—	95	—	10
150	189	13		36	28	—	—	100	—	13
200	240	13		38	30	—	—	100	—	13
250	293.6	14	11	38	32	—	22	105	4	26
300	344.8	15	12	38	33	117	24	105	4	34
350	396	17	14	40	34	124	28	110	4	46
400	447.6	18	15	40	36	125	30	110	6	59
450	498.8	19	16	40	37	131	32	115	6	73

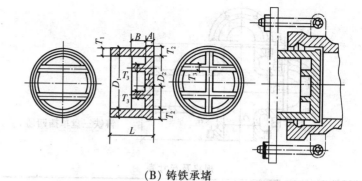

（B）铸铁承堵

尺寸表

公称直径	外径	各 部 尺 寸								加强筋根数	重量
		(mm)									(kg)
DN	D_1	D_2	A	B	L	T_1	T_2	T_3	T_4		
75	93	103	15	50	140	8	9	8	10	1	3
100	118	128	15	50	140	8	9	8	10	1	4
125	143	153	15	50	140	8	9	8	10	1	5
150	169	179	15	50	150	9	10	9	11	1	8
200	220	230	15	50	150	9	10	9	11	2	11
250	271	281	20	55	150	10	11	10	12	2	16
300	322	332	20	55	150	10	11	10	12	2	20
350	374	384	20	55	160	11	12	11	13	3	30
400	425	435	25	60	160	12	13	12	14	3	40
450	476	486	25	60	160	13	14	13	15	3	60
500	528	540	25	60	160	14	15	14	16	3	60

图名	铸铁插堵和承堵规格及尺寸表	图号	JS2-5-17

253

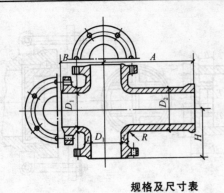

铸铁三盘单插四通

规格及尺寸表

公称直径	内径	外径	壁厚	R	管 长			重量
(mm)				(mm)	(mm)			(kg)
DN	D_1	D_2	t		B	H	A	
75	73	93	10	50	160	140	480	27.2
100	98	118	10	50	180	160	530	33.6
125	123	143	10	50	190	180	560	44.6
150	147	169	11	50	190	190	600	57.6
200	198	220	11	60	250	250	630	83.2
250	247.6	271.6	12	60	280	260	670	116
300	296.8	322.8	13	70	330	300	700	153
350	346	374	14	70	360	340	750	211
400	395.6	425.6	15	90	410	390	780	270
450	444.8	476.8	16	90	440	420	820	340
500	494	528	17	100	480	460	850	416
600	594.8	630.8	18	110	550	530	920	559
700	695	733	19	110	620	600	980	738
800	796	836	20	120	690	670	1030	940
900	895	939	22	130	770	750	1090	1250
1000	995	1041	23	140	840	820	1140	1520
1100	1094	1144	25	150	910	890	1200	1890
1200	1194	1246	26	150	970	950	1250	2220

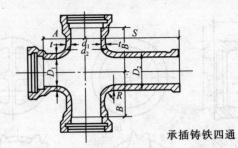

承插铸铁四通

规格及尺寸表

公称直径	内径	外径	壁厚	R	管 长			重量
(mm)				(mm)	(mm)			(kg)
DN	D_1	D_2	t		A	B	S	
75	73	93	10	50	160	140	480	35.8
100	98	118	10	50	180	160	530	47.2
125	123	143	10	50	190	180	560	57.8
150	147	169	11	50	190	190	600	73.1
200	198	220	11	50	250	250	630	105
250	247.6	271.6	12	60	280	260	670	142
300	296.8	322.8	13	70	330	300	700	189
350	346	374	14	70	360	340		247
400	395.6	425	15	90	410	390		315
450	444.8	476.8	16	90	440	420		387
500	494	528	17	100	480	460		466
600	594.8	630.8	18	110	550	530		635
700	695	733	19	110	620	600		827
800	796	836	20	120	690	670		1060
900	895	939	20	130	770	750		1400
1000	995	1041	23	140	840	820		1740
1100	1094	1144	25	150	910	890		2170
1200	1194	1246	26	150	970	950		2550

图名	给水铸铁单插、承插四通	图号	JS2-5-18

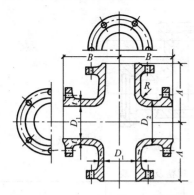

铸铁四盘四通

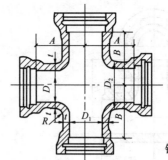

铸铁四承四通

规格及尺寸表（左）

公称直径	内径	外径	壁厚	R	管 长		重量
		(mm)		(mm)	(mm)		(kg)
DN	D_1	D_2	t		B	A	
75	73	93	10	50	160	140	25.1
100	98	118	10	50	180	160	32.2
125	123	143	10	50	190	180	38.7
150	147	169	11	50	190	190	47.8
200	198	220	11	60	250	250	71.5
250	247.6	271.6	12	60	280	260	100
300	296.8	322.8	13	70	330	300	138
350	346	374	14	70	360	340	185
400	395.6	425.6	15	90	410	390	240
450	444.8	476.8	16	90	440	420	305
500	494	528	17	100	480	460	375
600	594.8	630.8	18	110	550	530	506
700	695.0	733	19	110	620	600	678
800	796	836	20	120	690	670	878
900	895	939	22	130	770	750	1190
1000	995	1041	23	140	840	820	1450
1100	1040	1144	25	150	910	890	1820
1200	1194	1246	26	150	970	950	2150

规格及尺寸表（右）

公称直径	内径	外径	壁厚	R	管 长		重量
(mm)				(mm)	(mm)		(kg)
DN	D_1	D_2	t		A	B	
75	73	93	10	50	160	140	36.5
100	98	118	10	50	180	160	47.0
125	123	143	10	50	190	180	56.3
150	147	169	11	50	190	190	68.4
200	198	220	11	60	250	250	101.0
250	247	271.6	12	60	280	260	135.0
300	296.8	322.8	13	70	330	300	180.0
350	346	374	14	70	360	340	233
400	395.6	425.6	15	90	410	390	300
450	444.8	476.8	16	90	440	420	367
500	494	528	17	100	480	460	443
600	594.8	630.8	18	110	550	530	608
700	695	733	19	110	620	600	798
800	796	836	20	120	690	670	1040
900	895	939	22	130	770	750	1380
1000	995	1041	23	140	840	820	1750
1100	1094	1144	25	150	910	890	2190
1200	1194	1246	26	150	970	950	2590

图名	给水铸铁四通(十字管)	图号	JS2-5-19

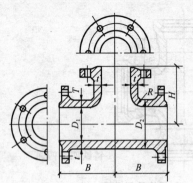

铸铁三盘三通

规格及尺寸表

公称直径	内径	外径	壁厚	R	管　长		重量
(mm)	(mm)			(mm)	(mm)		(kg)
DN	D_1	D_2	t		B	H	
75	73	93	10	50	160	140	19.5
100	98	118	10	50	180	160	24
125	123	143	10	50	190	180	28.1
150	147	169	11	50	190	190	37.9
200	198	220	11	60	250	250	57.2
250	247.6	271.6	12	60	280	260	82
300	296.8	322.8	13	70	330	300	114
350	346	374	14	70	360	340	154
400	395.6	425.6	15	90	410	390	200
450	444.8	476.8	16	90	440	420	255
500	494	528	17	100	480	460	316
600	594.8	630.8	18	110	550	530	431
700	695	733	19	110	620	600	583
800	796	836	20	120	690	670	760
900	895	939	22	130	770	750	1030
1000	995	1041	23	140	840	820	1270
1100	1094	1144	25	150	910	890	1600
1200	1194	1246	26	150	970	950	1900

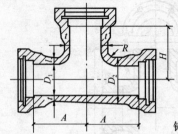

铸铁三承三通

规格及尺寸表

公称直径	内径	外径	壁厚	R	管　长		重量
(mm)	(mm)			(mm)	(mm)		(kg)
DN	D_1	D_2	t		A	H	
75	73	93	10	50	160	140	28.1
100	98	118	10	50	180	160	36.4
125	123	143	10	50	190	180	43.7
150	147	169	11	50	190	190	53.4
200	198	220	11	60	200	230	79.4
250	247.6	271.6	12	60	280	260	108
300	296.8	322.8	13	70	330	300	145
350	346	374	14	70	360	340	190
400	425.6	425.6	15	90	410	390	245
450	444.8	476.8	16	90	440	420	302
500	494	528	17	100	480	460	367
600	594.8	630.8	18	110	550	530	508
700	695	733	19	110	620	600	673
800	796	836	20	120	690	670	883
900	895	939	22	130	770	750	1180
1000	995	1041	23	140	840	820	1490
1100	1094	1144	25	150	910	890	1870
1200	1194	1246	26	150	970	950	2230

图名	给水铸铁三通(丁字管)(一)	图号	JS2-5-20(一)

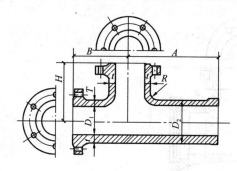

铸铁双盘三通

规格及尺寸表

| 公称直径 | 内径 | 外径 | 壁厚 | R | 管 长 | | | 重量 |
DN	D₁	D₂	t	(mm)	B	H	A	(kg)
75	73	93	10	50	160	140	480	21.7
100	98	118	10	50	180	160	530	29.3
125	123	143	10	50	190	180	560	36.4
150	147	169	11	50	190	190	600	47.8
200	198	220	11	60	250	250	630	68.9
250	247.6	271.6	12	60	280	260	670	98
300	296.8	322.8	13	70	330	300	700	134
350	346	374	14	70	360	340	750	179
400	395.6	425.6	15	90	410	390	780	230
450	444.8	476.8	16	90	440	420	820	291
500	494	528	17	100	480	460	850	357
600	594.8	630.8	18	110	550	530	920	484
700	695	733	19	110	620	600	980	642
800	796	836	20	120	690	670	1030	322
900	895	939	22	130	770	750	1090	1090
1000	995	1041	23	140	840	820	1140	1330
1100	1094	1144	25	150	910	890	1200	1670
1200	1194	1246	26	150	970	950	1250	1970

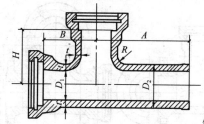

铸铁双承三通

规格及尺寸表

| 公称直径 | 内径 | 外径 | 壁厚 | R | 管 长 | | | 重量 |
DN	D₁	D₂	t	(mm)	B	H	A	(kg)
75	73	93	10	50	160	140	480	27.4
100	98	118	10	50	180	160	530	36.6
125	123	143	10	50	190	180	560	45.2
150	147	169	11	50	190	190	600	58.1
200	198	220	11	60	250	250	630	83.7
250	247.6	271.6	12	60	280	260	670	115
300	296.8	322.8	13	70	330	300	700	154
350	346	374	14	70	360	340	750	203
400	395.6	425.6	15	90	410	390	780	260
450	444.8	476.8	16	90	440	420	820	322
500	494	528	17	100	480	460	850	390
600	594.8	630.8	18	110	550	530	920	535
700	695	733	19	110	620	600	980	702
800	796	836	20	120	690	670	1030	904
900	895	939	22	130	770	750	1090	1190
1000	995	1041	23	140	840	820	1140	1480
1100	1094	1144	25	140	910	890	1200	1800
1200	1194	1246	26	150	970	950	1250	2190

图名	给水铸铁三通(丁字管)(二)	图号	JS2-5-20(二)

257

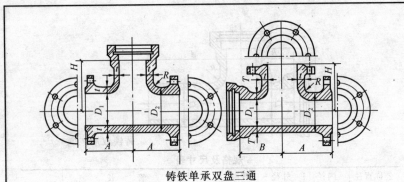

铸铁单承双盘三通

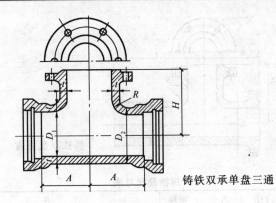

铸铁双承单盘三通

规格及尺寸表

公称直径	内径	外径	壁厚	R	管　长			重量
	(mm)	(mm)		(mm)	(mm)			(kg)
DN	D_1	D_2	t		A	B	H	
75	73	93	10	50	160	160	140	22.4
100	98	118	10	50	180	180	160	29.0
125	123	143	10	50	190	190	180	34.9
150	147	169	11	50	190	190	190	43.1
200	198	220	11	60	250	250	250	64.6
250	247.6	271.6	12	60	280	280	260	90.7
300	296.8	322.8	13	70	330	330	300	125
350	346	374	14	70	360	360	340	166
400	395.6	425.6	15	90	410	410	390	215
450	444.8	476.8	16	90	440	440	420	271
500	494	528	17	100	480	480	460	333
600	594.8	630.8	18	110	550	550	530	457
700	695	733	19	110	620	620	600	613
800	796	836	20	120	690	690	670	801
900	895	939	22	130	770	770	750	1080
1000	995	1041	23	140	840	840	820	1340
1100	1094	1144	25	150	910	910	890	1690
1200	1194	1246	26	150	970	970	950	2010

规格及尺寸表

公称直径	内径	外径	壁厚	R	管　长		重量
	(mm)	(mm)		(mm)	(mm)		(kg)
DN	D_1	D_2	t		A	H	
75	73	93	10	50	160	140	25.2
100	98	118	10	50	180	160	32.7
125	123	143	10	50	190	180	39.9
150	147	169	11	50	190	190	48.2
200	198	220	11	60	250	250	72.0
250	247.6	271.6	12	60	280	260	99.4
300	296.8	322.8	13	70	330	300	135
350	346	374	14	70	360	340	178
400	395.6	425.6	15	90	410	390	230
450	444.8	476.8	16	90	440	420	287
500	494	528	17	100	480	460	350
600	594.8	630.8	18	110	550	530	482
700	695	733	19	110	620	600	643
800	796	836	20	120	690	670	842
900	895	939	22	130	770	750	1130
1000	995	1041	23	140	840	820	1400
1100	1094	1144	25	150	910	890	1780
1200	1194	1246	26	150	970	950	2120

图名	给水铸铁三通(丁字管)(三)	图号	JS2-5-20(三)

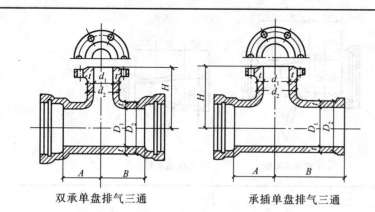

双承单盘排气三通　　承插单盘排气三通

规格及尺寸表

公称直径	内径			外径		壁厚	管长			重量	
										(kg)	
DN	d	D_1	d_1	D_2	d_2	t	A	B	H	双承	承插
400	75	395.6	73	425.6	93	15	210	550	320	140	151
450	75	444.8	73	476.8	93	16	220	550	340	169	181
500	75	494	73	528	93	17	230	560	360	198	213
600	75	594.8	69	630.8	93	18	240	570	410	259	277
700	75	695	69	733	93	19	260	580	480	332	350
800	75	796	69	836	93	20	270	590	520	419	433
900	100	895	90	939	118	22	300	620	590	580	565
1000	100	995	90	1041	118	23	320	640	640	692	692
1100	100	1094	86	1144	118	25	340	660	700	851	851
1200	100	1194	86	1246	118	26	360	680	750	1010	999
1350	100	1344	94	1400	118	28	380	700	830	1290	1290
1500	150	1494	147	1554	169	30	420	720	910	1570	1570

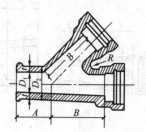

给水铸铁承插斜三通

规格及尺寸表

公称直径	内径	外径	壁厚	各部尺寸		R	重量
				(mm)			
DN	D_1	D_2	t	A	B	(mm)	(kg)
75	71	93	11	270	240	19	28.8
100	96	118	11	290	270	20	38.4
125	121	143	11	310	300	21	48.1
150	145	169	12	330	330	22	64
200	196	220	12	360	410	23	94.6
250	246	272	13	390	470	24	134
300	295	323	14	390	550	25	183
350	346	374	14	410	610	27	229
400	396	426	15	440	790	29	323
450	445	477	16	470	860	30	406
500	494	528	17	480	940	32	488
600	595	631	18	500	1100	36	672
700	695	733	19	530	1200	40	871
800	796	836	20	570	1350	43	1150
900	895	939	22	610	1500	47	1540
1000	995	1041	23	630	1700	50	2000
1100	1094	1144	25	650	1800	54	2460
1200	1194	1246	26	670	1900	58	2900

图名	给水铸铁承插三通	图号	JS2-5-21

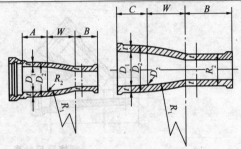

(a) 承插异径管

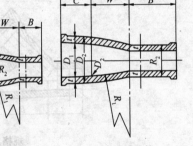

(b) 双插异径管

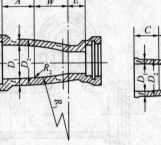

(c) 双承异径管

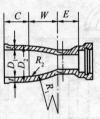

(d) 插承异径管

公称直径	内径	外径	壁厚	各 部 尺 寸							重 量			
				(mm)							(kg)			
DN	D_1	D_2	t	A	B	C	E	W	R_1	R_2	双承	承插	插承	双插
150	147	169	10	55	200	200	50	300	3606	40	35.4	30.3	29.7	24.6
200	198	220	11	60	200	200	55	300	1812	50	46.2	40.5	38.0	32.3
250	247.6	271.6	11	70	200	200	60	400	3212	60	68.3	60.1	57.3	49.1
300	296.8	322.8	12	80	200	200	70	400	3212	70	89.9	78.8	76.0	65.0
350	346	374	13	80	200	200	80	400	3212	80	114.0	100	96.5	82.7
400	395.6	425.6	14	90	220	220	80	500	5012	100	155.0	140	140	122
450	444.8	476.8	15	100	220	230	90	500	5012	110	188.0	169	166	147
500	494	528	16	110	230	230	100	500	5012	120	224.0	202	198	176
600	594.8	630.8	17	120	230	230	110	500	2525	150	279	253	241	215
700	695.0	733	18	130	230	240	120	700	4925	170	409	371	361	324
800	796.0	836	19	140	240	240	130	700	4925	200	512	464	444	397
900	895	939	20	150	240	260	140	700	4925	220	643	576	562	495
1000	995	1041	22	170	260	260	150	700	4925	250	802	721	681	600
1100	1094	1144	23	180	260	280	170	800	6425	270	1040	920	902	781
1200	1194	1246	25	190	280	280	180	800	6425	300	1230	1090	1060	919
1350	1344	1400	26	210	280	300	190	800	4304	340	1500	1320	1270	1100
1500	1494	1554	28	230	300	300	210	800	4304	370	1870	1630	1560	1330

图名	给水铸铁异径管	图号	JS2-5-22

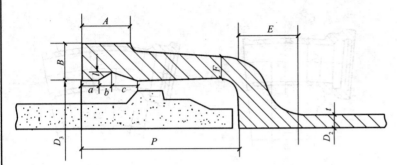

(a) 自应力钢筋混凝土管用铸铁接头承口端部

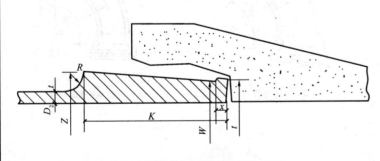

(b) 自应力钢筋混凝土管用铸铁接头插口端部

自应力钢筋混凝土管用铸铁接头承口规格及外形尺寸

公称内径 DN(mm)	工作压力 (MPa)	实内径 D2(mm)	壁厚 t(mm)	各部尺寸 (mm)											
				D_3	P	A	B	E	S	F	R	a	b	c	e
100	≤0.7	98	10	176	125	36	28	45	25	14	11	15	10	20	6
150		147	11	226	125	36	28	45	25	14	11	15	10	20	6
200		198	11	286	130	38	30	47	26	15	12	15	10	20	6
250		247.6	12	346	130	38	32	48	27	15	12	15	10	20	6
300		296.8	13	421	135	38	33	49	28	16	13	15	10	25	6
400		395.6	15	528	135	40	36	55	31	18	13	18	12	25	7
500		494	17	586	135	40	38	55	31	19	13	18	12	25	7
600		594.8	18	750	135	42	41	55.4	32	20	14	18	12	25	7

自应力钢筋混凝土管用铸铁接头插口规格及外形尺寸

公称内径 DN(mm)	工作压力 (MPa)	实内径 D2(mm)	壁厚 t(mm)	各部尺寸 (mm)					
				Z	W	K	r	R	x
100	≤0.7	98	10	160	134	125	144	21	15
150		147	11	210	184	125	194	21	15
200		198	11	262	245	125	255	21	15
250		247.6	12	318	302	130	312	23	20
300		296.8	13	376	354	130	364	26	20
400		395.6	15	496	480	135	490	32	25
500		494	17	556	536	135	546	14	25
600		594.8	18	730	704	135	714	16	25

图名	给水水泥压力管接口端部	图号	JS2-5-23

261

自应力钢筋混凝土输水管用铸铁11.25°、22.5°、45°、90°弯管规格

名　称	公称直径DN(mm)	工作压力(MPa)	实内径D₂(mm)	各部尺寸(mm) R	E	S	t	参考重量(kg/个)
11.25°承插弯管	100		98	300	41.5		10	35.1
	150		147	300	41.5		11	49.2
	200		198	400	43.3		11	77.4
	250		247.6	400	45		12	
	300		296.8	400	46.6		13	122.6
	400		395.6	500	50.2		15	218.6
	500		494	600	53.6		17	308
22.5°承插弯管	100		98	800	41.5	150	10	32.2
	150		147	1000	41.5	150	11	47.4
	200		198	1200	43.3	150	11	68.9
22.5°承插弯管	250		247.6	1200	45	150	12	86.8
	300		296.8	1400	46.6	150	13	114.9
	400		395.6	1800	50.2	150	15	180.6
	500		494	2200	53.6	150	17	246
45°承插弯管	100		98	400	41.5	200	10	33.3
	150		147	500	41.5	200	11	49.3
	200	≤0.7	198	600	43.3	200	11	71.5
	250		247.6	600	45	200	12	90.3
	300		296.8	700	46.6	200	13	119.4
	400		395.6	900	50.2	200	15	208.6
	500		494	1100	53.6	200	17	286
90°承插弯管	100		98	250	41.5	150	10	34
	150		147	350	41.5	200	11	52.4
	200		198	400	43.3	200	11	79.7
	250		247.6	550	45	250	12	104.5
	300		296.8	600	46.6	250	13	152.6
	400		395.6	700	50.2	250	15	248.6
	500		494	6000	53.6	250	17	342
11.25°双承弯管	600		594.8	2600	55.4	200	18	
12.5°双承弯管	600		594.8	1300	55.4	300	18	
45°双承弯管	600		594.8	800	55.4	150	18	
90°双承弯管	600		594.8		55.4		18	

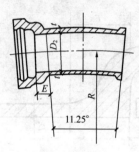

(a) 11.25°承插弯管　　　　　(b) 22.5°承插弯管

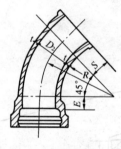
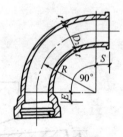

(c) 45°承插弯管　　　　　(d) 90°承插弯管

图名	给水水泥压力管各类弯头	图号	JS2-5-24

自应力钢筋混凝土输水管用铸铁丁字管规格

名称	公称直径 (mm)	工作压力 (MPa)	实内径(mm)		各 部 尺 寸 (mm)					重 量 (kg/个)
			D_1	D_2	H	J	I	t	T	
双承丁字管	100×100	≤0.7	98	98	180	530	160	10	10	50.6
	150×100		147	98	190	600	190	11	10	71.1
	150×150		147	147	190	600	190	11	11	75.8
	200×100		198	98	200	560	230	11	10	89.7
	200×150		198	147	250	630	250	11	11	101.6
	200×200		198	198	250	630	250	11	11	109.6
	250×100		247.6	98	230	600	250	12	11	114
	250×150		247.6	147	230	600	250	12	11	118.5
	300×150		296.8	147	240	600	280	13	10	143.9
	300×200		296.8	198	330	700	300	13	11	169.4
	300×250		296.8	247.6	330	700	300	13	12	173.7
	300×300		296.8	296.8	330	700	300	13	13	182.2
	400×100		395.6	98	290	650	350	15	10	221.7
	400×150		395.6	147	290	650	350	15	11	226.9
	400×200		395.6	198	290	650	350	15	11	232.4
	400×250		395.6	247.6	410	780	390	15	12	275.7
	400×300		395.6	296.8	410	780	390	15	13	284.2
	400×400		395.6	395.6	410	780	390	15	15	311.2
	500×100		494	98	340	680	410	17	10	283.1
	500×150		494	147	340	680	410	17	11	288.3
	500×200		494	198	340	680	410	17	11	306.2
	500×250		494	247.6	340	680	410	17	12	329.1
	500×300		494	296.8	480	850	460	17	13	370.6
	500×400		494	396.6	480	850	460	17	15	397.6
	500×500		494	494	480	850	460	17	17	410.3
	600×150		594.8	143	410	760	490			
	600×200		594.8	199	410	760	490			
	600×250		594.8	245	410	760	490			
	600×300		594.8	296.8	410	760	490			
	600×400		594.8	395.6	550	920	530			
	600×500		594.8	494	550	920	530			
	600×600		594.8	594.8	550	920	530			

注：承口法兰丁字管的 H、I、J 尺寸与双承丁字管相同。

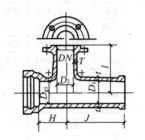

(a) 承口法兰丁字管

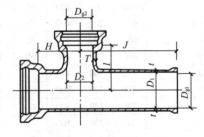

(b) 双承丁字管

图名	给水水泥压力管丁字管	图号	JS2-5-25

自应力钢筋混凝土输水管用铸铁渐缩管规格

名称	公称直径 $DN_1 \times DN_2$ (mm)	工作压力 (MPa)	各部尺寸 (mm)						重量 (kg/个)
			L	L_1	L_2	L_3	t	T	
承插渐缩管	200×150		560	60	300	200	11	11	58.6
	250×100		670	70	400	200	12	10	62.2
	250×150		670	70	400	200	12	11	67.3
	250×200		670	70	400	200	12	11	76.5
	300×100		680	80	400	200	13	10	73.7
	300×150		680	80	400	200	13	11	79
	300×200		680	80	400	200	13	11	88.2
	300×250		680	80	400	200	13	12	98.7
	400×200		790	90	500	200	15	12	128.7
	400×300		790	90	500	200	15	13	152.6
	500×300		810	110	500	200	17	13	178.3
	500×400		830	110	500	220	17	15	213.3
	600×500		850	120	500	230	18	17	
插承渐缩管	200×150		555	200	300	55	11	11	55.6
	250×100		650	200	400	55	12	10	58.1
	250×150	≤0.7	655	200	400	55	12	11	66.4
	250×200		660	200	400	60	12	11	77.4
	300×100		650	200	400	50	13	10	66
	300×150		655	200	400	55	13	11	74.4
	300×200		660	200	400	60	13	11	84.8
	300×250		670	200	400	70	13	12	89.1
	400×200		780	220	500	60	15	11	126.9
	400×300		800	220	500	80	15	13	147.6
	500×300		840	230	500	80	17	13	159.3
	500×400		820	230	500	90	17	15	205.3
插承渐缩管(自应力管互配)	150×100		550	200	300	50	11	10	31
	200×150		550	200	300	50	11	11	50.3
	250×300		680	80	400	200	12	11	91.1
	150×300		680	80	400	200	12	13	71.4
	400×200		780	220	500	60	15	11	119.1
	300×400		790	90	500	200	13	15	136.7

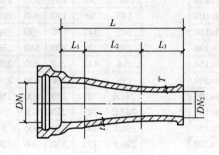

(a) 承插渐缩管

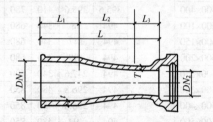

(b) 承插渐缩管(自应力管互配)

图名	给水水泥压力管渐缩管	图号	JS2-5-26

名 称	公称直径 DN(mm)	工作压力 (MPa)	实内径(mm) D₂	各部尺寸 (mm) L	各部尺寸 (mm) t	重 量 (kg/个)
法兰承口短管	100		98	120	10	21.3
	150		147	120	11	28.3
	200		198	120	11	38.4
	250		247.6	170	12	51
	300		296.8	170	13	63.8
	400		395.6	170	15	104
	500		494	170	17	120.9
单法兰短管	100		98	500	10	31
	150		147	500	11	41.1
	200		198	550	11	55.3
	250		247.6	550	12	74.3
	300		296.8	600	13	87.6
	400		395.6	600	15	144.6
	500		494	650	17	159.3
双承套管	100	≤0.7	176	300	14	28.1
	150		226	300	14	34.7
自应力管 双承套管	200		286	300	15	46.6
	250		346	300	15	53
	300		421	350	16	71.2
	400		528	350	18	107
	500		586	350	19	122.3
铸铁管与 自应力管 连接套管	100		136	300	13	25.7
	150		189	300	14	33.2
	200		240	300	15	43.8
	250		290	300	15	50.9
	300		345	350	16	68.2
	400		448	350	18	102.6
	500		552	350	19	119
法兰承口短管	600		594.8	250	18	
法兰插口短管	600		594.8	250	18	
自应力管套管	600		750	400	18	

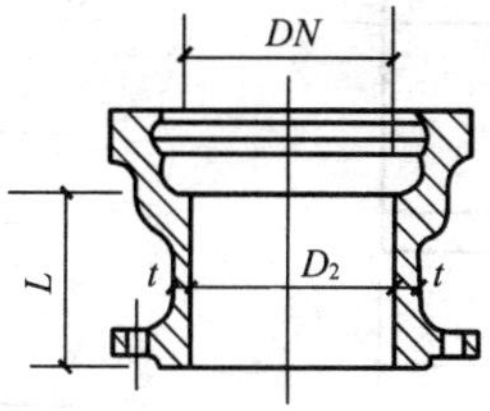

(a) 法兰承口短管

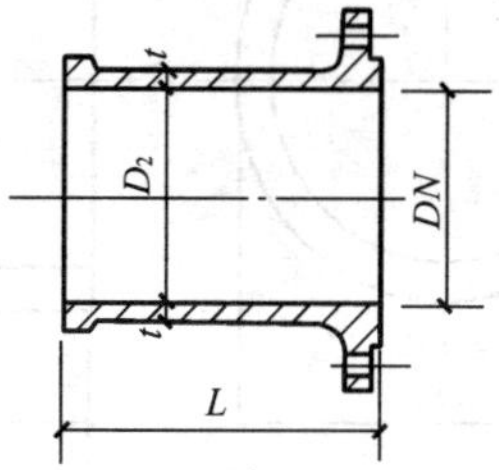

(b) 单法兰短管

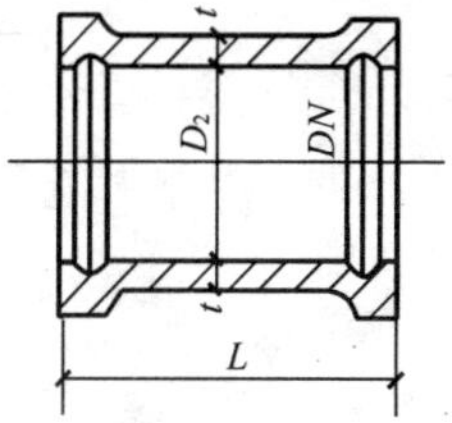

(c) 双承套管

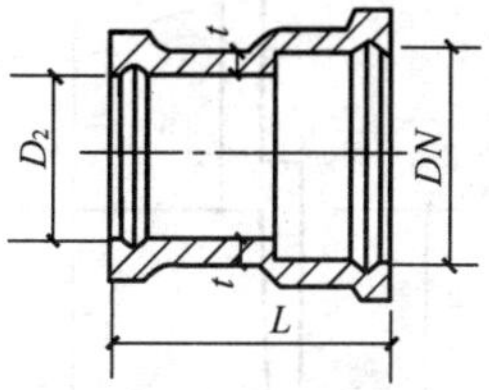

(d) 铸铁管与自应力管连接套管

图名	水泥压力管连接短管、套管	图号	JS2-5-27

硬聚氯乙烯45°、90°弯头规格尺寸

公称外径 D (mm)	45° 弯头		90° 弯头	
	Z(mm)	L(mm)	Z(mm)	L(mm)
50	12	37	40	65
75	17	57	50	90
90	22	68	52	98
110	25	73	70	118
125	29	80	72	123
160	36	94	90	148

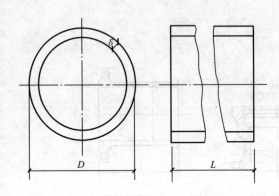

(a) 硬聚氯乙烯排水直管

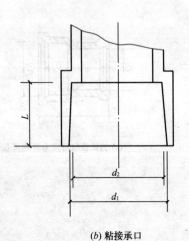

(b) 粘接承口

硬聚氯乙烯直管公称外径与壁厚及粘接承口

公称外径 D (mm)	平均外径极限偏差 (mm)	直 管				粘 接 承 口		
		壁厚 e(mm)		长度 L(mm)		承口中部内径 d_s(mm)		承口深度 L 最小(mm)
		基本尺寸	极限偏差	基本尺寸	极限偏差	最小尺寸 d_2	最小尺寸 d_1	
40	+0.3 0	20	+0.4 0			40.1	40.4	25
50	+0.3 0	20	+0.4 0			50.1	50.4	25
75	+0.3 0	23	+0.4 0			75.1	75.5	40
90	+0.3 0	32	+0.6 0	4000 或 6000	±10	90.1	90.5	46
110	+0.4 0	32	+0.6 0			110.2	110.6	48
125	+0.4 0	32	+0.6 0			125.2	125.6	51
160	+0.5 0	40	+0.6 0			160.2	160.7	58

图名	硬聚氯乙烯管件(PVC)(一)	图号	JS2-5-28(一)

266

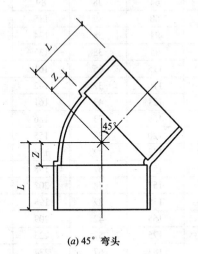

(a) 45° 弯头

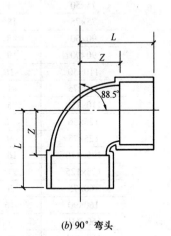

(b) 90° 弯头

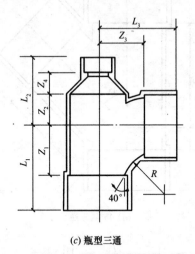

(c) 瓶型三通

硬聚氯乙烯瓶型三通规格尺寸(mm)

公称外径 D	Z_1	Z_2	Z_3	Z_1	L_1	L_2	L_3	R
110×50	68	55	77	21	116	101	125	63
110×75	68	56	77	23	116	104	117	63

图名	硬聚氯乙烯管件(PVC)(二)	图号	JS2-5-28(二)

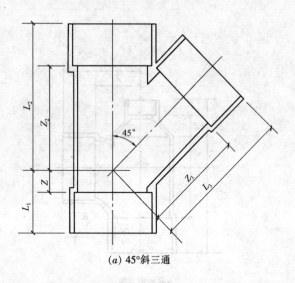

(a) 45°斜三通

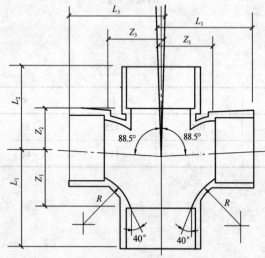

(b) 90°正四通

硬聚氯乙烯45°斜三通规格尺寸

公称外径 D(mm)	Z_1(mm)	Z_2(mm)	Z_3(mm)	L_1(mm)	L_2(mm)	L_3(mm)
50×50	13	64	64	38	89	89
75×50	−1	75	80	39	115	105
75×75	18	94	94	58	134	134
90×50	−8	87	95	38	133	120
90×90	19	115	115	65	161	161
110×50	−16	94	110	32	142	135
110×75	−1	113	121	47	161	161
110×110	25	138	138	73	186	186
125×50	−26	104	120	25	155	145
125×75	−9	122	132	42	173	172
125×110	16	147	150	67	198	198
125×125	27	157	157	78	208	208
160×75	−26	140	158	32	198	198
160×90	−16	151	165	42	209	211
160×110	−1	165	175	57	223	223
160×125	9	176	183	67	234	234
160×160	34	199	199	92	257	257

硬聚氯乙烯90°正四通规格尺寸(mm)

公称外径 D	Z_1	Z_2	Z_3	L_1	L_2	L_3	R
50×50	30	26	35	55	51	60	31
75×75	47	39	54	87	79	94	49
90×90	56	47	64	102	93	110	59
110×50	30	29	65	78	77	90	31
110×75	48	41	72	96	89	112	49
110×110	68	55	77	116	103	125	63
125×125	77	65	88	128	116	139	72
160×160	97	83	110	155	141	168	82

图名	硬聚氯乙烯管件(PVC)(三)	图号	JS2-5-28(三)

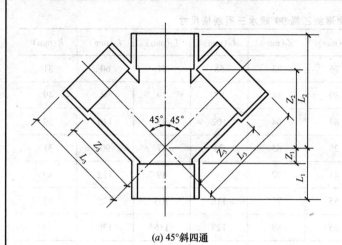

(a) 45°斜四通

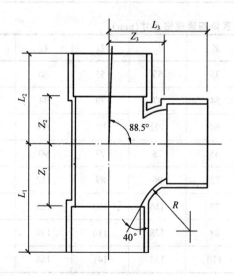

(b) 90°顺水三通

公称外径 D	Z_1	Z_2	Z_3	L_1	L_2	L_3
50×50	13	64	64	38	89	89
75×50	−1	75	80	39	115	105
75×75	18	94	94	58	134	134
90×50	−8	87	95	38	133	120
90×90	19	115	115	65	161	161
110×50	−16	94	110	32	142	135
110×75	−1	113	121	47	161	161
110×110	25	138	138	73	186	186
125×50	−26	104	120	25	155	145
125×75	−9	122	132	42	173	172
125×110	16	147	150	67	198	198
125×125	27	157	157	78	208	208
160×75	−26	140	158	32	198	198
160×90	−16	151	165	42	209	211
160×110	−1	165	175	57	223	223
160×125	9	176	183	67	234	234
160×160	34	199	199	92	257	257

硬聚氯乙烯 45°斜四通规格尺寸(mm)

图名	硬聚氯乙烯管件(PVC)(四)	图号	JS2-5-28(四)

269

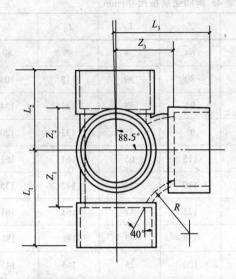

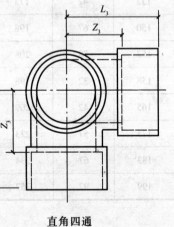

直角四通

硬聚氯乙烯90°顺水三通规格尺寸

公称外径 D(mm)	Z_1(mm)	Z_2(mm)	Z_3(mm)	L_1(mm)	L_2(mm)	L_3(mm)	R(mm)
50×50	30	26	35	55	51	60	31
75×75	47	39	54	87	79	94	49
90×90	56	47	64	102	93	110	59
110×50	30	29	65	78	77	90	31
110×75	48	41	72	96	89	112	49
110×110	68	55	77	116	103	125	63
125×125	77	65	88	128	116	139	72
160×160	97	83	110	155	141	168	82

硬聚氯乙烯直角四通规格尺寸(mm)

公称外径 D	Z_1	Z_2	Z_3	L_1	L_2	L_3	R
50×50	30	26	35	55	51	60	31
75×75	47	39	54	87	79	94	49
90×90	56	47	64	102	93	110	59
110×50	30	29	65	78	77	90	31
110×75	48	41	72	96	89	112	49
110×110	68	55	77	116	103	125	63
125×125	77	65	88	128	116	139	72
160×160	97	83	110	155	141	168	82

图名	硬聚氯乙烯管件(PVC)(五)	图号	JS2-5-28(五)

硬聚氯乙烯异径管接头和管接头的规格尺寸(mm)

公称外径 D	异 径 管 接 头				管接头(管箍)		
	D_1	D_2	L_1	L_2	Z	L_2	L_1
50×40	50	40	25	25	—	—	—
50×50	—	—	—	—	2	25	52
75×50	75	50	40	25	—	—	—
75×75	—	—	—	—	2	40	82
90×50	90	50	46	25	—	—	—
90×75	90	75	46	40	—	—	—
90×90	—	—	—	—	3	46	95
110×50	110	50	48	25	—	—	—
110×75	110	75	48	40	—	—	—
110×90	110	90	48	46	—	—	—
110×110	—	—	—	—	3	48	99
125×50	125	50	51	25	—	—	—
125×75	125	75	51	40	—	—	—
125×90	125	90	51	46	—	—	—
125×110	125	110	51	48	—	—	—
125×125	—	—	—	—	3	51	105
160×50	160	50	58	25	—	—	—
160×75	160	75	58	40	—	—	—
160×90	160	90	58	46	—	—	—
160×110	160	110	58	48	—	—	—
160×125	160	125	58	51	—	—	—
160×160	—	—	—	—	4	58	120

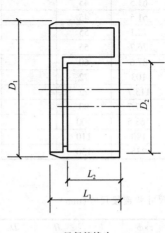

异径管接头

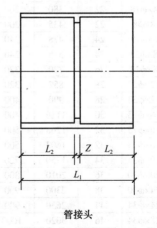

管接头

图名	硬聚氯乙烯管件(PVC)(六)	图号	JS2-5-28(六)

271

2.6 阀

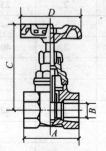

(a) Z15W-16T型阀外形图

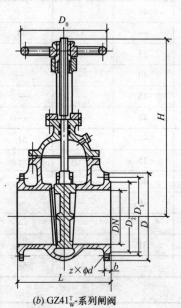

(b) GZ41^T_W-系列闸阀

Z15W-16T 规格尺寸

DN	规格	A	B	C	D	E	F
8	1/4″	40	9.5	61.5	45		
10	3/8″	42	9.5	61.5	45		
15	1/2″	43	12.8	72.1	55		
20	3/4″	45	17	76.7	55		
25	1″	52	21	87.6	60		
32	1¼″	55	27	103	72		
40	1½″	58	34	113.7	72		
50	2″	64	45	147.7	80		
65	2½″	78	56	163.5	100		
80	3″	82	68	190	110		
100	4″	96	90	235	130		

注：1. 圆柱管螺纹符合 ISO228 标准。

2. 1″=25.4mm。

GZ41^T_W-10 系列外形尺寸和连接尺寸(mm)

DN	L	D	D_1	D_2	z×φ	b	H	D_0	重量(kg)
50	180	160	125	100	4×φ18	20	290	180	20
65	195	180	145	120	4×φ18	20	332	180	26
80	210	195	160	135	4×φ18	22	380	200	35
100	230	215	180	155	8×φ8	22	435	200	45
125	255	245	210	185	8×φ18	24	478	240	60
150	280	280	240	210	8×φ23	24	555	240	90
200	330	335	295	265	8×φ23	26	720	320	130
250	380	390	350	320	12×φ23	28	852	320	185
300	420	440	400	368	12×φ23	28	990	400	240
350	450	500	460	428	16×φ23	30	1116	400	390
400	480	565	515	482	16×φ25	32	1268	500	480
450	510	615	565	532	20×φ25	32	1603	500	640
500	540	670	620	585	20×φ25	34	1750	720	780
600	600	780	725	685	20×φ30	36	2010	800	990
700	660	895	840	800	24×φ30	38	2300	900	2000
800	720	1010	950	905	24×φ34	44	2630	900	2650
900	780	1110	1050	1005	28×φ34	46	3020	1000	3300
1000	840	1220	1160	1115	28×φ34	50	3500	1000	3800

图名	Z15W、GZ41 型手动闸阀	图号	JS2-6-1

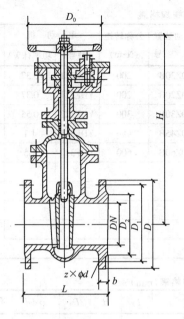

GZ45$\frac{T}{W}$-10 系列外形尺寸和连接尺寸(mm)

DN	L	D	D_1	D_2	z×φd	b	H	D_0	重量(kg)
50	180	160	125	100	4×φ18	20	345	180	17
65	195	180	145	120	4×φ18	20	376	180	25
80	210	195	160	135	4×φ18	22	417	200	30
100	230	215	180	155	8×φ18	22	460	200	40
125	255	245	210	185	8×φ18	24	525	240	70
150	280	280	240	210	8×φ23	24	567	240	90
200	330	335	295	265	8×φ23	26	705	320	128
250	380	390	350	320	12×φ23	28	800	320	170
300	420	440	400	368	12×φ23	28	886	400	240
350	450	500	460	428	16×φ23	30	968	400	380
400	480	565	515	482	16×φ25	32	1090	500	470
450	510	615	565	532	20×φ25	32	1175	500	600
500	540	670	620	585	20×φ25	34	1290	720	730
600	600	780	725	685	20×φ30	36	1457	800	940
700	660	895	840	800	24×φ30	38	1734	900	1890
800	720	1010	950	905	24×φ34	44	1962	900	2500
900	780	1110	1050	1005	28×φ34	46	2200	1000	3000
1000	840	1220	1160	1115	28×φ34	50	2350	1000	3500

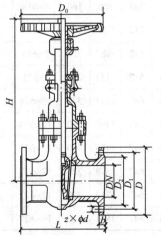

CLASS150 闸阀外形尺寸和连接尺寸(mm)

规格 DN	L	D	D_1	D_2	b	z×φd	D_0	H	重量(kg)
50	178	152	120.5	92	16	4×φ19	200	342	25
65	190	178	139.5	105	18	4×φ19	250	415	30
70	203	190	152.5	127	19	4×φ19	250	465	36
100	229	229	190.5	157	24	8×φ19	300	509	56
150	267	279	241.5	216	26	8×φ22	300	641	95
200	292	343	298.5	270	29	8×φ22	350	784	141
250	330	406	362	324	31	12×φ25	400	922	204
300	356	483	432	381	32	12×φ25	500	1096	329
350	381	533	476	413	35	12×φ29	600	1207	445
400	406	597	540	470	37	16×φ29	650	1350	580
450	432	635	578	533	40	16×φ32	650	1472	720
500	457	699	635	584	43	20×φ32	650	1630	830
600	508	813	749.5	692	48	20×φ35	800	1922	1400

图名	GZ45、CLASS150 型手动闸阀	图号	JS2-6-2

273

Z940H–16C 型闸阀规格表

公称直径 DN(mm)	尺 寸 (mm)				转速 (r/min)	电动装置 型 号	公称转矩 (N·m)	电 动 机 型号	功率(kW)	重量 (kg)
	L	D_1	D	H						
200	400	295	335	1100	18	DZ20B	200	YDF221	0.37	188
250	450	355	405	1165	18	DZ20B	200	YDF221	0.37	247
300	500	410	460	1410	18	DZ30B	300	YDF222	0.55	343
350	550	470	520	1560	24	DZ45B	450	YDF311	1.1	515
400	600	525	580	1690	24	DZ60B	600	YDF312	1.5	662
500	700	650	705							
600	800	770	840							
700	900	840	910							
800	1000	950	1020							
900	1100	1050	1120							

SZ945T–10 闸阀规格表（mm）

DN	L	D	D_1	D_2	b	f	A×B	L_1	L_2	H	D_0	z×φd	重量(kg)
100	250	238	195	152	25	3	256×200	284	445	800	160	4×φ18	116
150	280	290	247	204	27	3	320×222	336	512	972	250	6×φ18	163
200	300	342	299	256	27	3	392×260	336	512	1083	250	8×φ18	207
250	380	410	360	308	29	3	450×272	336	512	1137	250	8×φ21	251
300	400	462	414	362	31	4	512×288	394	647	1351	320	10×φ21	273
350	430	518	472	414	32	4	582×320	394	647	1398	320	10×φ24	423
400	470	570	524	465	32	4	621×340	394	647	1478	320	12×φ25	569
450	500	638	585	515	34	4	702×376	394	647	1578	320	12×φ27	752
500	530	690	639	565	34	4	750×386	394	647	1712	320	12×φ27	854
600	560	794	743	675	36	4	881×437	394	647	1851	320	16×φ27	1124

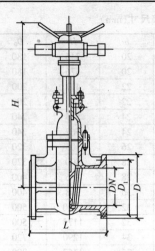

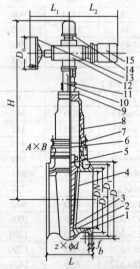

SZ945T-10 闸阀结构及外形图

1—阀体；2—阀体密封圈；3—闸板密封圈；4—闸板；5—阀杆螺母；
6—阀杆；7—垫片；8—阀盖；9—填料；10—传动支座；11—填料压盖；
12—传动装置；13—手轮；14—行程控制器；15—电动机

图名	Z940H、SZ945T 型电动闸阀	图号	JS2-6-3

Z948T-10 闸阀规格表（mm）

公称直径 DN(mm)	L	D	D_1	D_2	b	f	$A \times B$	H	H_1
500	700	670	620	585	34	4	778×448	1618	1434
600	800	780	725	685	36	5	915×550	1794	1538
700	900	895	840	800	40	5	1075×615	2113	1827
800	1000	1010	950	905	44	5	1225×705	2258	1972
900	1100	1110	1050	1005	46	5	1350×780	2495	2193
1000		1220	1160	1115	50	5	1450×800	2585	2283
1200	1200	1450	1380	1325	56	5	1780×910	3150	2826
1400		1675	1590	1525	62	5	1920×1000	3500	3176

公称直径 DN(mm)	L_1	L_2	l_1	l_2	D_0	旁通阀尺寸 L_3	旁通阀尺寸 DN	旁通阀尺寸 d_0	$n \times \phi d$	重量 (kg)
500	394	647	142.5	145	320				20×ϕ25	898
600	473	758	204	215	400				20×ϕ30	1418
700	473	793	204	215	400	706			24×ϕ30	2179
800						775			24×ϕ34	2992
900	556	875	292	310	500	888	100	240	28×ϕ34	3932
1000						943			28×ϕ34	4448
1200	606	1058	360	376		1053			32×ϕ41	7229
1400						1133			36×ϕ48	11020

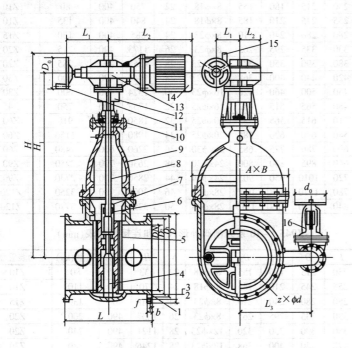

Z948T-10 闸阀结构和外形图

1—阀体；2—阀体密封圈；3—闸板密封圈；4—下楔板；
5—闸板；6—上楔板；7—阀杆螺母；8—阀杆；9—阀盖；
10—填料压盖；11—手轮；12—传动支座；13—传动装置；
14—电动机；15—行程控制器；16—旁通阀

图名	Z948T—10 型电动闸阀	图号	JS2-6-4

275

GZ944$_{\mathbf{W}}^{\mathbf{T}}$–10 系列闸阀外形尺寸和连接尺寸表(mm)

DN	L	D	D$_1$	D$_2$	z×φd	b	H	D$_0$	重量(kg)	电动机型号
80	210	195	160	135	4×φ18	22	720	400	65	Z10
100	230	215	180	155	8×φ18	22	750	400	80	Z10
125	255	245	210	185	8×φ18	24	840	400	135	Z10
150	280	280	240	210	8×φ23	24	885	400	150	Z15
200	330	335	295	265	8×φ23	26	1173	490	215	Z20
250	380	390	350	320	12×φ23	28	1258	490	285	Z20
300	420	440	400	368	12×φ23	28	1444	490	400	Z30
350	450	500	460	428	16×φ23	30	1524	490	600	Z30
400	480	565	515	482	16×φ25	32	1758	600	750	Z45
450	510	615	565	532	20×φ25	32	1850	600	910	Z60
500	540	670	620	585	20×φ25	34	1980	600	1150	Z60
600	600	780	725	685	20×φ30	36	2260	600	1480	Z60
700	660	895	840	800	24×φ30	38	2630	700	2250	Z90
800	720	1010	950	905	24×φ34	44	2850	700	2730	Z90
900	780	1110	1050	1005	28×φ34	46	3000	700	3250	Z120
1000	840	1220	1160	1115	28×φ34	50	3250	700	3770	Z120

GZ945$_{\mathbf{W}}^{\mathbf{T}}$–10 系列闸阀外形尺寸和连接尺寸表(mm)

DN	L	D	D$_1$	D$_2$	z×φd	b	H	D$_0$	重量(kg)	电动装置型号
100	230	215	180	155	8×φ18	22	633	400	80	Z10
125	255	245	210	185	8×φ18	24	770	400	110	Z10
150	280	280	240	210	8×φ23	24	810	400	130	Z15
200	330	335	295	265	8×φ23	26	1037	490	200	Z20
250	380	390	350	320	12×φ23	28	1121	490	240	Z20
300	420	440	400	368	12×φ23	28	1246	490	380	Z30
350	450	500	460	428	16×φ23	30	1324	490	460	Z30
400	480	565	515	482	16×φ25	32	1417	600	700	Z45
450	510	615	565	532	20×φ25	32	1502	600	870	Z60
500	540	670	620	585	20×φ25	34	1598	600	1050	Z60
600	600	780	725	685	20×φ30	36	1710	600	1400	Z60
700	660	895	840	800	24×φ30	38	2046	700	2100	Z90
800	720	1010	950	905	24×φ34	44	2275	700	2600	Z90
900	780	1110	1050	1005	28×φ34	46	2418	700	3100	Z120
1000	840	1220	1160	1115	28×φ34	50	2530	700	3600	Z120

(a) GZ945$_{\mathbf{W}}^{\mathbf{T}}$–10 系列闸阀

(b) GZ944$_{\mathbf{W}}^{\mathbf{T}}$–10 系列闸阀

图名	GZ944、GZ945 型电动闸阀	图号	JS2-6-5

PN16、PN25 截止阀外形和连接尺寸(1,P,R 型)(mm)

DN	A	D	D₁	D₂	b	f	n×φd	H≈	W	重量(kg)
50	230	160	125	100	16	3	4×φ18	356	200	25
					20					25
65	290	180	145	120	20	3	4×φ18	380	250	32
					22		8×φ18			32
80	310	195	160	135	22	3	8×φ18	420	250	41
										45
100	350	215	180	155	22	3	8×φ18	465	300	58
		230	190	160	24		8×φ23			60
125	400	245	210	185	24	3	8×φ18	506	350	80
		270	220	188	28		8×φ25			94
150	480	280	240	210	26	3	8×φ23	550	400	101
		300	250	218	30		8×φ25			125
200	600	335	295	265	26	3	12×φ23	615	450	132
		360	310	278	34		12×φ25			165

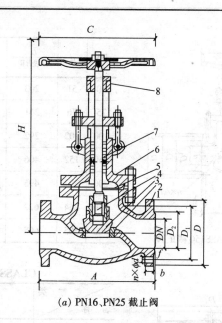

(a) PN16、PN25 截止阀

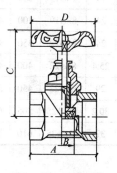

(b) J11F-16T 截止阀

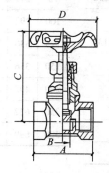

(c) J11W-16T 截止阀

J11F-16T 截止阀规格尺寸(mm)

DN	规格	A	B	C	D
15	1/2″	46	12.8	62	55
20	3/4″	54	17	69	60
25	1″	67	22	83.5	72
32	1¹/₄″	77	27	100	80
40	1¹/₂″	83	34	120.5	100
50	2″	104	43	137.5	110

圆柱管螺纹符合 ISO228 标准

J11W-16T 截止阀规格尺寸(mm)

DN	规格	A	B	C	D
8	1/4″	40	10.5	59	45
10	3/8″	40	10.5	59	45
15	1/2″	46	12.8	66	55
20	3/4″	54	17	75	60
25	1″	67	22	87	72
32	1¹/₄″	77	27	100	80
40	1¹/₂″	83	34	121	100
50	2″	104	43	135	110

圆柱管螺纹符合 ISO228 标准

图名	J11F、J11W、PN 型截止阀	图号	JS2-6-6

(a) CLASS150 截止阀

(b) CLASS125 截止阀

CLASS150 阀规格、尺寸表(mm)

DN	d	$\frac{L}{RF\&BW}$	H	W	D_2	D_1	D	n×φd	b	f	重量(kg)
50	51	203	410	200	92	120.5	152	4×φ19	16	1.6	18
75	76	241	450	250	127	152.5	190	4×φ19	19	1.6	32
100	102	292	500	250	157	190.5	229	8×φ19	24	1.6	46
150	152	406	550	350	216	241.5	279	8×φ22	26	1.6	80
200	203	495	620	400	270	298.5	343	8×φ22	29	1.6	115
250	254	622	800	450	324	362	406	12×φ25	31	1.6	178
300	305	698	1230	500	381	432	483	12×φ25	32	1.6	264

CLASS125 阀主要零件材料表

零件名称	材料	牌号
阀体、阀盖	灰铸铁	A126B
阀座	铸青铜	B62
阀瓣	灰铸铁+铸青铜	A126B+B62
阀杆	黄铜或不锈钢	B16 A182 F6a
螺栓/螺母	碳钢	A307-B
垫片	石墨夹软钢	—
填料	石墨	—
阀杆螺母	铸青铜	B62

CLASS150 阀主要零件材料表

种类 / 名称	WCB	CF8	CF8M
阀体、阀盖	A216-WCB	A351-CF8	A351-CF8M
阀瓣	A105-1025	A182-F304	A182-F316
阀座	A105-1025	A182-F304	A182-F136
密封面材料代号	A/B/E	C/D/F	
阀杆	A182-F6a	A182-F304	A182-F136
阀杆螺母	A439-D2		
螺栓/螺母	A193-B7/A194-2H	A193-B8/A194-8	
垫片	缠绕式/软钢		
填料	柔性石墨		
手轮	A216-WCB/A47-32510		

CLASS125 截止阀外形尺寸和连接尺寸表(mm)

DN	L	D	D_1	b	z×φd	D_0	H	重量(kg)
50	203	152	121	16	4×φ19	200	298	18
63	216	178	140	18	4×φ19	200	314	25
75	241	191	152	19	4×φ19	254	359	32
100	292	229	191	24	8×φ19	300	415	60
125	330	254	216	24	8×φ22	350	446	82
150	356	279	241	25.4	8×φ22	400	485	106
200	495	343	298	29	8×φ22	450	576	189
250	622	406	362	30.2	12×φ25	505	652	302
300	699	483	432	32	12×φ25	610	734	412

图名	CLASS 型截止阀	图号	JS2-6-7

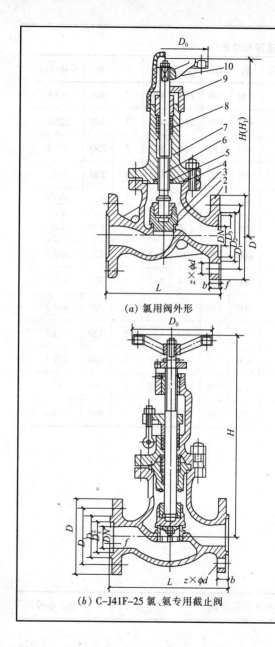

(a) 氯用阀外形

(b) C-J41F-25 氯、氨专用截止阀

氯用阀外形尺寸和连接尺寸表（mm）

规格	L	D	D_1	D_2	D_3	b	f	$z×\phi d$	D_0	H	H_1	重量(kg)
20	150	105	75	55	51	16	2	4×φ14	100	276	292	8
25	160	115	85	65	58	16	2	4×φ14	120	280	302	10
32	180	135	100	78	66	18	2	4×φ18	140	285	310	12
40	200	145	110	85	76	18	3	4×φ18	160	288	312	15
50	230	160	125	100	88	20	3	4×φ18	160	291	316	17
65	290	180	145	120	110	22	3	8×φ18	180	307	340	30
80	310	195	160	135	121	22	3	8×φ18	240	386	416	41
100	350	230	190	160	150	24	3	8×φ23	240	416	452	57
125	400	270	220	188	176	28	3	8×φ25	280	456	502	80
150	480	300	250	218	204	30	3	8×φ25	280	506	565	112

C-J41F-25 外形尺寸和连接尺寸表（mm）

DN	L	D	D_1	D_2	D_3	b	f	$z×\phi d$	D_0	H	重量(kg)
15	130	95	65	45	40	16	4	4×φ14	120	270	11
20	150	105	75	55	51	16	4	4×φ14	120	292	16
25	160	115	85	65	58	16	4	4×φ14	120	314	18
32	180	135	100	78	66	18	4	4×φ18	140	342	22
40	200	145	110	85	76	18	4	4×φ18	140	369	29
50	230	160	125	100	88	20	4	4×φ18	160	422	36
65	290	180	145	120	110	22	4	8×φ18	180	434	50
80	310	195	160	135	121	22	4	8×φ18	240	452	62
100	350	230	190	160	150	24	4.5	8×φ23	240	520	88
125	400	270	220	188	176	28	4.5	8×φ25	280	560	120
150	480	320	250	218	204	30	4.5	8×φ25	280	680	170
200	600	375	320	282	260	38	4.5	12×φ30	350	760	250
250	622	445	385	345	313	42	4.5	12×φ34	400	846	380

图名	C-J41F-25 氯、氨专用截止阀	图号	JS2-6-8

279

DN	D_1	D_2	D_3	D_4	D_5	D_6	h	H	H_1^*	H_2	H_3	L_1	L_2	f	ϕ_0	重量(kg)
200	280	360	440	160	254	300	150	60		800	180	280	449	3	160	183.8
250	330	410	490	160	254	300	150	70		800	180	280	449	3	160	229.6
300	380	480	560	180	298	350	200	90		800	210	336	592	3	250	372.1
350	430	530	610	180	298	350	200	100		800	210	336	592	3	250	395.2
400	480	580	660	180	298	350	200	120		800	210	336	592	3	250	422.7
450	530	630	710	180	298	350	200	130		800	210	336	592	3	250	441
500	600	700	800	180	298	350	240	160		800	236	394	662	4	320	459.5
600	700	800	900	180	298	350	240	180		800	236	394	662	4	320	551.4
700	800	900	1000	180	298	350	241	210		800	236	394	662	5	320	643.3
800	900	975	1160	180	298	350	241	240		800	236	394	662	5	320	753.2
900	1000	1100	1200	180	298	350	241	270		800	236	394	662	5	320	827.1
1000	1100	1300	1400	200	356	415	300	300		800	260	473	878	5	400	919
1200	1300	1500	1600	200	356	415	300	350		800	260	473	878	5	400	1102.8

注：H_1 尺寸根据工况决定，但应小于 5m。

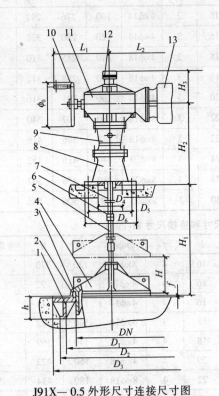

J91X— 0.5 外形尺寸连接尺寸图

1—阀体;2—阀体密封圈;3—阀瓣密封圈;
4—阀瓣;5—连接轴;6—连接套;7—阀杆;
8—支座;9—传动支座;10—手轮;11—电动装置;
12—行程控制器;13—电动机

图名	J91X–0.5 型截止阀	图号	JS2-6-9

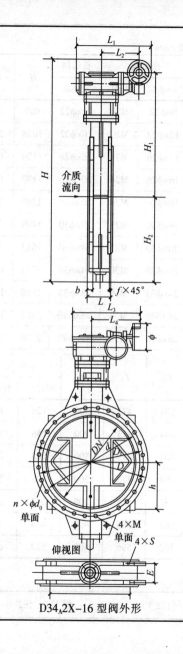

D34$_A$2X-16 型阀外形

D34$_A$2X-16 型阀外形和连接尺寸表(mm)

规格 DN	手动装置	D	D$_1$	d	b	f	短结构 n×ϕd$_0$	短结构 4×M	长结构 n×ϕd$_0$	H	H$_1$	H$_2$
700	3D-120/1500	910	840	794	39.5	5	20×ϕ37	M33	24×ϕ37	1889	1058	681
800	3D-120/1600	1025	950	901	43	5	20×ϕ40	M36	24×ϕ40	2032	113	749
900	3D-120/2500	1125	1050	1001	46.5	5	24×ϕ40	M36	28×ϕ40	2258	1266	842
1000	3D-120/2500	1255	1170	1112	50	5	24×ϕ43	M39	28×ϕ43	2325	1286	889
1200	3D-200/4000	1485	1390	1328	57	5	28×ϕ49	M45	32×ϕ49	2796	1568	978

规格 DN	L 短结构	L 长结构	L$_1$	L$_2$	L$_3$	L$_4$	E 短结构	E 长结构	F	4×S	h	ϕ	重量(kg) 短结构	重量(kg) 长结构
700	229	430	635	370	711	591	182	383	640	4×M16	362	300	853	953
800	241	470	635	370	711	591	190	419	720	4×M16	403	300	924	1075
900	241	510	955	455	807	591	186	455	800	4×M16	442	300	1135	1319
1000	300	550	955	455	807	591	242	492	890	4×M20	490	300	1562	1751
1200	350	630	1190	680	1089	801	284	564	1040	4×M20	577	500	3253	3541

图名	D34$_A$2X 型蝶阀(一)	图号	JS2-6-10(一)

281

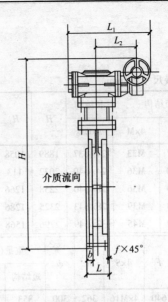

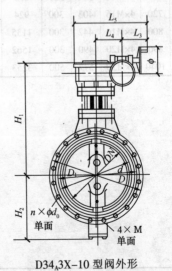

D34_A3X-10 型阀外形

D34_A3X-10 型阀外形和连接尺寸表(mm)

规格 DN	手动装置	D	D₁	d	b	f	短结构 n×φd₀	短结构 4×M	长结构 n×φd₀	H	H₁
300	3D-30/250	450	400	370	28	4	8×φ22	M20	12×φ22	959	542
350	3D-30/250	505	460	430	30	4	12×φ22	M20	16×φ22	1048	583
400	3D-30/250	565	515	482	30	4	12×φ26	M24	16×φ26	1120	620
450	3D-30/250	615	565	532	34	4	16×φ26	M24	20×φ26	1190	667
500	3D-30/400	670	620	585	34	4	16×φ26	M24	20×φ26	1280	702
600	3D-60/800	780	725	685	35	5	16×φ30	M27	20×φ30	1409	759
700	3D-60/800	895	840	800	40	5	20×φ30	M27	24×φ30	1613	885
800	3D-120/1500	1015	950	905	44	5	20×φ33	M30	24×φ33	1736	1013
900	3D-120/1500	1115	1050	1005	44	5	24×φ33	M30	28×φ33	1860	1073
1000	3D-120/2500	1230	1160	1110	50	5	24×φ36	M33	28×φ36	2107	1234
1200	3D-120/2500	1455	1380	1330	52	5	28×φ39	M36	32×φ39	2326	1343

规格 DN	H₂	L 短结构	L 长结构	L₁	L₂	L₃	L₄	L₅	φ	重量(kg) 短结构	重量(kg) 长结构
300	267	114	270	449	178	254	104	473	300	128	148
350	315	127	290	449	178	254	104	473	300	156	188
400	350	140	310	449	178	254	104	473	300	205	237
450	373	152	330	449	178	254	104	473	300	228	268
500	428	152	350	486	196	254	130	528	300	242	288
600	450	178	390	627	244	245	162	596	400	414	480
700	528	229	430	627	244	245	162	596	400	522	615

图名	D34_A2X 型蝶阀(二)	图号	JS2-6-10(二)

PN10,PN6 电动阀外形和连接尺寸表(mm)

DN	A	B	C	D	E	F	L 短结构	L 长结构	重量(kg) 短结构	重量(kg) 长结构
300	267	891	365		328	187	114	270	161	181
350	315	910	365		328	187	127	290	189	221
400	350	975	371		345	170	140	310	238	270
450	373	1000	440		353	160	152	330	261	301
500	428	1062	468		365	150	150	350	260	307
600	450	1116	468		365	150	178	390	380	446
700	528	1216	480		390	125	229	430	598	691
800	573	1270	650		425	90	241	470	781	910
900	639	1319	650		425	90	241	510	895	1048
1000	723	1445	730		465	50	300	550	1255	1355
1200	833	1456	730		465	50	350	630	1586	1842
1400	1078	1602	814	960	535	3	390	710	4008	4425
1600	1218	1705	814	1050	535	3	440	790	4509	5095
1800	1426	1878	932	1197	600	-62	490	870	6781	7576
2000	1486	1973	932	1320	600	-62	540	950	8471	9519
2200	1650	2471	1032	1377	630	-80	*	1000	9801	10737
2400	1786	2586	1032	1477	630	-86	*	1100	12121	12467
2600	2031	2806	1032	1675	630	-94	*	1200	13971	14175

B-SEAL 电动阀外形和连接尺寸表(mm)

DN	A	B	C	D	E	F	L 短结构	L 长结构	重量(kg) 短结构	重量(kg) 长结构
300	277	891	365		328	187	114	270	208	178
350	315	944	371	216	345	170	127	290	223	247
400	335	975	468	238	365	170	140	310	250	282
450	380	1017	468	261	365	150	152	330	318	358
500	428	1062	468	290	365	150	152	350	345	392
600	480	1172	480	334	390	125	178	390	591	665
700	681	1222	650	362	425	90	229	430	975	1075
800	749	1343	730	403	465	50	241	470	1046	1197
900	842	1394	730	442	465	50	241	510	1417	1601
1000	889	1463	730	490	465	50	300	550	1844	2033
1200	978	1501	814	577	535	3	350	630	3377	3665
1400	1136	1672	932	960	600	-62	390	710	4108	4525
1600	1326	1776	932	1050	600	-62	440	790	4609	5195
1800	1386	2016	1053	1197	785	-80	490	870	6881	7676

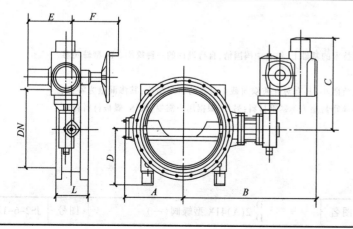

说明:
1. 该阀主要用于水厂、电厂、冶炼厂、造纸厂、化工等系统。特别是适应于自来水管路上,作为调节和截流设备使用。
2. 该阀结构简单紧凑、重量轻、90°旋转,开关迅速,完全密封,泄漏为零。

图名	PN、B-SEAL 型蝶阀	图号	JS2-6-11

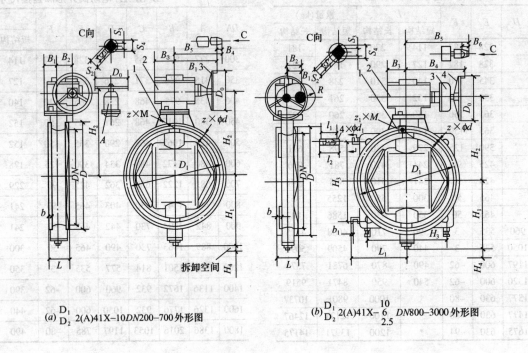

(a) $\dfrac{D_1}{D_2}$ 2(A)41X-10 DN200-700 外形图

(b) $\dfrac{D_1}{D_2}$ 2(A)41X- $\dfrac{10}{6}$ DN800-3000 外形图
　　　　　　 2.5

说明:

1. D_1、D_2 型蝶阀,是在引进和消化日本久保田铁工株式会 BS-AA 型蝶阀技术的基础上,结合中国国情,自行设计的一种蝶阀。D_1 型蝶阀参照美国 AWWAC504 标准;D_2 型蝶阀等效采用 AWWAC504 标准。

2. 该系列阀的主要特点是:结构长度短、重量轻;蝶板为双平板桁架式,流阻小;具有对介质双向截止可靠的密封结构;其渗漏量为零;D_1 型阀体密封座采用铸铁本体表面喷涂高耐磨耐腐蚀合金材料;D_2 型阀体密封座为不锈钢材料;另外,根据用户需要,阀体、蝶板材料尚可变更为镍、铬合金铸铁,以适用于海水介质。

图名	$\dfrac{D_1}{D_2}$ 2(A)41X 型蝶阀(一)	图号	JS2-6-12(一)

$\frac{D_1}{D_2}2(A)41X\text{-}6\,^{10}_{2.5}$ 蝶阀规格尺寸(mm)

公称直径 DN	PN (MPa)	L	D	D₁	H₁	H₂	H₃	H₄	B₁	B₂	B₃	B₄	B₅	B₆	b	b₁	L₁	l₁	l₂	d₁	S₁	S₂	S₃	S₄	R	D₀	z×φd	z₁×M	重量 (kg)
200	1.0	152	340	295	187	510		50						38	28						27	31	36	40		400	8×φ22		84.3
250	1.0	203	395	350	252	535		50						38	28						27	31	36	40		400	8×φ22	4×M20	110.5
300	1.0	203	445	400	317	560		50						38	28						27	31	36	40		400	8×φ22	4×M20	141.5
350	1.0	203	505	460	343	459		50	115	65	116	328	340	70	30						32	38	42	50		250	12×φ22	4×M20	170.3
400	1.0	203	565	515	382	524		50	145	100	162	393	374	70	32						32	38	42	50		400	12×φ26	4×M24	249
450	1.0	203	615	565	404	559		50	145	100	162	393	374	70	32						32	38	42	50		400	16×φ26	4×M24	272
500	1.0	203	670	620	458	573		70	145	100	162	393	374	70	43						32	38	42	50		400	16×φ26	4×M24	410
600	1.0	203	780	725	543	697		80	175	150	230	495	480	70	48						32	38	42	50		500	16×φ30	4×M27	722
700	1.0	305	895	840	612	765		80	175	150	230	495	480	70	54						32	38	42	50		500	20×φ30	4×M27	834
800	1.0	305	1015	950	680	857		80	200	166	303	744	720	70	58						32	38	42	50	155	500	20×φ33	4×M30	1220
900	1.0	305	1115	1050	742	918		90	200	166	303	744	720	70	61						32	38	42	50	155	500	24×φ33	4×M30	1282
1000	1.0	305	1230	1160	817	973		90	200	166	303	744	720	70	67						32	38	42	50	155	500	24×φ36	4×M33	1740
1200	0.25	381	1405	1340	912	1068	1120	90	200	166	303	744	720	70	65	30	800	290	270	27	32	38	42	50	155	500	28×φ33	4×M30	2257
1200	0.6	381	1405	1340	912	1068	1120	100	200	166	303	744	720	70	65	30	800	290	270	27	32	38	42	50	155	500	28×φ33	4×M30	2247
1200	1.0	381	1455	1380	948	1190	1120	100	250	266	385	949	895	70	65	30	800	290	370	33	32	38	42	50	262	600	28×φ39	4×M36	2995
1400	0.25	381	1630	1560	1012	1168	1360	100	200	166	303	744	720	70	68	30	920	290	370	33	32	38	42	50	155	500	32×φ36	4×M33	2803
1400	0.6	381	1630	1560	1041	1253	1360	100	250	266	385	949	895	70	68	30	920	290	370	33	32	38	42	50	262	600	32×φ36	4×M33	3319
1400	1.0	381	1675	1590	1158	1399	1390	100	250	266	385	949	895	70	68	30	920	290	370	33	32	38	42	50	262	600	32×φ42	4×M39	7461
1600	0.25	457	1830	1760	1145	1396	1520	100	250	266	385	949	895	70	68	30	1050	355	450	33	32	38	42	50	262	600	32×φ36	8×M33	4640
1600	0.6	457	1830	1760	1145	1396	1520	100	250	266	385	949	895	70	68	30	1050	355	450	33	32	38	42	50	262	600	32×φ36	8×M33	5260
1600	1.0	457	1915	1820	1291	1506	1390	100	300	266	450	1113	1059	70	68	40	998	389	460	33	32	38	42	50	262	600	32×φ48	8×M45	5838

图名	$\frac{D_1}{D_2}2(A)41X$ 型蝶阀(二)	图号	JS2-6-12(二)

公称直径 DN	PN (MPa)	L	D	D_1	H_1	H_2	H_3	H_4	B_1	B_2	B_3	B_4	B_5	B_6	b	b_1	L_1	l_1	l_2	d_1	S_1	S_2	S_3	S_4	R	D_0	$z \times \phi d$	$z_1 \times M$	重量 (kg)
1800	0.25	457	2045	1970	1315	1527	1750	100	250	266	385	949	895	70	70	30	1165	355	450	33	32	38	42	50	262	600	36×φ39	8×M36	5330
1800	0.6	457	2045	1970	1346	1561	1750	100	300	266	450	1013	959	70	70	30	1165	355	450	33	32	38	42	50	262	600	36×φ39	8×M36	6382
1800	1.0	457	2115	2020	1457	1873	1820	100	350	228	540	1139	1160	140	70	30	1200	355	450	33	32	38	42	50	215	800	36×φ48	8×M45	8936
2000	0.25	540	2265	2180	1493	1745	2000	100	300	266	450	1013	959	70	54	50	1150	230	522	42	32	38	42	50	262	600	48×φ42		7194
2000	0.6	540	2265	2180	1493	1913	2000	100	350	228	540	1139	1090	70	54	40	1150	230	522	39	32	38	42	50	215	800	48×φ42		8438
2000	1.0	540	2325	2230	1531	1947	2000	100	350	228	540	1139	1090	70	55	50	1180	230	522	42	32	38	42	50	215	800	48×φ48		11482
2200	0.25	590	2475	2390	1631	2042	2200	100	350	228	540	1139	1090	70	60	50	1300	330	570	39	32	38	42	50	215	800	52×φ42		12856
2200	0.6	590	2475	2390	1631	2042	2200	100	350	228	540	1139	1090	70	60	50	1300	330	570	39	32	38	42	50	215	800	52×φ42		12772
2200	1.0	590	2550	2440	1767	2162	2200	100	450	264	670	1342	1500	140	62	50	1330	330	570	39	74	81	100	110	248	900	52×φ56		13789
2400	0.25	650	2685	2600	1750	2182	2400	150	350	228	540	1139	1090	70	62	50	1355	250	626	39	32	38	42	50	215	800	56×φ42		15246
2400	0.6	650	2685	2600	1750	2187	2400	150	450	264	670	1342	1500	140	62	50	1355	250	626	39	74	81	100	110	248	900	56×φ42		15246
2400	1.0	650	2760	2650	1776	2052	2400	150	450	264	670	1342	1500	140	70	50	1400	250	626	39	74	81	100	110	248	900	56×φ56		20424
2600	0.25	700	2905	2810	1876	2372	2600	150	350	228	540	1139	1160	140	64	50	1500	270	676	42	32	38	42	50	215	800	60×φ48		15280
2600	0.6	700	2905	2810	1876	2372	2600	150	450	264	670	1337	1461	140	64	50	1500	270	676	42	74	81	100	110	248	900	60×φ48		15332
2600	1.0	700	2960	2850	1955	2397	2600	150	450	264	670	1337	1461	140	80	50	1500	270	660	42	74	81	100	110	248	900	60×φ56		24668
2800	0.25	760	3115	3020	2051	2500	2800	150	450	264	670	1342	1461	140	68	50	1610	400	734	45	74	81	100	110	248	900	64×φ48		20350
2800	0.6	760	3115	3020	2051	2500	2800	150	450	264	670	1342	1461	140	68	50	1610	400	734	45	74	81	100	110	248	900	64×φ48		20400
2800	1.0	760	3115	3020	2051	2500	2800	150	450	264	670	1342	1461	140	68	50	1610	400	734	45	74	81	100	110	248	900	64×φ48		20400

图名	$\dfrac{D_1}{D_2}$ 2(A)41X 型蝶阀(三)	图号	JS2-6-12(三)

D343X-10 型阀规格表

公径直径 DN(mm)	尺 寸 (mm)										重量 (kg)
	L	D_1	D	H_1	z×φd	H_2	H_3	A	B	D_0	
50	108	125	160	4×φ18	75	120	80	100	45	204	
65	112	145	180	4×φ18	90	135	80	100	45	204	
80	114	160	195	4×φ18	105	155	80	100	45	204	
100	127	180	215	8×φ18	124	170	80	100	45	204	
125	140	210	245	8×φ18	145	180	78	133	70	204	
150	140	240	280	8×φ23	150	215	78	133	70	204	
200	152	295	335	8×φ23	190	248	78	133	70	204	
250	165	350	390	12×φ23	220	266	93	172	89	305	
300	178	400	440	12×φ23	260	280	93	172	89	305	
350	190	460	500	16×φ23	290	320	93	172	89	305	
400	216	515	565	16×φ25	320	335	121	224	108	457	
450	222	565	615	20×φ25	335	390	121	224	108	457	
500	229	620	670	20×φ25	380	420	121	224	108	457	
600	267	725	780	20×φ30	460	490	157	275	118		
700	292	840	895	24×φ30	495	540	157	275	118		
800	318	950	1010	24×φ34	550	595	190	420	154		
900	330	1050	1110	28×φ34	600	645	190	420	154		
1000	410	1160	1220	28×φ34	670	710	190	420	154		

$D_H341X-\dfrac{6}{10}$ 型阀外形与安装尺寸表(mm)

公径直径 DN	L	D	D_1	D_2	H	H_1	B_1	B_2	D_0	b	f	z×φd	重量 (kg)
400	310	565	515	482	533	352	393	162	400	32	4	16×φ25	294
450	330	615	565	532	563	378	393	162	400	32	4	20×φ25	310
500	350	670	620	585	590	395	393	162	400	36	4	20×φ25	380
600	390	780	725	685	715	455	500	230	500	36	5	20×φ30	544
700	430	895	840	800	770	510	500	230	500	40	5	24×φ34	763
800	470	1010	950	905	835	595	500	203	500	44	5	24×φ34	1037
900	510	1110	1050	1005	900		638	303	600	46	5	28×φ34	1430
1000	550	1220	1160	1115	998	740	638	303	600	50	5	28×φ34	1845
1200	630	1400	1340	1295	1098	840	638	303	600	40	5	32×φ34	2352
1400	710	1620	1560	1510	1125	975	638	303	600	44	5	36×φ34	2620
1600	790	1820	1760	1710	1325	1075	638	303	600	48	5	40×φ34	3640

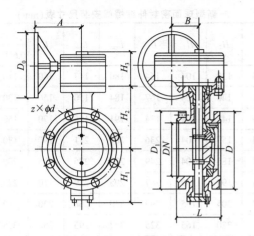

(a) D343X-10型外形图

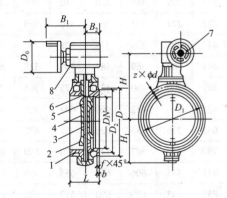

(b) $D_H341X-\dfrac{6}{10}$外形和结构图

1—阀体;2—蝶板;3—阀轴;4—压板;
5—蝶板密封圈;6—阀座;7—手轮;8—定位螺钉

图名	D343X、D_H341X 型蝶阀	图号	JS2-6-13

287

新型球面密封伸缩蝶阀安装尺寸表(mm)

DN (mm)	H	H_2	H_3	L_1	L_{max}	L_{min}	L	ϕ 0.6MPa	ϕ 1.0MPa	ϕ 1.6MPa
50	306	130	104	164	180	147	160	110	125	125
65	324	140	104	167	184	150	156	130	145	145
80	339	145	104	174	191	156	170	150	160	160
100	374	157	104	236	261	211	190	170	180	180
125	417	185	104	249	270	226	195	200	210	210
150	474	190	139	267	295	239	210	225	240	240
200	657	305	165	299	330	268	230	280	295	295
250	706	320	165	325	357	295	250	335	350	355
300	784	340	209	335	380	330	270	395	400	410
350	828	366	209	335	360	310	290	445	460	470
400	944	422	224	335	361	310	310	495	515	525
450	981	447	224	350	373	328	330	550	565	585
500	1044	494	200	369	389	349	325	600	620	650
600	1166	569	200	400	425	375	365	705	725	770
700	1363	625	276	432	460	405	405	810	840	840
800	1519	693	276	485	520	451	470	920	950	950
900	1710	750	340	507	545	470	510	1020	1050	1050
1000	1870	833	345	606	660	552	550	1120	1160	1170
1200	1945	852	345	600	690	570	630	1340	1380	1390
1400	2367	935	567	500	780	640	710	1560	1590	1590
1600	2827	1160	567	500	860	720	790	1760	1820	1820
1800	2938	1247	567	500	940	800	890	1970	2020	2020
2000	3221	1362	425	500	1020	880	950	2180	2230	2230

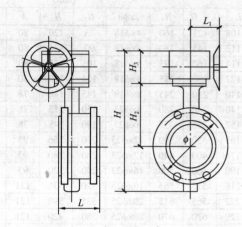

新型球面密封伸缩蝶阀外形及安装尺寸

说明:
1. 新型球面密封伸缩蝶阀为双法兰蝶阀与伸缩器合为一体的新型产品,采用了球面密封的结构形式,主要有密封效果好、更换方便,并具备伸缩器的功能。是蝶阀系列中最具活力的产品之一。
2. 该产品的驱动方式有手动、蜗轮蜗杆传动、气动、电动等形式。
3. 该产品主要适用于城市的给排水、电厂循环水等。

图名	新型球面密封伸缩蝶阀	图号	JS2-6-14

DZ941PX-$\frac{1.0}{1.6}$型阀外形尺寸表(mm)

续表

公径直径 DN(mm)	公称压力(PMa)	φ	L	H	H₁	A	B	n×φd
100	1.0	180	127	125	520	513	480	8×φ17.5
	1.6	180	127	125	520	513	480	8×φ17.5
125	1.0	210	140	140	550	513	504	8×φ17.5
	1.6	210	140	140	550	513	504	8×φ17.5
150	1.0	240	140	165	578	650	504	8×φ22
	1.6	240	140	165	578	650	504	8×φ22
200	1.0	295	152	175	600	650	504	8×φ22
	1.6	295	152	175	600	650	504	12×φ22
250	1.0	350	165	212	620	650	695	12×φ22
	1.6	355	165	212	620	650	695	12×φ26
300	1.0	400	178	230	700	864	695	12×φ22
	1.6	410	178	230	700	864	695	12×φ26
350	1.0	460	190	255	850	864	695	16×φ22
	1.6	470	190	255	850	864	695	16×φ26
400	1.0	515	216	263	910	864	695	16×φ26
	1.6	525	216	263	910	864	695	16×φ30
450	1.0	565	222	290	930	864	695	20×φ26
	1.6	585	222	290	930	864	695	20×φ30
500	1.0	620	229	318	965	864	695	20×φ26
	1.6	650	229	318	965	864	695	20×φ33
600	1.0	725	267	405	1010	890	695	20×φ30
	1.6	770	267	405	1010	890	695	20×φ36
700	1.0	840	292	500	1147	890	695	20×φ30
800	1.0	950	318	535	1213	890	695	24×φ33
900	1.0	1050	330	565	1265	1070	740	28×φ33
1000	1.0	1160	410	610	1310	1070	740	28×φ36
1200	1.0	1380	470	740	1140	1210	910	32×φ40
1400	1.0	1590	530	860	1235	1450	1010	36×φ46
1600	1.0	1820	600	980	1370	1620	1200	40×φ52

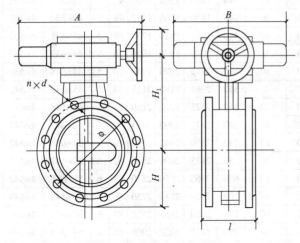

DZ941PX-$\frac{1.0}{1.6}$阀外形尺寸

图名	DZ941PX 型蝶阀	图号	JS2-6-15

289

Dd₁941X₂-$\frac{6}{10}$型阀主要尺寸及重量表

公径直径 DN (mm)	公称压力 PN (MPa)	尺 寸 (mm)														重量 (kg)
		L	D	D_1	D_2	b	f	$z×\phi d$	$z_1×\phi d_1$	L_1	L_2	L_3	L_4	A_1	A	
800	6	241	975	920	880	34	5	24×φ30	2×φ30	818	550	740	—	1070	1698	1370
800	10	241	1015	950	905	44	5	24×φ33	2×φ30	818	550	740	—	1070	1680	1470
900	6	241	1075	1020	980	36	5	24×φ30	2×φ30	890	610	820	—	1122	1786	1620
900	10	241	1115	1050	1005	46	5	28×φ33	2×φ30	955	675	820	—	1122	1786	1720
1000	6	300	1175	1120	1080	36	5	28×φ30	4×φ30	955	675	900	130	1102	1847	1800
1000	10	300	1230	1160	1110	50	5	28×φ36	4×φ30	955	675	900	130	1197	1994	1900
1200	6	360	1405	1340	1295	40	5	32×φ33	4×φ33	955	675	1070	160	1254	2144	2660
1200	10	360	1455	1380	1330	56	5	32×φ39	4×φ33	1115	760	1070	160	1393	2284	2760
1400	6	390	1630	1560	1510	44	5	36×φ36	4×φ36	1115	760	1230	180	1423	2443	3270
1400	10	390	1675	1590	1530	62	5	36×φ42	4×φ36	1340	885	1230	180	1528	2548	2370
1600	6	440	1830	1760	1710	48	5	40×φ36	4×φ36	1115	760	1400	220	1637	2777	4270
1600	10	440	1915	1820	1750	68	5	40×φ48	4×φ36	1340	885	1400	220	1658	2820	4370
1800	6	490	2045	1970	1920	50	5	44×φ39	4×φ39	1340	885	1548	300	1733	2945	6360
1800	10	490	2115	2020	1950	70	5	44×φ48	4×φ39	1145	625	1550	260	2292	3694	6460
2000	6	540	2265	2180	2125	54	5	48×φ42	4×φ42	1120	625	1700	290	2205	3605	7960
2000	10	540	2325	2230	2150	74	6	48×φ48	4×φ42	1120	625	1700	290	2412	3864	8060
2200	6	590	2475	2390	2335	60	5	52×φ42	4×φ42	1120	625	1870	330	2514	4094	11236
2200	10	590	2550	2440	2370	80	6	52×φ56	4×φ42	1120	625	1870	330	2676	4240	
2400	6	650	2685	2600	2545	62	5	56×φ42	4×φ42	1500	680	2030	385	2870	4649	
2400	10	650	2760	2650	2570	82	6	56×φ56	4×φ42	1500	680	2030	385	2870	4780	
2600	6	700	2905	2810	2750	64	6	60×φ48	4×φ48			2400	380	2952	4813	
2600	10	700	2960	2850	2780	88	6	60×φ56	4×φ48			2180	440			
2800	6	760	3115	3020	2960	68	6	64×φ48	4×φ48			2350	450			
2800	10	760	3180	3070	3000	94	6	64×φ56	4×φ48			2350	450			
3000	6	810	3315	3220	3160	70	6	68×φ48	4×φ48			2500	490			
3000	10	810	3405	3290	3210	100	6	68×φ62	4×φ48			2500	490			

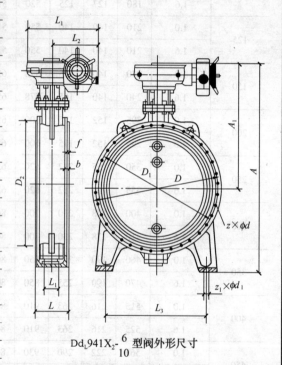

Dd₁941X₂-$\frac{6}{10}$型阀外形尺寸

图名	Dd₁941X₂型蝶阀	图号	JS2-6-16

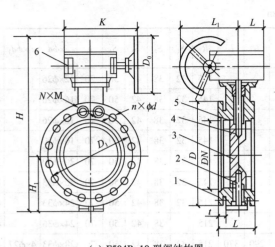

(a) F504B-10型阀结构图

1—阀体;2—下阀轴;3—蝶板;4—上阀轴;5—阀座;6—传动装置

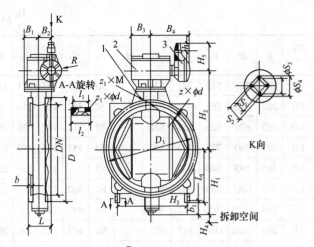

(b) $\frac{D_1}{D_2}5(A)41X-\frac{10}{25}$ 外形图

1—蝶阀下部;2—二级传动装置;3——级传动装置

主要性能参数

公称压力(MPa)	1
密封试验压力(MPa)	1.1
强度试验压力(MPa)	1.5
适用介质	水、油
介质流速	≤5m/s
介质温度	−10~80℃

主要零件材料

零件名称	材 料
阀体	灰铸铁
蝶板	球铁
上下轴	不锈钢
阀座	丁腈耐油橡胶
传动装置	灰铸铁

F50—4B-10 型阀外形与安装尺寸(mm)

公径直径 DN	D	D_1	L	L_1	L_2	H	H_1	K	D_0	t	n×φd	N×M	重量 (kg)
200	340	295	152	170	70	556		220	200	28	8×φ22		55
250	406	350	203	210	87.5	646		282	250	30	12×φ22		81
300	482	400	203	210	87.3	722		282	250	32	12×φ22		110
350	533	460	203	210	87.5	792		282	250	34	16×φ22		139
400	596	515	203	280	100	890		362	320	36	16×φ26		173
450	635	565	203	280	100	951	322	362	320	40	16×φ26	4×M24	206
500	698	620	203	298	160	1069	356	444	320	42	16×φ26	4×M24	322
600	812	725	203	298	160	1242	414	444	320	48	16×φ30	4×M27	404

图名	F504B 型 $\frac{D_1}{D_2}$ 5(A)型蝶阀(一)	图号	JS2-6-17(一)

291

$\frac{D_1}{D_2}$5(A)41X-$\frac{10}{2.5}$型规格表(mm)

DN	PN (MPa)	L	D	D_1	H_1	H_2	H_3	H_4	H_5	B_1	B_2	B_3	B_4	b	L_1	b_1	l_1	l_2	R	S_1	S_2	S_3	S_4	h	$z×\phi d$	$z_1×\phi d_1$	$z_2×M$	重量 (kg)
400	1.0	203	565	515	382	524		50	278	162	354	145	231	32					105	32	38	42	50	70	12×φ26		4×M24	291
450	1.0	203	615	565	404	614		50	357	167	146	198	374	32					145	32	38	42	50	70	16×φ26		4×M24	297
500	1.0	203	670	620	458	628		70	313	167	146	198	374	43					145	32	38	42	50	70	16×φ26		4×M24	426
600	1.0	203	780	725	543	697		80	357	175	150	230	635	48					145	32	38	42	50	70	16×φ30		4×M27	760
700	1.0	305	895	840	612	763		80	357	175	150	230	635	54					145	32	38	42	50	70	20×φ30		4×M27	874
800	1.0	305	1015	950	680	834		80	360	175	150	230	703	58					145	32	38	42	50	70	20×φ33		4×M30	1080
900	1.0	305	1115	1050	742	918		90	443	225	200	303	718	61					215	32	38	42	50	70	24×φ33		4×M30	1292
1000	1.0	305	1230	1160	817	973		90	443	225	200	303	718	67					215	32	38	42	50	70	24×φ36		4×M33	1723
1200	0.25	381	1405	1340	912	1068	1120	90	443	225	200	303	718	65	800	30	290	370	215	32	38	42	50	70	28×φ33	4×φ27	4×M30	2190
1200	0.6	381	1405	1340	912	1068	1120	90	443	225	200	303	718	65	800	30	290	370	215	32	38	42	50	70	28×φ33	4×φ27	4×M30	2256
1200	1.0	381	1455	1380	948	1190	1120	90	466	275	250	385	710	65	800	30	290	370	255	32	38	42	50	70	28×φ39	4×φ33	4×M36	2697
1400	0.25	381	1630	1560	1012	1168	1360	90	443	225	200	303	718	68	920	30	290	370	215	32	38	42	50	70	32×φ36	4×φ33	4×M33	2814
1400	0.6	381	1630	1560	1041	1253	1360	90	466	275	250	385	710	68	920	30	290	370	255	32	38	42	50	70	32×φ36	4×φ33	4×M33	3275
1400	1.0	381	1675	1590	1158	1399	1390	100	466	275	266	450	774	68	935	30	290	370	255	32	38	42	50	70	32×φ42	4×φ33	4×M39	4082
1600	0.25	457	1830	1760	1145	1396	1520	90	466	275	280	385	710	68	1050	30	355	450	255	32	38	42	50	70	32×φ36	4×φ33	8×M33	4582
1600	0.6	457	1830	1760	1145	1396	1520	90	466	275	250	395	710	68	1050	30	355	450	255	32	38	42	50	70	32×φ36	4×φ33	8×M33	5050
1600	1.0	457	1915	1820	1291	1732	1390	100	685	430	350	540	1003	68	998	40	389	460	360	32	38	42	50	70	32×φ48	4×φ33	8×M45	7589
1800	0.25	457	2045	1970	1315	1561	1750	100	466	275	250	385	710	70	1165	30	355	450	255	32	38	42	50	70	36×φ39	4×φ33	8×M36	5341
1800	0.6	457	2045	1970	1346	1561	1750	100	466	275	300	450	775	70	1165	30	355	450	255	32	38	42	50	70	36×φ39	4×φ33	8×M36	6234
1800	1.0	457	2115	2020	1457	1873	1820	100	685	430	350	540	1011	70	1200	50	355	450	360	32	38	42	50	140	36×φ48	4×φ33	8×M45	8899
2000	0.25	540	2265	2180	1493	1745	2000	100	466	275	300	450	1011	54	1150	50	230	522	255	32	38	42	50	140	48×φ42	4×φ42		7314
2000	0.6	540	2265	2180	1493	1913	2000	100	685	430	350	540	1005	54	1150	50	230	522	360	32	38	42	50	140	48×φ42	4×φ42		8425
2000	1.0	540	2325	2230	1531	1947	2000	100	685	530	350	540	1005	55	1180	50	230	522	360	32	38	42	50	140	48×φ48	4×φ42		11460

图名	F504B型$\frac{D_1}{D_2}$5(A)型蝶阀(二)	图号	JS2-6-17(二)

292

TD$_S$9$_K$41X 规格表(mm)

DN	PN (MPa)	L	D	D$_1$	D$_2$	H	H$_1$	B$_1$	B$_2$	B$_3$	B$_4$	b	f	L$_1$	h$_1$	b$_1$	d$_1$	l$_1$	l$_2$	l$_3$	l$_4$	D$_0$	z×φd	重量 (kg)
450	1.0	330	615	565	532	652	370	557	324	236	848	32	4									250	20×φ25	388
500	1.0	350	670	620	585	764	414	630	460	186	828	34	4									250	20×φ26	556
600	1.0	390	780	725	685	829	542	630	460	186	828	36	5									250	20×φ30	692
700	1.0	430	895	840	800	862	510	620	460	186	808	40	5									250	24×φ30	930
800	1.0	470	1010	950	905	932	595	620	460	186	878	44	5									250	24×φ34	1180
900	1.0	510	1110	1050	1005	1053	660	782	606	194	1021	46	5									320	28×φ34	1560
1000	1.0	550	1220	1160	1115	1140	740	782	606	194	1940	50	5									320	28×φ34	1913
1200	0.6	630	1400	1340	1295	1111	840	782	606	194	1041	40	5	640	690	40	34	70	80	330	180	320	32×φ34	2449
1200	1.0	630	1450	1380	1325	1417	880	956	770	223	1231	56	5	640	735	40	34	70	80	330	180	400	32×φ41	4061
1400	0.25	710	1620	1560	1510	1390	975	782	606	194	1041	44	5	840	820	40	34	80	120	360	200	320	36×φ34	3450
1400	0.6	710	1620	1560	1510	1519	926	976	770	223	1231	44	5	840	820	40	34	80	120	360	200	400	36×φ34	3573
1400	1.0	710	1675	1590	1525	1551	1013	926	770	223	1231	62	5	840	850	40	34	80	120	360	200	400	36×φ48	4064
1600	0.25	790	1820	1760	1710	1060	1154	926	770	223	1231	48	5	960	930	40	34	80	120	400	240	400	40×φ36	4763
1600	0.6	790	1820	1760	1710	1420	1185	926	770	223	1231	48	5	960	930	40	34	80	120	400	240	400	40×φ36	5120
1800	0.25	870	2045	1970	1910	1729	1231	926	770	223	1231	50	5	1100	1070	45	41	90	160	450	270	400	44×φ41	5780
1800	0.6	870	2045	1970	1910	1763	1233	1006	900	223	1266	50	5	1100	1070	45	41	90	160	450	270	400	44×φ41	6454

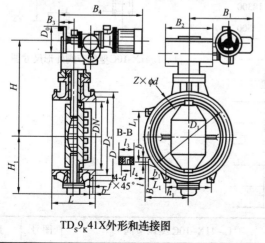

TD$_S$9$_K$41X外形和连接图

说明:

1. 该阀可自动调节预先设定的管道介质参数值,使之在一定精度内保持恒定,且精度可调整。

2. 该阀流量控制特性好,同普通蝶阀相比,其节流控制范围广,可在 20°~70°之间调节。

3. 该阀有优良的耐气蚀特性,蝶板的上游侧设有叶片,下游侧设有翼型整流板,来分散水流,防止产生气蚀。同时也减少了阀门的噪声和蝶板的振动。

4. 该阀适用于管道系统中控制介质流量和压力等参数,适用于城市水厂、电厂、化工行业等地方。

图名	TD$_S$9$_K$41X 型调节阀	图号	JS2-6-18

L$_P$–41X–10C 系列尺寸重量表(mm)

DN×D	D_1	D_2	D_3	b	L	L_1	L_2	L_3	L_4	L_5	L_6	H_1	H_2	$n×\phi d$	$8×\phi d_1$	重量(kg)
300×175	445	400	370	26	1200	500	450	150	160	200	250	280	420	12×φ22	φ22	740
350×200	505	460	429	26	1300	550	500	180	180	220	270	320	480	16×φ22	φ22	950
400×230	565	515	480	26	1450	600	550	180	200	220	310	350	530	16×φ24	φ24	1200
450×250	615	565	530	28	1600	680	600	200	220	250	350	400	580	20×φ26	φ24	1480
500×300	675	620	582	28	1800	760	680	200	270	250	400	420	630	20×φ26	φ26	1730
600×350	780	725	682	30	2000	850	750	220	320	280	450	480	780	20×φ30	φ26	2100
700×400	895	840	794	30	2250	950	850	250	350	300	550	550	850	24×φ30	φ30	2600
800×450	1015	950	901	32	2500	1050	950	250	400	300	600	600	950	24×φ33	φ30	3300
900×500	1115	1050	1001	34	2800	1150	1100	270	450	310	650	650	1050	28×φ33	φ30	3800
1000×600	1230	1160	1112	34	3420	1455	1250	270	550	310	775	700	1190	28×φ36	φ30	5600
1200×700	1455	1380	1328	38	3800	1650	1400	270	650	310	900	820	1300	32×φ39	φ33	8000
1400×800	1675	1590	1530	42	4300	1850	1600	300	750	340	1050	950	1400	36×φ42	φ33	11800
1600×900	1915	1820	1750	46	4800	2050	1800	300	850	340	1150	1050	1500	40×φ48	φ36	14500
1800×1000	2115	2020	1950	50	5400	2300	2000	300	950	340	1300	1100	1700	44×φ48	φ36	18300
2000×1200	2325	2230	2150	54	6000	2600	2200	300	1150	340	1400	1250	1800	48×φ48	φ39	23500
2200×1300	2550	2440	2370	58	6600	2900	2400	320	1250	360	1500	1400	1900	52×φ56	φ39	
2400×1400	2760	2650	2580	62	7200	3100	2650	320	1350	360	1600	1500	2000	56×φ56	φ42	
2600×1500	2960	2850	2780	68	7800	3400	2850	320	1450	360	1700	1600	2100	60×φ56	φ42	
2800×1600	3180	3070	3000	72	8400	3650	3100	320	1550	360	1900	1700	2300	64×φ56	φ48	
3000×1700	3405	3290	3210	76	9000	3900	3300	350	1650	400	2000	1800	2500	68×φ62	φ48	
3200×1800	3625	3510	3430	80	9800	4250	3600	350	1750	400	2100	1920	2600	70×φ62	φ56	
3400×1900	3845	3730	3650	84	10600	4600	3900	350	1850	400	2200	2050	2700	72×φ62	φ56	
4000×2300	4515	4390	4300	96	12000	5200	4400	400	2200	480	2500	2380	3200	78×φ70	φ62	

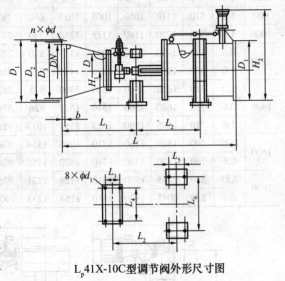

L$_P$41X-10C型调节阀外形尺寸图

图名	L$_P$–41X–10C 型调节阀	图号	JS2–6–19

294

HH44DZX 型阀主要连接尺寸表(mm)

DN (mm)	公称压力 (MPa)	φ	L	H	H_1	n×φd	螺栓	数量
100	1.0	180	250	140	190	8×φ17.5	M16	8
	1.6	180	250	140	190	8×φ17.5	M16	8
125	1.0	210	260	148	198	8×φ17.5	M16	8
	1.6	210	260	148	198	8×φ17.5	M16	8
150	1.0	240	274	152	202	8×φ22	M20	8
	1.6	240	274	152	202	8×φ22	M20	8
200	1.0	295	356	230	275	8×φ22	M20	8
	1.6	295	356	230	275	12×φ23	M20	12
250	1.0	350	356	255	304	12×φ22	M20	12
	1.6	355	356	255	304	12×φ25	M22	12
300	1.0	400	400	280	330	12×φ22	M20	12
	1.6	410	400	280	330	12×φ25	M22	12

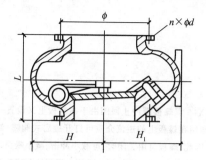

(a) HH44DZX 型阀外形尺寸

TDCV 斜板止回阀规格型号、外形和连接尺寸表

ANSI CLASS 125

规格 (in)	型号	A	B	C	D	E	F	G	H	J	螺栓
12	9812T	24	17	19	$1\frac{1}{4}$	12	26	21	34	21	12
14	9814T	30	$18\frac{3}{8}$	21	$1\frac{3}{8}$	14	29	25	36	21	12
16	9816T	30	$21\frac{1}{4}$	$23\frac{1}{2}$	$1\frac{7}{16}$	16	32	28	43	24	16
18	9818T	33	$22\frac{3}{4}$	25	$1\frac{9}{16}$	18	36	30	45	24	16
20	9820T	32	25	$27\frac{1}{2}$	$1\frac{11}{16}$	20	39	32	53	28	20
24	9824T	38	$29\frac{1}{2}$	32	$1\frac{7}{8}$	24	46	37	56	28	20
30	9830T	52	36	$38\frac{3}{4}$	$2\frac{1}{8}$	30	54	47	66	36	28
36	9836T	$59\frac{1}{2}$	$42\frac{3}{4}$	46	$2\frac{3}{8}$	36	64	51	78	36	32
42	9842T	$62\frac{1}{2}$	$49\frac{1}{2}$	53	$2\frac{5}{8}$	42	67	59	89	43	36
48	9848T	65	56	$59\frac{1}{2}$	$2\frac{3}{4}$	48	79	69	99	43	44
54	9854T	78	$62\frac{3}{4}$	$66\frac{1}{4}$	3	54	83	73	111	49	44

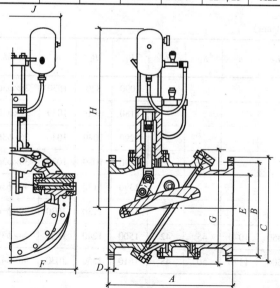

(b) TDCV 斜板止回阀结构、外形和连接图

图名	HH44DZX、TDCV 型止回阀	图号	JS2-6-20

说明:

1. Hs47X-6$\frac{2.5}{10}$双蝶板缓冲止回阀由于在蝶板上又设置一个旋启式阀瓣,作用在蝶板上的逆流介质可打开旋启式阀瓣,卸掉一部分载荷。因此,蝶板自由关闭时,可减小冲击、减小噪声。

2. 旋启式阀瓣受缓冲装置控制,可使止回阀按程序实现快慢两阶段关闭,减小水击。

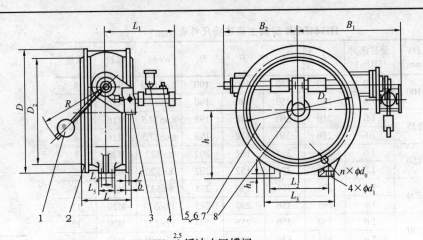

Hs47X-6$\frac{2.5}{10}$缓冲止回蝶阀

1—重锤;2—阀体;3—缓冲装置;4—储油筒;5—罩;6—节流螺杆;7—蝶板;8—旋启式阀瓣

Hs47X-6$\frac{2.5}{10}$缓冲止回蝶阀规格表(mm)

DN (mm)	PN (MPa)	L	D	D_1	D_2	b	f	L_1	L_2	L_3	L_4	L_5	h	h_1	d_1	B_1	B_2	R	$n×\phi d_0$	重量 (kg)
1000	1.0	550	1230	1160	1110	50	5	1095								1090	830	1030	28×φ36	1790
1200	0.6	630	1405	1340	1295	40	5	1095								1180	920	1030	32×φ33	2350
1400	0.25	710	1630	1560	1510	44	5	1095								1290	1030	1030	36×φ36	3993
	0.6	710	1630	1560	1510	44	5	1095								1290	1030	1030	36×φ36	4020
1600	0.25	790	1830	1760	1710	48	5	1095								1390	1130	1030	40×φ36	4367
	0.6	790	1830	1760	1710	48	5	1095								1390	1130	1030	40×φ36	5185
1800	0.25	870	2045	1970	1920	50	5	1095	1100	1280	270	450	1070	45	42	1500	1240	1030	44×φ39	5215
2000	0.25	950	2265	2180	2125	54	5	1095	1130	1310	320	500	1170	50	48	1610	1350	1030	48×φ42	7290

图名	Hs47X 型止回阀	图号	JS2-6-21

主要零件材质	
零件名称	材　料
阀　体	灰铸铁或球墨铸铁
蝶　板	灰铸铁或球墨铸铁
蜗　轮	球墨铸铁
阀轴、阀杆	不锈钢
阀体密封圈	锰黄铜
蝶板密封圈	丁腈耐油橡胶
轴　套	锡青铜
填　料	夹织物橡胶

说明：

1. 该阀门是一种新型电控双速止回蝶阀，它可兼作闸阀和止回阀的功能，通过实现快关和慢关两阶段关阀，可有效防止停泵时水泵机组倒转及水锤对管网系统的破坏，保证水泵机组和管网系统的可靠运行。

2. 该系列止回阀广泛用于城市的给排水系统中。

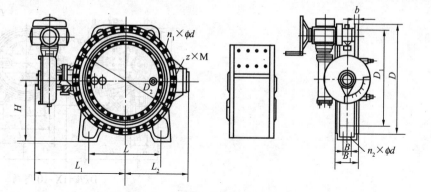

DdW9s41X–2.5 卧式系列结构

DdW9s41X–2.5 卧式系列结构连接尺寸及重量表(mm)

DN	D	D_1	D_2	L	L_1	L_2	H	B	B_1	b	z×M	$n_1×\phi d$	$n_2×\phi d$	重量(kg)
200	320	258	280	250	623	170	220		89	22	4×M16	4×φ17.5	2×φ22	140
250	375	312	335	280	655	200	240		114	24	4×M16	8×φ17.5	2×φ22	170
300	440	365	395	310	695	230	265		114	24	4×M20	8×φ22	2×φ22	250
350	490	415	445	340	757	310	300		127	26	4×M20	8×φ22	2×φ22	340
400	540	465	495	410	804	335	340		140	28	4×M20	12×φ22	2×φ22	400
500	645	570	600	420	854	392	400		152	30	4×M20	16×φ22	2×φ22	590
600	755	670	705	565	912	449	460		178	30	4×M24	16×φ26	2×φ26	680
700	860	775	810	640	988	516	540		229	32	4×M24	20×φ26	2×φ30	918
800	975	880	920	740	1036	588	580		241	34	4×M24	20×φ30	2×φ30	1233
900	1075	980	1020	820	1102	651	630		241	36	4×M24	20×φ30	2×φ30	1458
1000	1175	1080	1120	900	1170	735	690	130	300	36	4×M27	24×φ30	4×φ30	1701
1200	1375	1280	1320	1070	1322	873	810	160	360	30	4×M27	28×φ30	4×φ33	2394
1400	1575	1480	1520	1230	1478	973	920	180	390	30	4×M27	32×φ30	4×φ33	2940
1600	1790	1690	1730	1400	1617	1098	1040	220	440	32	4×M27	40×φ30	4×φ36	3843
1800	1990	1890	1930	1550	1720	1213	1140	260	490	34	4×M27	44×φ30	4×φ39	5724
2000	2190	2090	2130	1700	2381	1348	1250	290	540	34	4×M27	48×φ30	4×φ42	7562
2200	2405	2295	2340	1870	2536	1480	1360	330	590	36	4×M27	52×φ33	4×φ42	9830

图名	DdW9s41X 型止回阀	图号	JS2-6-22

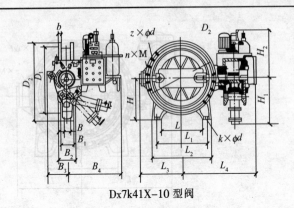

Dx7k41X–10 型阀

Dx7k41X–10 型阀尺寸表

公称直径 DN(mm)	尺寸 (mm)																				重量 (kg)
	D	D₁	D₂	b	L	L₁	L₂	L₃	L₄	B	B₁	B₂	B₃	B₄	H	H₁	H₂	z×φd	n×M	k×φd	
250	395	320	350	28				200	730	—	213	250	220	670		620	650	12×φ23			510
300	445	370	400	28	240	320	400	235	755	—	213	270	220	670	310	620	650	12×φ23		2×φ22	650
350	505	430	460	30	260	340	420	300	800	—	110	127	220	670	320	620	650	12×φ23	4×M20	2×φ18	640
400	565	482	515	32	310	410	510	335	870	—	120	140	240	724	340	510	740	12×φ36	4×M24	2×φ22	820
450	615	532	565	32	350	450	550	360	895	—	134	152	240	724	370	510	740	16×φ26	4×M24	2×φ22	900
500	670	585	820	34	320	420	520	392	935	—	136	152	240	724	400	510	740	16×φ26	4×M24	2×φ26	1100
600	780	685	725	36	400	565	640	450	995	—	158	178	240	724	400	510	740	16×φ30	4×M27	2×φ26	1300
700	895	800	840	40	520	640	760	516	1070	—	210	229	310	825	540	670	780	20×φ30	4×M27	2×φ30	1800
800	1015	905	950	44	600	740	860	588	1135	—	220	241	310	825	580	670	780	20×φ33	4×M30	2×φ30	2300
900	1115	1005	1050	46	666	820	950	651	1198	—	220	241	310	825	630	670	780	24×φ33	4×M30	2×φ30	2600
1000	1230	1110	1160	50	728	900	1040	720	1268	130	280	360	360	915	690	830	800	24×φ36	4×M33	4×φ30	3080
1200	1455	1330	1380	56	868	1070	1240	873	1396	160	330	360	360	915	810	830	800	28×φ39	4×M36	4×φ33	3800
1400	1675	1530	1590	62	1000	1230	1430	1008	1526	180	370	390	360	915	920	830	800	32×φ42	4×M39	4×φ36	4800
1600	1915	1750	1820	68	1130	1400	1620	1123	1713	220	420	440	525	962	1040	1200	930	36×φ48	4×M45	4×φ36	6920
1800	2115	1950	2020	70	1260	1548	1800	1273	1882	260	470	490	525	962	1140	1200	930	40×φ48	4×M45	4×φ39	9200
2000	2325	2150	2230	74	1380	1700	1980	1360	1985	290	520	540	680	940	1250	1230	1520	44×φ48	4×M45	4×φ43	12200
2200	2550	2370	2440	80	1550	1870	2170	1510	2150	330	560	590	680	940	1360	1230	1520	48×φ56	4×M52	4×φ48	14200
2400	2760	2570	2650	82	1710	2030	2350	1680	2350	385	620	650	830	1060	1480	1340	1620	52×φ56	4×M52	4×φ48	16200
2600	2960	2780	2850	88	1800	2180	2540	1850	2560	440	670	700	830	1060	1600	1340	1620	56×φ56	4×M52	4×φ48	18900

图名	Dx7k41X 型止回阀(一)	图号	JS2-6-23(一)

Dx7k41X-2.5型阀尺寸表

公称直径 DN(mm)	尺 寸 (mm)																				重量 (kg)
	D	D_1	D_2	b	L	L_1	L_2	L_3	L_4	B	B_1	B_2	B_3	B_4	H	H_1	H_2	$z×\phi d$	$n×M$	$k×\phi d$	
200	320	258	280	22	170	250	330	170	690	—	70	89	220	670	220	620	730	4×φ18	4×M16	2×φ22	420
300	440	365	395	24	230	310	390	230	750	—	100	114	220	670	265	620	730	8×φ22	4×M20	2×φ22	520
400	540	465	495	28	310	410	510	335	870	—	120	140	240	724	340	510	740	12×φ22	4×M20	2×φ22	780
500	645	570	600	30	320	420	520	392	935	—	136	152	240	724	400	510	740	16×φ26	4×M20	2×φ26	1050
600	755	670	705	30	400	565	640	450	995	—	158	178	240	724	460	510	740	12×φ26	4×M24	2×φ26	1100
700	860	775	810	32	520	640	760	516	1070	—	210	229	310	825	540	670	780	20×φ26	4×M24	2×φ30	1420
800	975	880	920	34	600	740	860	588	1135	—	220	241	310	825	580	670	780	20×φ30	4×M27	2×φ30	1870
900	1075	980	1020	36	666	820	950	651	1198	—	220	241	310	825	630	670	780	20×φ30	4×M27	2×φ30	2100
1000	1175	1080	1120	36	728	900	1040	720	1268	130	280	300	310	825	690	670	780	24×φ30	4×M27	4×φ30	2540
1200	1375	1280	1320	30	868	1070	1240	836	1370	160	330	350	310	825	810	670	780	28×φ30	4×M27	4×φ33	3160
1400	1575	1480	1520	30	1000	1230	1430	976	1500	180	370	390	360	915	920	830	800	32×φ30	4×M27	4×φ36	3770
1600	1790	1690	1730	32	1130	1400	1620	1100	1615	220	420	440	360	915	1040	830	800	40×φ30	—	4×φ36	4770
1800	1990	1890	1930	34	1260	1550	1800	1215	1730	260	470	490	360	915	1140	830	800	44×φ30	—	4×φ39	6960
2000	2190	2090	2130	34	1380	1700	1980	1348	1945	230	520	540	525	895	1250	1080	1460	48×φ30	—	4×φ42	8860
2200	2405	2295	2340	36	1550	1870	2170	1480	2100	400	560	590	525	895	1360	1080	1460	52×φ33	—	4×φ42	12450
2400	2605	2495	2540	38	1710	2030	2350	1640	2280	450	620	650	680	940	1480	1230	1520	56×φ33	—	4×φ42	14830
2600	2805	2695	2740	40	1800	2180	2540	1800	2430	500	670	700	680	940	1600	1230	1520	60×φ33	—	4×φ42	18220
2800	3030	2910	2960	42	1870	2350	2830	1950	2600	500	730	760	680	940	1720	1230	1520	64×φ36	—	4×φ42	23500
3000	3230	3110	3160	42	1970	2500	3030	2110	2780	600	780	810	830	1060	1840	1340	1620	68×φ36	—	4×φ42	28300
3200	3430	3310	3360	44	2100	2650	3200	2260	2960	600	840	870	830	1060	1960	1340	1620	72×φ36	—	4×φ42	32800

Dx7k41X-6型阀尺寸表

公称直径 DN(mm)	尺 寸 (mm)																				重量 (kg)
	D	D_1	D_2	b	L	L_1	L_2	L_3	L_4	B	B_1	B_2	B_3	B_4	H	H_1	H_2	$z×\phi d$	$n×M$	$k×\phi d$	
1600	1830	1710	1760	48	1130	1400	1620	1100	1670	220	420	440	525	965	1040	1200	930	40×φ36	—	4×φ36	5800
1800	2045	1920	1970	50	1260	1550	1800	1215	1785	260	470	490	525	962	1140	1200	930	44×φ38	—	4×φ39	7560
2000	2265	2125	2180	54	1380	1700	1980	1350	1790	290	520	540	640	940	1250	1380	1520	48×φ42	—	4×φ42	9850
2200	2475	2335	2390	60	1550	1870	2170	1480	2125	330	560	590	640	940	1360	1380	1520	48×φ42	—	4×φ42	13600
2400	2685	2545	2600	62	1710	2030	2350	1640	2310	385	620	650	830	1060	1480	1340	1620	56×φ42	—	4×φ42	15530
2600	2905	2750	1810	64	1800	2180	2540	1800	2510	440	670	700	830	1060	1600	1340	1620	60×φ48	—	4×φ48	18820

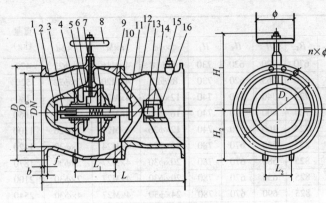

LH241x-$\frac{10}{16}$ 阀外形

1—阀体；2—导向键；3—丝杠套；4—螺母；5—大伞齿轮；

6—小伞齿轮；7—手轮轴；8—手轮；9—导向杆；10—密封圈；

11—阀瓣；12—缓冲座；13—缓冲缸活塞；14—调节塞；

15—缓冲缸；16—缓冲缸弹簧

说明：

1. LH241X-$\frac{2.5}{10}$ 调流缓冲止回阀属于一阀代多阀，即可完成调节流量、止回、截止等三种功能，结构紧凑合理，安装运输简单方便，占据空间小等优点。

2. 该阀可全流量范围内调节，调节时水流平稳摩擦小、噪声低、止回时在阀门上设有缓冲缸，利用管路内介质进行缓冲，从而达到消除或减小水锤保护管路和防止泵倒转的作用。

3. 该阀广泛应用于城市的给排水、造纸、冶炼、轻纺、化工、石油、食品、医药等部门。

LH241X-$\frac{10}{16}$规格尺寸表(mm)

DN (mm)	PN (MPa)	L	D	D_1	D_2	b	f	$n \times \phi d_0$	L_1	L_2	H_1	H_2	ϕ	重量 (kg)
250	1.0	622	395	350	320	28	3	12×φ22	170	260	470	260	400	321
	1.6		405	355	320	32		12×φ26						330
300	1.0	698	445	400	370	28	4	12×φ22	190	280	490	280	400	431
	1.6		460	410	370	32		12×φ26						450
350	1.0	787	505	460	430	30	4	16×φ22	220	300	520	300	400	572
	1.6		520	470	730	35		16×φ26						600
400	1.0	914	565	515	482	32	4	16×φ22	240	320	540	320	400	690
	1.6		580	525	482	38		16×φ30						720
450	1.0	978	615	565	532	32	4	20×φ26	280	260	580	350	400	893
	1.6		640	585	532	40		20×φ30						930
500	1.0	1100	670	620	585	34	4	20×φ26	310	390	610	390	400	1089
	1.6		715	650	585	42		20×φ33						1140
600	1.0	1295	780	725	685	36	5	20×φ30	360	440	650	440	400	1310
	1.6		840	770	685	48		20×φ36						1370

图名	LH241X 型止回阀	图号	JS2-6-24

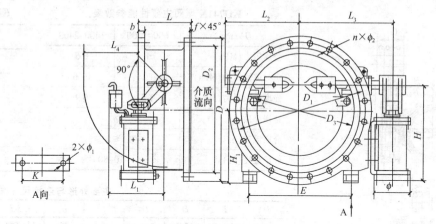

H47X 型阀外形

H47X 型阀外形和连接尺寸表(mm)

公称直径 DN	尺 寸 参 数																		缓冲液压缸型号	总重 (kg)
	D	D₁	D₂	D₃	L	b	f	L₁	L₂	L₃	L₄	H	H₁	E	K	φ	φ₁	n×φ₂		
500	$\frac{670}{715}$	$\frac{620}{650}$	585	505	350	$\frac{34}{42}$	4	262	365	450	185	590	490	490	280	200	φ20	$\frac{20×\phi26}{20×\phi33}$	HG100	$\frac{296}{326}$
600	$\frac{780}{840}$	$\frac{725}{770}$	685	605	390	$\frac{36}{48}$	5	262	420	500	240	590	470	672	300	200	φ20	$\frac{20×\phi30}{20×\phi36}$	HG100	$\frac{457}{487}$
700	910	840	800	708	430	54	5	320	487	580	295	770	620	700	340	220	φ20	$\frac{24×\phi30}{24×\phi36}$	HG125	668
800	1025	950	905	808	470	56	5	320	548	660	350	770	385	790	380	220	φ26	$\frac{24×\phi33}{24×\phi39}$	HG125	873
900	1125	1050	1005	908	510	58	5	390	608	745	405	920	720	870	400	260	φ26	$\frac{28×\phi33}{28×\phi39}$	HG140	1089
1000	1255	$\frac{1160}{1170}$	1100	1010	550	60	5	390	670	830	460	920	700	950	420	260	φ26	$\frac{28×\phi36}{28×\phi42}$	HG140	1298
1200	1455	1380	1330	1210	630	56	5	485	783	980	570	1180	920	1040	450	320	φ26	32×φ39	HG160	1770
1400	1675	1590	1530	1415	710	62	5	485	898	1130	665	1180	870	1500	475	320	φ33	36×φ42	HG160	2360
1600	1915	1820	1750	1620	790	68	5	595	1018	1300	775	1420	1060	1600	530	400	φ33	40×φ48	HG200	3057
1800	2115	2020	1950	1820	870	70	5	595	1120	1540	885	1420	1010	1900	570	400	φ33	44×φ48	HG200	3920

图名	H47X 型止回阀	图号	JS2-6-25

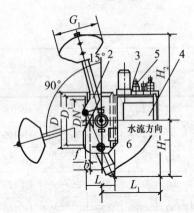

KD741X 型阀主要性能参数表

DN(mm)	600~1200	1400~2400
公称压力(MPa)	1	0.6
密封试验压力(MPa)	1.1	0.66
强度试验压力(MPa)	1.5	0.9
适用介质	水	
介质流速(m/s)	≤5	
介质温度(℃)	−10~80	

KD741X 型阀蝶阀主体主要零件材料表

零件名称	材　料
阀体、蝶板	灰铸铁
阀　杆	不锈钢
阀体密封圈	铸锰黄铜
蝶板密封圈	丁腈耐油橡胶
填　料	丁腈耐油橡胶

KD741X-10 液控蝶阀示图
1—蝶阀本体;2—重锤传动装置;3—液压传动装置;
4—控制器;5—电磁换向阀;6—分线盒

主要外形与连接尺寸表(mm)

DN	D	D_1	D_2	f	b	$z×\phi d$	L	L_1	B	B_1	B_2
1800	2045	1970	1910	5	50	44×φ41	670	950	1550	1263	1910
1600	1820	1760	1710	5	48	44×φ34	600	850	1350	1113	1810
1400	1620	1560	1510	5	44	36×φ34	530	800	1195	975	1689
1200	1400	1340	1295	5	40	32×φ34	470	800	1030	840	1550
1000	1230	1160	1110	5	50	28×φ36	410	745	870	740	1460
900	1100	1050	1005	5	46	28×φ34	510	745	810	675	1300
800	1015	950	905	5	44	24×φ33	470	745	730	595	940
700	895	840	800	5	40	24×φ30	430	740	700	570	910
600	780	725	685	5	36	20×φ50	390	687	609	480	834

DN	H	H_1	H_2	e	e_1	b_0	b_1	b_2	4 孔×ϕd_1	G_1	G_2
1800	1085	1100	1840	440	360	45	1240	1160	4×φ41	950	700
1600	970	950	1780	400	320	42	1040	960	4×φ34	800	650
1400	860	950	1650	360	280	40	920	840	4×φ34	800	600
1200	750	950	1550	300	240	40	720	640	4×φ34	800	550
1000	650	825	1450	280	220	36	820	740	4×φ36	600	480
900	615	825	1350	280	200	36	780	700	4×φ34	600	410
800	520	825	1298	260	180	36	730	610	4×φ34	600	410
700	480	825	1258	280	160	36	650	570	4×φ34	600	360
600	418	825	1174	250	140	36	530	420	4×φ34	600	342

图名	KD741X 型止回阀	图号	JS2-6-26

2.7 给水系统附件

1. 适用于一路进水在换表时允许短时间断水的给水系统。
2. 支墩由设计人员自行选定。
3. 井口要高出地面50mm。
4. 井体砌筑：由MU7.5砖和M7.5水泥砂浆或M5混合砂浆筑成。

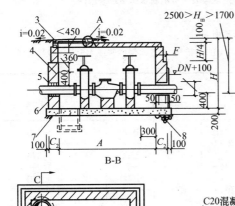

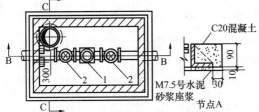

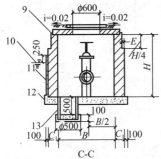

C-C

DN50~DN400mm（无旁通管和无止回阀）水表的表井

1—水表；2—闸阀；3—井座、井盖；4—爬梯；5—M7.5水泥砂浆填塞；6—黏土填实；
7—素土夯实（无地下水时）；8—卵石垫层厚100mm（有地下水时）；
9—M7.5水泥砂浆座浆抹角；10—最高地下水位；
11—有地下水时，用1:2水泥砂浆抹面；12—C20混凝土底板；
13—集水坑（D=300mm混凝土管）直接座入混凝土封底中

尺 寸 表 （mm）

管道直径	A	B	H	C_1	C_2	E	F
50	1250	1000	1900	240	240	0	0
			2700	370	240	120	0
80	1500	1000	1900	240	240	0	0
			2700	370	240	120	0
100	1500	1250	1900	240	240	0	0
			2700	370	240	120	0
150	1750	1250	1900	240	240	0	0
			2700	370	370	120	120
200	2000	1250	1900	370	240	120	0
			2700	370	370	120	120
250	2250	1250	1900	370	240	120	0
			2700	490	370	120	120
300	2250	1250	1900	370	240	120	0
			2700	490	370	120	120
400	2750	1500	1900	370	240	120	0
			2700	490	370	120	120

图名	室外水表井（一）	图号	JS2-7-1（一）

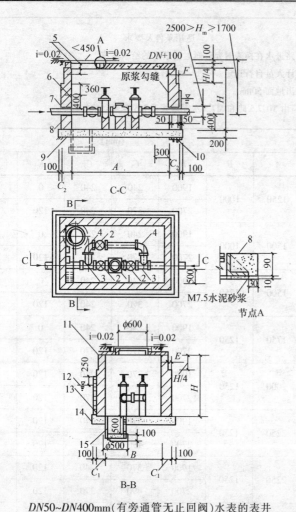

DN50~DN400mm(有旁通管无止回阀)水表的表井
1—水表;2—闸阀;3—三通;4—弯头;5—井盖、井座;6—爬梯;
7—M7.5 水泥砂浆填塞;8—黏土填实;9—素土夯实(无地下水时);
10—卵石垫层厚100mm(有地下水时);11—M7.5 水泥砂浆座浆抹角;
12—最高地下水位;13—1:2 水泥砂浆抹面(有地下水时);
14—C20 混凝土底板;15—集水坑(D=300mm 混凝土管)直接座入混凝土封底中

适用条件及要求

1. 适用于一路进水换表时可不断水的给水系统。

2. 支墩由设计人员自行选定。

3. 井口要高出地面 50mm。

4. 井体砌筑:用 MU7.5 砖和 M7.5 水泥砂浆或 M5 混合砂浆筑成。

尺 寸 表 （mm）

管道直径	A	B	H	C_1	C_2	E	F
50	2000	1250	1900	370	240	120	0
			2700	370	370	120	120
80	2000	1500	1900	370	240	120	0
			2700	370	370	120	120
100	2250	1500	1900	370	240	120	0
			2700	490	370	120	120
150	2750	1750	1900	370	240	120	0
			2700	490	370	120	120
200	3000	1750	1900	370	240	120	0
			2700	620	370	120	120
250	3250	2000	1900	370	370	120	120
			2700	620	370	120	120
300	3500	2000	1900	490	370	120	120
			2700	620	370	120	120
400	4250	2250	1900	490	370	120	120
			2700	620	490	120	120

图名	室外水表井(二)	图号	JS2-7-1(二)

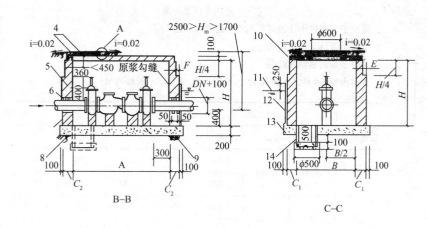

节点A

M7.5水泥砂浆

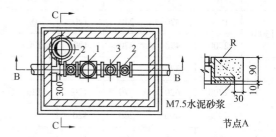

$DN50\sim DN400$mm(无旁通管有止回阀)水表的表井

1—水表；2—闸阀；3—止回阀；4—井盖、井座；5—爬梯；

6—M7.5水泥砂浆填塞；7—用黏土填实；8—素土夯实(无地下水时)；

9—卵石垫层厚100mm(有地下水时)；10—M7.5水泥砂浆座浆抹角；

11—最高地下水位；12—1:2水泥砂浆抹面(有地下水时)；13—C20混凝土底板；

14—集水坑(D=300mm)混凝土管直接座入混凝土封底中

适用条件及要求

1. 适用于两路进水,在换表时允许短时间断水的给水系统。

2. 支墩由设计人员自行选定。

3. 井口要高出地面50mm。

4. 井体砌筑,用MU7.5砖和M7.5水泥砂浆,无地下水时可用M5混合砂浆。

尺 寸 表 (mm)

管道直径	A	B	H	C_1	C_2	E	F
50	1500	1000	1900	240	240	0	0
			2700	370	240	120	0
80	1750	1000	1900	240	240	0	0
			2700	370	240	120	0
100	1750	100	1900	240	240	0	0
			2700	370	240	120	0
150	2250	1250	1900	370	240	120	0
			2700	490	370	120	120
200	2500	1250	1900	370	240	120	0
			2700	490	370	120	120
250	2750	1250	1900	370	240	120	0
			2700	490	370	120	120
300	3000	1250	1900	370	240	120	0
			2700	620	370	120	120
400	3500	1500	1900	490	240	120	0
			2700	620	370	120	120

图名	室外水表井(三)	图号	JS2-7-1(三)

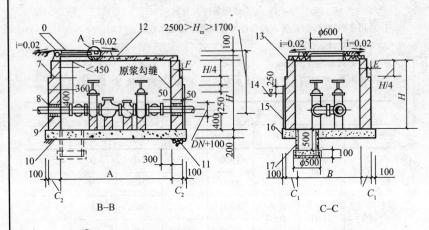

B–B   C–C

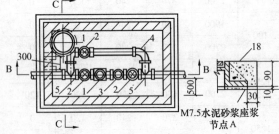

M7.5水泥砂浆座浆
节点A

DN50~DN400mm(无旁通管有止回阀)水表的表井

1—水表;2—闸阀;3—止回阀;4—弯头;5—三通;6—井盖、井座;7—爬梯;
8—用M7.5水泥砂浆填塞;9—黏土填实;10—素土夯实(无地下水时);
11—卵石垫层厚度100mm(有地下水时);12—盖板;13—M7.5水泥砂浆座浆抹角;
14—最高地下水位;15—1:2水泥砂浆抹面(有地下水时);16—C20混凝土底板;
17—集水坑(D=300mm)混凝土管直接座入混凝土封底中;
18—素土历实(无地下水时)

适用条件及要求

1. 适用于两路进水换表时可不断水的给水系统。
2. 支墩由设计人员自行选定。
3. 井口要高出地面500mm。
4. 井体砌筑:用MU7.5砖和M7.5水泥砂浆,无地下水时可用M5混合砂浆。

尺　寸　表　(mm)

管道直径	A	B	H	C_1	C_2	E	F
50	2000	1250	1900	370	240	120	0
			2700	370	370	120	120
80	2250	1250	1900	370	240	120	0
			2700	490	370	120	120
100	2500	1500	1900	370	240	120	0
			2700	490	370	120	120
150	3250	1500	1900	370	240	120	0
			2700	620	370	120	120
200	3500	1750	1900	490	240	120	0
			2700	620	370	120	120
250	4000	1750	1900	490	240	120	0
			2700	620	370	120	120
300	4250	2000	1900	490	370	120	120
			2700	620	370	120	120
400	5000	2250	1900	620	370	120	120
			2700	740	490	120	120

图名	室外水表井(四)	图号	JS2-7-1(四)

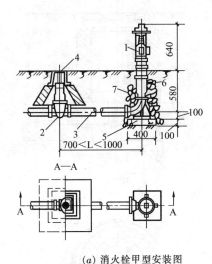

(a) 消火栓甲型安装图

1—地上式消火栓;2—阀门;3—焊接钢管;4—阀门套筒;
5—支墩 400×400×100(mm);6—放水口;7—卵石

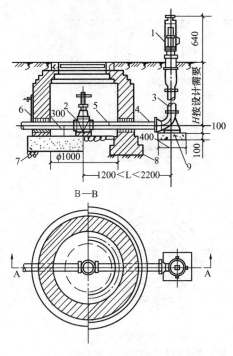

(b) 消火栓乙型安装图

1—地上式消火栓;2—阀门;3—短管;4—焊接钢管;5—放水龙头;6—圆形;阀门井;
7—有地下水;8—无地下水;9—支墩 400×400×100(mm)

说明:

1. 消火栓采用公安部审定的 SS100 型地上消火栓。

2. 适用于冰冻深度 ≤200mm 的地区。

3. 管件内外壁均涂沥青冷底子油两道,外壁再涂热沥青两道。

4. 阀门可采用 Z45T-10 或用 ST45T-10 但将手轮取掉装方头。

5. 埋入土中的法兰接口涂沥青冷底子油及热沥青两道,并用沥青麻布包严。

6. 图中支墩用 C20 混凝土筑成。

说明:

1. 消火栓采用公安部审定的 SS100 型地上消火栓。

2. 适用于冰冻深度 ≥200mm 的地区,由设计人员根据当地的实际情况采取防冻措施。

3. 为防冻,将消火栓放水口堵死,在井内另设水龙头。

4. 防腐措施及支墩水泥强度等级同甲型。

图名	室外消火栓(地上式)	图号	JS2-7-2

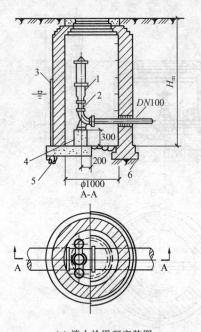

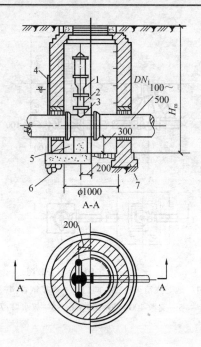

(a) 消火栓甲型安装图

1—地下式消火栓；2—短管；3—圆形阀门井；
4—支墩 200×240×300(mm) 为 C20 混凝土；
5—有地下水；6—无地下水

(b) 消火栓乙型安装图

1—地下式消火栓；2—短管；3—消火栓三通；4—圆形阀门井；
5—支墩 240×DN_1×300(mm) 为 C20 混凝土；6—有地下水；7—无地下水

说明：

1. 消火栓采用公安部审定的"SX100 型地下式消火栓"。共两个出水口，
   一个 $DN=65mm$，另一个 $DN=100mm$。
2. 管件内外壁均涂沥青冷底子油两道，外壁再涂热沥青两道。
3. 消火栓出口至井盖面的距离由设计人员自定，但不得小于 200mm。
4. 最小井深 H_m 为 1650mm，需做保温口时另加 685mm。
5. 适用于寒冷地区。

说明：

1. 干管直径 $DN_1=100\sim150mm$ 的最小井深 H_m 为 1650~1950mm，需做保温口时，另
   加 685mm。
2. 干管直径 $DN_1=100\sim150mm$，三通采用消火栓三通，干管直径 $DN_1=200\sim500mm$
   时三通采用一承一插一盘三通，或用双承一盘三通。
3. 其他规定与甲型相同。

图名	室外消火栓(地下式)	图号	JS2-7-3

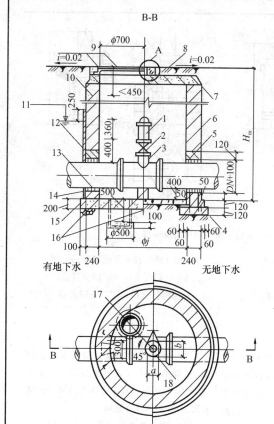

B-B

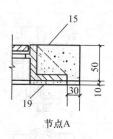

节点A

有地下水

无地下水

排气阀井

1—排气阀；2—闸阀；3—排气三通；4—素土夯实；5—砖拱；6—原浆勾；
7—1:2水泥砂浆座浆抹角缝；8—混凝土盖板；9—井盖及盖座；10—爬梯；
11—最高地下水位；12—20mm厚1:2水泥砂浆抹面；13—黏土填实；
14—M7.5水泥砂浆填塞；15—C20混凝土；16—卵石垫层100mm厚；
17—集水坑；18—支墩；19—M7.5水泥砂浆座浆

说明：

1. 排气阀井适用于热带及寒冷地区的 DN=100~2000mm 给水管道上。当采暖室外计算温度低于-20℃的地区，需做保温井口或采取其他保温措施。

2. 排气阀口径 DN≤25mm 为单口排气阀，DN≥25mn 为双口排气阀。

3. 排气三通 ϕ=400~1500mm 采用排气三通，其余的可采用消火栓三通阀替代或自行设计解决，在选用配套闸阀及排气三通管件时，要注意法兰尺寸应该一致，以便于连接。

4. 排气阀井位于铺装地面下时，井口与地面水平，在非铺装地面下时，井口应高出地面50mm。

尺 寸 表 （mm）

干管直径DN	井内径 ϕ_1	最小井深 H_m	排气阀规格	闸阀规格	排气三通规格	支墩 a	支墩 b
100	1200	1690	16	75	100×75	120	240
150	1200	1740	16	75	150×75	120	240
200	1200	1820	20	75	200×75	120	240
250	1200	1870	20	75	250×75	240	240
300	1200	1950	25	75	300×75	240	370
350	1200	2000	25	75	350×75	240	370
400	1200	2170	50	75	400×75	240	370
450	1200	2210	50	75	450×75	240	490
500	1200	2260	50	75	500×75	240	490
600	1200	2360	75	75	600×75	370	620
700	1400	2480	75	75	700×75	370	740
800	1400	2570	75	75	800×75	370	860
900	1400	2780	100	100	900×100	490	860
1000	1400	2880	100	100	1000×100	490	1000
1200	1600	3140	100	100	1200×100	620	1200
1400	1600	3590	150	150	1400×150	620	1400
1500	1800	3690	150	150	1500×150	620	150
1600	1800	3790	150	150	1600×150	740	1600
1800	2400	4010	200	200	1800×200	740	1800
2000	2400	4210	200	200	2000×200	860	2000

图名	排气阀井	图号	JS2-7-4

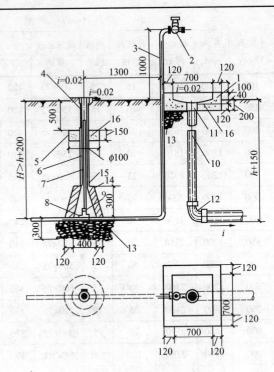

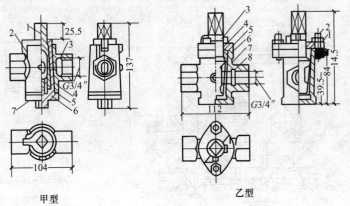

(a) 防冻给水栓安装形式图

1—泄水池；2—配水龙头；3—给水管道；4—闸罐；5—闸罐座；6—混凝土管；

7—开关杆；8—三通阀；9—丁字开关；10—釉面陶土管；11—地漏；

12—釉面陶土弯头；13—卵石或碎石渗水层；14—M5.0混合砂浆厚120mm；

15—座浆稳固；16—C15混凝土

(b) 给水栓三通阀结构图及类型

1—阀芯子；2—上盖；3—阀体；
4—铜套；5—橡胶垫圈；
6—锡青铜线弹簧；7—下盖

1—M10螺母；2—黄铜对丝；3—阀芯；
4—填料压盖；5—黄铜填料垫圈；
6—石棉绳封密填料；7——铜套；8—阀体

工 作 原 理

外排式防冻给水栓根据三通阀原理进行工作。关闭三通阀时，立管中的水通过排水孔排入地下渗透掉，开启三通阀时排水孔不通，水经立管和配水龙头流出。

给水栓三通阀结构特点

1. 甲型

（1）阀芯1是正截头圆锥体，上部小，下部大，铜套4的锥角与阀芯1的锥角相反。在阀芯1底部装一个弹簧6，由于弹簧6的作用，阀芯经常保持与铜套4严密配合，达到密封效果。

（2）由于保持严密，减少维修工作。

（3）弹簧必须采用锡黄铜线制造，用其他材料易腐蚀，使用寿命短，弹簧易损坏，特别是在冬季给维修工作带来很多困难。如没有锡青铜线时不宜采用甲型阀。

2. 乙型

（1）阀芯3是倒截头圆锥体，上部大，下部小，铜套7的锥角与阀芯3锥角相反，阀芯3和填料压盖4之间用石棉绳6密封，并用对丝2紧固。

（2）密封靠石棉绳作用，因此使用一段时间后密封松动，易发生漏水现象，所以需要定期紧固对丝4或更换新的石棉绳。

图名	防冻给水栓(外排式)	图号	JS2-7-5

1. 甲型防冻给水栓安装形式图

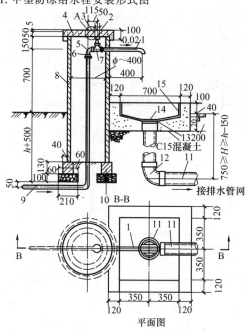

平面图

1—出水管;2—盖板;3—M8×65 螺栓;

4—钢筋混凝土盖;5—弯头;6—活节;

7—内螺纹截止阀;8—钢筋混凝土管;9—给水管;

10—M2.5 水泥砂浆砌砖碎石垫层;11—釉面陶土管;

12—釉面陶土管弯头;13—泄水池;14—地漏;

15—1:2 水泥砂浆抹面 20mm 厚;16—垫片;17—M8 螺母

节点A

说明:

1. 回填土须要夯实

2. h 为土壤冻结深度

2. 乙型防冻给水栓安装形式图

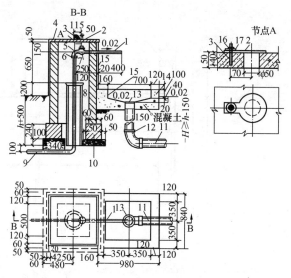

1—出水管;2—盖板;3—M8×65 螺栓;4—钢筋混凝土盖;5—弯头;

6—活接;7—内螺纹截止阀;8—传热管;9—给水管;

10—M2.5 水泥砂浆砌砖碎石垫层;11—釉面陶土管;12—釉面陶管接头;

13—地漏;14—泄水池;15—1:2 水泥砂浆抹面;16—M8 螺母

3. 工作原理及适用条件

(1) 工作原理:

利用空气热传导系数低的特性及非冻土层土壤中的热量,确保在一定的气候条件下,立管中的水不冻结,达到集中配水栓的防冻效果。

(2) 适用条件:

① 适用于寒冷地区工业与民用集中配水栓。

② 地下水位低,设置向阳背风处。

③ 室外采暖计算温度等于或高于-10℃地区。

④ 土壤冻结深度≤0.6m 的地区。

图名	防冻给水栓(地温式)	图号	JS2-7-6

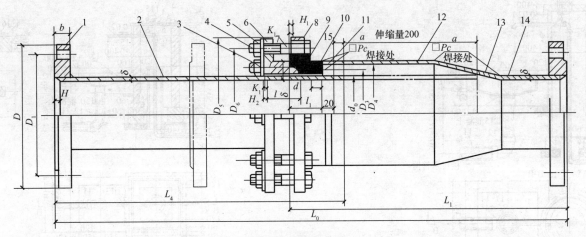

套管式伸缩器组装图

1—法兰盘;2、3—钢管;4—螺母;5—垫圈;6—翼盘;7—螺栓;

8—翼盘;9—钢管;10—圆橡皮圈;11—钢挡圈;

12—钢管;13—异径钢管;14—钢管

说明:

1. 伸缩器安装在直线管道上,管道两端必须设置固定支座,以保证管道能自由伸缩。

2. 伸缩器安装在地下的管道上时,应设置保护井。

3. 安装伸缩器时,伸缩器两端联接的管道中心必须与伸缩器的中心保持一致。

4. 件号 10 圆橡皮圈当 $DN=100\sim400mm$ 时为两圈,当 $DN=450\sim100mm$ 时为三圈。

5. 伸缩器加工完后,外壁刷底漆(樟丹或冷底子油)两道,外层防腐由设计决定。

6. 适用工业企业和民用建筑给水工程,工作压力 $PN\leq0.98MPa$,给水温度低于 40℃的输水管道上。

7. 伸缩器补偿长度为 200mm,要求补偿小于 200m 时,需另行设计。

图名	给水管道套管式伸缩器(一)	图号	JS2-7-7(一)

套管式伸缩器各部尺寸表(mm)

DN	d_0	D	D_1	D_3	D_4	D_5	D_6	d	L_0	L_1	L_4	l	l_1	δ	δ_1	b	H	H_1	K_1
100	108	215	180	124	152	233	195	16		425	450	55	45	4	12	22	6	6	5
125	133	245	210	149	180	263	225	16		425	450	55	45	4	12	24	6	6	5
150	159	280	240	175	203	288	250	16		425	450	55	45	4.5	12	24	6	7	6
200	219	335	295	235	263	348	310	16		425	450	55	45	6	12	24	8	7	6
250	273	390	350	289	325	411	373	16	595~795	425	450	55	45	8	12	26	10	9	8
300	325	440	400	341	377	480	435	16		425	450	55	45	8	12	28	10	9	8
350	377	500	460	393	426	530	485	16		425	450	55	45	9	12	28	11	10	9
400	426	565	515	442	480	585	540	16		425	450	55	45	9	12	30	11	10	9
450	480	615	565	500	538	641	596	20		455	500	65	75	9	16	30	11	10	9
500	530	670	620	550	588	691	646	20		455	500	65	75	9	16	32	11	10	9
600	630	780	725	650	688	799	752	20		455	500	65	75	9	16	36	11	10	9
700	720	895	840	740	778	893	846	20	645~845	455	500	65	75	9	16	38	11	10	9
800	820	1015	950	840	878	997	950	20		455	500	65	75	9	16	40	11	10	9
900	920	1115	1050	940	978	1098	1051	20		455	500	65	75	9	16	42	11	10	9
1000	1020	1230	1160	1040	1078	1198	1151	20		455	500	65	75	9	16	44	11	10	9

图名	给水管道套管式伸缩器(二)	图号	JS2-7-7(二)

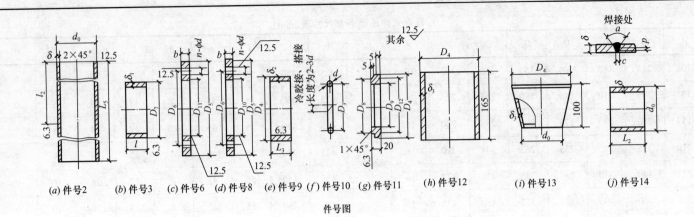

(a) 件号2　(b) 件号3　(c) 件号6　(d) 件号8　(e) 件号9　(f) 件号10　(g) 件号11　(h) 件号12　(i) 件号13　(j) 件号14

件号图

件号各部尺寸(mm)

DN	d_0	D_3	D_4	D_5	D_6	D_7	D_8	D_9	D_{10}	D_{11}	D_{12}	d	L_2	L_3	L_5	l	l_2	b_1	δ	δ_1	δ_2	δ_3	$n\times\phi d$
100	108	124	152	233	195	136	139	112	153	137	142	16	94	50	444	55	260	16	4	12	6	4.5	4×φ19
125	133	149	180	263	225	161	164	135	182	162	169	16	94	50	444	55	260	16	4	12	7.5	5	4×φ19
150	159	175	203	288	250	187	190	161	204	188	190	16	94	50	444	55	260	20	4.5	12	6	6	4×φ19
200	219	235	263	348	310	247	249	222	264	248	249	16	92	50	442	55	260	20	6	12	6	6	4×φ19
250	273	289	325	411	373	301	304	276	326	302	304	16	90	50	440	55	260	20	8	12	10	7.5	6×φ19
300	325	341	377	480	435	353	356	328	378	354	358	16	90	50	440	55	260	22	9	12	10	9	6×φ24
350	377	393	426	530	485	405	404	380	428	406	406	16	89	50	439	55	260	22	9	12	9	9	6×φ24
400	426	442	480	585	540	454	456	430	482	455	460	16	89	50	439	55	260	22	9	12	11	9	8×φ24
450	480	500	538	641	596	516	518	484	540	518	518	20	89	80	489	65	290	24	9	16	9	9	8×φ24
500	530	550	588	691	646	566	568	534	590	568	568	20	89	80	489	65	290	24	9	16	9	9	10×φ24
600	630	650	688	799	752	666	668	634	690	668	668	20	89	80	489	65	290	24	9	16	9	9	10×φ26
700	720	740	778	893	846	756	758	724	780	758	758	20	89	80	489	65	290	26	9	16	9	9	12×φ26
800	820	840	878	997	911	856	858	824	880	858	858	20	89	80	489	65	290	26	9	16	9	9	12×φ26
900	920	940	978	1098	1051	956	958	924	980	958	958	20	89	80	489	65	290	28	9	16	9	9	12×φ26
1000	1020	1040	1078	1198	1151	1056	1058	1024	1080	1058	1058	20	89	80	489	65	290	28	9	16	9	9	16×φ26

δ	p	a	c
4~9	2	60°	2

图名	给水管道套管式伸缩器(三)	图号	JS2-7-7(三)

DN=350mm 材料表　　　　　表1

件号	名称	规格(mm)	单位	数量	单重(kg)	总重(kg)
1	法兰盘	$DN=350,PN=0.98MPa$	个	2	15.90	31.80
2	钢管	$d_0=377$ $\delta=8$ $L_6=440$	根	1	35.86	35.86
3	钢管	$D_1=353$ $\delta_1=12$ $l=55$	根	1	6.40	6.40
4	螺母	M20	个	6	0.062	0.37
5	垫圈	$\phi20$	个	6	0.025	0.15
6	翼盘	$D_6=530$ $D_{11}=354$ $b_1=22$	个	1	15.74	15.74
7	螺栓	M20×105	个	6	0.32	1.92
8	翼盘	$D_6=530$ $D_{10}=428$ $b_1=22$	个	1	13.25	13.25
9	钢管	$D_4=426$ $\delta_2=10$ $L_3=50$	根	1	4.63	4.63
10	圆橡皮圈	$D_3=341$ $d=16$ $L=1234$	圈	2	0.33	0.66
11	钢挡圈	$D_4=426$ $D_8=404$ $D_9=380$ $b=20$	个	1	3.49	3.49
12	钢管	$D_4=426$ $\delta_3=9$ $L=165$	根	1	15.27	15.27
13	异径钢管	$D_4=426$ $d_0=377$ $\delta_3=9$ $L=100$	根	1	8.71	8.71
14	钢管	$d_0=377$ $\delta=9$ $L_2=89$	根	1	7.27	7.27

DN=400mm 材料表　　　　　表2

件号	名称	规格(mm)	单位	数量	单重(kg)	总重(kg)
1	法兰盘	$DN=400,PN=0.98MPa$	个	2	21.80	43.60
2	钢管	$d_0=426$ $\delta=9$ $L_5=439$	根	1	40.63	40.63
3	钢管	$D_7=454$ $\delta_1=12$ $l=55$	根	1	7.19	7.19
4	螺母	M20	个	8	0.062	0.50
5	垫圈	$\phi20$	个	8	0.025	0.20
6	翼盘	$D_5=585$ $D_{11}=455$ $b_1=22$	个	1	18.35	18.35
7	螺栓	M20×105	个	8	0.32	2.56

　　　　　续表

件号	名称	规格(mm)	单位	数量	单重(kg)	总重(kg)
8	翼盘	$D_4=585$ $D_{10}=482$ $b_1=22$	个	1	14.91	14.91
9	钢管	$D_4=480$ $\delta_2=9$ $L_3=50$	根	1	6.36	6.32
10	圆橡皮圈	$D_3=442$ $d=16$ $L=1388$	圈	2	0.38	0.76
11	钢挡圈	$D_4=480$ $D_8=456$ $D_9=430$ $b=20$	个	1	4.34	4.34
12	钢管	$D_4=480$ $\delta_3=9$ $L_1=165$	根	1	17.23	17.23
13	异径钢管	$D_4=480$ $d_0=426$ $\delta_3=9$ $L=100$	根	1	9.85	9.85
14	钢管	$d_0=426$ $\delta=9$ $L_2=89$	根	1	8.24	8.24

DN=450mm 材料表　　　　　表3

件号	名称	规格(mm)	单位	数量	单重(kg)	总重(kg)
1	法兰盘	$DN=450,PN=0.98MPa$	个	2	24.40	48.80
2	钢管	$d_0=480$ $\delta=9$ $L_5=489$	根	1	51.11	51.11
3	钢管	$D_7=516$ $\delta_1=16$ $l=65$	根	1	12.82	12.82
4	螺母	M20	个	8	0.062	0.50
5	垫圈	$\phi20$	个	8	0.025	0.20
6	翼盘	$D_5=641$ $D_{11}=518$ $b_1=24$	个	1	21.09	21.09
7	螺栓	M20×115	个	8	0.34	2.72
8	翼盘	$D_5=641$ $D_{10}=540$ $b_1=24$	个	1	17.66	17.66
9	钢管	$D_4=538$ $\delta_2=9$ $L_3=8$	根	1	9.39	9.39
10	圆橡皮圈	$D_3=500$ $d=20$ $L=1570$	圈	3	0.69	2.07
11	钢挡圈	$D_4=538$ $D_3=518$ $D_9=484$ $b=20$	个	1	5.50	5.50
12	钢管	$D_4=538$ $\delta_3=9$ $L=165$	根	1	19.37	19.37
13	异径钢管	$D_4=538$ $d_0=480$ $\delta_3=9$ $L=100$	根	1	10.10	10.10
14	钢管	$d_0=480$ $\delta=9$ $L_2=89$	根	1	9.30	9.37

图名	给水管道套管式伸缩器(四)	图号	JS2-7-7(四)

DN=500mm 材料表 表4

件号	名称	规格(mm)	单位	数量	单重(kg)	总重(kg)
1	法兰盘	DN=500, PN=0.98MPa	个	2	27.70	55.40
2	钢 管	d_0=530 δ=9 L_8=489	根	1	56.54	56.54
3	钢 管	D_1=566 δ_1=16 l=65	根	1	14.11	14.11
4	螺 母	M20	个	10	0.062	0.62
5	垫 圈	ϕ20	个	10	0.025	0.25
6	翼 盘	D_6=691 D_{11}=568 b_1=24	个	1	22.91	22.91
7	螺 栓	M20×115	个	10	0.34	3.40
8	翼 盘	D_5=691 D_{10}=590 b_1=24	个	1	19.14	19.14
9	钢 管	D_4=588 δ_2=9 L_3=80	根	1	10.28	10.28
10	圆橡皮圈	D_3=550 d=20 L=1727	圈	3	0.76	2.28
11	钢挡圈	D_4=588 D_8=568 D_9=534 b=20	个	1	6.05	6.05
12	钢 管	D_4=588 δ_3=9 L=165	根	1	21.20	21.20
13	异径钢管	D_4=588 d_0=530 δ_3=9 L=100	根	1	12.21	12.21
14	钢 管	d_0=530 δ=9 L_2=89	根	1	10.29	10.29

DN=600mm 材料表 表5

件号	名称	规格(mm)	单位	数量	单重(kg)	总重(kg)
1	法兰盘	DN=600, PN=0.98MPa	个	2	39.40	78.80
2	钢 管	d_0=630 δ=9 L_5=489	根	1	67.40	67.40
3	钢 管	D_7=666 δ_1=16 l=65	根	1	16.67	16.67
4	螺 母	M22	个	10	0.076	0.76
5	垫 圈	22 GB95-66	个	10	0.03	0.30
6	翼 盘	D_6=799 D_{11}=668 b_1=24	个	1	28.43	28.43
7	螺 栓	M22×115	个	10	0.41	4.10

续表

件号	名称	规格(mm)	单位	数量	单重(kg)	总重(kg)
8	翼 盘	D_5=799 D_{10}=690 b_1=24	个	1	24.01	24.01
9	钢 管	D_4=688 δ_2=9 L_3=80	根	1	12.06	12.06
10	圆橡皮圈	D_3=650 d=20 L=2040	圈	3	0.90	2.70
11	钢挡圈	D_4=688 D_8=668 D_9=634 b=20	个	1	7.13	7.13
12	钢 管	D_4=688 δ_3=9 L_1=165	根	1	24.87	24.87
13	异径钢管	D_4=688 d_0=630 δ_3=9 L=100	根	1	14.43	14.43
14	钢 管	d_0=630 δ=9 L_2=89	根	1	12.27	12.27

DN=700mm 材料表 表6

件号	名称	规格(mm)	单位	数量	单重(kg)	总重(kg)
1	法兰盘	DN=700, PN=0.98MPa	个	2	71.00	142.0
2	钢 管	d_0=720 δ=9 L_5=489	根	1	77.17	77.17
3	钢 管	D_7=756 δ_1=16 l=65	根	1	18.98	18.98
4	螺 母	M22	个	12	0.076	0.91
5	垫 圈	ϕ22	个	12	0.03	0.36
6	翼 盘	D_5=893 D_{11}=758 b_1=26	个	1	35.73	35.73
7	螺 栓	M22×120	个	12	0.43	5.16
8	翼 盘	D_6=893 D_{10}=780 b_1=26	个	1	30.30	30.30
9	钢 管	D_4=778 δ_2=9 L_3=80	根	1	13.65	13.65
10	圆橡皮圈	D_3=740 d=20 L=2324	圈	3	1.03	3.09
11	钢挡圈	D_4=778 D_8=758 D_9=724 b=20	个	1	8.10	8.10
12	钢 管	D_4=778 δ_3=9 L=165	根	1	28.16	28.16
13	异径钢管	D_4=778 d_0=720 δ_3=9 L=100	根	1	16.42	16.42
14	钢 管	d_0=720 δ=9 L_2=89	根	1	14.04	14.04

图名	给水管道套管式伸缩器(五)	图号	JS2-7-7(五)

DN=800mm 材料表　　　　　　　　表7

件号	名称	规格(mm)	单位	数量	单重(kg)	总重(kg)
1	法兰盘	$DN=800, PN=0.98MPa$	个	2	85.20	170.40
2	钢管	$d_0=820\ \delta=9\ L_5=489$	根	1	88.02	88.02
3	钢管	$D_7=856\ \delta_1=16\ l=65$	根	1	21.54	21.54
4	螺母	M22	个	12	0.076	0.91
5	垫圈	$\phi22$	个	12	0.03	0.36
6	翼盘	$D_5=997\ D_{11}=858\ b_1=26$	个	1	41.33	41.33
7	螺栓	M22×120	个	12	0.43	5.16
8	翼盘	$D_5=997\ D_{10}=880\ b_1=26$	个	1	35.20	35.20
9	钢管	$D_4=878\ \delta_2=9\ L_3=80$	根	1	15.43	15.43
10	圆橡皮圈	$D_3=840\ d=20\ L=2638$	圈	3	1.16	3.48
11	钢挡圈	$D_4=878\ D_8=858\ D_9=824\ b=20$	个	1	9.19	9.19
12	钢管	$D_4=878\ \delta_3=9\ L=165$	根	1	31.82	31.82
13	异径钢管	$D_4=878\ d_0=820\ \delta_3=9\ L=100$	根	1	18.64	18.64
14	钢管	$d_0=820\ \delta=9\ L_2=89$	根	1	16.02	16.02

DN=900mm 材料表　　　　　　　　表8

件号	名称	规格(mm)	单位	数量	单重(kg)	总重(kg)
1	法兰盘	$DN=900, PN=0.98MPa$	个	2	106.00	212.00
2	钢管	$d_0=920\ \delta=9\ L_6=489$	根	1	98.87	98.87
3	钢管	$D_1=956\ \delta_1=16\ l=65$	根	1	24.11	24.11
4	螺母	M22	个	16	0.076	1.22
5	垫圈	$\phi22$	个	16	0.03	0.48
6	翼盘	$D_5=1098\ D_{11}=950\ b_1=28$	个	1	49.69	49.69
7	螺栓	M22×120	个	16	0.43	6.88

续表

件号	名称	规格(mm)	单位	数量	单重(kg)	总重(kg)
8	翼盘	$D_6=1098\ D_{10}=980\ b_1=28$	个	1	42.33	42.33
9	钢管	$D_4=978\ \delta_2=9\ L_3=80$	根	1	17.20	17.20
10	圆橡皮圈	$D_3=978\ d=20\ L=2950$	圈	3	1.30	3.90
11	钢挡圈	$D_4=978\ D_8=958\ D_9=924\ b=20$	个	1	10.28	10.28
12	钢管	$D_4=978\ \delta_3=9\ L_1=165$	根	1	35.48	35.48
13	异径钢管	$D_4=978\ d_0=920\ \delta_3=9\ L=100$	根	1	20.86	20.86
14	钢管	$d_0=920\ \delta=9\ L_2=89$	根	1	17.99	17.99

DN=1000mm 材料表　　　　　　　　表9

件号	名称	规格(mm)	单位	数量	单重(kg)	总重(kg)
1	法兰盘	$DN=1000, PN=0.98MPa$	个	2	121.00	242.00
2	钢管	$d_0=1020\ \delta=9\ L_5=489$	根	1	109.72	109.72
3	钢管	$D_1=1056\ \delta_1=16\ l=65$	根	1	26.67	26.67
4	螺母	M22	个	16	0.076	1.22
5	垫圈	$\phi22$	个	16	0.03	0.48
6	翼盘	$D_5=1198\ D_{11}=1058\ b_1=28$	个	1	54.52	54.52
7	螺栓	M22×120	个	16	0.43	6.88
8	翼盘	$D_5=1198\ D_{10}=1080\ b_1=28$	个	1	46.4	46.40
9	钢管	$D_4=1078\ \delta_2=9\ L_3=80$	根	1	18.98	18.98
10	圆橡皮圈	$D_3=1040\ d=20\ L=3266$	圈	3	1.44	4.32
11	钢挡圈	$D_4=1078\ D_8=1058\ D_9=1024\ b=20$	个	1	11.36	11.36
12	钢管	$D_4=1078\ \delta_3=9\ L=165$	根	1	39.15	39.15
13	异径钢管	$D_4=1078\ d_0=1020\ \delta_3=9\ L=100$	根	1	23.10	23.10
14	钢管	$d_0=1020\ \delta=9\ L_2=89$	根	1	19.97	19.97

图名	给水管道套管式伸缩器(六)	图号	JS2-7-7(六)

2.8 给水承插铸铁管道支墩

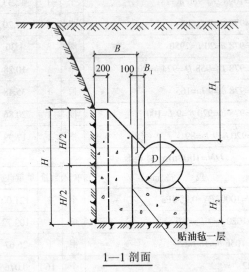

1—1 剖面

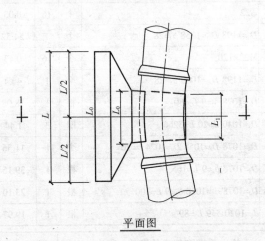

平面图

管径	作用力	管顶复土	支 墩 尺 寸 (mm)							混凝土用
D(mm)	R(T)	H_1(m)	L	L_0	L_1	H	H_2	B	B_1	量 V(m³)
450	0	2.0	450	450	350	450	0	350	100	0.07
		1.5	450	450	350	450	0	300	100	0.06
		1.0	450	450	350	450	0	300	100	0.06
		0.5	450	450	350	450	0	300	100	0.06
500	0.09	2.0	500	500	400	500	0	500	100	0.14
		1.5	500	500	400	500	0	450	100	0.12
		1.0	500	500	400	500	0	400	100	0.11
		0.5	500	500	400	500	0	400	100	0.11
600	1.29	2.0	650	650	450	600	0	450	100	0.17
		1.5	650	650	450	600	0	400	100	0.15
		1.0	650	650	450	600	0	350	100	0.13
		0.5	800	800	450	600	0	350	100	0.17
700	2.81	2.0	750	750	550	700	0	550	150	0.29
		1.5	750	750	550	700	0	500	150	0.26
		1.0	900	900	550	700	0	450	150	0.29
		0.5	1250	1250	550	700	0	450	150	0.40
800	4.62	2.0	850	850	600	800	0	500	150	0.34
		1.5	950	950	600	800	0	450	150	0.34
		1.0	1300	1250	600	800	0	400	150	0.41
		0.7	1450	1250	600	900	50	400	150	0.54
900	6.74	2.0	950	950	700	900	0	550	150	0.47
		1.5	1200	1250	700	900	0	500	150	0.54
		1.0	1600	1250	700	900	0	450	150	0.61
		0.7	1750	1250	700	1000	50	450	150	0.77
1000	9.17	2.0	1150	1150	800	1000	0	500	200	0.57
		1.5	1650	1250	800	1000	0	450	200	0.62
		1.0	1750	1250	800	1100	50	400	200	0.75
		0.7	2000	1250	800	1200	100	400	200	0.95
1100	11.68	2.0	1300	1300	850	1100	0	550	200	0.78
		1.5	1600	1300	850	1100	0	500	200	0.83
		1.0	1950	1300	850	1200	50	400	200	0.89
		0.7	2250	1300	850	1300	100	450	200	1.35
1200	14.20	2.0	1450	1300	950	1200	0	500	200	0.83
		1.5	1750	1300	950	1200	0	450	200	0.87
		1.0	2150	1300	950	1300	50	400	200	1.14
		0.7	2450	1300	950	1400	100	550	200	1.80

说明：1. 支墩后背应紧贴原状土，如有空隙则以支墩材料填实；
　　　2. 管径小于450mm，可不设支墩。

图名	11.25°水平弯管支墩示意图(φ=15°)	图号	JS2-8-1

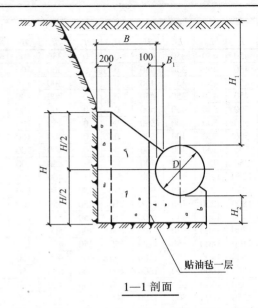

1—1 剖面

贴油毡一层

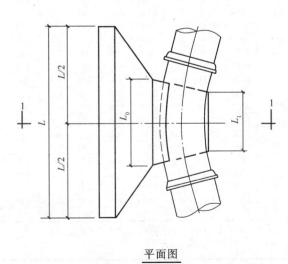

平面图

管径 D(mm)	作用力 R(T)	管顶复土 H₁(m)	支 墩 尺 寸 (mm)							混凝土用量 V(m³)
			L	L_0	L_1	H	H_2	B	B_1	
450	0	2.0	450	450	350	450	0	350	100	0.07
		1.5	450	450	350	450	0	300	100	0.06
		1.0	450	450	350	450	0	300	100	0.06
		0.5	450	450	350	450	0	300	100	0.06
500	0.17	2.0	500	500	400	500	0	500	100	0.14
		1.5	500	500	400	500	0	450	100	0.12
		1.0	500	500	400	500	0	400	100	0.11
		0.5	500	500	400	500	0	400	100	0.11
600	2.56	2.0	650	650	450	600	0	450	100	0.17
		1.5	750	750	450	600	0	400	100	0.18
		1.0	1000	1000	450	600	0	350	100	0.21
		0.5	1250	1150	450	700	50	350	100	0.32
700	5.60	2.0	1050	1050	550	700	0	550	150	0.41
		1.5	1200	1200	550	800	50	500	150	0.50
		1.0	1450	1300	550	900	100	450	150	0.62
		0.5	1850	1300	550	1100	200	450	150	0.94
800	9.20	2.0	1350	1350	600	900	50	500	150	0.63
		1.5	1500	1500	600	1000	100	450	150	0.75
		1.0	1850	1500	600	1100	150	400	150	0.88
		0.7	2100	1500	600	1200	200	400	150	1.07
900	13.42	2.0	1700	1650	700	1000	50	550	150	0.98
		1.5	1950	1650	700	1100	100	500	150	1.10
		1.0	2250	1650	700	1300	200	450	150	1.38
		0.7	2450	1650	700	1500	300	450	150	1.75
1000	18.26	2.0	1900	1850	800	1200	100	500	200	1.24
		1.5	2200	1850	800	1300	150	450	200	1.38
		1.0	2550	1850	800	1500	250	400	200	1.69
		0.7	2800	1850	800	1700	350	500	200	2.50
1100	23.25	2.0	2200	1950	850	1300	100	550	200	1.64
		1.5	2400	1950	850	1500	200	500	200	1.94
		1.0	2750	1950	850	1700	300	400	200	2.32
		0.7	3150	1950	850	1800	350	550	200	3.35
1200	28.26	2.0	2450	2000	950	1400	100	500	200	1.75
		1.5	2650	2000	950	1600	200	450	200	2.06
		1.0	3100	2000	950	1800	300	550	200	3.20
		0.7	3450	2000	950	2000	400	700	200	4.72

说明：1. 支墩后背应紧贴原状土，如有空隙则以支墩材料填实；
2. 管径小于 450mm，可不设支墩。

图名	22.5°水平弯管支墩示意图(φ=15°)	图号	JS2-8-2

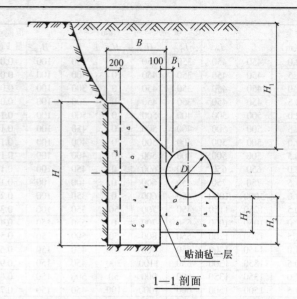

贴油毡一层

1—1 剖面

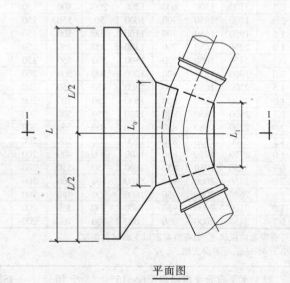

平面图

管径 D(mm)	作用力 R(T)	管顶复土 H₁(m)	支墩尺寸 (mm)								混凝土用量 V(m³)
			L	L_0	L_1	H	H_2	H_3	B	B_1	
450	0	2.0	450	450	350	450	0	0	350	100	0.07
		1.5	450	450	350	450	0	0	300	100	0.06
		1.0	450	450	350	450	0	0	300	100	0.06
		0.5	450	450	350	450	0	0	300	100	0.06
500	0.33	2.0	500	500	400	500	0	0	500	100	0.14
		1.5	500	500	400	500	0	0	450	100	0.12
		1.0	500	500	400	500	0	0	400	100	0.11
		0.5	500	500	400	500	0	0	400	100	0.11
600	5.02	2.0	950	950	450	700	50	50	450	100	0.33
		1.5	1250	1250	450	700	50	50	400	100	0.37
		1.0	1350	1250	450	900	150	150	350	100	0.48
		0.5	1800	1250	450	1100	250	250	350	100	0.74
700	10.98	2.0	1450	1400	550	1000	150	150	550	150	0.88
		1.5	1700	1400	550	1100	200	200	500	150	0.99
		1.0	2100	1400	550	1200	250	250	450	150	1.16
		0.5	2600	1400	550	1500	400	400	600	150	2.15
800	18.06	2.0	1650	1600	600	1600	400	400	500	150	1.57
		1.5	1950	1600	600	1600	400	400	450	150	1.60
		1.0	2550	1600	600	1600	400	400	450	150	2.01
		0.7	2950	1600	600	1700	450	450	650	150	3.07
900	23.32	2.0	1950	1800	700	1800	450	450	550	150	2.25
		1.5	2450	1800	700	1800	450	450	500	150	2.39
		1.0	3100	1800	700	1800	450	450	650	150	3.50
		0.7	3450	1800	700	2000	550	400	800	150	4.99
1000	35.81	2.0	2250	2000	800	2000	500	400	500	200	2.85
		1.5	2850	2000	800	2000	500	400	450	200	3.01
		1.0	3600	2000	800	2100	550	450	800	200	5.50
		0.7	4000	2000	800	2300	650	400	1000	200	7.61
110	45.61	2.0	2750	2200	850	2100	500	400	550	200	3.61
		1.5	3350	2200	850	2100	500	400	600	200	4.34
		1.0	4000	2200	850	2300	600	400	900	200	7.34
		0.7	4300	2200	850	2500	700	400	1050	200	9.68
1200	55.43	2.0	3200	2250	950	2200	500	400	500	200	3.93
		1.5	3800	2250	950	2200	500	400	800	200	6.24
		1.0	4300	2250	950	2500	650	400	1050	200	9.64
		0.7	4650	2250	950	2700	800	400	1200	200	12.54

说明：1. 支墩后背应紧贴原状土，如有空隙则以支墩材料填实；
2. 管径小于450mm，可不设支墩。

图名	45°水平弯管支墩示意图(φ=15°)	图号	JS2-8-3

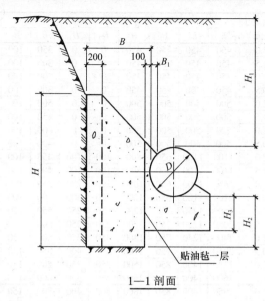

1—1 剖面

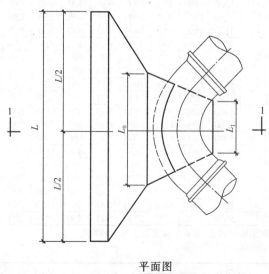

平面图

管径 D(mm)	作用力 R(T)	管顶复土 H₁(m)	支墩尺寸 (mm)								混凝土用量 V(m³)
			L	L_0	L_1	H	H_2	H_3	B	B_1	
450	0	2.0	450	450	350	450	0	0	350	100	0.07
		1.5	450	450	350	450	0	0	300	100	0.06
		1.0	450	450	350	450	0	0	300	100	0.06
		0.5	450	450	350	450	0	0	300	100	0.06
500	0.62	2.0	500	500	400	500	0	0	500	100	0.14
		1.5	500	500	400	500	0	0	450	100	0.12
		1.0	500	500	400	500	0	0	400	100	0.11
		0.5	500	500	400	500	0	0	400	100	0.11
600	9.28	2.0	1400	1400	450	900	150	150	450	100	0.63
		1.5	1600	1550	450	1000	200	200	400	100	0.74
		1.0	1850	1550	450	1200	300	300	350	100	0.91
		0.5	2450	1550	450	1400	400	400	400	100	1.52
700	20.28	2.0	1750	1750	550	1600	450	450	550	150	1.70
		1.5	2200	1800	550	1600	450	450	500	150	1.89
		1.0	2800	1800	550	1700	500	400	500	150	2.45
		0.5	3300	1800	550	1800	700	400	750	150	4.24
800	33.36	2.0	2200	2000	600	2100	650	400	500	150	2.72
		1.5	2700	2000	600	2100	650	400	450	150	2.87
		1.0	3600	2000	600	2100	650	400	800	150	5.33
		0.7	3900	2000	600	2250	750	400	950	150	5.89
900	48.63	2.0	2600	2200	700	2500	800	400	550	150	4.12
		1.5	3250	2200	700	2500	800	400	500	150	4.57
		1.0	4250	2200	700	2500	800	400	1000	150	0.08
		0.7	4900	2200	700	2400	800	400	1350	150	12.02

说明:1. 支墩后背应紧贴原状土,如有空隙则以支墩材料填实;
2. 管径小于450mm,可不设支墩。

图名	90°水平弯管支墩示意图(φ=15°)	图号	JS2-8-4

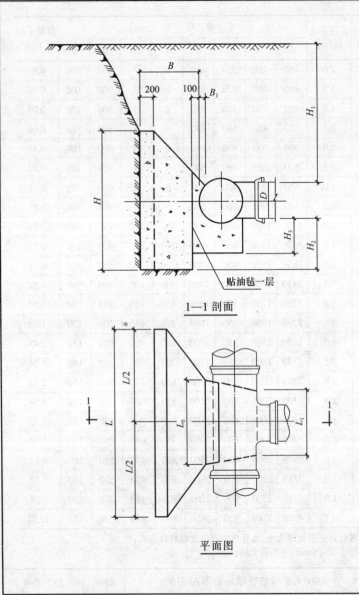

1—1 剖面

平面图

支管管径	作用力	管顶复土	支墩尺寸（mm）								混凝土用量
D(mm)	R(T)	H_1(m)	L	L_0	L_1	H	H_2	H_3	B	B_1	量 V(m³)
450	0	2.0	450	450	450	450	0	0	350	100	0.07
		1.5	450	450	450	450	0	0	300	100	0.06
		1.0	450	450	450	450	0	0	300	100	0.06
		0.5	450	450	450	450	0	0	300	100	0.06
500	0.44	2.0	500	500	500	500	0	0	500	100	0.14
		1.5	500	500	500	500	0	0	450	100	0.12
		1.0	500	500	500	500	0	0	400	100	0.11
		0.5	500	500	500	500	0	0	400	100	0.11
600	6.56	2.0	1100	1100	650	800	100	100	450	100	0.44
		1.5	1400	1100	650	800	100	100	400	100	0.48
		1.0	1600	1100	650	1000	200	200	350	100	0.60
		0.5	2100	1100	650	1200	300	300	500	100	1.19
700	14.34	2.0	1600	1250	750	1200	250	250	550	150	1.11
		1.5	2050	1250	750	1200	250	250	500	150	1.20
		1.0	2400	1250	750	1400	350	350	600	150	1.82
		0.5	2950	1250	750	1700	500	400	850	150	3.44
800	23.59	2.0	2150	1400	850	1500	350	350	500	150	1.66
		1.5	2600	1400	850	1500	350	350	600	150	2.26
		1.0	2950	1400	850	1800	500	400	800	150	3.60
		0.7	3300	1400	850	1900	550	400	950	150	4.74
900	34.39	2.0	2550	1500	950	1800	450	450	550	150	2.54
		1.5	3100	1500	950	1800	450	450	800	150	3.90
		1.0	3600	1500	950	2100	600	400	1050	150	6.19
		0.7	3950	1500	950	2300	700	400	1200	150	8.33
1000	46.79	2.0	2900	1650	1050	2100	550	400	600	200	3.79
		1.5	3550	1650	1050	2100	550	400	950	200	5.91
		1.0	4100	1650	1050	2400	700	400	1250	200	9.29
		0.7	4300	1650	1050	2500	800	400	1350	200	10.79
1100	59.59	2.0	3300	1800	1150	2300	600	400	750	200	5.38
		1.5	4000	1800	1150	2300	600	400	1100	200	8.20
		1.0	4500	1800	1150	2600	750	400	1350	200	11.92
		0.7	5000	1800	1150	2600	800	400	1600	200	14.94
1200	72.42	2.0	3700	1950	1250	2400	600	400	950	200	7.48
		1.5	4300	1950	1250	2500	650	400	1200	200	10.39
		1.0	4800	1950	1250	2800	800	400	1450	200	14.70
		0.7	5550	1950	1250	2700	800	400	1800	200	19.08

说明：1. 支墩后背应紧贴原状土,如有空隙则以支墩材料填实;
　　　2. 管径小于450mm,可不设支墩。

图名	水平三通管支墩示意图(φ=15°)	图号	JS2-8-5

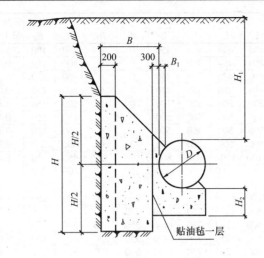

1—1 剖面

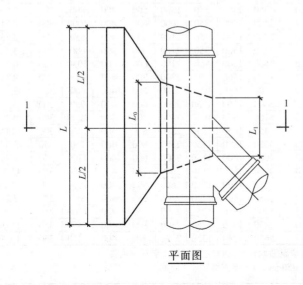

平面图

管 径	作用力	管顶复土	支 墩 尺 寸 (mm)							混凝土用
D(mm)	R(T)	H_1(m)	L	L_0	L_1	H	H_2	B	B_1	量 V(m³)
450	0	2.0	450	450	450	450	0	350	100	0.07
		1.5	450	450	450	450	0	300	100	0.06
		1.0	450	450	450	450	0	300	100	0.06
		0.5	450	450	450	450	0	300	100	0.06
500	0.31	2.0	500	500	500	500	0	500	100	0.14
		1.5	500	500	500	500	0	450	100	0.12
		1.0	500	500	500	500	0	400	100	0.11
		0.5	500	500	500	500	0	400	100	0.11
600	4.64	2.0	1050	1050	650	600	0	450	100	0.29
		1.5	1150	1100	650	750	50	400	100	0.34
		1.0	1400	1100	650	800	100	350	100	0.42
		0.5	1750	1100	650	1000	200	350	100	0.65
700	10.14	2.0	1500	1250	750	900	100	550	150	0.76
		1.5	1700	1250	750	1000	150	500	150	0.87
		1.0	1950	1250	750	1200	250	450	150	1.08
		0.5	2450	1250	750	1400	350	600	150	1.88
800	16.68	2.0	1850	1400	850	1200	200	500	150	1.15
		1.5	2150	1400	850	1300	250	450	150	1.30
		1.0	2500	1400	850	1500	350	550	150	2.07
		0.7	2800	1400	850	1600	400	700	150	2.79
900	24.32	2.0	2250	1500	950	1400	250	550	150	1.75
		1.5	2600	1500	950	1500	300	550	150	2.14
		1.0	2950	1500	950	1700	400	700	150	3.27
		0.7	3300	1500	950	1900	400	900	150	4.66
1000	33.08	2.0	2600	1650	1050	1600	300	500	200	2.18
		1.5	2900	1650	1050	1800	400	600	200	3.24
		1.0	3450	1650	1050	2000	400	900	200	5.38
		0.7	3800	1650	1050	2200	400	1050	200	7.24
1100	62.13	2.0	2900	1800	1150	1800	350	550	200	3.07
		1.5	3300	1800	1150	1900	400	750	200	4.43
		1.0	3800	1800	1150	2200	400	1000	200	7.14
		0.7	4150	1800	1150	2400	400	1150	200	9.35
1200	51.21	2.0	3300	1950	1250	1900	350	700	200	4.19
		1.5	3650	1950	1250	2100	450	850	200	5.93
		1.0	4150	1950	1250	2400	400	1100	200	9.14
		0.7	4500	1950	1250	2600	400	1250	200	11.73

说明:1. 支墩后背应紧贴原状土,如有空隙则以支墩材料填实;
　　　2. 管径小于450mm,可不设支墩。

图名	水平叉管支墩示意图(ϕ=15°)	图号	JS2-8-6

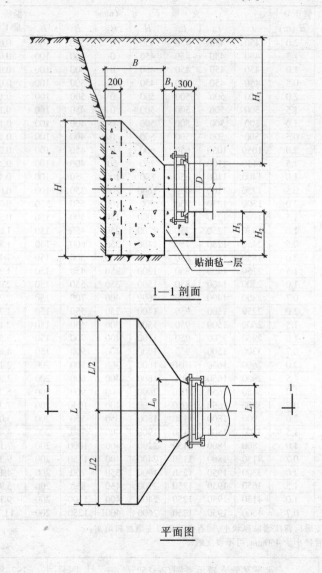

1—1 剖面

平面图

管 径	作用力	管顶复土	支 墩 尺 寸 （mm）								混凝土用
D(mm)	R(T)	H_1(m)	L	L_0	L_1	H	H_2	H_3	B	B_1	量 V(m³)
450	0	2.0	450	450	450	450	0	0	350	150	0.07
		1.5	450	450	450	450	0	0	300	150	0.06
		1.0	450	450	450	450	0	0	300	150	0.06
		0.5	450	450	450	450	0	0	300	150	0.06
500	0.44	2.0	500	500	500	500	0	0	500	150	0.14
		1.5	500	500	500	500	0	0	450	150	0.12
		1.0	500	500	500	500	0	0	400	150	0.11
		0.5	500	500	500	500	0	0	400	150	0.11
600	6.56	2.0	1100	1100	650	800	100	100	450	250	0.44
		1.5	1250	1100	650	900	150	150	400	250	0.51
		1.0	1600	1100	650	1000	200	200	350	250	0.60
		0.5	2100	1100	650	1200	300	300	500	250	1.19
700	14.34	2.0	1450	1250	750	1400	350	350	550	250	1.23
		1.5	1800	1250	750	1400	350	350	500	250	1.32
		1.0	2400	1250	750	1400	350	350	600	250	1.82
		0.5	2950	1250	750	1700	500	400	850	250	3.44
800	23.59	2.0	1850	1400	850	1800	500	400	500	300	1.86
		1.5	2250	1400	850	1800	500	400	450	300	1.96
		1.0	2950	1400	850	1800	500	400	800	300	3.60
		0.7	3400	1400	850	2000	600	400	1000	300	5.31
900	34.39	2.0	2200	1500	950	2100	600	400	550	300	2.76
		1.5	2750	1500	950	2100	600	400	600	300	3.46
		1.0	3600	1500	950	2100	600	400	1050	300	6.19
		0.7	3950	1500	950	2300	700	400	1200	300	8.32
1000	46.79	2.0	2700	1650	1050	2200	600	400	600	300	3.94
		1.5	3400	1650	1050	2200	600	400	950	300	5.91
		1.0	4100	1650	1050	2400	700	400	1250	300	9.29
		0.7	4350	1650	1050	2500	800	400	1350	300	11.04
1100	59.59	2.0	3350	1800	1150	2300	600	400	750	350	5.57
		1.5	4000	1800	1150	2300	600	400	1100	350	8.20
		1.0	4500	1800	1150	2600	750	400	1350	350	11.92
		0.7	5050	1800	1150	2600	800	400	1600	350	15.24
1200	72.42	2.0	3650	1950	1250	2500	650	400	850	350	7.28
		1.5	4300	1950	1250	2500	650	400	1200	350	10.39
		1.0	4850	1950	1250	2800	800	400	1450	350	15.01
		0.7	5650	1950	1250	2700	800	400	1850	350	19.77

说明：1. 支墩后背应紧贴原状土，如有空隙则以支墩材料填实；
2. 管径小于450mm，可不设支墩。

图名	水平管堵支墩示意图（φ=15°）	图号	JS2-8-7

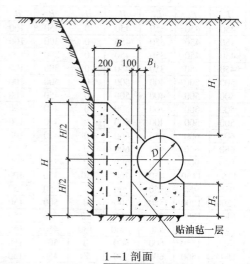

1—1 剖面

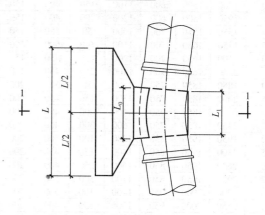

平面图

管径 D(mm)	作用力 R(T)	管顶复土 H₁(m)	支墩尺寸 (mm)							混凝土用量 V(m³)
			L	L₀	L₁	H	H₂	B	B₁	
450	0	2.0	450	450	350	450	0	350	100	0.07
		1.5	450	450	350	450	0	300	100	0.06
		1.0	450	450	350	450	0	300	100	0.06
		0.5	450	450	350	450	0	300	100	0.06
500	0.09	2.0	500	500	400	500	0	500	100	0.14
		1.5	500	500	400	500	0	450	100	0.12
		1.0	500	500	400	500	0	400	100	0.11
		0.5	500	500	400	500	0	400	100	0.11
600	1.29	2.0	600	600	450	600	0	450	100	0.17
		1.5	600	600	450	600	0	400	100	0.15
		1.0	600	600	450	600	0	350	100	0.13
		0.5	750	750	450	600	0	350	100	0.15
700	2.81	2.0	700	700	550	700	0	550	150	0.29
		1.5	700	700	550	700	0	500	150	0.26
		1.0	800	800	550	700	0	450	150	0.26
		0.5	1250	1250	550	700	0	450	150	0.60
800	4.63	2.0	800	800	600	800	0	500	150	0.34
		1.5	850	850	600	800	0	450	150	0.31
		1.0	1150	1150	600	800	0	400	150	0.36
		0.7	1400	1250	600	800	0	400	150	0.44
900	6.74	2.0	900	900	700	900	0	550	150	0.47
		1.5	1050	1050	700	900	0	500	150	0.48
		1.0	1450	1250	700	900	0	450	150	0.56
		0.7	1650	1250	700	1000	50	450	150	0.72
1000	9.17	2.0	1050	1050	800	1000	0	500	200	0.52
		1.5	1300	1250	800	1000	0	400	200	0.57
		1.0	1700	1250	800	1000	0	400	200	0.63
		0.7	1950	1250	800	1100	50	400	200	0.81
1100	11.68	2.0	1150	1150	850	1100	0	500	200	0.70
		1.5	1450	1300	850	1100	0	450	200	0.77
		1.0	1900	1300	850	1100	0	400	200	0.85
		0.7	2100	1300	850	1200	50	400	200	1.06
1200	14.20	2.0	1300	1300	950	1200	0	500	200	0.76
		1.5	1600	1300	950	1200	0	450	200	0.80
		1.0	2050	1300	950	1200	0	400	200	0.90
		0.7	2250	1300	950	1200	50	500	200	1.36

说明:1. 支墩后背应紧贴原状土,如有空隙则以支墩材料填实;
　　　2. 管径小于450mm,可不设支墩。

图名	11.25°水平弯管支墩示意图(φ=18°)	图号	JS2-8-8

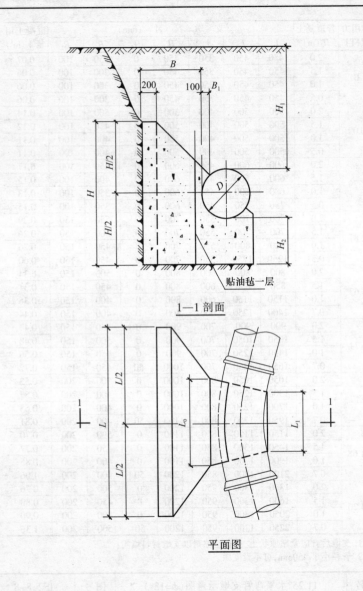

1—1 剖面

平面图

管径	作用力	管顶复土	支 墩 尺 寸 (mm)							混凝土用
D(mm)	R(T)	H_1(m)	L	L_0	L_1	H	H_2	B	B_1	量 V(m³)
450	0	2.0	450	450	350	450	0	350	100	0.07
		1.5	450	450	350	450	0	300	100	0.06
		1.0	450	450	350	450	0	300	100	0.06
		0.5	450	450	350	450	0	300	100	0.06
500	0.17	2.0	500	500	400	500	0	500	100	0.14
		1.5	500	500	400	500	0	450	100	0.12
		1.0	500	500	400	500	0	400	100	0.11
		0.5	500	500	400	500	0	400	100	0.11
600	2.56	2.0	600	600	450	600	0	450	100	0.17
		1.5	650	650	450	600	0	400	100	0.16
		1.0	900	900	450	600	0	350	100	0.19
		0.5	1250	1150	450	700	50	350	100	0.32
700	5.60	2.0	950	950	550	700	0	550	150	0.37
		1.5	1200	1200	550	700	0	500	150	0.43
		1.0	1400	1300	550	800	50	450	150	0.53
		0.5	1750	1300	550	1000	150	450	150	0.81
800	9.21	2.0	1350	1350	600	800	0	500	150	0.34
		1.5	1500	1500	600	900	50	450	150	0.64
		1.0	1700	1500	600	1100	150	400	150	0.82
		0.7	1950	1500	600	1200	200	400	150	1.02
900	13.42	2.0	1550	1550	700	1000	50	550	150	0.89
		1.5	1750	1650	700	1100	100	500	150	1.04
		1.0	2100	1650	700	1200	150	450	150	1.16
		0.7	2350	1650	700	1400	250	450	150	1.56
1000	18.26	2.0	1850	1850	750	1100	50	500	200	1.07
		1.5	2000	1850	750	1300	150	450	200	1.29
		1.0	2450	1850	750	1400	200	400	200	1.49
		0.7	2450	1850	750	1600	300	400	200	2.01
1100	23.25	2.0	1950	1950	850	1300	100	500	200	1.53
		1.5	2300	1950	850	1400	150	450	200	1.71
		1.0	2650	1950	850	1600	250	400	200	2.08
		0.7	2950	1950	850	1700	300	500	200	2.68
1200	28.26	2.0	2200	2000	950	1400	100	500	200	1.63
		1.5	2550	2000	950	1500	150	400	200	1.82
		1.0	2950	2000	950	1700	250	450	200	2.56
		0.7	3250	2000	950	1900	350	600	200	3.85

说明：1. 支墩后背应紧贴原状土,如有空隙则以支墩材料填实;
　　　2. 管径小于450mm,可不设支墩。

图名	22.5°水平弯管支墩示意图(ϕ=18°)	图号	JS2-8-9

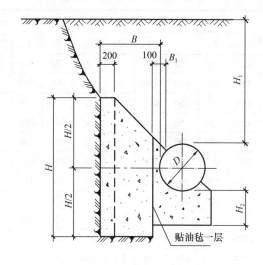

1—1 剖面

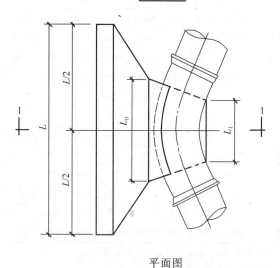

平面图

管径 D(mm)	作用力 R(T)	管顶复土 H_1(m)	支 墩 尺 寸 (mm)							混凝土用量 V(m³)
			L	L_0	L_1	H	H_2	B	B_1	
450	0	2.0	450	450	350	450	0	350	100	0.07
		1.5	450	450	350	450	0	300	100	0.06
		1.0	450	450	350	450	0	300	100	0.06
		0.5	450	450	350	450	0	300	100	0.06
500	0.34	2.0	500	500	400	500	0	500	100	0.14
		1.5	500	500	400	500	0	450	100	0.12
		1.0	500	500	400	500	0	400	100	0.11
		0.5	500	500	400	500	0	400	100	0.11
600	5.02	2.0	1000	1000	450	600	0	450	100	0.28
		1.5	1100	1100	450	700	50	400	100	0.33
		1.0	1350	1250	450	800	100	350	100	0.41
		0.5	1750	1250	450	1000	200	350	100	0.66
700	10.98	2.0	1300	1300	550	1000	150	550	150	0.80
		1.5	1650	1400	550	1000	150	500	150	0.88
		1.0	1900	1400	550	1200	250	450	150	1.09
		0.5	2400	1400	550	1500	400	500	150	1.80
800	18.06	2.0	1550	1550	600	1500	350	500	150	1.38
		1.5	1850	1600	600	1500	350	450	150	1.45
		1.0	2450	1600	600	1500	350	400	150	1.64
		0.7	2750	1600	600	1700	450	550	150	2.54
900	26.32	2.0	1850	1800	700	1800	450	550	150	2.18
		1.5	2200	1800	700	1800	450	500	150	2.25
		1.0	2850	1800	700	1800	400	500	150	2.81
		0.7	3300	1800	700	1900	400	750	150	4.21
1000	35.81	2.0	2100	2000	800	2000	400	500	200	2.60
		1.5	2600	2000	800	2000	400	450	200	2.74
		1.0	3400	2000	800	2000	400	700	200	4.48
		0.7	3800	2000	800	2200	400	900	200	6.59
1100	45.61	2.0	2350	2200	850	2200	400	500	200	3.50
		1.5	2950	2200	850	2200	400	450	200	3.69
		1.0	3800	2200	850	2200	400	800	200	6.21
		0.7	4150	2200	850	2400	400	950	200	8.47
1200	55.43	2.0	2650	2250	950	2400	400	500	200	3.93
		1.5	3200	2250	950	2400	400	450	200	4.36
		1.0	4100	2250	950	2400	400	950	200	8.24
		0.7	4500	2250	950	2600	400	1100	200	10.96

说明:1. 支墩后背应紧贴原状土,如有空隙则以支墩材料填实;
　　　2. 管径小于450mm,可不设支墩。

图名	45°水平弯管支墩示意图(ϕ=18°)	图号	JS2-8-10

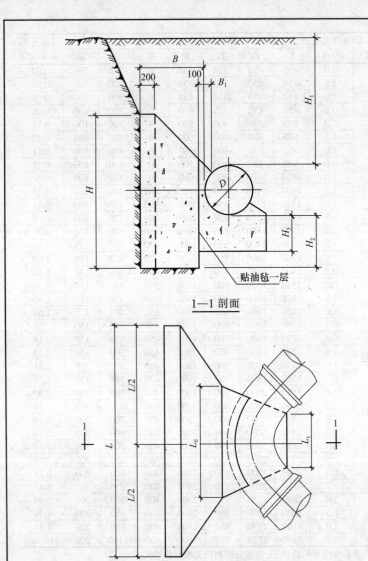

1—1 剖面

平面图

管 径 D(mm)	作用力 R(T)	管顶复土 H_1(m)	支 墩 尺 寸 （mm）								混凝土用 量 V(m³)
			L	L_0	L_1	H	H_2	H_3	B	B_1	
450	0	2.0	450	450	350	450	0	0	350	100	0.07
		1.5	450	450	350	450	0	0	300	100	0.06
		1.0	450	450	350	450	0	0	300	100	0.06
		0.5	450	450	350	450	0	0	300	100	0.06
500	0.62	2.0	500	500	400	500	0	0	500	100	0.14
		1.5	500	500	400	500	0	0	450	100	0.12
		1.0	500	500	400	500	0	0	400	100	0.11
		0.5	500	500	400	500	0	0	400	100	0.11
600	9.28	2.0	1150	1150	450	1100	250	250	450	100	0.65
		1.5	1350	1350	450	1100	250	250	400	100	0.69
		1.0	1850	1550	450	1100	250	250	350	100	0.81
		0.5	2350	1550	450	1400	400	400	350	100	1.35
700	20.28	2.0	1650	1650	550	1600	450	450	550	150	1.66
		1.5	2000	1800	550	1600	450	450	500	150	1.79
		1.0	2650	1800	550	1600	450	450	450	150	2.02
		0.5	3200	1800	550	1850	650	400	700	150	3.85
800	33.36	2.0	2050	2000	600	2000	600	400	500	150	2.47
		1.5	2550	2000	600	2000	600	400	450	150	2.63
		1.0	3400	2000	600	2000	600	400	700	150	4.38
		0.7	3800	2000	600	2200	700	400	900	150	6.35
900	48.63	2.0	2450	2200	700	2400	750	400	550	150	3.80
		1.5	3050	2200	700	2400	750	400	500	150	4.07
		1.0	4000	2200	700	2400	750	400	900	150	7.43
		0.7	4500	2200	700	2400	800	400	1150	150	9.93

说明：1. 支墩后背应紧贴原状土,如有空隙则以支墩材料填实；
2. 管径小于 450mm,可不设支墩。

图名	90°水平弯管支墩示意图(φ=18°)	图号	JS2-8-11

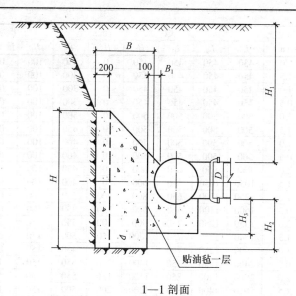

1—1 剖面

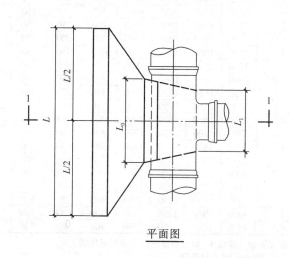

平面图

管径 D(mm)	作用力 R(T)	管顶复土 H₁(m)	支 墩 尺 寸 (mm)								混凝土用 量 V(m³)
			L	L₀	L₁	H	H₂	H₃	B	B₁	
450	0	2.0	450	450	450	450	0	0	350	100	0.07
		1.5	450	450	450	450	0	0	300	100	0.06
		1.0	450	450	450	450	0	0	300	100	0.06
		0.5	450	450	450	450	0	0	300	100	0.06
500	0.44	2.0	500	500	500	500	0	0	500	100	0.14
		1.5	500	500	500	500	0	0	450	100	0.13
		1.0	500	500	500	500	0	0	400	100	0.11
		0.5	500	500	500	500	0	0	400	100	0.11
600	6.56	2.0	1150	1100	650	700	50	50	450	100	0.37
		1.5	1300	1100	650	800	100	100	400	100	0.43
		1.0	1550	1100	650	900	150	150	350	100	0.53
		0.5	1900	1100	650	1200	300	300	400	100	0.98
700	14.34	2.0	1500	1250	750	1200	250	250	550	150	1.04
		1.5	1850	1250	750	1200	350	250	500	150	1.18
		1.0	2250	1250	750	1300	300	300	500	150	1.45
		0.5	2750	1250	750	1600	450	450	750	150	2.87
800	23.59	2.0	1750	1400	850	1600	400	400	550	150	1.67
		1.5	2200	1400	850	1600	400	400	450	150	1.78
		1.0	2800	1400	850	1700	450	450	700	150	3.10
		0.7	3200	1400	850	1900	550	400	900	150	4.42
900	34.39	2.0	2400	1500	950	1700	400	400	550	150	2.31
		1.5	2950	1500	950	1700	400	400	700	150	3.25
		1.0	3350	1500	950	2000	550	400	900	150	5.20
		0.7	3800	1500	950	2200	650	400	1150	150	7.27
1000	46.79	2.0	2750	1650	1050	2000	500	400	550	200	3.25
		1.5	3350	1650	1050	2000	500	400	850	200	6.95
		1.0	3850	1650	1050	2300	650	400	1100	200	7.73
		0.7	4250	1650	1050	2450	750	400	1300	200	10.95
1100	59.59	2.0	3100	1800	1150	2200	550	400	650	200	4.43
		1.5	3750	1800	1150	2200	550	400	1000	200	6.99
		1.0	4300	1800	1150	2500	700	400	1250	200	10.91
		0.7	4600	1800	1150	2600	800	400	1400	200	12.25
1200	72.42	2.0	3350	1950	1250	2400	600	400	700	200	5.72
		1.5	4100	1950	1250	2400	600	400	1100	200	8.95
		1.0	4650	1950	1250	2700	750	400	1350	200	13.65
		0.7	5150	1950	1250	2700	800	400	1600	200	16.13

说明:1. 支墩后背应紧贴原状土,如有空隙则以支墩材料填实;
    2. 管径小于450mm,可不设支墩。

图名	水平三通管支墩示意图(φ=18°)	图号	JS2-8-12

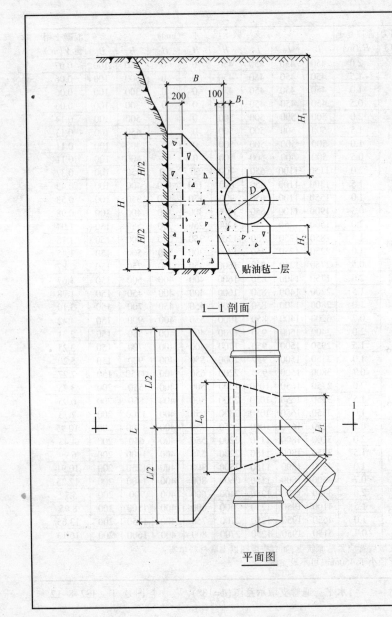

1—1 剖面

平面图

管 径	作用力	管顶复土	支 墩 尺 寸 (mm)							混凝土用
D(mm)	R(T)	H_1(m)	L	L_0	L_1	H	H_2	B	B_1	量 V(m³)
450	0	2.0	450	450	450	450	0	350	100	0.07
		1.5	450	450	450	450	0	300	100	0.06
		1.0	450	450	450	450	0	300	100	0.06
		0.5	450	450	450	450	0	300	100	0.06
500	0.31	2.0	500	500	500	500	0	500	100	0.14
		1.5	500	500	500	500	0	450	100	0.12
		1.0	500	500	500	500	0	400	100	0.11
		0.5	500	500	500	500	0	400	100	0.11
600	4.64	2.0	950	950	650	600	0	450	100	0.25
		1.5	1050	1050	650	600	0	400	100	0.26
		1.0	1250	1100	650	800	100	350	100	0.38
		0.5	1600	1100	650	900	150	350	100	0.53
700	10.14	2.0	1350	1250	750	900	100	550	150	0.71
		1.5	1540	1250	750	1000	150	500	150	0.81
		1.0	1900	1250	750	1100	200	450	150	0.96
		0.5	2400	1250	750	1400	350	550	150	1.80
800	16.68	2.0	1900	1400	850	1100	150	550	150	1.15
		1.5	2050	1400	850	1200	200	500	150	1.64
		1.0	2400	1400	850	1400	300	500	150	1.99
		0.7	2650	1400	850	1600	400	650	150	3.15
900	24.32	2.0	2150	1500	950	1300	200	550	150	1.55
		1.5	2350	1500	950	1500	300	500	150	1.83
		1.0	2800	1500	950	1700	400	650	150	2.90
		0.7	3100	1500	950	1800	450	800	150	3.98
1000	33.08	2.0	2500	1650	1050	1500	250	500	200	1.95
		1.5	2750	1650	1050	1700	350	550	200	2.62
		1.0	3300	1650	1050	1900	450	800	200	4.51
		0.7	3650	1650	1050	2100	400	1000	200	6.23
1100	42.13	2.0	2750	1800	1150	1700	300	500	200	2.69
		1.5	3050	1800	1150	1900	400	650	200	3.76
		1.0	3650	1800	1150	2100	400	900	200	6.17
		0.7	4000	1800	1150	2300	400	1100	200	8.22
1200	51.21	2.0	3100	1950	1250	1800	300	600	200	3.43
		1.5	3450	1950	1250	2000	400	750	200	5.04
		1.0	3950	1950	1250	2300	400	1000	200	7.99
		0.7	4300	1950	1250	2500	400	1000	200	10.90

说明:1. 支墩后背应紧贴原状土,如有空隙则以支墩材料填实;
　　　2. 管径小于 450mm,可不设支墩。

图名	水平叉管支墩示意图(φ=18°)	图号	JS2-8-13

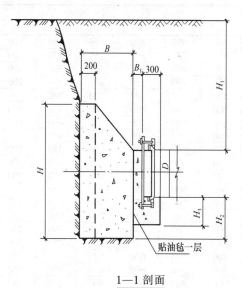

1—1 剖面

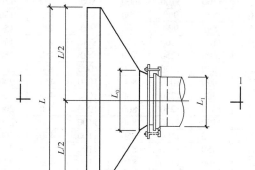

平面图

| 管 径 | 作用力 | 管顶复土 | 支 墩 尺 寸 (mm) | | | | | | | | 混凝土用 |
D(mm)	R(T)	H_1(m)	L	L_0	L_1	H	H_2	H_3	B	B_1	量 V(m³)
450	0	2.0	450	450	450	450	0	0	350	150	0.07
		1.5	450	450	450	450	0	0	300	150	0.06
		1.0	450	450	450	450	0	0	300	150	0.06
		0.5	450	450	450	450	0	0	300	150	0.06
500	0.44	2.0	500	500	500	500	0	0	500	150	0.14
		1.5	500	500	500	500	0	0	450	150	0.12
		1.0	500	500	500	500	0	0	400	150	0.11
		0.5	500	500	500	500	0	0	400	150	0.11
600	6.56	2.0	1050	1050	650	800	100	100	450	200	0.42
		1.5	1300	1100	650	800	100	100	400	250	0.44
		1.0	1550	1100	650	900	150	150	350	250	0.53
		0.5	1900	1100	650	1200	300	300	400	250	0.98
700	14.34	2.0	1450	1250	750	1400	350	350	550	250	1.23
		1.5	1600	1250	750	1400	350	350	500	250	1.23
		1.0	2150	1250	750	1400	350	350	450	250	1.42
		0.5	2750	1250	750	1600	450	450	750	250	2.86
800	23.59	2.0	1750	1400	850	1700	450	450	500	300	1.69
		1.5	2150	1400	850	1700	450	450	450	300	1.78
		1.0	2800	1400	850	1700	450	450	700	300	3.04
		0.7	3200	1400	850	1900	550	400	900	300	4.48
900	34.39	2.0	2100	1500	950	2000	550	400	550	300	2.54
		1.5	2550	1500	950	2000	550	400	500	300	2.86
		1.0	3350	1500	950	2000	550	400	900	300	5.16
		0.7	3800	1500	950	2200	650	400	1150	300	7.29
1000	46.79	2.0	2450	1650	1050	2300	650	400	500	300	3.22
		1.5	2950	1650	1050	2300	650	400	650	300	4.39
		1.0	3850	1650	1050	2300	650	400	1100	300	7.74
		0.7	4250	1650	1050	2450	750	400	1300	300	10.10
1100	59.59	2.0	2750	1800	1150	2500	700	400	500	350	6.25
		1.5	3350	1800	1150	2500	700	400	800	350	6.25
		1.0	4300	1800	1150	2500	700	400	1250	350	10.59
		0.7	4650	1800	1150	2600	800	400	1400	350	12.90
1200	72.42	2.0	3050	1950	1250	2600	700	400	750	350	5.93
		1.5	3800	1950	1250	2600	700	400	1100	350	8.97
		1.0	4650	1950	1250	2700	750	400	1350	350	13.17
		0.7	5200	1950	1250	2700	800	400	1650	350	16.74

说明:1. 支墩后背应紧贴原状土,如有空隙则以支墩材料填实;
2. 管径小于450mm,可不设支墩。

图名	水平管堵支墩示意图(ϕ=18°)	图号	JS2-8-14

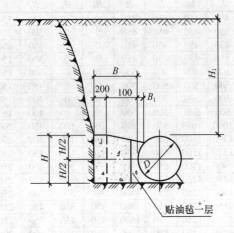

1—1 剖面

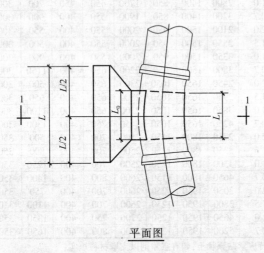

平面图

管 径 D(mm)	作用力 R(T)	管顶复土 H_1(m)	支 墩 尺 寸 (mm)						混凝土用量 V(m³)
			L	L_0	L_1	H	B	B_1	
450	0	2.0	450	450	350	450	350	100	0.07
		1.5	450	450	350	450	300	100	0.06
		1.0	450	450	350	450	300	100	0.06
		0.5	450	450	350	450	300	100	0.06
500	0.09	2.0	500	500	400	500	500	100	0.14
		1.5	500	500	400	500	450	100	0.12
		1.0	500	500	400	500	400	100	0.11
		0.5	500	500	400	500	400	100	0.11
600	1.29	2.0	600	600	450	600	450	100	0.17
		1.5	600	600	450	600	400	100	0.15
		1.0	600	600	450	600	350	100	0.13
		0.5	600	600	450	600	350	100	0.13
700	2.81	2.0	700	700	550	700	550	150	0.29
		1.5	700	700	550	700	500	150	0.25
		1.0	700	700	550	700	450	150	0.23
		0.5	1000	1000	550	700	450	150	0.32
800	4.62	2.0	800	800	600	800	500	150	0.34
		1.5	800	800	600	800	450	150	0.30
		1.0	900	900	600	800	400	150	0.28
		0.7	1100	1100	600	800	400	150	0.36
900	6.74	2.0	900	900	700	800	550	150	0.67
		1.5	900	900	700	900	500	150	0.42
		1.0	1100	1100	700	900	450	150	0.66
		0.7	1600	1250	700	900	450	150	0.55
1000	9.17	2.0	1000	1000	800	1000	500	200	0.52
		1.5	1000	1000	800	1000	450	200	0.67
		1.0	1300	1250	800	1000	400	200	0.51
		0.7	1650	1250	800	1000	400	200	0.61
1100	11.68	2.0	1100	1100	850	1100	500	200	0.69
		1.5	1100	1100	850	1100	450	200	0.63
		1.0	1450	1300	850	1100	400	200	0.69
		0.7	1800	1300	850	1100	400	200	0.82
1200	14.80	2.0	1250	1250	950	1200	500	200	0.74
		1.5	1250	1250	950	1200	450	200	0.66
		1.0	1600	1300	950	1200	400	200	0.72
		0.7	1950	1300	950	1200	400	200	0.85

说明：1. 支墩后背应紧贴原状土,如有空隙则以支墩材料填实;
2. 管径小于450mm,可不设支墩。

图名	11.25°水平弯管支墩示意图(ϕ=25°)	图号	JS2-8-15

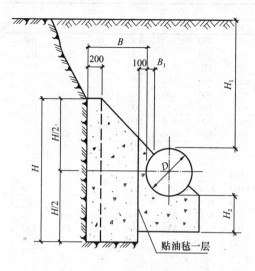

1—1 剖面

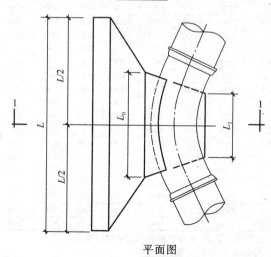

平面图

管径 D(mm)	作用力 R(T)	管顶复土 H_1(m)	支墩尺寸（mm）							混凝土用量 V(m³)
			L	L_0	L_1	H	H_2	B	B_1	
450	0	2.0	450	450	350	450	0	350	100	0.07
		1.5	450	450	350	450	0	300	100	0.06
		1.0	450	450	350	450	0	300	100	0.06
		0.5	450	450	350	450	0	300	100	0.06
500	0.17	2.0	500	500	400	500	0	500	100	0.14
		1.5	500	500	400	500	0	450	100	0.12
		1.0	500	500	400	500	0	400	100	0.11
		0.5	500	500	400	500	0	400	100	0.11
600	2.56	2.0	600	600	450	600	0	450	100	0.17
		1.5	600	600	450	600	0	400	100	0.15
		1.0	700	700	450	600	0	350	100	0.15
		0.5	1050	1050	450	600	0	350	100	0.23
700	5.60	2.0	700	700	550	700	0	550	150	0.29
		1.5	900	900	550	700	0	500	150	0.33
		1.0	1250	1250	550	700	0	450	150	0.40
		0.5	1550	1300	550	900	100	450	150	0.66
800	9.20	2.0	1050	1050	600	800	0	500	150	0.42
		1.5	1300	1300	600	800	0	450	150	0.47
		1.0	1550	1500	600	900	50	400	150	0.59
		0.7	1750	1500	600	1000	100	400	150	0.75
900	13.42	2.0	1300	1300	700	900	0	550	150	0.65
		1.5	1500	1500	700	1000	50	500	150	0.78
		1.0	1800	1650	700	1100	100	450	150	0.96
		0.7	2100	1650	700	1200	150	450	150	1.19
1000	18.26	2.0	1500	1500	800	1100	50	500	200	0.86
		1.5	1800	1800	800	1100	50	450	200	0.93
		1.0	2000	1850	800	1300	150	400	200	1.18
		0.7	2350	1850	800	1400	200	400	200	1.45
1100	23.25	2.0	1700	1100	850	1200	50	500	200	1.17
		1.5	2050	1950	850	1200	50	450	200	1.27
		1.0	2300	1950	850	1400	150	400	200	1.58
		0.7	2600	1950	850	1500	200	400	200	1.89
1200	28.26	2.0	1650	1650	950	1600	200	500	200	1.56
		1.5	1900	1900	950	1600	200	450	200	1.63
		1.0	2600	2000	950	1600	200	400	200	1.76
		0.7	2750	2000	950	1700	250	400	200	2.13

说明：1. 支墩后背应紧贴原状土，如有空隙则以支墩材料填实；
　　　2. 管径小于450mm，可不设支墩。

图名	22.5°水平弯管支墩示意图(φ=25°)	图号	JS2-8-16

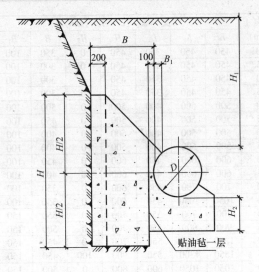

1—1 剖面

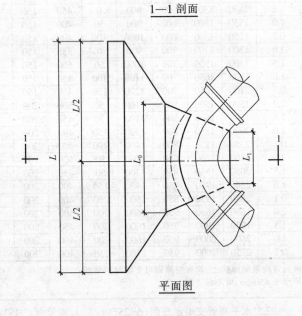

平面图

管径 D(mm)	作用力 R(T)	管顶复土 H₁(m)	支墩尺寸（mm）							混凝土用量 V(m³)
			L	L₀	L₁	H	H₂	B	B₁	
450	0	2.0	450	450	350	450	0	350	100	0.07
		1.5	450	450	350	450	0	300	100	0.06
		1.0	450	450	350	450	0	300	100	0.06
		0.5	450	450	350	450	0	300	100	0.06
500	3.35	2.0	500	500	400	500	0	500	100	0.14
		1.5	500	500	400	500	0	450	100	0.12
		1.0	500	500	400	500	0	400	100	0.11
		0.5	500	500	400	500	0	400	100	0.11
600	5.02	2.0	800	800	450	600	0	450	100	0.21
		1.5	1000	1000	450	600	0	400	100	0.24
		1.0	1200	1200	450	700	50	350	100	0.31
		0.5	1500	1250	450	900	150	350	100	0.52
700	10.98	2.0	1050	1050	550	1000	150	550	150	0.63
		1.5	1350	1350	550	1000	150	500	150	0.74
		1.0	1750	1400	550	1000	150	450	150	0.83
		0.5	2150	1400	550	1300	300	450	150	1.28
800	18.06	2.0	1350	1350	600	1300	250	500	150	1.02
		1.5	1550	1550	600	1500	350	450	150	1.27
		1.0	1800	1600	600	1600	400	400	150	1.41
		0.7	2250	1600	600	1500	400	400	150	1.61
900	26.32	2.0	1650	1650	700	1600	350	550	150	1.71
		1.5	1800	1800	700	1700	400	500	150	1.86
		1.0	2400	1800	700	1700	400	450	150	2.05
		0.7	2950	1800	700	1700	400	550	150	2.81
1000	35.81	2.0	1850	1850	800	1800	400	500	200	2.07
		1.5	2050	2000	800	2000	400	450	200	2.39
		1.0	2650	2000	800	2000	400	400	200	2.56
		0.7	3250	2000	800	2000	400	600	200	4.03
1100	45.61	2.0	2050	2050	850	2000	450	500	200	2.80
		1.5	2300	2200	850	2200	400	450	200	3.22
		1.0	2950	2200	850	2200	400	400	200	3.46
		0.7	3600	2200	850	2200	400	700	200	5.46
1200	55.43	2.0	2250	2250	950	2200	400	500	200	3.23
		1.5	2600	2250	950	2300	400	450	200	3.46
		1.0	3350	2250	950	2300	400	550	200	4.73
		0.7	3950	2250	950	2300	400	850	200	7.29

说明：1. 支墩后背应紧贴原状土，如有空隙则以支墩材料填实；
2. 管径小于450mm，可不设支墩。

图名	45°水平弯管支墩示意图(φ=25°)	图号	JS2-8-17

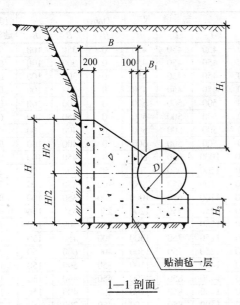

200 100 B_1

H_1

$H/2$

H

$H/2$

$H/2$

D

H_2

贴油毡一层

1—1 剖面

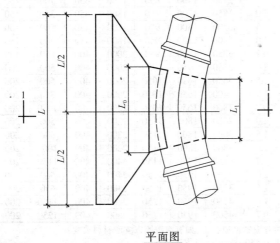

$L/2$

L_0

L_1

$L/2$

L

平面图

管 径 D(mm)	作用力 R(T)	管顶复土 H_1(m)	支 墩 尺 寸 （mm）							混凝土用量 V(m³)
			L	L_0	L_1	H	H_2	B	B_1	
450	0	2.0	450	450	350	450	0	350	100	0.07
		1.5	450	450	350	450	0	300	100	0.06
		1.0	450	450	350	450	0	300	100	0.06
		0.5	450	450	350	450	0	300	100	0.06
500	0.62	2.0	500	500	400	500	0	500	100	0.14
		1.5	500	500	400	500	0	450	100	0.12
		1.0	500	500	400	500	0	400	100	0.11
		0.5	500	500	400	500	0	400	100	0.11
600	9.28	2.0	1050	1050	450	1000	200	450	100	0.53
		1.5	1150	1150	450	1100	250	400	100	0.60
		1.0	1400	1400	450	1100	250	350	100	0.66
		0.5	2100	1550	450	1200	300	350	100	0.98
700	20.28	2.0	1450	1450	550	1400	350	550	150	1.24
		1.5	1650	1650	550	1600	450	500	150	1.52
		1.0	2100	1800	550	1600	450	450	150	1.74
		0.5	3050	1800	550	1700	400	550	150	2.77
800	33.36	2.0	1850	1850	600	1800	400	500	150	2.07
		1.5	2050	2000	600	2000	400	450	150	2.30
		1.0	2700	2000	600	2000	400	400	150	2.55
		0.7	3300	2000	600	2000	400	650	150	4.01
900	48.63	2.0	2250	2200	700	2200	400	550	150	3.25
		1.5	2500	2200	700	2300	400	500	150	3.49
		1.0	3250	2200	700	2300	400	500	150	4.21
		0.7	3950	2200	700	2300	400	850	150	7.02

说明：1. 支墩后背应紧贴原状土,如有空隙则以支墩材料填实;
2. 管径小于450mm,可不设支墩。

图名	90°水平弯管支墩示意图(φ=25°)	图号	JS2-8-18

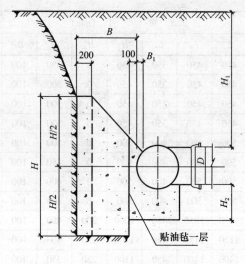

1—1 剖面

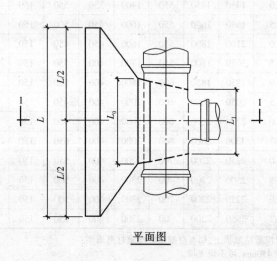

平面图

支管管径 D(mm)	作用力 R(T)	管顶复土 H_1(m)	支墩尺寸（mm）							混凝土用量 V(m³)
			L	L_0	L_1	H	H_2	B	B_1	
450	0	2.0	450	450	450	450	0	350	100	0.07
		1.5	450	450	450	450	0	300	100	0.06
		1.0	450	450	450	450	0	300	100	0.06
		0.5	450	450	450	450	0	300	100	0.06
500	4.38	2.0	500	500	500	500	0	500	100	0.14
		1.5	500	500	500	500	0	450	100	0.12
		1.0	500	500	500	500	0	400	100	0.11
		0.5	500	500	500	500	0	400	100	0.11
600	6.56	2.0	1000	1000	650	600	0	450	100	0.28
		1.5	1100	1100	650	700	50	400	100	0.33
		1.0	1350	1100	650	800	100	350	100	0.41
		0.5	1750	1100	650	1000	200	350	100	0.65
700	14.34	2.0	1250	1250	750	1200	250	550	150	0.94
		1.5	1350	1250	750	1300	300	500	150	1.00
		1.0	1800	1250	750	1300	300	450	150	1.11
		0.5	2450	1250	750	1500	400	600	150	2.01
800	23.59	2.0	1550	1400	850	1500	350	500	150	1.36
		1.5	1750	1400	850	1700	450	450	150	1.57
		1.0	2200	1400	850	1700	450	400	150	1.77
		0.7	2750	1400	850	1700	450	700	150	2.88
900	34.39	2.0	1850	1500	950	1800	450	550	150	2.09
		1.5	2200	1500	950	1800	450	500	150	2.18
		1.0	2900	1500	950	1800	450	700	150	3.29
		0.7	3250	1500	950	2000	400	850	150	4.81
1000	46.79	2.0	2150	1650	1050	2000	400	500	200	2.54
		1.5	2650	1650	1050	2000	400	500	200	2.96
		1.0	3400	1650	1050	2000	400	850	200	5.15
		0.7	3800	1650	1050	2200	400	1050	200	7.24
1100	59.59	2.0	2450	1800	1150	2200	400	500	200	3.39
		1.5	3000	1800	1150	2200	400	600	200	4.15
		1.0	3800	1800	1150	2200	400	1000	200	7.12
		0.7	4150	1800	1150	2400	400	1150	200	9.35
1200	72.42	2.0	2650	1950	1250	2400	400	500	200	3.86
		1.5	3250	1950	1250	2400	400	650	200	5.36
		1.0	4150	1950	1250	2400	400	1100	200	9.06
		0.7	4500	1950	1250	2600	400	1250	200	11.73

说明：1. 支墩后背应紧贴原状土,如有空隙则以支墩材料填实;
　　　2. 管径小于 450mm,可不设支墩。

图名	水平三通管支墩示意图（ϕ=25°）	图号	JS2-8-19

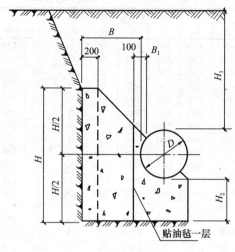

1—1 剖面

贴油毡一层

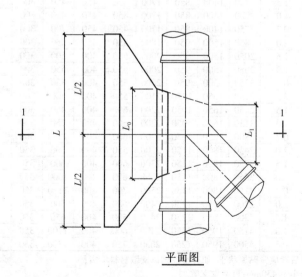

平面图

管径 D(mm)	作用力 R(T)	管顶复土 H₁(m)	支墩尺寸 (mm)							混凝土用量 V(m³)
			L	L₀	L₁	H	H₂	B	B₁	
450	0	2.0	450	450	450	450	0	350	100	0.07
		1.5	450	450	450	450	0	300	100	0.06
		1.0	450	450	450	450	0	300	100	0.06
		0.5	450	450	450	450	0	300	100	0.06
500	0.31	2.0	500	500	500	500	0	500	100	0.14
		1.5	500	500	500	500	0	450	100	0.12
		1.0	500	500	500	500	0	400	100	0.11
		0.5	500	500	500	500	0	400	100	0.11
600	4.64	2.0	700	700	650	600	0	450	100	0.20
		1.5	900	900	650	600	0	400	100	0.22
		1.0	1100	1100	650	700	50	350	100	0.29
		0.5	1400	1100	650	800	100	350	100	0.42
700	10.14	2.0	1150	1150	750	800	50	550	150	0.54
		1.5	1300	1250	750	900	100	500	150	0.64
		1.0	1600	1250	750	1000	150	450	150	0.76
		0.5	2100	1250	750	1200	250	450	150	1.13
800	16.68	2.0	1500	1400	850	1000	100	500	150	0.80
		1.5	1750	1400	850	1100	150	450	150	0.92
		1.0	2100	1400	850	1200	200	450	150	1.07
		0.7	2350	1400	850	1400	300	500	150	1.62
900	24.32	2.0	1800	1500	950	1200	150	550	150	1.26
		1.5	2100	1500	950	1300	200	500	150	1.42
		1.0	2450	1500	950	1500	300	450	150	1.79
		0.7	2800	1500	950	1600	350	650	150	2.67
1000	33.08	2.0	2200	1650	1050	1300	150	500	200	1.49
		1.5	2400	1650	1050	1500	250	450	200	1.75
		1.0	2800	1650	1050	1700	350	600	200	2.81
		0.7	3150	1650	1050	1900	450	750	200	4.12
1100	42.13	2.0	2250	1800	1150	1600	250	500	200	2.17
		1.5	2800	1800	1150	1600	250	500	200	2.37
		1.0	3100	1800	1150	1900	400	650	200	3.84
		0.7	3450	1800	1150	2000	450	850	200	5.26
1200	51.21	2.0	2400	1950	1250	1800	300	500	200	2.50
		1.5	2950	1950	1250	1800	300	500	200	2.97
		1.0	3450	1950	1250	2000	400	750	200	5.02
		0.7	3800	1950	1250	2200	500	950	200	6.92

说明：1. 支墩后背应紧贴原状土,如有空隙则以支墩材料填实;
2. 管径小于450mm,可不设支墩。

图名	水平叉管支墩示意图(φ=25°)	图号	JS2-8-20

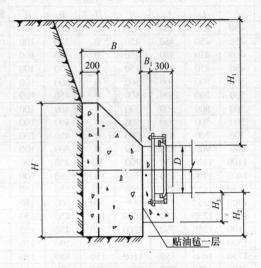

1—1 剖面

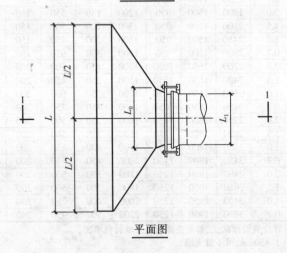

平面图

管径 D(mm)	作用力 R(T)	管顶复土 H₁(m)	支墩尺寸 (mm)								混凝土用量 V(m³)
			L	L_0	L_1	H	H_2	H_3	B	B_1	
450	0	2.0	450	450	450	450	0	0	350	150	0.07
		1.5	450	450	450	450	0	0	300	150	0.06
		1.0	450	450	450	450	0	0	300	150	0.06
		0.5	450	450	450	450	0	0	300	150	0.06
500	0.44	2.0	500	500	500	500	0	0	500	150	0.14
		1.5	500	500	500	500	0	0	450	150	0.12
		1.0	500	500	500	500	0	0	400	150	0.11
		0.5	500	500	500	500	0	0	400	150	0.11
600	6.56	2.0	850	850	650	800	100	100	450	150	0.34
		1.5	950	950	650	900	150	150	400	150	0.39
		1.0	1200	1100	650	900	150	150	350	250	0.44
		0.5	1750	1100	650	1000	200	200	350	250	0.65
700	14.34	2.0	1250	1250	750	1200	250	250	550	250	0.94
		1.5	1350	1250	750	1300	300	300	500	250	1.00
		1.0	1850	1250	750	1300	300	300	450	250	1.13
		0.5	2450	1250	750	1500	400	400	600	250	2.01
800	23.59	2.0	1550	1400	850	1500	350	350	500	300	1.35
		1.5	1750	1400	850	1700	450	450	450	300	1.57
		1.0	2200	1400	850	1700	450	450	400	300	1.77
		0.7	2750	1400	850	1700	450	450	700	300	2.88
900	34.39	2.0	1850	1500	950	1800	450	400	550	300	2.09
		1.5	2050	1500	950	2000	550	400	500	300	2.35
		1.0	2650	1500	950	2000	550	400	550	300	3.04
		0.7	3250	1500	950	2000	550	400	850	300	4.81
1000	46.79	2.0	2150	1650	1050	2100	550	400	500	300	2.69
		1.5	2450	1650	1050	2200	600	400	450	300	2.85
		1.0	3150	1650	1050	2200	600	400	750	300	4.83
		0.7	3800	1650	1050	2200	600	400	1050	300	7.24
1100	59.59	2.0	2450	1800	1150	2200	550	400	500	350	3.39
		1.5	2750	1800	1150	2300	600	400	600	350	4.15
		1.0	3650	1800	1150	2300	600	400	1000	350	7.12
		0.7	4150	1800	1150	2500	700	400	1150	350	9.72
1200	72.42	2.0	2700	1950	1250	2400	600	400	500	350	3.90
		1.5	3300	1950	1250	2400	600	400	650	350	5.36
		1.0	4150	1950	1250	2400	600	400	1100	350	9.06
		0.7	4500	1950	1250	2650	750	400	1300	350	12.16

贴油毡一层

说明：1. 支墩后背应紧贴原状土，如有空隙则以支墩材料填实；
2. 管径小于450mm，可不设支墩。

图名	水平管堵支墩示意图(φ=25°)	图号	JS2-8-21

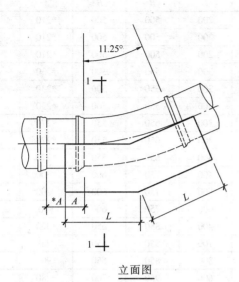

立面图

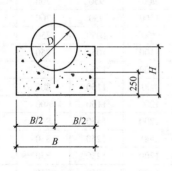

1—1 剖面

管 径 D (mm)	作用力 R(T)	地基承载力 (R)(t/m²)	支 墩 尺 寸 (mm)				混凝土用量
			L	B	H	A	V(m³)
450	0	15	200	500	500	*290	0.06
		10	200	500	500	*290	0.06
		8	200	500	500	*290	0.06
500	0.60	15	300	550	500	*360	0.11
		10	300	550	500	*360	0.11
		8	300	550	500	*360	0.11
600	1.99	15	300	650	550	*320	0.12
		10	300	650	550	*320	0.12
		8	300	650	550	*320	0.12
700	3.71	15	400	750	600	*270	0.20
		10	400	750	600	*270	0.20
		8	400	750	600	*270	0.20
800	5.77	15	400	850	650	*230	0.24
		10	400	850	650	*230	0.24
		8	500	850	650	*170	0.30
900	8.17	15	500	950	700	*180	0.34
		10	500	950	700	*180	0.34
		8	600	950	700	*50	0.41
1000	10.89	15	500	1050	750	*140	0.39
		10	600	1050	750	*90	0.47
		8	700	1050	750	60	0.55
1100	13.75	15	600	1150	800	0	0.54
		10	600	1150	800	0	0.54
		8	800	1150	800	170	0.71
1200	16.75	15	600	1250	850	*50	0.60
		10	700	1250	850	*70	0.70
		8	800	1350	850	190	0.93

说明：1. 表中 *A 值表示承口在支墩之外,如图所示;
 　　　2. 弯管管件在试压前不得还土,待试压合格后再还土至设计地面;
 　　　3. 管径小于450mm,可不设支墩。

图名	11.25°垂直向上弯管支墩示意图	图号	JS2-8-22

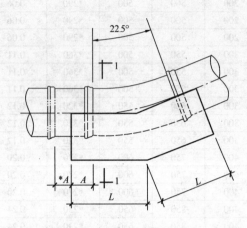

立面图

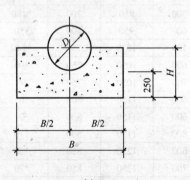

1—1 剖面

管 径 D(mm)	作用力 R(T)	地基承载力 (R)(t/m²)	支 墩 尺 寸 (mm)				混凝土用量 V(m³)
			L	B	H	A	
450	0	15	200	500	500	*210	0.06
		10	200	500	500	*210	0.06
		8	200	500	500	*210	0.06
500	0.54	15	300	550	500	*230	0.10
		10	300	550	500	*230	0.10
		8	300	550	500	*230	0.10
600	3.14	15	300	650	550	*270	0.12
		10	300	650	550	*270	0.12
		8	300	650	550	*270	0.12
700	6.44	15	400	750	600	*300	0.20
		10	500	750	600	*200	0.25
		8	600	750	600	*70	0.30
800	10.41	15	400	850	650	*320	0.24
		10	700	850	650	*90	0.42
		8	800	850	650	90	0.48
900	15.08	15	600	950	700	*280	0.41
		10	900	950	700	20	0.62
		8	1100	950	700	240	0.76
1000	20.44	15	700	1050	750	*240	0.55
		10	1100	1050	750	120	0.87
		8	1100	1250	750	190	1.18
1100	26.07	15	800	1150	800	*200	0.72
		10	1200	1150	800	*220	1.07
		8	1200	1450	800	230	1.60
1200	31.81	15	900	1250	850	*110	0.91
		10	1200	1450	850	170	1.58
		8	1300	1750	850	230	2.33

说明：1. 表中 *A 值表示承口在支墩之外，如图所示；
2. 弯管管件在试压前不得还土，待试压合格后再还土至设计地面；
3. 管径小于 450mm，可不设支墩。

图名	22.5°垂直向上弯管支墩示意图	图号	JS2-8-23

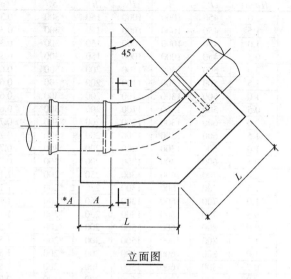

立面图

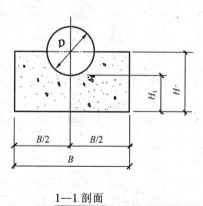

1—1 剖面

管径 D(mm)	作用力 R(r)	地基承载力 (R)(r/m²)	支墩尺寸 (mm)					混凝土用量 V(m³)
			L	B	H	H_1	A	
450	0	15	200	500	500	250	*240	0.05
		10	200	500	500	250	*240	0.05
		8	200	500	500	250	*240	0.05
500	0.65	15	300	550	500	250	*270	0.09
		10	300	550	500	250	*270	0.09
		8	300	550	500	250	*270	0.09
600	5.50	15	300	650	550	250	*310	0.11
		10	500	650	550	250	*160	0.20
		8	600	650	550	250	*40	0.24
700	11.66	15	600	750	600	250	*170	0.30
		10	900	750	600	250	120	0.45
		8	1000	850	600	250	220	0.61
800	18.98	15	800	850	650	250	30	0.47
		10	1000	1050	650	250	160	0.81
		8	1100	1250	650	250	220	1.14
900	27.60	15	1100	950	700	250	110	0.75
		10	1200	1350	700	250	190	1.41
		8	1200	1650	700	250	230	1.85
1000	37.48	15	1300	1050	750	250	250	1.03
		10	1300	1650	750	250	210	2.06
		8	1400	2050	800	300	260	3.24
1100	47.80	15	1400	1250	800	250	240	1.45
		10	1400	1950	800	250	210	2.85
		8	1500	2350	900	350	330	4.45
1200	58.53	15	1400	1550	850	250	200	2.03
		10	1500	2350	900	300	230	4.25
		8	1700	2750	1100	500	460	7.42

说明：1. 表中 *A 值表示承口在支墩之外,如图所示;
　　　2. 弯管管件在试压前不得还土,待试压合格后再还土至设计地面;
　　　3. 管径小于 450mm,可不设支墩。

图名	45°垂直向上弯管支墩示意图	图号	JS2-8-24

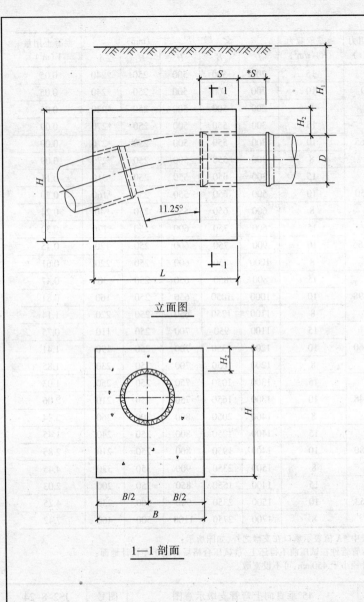

立面图

1—1 剖面

管 径	竖向作用力	管顶复土	支 墩 尺 寸 (mm)					混凝土用量
D(mm)	N(T)	H_1(m)	L	B	H	H_2	S	V(m³)
450	0	2.0	450	1000	1000	150	*300	0.33
		1.5	450	1000	1000	150	*300	0.33
		1.0	450	1000	1000	150	*300	0.33
		0.5	450	1000	1000	150	*300	0.33
500	0.09	2.0	500	1300	1100	200	*300	0.62
		1.5	500	1300	1100	200	*300	0.62
		1.0	500	1300	1100	200	*300	0.62
		0.5	500	1300	1100	200	*300	0.62
600	1.30	2.0	600	1300	1200	200	*300	0.77
		1.5	600	1300	1200	200	*300	0.77
		1.0	600	1300	1200	200	*300	0.77
		0.5	600	1300	1200	200	*300	0.77
700	2.85	2.0	700	1600	1300	250	*200	1.19
		1.5	700	1600	1300	250	*200	1.19
		1.0	700	1600	1300	250	*200	1.19
		0.5	700	1600	1300	250	*200	1.19
800	4.69	2.0	800	1600	1500	300	*200	1.51
		1.5	800	1600	1500	300	*200	1.51
		1.0	800	1600	1500	300	*200	1.51
		0.7	800	1600	1500	300	*200	1.51
900	6.84	2.0	900	1800	1600	300	*100	2.01
		1.5	900	1800	1600	300	*100	2.01
		1.0	900	1800	1600	300	*100	2.01
		0.7	900	1800	1600	300	*100	2.01
1000	9.31	2.0	1000	1800	1700	350	*100	2.27
		1.5	1000	1800	1700	350	*100	2.27
		1.0	1200	1800	1700	350	0	2.72
		0.7	1350	1800	1700	350	100	3.02
1100	11.85	2.0	1100	2000	1900	350	0	3.13
		1.5	1100	2000	1900	350	0	3.13
		1.0	1250	2000	1900	350	0	3.51
		0.7	1400	2000	1900	350	100	3.98
1200	14.55	2.0	1200	2000	2000	400	0	3.44
		1.5	1350	2000	2000	400	100	3.81
		1.0	1600	2000	2000	400	200	4.58
		0.7	1750	2000	2000	400	300	4.95

说明：1. 表中 *S 值表示承口在支墩之外,如图所示;
2. 弯管及两侧各 4m 管道应在试压前还土至设计地面,回填土密度不得低于 16t/m³;
3. 管径小于 450mm,可不投设墩。

图名	11.25°垂直向下弯管支墩示意图	图号	JS2-8-25

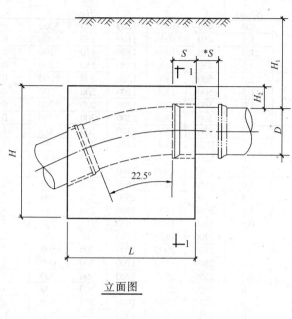

立面图

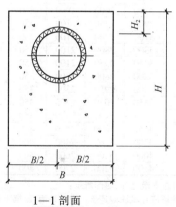

1—1 剖面

管 径	竖向作用力	管顶复土	支 墩 尺 寸 (mm)					混凝土用量
D(mm)	N(T)	H_1(m)	L	B	H	H_2	S	V(m³)
450	0	2.0	450	1000	1000	150	*200	0.37
		1.5	450	1000	1000	150	*200	0.37
		1.0	450	1000	1000	150	*200	0.37
		0.5	450	1000	1000	150	*200	0.37
500	0.18	2.0	500	1300	1100	200	*200	0.61
		1.5	500	1300	1100	200	*200	0.61
		1.0	500	1300	1100	200	*200	0.61
		0.5	500	1300	1100	200	*200	0.61
600	2.72	2.0	600	1300	1300	200	*200	0.84
		1.5	600	1300	1300	200	*200	0.84
		1.0	600	1300	1300	200	*200	0.84
		0.5	600	1300	1300	200	*200	0.84
700	5.94	2.0	700	1600	1400	250	*200	1.26
		1.5	700	1600	1400	250	*200	1.26
		1.0	800	1600	1400	250	*200	1.44
		0.5	1150	1600	1400	250	0	2.11
800	9.77	2.0	800	1600	1600	300	*300	1.59
		1.5	1150	1600	1600	300	*100	2.34
		1.0	1400	1600	1600	300	0	2.87
		0.7	1600	1600	1600	300	100	3.28
900	14.24	2.0	1150	1800	1800	300	*200	2.96
		1.5	1450	1800	1800	300	0	3.74
		1.0	1700	1800	1800	300	100	4.42
		0.7	1900	1800	1800	300	200	4.93
1000	19.38	2.0	1750	1800	1900	350	100	4.64
		1.5	1950	1800	1900	350	200	5.17
		1.0	2200	1900	1900	350	300	6.19
		0.7	2300	2000	1900	350	300	6.90
1100	24.68	2.0	1900	2000	2100	350	100	6.07
		1.5	2150	2000	2100	350	200	6.92
		1.0	2450	2050	2100	350	300	8.14
		0.7	2550	2150	2100	350	400	9.01
1200	30.23	2.0	2350	2000	2200	400	300	7.60
		1.5	2500	2100	2200	400	400	8.57
		1.0	2600	2300	2200	400	400	10.05
		0.7	2800	2350	2200	400	500	11.14

说明：1. 表中 *S 值表示承口在支墩之外，如图所示；
2. 弯管及两侧各 4m 管道应在试压前还土至设计地面，回填土密度不得低于 16t/m³；
3. 管径小于 450mm，可不设支墩。

图名	22.5°垂直向下弯管支墩示意图	图号	JS2-8-26

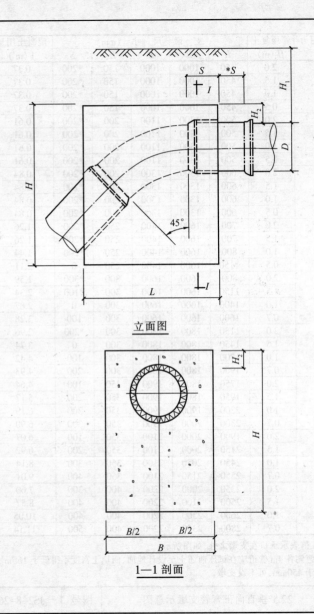

立面图

1—1 剖面

管 径	竖向作用力	管顶复土	支 墩 尺 寸 (mm)					混凝土用量
D(mm)	N(T)	H₁(m)	L	B	H	H₂	S	V(m³)
450	0	2.0	450	1000	1100	150	*200	0.40
		1.5	450	1000	1100	150	*200	0.40
		1.0	450	1000	1100	150	*200	0.40
		0.5	450	1000	1100	150	*200	0.40
500	0.44	2.0	500	1300	1200	200	*200	0.64
		1.5	500	1300	1200	200	*200	0.64
		1.0	500	1300	1200	200	*200	0.64
		0.5	500	1300	1200	200	*200	0.64
600	6.56	2.0	900	1300	1400	200	0	1.35
		1.5	1050	1300	1400	200	0	1.59
		1.0	1250	1300	1400	200	100	1.88
		0.5	1550	1300	1400	200	300	2.33
700	14.34	2.0	1550	1600	1600	250	200	3.26
		1.5	1800	1600	1600	250	300	3.81
		1.0	2000	1700	1600	250	400	4.55
		0.5	2200	1850	1600	250	500	5.53
800	23.59	2.0	2200	1850	1700	300	400	5.64
		1.5	2300	2000	1700	300	500	6.48
		1.0	2500	2150	1700	300	600	7.68
		0.7	2650	2250	1700	300	700	8.63
900	34.39	2.0	2600	2200	1900	300	600	8.90
		1.5	2750	2300	1900	300	600	9.96
		1.0	2950	2500	1900	300	700	11.80
		0.7	3100	2600	1900	300	800	12.95
1000	46.79	2.0	2900	2550	2100	350	600	12.91
		1.5	3100	2700	2100	350	700	14.77
		1.0	3300	2800	2100	350	800	16.40
		0.7	3450	2950	2100	350	900	18.19
1100	59.59	2.0	3200	2800	2300	350	700	17.02
		1.5	3400	2950	2300	350	800	19.25
		1.0	3650	3050	2300	350	900	21.56
		0.7	3750	3100	2400	350	1000	23.46
1200	73.12	2.0	3550	3000	2400	400	900	20.90
		1.5	3700	3200	2400	400	1000	23.48
		1.0	4000	3200	2600	400	1100	27.28
		0.7	4100	3200	2700	400	1200	29.45

说明:1. 表中 *S 值表示承口在支墩之外,如图所示;
　　　2. 弯管及两侧各 4m 管道应在试压前还土至设计地面,回填土密度不得低于 16t/m³;
　　　3. 管径小于 450mm,可不设支墩。

图名	45°垂直向下弯管支墩示意图	图号	JS2-8-27

3 排 水 工 程

3.1 排水工程规划图

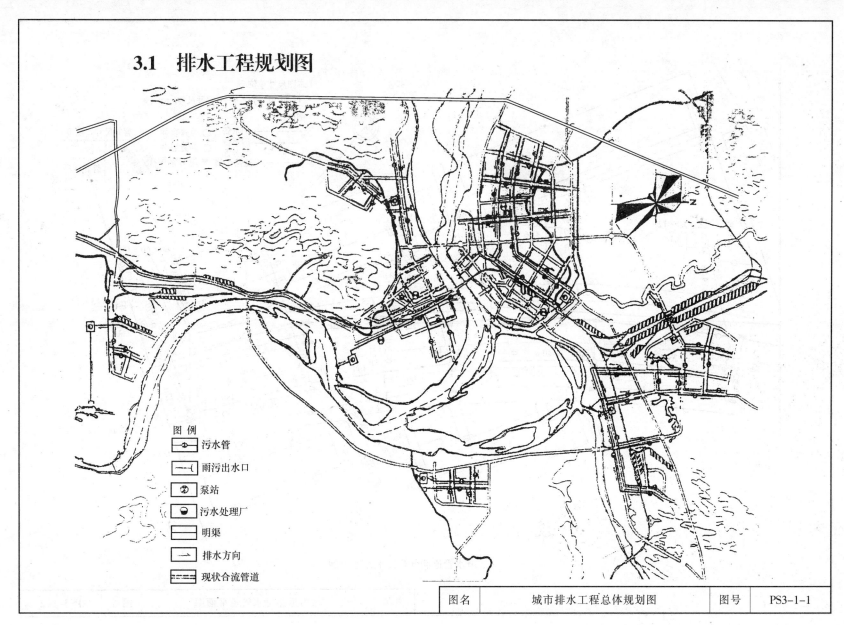

图 例

污水管

雨污出水口

泵站

污水处理厂

明渠

排水方向

现状合流管道

图名	城市排水工程总体规划图	图号	PS3-1-1

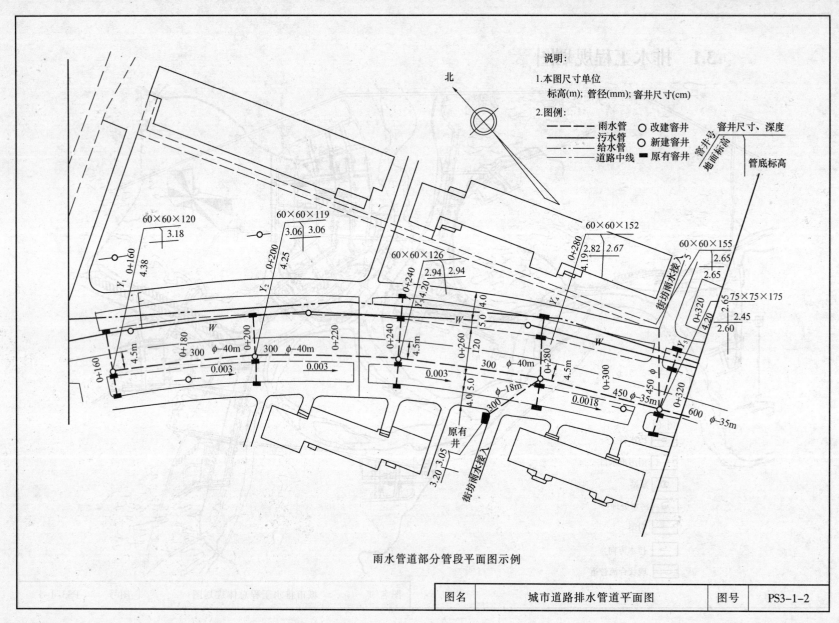

说明：
1. 本图尺寸单位
   标高(m)；管径(mm)；窨井尺寸(cm)
2. 图例：
   - – – – – – 雨水管
   - ——— 污水管
   - ——— 给水管
   - —·—·— 道路中线
   - ○ 改建窨井
   - ○ 新建窨井
   - ■ 原有窨井

雨水管道部分管段平面图示例

图名	城市道路排水管道平面图	图号	PS3-1-2

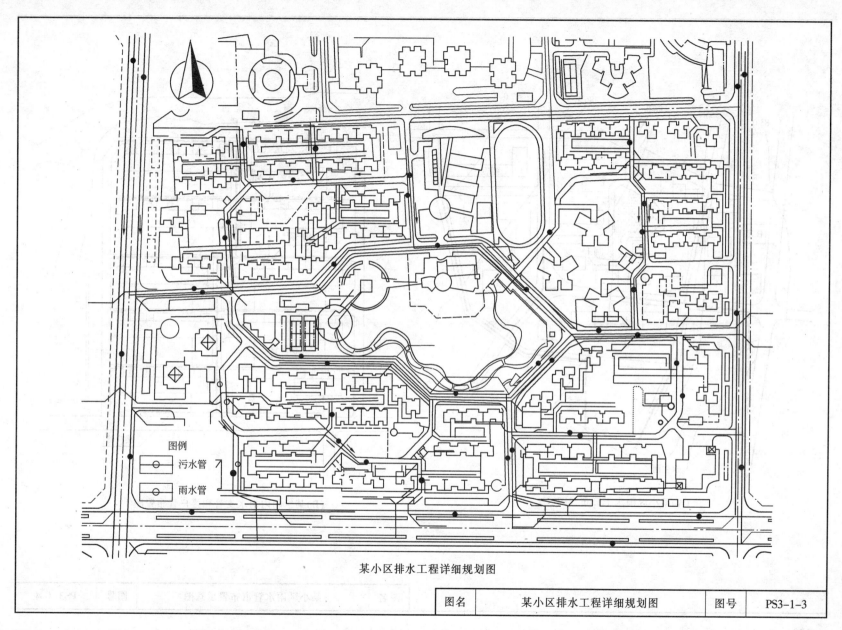

图例

⊕ 污水管

⊕ 雨水管

某小区排水工程详细规划图

图名	某小区排水工程详细规划图	图号	PS3-1-3

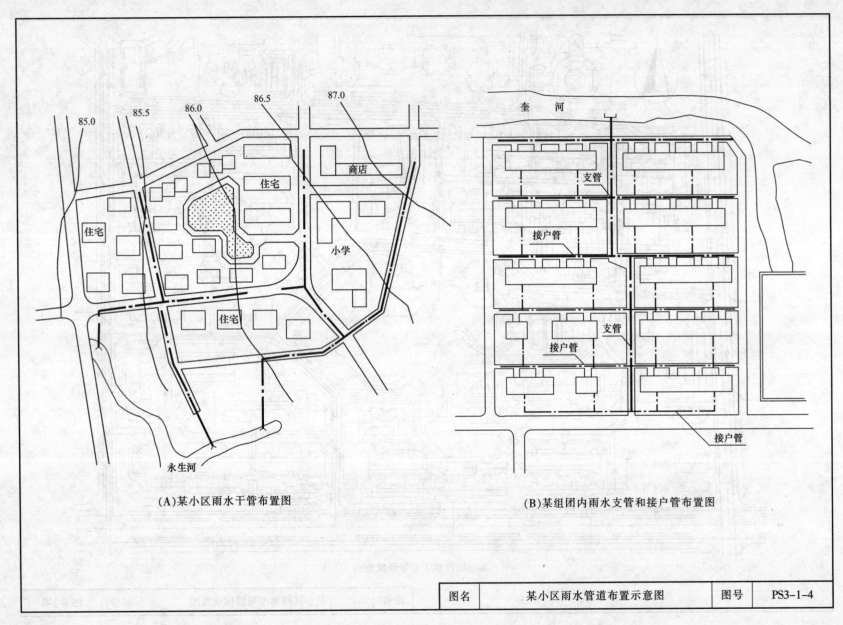

85.0 85.5 86.0 86.5 87.0

住宅

商店

住宅

住宅

小学

住宅

永生河

(A)某小区雨水干管布置图

奎河

支管

接户管

支管

接户管

接户管

(B)某组团内雨水支管和接户管布置图

| 图名 | 某小区雨水管道布置示意图 | 图号 | PS3-1-4 |

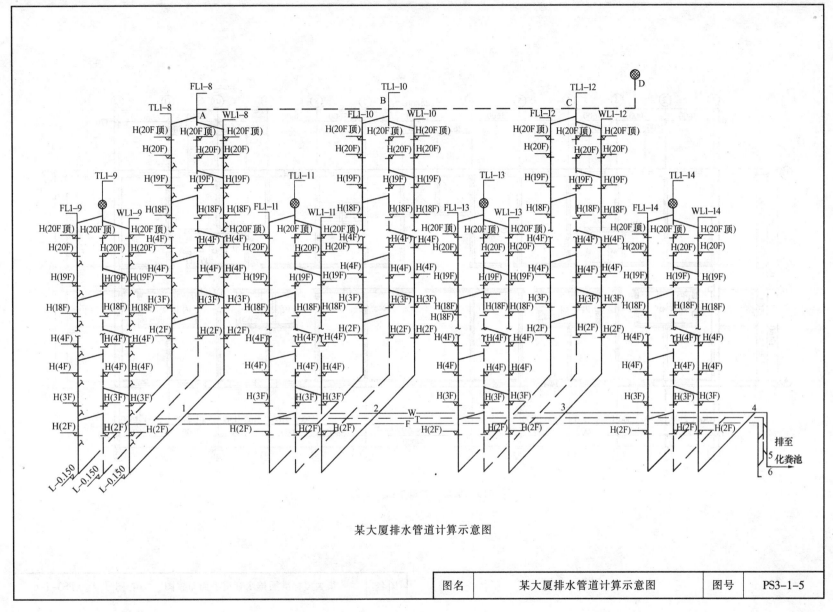

某大厦排水管道计算示意图

图名	某大厦排水管道计算示意图	图号	PS3-1-5

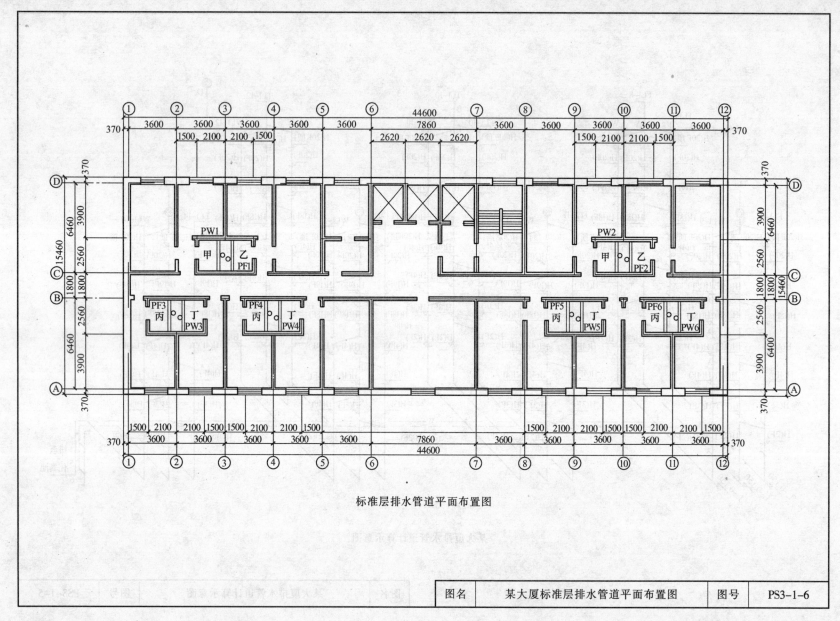

标准层排水管道平面布置图

| 图名 | 某大厦标准层排水管道平面布置图 | 图号 | PS3-1-6 |

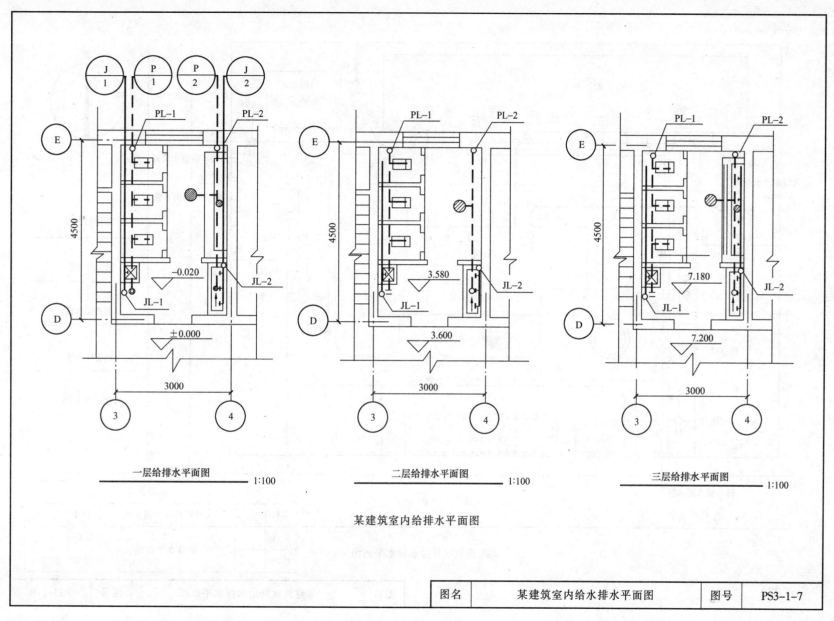

一层给排水平面图 1:100

二层给排水平面图 1:100

三层给排水平面图 1:100

某建筑室内给排水平面图

| 图名 | 某建筑室内给水排水平面图 | 图号 | PS3-1-7 |

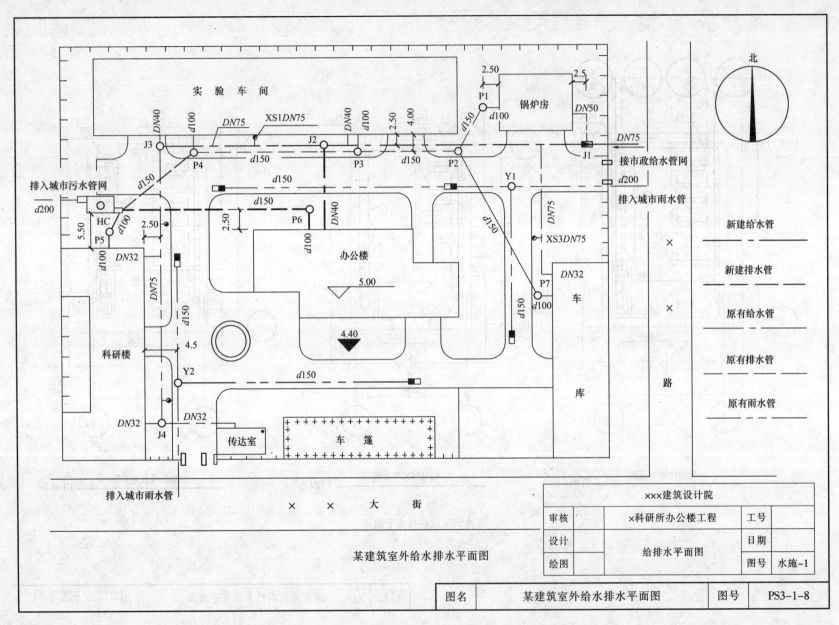

某建筑室外给水排水平面图

xxx建筑设计院		
审核	x科研所办公楼工程	工号
设计		日期
绘图	给排水平面图	图号 水施-1

图名	某建筑室外给水排水平面图	图号	PS3-1-8

354

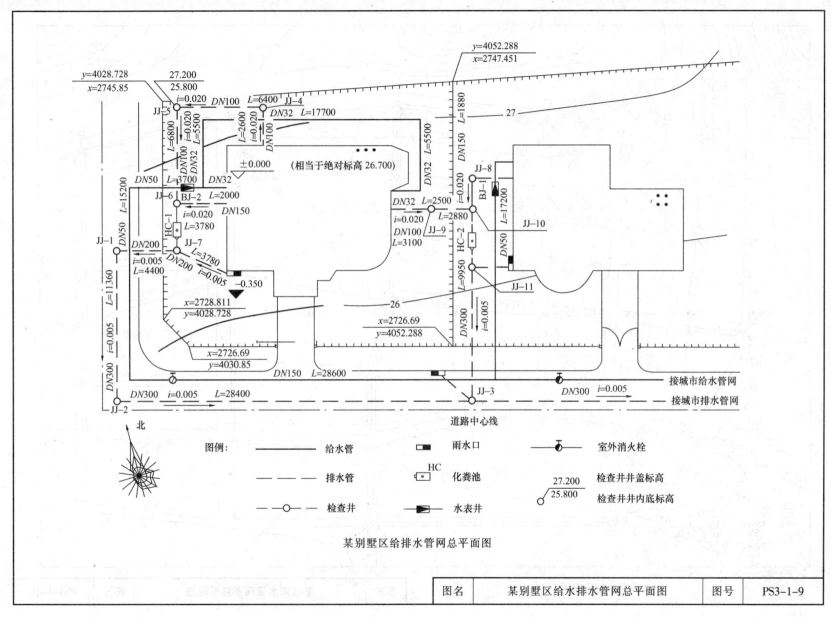

某别墅区给水排水管网总平面图

| 图名 | 某别墅区给水排水管网总平面图 | 图号 | PS3-1-9 |

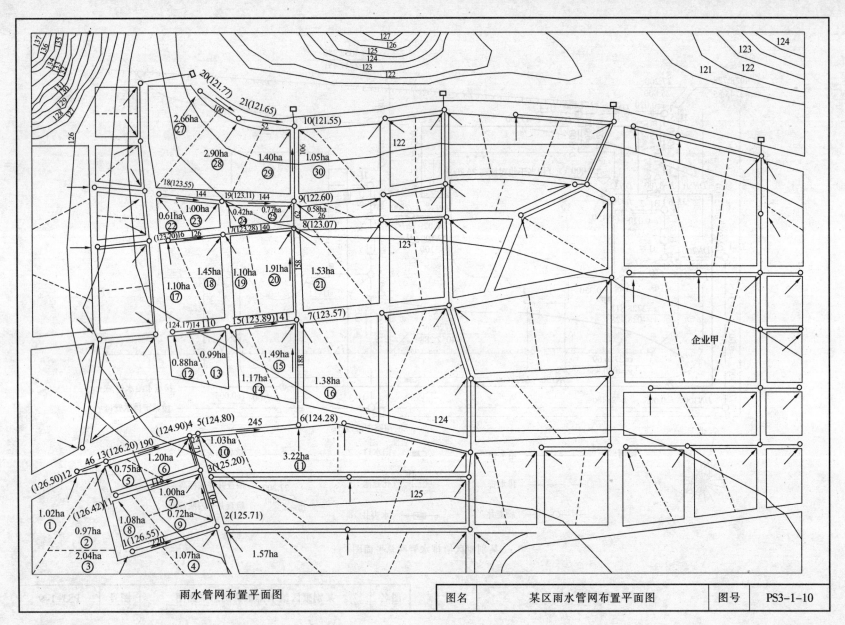

雨水管网布置平面图

| 图名 | 某区雨水管网布置平面图 | 图号 | PS3-1-10 |

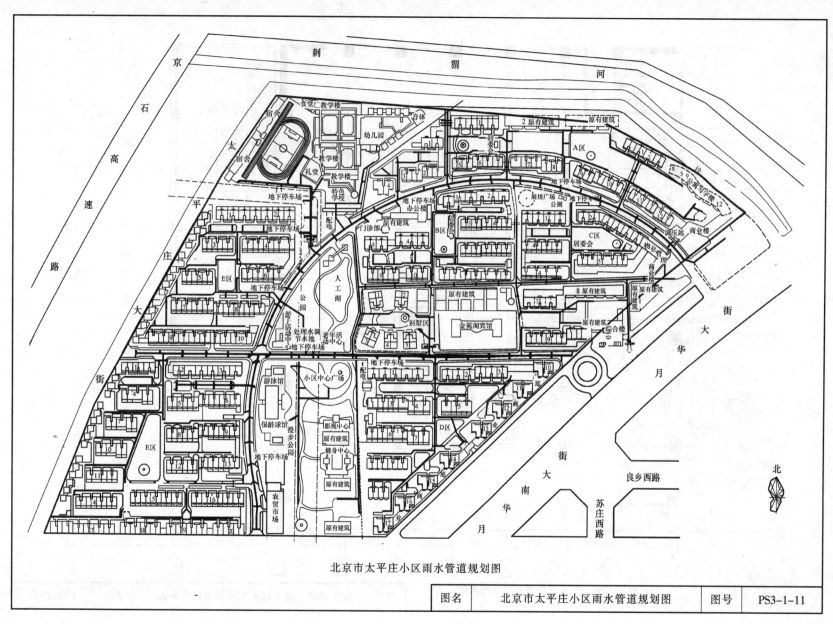

北京市太平庄小区雨水管道规划图

| 图名 | 北京市太平庄小区雨水管道规划图 | 图号 | PS3-1-11 |

357

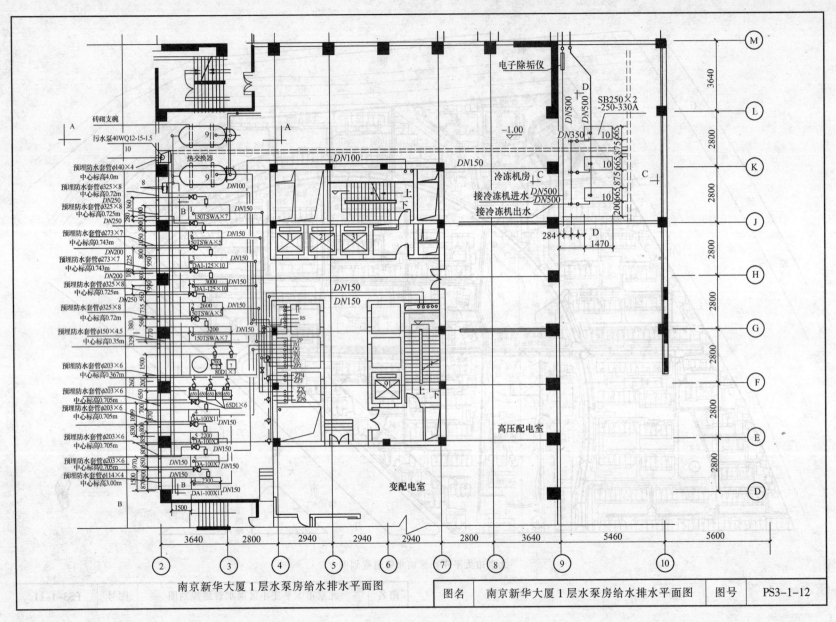

南京新华大厦1层水泵房给水排水平面图

| 图名 | 南京新华大厦1层水泵房给水排水平面图 | 图号 | PS3-1-12 |

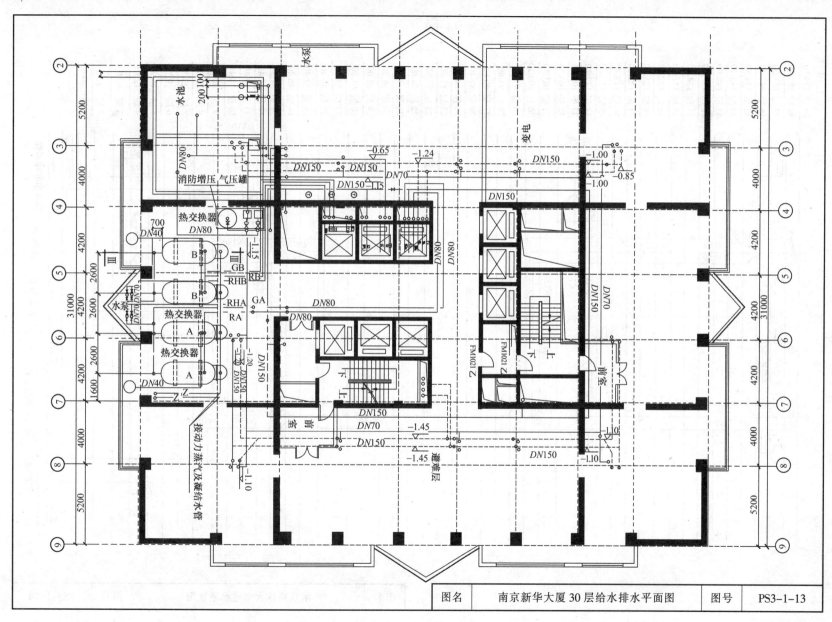

| 图名 | 南京新华大厦30层给水排水平面图 | 图号 | PS3-1-13 |

359

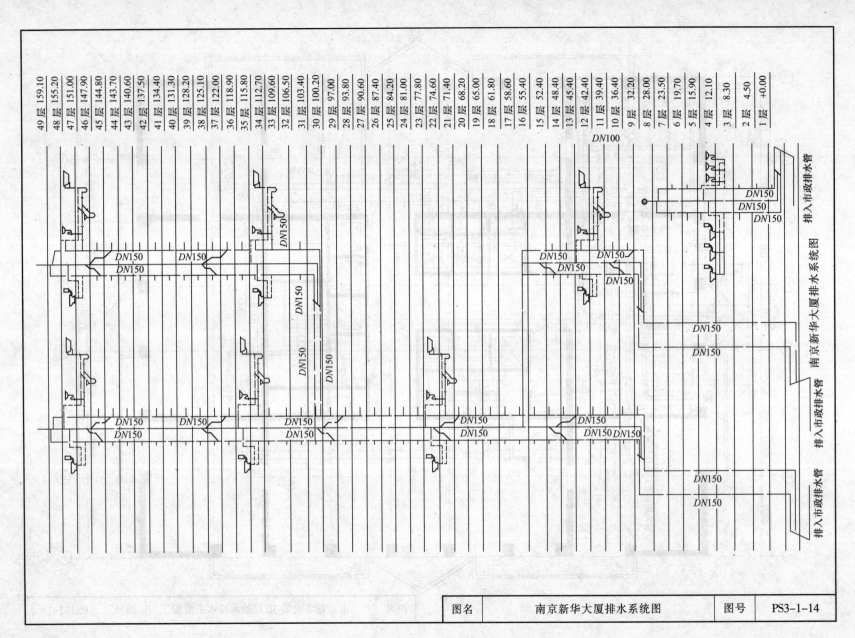

| 图名 | 南京新华大厦排水系统图 | 图号 | PS3-1-14 |

360

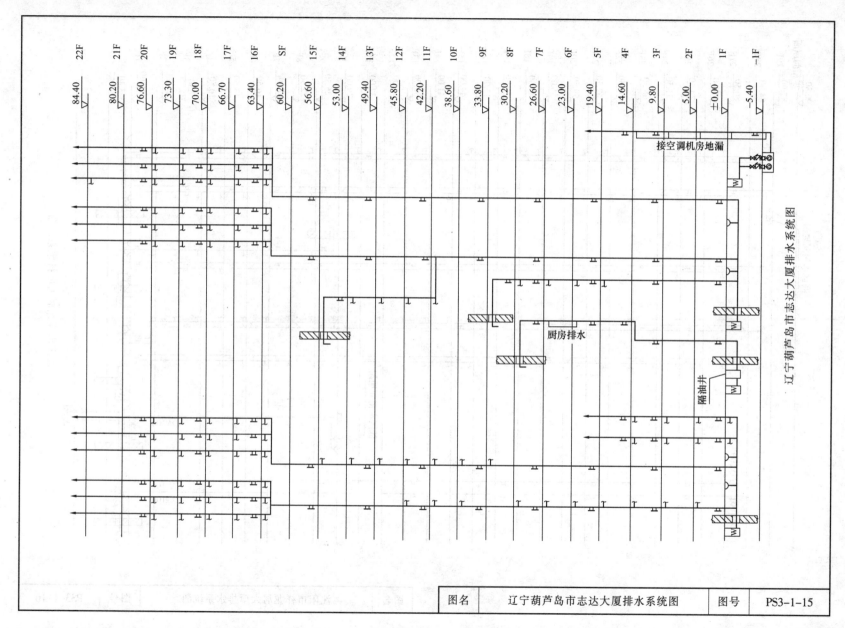

辽宁葫芦岛市志达大厦排水系统图

图名	辽宁葫芦岛市志达大厦排水系统图	图号	PS3-1-15

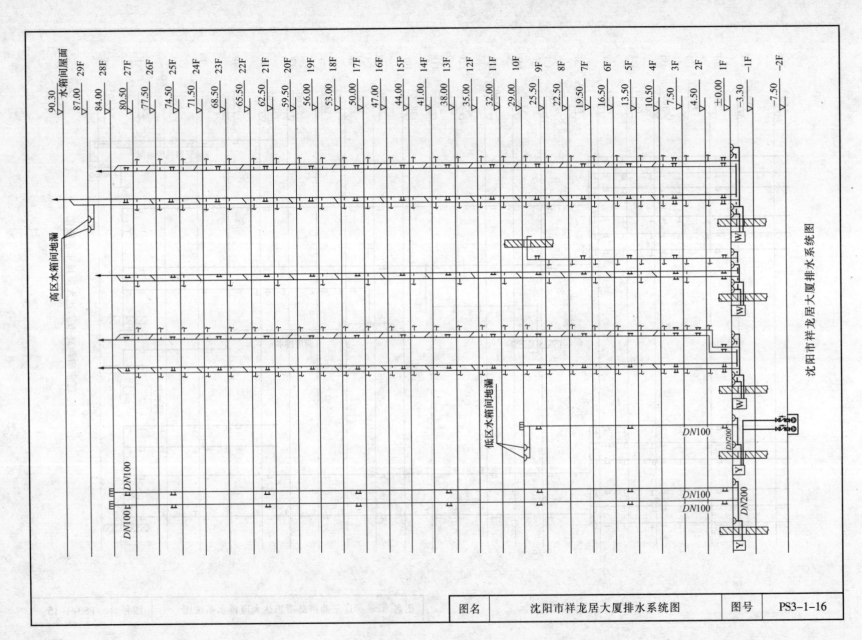

沈阳市祥龙居大厦排水系统图

| 图名 | 沈阳市祥龙居大厦排水系统图 | 图号 | PS3-1-16 |

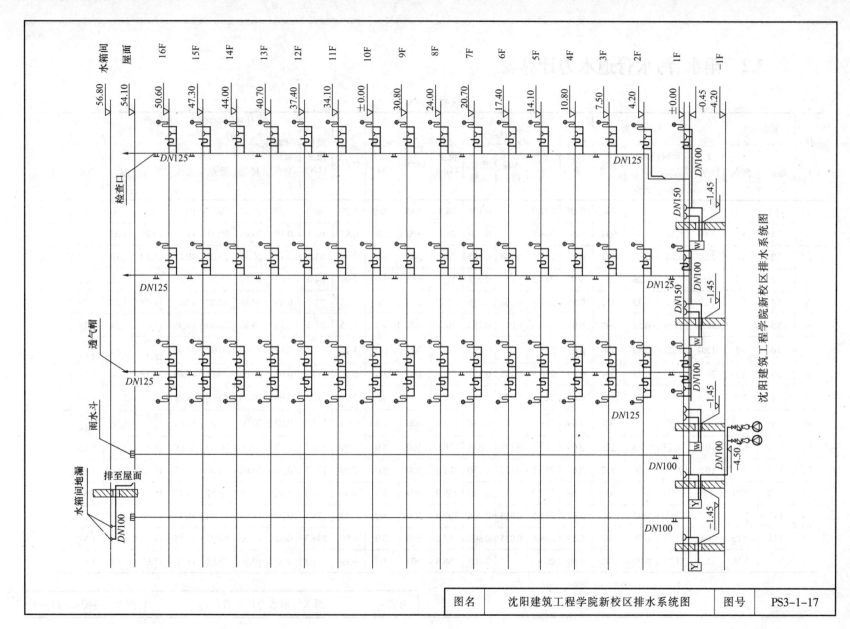

图名	沈阳建筑工程学院新校区排水系统图	图号	PS3-1-17

363

3.2 雨水、污水管道水力计算表

雨水管道计算表

序号	管段编号		管长 L (mm)	设计降雨		强度 q	径流系数 ψ	ψ_q	汇水面积 (hm²)		计算流量 (L/s)	管径 (mm)	坡度 i (‰)	流速 (m/s)	设计流量 (L/s)	管底坡降 (m)	设计地面标高 (m)		管内底标高 (m)		埋深 (m)		备注
	起点	终点		汇流时间	沟内时间				本段面积	累积面积							起点	终点	起点	终点	起点	终点	
1	YK1	Y1	5.5	5	0.14	394	0.69	271.9		0.104	28.3	300	10.0	1.29	90.8	0.55	20.42	20.41	19.42	19.36	1.00	1.05	
2	Y1	Y2	30.0	5.14	1.10	391	0.69	269.8		0.104	28.1	300	5.0	0.91	64.2	0.15	20.41	20.31	19.36	19.21	1.05	1.10	
3	Y2	Y3	22.0	6.24	0.81	371	0.69	255.7	0.104	0.208	53.2	300	5.0	0.91	64.2	0.11	20.31	20.22	19.21	19.10	1.10	1.12	
4	Y3	Y4	7.0	7.05	0.26	357	0.69	246.3		0.208	51.2	300	5.0	0.91	64.2	0.04	20.22	20.28	19.10	19.06	1.12	1.22	
5	Y4	Y5	11.2	7.31	0.35	353	0.69	243.6	0.068	0.276	67.2	300	7.0	1.08	76.0	0.08	20.28	20.22	19.06	18.98	1.22	1.24	
6	Y5	Y6	19.4	7.66	0.56	348	0.69	240.0	0.017	0.293	70.3	300	8.0	1.15	81.2	0.16	20.22	20.00	18.98	18.82	1.24	1.18	
7	Y6	Y7	15.0	8.22	0.43	340	0.69	234.6		0.293	68.7	300	8.0	1.15	81.2	0.12	20.00	20.09	18.82	18.70 18.45	1.18	1.39 1.64	
8	Y7	Y8	20.9	8.65	0.73	334	0.69	230.5	0.135	0.428	98.7	400	3.5	0.92	115.7	0.07	20.09	20.13	18.45	18.38	1.64	1.75	
9	Y8	Y9	16.0	9.41	0.58	324	0.69	223.6	0.058	0.486	108.7	400	3.5	0.92	115.7	0.06	20.13	20.08	18.38	18.32	1.75	1.76	
10	Y9	Y10	6.6	9.99	0.24	3.8	0.69	219.4		0.486	106.6	400	3.5	0.92	115.7	0.02	20.08	20.06	18.32	18.30 18.20	1.76	1.76 1.86	
11	Y10	Y11	10.0	10.23	0.28	315	0.69	217.4	0.149	0.635	138.0	500	3.0	0.99	194.3	0.03	20.06	20.02	18.20	18.17	1.86	1.85	
12	Y11	Y12	10.8	10.51	0.26	312	0.69	215.1	0.115	0.750	161.3	500	3.0	0.99	194.3	0.04	20.02	20.00	18.17	18.13	1.85	1.87	
13	Y12	Y13	8.0	10.77	0.19	309	0.69	213.2		0.750	159.9	500	3.0	0.99	194.3		20.00	19.97	18.13	18.11	1.87	1.86	
14	Y13	Y14	18.7	10.96	0.45	306	0.69	211.5	0.018	0.768	162.4	500	3.0	0.99	194.3	0.06	19.97	19.90	18.11	18.05	1.86	1.85	
15	Y14	Y15	4.4	11.41	0.10	302	0.69	208.6	0.035	0.803	167.5	500	3.0	0.99	194.3	0.02	19.90	19.90	18.05	18.03	1.85	1.87	
16	Y15	Y16	16.3	11.51	0.39	301	0.69	207.9		0.803	166.9	500	3.0	0.99	194.3	0.05	19.90	19.85	18.03	17.98	1.87	1.87	

图名	雨水管道水力计算表(一)	图号	PS3-2-1(一)

序号	管段编号 起点	终点	管长 L (mm)	历时(min) 汇流时间	沟内时间	强度 q	径流系数 ψ	ψq	汇水面积 (hm²) 本段面积	累积面积	计算流量 (L/s)	管径 (mm)	坡度 i (‰)	流速 (m/s)	设计流量 (L/s)	管底坡降 (m)	设计地面标高 (m) 起点	终点	管内底标高 (m) 起点	终点	埋深 (m) 起点	终点	备注
17	Y16	Y17	23.6	11.90	0.79	298	0.69	205.3	0.063	0.866	177.8	500	3.0	0.99	194.3	0.07	19.85	19.78	17.98	17.91	1.87	1.87	
18	Y17	Y18	13.6	12.69	0.40	290	0.69	200.3	0.189	1.055	211.3	500	4.0	1.14	224.1	0.05	19.78	19.80	17.91	17.86	1.87	1.94	
19	Y18	Y19	29.5	13.09	0.79	287	0.69	197.8	0.104	1.159	229.2	500	4.5	1.21	237.9	0.13	19.80	20.10	17.86	17.73	1.94	2.37	
20	Y19	Y20	22.0	13.88	0.63	280	0.69	193.3		1.159	224.0	500	4.5	1.21	237.9	0.10	20.10	20.22	17.73	17.63	2.37	2.59	
21	Y20	Y21	17.9	14.51	0.49	275	0.69	189.8		1.159	220.0	500	4.5	1.21	237.9	0.08	20.22	20.22	17.63	17.55	2.59	2.67	
22	Y21	Y22	2.0	15.00	0.05	271	0.69	187.2		1.159	217.0	500	4.5	1.21	237.9	0.01	20.22	20.22	17.55	17.54	2.59	2.68	
23	Y22	Y23	9.9	15.05	0.25	271	0.69	187.2	0.164	1.323	247.7	500	5.0	1.28	250.7	0.05	20.22	20.22	17.54	17.49	2.68	2.73	
24	Y23	Y24	12.7	15.30	0.33	269	0.69	185.4		1.323	245.3	500	5.0	1.28	250.7	0.06	20.22	20.25	17.49	17.43	2.73	2.82	
25	Y24	Y25	3.8	15.63	0.09	267	0.69	184.1	0.112	1.435	264.2	500	6.0	1.40	274.8	0.02	20.25	20.25	17.43	17.41	2.82	2.84	
26	Y25	Y26	9.4	15.72	0.22	266	0.69	183.6		1.435	263.5	500	6.0	1.40	274.8	0.06	20.25	20.25	17.41	17.35 17.25	2.84	2.90 3.00	
27	Y26	Y27	20.6	15.94	0.60	264	0.69	182.5	0.112	1.547	282.3	600	3.0	1.12	315.9	0.06	20.25	20.25	17.25	17.19	3.00	3.06	
28	Y27	Y28	14.1	16.54	0.42	261	0.69	180.0	0.101	1.648	296.6	600	3.0	1.12	315.9	0.04	20.25	20.20	17.19	17.15	3.06	3.05	
29	Y28	Y29	17.3	16.92	0.51	258	0.69	177.8	0.101	1.749	310.9	600	3.0	1.12	315.9	0.05	20.20	20.10	17.15	17.10	3.05	3.00	
30	Y29	Y30	37.4	17.43	1.11	255	0.69	175.8		1.749	307.5	600	3.0	1.12	315.9	0.11	20.10	19.20	17.10	16.99 16.79	3.00	2.21 2.41	
31	Y30	市政管		18.54		248	0.69	171.1	1.931	3.68	629.6	800	3.0	1.35	681.6		19.20		16.79		2.41		
32																							

图名	雨水管道水力计算表(二)	图号	PS3-2-1(二)

序号	管段编号		管长 L (mm)	设计降雨		强度 q	径流系数 ψ	ψ_q	汇水面积 (hm²)		计算流量 (L/s)	管径 (mm)	坡度 i (‰)	流速 (m/s)	设计流量 (L/s)	管底坡降 (m)	设计地面标高 (m)		管内底标高 (m)		埋深 (m)		备注
	起点	终点		历时(min)					本段面积	累积面积							起点	终点	起点	终点	起点	终点	
				汇流时间	沟内时间																		
33	YK20	Y31	2.0	5	0.05	394	0.69	271.9		0.059	16.0	300	10.0	1.29	90.8	0.02	22.40	22.30	21.40	21.38 20.12	1.00	0.92 2.18	
34	Y31	Y32	23.1	5.05	0.85	393	0.69	271.2		0.059	16.0	300	5.0	0.91	64.2	0.12	22.30	21.00	20.12	20.00 19.94	2.18	1.00 1.06	
35	Y32	Y33	3.8	5.90	0.14	377	0.69	260.0		0.059	15.3	300	5.0	0.91	64.2	0.02	21.00	20.92	19.94	19.92 19.59	1.06	1.00 1.33	
36	Y33	Y34	18.1	6.04	0.66	374	0.69	258.1	0.017	0.076	19.6	300	5.0	0.91	64.2	0.09	20.92	20.55	19.59	19.50	1.33	1.05	
37	Y34	Y35	25.0	6.70	0.72	363	0.69	250.3	0.176	0.252	63.1	300	8.0	1.15	81.2	0.20	20.55	20.46	19.50	19.30 18.80	1.05	1.16 1.66	
38	Y35	Y36	22.8	7.42	0.66	351	0.69	242.4		0.252	61.1	300	8.0	1.15	81.2	0.18	20.46	20.20	18.80	18.62 18.52	1.66	1.58 1.68	
39	Y36	Y37	23.1	8.08	0.84	342	0.69	235.8	0.153	0.405	95.5	400	3.5	0.92	115.7	0.08	20.20	20.12	18.52	18.44	1.68	1.68	
40	Y37	Y38	4.6	8.92	0.17	331	0.69	228.1		0.405	92.4	400	3.5	0.92	115.7	0.02	20.12	20.10	18.44	18.42	1.68	1.68	
41	Y38	Y39	2.8	9.09	0.10	328	0.69	226.6	0.065	0.470	106.5	400	3.5	0.92	115.7	0.01	20.10	20.09	18.42	18.41	1.68	1.68	
42	Y39	Y40	7.6	9.19	0.26	328	0.69	226.6	0.017	0.487	110.4	400	4.0	0.98	123.5	0.03	20.09	20.06	18.41	18.38	1.68	1.68	
43	Y40	Y41	3.7	9.45	0.13	324	0.69	223.5	0.017	0.504	112.6	400	4.0	0.98	123.5	0.02	20.06	20.04	18.38	18.36	1.68	1.68	
44	Y41	Y42	5.8	9.58	0.18	322	0.69	222.4	0.042	0.546	121.4	400	5.0	1.10	138.1	0.03	20.04	20.00	18.36	18.33	1.68	1.67	
45	Y42	Y43	13.9	9.76	0.42	320	0.69	221.0		0.546	120.7	400	5.0	1.10	138.1	0.07	20.00	20.04	18.33	18.26	1.67	1.78	
46	Y43	Y44	3.8	10.18	0.10	315	0.69	217.6	0.151	0.697	151.7	400	7.0	1.30	163.5	0.03	20.04	20.07	18.26	18.23 18.13	1.78	1.84 1.94	
47	Y44	Y45	11.5	10.28	0.34	314	0.69	216.9	0.190	0.887	192.4	500	4.0	1.14	224.1	0.05	20.70	20.10	18.13	18.08	1.94	2.02	
48	Y45	Y46	9.2	10.62	0.27	311	0.69	214.3		0.887	190.1	500	4.0	1.14	224.1	0.04	20.10	20.10	18.08	18.04	2.02	2.06	

图名	雨水管道水力计算表(三)	图号	PS3-2-1(三)

序号	管段编号 起点	管段编号 终点	管长 L (mm)	设计降雨 历时(min) 汇流时间	设计降雨 历时(min) 沟内时间	设计降雨 强度 q	径流系数 ψ	ψ_q	汇水面积 (hm²) 本段面积	汇水面积 (hm²) 累积面积	计算流量 (L/s)	管径 (mm)	坡度 i (‰)	流速 (m/s)	设计流量 (L/s)	管底坡降 (m)	设计地面标高 (m) 起点	设计地面标高 (m) 终点	管内底标高 (m) 起点	管内底标高 (m) 终点	埋深 (m) 起点	埋深 (m) 终点	备注
49	Y46	Y47	6.3	10.89	0.17	308	0.69	212.3	0.156	1.043	221.4	500	4.5	1.21	237.9	0.03	20.10	20.14	18.04	18.01	2.06	2.13	
50	Y47	Y48	17.0	11.06	0.48	306	0.69	211.1		1.043	220.2	500	4.5	1.21	237.9	0.08	20.14	20.20	18.01	17.93	2.13	2.27	
51	Y48	Y49	17.8	11.53	0.76	301	0.69	207.8	0.142	1.185	246.2	500	5.0	1.28	250.7	0.09	20.20	20.15	17.93	17.84	2.27	2.31	
52	Y49	Y50	19.2	11.99	0.50	297	0.69	204.7		1.185	242.6	500	5.0	1.28	250.7	0.10	20.15	20.04	17.84	17.74 17.64	2.31	2.30 2.40	
53	Y50	Y51	21.1	12.49	0.52	292	0.69	201.5	0.054	1.239	249.7	600	3.0	1.12	315.9	0.06	20.04	19.89	17.64	17.58	2.40	2.31	
54	Y51	Y52	4.8	13.01	0.14	287	0.69	198.3	0.305	1.544	306.2	600	3.0	1.12	315.9	0.02	19.89	19.85	17.58	17.56	2.31	2.29	
55	Y52	Y53	38.6	13.15	1.06	286	0.69	197.5	0.082	1.626	321.1	600	3.5	1.21	341.3	0.14	19.85	19.61	17.56	17.42	2.29	2.19	
56	Y53	Y54	11.4	14.21	0.31	277	0.69	191.4		1.626	311.2	600	3.5	1.21	341.3	0.04	19.61	19.53	17.42	17.38	2.19	2.15	
57	Y54	Y55	22.7	14.52	0.63	275	0.69	189.8	0.074	1.700	322.7	600	3.5	1.21	341.3	0.08	19.53	19.40	17.38	17.30	2.15	2.10	
58	Y55	Y56	13.6	15.15	0.37	270	0.69	186.5	0.080	1.780	331.9	600	3.5	1.21	341.3	0.05	19.40	19.30	17.30	17.25	2.10	2.05	
59	Y56	Y30	13.0	15.52		268	0.69	184.6	0.067	1.847	341.0	600	4.0	1.29	364.3	0.05	19.30	19.20	17.25	17.20	2.05	2.00	
60																							
61	雨水沟	Y57	6.3	5	0.21	394	0.69	271.9		0.072	19.6	200	10.0	0.98	30.8	0.06	21.30	20.21	21.40	20.34	0.90	0.87	
62	Y57	Y58	9.1	5.21	0.31	390	0.69	269.0		0.072	19.4	200	10.0	0.98	30.8	0.09	21.21	21.00	20.34	20.25 19.80	0.87	0.75 1.30	
63	Y58	Y59	29.0	5.52	1.27	384	0.69	264.8	0.026	0.098	25.9	300	3.5	0.76	53.8	0.10	21.00	21.23	19.80	19.70	1.30	1.53	
64	Y59	Y60	17.1	6.79	0.63	361	0.69	249.3	0.134	0.232	57.8	300	5.0	0.91	64.2	0.09	21.23	21.25	19.70	19.61 19.51	1.53	1.64 1.74	

图名	雨水管道水力计算表(四)	图号	PS3-2-1(四)

续表

序号	管段编号		管长 L (mm)	设计降雨			径流系数 ψ	ψq	汇水面积 (hm²)		计算流量 (L/s)	管径 (mm)	坡度 i (‰)	流速 (m/s)	设计流量 (L/s)	管底坡降 (m)	设计地面标高 (m)		管内底标高 (m)		埋深 (m)		备注
	起点	终点		历时(min)		强度 q			本段面积	累积面积							起点	终点	起点	终点	起点	终点	
				汇流时间	沟内时间																		
65	Y60	Y61	11.7	7.42	0.42	351	0.69	242.4	0.106	0.338	81.9	400	3.5	0.92	115.7	0.04	21.25	21.28	19.51	19.47	1.74	1.81	
66	Y61	Y62	8.0	7.84	0.29	345	0.69	238.2	0.020	0.358	85.3	400	3.5	0.92	115.7	0.03	21.28	21.27	19.47	19.44	1.81	1.83	
67	Y62	Y63	17.0	8.13	0.62	341	0.69	235.3	0.020	0.378	88.9	400	3.5	0.92	115.7	0.06	21.27	21.24	19.44	19.38	1.83	1.86	
68	Y63	Y64	14.1	8.75	0.39	333	0.69	229.6	0.194	0.572	131.3	400	6.0	1.21	151.4	0.08	21.24	21.15	19.38	19.30	1.86	1.85	
69	Y64	Y65	15.0	9.14	0.41	328	0.69	226.1	0.064	0.638	141.3	400	6.0	1.21	151.4	0.09	21.15	21.15	19.30	19.21 / 19.11	1.85	1.94 / 2.04	
70	Y65	Y66	11.3	9.55	0.38	323	0.69	222.7	0.168	0.806	179.5	500	3.0	0.99	194.3	0.04	21.15	21.10	19.11	19.07 / 18.33	2.04	2.03 / 2.77	
71	Y66	Y67	15.4	9.93	0.48	318	0.69	220.0	0.087	0.893	196.5	500	3.5	1.07	209.4	0.05	21.10	21.05	18.33	18.28	2.77	2.77	
72	Y67	Y68	33.0	10.41	0.96	313	0.69	215.9	0.123	1.016	219.4	500	4.0	1.14	224.1	0.13	21.05	20.92	18.28 / 18.15	18.05	2.77 / 2.87	2.87	
73	Y68	市政管		11.06		306	0.69	211.1	0.520	1.536	324.9	600	4.5	1.37	386.8		20.92		18.05		2.87		
74																							
75	雨水沟	Y69	10.0	5	0.34	394	0.69	271.9		0.072	19.6	200	10.0	0.98	30.8	0.10	21.28	21.28	20.20	20.10	1.08	1.18	
76	Y69	Y70	21.7	5.34	0.74	387	0.69	267.2		0.072	19.2	200	10.0	0.98	30.8	0.21	21.28	21.25	20.10	19.89 / 19.12	1.18	1.36 / 2.13	
77	Y70	Y71	4.2	6.08	0.18	373	0.69	257.6		0.072	18.5	300	3.5	0.76	53.8	0.02	21.25	21.27	19.12	19.10 / 18.58	2.13	2.17 / 2.69	
78	Y71	Y65	14.6	6.26	0.18	370	0.69	255.4	0.096	0.168	42.9	300	3.5	0.76	53.8	0.05	21.27	21.15	18.58	18.53	2.69	2.62	
79																							
80	YK37	Y72	2.0	5	0.05	394	0.69	271.9		0.080	21.7	300	10.0	1.29	90.8	0.02	20.50	20.58	19.50	19.48	1.00	1.10	

图名	雨水管道水力计算表(五)	图号	PS3-2-1(五)

序号	管段编号		管长 L (mm)	设计降雨			径流系数 ψ	ψ_q	汇水面积 (hm²)		计算流量 (L/s)	管径 (mm)	坡度 i (‰)	流速 (m/s)	设计流量 (L/s)	管底坡降 (m)	设计地面标高 (m)		管内底标高 (m)		埋深 (m)		备注
	起点	终点		历时(min)		强度 q			本段面积	累积面积							起点	终点	起点	终点	起点	终点	
				汇流时间	沟内时间																		
81	Y72	Y73	19.3	5.05	0.79	393	0.69	271.2		0.080	21.7	300	4.0	0.81	57.4	0.08	20.58	20.90	19.48	19.40	1.10	1.50	
82	Y73	Y74	40.0	5.84	1.65	378	0.69	260.6	0.058	0.138	35.9	300	4.0	0.81	57.4	0.16	20.90	20.97	19.40	19.24	1.50	1.73	
83	Y74'	Y68	8.0	7.49		350	0.69	241.7	0.073	0.211	50.9	300	6.0	1.00	70.4	0.05	20.97	20.92	19.24	19.19	1.73	1.73	
84																							
85	YK39	Y75	15.5	5	0.40	394	0.69	271.9		0.116	31.5	300	10.0	1.29	90.8	0.16	20.85	20.81	19.85	19.69	1.00	1.12	
86	Y75	Y76	15.0	5.40	0.39	386	0.69	266.4	0.038	0.154	41.0	300	10.0	1.29	90.8	0.15	20.81	20.87	19.69	19.54	1.12	1.33	
87	Y76	Y68	20.2	5.79		379	0.69	261.3	0.079	0.233	60.9	300	10.0	1.29	90.8	0.20	20.87	20.92	19.54	19.34	1.33	1.58	
88																							
89																							
90																							
91																							
92																							
93																							
94																							
95																							
96																							

图名	雨水管道水力计算表(六)	图号	PS3-2-1(六)

序号	管段编号		管长 L (mm)	设计流量 Q (L/s)	管径 d (mm)	充满度 h/d	流速 V (m/s)	坡度 i (‰)	管底降落 (m)	地面标高 (m)		管内底标高 (m)		埋深 (m)		备注
	起点	终点								起点	终点	起点	终点	起点	终点	
1	出户管	W1	3.0	5.30	160	0.50	1.00	10	30	20.25	20.20	19.00	18.97 18.92	1.25	1.23 1.28	18.97 为接入支管管内底标高
2	W1	W2	11.7	8.77	200	0.44	0.70	6	70.2	20.20	20.20	18.92	18.85	1.28	1.35	
3	W2	W3	30.0	8.77	200	0.44	0.70	6	180.0	20.20	20.20	18.85	18.67	1.35	1.53	
4	W3	W4	13.6	8.77	200	0.44	0.70	6	81.6	20.20	20.20	18.67	18.59	1.53	1.61	
5	W4	W5	17.3	8.77	200	0.44	0.70	6	103.8	20.20	20.25	18.59	18.49	1.61	1.76	
6	W5	W6	9.3	10.69	200	0.45	0.78	7	65.1	20.25	20.25	18.49	18.42 18.32	1.76	1.83 1.93	
7	W6	化1	20.3	14.75	300	0.33	0.73	5	101.5	20.25	20.15	18.32	18.22	1.93	1.93	
8	化1	W7	3.0	14.75	300	0.33	0.73	5	15.0	20.15	20.15	18.12	18.10	1.93	2.05	
9	W7	W8	14.3	14.75	300	0.33	0.73	5	71.5	20.15	20.12	18.10	18.03	2.05	2.09	
10	W8	W9	30.0	14.75	300	0.33	0.73	5	150.0	20.12	19.50	18.03	17.88	2.09	1.62	
11	W9	W10	11.3	14.75	300	0.33	0.73	5	56.5	19.50	19.20	17.88	17.82	1.62	1.38	
12																
13	出户管	W11	3.0	1.50	110	0.50	0.75	15	45.0	20.50	20.50	19.65	19.60 19.51	0.85	0.90 0.99	
14	W11	W12	15.5	1.50	150	0.50	0.65	10	155.0	20.50	20.39	19.51	19.35	0.99	1.04	
15	W12	W13	30.0	1.50	150	0.50	0.65	10	300.0	20.39	20.50	19.35	19.05 19.00	1.04	1.45 1.50	
16	W13	W14	25.0	1.50	150	0.50	0.65	10	250.0	20.50	20.33	19.00	18.75	1.50	1.58	
17	W14	W15	18.3	1.50	150	0.50	0.65	10	183.0	20.33	20.16	18.75	18.57 18.52	1.58	1.59 1.64	
18	W15	W16	14.5	2.10	200	0.28	0.60	11	159.5	20.16	20.19	18.52	18.36	1.64	1.83	
19	W16	W17	7.8	2.10	200	0.28	0.60	11	85.8	20.19	20.32	18.36	18.27	1.83	2.05	
20	W17	W18	4.3	4.10	200	0.27	0.62	7	30.1	20.32	20.29	18.27	18.24	2.05	2.05	

图名	污水管道水力计算表(一)	图号	PS3-2-2(一)

序号	管段编号 起点	管段编号 终点	管长 L (mm)	设计流量 Q (L/s)	管径 d (mm)	充满度 h/d	流速 V (m/s)	坡度 i (‰)	管底降落 (m)	地面标高 (m) 起点	地面标高 (m) 终点	管内底标高 (m) 起点	管内底标高 (m) 终点	埋深 (m) 起点	埋深 (m) 终点	备注
21	W18	W19	29.4	6.50	200	0.36	0.65	5	176.4	20.29	20.00	18.24	18.06	2.05	1.94	
22	W19	W20	11.0	8.10	200	0.47	0.64	5	55.0	20.00	20.06	18.06	18.00	1.94	2.06	
23	W20	W21	27.3	8.10	200	0.47	0.64	5	136.5	20.06	20.15	18.00	17.86	2.06	2.29	
24	W21	W22	5.0	8.10	200	0.47	0.64	5	25.0	20.15	20.15	17.86	17.83	2.29	2.32	
25	W22	W23	13.0	8.10	200	0.47	0.64	5	65.0	20.15	20.20	17.83	17.76	2.32	2.44	
26	W23	W24	12.2	10.18	200	0.49	0.69	5	61.0	20.20	20.75	17.76	17.70 17.50	2.44	3.05 3.25	
27	W24	化2	5.3	15.18	300	0.35	0.76	5	26.5	20.75	20.20	17.50	17.47	3.25	2.73	
28																
29	出户管	W24A	2.5	1.5	110	0.5	0.75	15	37.5	20.12	20.12	19.35	19.31 19.26	0.77	0.81 0.86	
30	W24A	W24B	7.0	1.5	150	0.5	0.63	11	77.0	20.12	20.15	19.26	19.18	0.86	0.97	
31	W24B	W24C	8.3	1.5	150	0.5	0.63	11	91.3	20.15	20.15	19.18	19.09 19.04	0.97	1.06 1.11	
32	W24C	W24	13.2	5.0	200	0.3	0.64	7	92.4	20.15	20.75	19.04	18.95	1.11	1.80	
33																
34	出户管	W25	2.5	1.5	160	0.5	0.70	10	25.0	21.18	21.18	20.20	20.17 20.12	0.98	1.01 1.06	
35	W25	W26	10.0	1.5	200	0.15	0.60	14	140.0	21.18	21.15	20.12	19.98	1.06	1.17	
36	W26	W27	1.5	4.9	200	0.30	0.67	7	10.5	21.15	21.15	19.98	19.97	1.17	1.18	
37	W27	W28	19.3	8.6	200	0.43	0.70	6	115.8	21.15	21.10	19.97	19.85	1.18	1.25	
38	W28	W29	9.7	8.6	200	0.43	0.70	6	58.2	21.10	21.23	19.85	19.79	1.25	1.44	
39	W29	W30	6.9	12.2	200	0.47	0.86	8	55.2	21.23	21.35	19.79	19.73	1.44	1.62	
40	W30	W31	28.0	12.2	200	0.47	0.86	8	224.0	21.35	21.35	19.73	19.51 19.41	1.62	1.84 1.94	

图名	污水管道水力计算表(二)	图号	PS3-2-2(二)

序号	管段编号		管长 L (mm)	设计流量 Q (L/s)	管径 d (mm)	充满度 h/d	流速 V (m/s)	坡度 i (‰)	管底降落 (m)	地面标高 (m)		管内底标高 (m)		埋深 (m)		备 注
	起点	终点								起点	终点	起点	终点	起点	终点	
41	W31	W32	13.7	13.90	300	0.33	0.73	5	68.5	21.35	21.00	19.41	19.34 18.85	1.94	1.66 2.15	
42	W32	W33	20.1	19.20	300	0.38	0.78	5	100.5	21.00	20.50	18.85	18.75 17.55	2.15	1.75 2.95	
43	W33	化2	15.0	19.20	300	0.38	0.78	5	75.0	20.50	20.20	17.55	17.47	2.95	2.73	
44	化2	W34	6.5	32.60	300	0.54	0.83	4	26.0	20.20	20.25	17.37	17.34	2.73	2.91	
45	W34	W35	12.6	32.60	300	0.54	0.83	4	50.4	20.25	20.10	17.34	17.29	2.91	2.81	
46																
47	出户管	W32A	2.5	1.71	160	0.50	0.75	15	37.5	21.33	21.33	20.21	20.17 20.12	1.12	1.16 1.21	
48	W32A	W32B	1.2	3.81	200	0.31	0.62	8	9.6	21.33	21.33	20.12	20.11	1.21	1.22	
49	W32B	W32	19.6	5.31	200	0.30	0.68	8	156.8	21.33	21.00	20.11	19.95	1.22	1.05	
50																
51																
52																
53																
54																
55																
56																
57																
58																
59																
60																

图名	污水管道水力计算表(三)	图号	PS3-2-2(三)

3.3 常用卫生设备安装详图

3.3.1 卫生设备的安装与预留孔洞

在介绍卫生设备安装之前，有必要掌握卫生设备安装与土建配合做好预留孔洞的问题。因为在安装卫生设备时，严禁事后开凿孔洞。

卫生设备寓于建筑物中，要安装好卫生设备，必须正确掌握卫生设备在建筑中的位置。即在土建施工的同时，安装人员应与土建密切配合，根据卫生设备的规格、型号、上下水管道的管径，确定预留孔洞的大小和平面位置。值得注意的是，施工预留工作不仅是必要的，也是必须的。孔洞预留过大，将不利于事后堵塞，同时也影响结构的安全性，甚至会造成渗水；孔洞预留过小，将造成设备安放不下；而设备预留孔平面位置的偏差将会造成设备平面位置的偏差，甚至造成与设备相连的管件不合模而给安装造成诸多麻烦。下表列出了常用卫生设备的预留孔大小及平面位置。

卫生器具平面预留孔大小及平面位置图

序号	卫生器具名称	平面预留孔图	系统图示意	备　注
1	蹲便器	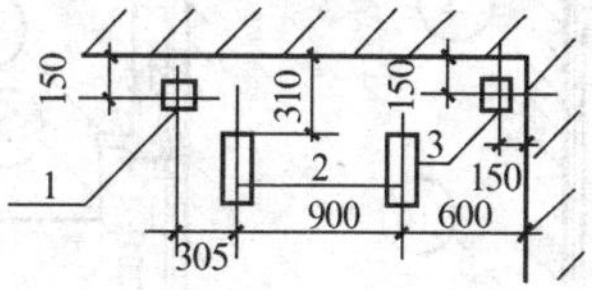	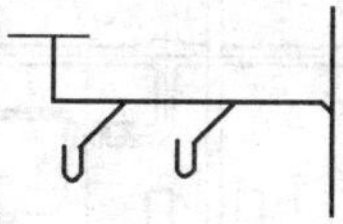	1. 清扫口：200×200 2. 蹲便器下水管：450×200（200×200） 3. 立管：200×200
2	蹲便器	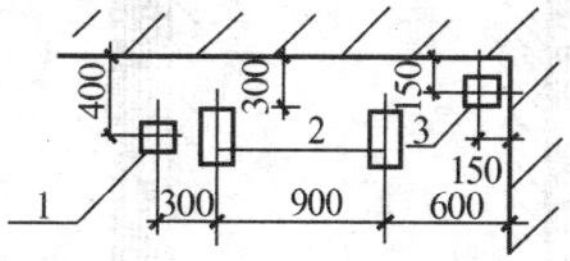	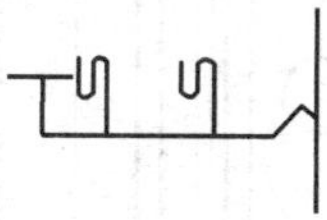	1. 清扫口：200×200 2. 蹲便器下水管：450×200（200×200） 3. 立管：200×200
3	坐便器	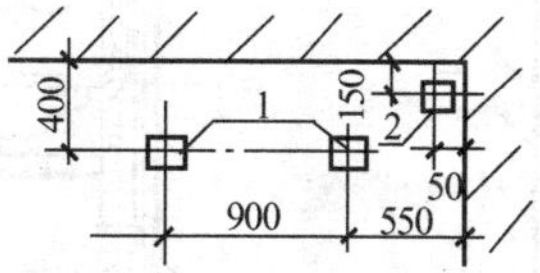	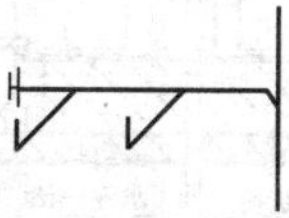	1. 坐便器下水管：200×200 2. 立管：200×200
4	小便槽	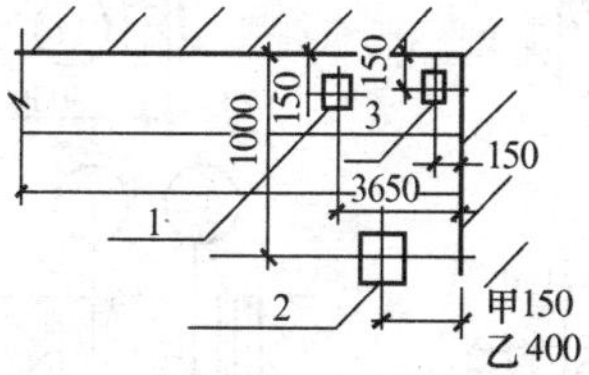	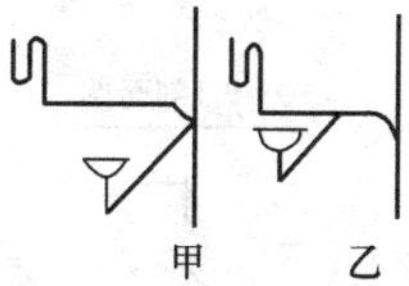	1. 小便槽下水：150×150 2. 地漏：300×300 3. 立管：150×150
5	挂式小便器	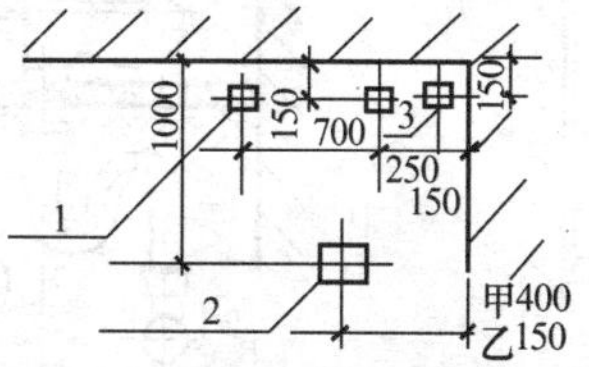	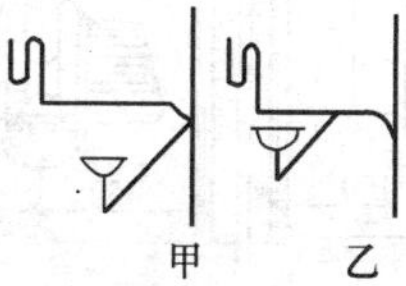	1. 小便器下水：150×150 2. 地漏：300×300 3. 立管：150×150

图名	卫生设备的安装与预留孔洞	图号	JS3-3-1

3.3.2 常用卫生设备安装详图

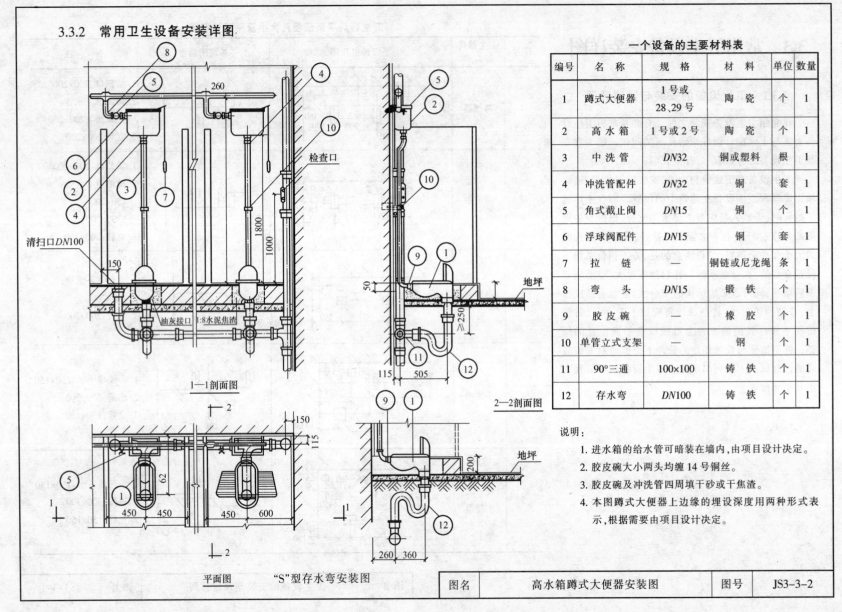

一个设备的主要材料表

编号	名 称	规 格	材 料	单位	数量
1	蹲式大便器	1号或 28、29号	陶瓷	个	1
2	高水箱	1号或2号	陶瓷	个	1
3	中洗管	DN32	铜或塑料	根	1
4	冲洗管配件	DN32	铜	套	1
5	角式截止阀	DN15	铜	个	1
6	浮球阀配件	DN15	铜	套	1
7	拉 链	—	铜链或尼龙绳	条	1
8	弯 头	DN15	锻 铁	个	1
9	胶皮碗	—	橡 胶	个	1
10	单管立式支架	—	钢	个	1
11	90°三通	100×100	铸 铁	个	1
12	存水弯	DN100	铸 铁	个	1

1—1剖面图

2—2剖面图

平面图

"S"型存水弯安装图

说明：
1. 进水箱的给水管可暗装在墙内，由项目设计决定。
2. 胶皮碗大小两头均缠14号铜丝。
3. 胶皮碗及冲洗管四周填干砂或干焦渣。
4. 本图蹲式大便器上边缘的埋设深度用两种形式表示，根据需要由项目设计决定。

图名	高水箱蹲式大便器安装图	图号	JS3-3-2

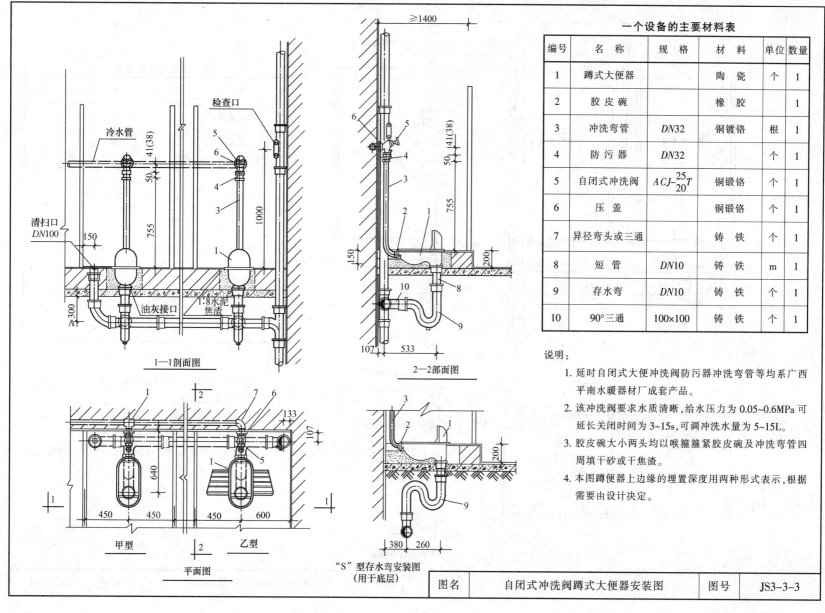

一个设备的主要材料表					
编号	名　称	规　格	材　料	单位	数量
1	蹲式大便器		陶　瓷	个	1
2	胶皮碗		橡　胶		1
3	冲洗弯管	DN32	铜镀铬	根	1
4	防污器	DN32		个	1
5	自闭式冲洗阀	$ACJ-\frac{25}{20}T$	铜锻铬	个	1
6	压　盖		铜锻铬	个	1
7	异径弯头或三通		铸　铁	个	1
8	短　管	DN10	铸　铁	m	1
9	存水弯	DN10	铸　铁	个	1
10	90°三通	100×100	铸　铁	个	1

说明：

1. 延时自闭式大便冲洗阀防污器冲洗弯管等均系广西平南水暖器材厂成套产品。

2. 该冲洗阀要求水质清晰，给水压力为 0.05~0.6MPa 可延长关闭时间为 3~15s，可调冲洗水量为 5~15L。

3. 胶皮碗大小两头均以喉箍箍紧胶皮碗及冲洗弯管四周填干砂或干焦渣。

4. 本图蹲便器上边缘的埋置深度用两种形式表示，根据需要由设计决定。

1—1剖面图

2—2部面图

甲型　　　乙型

平面图

"S"型存水弯安装图
（用于底层）

图名	自闭式冲洗阀蹲式大便器安装图	图号	JS3-3-3

375

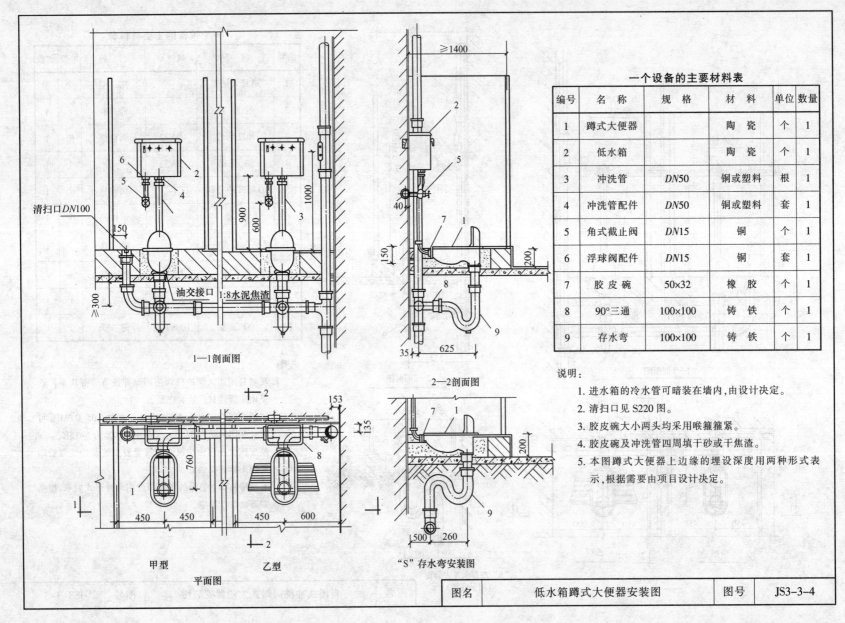

一个设备的主要材料表

编号	名称	规格	材料	单位	数量
1	蹲式大便器		陶瓷	个	1
2	低水箱		陶瓷	个	1
3	冲洗管	DN50	铜或塑料	根	1
4	冲洗管配件	DN50	铜或塑料	套	1
5	角式截止阀	DN15	铜	个	1
6	浮球阀配件	DN15	铜	套	1
7	胶皮碗	50×32	橡胶	个	1
8	90°三通	100×100	铸铁	个	1
9	存水弯	100×100	铸铁	个	1

1—1剖面图

2—2剖面图

说明:

1. 进水箱的冷水管可暗装在墙内,由设计决定。

2. 清扫口见 S220 图。

3. 胶皮碗大小两头均采用喉箍箍紧。

4. 胶皮碗及冲洗管四周填干砂或干焦渣。

5. 本图蹲式大便器上边缘的埋设深度用两种形式表示,根据需要由项目设计决定。

甲型　乙型

平面图

"S"存水弯安装图

图名	低水箱蹲式大便器安装图	图号	JS3-3-4

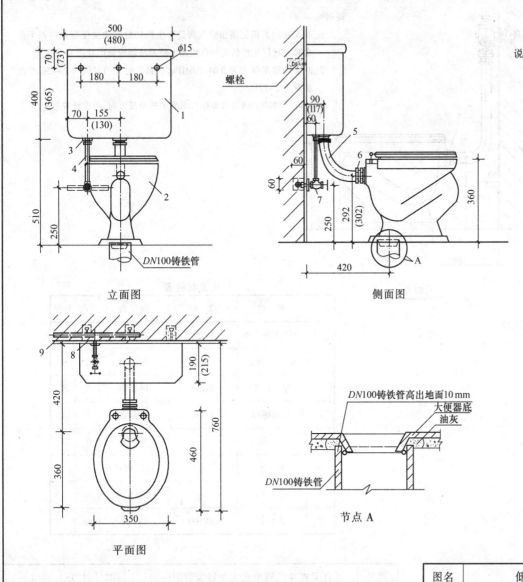

立面图

侧面图

平面图

DN100铸铁管高出地面10 mm
大便器底
油灰
DN100铸铁管

节点 A

说明:
1. 本图按 3 号、4 号坐式大便器和 5 号、12 号低水箱编制。
2. 图中有二个尺寸者,其中带括号的为 4 号坐式大便器和 12 号低水箱尺寸,单一尺寸均为共用尺寸。
3. 给水管可暗装或明装,由项目设计决定。

主要材料表

编号	名　称	规　格	材　料	单位	数量
1	低水箱	5 号或 12 号	陶　瓷	个	1
2	坐式便器	3 号或 4 号	陶　瓷	个	1
3	浮球阀配件	DN15	铜	套	1
4	水箱进水管	DN15	铜管或镀锌钢管	m	0.26
5	冲洗管及配件	DN50	铜管或塑料管	套	1
6	锁紧螺母	DN50	铜或尼龙	套	1
7	角式截止阀	DN15	铜	个	1
8	三　通	—	锻　铁	个	1
9	给水管	—	镀锌钢管	—	

图名	低水箱坐式大便器安装图	图号	JS3-3-5

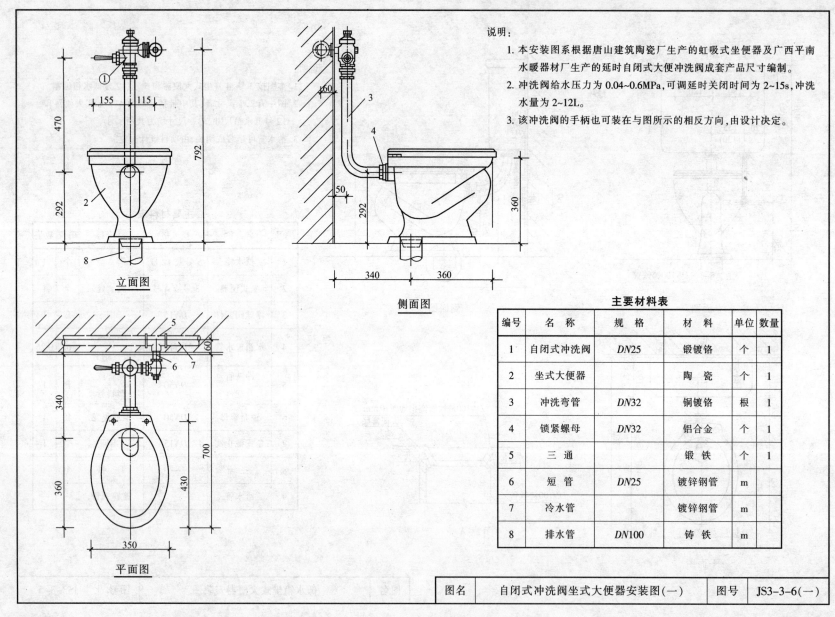

说明:
1. 本安装图系根据唐山建筑陶瓷厂生产的虹吸式坐便器及广西平南水暖器材厂生产的延时自闭式大便冲洗阀成套产品尺寸编制。
2. 冲洗阀给水压力为0.04~0.6MPa,可调延时关闭时间为2~15s,冲洗水量为2~12L。
3. 该冲洗阀的手柄也可装在与图所示的相反方向,由设计决定。

立面图

侧面图

平面图

主要材料表

编号	名　称	规　格	材　料	单位	数量
1	自闭式冲洗阀	DN25	锻镀铬	个	1
2	坐式大便器		陶　瓷	个	1
3	冲洗弯管	DN32	铜镀铬	根	1
4	锁紧螺母	DN32	铝合金	个	1
5	三　通		锻　铁	个	1
6	短　管	DN25	镀锌钢管	m	
7	冷水管		镀锌钢管	m	
8	排水管	DN100	铸　铁	m	

图名	自闭式冲洗阀坐式大便器安装图(一)	图号	JS3-3-6(一)

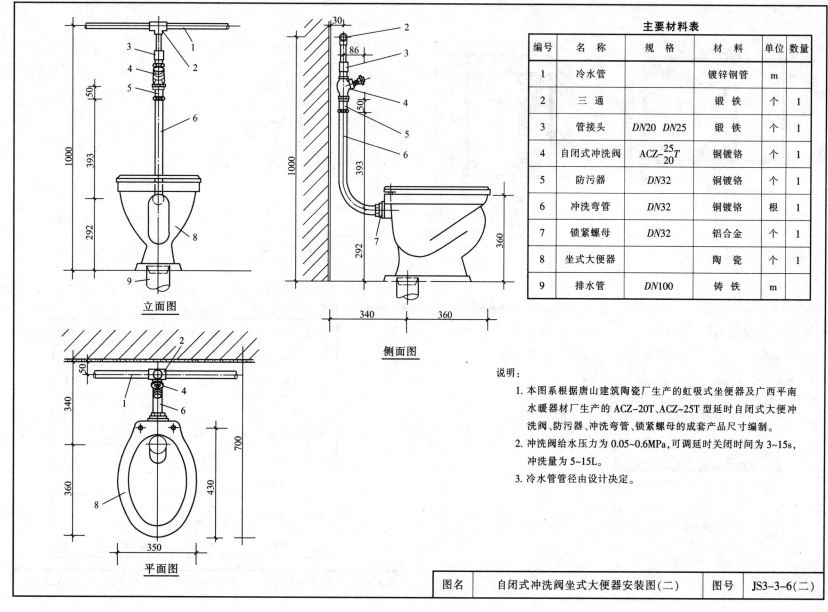

立面图

平面图

侧面图

主要材料表

编号	名 称	规 格	材 料	单位	数量
1	冷水管		镀锌钢管	m	
2	三 通		锻 铁	个	1
3	管接头	DN20 DN25	锻 铁	个	1
4	自闭式冲洗阀	$ACZ-\dfrac{25}{20}T$	铜镀铬	个	1
5	防污器	DN32	铜镀铬	个	1
6	冲洗弯管	DN32	铜镀铬	根	1
7	锁紧螺母	DN32	铝合金	个	1
8	坐式大便器		陶 瓷	个	1
9	排水管	DN100	铸 铁	m	

说明:

1. 本图系根据唐山建筑陶瓷厂生产的虹吸式坐便器及广西平南水暖器材厂生产的 ACZ-20T、ACZ-25T 型延时自闭式大便冲洗阀、防污器、冲洗弯管、锁紧螺母的成套产品尺寸编制。

2. 冲洗阀给水压力为 0.05~0.6MPa,可调延时关闭时间为 3~15s,冲洗量为 5~15L。

3. 冷水管管径由设计决定。

图名	自闭式冲洗阀坐式大便器安装图(二)	图号	JS3-3-6(二)

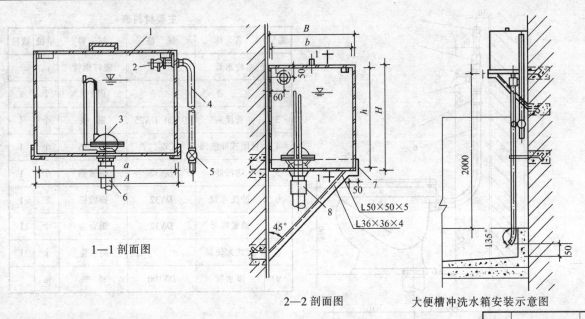

1—1 剖面图

2—2 剖面图

平面图

大便槽冲洗水箱安装示意图

说明：
1. 支架外表须除锈后，再刷樟丹二度、灰漆一度；
2. 大便槽冲洗时间由水箱进水阀调节。

L50×50×5
L36×36×4

主要材料表

编号	名　称	规　格	材　料	单位	数量
1	冲洗水箱		钢　板	个	1
2	水箱进水阀	DN15	铜	个	1
3	自动冲洗阀		铸铜或铸铁	个	1
4	给水管	DN15	镀锌钢管	m	1
5	截止阀	DN15	铜或铸铁	个	1
6	冲洗阀	DN50	钢　管	m	2
7	支　架	L50×50×5 L36×36×4	角　钢	个	1
8	管接头	DN50	锻　铁	个	1

图名	大便槽冲洗水箱安装示意图	图号	JS3-3-7

一个挂式小便器的主要材料表

编号	名 称	规 格	材 料	单位	数量
1	DN15		铜	个	1
2	高水箱	1号或2号	陶瓷	个	1
3	自动冲洗阀	DN32	铸铜或铸铁	个	1
4	冲洗管及配件	DN32	铜管配件镀铬	套	1
5	连接管及配件	DN15	铜管配件镀铬	套	1
6	挂式小便器	3号	陶瓷	个	1
7	存水弯	DN32	铜、塑、陶瓷	个	1
8	压 盖	DN32	铜	个	1
9	角式截止阀	DN15	铜	个	1
10	弯 头	DN15	锻 铁	个	1

一个立式小便器的主要材料表

编号	名 称	规 格	材 料	单位	数量
1	水箱进水阀	DN15	铜	个	1
2	高水箱	1号或2号	陶 瓷	个	1
3	自动冲洗阀	DN20	铸铜或铸铁	个	1
4	冲洗管及配件	DN20	铜管配件镀铬	套	1
5	连接管及配件	DN20	铜管配件镀铬	套	1
6	立式小便器	1号	陶瓷	个	1
7	角式截止阀	DN15	铜	个	1
8	弯 头	DN15	锻 铁	个	1
9	喷水鸭嘴	DN20	铜	套	1
10	排水栓	DN50	铜	套	1
11	存水弯	DN50	铸 铁	个	1

说明:

1. 存水弯采用S型或P型,由设计决定。

2. 挂式小便器上的铜管、铜配件,其表面均镀铬。

3. 立式小便器上的铜管、铜配件,其表面均镀铬。

图名	自动冲洗挂式、立式小便器安装图	图号	JS3-3-8

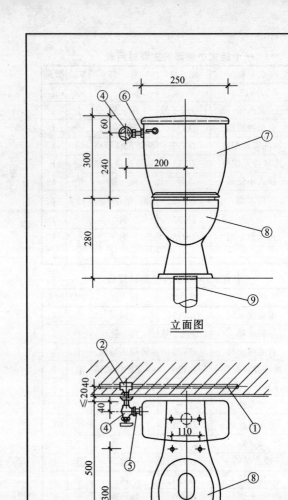

立面图

平面图

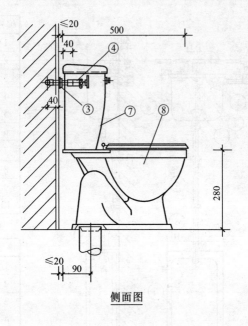

侧面图

主要材料表

编号	名 称	规 格	材 料	单位	数量
1	冷水管		镀锌钢管	m	
2	三 通		锻 铁	个	1
3	压 盖		铜镀铬	个	1
4	角式截止阀	DN15	铜	个	1
5	水箱进水管	DN12×15	铜	m	1
6	进水阀配件	DN15	铜或塑料	套	1
7	冲洗水箱		陶 瓷	个	1
8	儿童坐便器		陶 瓷	个	1
9	排水管	DN100	铸 铁	m	

说明:

1. 本图系按江苏宜兴卫生陶瓷厂生产的儿童用坐便器成套产品尺寸编制。该厂还提供儿童坐便器上的所有成套配件。

2. 冷水管管径由项目设计决定。

图名	儿童坐便器安装示意图	图号	JS3-3-9

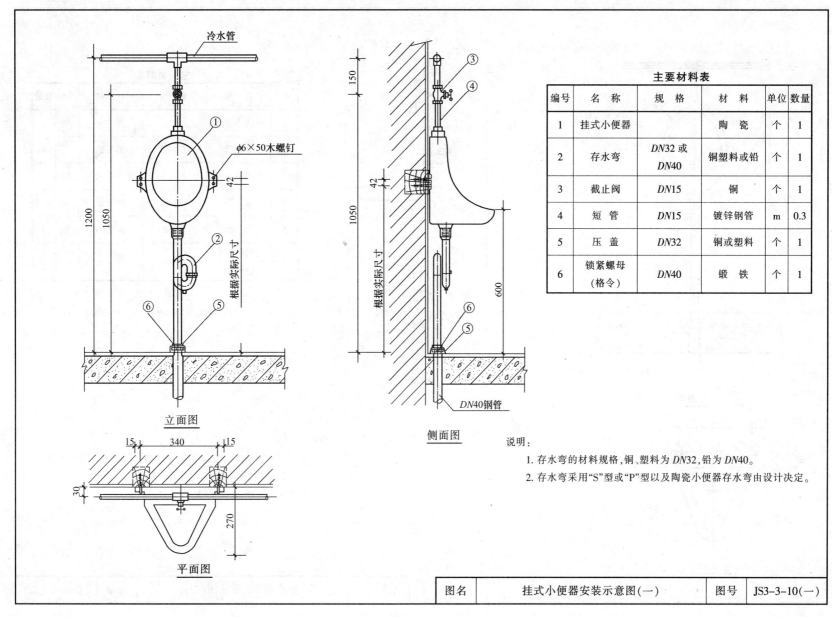

冷水管

φ6×50木螺钉

①

42

1200
1050

② 根据实际尺寸

⑥ ⑤

立面图

15 340 15

30

270

平面图

③
④

150

42

1050

根据实际尺寸

600

⑥
⑤

DN40钢管

侧面图

主要材料表

编号	名 称	规 格	材 料	单位	数量
1	挂式小便器		陶 瓷	个	1
2	存水弯	DN32 或 DN40	铜塑料或铅	个	1
3	截止阀	DN15	铜	个	1
4	短 管	DN15	镀锌钢管	m	0.3
5	压 盖	DN32	铜或塑料	个	1
6	锁紧螺母（格令）	DN40	锻 铁	个	1

说明：

1. 存水弯的材料规格，铜、塑料为 DN32，铅为 DN40。

2. 存水弯采用"S"型或"P"型以及陶瓷小便器存水弯由设计决定。

图名	挂式小便器安装示意图(一)	图号	JS3-3-10(一)

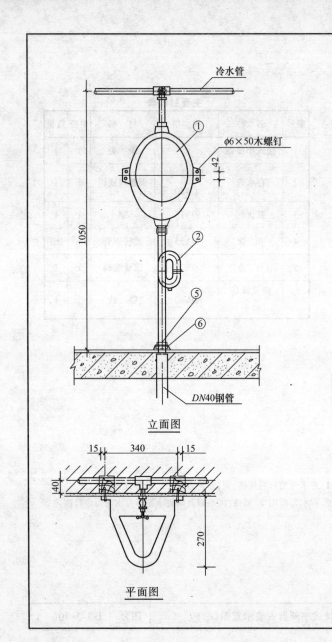

冷水管

①

φ6×50木螺钉

42

1050

②

⑤

⑥

*DN*40钢管

立面图

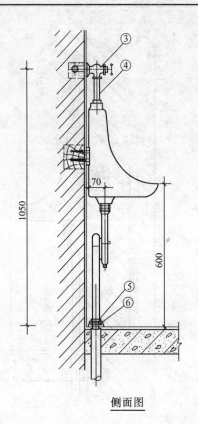

③

④

1050

70

600

⑤

⑥

侧面图

15 340 15

40

270

平面图

主要材料表

编号	名 称	规 格	材 料	单位	数量
1	挂式小便器		陶 瓷	个	1
2	存水弯	*DN*32	铜镀铬	个	1
3	角式截止阀	*DN*15	铜镀铬	个	1
4	短 管	*DN*15	铜镀铬	m	0.15
5	压 盖	*DN*32	铜镀铬	个	1
6	锁紧螺母（格令）	*DN*40	锻 铁	个	1

说明：
1. 角式截止阀及短管，其表面均为镀铬，可采用北京市水暖器材一厂、广西平南水暖器材厂成套产品。
2. 存水弯采用"S"型或"P"型，由设计决定。

图名	挂式小便器安装示意图(二)	图号	JS3-3-10(二)

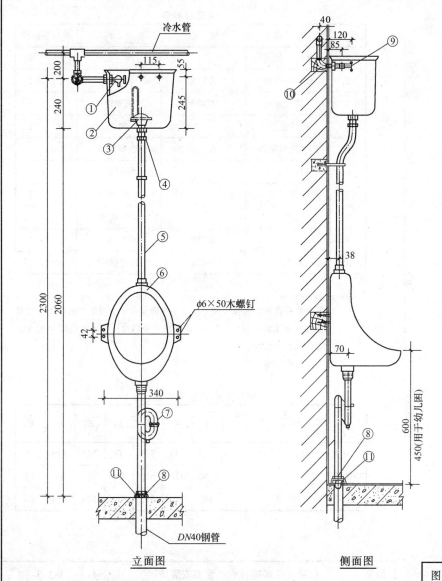

冷水管

115
55
200
245
240

①
②
③
④

⑤
⑥

φ6×50木螺钉

2300
2060

42
340

⑦

⑪ ⑧

DN40钢管

立面图

40
120
85

⑨

⑩

38

70

600

450(用于幼儿园)

⑧
⑪

侧面图

主要材料表

编号	名　称	规　格	材　料	单位	数量
1	水箱进水阀	DN15	铜	个	1
2	高水箱	420×240×280	陶瓷	个	1
3	皮膜式自动虹吸器	DN20	铸铜或塑料	个	1
4	冲洗管配件	DN20	铜管配件镀铬	套	1
5	冲洗管	DN20	钢管配件镀铬	套	1
6	挂式小便器		陶瓷	个	1
7	存水弯	DN32	铜或塑料	个	1
8	压　盖	DN32	铜	个	1
9	角式截止阀	DN15	铜	个	1
10	弯　头	DN15	铸　铁	个	1
11	锁紧螺母(格令)	DN40	锻　铁	个	1

说明:

　1. 存水弯采用"S"型或"P"型,由设计决定。

　2. 挂式小便器上的铜管铜配件,其表面均镀铬,采用上海气动元件厂成套产品。

　3. 皮膜式自动虹吸器(自动冲洗阀)系上海风雷水暖器材厂产品。

图名	自动冲洗小便器安装图	图号	JS3-3-11

385

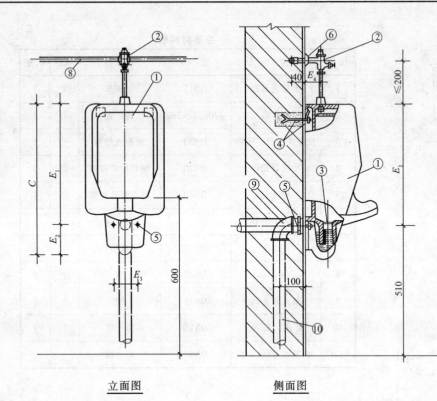

立面图　　　　　　　侧面图

平面图

主要材料表

编号	名 称	规 格	材 料	单位	数量
1	挂式小便器		陶 瓷	个	1
2	按钮冲洗阀	$DN15$	铜镀铬	套	1
3	排水栓	$DN50$	铜镀铬	个	1
4	螺栓挂件		A_3	副	2
5	排水接口附件		铜、螺栓等	套	1
6	压 盖		铜镀铬	个	1
7	三 通		锻 铁	个	1
8	冷水管		镀锌钢管	m	
9	弯 头	$DN50$	锻 铁	个	1
10	排水管	$DN50$	镀锌钢管	m	

说明:
1. 本图系根据唐山陶瓷厂和上海太平洋陶瓷有限公司生产的挂式小便器及北京市水暖器材厂一厂、广西平南水暖器材厂生产的挂便器配件成套产品尺寸编制。
2. 冷水管管径由设计决定。

壁挂式小便器尺寸表(mm)

生产厂　　　尺寸	A	B	C	E_1	E_2	E_3	E_4
上海太平洋陶瓷有限公司	460	320	745	600	145	110	65
唐山陶瓷厂	330	310	610	485	125	100	75
广东石湾建筑陶瓷厂	340	310	615	510	105	115	80

图名	按钮冲洗阀壁挂式小便器安装图	图号	JS3-3-12

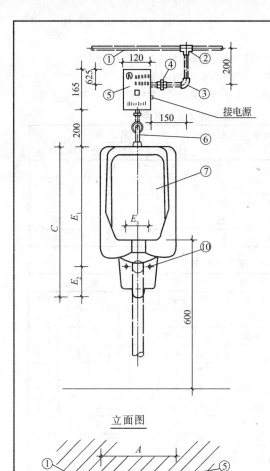

立面图

平面图

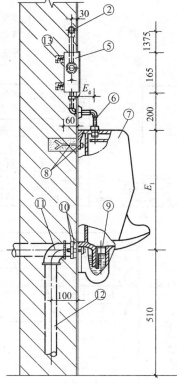

侧面图

主要材料表

编号	名 称	规 格	材 料	单位	数量
1	冷水管		镀锌钢管	m	
2	三 通		锻 铁	个	1
3	弯 头	DN15	锻 铁	个	1
4	活接头	DN15	锻 铁	个	1
5	光控自动冲洗器	G-7021		套	1
6	冲洗管	DN15	铜管镀铬	套	1
7	壁挂式小便器		陶 瓷	个	1
8	螺栓挂件		A₃	副	2
9	排水栓	DN50	铜镀铬	套	1
10	排水接口附件	DN50	铜、螺栓等	套	1
11	弯 头	DN50	锻 铁	个	1
12	排水管	DN50	镀锌钢管	m	
13	木榫木螺钉			个	

说明:

1. 本图系按广州水暖器材总厂生产的 G-7021 小便器自动冲洗器成套产品尺寸编制。

2. 人站在感应区内 1s,自动冲洗器即能自动出水冲洗人离开后,再持续冲洗 2s 自动关闭。

3. 技术参数:工作电压交流 220V±20V;消耗功率未出水<2W,出水<8W,工作水压及水质:0.05~0.6MPa 干净自来水,工作距离:60cm 以内。

4. 冷水管管径控制电源等由设计决定。

图名	光控自动冲洗壁挂式小便器安装图	图号	JS3-3-13

387

说明:
1. 小便槽的长度及罩式排水栓位置由项目设计决定。
2. 罩式排水栓可用铸铁或塑料地漏代替。
3. 冲洗管、塔式管、多孔管也可用塑料管,存水弯也可用 P 型。

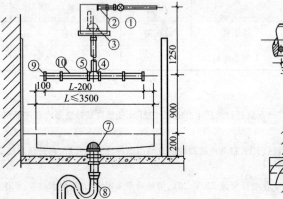

给水管

乙型立面图

侧面图

甲型立面图

多孔管详图

冲洗水箱规格选用表

小便槽长度 (m)	水箱有效容积(L)	③自动冲洗阀(mm)	管　道		
			⑮冲洗管	⑪塔式管	⑩多孔管
1.00	3.8	20	—	15	
1.10~2.00	7.6	20	20	—	15
2.10~3.50	11.4	25	25	—	20
3.60~5.00	15.2	25	25	20	20
5.10~6.00	19.0	32	32	25	20

主要材料表

编号	名　称	规　格	材　料	单位	数　量				
1	角式截止阀	DN15	铜或锻铁	个	1	1	1	1	1
2	水箱进水阀	DN15	铜	个	1	1	1	1	1
3	自动冲洗阀	DN20~DN32	铸铜或锻铁	个	1	1	1	1	1
4	三　通	—	锻　铁	个	1	1	1	1	1
5	补　心	—	锻　铁	个	2	2	2	6	6
6	弯　头	DN20~DN25	锻　铁	个	—	—	—	2	2
7	罩式排水栓	DN75	铜或尼龙	个	1	1	1	1	1
8	存水弯	DN75	铸　铁	个	1	1	1	1	1
9	管　帽	DN15~DN20	锻　铁	个	2	2	2	2	2
10	多孔管	DN15~DN20	镀锌钢管	m					
11	塔式管	DN20~DN25	镀锌钢管	m	—	—	—	1	1
12	活接头	DN20~DN25	锻　铁	个	—	—	1	1	1
13	冲洗水箱(连支架)	3.8~19L	钢板角钢	个	1	1	1	1	1
14	管接头	DN20~DN32	锻　铁	个	1	1	1	1	1
15	冲洗管	DN20~DN32	镀锌钢管	m	1.00	1.00	0.95	0.75	0.75

图名	自动冲洗小便槽安装图(甲、乙型)	图号	JS3-3-14

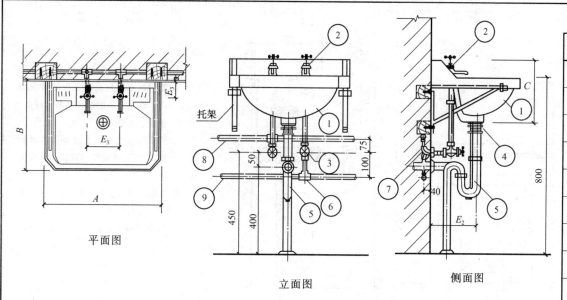

平面图

立面图

侧面图

主要材料表

编号	名　称	规　格	材　料	单位	数量
1	洗脸盆		陶　瓷	个	1
2	龙　头	DN15	铜镀铬	个	2
3	角式截止阀	DN15	铜镀铬	套	2
4	拼水栓	DN32	铜镀铬	套	1
5	存水弯	DN32	铜镀铬	套	1
6	三　通		锻　铁	个	2
7	弯　头	DN15	锻　铁	个	2
8	热水管		镀锌钢管		
9	冷水管		镀锌钢管		

洗脸盆尺寸表

规格 编号 代号	3.3A 18	4.4A 19	5	6	12	13	14	21	22	27	33	39	40	41	42
A	560	510	560	510	510	410	510	460	360	560	510	410	560	530	560
B	410	410	410	410	310	310	360	290	260	410	410	410	460	450	410
C	300	280	270	250	260	200	250	225	200	210	210	200	240	215	200
E_1	180/150	150	420	380	380	130	360	115	110	400	380	130	380	200	180
E_2	200	175	175	175	100	100	100	100	85	175	175	175	200	175	175
E_3	65	65	140	130	65	65	65	70	65	120	120	65	65	65	65

说明：

1. 本图按 3 号二明进水眼洗脸盆绘制。

2. 表中 18 号、19 号为中心单眼洗脸盆。

3. 表中 3A 号、4A 号为三暗进水眼洗脸盆。

4. 表中 13 号、21 号、22 号、39 号为右单眼洗脸盆，E_1 均为眼中心至下水口中心间距。

图名	洗脸盆安装图(冷热水)	图号	JS3-3-15

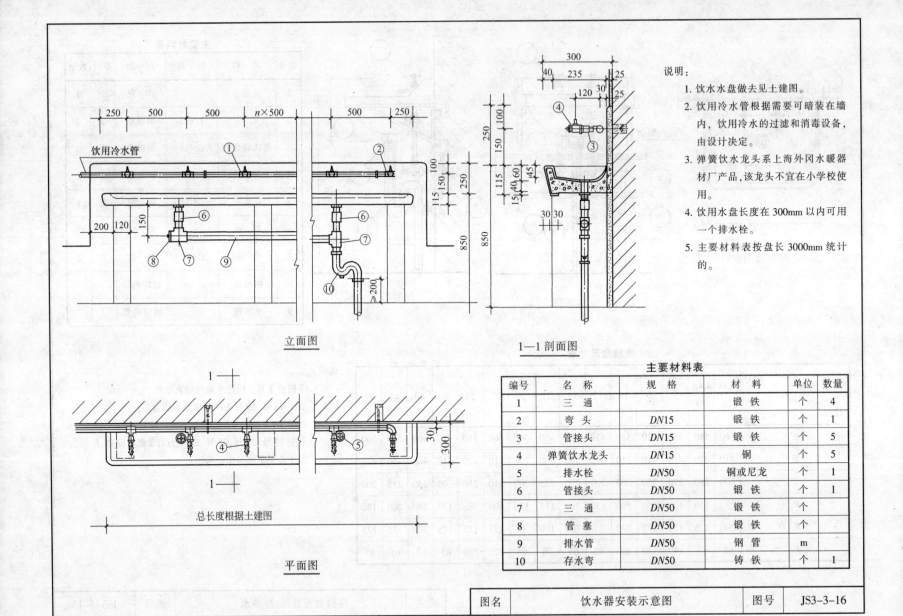

说明：

1. 饮水水盘做去见土建图。
2. 饮用冷水管根据需要可暗装在墙内，饮用冷水的过滤和消毒设备，由设计决定。
3. 弹簧饮水龙头系上海外冈水暖器材厂产品，该龙头不宜在小学校使用。
4. 饮用水盘长度在300mm以内可用一个排水栓。
5. 主要材料表按盘长3000mm统计的。

立面图

1—1剖面图

平面图

总长度根据土建图

主要材料表

编号	名 称	规 格	材 料	单位	数量
1	三 通		锻 铁	个	4
2	弯 头	DN15	锻 铁	个	1
3	管接头	DN15	锻 铁	个	5
4	弹簧饮水龙头	DN15	铜	个	5
5	排水栓	DN50	铜或尼龙	个	1
6	管接头	DN50	锻 铁	个	1
7	三 通	DN50	锻 铁	个	
8	管 塞	DN50	锻 铁	个	
9	排水管	DN50	钢 管	m	
10	存水弯	DN50	铸 铁	个	1

图名	饮水器安装示意图	图号	JS3-3-16

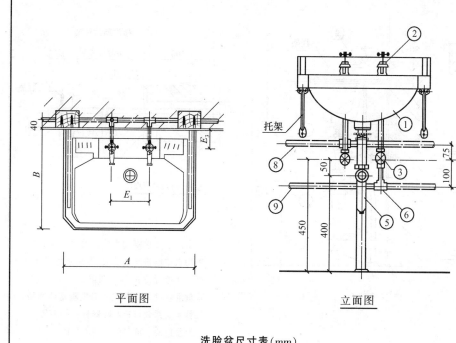

平面图　　　　　　　立面图

托架

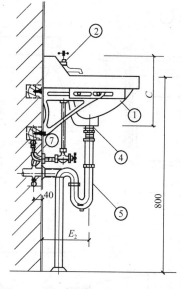

侧面图

说明：

本图洗脸盆安装系采用铸铁成品托架，也可以用DN15镀锌钢管制作。

洗脸盆尺寸表(mm)

尺寸代号 \ 生产厂	唐山建筑陶瓷厂				唐山陶瓷厂			北京市陶瓷厂		石湾建筑陶瓷厂		上海太平洋陶瓷有限公司
A	560	510	510	510	510	560	560	560	495	510	460	510
B	410	410	360	310	410	460	410	430	450	410	360	410
C	300	250	250	260	280	240	210	230	230	240	225	280
E_1	$180/150$	380	360	380	150	150	400	150	180	150	130	$150/180$
E_2	200	175	100	100	175	200	175	182	150	175	175	175
E_3	65	130	65	65	65	65	120	70	70	65	65	65

主要材料表

编号	名　称	规　格	材　料	单位	数量
1	洗脸盆		陶　瓷	个	1
2	龙　头	DN15	铜镀铬	个	2
3	角式截止阀	DN15	铜镀铬	套	2
4	排水栓	DN32	铜镀铬	套	1
5	存水弯		铜镀铬或塑料	套	1
6	三　通		锻　铁	个	2
7	弯　头	DN15	锻　铁	个	2
8	热水管		镀锌钢管	m	
9	冷水管		镀锌钢管	个	

图名	普通洗脸盆安装示意图	图号	JS3-3-17

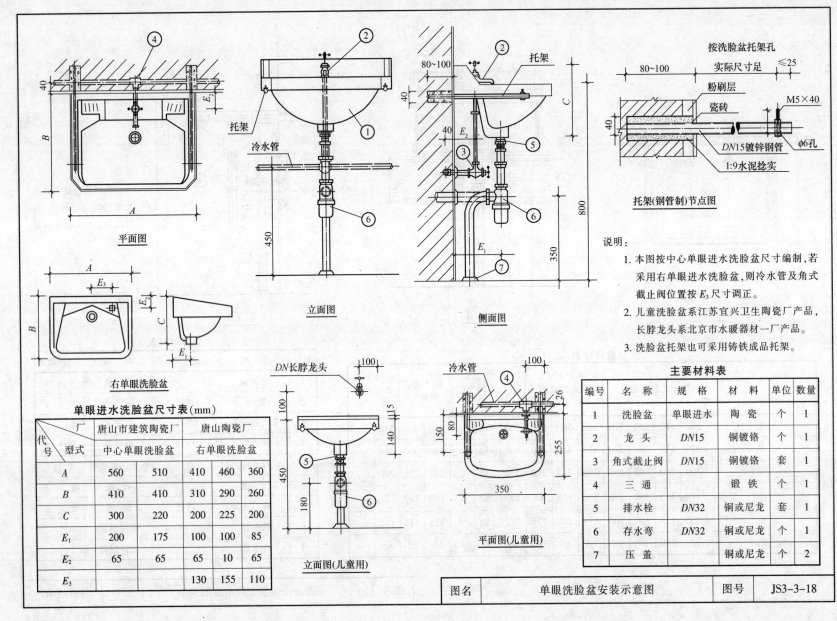

平面图

右单眼洗脸盆

单眼进水洗脸盆尺寸表(mm)

代号＼型式	唐山市建筑陶瓷厂	唐山陶瓷厂			
	中心单眼洗脸盆	右单眼洗脸盆			
A	560	510	410	460	360
B	410	410	310	290	260
C	300	220	200	225	200
E_1	200	175	100	100	85
E_2	65	65	65	10	65
E_3			130	155	110

立面图

侧面图

托架(钢管制)节点图

立面图(儿童用)

平面图(儿童用)

说明：
1. 本图按中心单眼进水洗脸盆尺寸编制,若采用右单眼进水洗脸盆,则冷水管及角式截止阀位置按 E_3 尺寸调正。
2. 儿童洗脸盆系江苏宜兴卫生陶瓷厂产品,长脖龙头系北京市水暖器材一厂产品。
3. 洗脸盆托架也可采用铸铁成品托架。

主要材料表

编号	名 称	规 格	材 料	单位	数量
1	洗脸盆	单眼进水	陶瓷	个	1
2	龙头	DN15	铜镀铬	个	1
3	角式截止阀	DN15	铜镀铬	套	1
4	三 通		锻铁	个	1
5	排水栓	DN32	铜或尼龙	套	1
6	存水弯	DN32	铜或尼龙	个	1
7	压 盖		铜或尼龙	个	2

图名	单眼洗脸盆安装示意图	图号	JS3-3-18

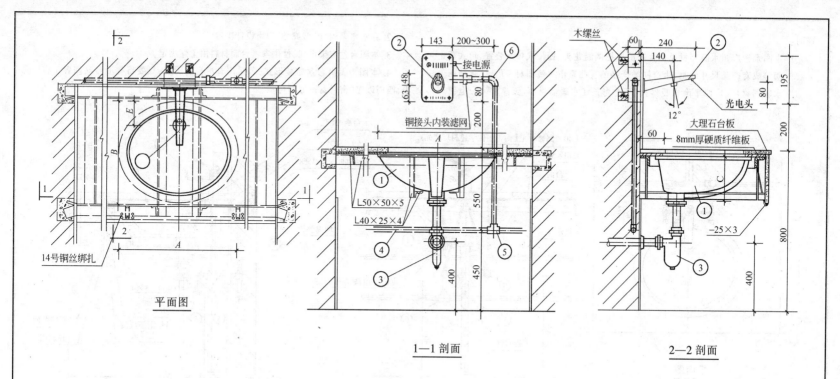

平面图

14号铜丝绑扎

1—1 剖面

铜接头内装滤网

接电源

2—2 剖面

木缧丝

光电头

大理石台板

8mm厚硬质纤维板

说明：

1. 入墙式光电控自动龙头系广州水暖器材总厂的
成套产品，是防止感染的卫生龙头，广泛应用于
商店、医院等处使用方便洗手时只要将手伸向
水嘴下方一定的位置，即能自动出水，手离开后
能自动关闭。

2. 使用该光电控自控龙头以配有色陶瓷的洗脸盆
为最佳。

3. 存水弯采用"P"型或"S"型由设计决定。

4. 控制电源等由电专业设计决定。

5. 主要技术参数：

工作电压：~180V~240V 50Hz。

熔丝电流：0.5A(外接)。

消耗功率：未出水<1W；出水：<10W。

工作水压及水质：0.05~0.6MPa，自来水。

允许环境温度：0~40℃。

反射距离：20cm+2cm(以无光泽白纸为准)。

工作反射距离：8~12cm(对人手)。

动作次数：30次/分。

主要材料表

编号	名　称	规　格	材　料	单位	数量
1	无沿台式洗脸盆		陶　瓷	个	1
2	入墙式光电控自动龙头	DN15	铜镀铬	套	1
3	存水弯	DN32	铜镀铬	套	1
4	冷水管		镀锌钢管	m	
5	三　通		锻　铁	个	1
6	90°弯头	DN15	锻　铁	个	1

图名	光电控龙头无沿台式洗脸盆安装图	图号	JS3-3-19

说明:

1. 本图系按广州水暖器材总厂生产的单把调温龙头、提拉式排水装置、角式截止阀等成套产品尺寸编制,生产同类产品的有北京市水暖器材一厂、广东洁丽美水暖器材厂、广西平南水暖器材厂、上海长江水暖器材厂、天津市第一电镀厂等。

2. 存水弯采用"P"型或"S"型由设计决定。

3. 本图台盆支架形式,仅供参考台面材料由土建决定。

4. 本图为无沿台盆暗装形式,若采用有沿台盆明装,只要将有沿台盆搁置于台面上,四周以YJ密封膏嵌缝即可。

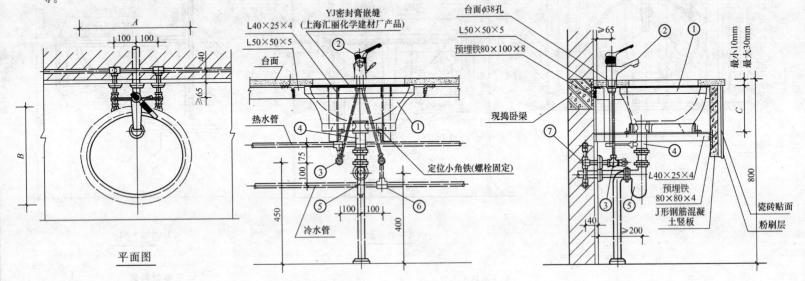

平面图

立面图

侧面图

主要材料表

编号	名　称	规　格	材料	单位	数量
1	无沿台式洗脸盆		陶瓷	个	1
2	单把调温龙头	DN15	铜镀铬	个	1
3	角式截止阀	DN15	铜镀铬	套	1
4	提拉式排水装置	DN32	铜镀铬	个	1
5	存水弯	DN32	铜镀铬	套	1
6	三　通		锻铁	个	2
7	弯　头	DN15	锻铁	个	2

图名	单把龙头无沿台式洗脸盆安装图	图号	JS3-3-20

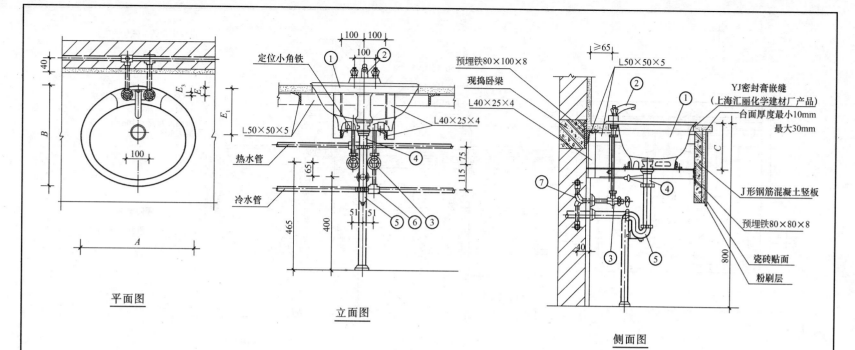

平面图

立面图

侧面图

说明：

1. 本图系按北京市水暖器材一厂生产的双联混合龙头,提拉式
   排水装置,角式截止阀等成套产品尺寸编制,生产同类产品
   的还有广州水暖器材总厂及上海长江水暖器材厂。

2. 存水弯采用"P"型或"S"型,由设计决定。

3. 台面板材料由土建设计决定。本图所绘的台盆支架形式仅供
   参考,其中涉及梁、板、预埋铁板等均由土建决定。

主要材料表

编号	名 称	规 格	材 料	单位	数量
1	有沿台式洗脸盆	双孔	陶 瓷	个	1
2	双联混合龙头	DN15	铜镀铬	个	1
3	角式截止阀	DN15	铜镀铬	套	2
4	提拉式排水装置	DN32	铜镀铬	套	1
5	存水弯	DN32	铜镀铬	套	1
6	三 通		锻 铁	个	2
7	弯 头	DN15	锻 铁	个	2

图名	双联混合龙头有沿台式洗脸盆安装图	图号	JS3-3-21

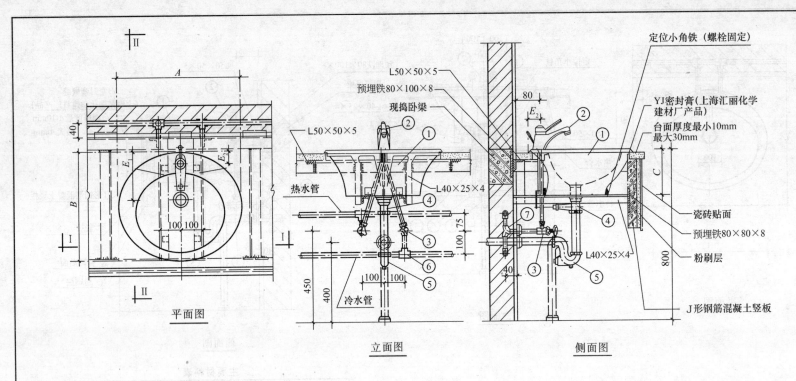

平面图　　立面图　　侧面图

主要材料表

编号	名　称	规　格	材料	单位	数量
1	有沿台式洗脸盆	单孔	陶瓷	个	1
2	单把调温龙头	DN15	铜镀铬	个	1
3	角式截止阀	DN15	铜镀铬	套	1
4	提拉式排水装置	DN32	铜镀铬	套	1
5	存水弯	DN32	铜镀铬	个	1
6	三　通		锻　铁	个	2
7	弯　头	DN15	锻　铁	个	2

说明:

1. 本图系按北京市水暖器材一厂生产的单把调温龙头、提拉式排水装置、角式截止阀等成套产品尺寸编制,生产同类产品的还有广州市水暖器材总厂、广东洁丽美水暖器材厂、广西平南水暖器材厂、上海长江水暖器材厂、天津第一电镀厂、天津市卫生洁具厂。

2. 存水弯采用"P"型或"S"型由设计决定。

3. 台面材料由土建决定,本图所绘的台盆支架形式仅供参考,其中涉及梁、板、预埋铁板等均供土建考虑。

图名	单把龙头有沿式洗脸盆安装示意图	图号	JS3-3-22

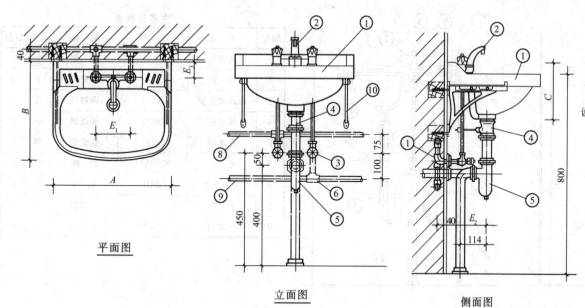

平面图

立面图

侧面图

说明：

1. 本图系根据广州水暖器材总厂生产的
Q411型双联混合龙头提拉式排水装置
存水弯和角阀等成套产品编制。

2. 存水弯采用"P"型或"S"型由设计选用。

洗脸盆规格表

规格 代号 生产厂	A	B	C	E_1	E_2	E_3
石湾建筑陶瓷厂	460	360	225	150	175	65
	510	410	240	150	175	65
北京陶瓷厂	560	430	230	150	182	70

主要材料表

编号	名 称	规 格	材 料	单位	数量
1	洗脸盆		陶 瓷	个	1
2	双联混合龙头	DN15	铜镀铬	个	1
3	角式截止阀	DN15	铜镀铬	套	2
4	提拉式排水装置	DN32	铜镀铬	套	1
5	存水弯	DN32	铜镀铬	个	1
6	三 通		锻 铁	个	2
7	弯 头	DN15	锻 铁	个	2
8	热水管		镀锌钢管	m	
9	冷水管		镀锌钢管	m	
10	洗脸盆支架		铸 铁	个	2

图名	双联混合龙头洗脸盆安装示意图	图号	JS3-3-23

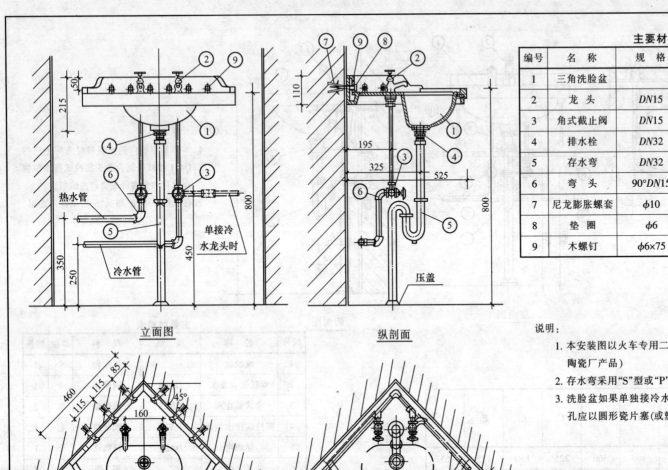

主要材料表

编号	名 称	规 格	材 料	单位	数量
1	三角洗脸盆		陶 瓷	个	1
2	龙 头	DN15	铜镀铬	个	2
3	角式截止阀	DN15	铜镀铬	套	2
4	排水栓	DN32	铜镀铬	套	1
5	存水弯	DN32	铜镀铬	套	1
6	弯 头	90°DN15	锻 铁	个	5
7	尼龙膨胀螺套	φ10	尼 龙	个	6
8	垫 圈	φ6	A₃镀锌	个	6
9	木螺钉	φ6×75	不锈钢	个	6

立面图

纵剖面

平面图

接管平面图

说明：

1. 本安装图以火车专用二眼进水三角洗脸盆绘制。(唐山陶瓷厂产品)

2. 存水弯采用"S"型或"P"型由设计决定。

3. 洗脸盆如果单独接冷水龙头则洗脸盆上热水龙头安装孔应以圆形瓷片塞(或塑料塞)用环氧树脂将孔洞封闭。

图名	角式洗脸盆安装示意图	图号	JS3-3-24

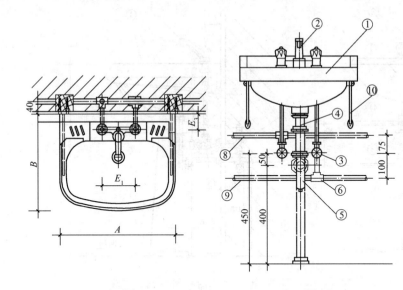

平面图 　　　　　立面图

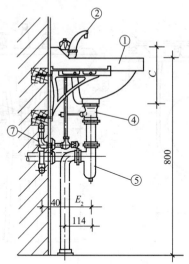

侧面图

说明：
1. 本图系根据广州水暖器材总厂生产的Q411型双联混合龙头提拉式排水装置存水弯和角阀等成套产品编制。
2. 存水弯采用"P"型或"S"型由设计选用。

主要材料表

编号	名　称	规　格	材　料	单位	数量
1	洗脸盆		陶　瓷	个	1
2	双联混合龙头	DN15	铜镀铬	个	1
3	角式截止阀	DN15	铜镀铬	套	2
4	提拉式排水装置	DN32	铜镀铬	套	1
5	存水弯 .	DN32	铜镀铬	个	1
6	三　通		锻　铁	个	2
7	弯　头	DN15	锻　铁	个	2
8	热水管		镀锌钢管	m	
9	冷水管		镀锌钢管	m	
10	洗脸盆支架		铸　铁	个	2

洗脸盆规格表

生产厂 ＼ 规格 代号	A	B	C	E_1	E_2	E_3
石湾建筑陶瓷厂	460	360	225	150	175	65
	510	410	240	150	175	65
北京陶瓷厂	560	430	230	150	182	70

图名	双联混合龙头洗脸盆安装示意图	图号	JS3-3-25

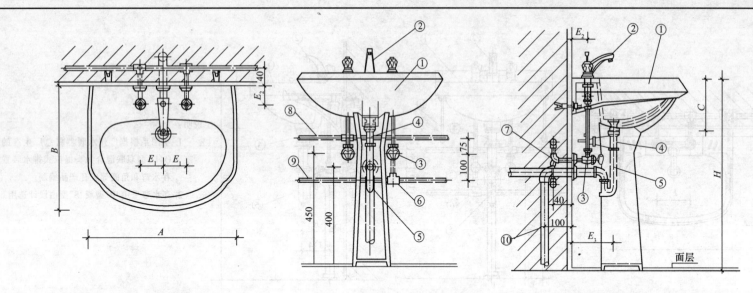

平面图　　　　　立面图　　　　　侧面图

主要材料表

编号	名　称	规　格	材　料	单位	数量
1	立式洗脸盆		陶瓷	个	1
2	双联混合龙头	DN15	铜镀铬	个	1
3	角式截止阀	DN15	铜镀铬	套	2
4	提拉式排水装置	DN32	铜镀铬	套	1
5	存水弯	DN32	铜镀铬	套	1
6	三　通		锻铁	个	2
7	弯头	DN15	锻铁	个	2
8	热水管		镀锌钢管	m	
9	冷水管		镀锌钢管	m	
10	排水管	DN32	镀锌铜管	m	

立式洗脸盆尺寸表

生产厂	型号	A	B	C	E_1	E_2	E_3	H
唐山建筑陶瓷厂	前进1号	635	510	215	100	65	185	180
	前进2号	660	510	200	100	65	200	800
唐山陶瓷厂	唐山1号	680	530	200	100	65	200	810
	唐陶2号	610	470	148	100	65	200	778
上海太平洋陶瓷有限公司	GLI 605	600	530	240	100	75	220	830

说明：

本图按前进1号立式洗脸盆及北京市水暖器材一厂生产的双联混合龙头、存水弯等成套产品的尺寸绘制的,生产同类成套产品的还有平南水暖器材厂、天津第一电镀厂、上海风雷水暖器材厂、上海气动元件厂、宁波市五金阀门总厂水暖器材分厂生产的双联混合龙头等成套产品也可采用。

图名	双联混合龙头立式洗脸盆安装图	图号	JS3-3-26

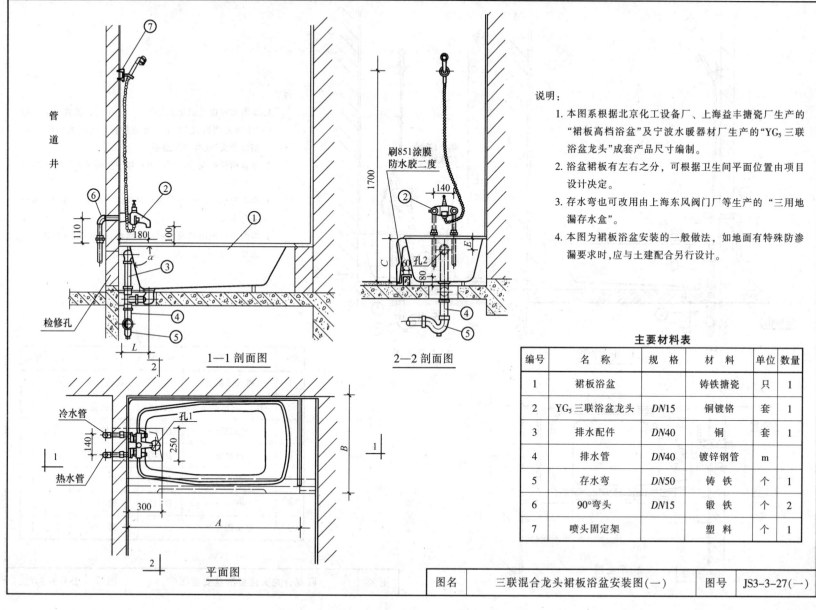

管道井

检修孔

1—1 剖面图

冷水管

热水管

300

A

B

孔1

250

140

2

平面图

刷851涂膜
防水胶二度

1700

140

刷2

60

80

C

E

2—2 剖面图

说明：

1. 本图系根据北京化工设备厂、上海益丰搪瓷厂生产的
   "裙板高档浴盆"及宁波水暖器材厂生产的"YG₅三联
   浴盆龙头"成套产品尺寸编制。

2. 浴盆裙板有左右之分，可根据卫生间平面位置由项目
   设计决定。

3. 存水弯也可改用由上海东风阀门厂等生产的"三用地
   漏存水盒"。

4. 本图为裙板浴盆安装的一般做法，如地面有特殊防渗
   漏要求时，应与土建配合另行设计。

主要材料表

编号	名 称	规 格	材 料	单位	数量
1	裙板浴盆		铸铁搪瓷	只	1
2	YG₅三联浴盆龙头	DN15	铜镀铬	套	1
3	排水配件	DN40	铜	套	1
4	排水管	DN40	镀锌钢管	m	
5	存水弯	DN50	铸 铁	个	1
6	90°弯头	DN15	锻 铁	个	2
7	喷头固定架		塑 料	个	1

图名	三联混合龙头裙板浴盆安装图(一)	图号	JS3-3-27(一)

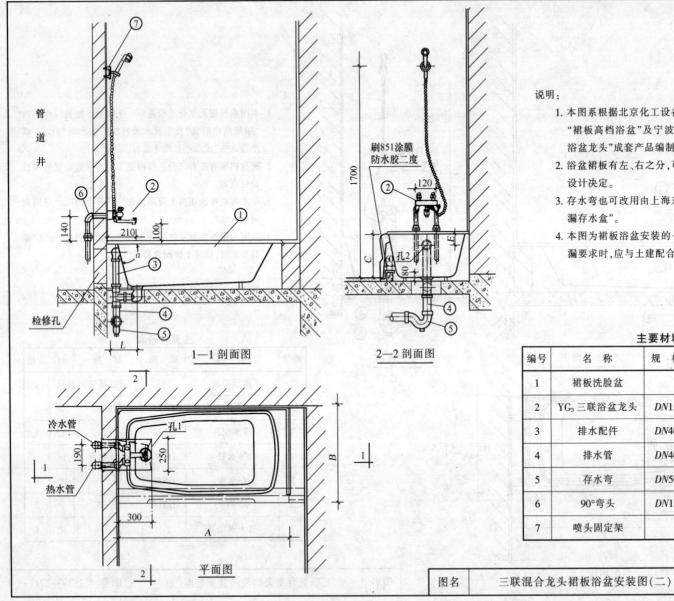

1—1 剖面图

2—2 剖面图

刷851涂膜
防水胶二度

检修孔

冷水管

热水管

孔1

平面图

说明：

1. 本图系根据北京化工设备厂、上海益丰搪瓷厂生产的
   "裙板高档浴盆"及宁波水暖器材厂生产的"YG₃三联
   浴盆龙头"成套产品编制。

2. 浴盆裙板有左、右之分，可根据卫生间平面位置由项目
   设计决定。

3. 存水弯也可改用由上海东风阀门厂等生产的"三用地
   漏存水盒"。

4. 本图为裙板浴盆安装的一般做法，如地面有特殊防渗
   漏要求时，应与土建配合另行设计。

主要材料表

编号	名　称	规　格	材　料	单位	数量
1	裙板洗脸盆		铸铁搪瓷	只	1
2	YG₃三联浴盆龙头	DN15	铜镀铬	套	1
3	排水配件	DN40	铜	套	1
4	排水管	DN40	镀锌钢管	m	1
5	存水弯	DN50	铸　铁	个	1
6	90°弯头	DN15	锻　铁	个	2
7	喷头固定架		塑　料	个	1

图名	三联混合龙头裙板浴盆安装图(二)	图号	JS3-3-27(二)

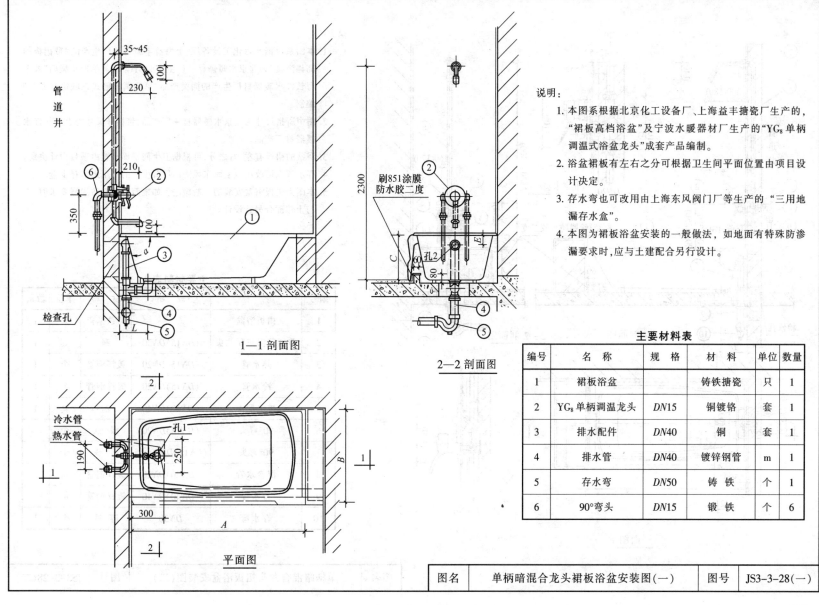

管道井

35~45

230

210

350

检查孔

1—1 剖面图

冷水管
热水管

孔1

250

190

300

A

B

平面图

2—2 剖面图

2300

刷851涂膜
防水胶二度

孔2

80

60

E

C

说明:

1. 本图系根据北京化工设备厂、上海益丰搪瓷厂生产的,"裙板高档浴盆"及宁波水暖器材厂生产的"YG_8单柄调温式浴盆龙头"成套产品编制。

2. 浴盆裙板有左右之分可根据卫生间平面位置由项目设计决定。

3. 存水弯也可改用由上海东风阀门厂等生产的"三用地漏存水盒"。

4. 本图为裙板浴盆安装的一般做法,如地面有特殊防渗漏要求时,应与土建配合另行设计。

主要材料表

编号	名　称	规　格	材　料	单位	数量
1	裙板浴盆		铸铁搪瓷	只	1
2	YG_8单柄调温龙头	DN15	铜镀铬	套	1
3	排水配件	DN40	铜	套	1
4	排水管	DN40	镀锌钢管	m	1
5	存水弯	DN50	铸　铁	个	1
6	90°弯头	DN15	锻　铁	个	6

图名	单柄暗混合龙头裙板浴盆安装图(一)	图号	JS3-3-28(一)

403

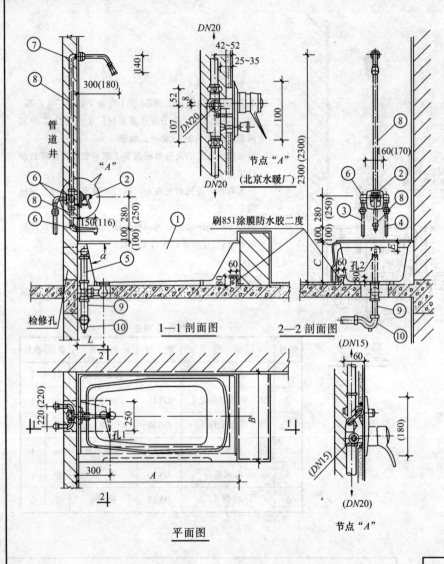

平面图

节点 "A"

(DN15)

(DN20)

1—1 剖面图

2—2 剖面图

节点 "A"
(北京水暖厂)

说明：

1. 本图系根据北京化工设备厂、上海益丰搪瓷总厂生产的"带裙板的高档浴盆"和北京水暖器材一厂生产的"YG₆浴盆单把暗袋门"及上海长江水暖器材厂生产的同类产品"单柄调温壁式三联浴盆龙头"编制。

2. 图中所指尺寸为北京水暖器材一厂产品，带括号尺寸为上海长江水暖器材厂产品。

3. 浴盆的裙板有左、右之分，可根据卫生间平面布置由项目设计决定。

4. 存水弯也可改用由上海东风阀门厂等生产的三用地漏存水盒。

5. 本图为裙板浴盆安装的一般做法，如地面有特殊防渗漏要求时，应与土建配合另行设计。

主要材料表

编号	名　称	规　格	材料	单位	数量
1	裙板浴盆		铸铁搪瓷	只	1
2	单柄调温三联龙头	(DN15)DN20	铜	套	1
3	热水管	(DN15)DN20	镀锌钢管	个	1
4	冷水管	(DN15)DN20	镀锌钢管	个	1
5	排水配件	(DN40)DN40	铜	套	1
6	90°弯头	(DN15)DN20	锻 铁	个	1
7	90°弯头	(DN15)DN20×15	锻 铁	个	1
8	混合水管	(DN20)DN20	镀锌钢管	m	
9	排水管	(DN40)DN40	镀锌钢管	m	
10	存水弯	DN50	铸 铁	个	1

图名	单柄暗混合龙头裙板浴盆安装图(二)	图号	JS3-3-28(二)

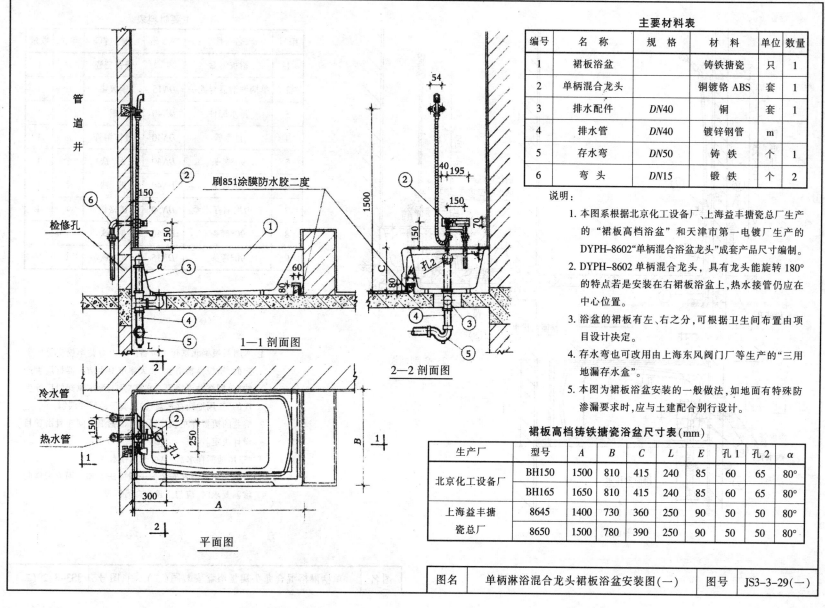

主要材料表

编号	名称	规格	材料	单位	数量
1	裙板浴盆		铸铁搪瓷	只	1
2	单柄混合龙头		铜镀铬 ABS	套	1
3	排水配件	DN40	铜	套	1
4	排水管	DN40	镀锌钢管	m	
5	存水弯	DN50	铸铁	个	1
6	弯头	DN15	锻铁	个	2

说明:

1. 本图系根据北京化工设备厂、上海益丰搪瓷总厂生产的"裙板高档浴盆"和天津市第一电镀厂生产的DYPH-8602"单柄混合浴盆龙头"成套产品尺寸编制。

2. DYPH-8602 单柄混合龙头,具有龙头能旋转180°的特点若是安装在右裙板浴盆上,热水接管仍应在中心位置。

3. 浴盆的裙板有左、右之分,可根据卫生间布置由项目设计决定。

4. 存水弯也可改用由上海东风阀门厂等生产的"三用地漏存水盒"。

5. 本图为裙板浴盆安装的一般做法,如地面有特殊防渗漏要求时,应与土建配合别行设计。

裙板高档铸铁搪瓷浴盆尺寸表(mm)

生产厂	型号	A	B	C	L	E	孔1	孔2	α
北京化工设备厂	BH150	1500	810	415	240	85	60	65	80°
	BH165	1650	810	415	240	85	60	65	80°
上海益丰搪瓷总厂	8645	1400	730	360	250	90	50	50	80°
	8650	1500	780	390	250	90	50	50	80°

图名	单柄淋浴混合龙头裙板浴盆安装图(一)	图号	JS3-3-29(一)

405

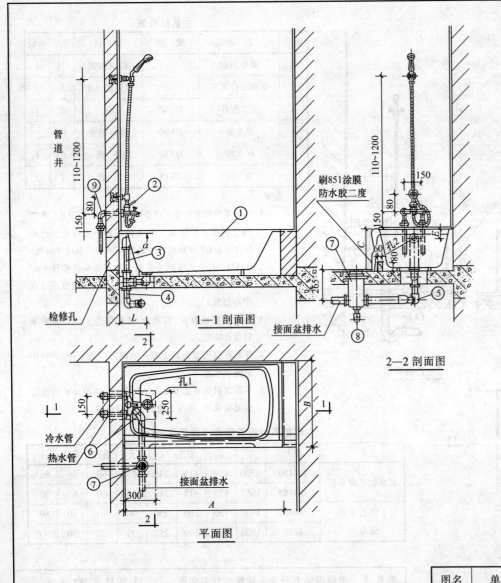

主要材料表					
编号	名　称	规　格	材　料	单位	数量
1	裙板浴盆		铸铁搪瓷	只	1
2	单柄淋浴混合龙头	DN15	铜镀铬	套	1
3	排水配件	DN40	铜	套	1
4	排水管	DN40	镀锌钢管	m	1
5	90°弯头	DN40	锻　铁	个	1
6	45°弯头	DN40	锻　铁	个	1
7	三用地漏存水盒	DN50	铜镀铬铸铁	个	1
8	90°弯头	DN50	锻　铁	个	1
9	90°弯头	DN15	锻　铁	个	2

说明：

1. 本图系根据北京化工设备厂、上海益丰搪瓷总厂生产的"裙板高档浴盆"和天津市卫生洁具器材厂生产的"单柄浴盆淋浴混合水嘴"及上海东风阀门厂等生产的"三用地漏存水盒"的成套产品尺寸编制。

2. 浴盆的裙板有左、右之分，可根据卫生间布置由项目设计决定。

3. "三用地漏存水盒"也可改用存水弯。

4. 本图为裙板浴盆安装的一般做法，如地面有特殊防渗漏要求时，应与土建配合另行设计。

图名	单柄淋浴混合龙头裙板浴盆安装图(二)	图号	JS3-3-29(二)

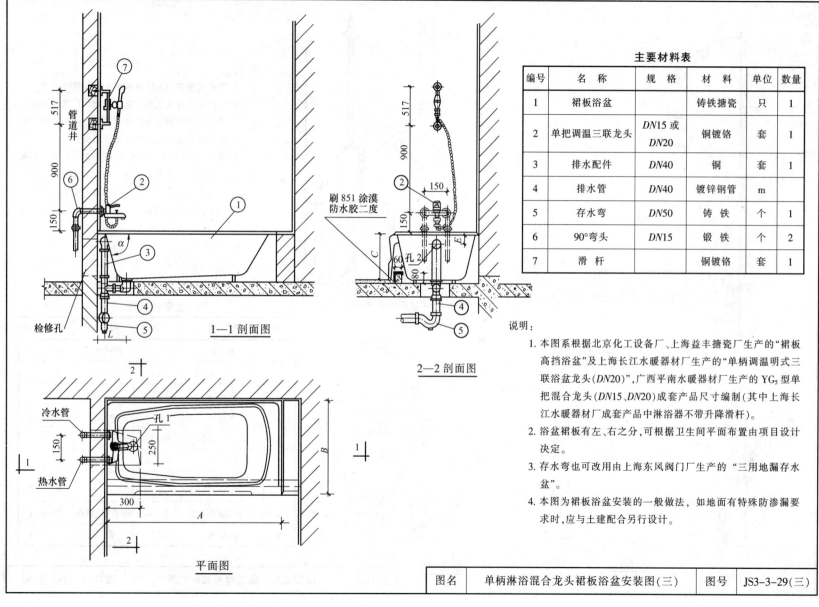

主要材料表

编号	名 称	规 格	材 料	单位	数量
1	裙板浴盆		铸铁搪瓷	只	1
2	单把调温三联龙头	DN15 或 DN20	铜镀铬	套	1
3	排水配件	DN40	铜	套	1
4	排水管	DN40	镀锌钢管	m	
5	存水弯	DN50	铸 铁	个	1
6	90°弯头	DN15	锻 铁	个	2
7	滑 杆		铜镀铬	套	1

刷 851 涂漠防水胶二度

1—1 剖面图

2—2 剖面图

平面图

说明:

1. 本图系根据北京化工设备厂、上海益丰搪瓷厂生产的"裙板高挡浴盆"及上海长江水暖器材厂生产的"单柄调温明式三联浴盆龙头(DN20)",广西平南水暖器材厂生产的 YG₅ 型单把混合龙头(DN15、DN20)成套产品尺寸编制(其中上海长江水暖器材厂成套产品中淋浴器不带升降滑杆)。

2. 浴盆裙板有左、右之分,可根据卫生间平面布置由项目设计决定。

3. 存水弯也可改用由上海东风阀门厂生产的"三用地漏存水盆"。

4. 本图为裙板浴盆安装的一般做法,如地面有特殊防渗漏要求时,应与土建配合另行设计。

图名	单柄淋浴混合龙头裙板浴盆安装图(三)	图号	JS3-3-29(三)

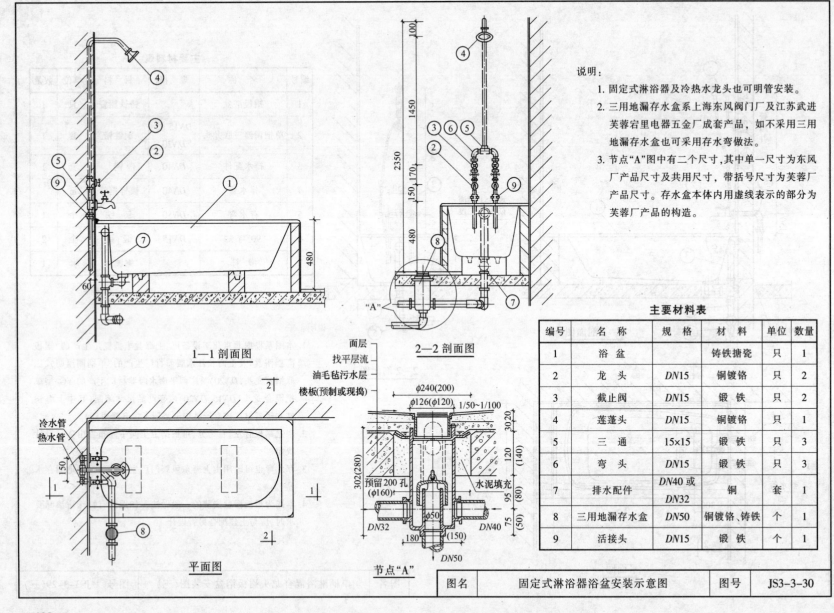

说明:
1. 固定式淋浴器及冷热水龙头也可明管安装。
2. 三用地漏存水盒系上海东风阀门厂及江苏武进芙蓉宕里电器五金厂成套产品,如不采用三用地漏存水盒也可采用存水弯做法。
3. 节点"A"图中有二个尺寸,其中单一尺寸为东风厂产品尺寸及共用尺寸,带括号尺寸为芙蓉厂产品尺寸。存水盒本体内用虚线表示的部分为芙蓉厂产品的构造。

1—1 剖面图

2—2 剖面图

面层
找平层流
油毛毡污水层
楼板(预制或现捣)

平面图

冷水管
热水管

节点"A"

主要材料表

编号	名　称	规　格	材　料	单位	数量
1	浴　盆		铸铁搪瓷	只	1
2	龙　头	DN15	铜镀铬	只	2
3	截止阀	DN15	锻　铁	只	2
4	莲蓬头	DN15	铜镀铬	只	1
5	三　通	15×15	锻　铁	只	3
6	弯　头	DN15	锻　铁	只	3
7	排水配件	DN40 或 DN32	铜	套	1
8	三用地漏存水盒	DN50	铜镀铬、铸铁	个	1
9	活接头	DN15	锻　铁	个	1

| 图名 | 固定式淋浴器浴盆安装示意图 | 图号 | JS3-3-30 |

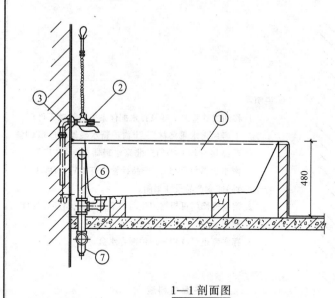

1—1 剖面图

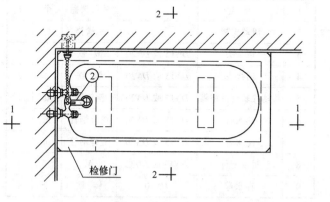

平面图

检修门

2—2 剖面图

说明：

1. 软管淋浴器系按北京市水暖器材一厂、广西平南水暖器材厂(以上产品接管均有 $DN15$、$DN20$ 二种)、上海气动元件厂、天津市卫生洁具厂、天津第一电镀厂、广州水暖器材总厂、广东洁丽美水暖器材厂(以上产品均为 $DN15$)的成套产品编制。

2. 浴盆检修门可根据卫生间的平面布置，由项目设计决定。

3. 存水弯也可改用三用地漏存水盒。

主要材料表

编号	名 称	规 格	材 料	单位	数量
1	浴 盆		铸铁搪瓷	个	1
2	软管淋浴器	$DN15$ 或 $DN20$	铜镀铬	套	1
3	弯 头	$DN15$ 或 $DN20$	锻 铁	个	2
4	热水管	$DN15$ 或 $DN20$	镀锌钢管	m	
5	冷水管	$DN15$ 或 $DN20$	镀锌钢管	m	
6	排水配件	$DN40$ 或 $DN20$	铜	套	1
7	存水弯	$DN50$	铸 铁	个	1

图名	软管淋浴器浴盆安装示意图	图号	JS3-3-31

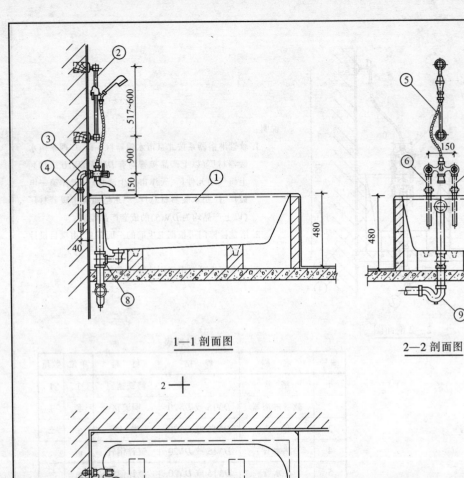

说明：

1. 移动式软管淋浴器及排水配件系上海气动元件厂、上海风雷水暖器材厂、上海沪新水暖器材厂(以上产品接管均有 $DN15$)北京水暖器材一厂、广西平南水暖器材厂(以上产品接管均有 $DN15$、$DN20$ 二种)成套产品尺寸编制。

2. 浴盆检修门可根据卫生间的平面布置，由项目设计决定。

3. 存水弯也可改用三用地漏存水盒。

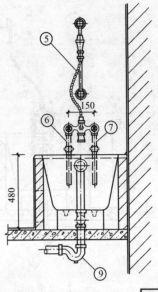

2—2 剖面图

主要材料表

编号	名　称	规　格	材　料	单位	数量
1	浴　盆		铸铁搪瓷	个	1
2	滑动支架		铜镀铬	套	1
3	弯头	$DN15$ 或 $DN20$	锻　铁	个	2
4	活接头	$DN15$ 或 $DN20$	锻　铁	个	2
5	移动式软管淋浴器	$DN15$ 或 $DN20$	铜镀铬	套	1
6	热水管	$DN15$ 或 $DN20$	镀锌钢管	m	
7	冷水管	$DN15$ 或 $DN20$	镀锌钢管	m	
8	排水配件	$DN40$ 或 $DN32$	铜	套	1
9	存水弯	$DN50$	铸　铁	个	1

1—1 剖面图

平面图

检修门

图名	移动式软管淋浴浴盆安装示意图	图号	JS3-3-32

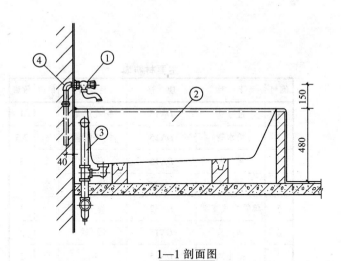

1—1 剖面图

2—2 剖面图

说明：
1. 混合龙头及排水配件系按上海气动元件厂、上海风雷水暖器材厂、上海沪新水暖器材厂、天津市卫生洁具厂、广西平南水暖器材厂成套产品的尺寸编制。
2. 浴盆检修门的开设位置，由项目设计决定。
3. 存水弯也可改用三用地漏存水盒。

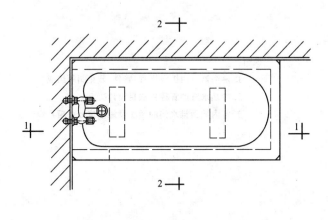

平面图

主要材料表

编号	名　称	规　格	材　料	单位	数量
1	混合龙头	DN15	铜镀铬	个	1
2	浴　盆		铸铁搪瓷	个	1
3	排水配件	DN40 或 DN32	铜	套	1
4	弯　头	DN15	锻　铁	个	2
5	活接头		锻　铁	个	2
6	热水管	DN15	镀锌钢管	m	
7	冷水管	DN15	镀锌钢管	m	
8	存水弯	DN50	铸　铁	个	1

图名	混合龙头浴盆安装示意图	图号	JS3-3-33

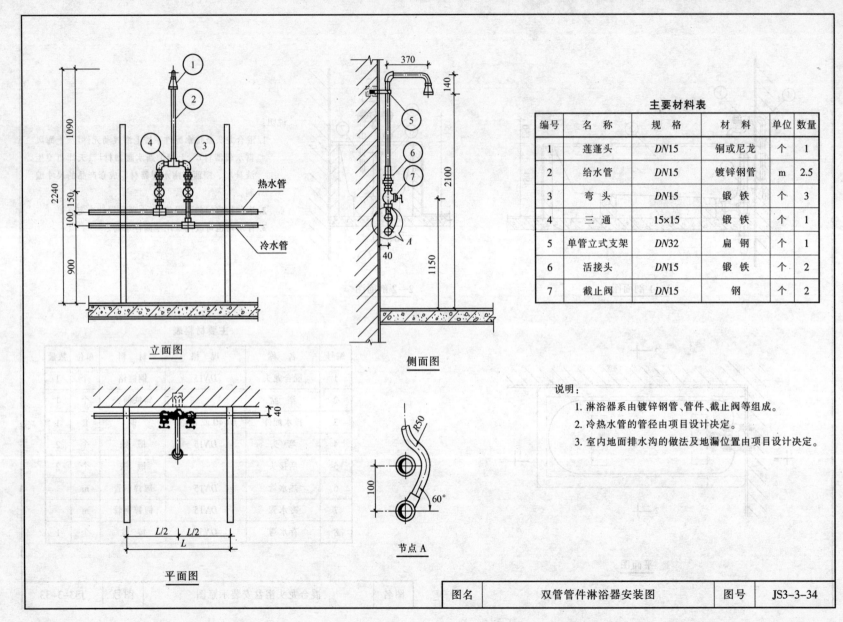

主要材料表					
编号	名 称	规 格	材 料	单位	数量
1	莲蓬头	DN15	铜或尼龙	个	1
2	给水管	DN15	镀锌钢管	m	2.5
3	弯头	DN15	锻 铁	个	3
4	三 通	15×15	锻 铁	个	1
5	单管立式支架	DN32	扁 钢	个	1
6	活接头	DN15	锻 铁	个	2
7	截止阀	DN15	钢	个	2

热水管

冷水管

立面图

平面图

侧面图

节点A

说明:
1. 淋浴器系由镀锌钢管、管件、截止阀等组成。
2. 冷热水管的管径由项目设计决定。
3. 室内地面排水沟的做法及地漏位置由项目设计决定。

图名	双管管件淋浴器安装图	图号	JS3-3-34

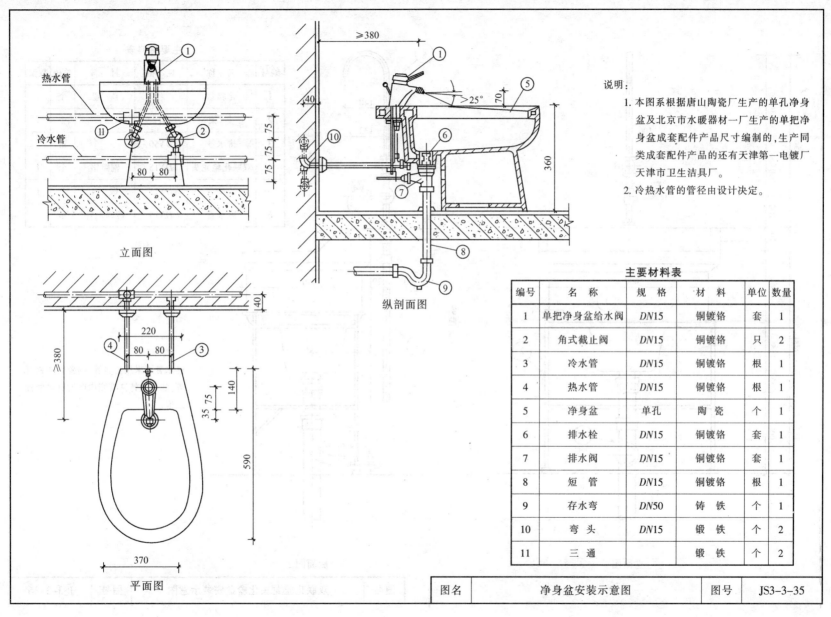

热水管

冷水管

⑪

②

80 80

立面图

≥380

220

80 80

④

③

35 75

140

590

370

平面图

≥380

40

⑩

⑦

25°

70

⑤

①

40

360

⑥

⑧

⑨

纵剖面图

说明：

1. 本图系根据唐山陶瓷厂生产的单孔净身盆及北京市水暖器材一厂生产的单把净身盆成套配件产品尺寸编制的，生产同类成套配件产品的还有天津第一电镀厂天津市卫生洁具厂。

2. 冷热水管的管径由设计决定。

主要材料表

编号	名　称	规　格	材　料	单位	数量
1	单把净身盆给水阀	DN15	铜镀铬	套	1
2	角式截止阀	DN15	铜镀铬	只	2
3	冷水管	DN15	铜镀铬	根	1
4	热水管	DN15	铜镀铬	根	1
5	净身盆	单孔	陶瓷	个	1
6	排水栓	DN15	铜镀铬	套	1
7	排水阀	DN15	铜镀铬	套	1
8	短　管	DN15	铜镀铬	根	1
9	存水弯	DN50	铸　铁	个	1
10	弯　头	DN15	锻　铁	个	2
11	三　通		锻　铁	个	2

图名	净身盆安装示意图	图号	JS3-3-35

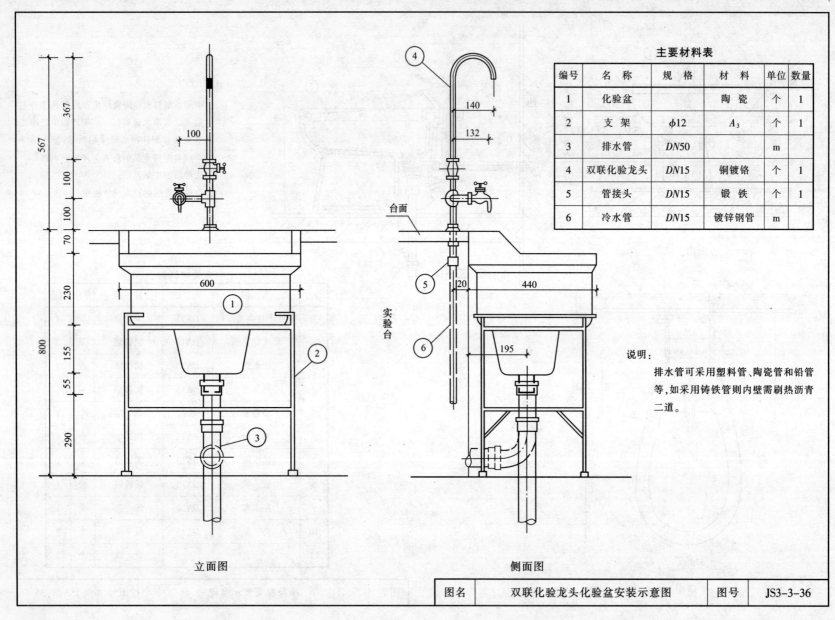

主要材料表

编号	名 称	规 格	材 料	单位	数量
1	化验盆		陶 瓷	个	1
2	支 架	$\phi12$	A_3	个	1
3	排水管	DN50		m	
4	双联化验龙头	DN15	铜镀铬	个	1
5	管接头	DN15	锻 铁	个	1
6	冷水管	DN15	镀锌钢管	m	

说明：

排水管可采用塑料管、陶瓷管和铅管等,如采用铸铁管则内壁需刷热沥青二道。

立面图

侧面图

图名	双联化验龙头化验盆安装示意图	图号	JS3-3-36

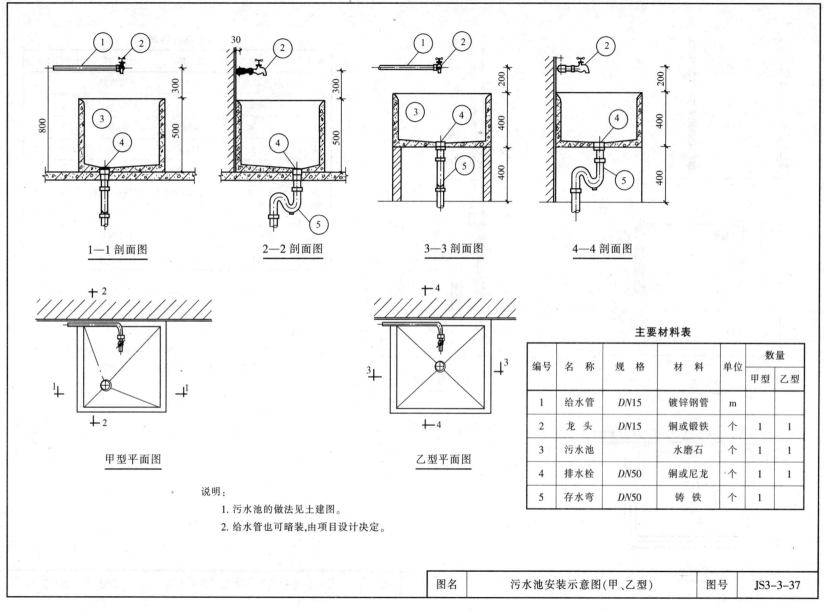

1—1 剖面图   2—2 剖面图   3—3 剖面图   4—4 剖面图

甲型平面图   乙型平面图

主要材料表

编号	名　称	规　格	材　料	单位	数量	
					甲型	乙型
1	给水管	DN15	镀锌钢管	m		
2	龙　头	DN15	铜或锻铁	个	1	1
3	污水池		水磨石	个	1	1
4	排水栓	DN50	铜或尼龙	个	1	1
5	存水弯	DN50	铸　铁	个	1	

说明:
　1. 污水池的做法见土建图。
　2. 给水管也可暗装,由项目设计决定。

图名	污水池安装示意图(甲、乙型)	图号	JS3-3-37

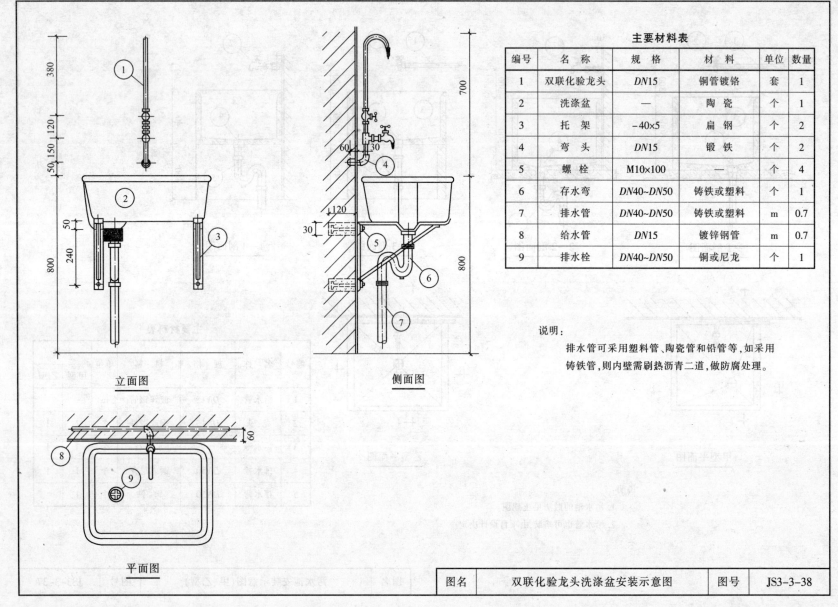

主要材料表

编号	名 称	规 格	材 料	单位	数量
1	双联化验龙头	DN15	铜管镀铬	套	1
2	洗涤盆	—	陶 瓷	个	1
3	托 架	-40×5	扁 钢	个	2
4	弯 头	DN15	锻 铁	个	2
5	螺 栓	M10×100	—	个	4
6	存水弯	DN40~DN50	铸铁或塑料	个	1
7	排水管	DN40~DN50	铸铁或塑料	m	0.7
8	给水管	DN15	镀锌钢管	m	0.7
9	排水栓	DN40~DN50	铜或尼龙	个	1

说明:

排水管可采用塑料管、陶瓷管和铅管等,如采用
铸铁管,则内壁需刷热沥青二道,做防腐处理。

立面图

侧面图

平面图

图名	双联化验龙头洗涤盆安装示意图	图号	JS3-3-38

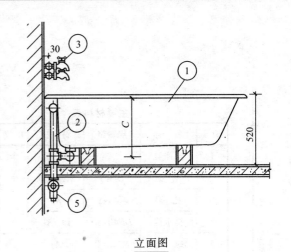

立面图

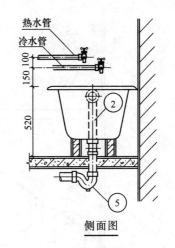

热水管
冷水管

侧面图

主要材料表

编号	名 称	规 格	材 料	单位	数量
1	浴 盆	—	铸铁搪瓷	个	1
2	排水配件	DN40	铜	套	1
3	龙 头	DN15	铜或锻铁	个	2
4	弯 头	DN15	锻 铁	个	2
5	存水弯	DN50	锻 铁	个	1

浴盆规格尺寸表

名称 \ 尺寸	A	B	C
方边浴盆	1500	750	425
方边浴盆	1600	770	435
方边浴盆	1850	810	445
小号浴盆	1690	722	446
大号浴盆	1860	840	430

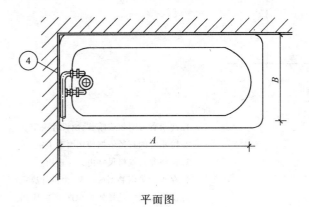

平面图

图名	冷热水龙头浴盆安装图	图号	JS3-3-39

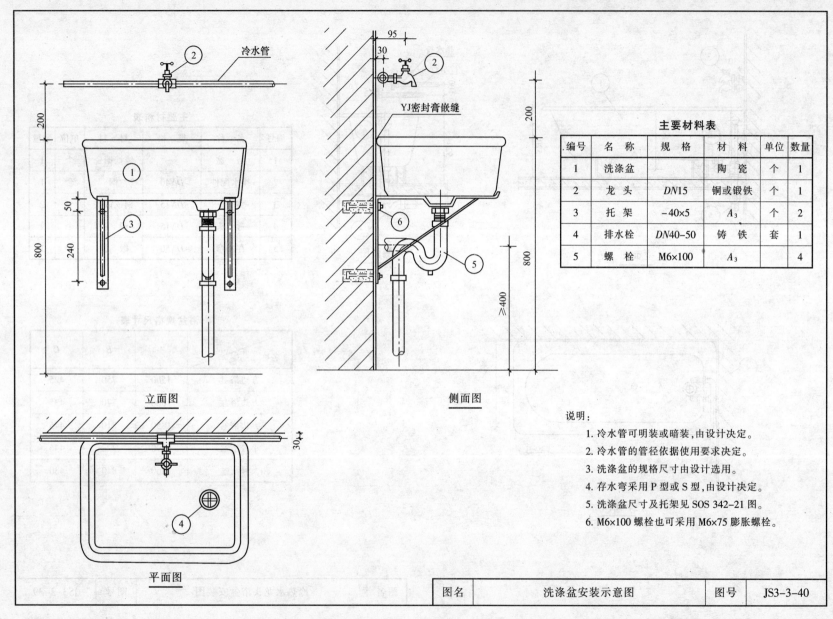

冷水管

② 冷水管

YJ密封膏嵌缝

立面图

侧面图

平面图

主要材料表

编号	名 称	规 格	材 料	单位	数量
1	洗涤盆		陶 瓷	个	1
2	龙 头	DN15	铜或锻铁	个	1
3	托 架	−40×5	A_3	个	2
4	排水栓	DN40−50	铸 铁	套	1
5	螺 栓	M6×100	A_3		4

说明:
1. 冷水管可明装或暗装,由设计决定。
2. 冷水管的管径依据使用要求决定。
3. 洗涤盆的规格尺寸由设计选用。
4. 存水弯采用 P 型或 S 型,由设计决定。
5. 洗涤盆尺寸及托架见 SOS 342−21 图。
6. M6×100 螺栓也可采用 M6×75 膨胀螺栓。

图名	洗涤盆安装示意图	图号	JS3−3−40

3.3.3 化粪池的施工详图

砖砌化粪池的主要技术性能表

池号	进水管管内底埋深 (m)	占 地 尺 寸 (mm)					
		无 地 下 水			有 地 下 水		
		长	宽	深	长	宽	深
1	0.55~0.95	3.07	1.43	2.45~2.85	3.53	1.89	2.35~2.75
2	0.55~0.95	5.28	1.69	2.45~2.85	5.48	1.89	2.35~2.75
3	0.55~0.95	5.23	1.94	2.65~3.05	5.67	2.38	2.55~2.95
4	0.55~0.95	6.47	2.44	2.65~3.05	6.81	2.88	2.55~2.95
5	0.55~0.95	6.47	2.44	3.15~3.55	6.81	2.88	3.05~3.45
6	0.55~0.95	7.92	2.94	2.75~3.15	8.26	3.88	2.65~3.05
7	0.55~0.95	7.92	3.44	2.75~3.15	8.26	3.88	2.65~3.05
8	0.55~0.95	7.92	3.44	3.15~3.55	8.26	3.88	3.05~3.45
9	0.55~0.95	7.92	3.44	3.55~3.95	8.26	3.88	3.45~3.85
10	0.55~0.95	9.32	3.44	3.65~4.05	9.66	3.88	3.55~3.95
11	0.55~0.95	10.92	3.44	3.65~4.05	11.26	3.88	3.55~3.95
1	0.85~2.50	3.07	1.43	2.75~4.40	3.58	1.89	2.65~4.30
2	0.85~2.50	5.28	1.69	2.75~4.40	5.48	1.89	2.65~4.30
3	0.85~2.50	5.23	1.94	2.95~4.60	5.67	2.38	2.85~4.50
4	0.85~2.50	6.47	2.44	2.95~4.60	6.81	2.88	2.85~4.50
5	0.85~2.50	6.47	2.44	3.45~5.10	6.81	2.88	3.35~5.00
6	0.85~2.50	7.92	2.94	3.05~4.70	8.26	3.88	2.95~4.60
7	0.85~2.50	7.92	3.44	3.05~4.70	8.26	3.88	2.95~4.60
8	0.85~2.50	7.92	3.44	3.45~5.10	8.26	3.88	3.35~5.00
9	0.85~2.50	7.92	3.44	3.85~5.50	8.26	3.88	3.75~5.40
10	0.85~2.50	9.32	3.44	3.95~5.60	9.66	3.88	3.85~5.50
11	0.85~2.50	10.92	3.44	3.95~5.60	11.26	3.88	3.85~5.50
12	0.85~2.50	14.26	3.68	4.20~5.85	14.46	4.14	4.10~5.75
12双	0.85~2.50	9.76	6.31	4.15~5.80	10.20	6.75	4.05~5.70
13双	0.85~2.50	11.56	6.31	4.15~5.80	12.00	6.76	4.05~5.70

图名	化粪池的主要技术性能(一)	图号	JS3-3-41(一)

钢筋混凝土化粪池的主要技术性能表

池号	进水管管内底埋深 (m)	占 地 尺 寸 (mm)		
		长	宽	深
1	0.55~0.95	2.90	1.35	2.30~2.75
2	0.55~0.95	4.85	1.35	2.30~2.75
3	0.55~0.95	4.80	1.60	2.50~2.95
4	0.55~0.95	5.95	2.10	2.50~2.95
5	0.55~0.95	5.95	2.10	3.00~3.45
6	0.55~0.95	7.15	2.60	2.60~3.05
7	0.55~0.95	7.15	3.10	2.60~3.05
8	0.55~0.95	7.15	3.10	3.00~3.45
9	0.55~0.95	7.15	3.10	3.40~3.85
10	0.55~0.95	8.55	3.10	3.50~3.95
11	0.55~0.95	10.15	3.10	3.50~3.95
1	0.75~2.50	2.90	1.35	2.55~4.30
2	0.75~2.50	4.85	1.35	2.55~4.30
3	0.75~2.50	4.80	1.60	2.55~4.50
4	0.75~2.50	5.95	2.10	2.55~4.50
5	0.75~2.50	5.95	2.10	3.25~5.00
6	0.75~2.50	7.15	2.60	2.85~4.60
7	0.75~2.50	7.15	3.10	2.85~4.60
8	0.75~2.50	7.15	3.10	3.25~5.00
9	0.75~2.50	7.15	3.10	3.65~5.40
10	0.75~2.50	8.55	3.10	3.75~5.50
11	0.75~2.50	10.15	3.10	3.75~5.50
12	0.75~2.50	13.35	3.20	4.00~5.75
13	0.75~2.50	14.55	3.70	4.00~5.75
12 双	0.75~2.50	9.00	5.80	3.85~5.60
13 双	0.75~2.50	10.80	5.80	3.85~5.60

图名	化粪池的主要技术性能(二)	图号	JS3-3-41(二)

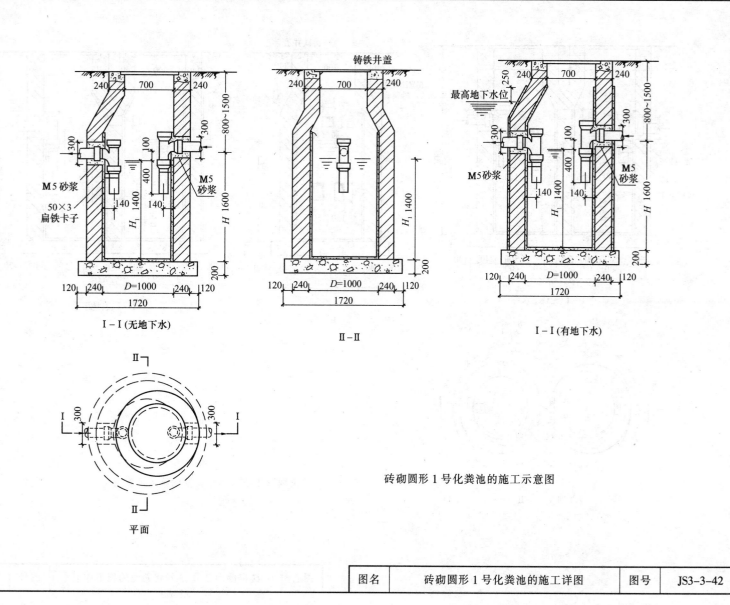

铸铁井盖

M5砂浆

50×3
扁铁卡子

M5
砂浆

I－I(无地下水)

II－II

最高地下水位

M5砂浆

M5
砂浆

I－I(有地下水)

砖砌圆形1号化粪池的施工示意图

平面

图名	砖砌圆形1号化粪池的施工详图	图号	JS3-3-42

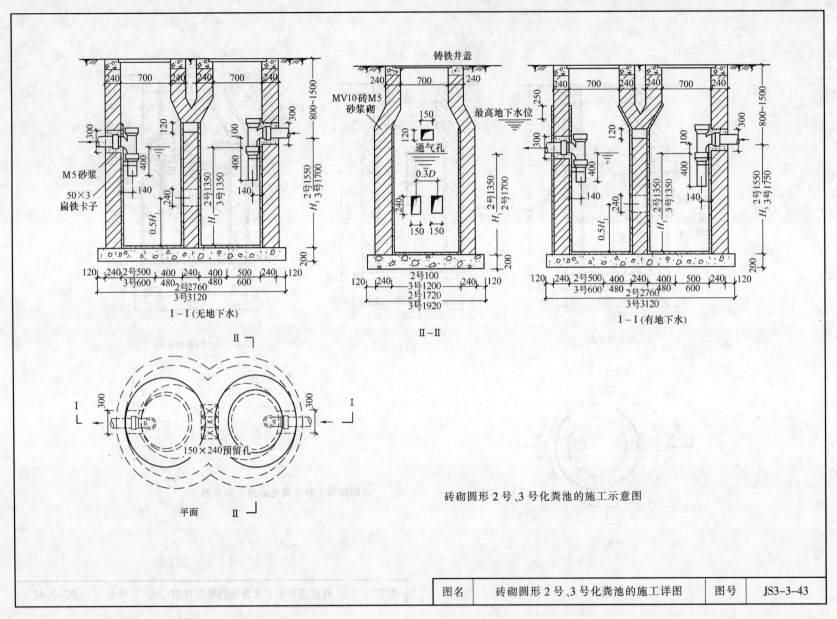

铸铁井盖

MV10砖M5
砂浆砌

最高地下水位

M5砂浆

50×3
扁铁卡子

通气孔

0.3D

I－I(无地下水)

II－II

I－I(有地下水)

150×240预留孔

平面

砖砌圆形 2 号、3 号化粪池的施工示意图

| 图名 | 砖砌圆形 2 号、3 号化粪池的施工详图 | 图号 | JS3-3-43 |

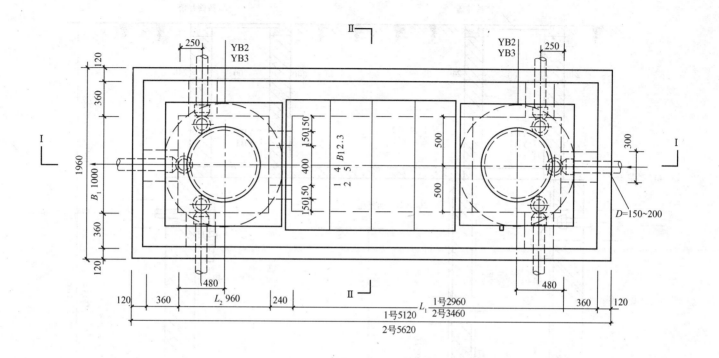

砖砌矩形 1 号、2 号化粪地的平面示意图

图名	砖砌矩形 1 号、2 号化粪池的施工详图(一)	图号	JS3-3-44(一)

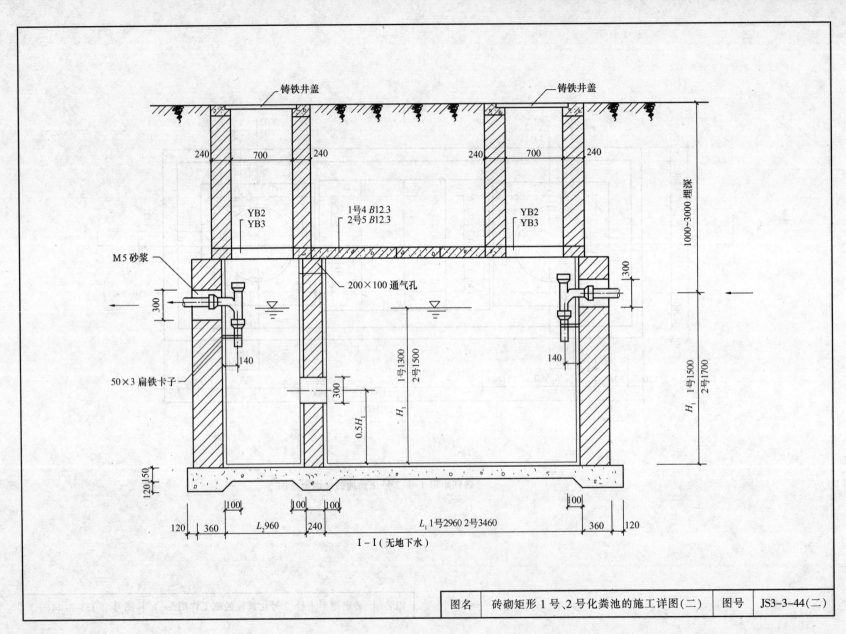

铸铁井盖

铸铁井盖

240 700 240

240 700 240

1000~3000 埋深

YB2
YB3

1号4 *B*12.3
2号5 *B*12.3

YB2
YB3

M5 砂浆

200×100 通气孔

300

300

1号1300
2号1500

140

*H*₁

140

*H*₁ 1号1500
2号1700

50×3 扁铁卡子

0.5*H*₁

300

120 150

100

100 100

100

120 360

*L*₂960 240

*L*₁ 1号2960 2号3460

360 120

I—I（无地下水）

图名	砖砌矩形1号、2号化粪池的施工详图(二)	图号	JS3-3-44(二)

424

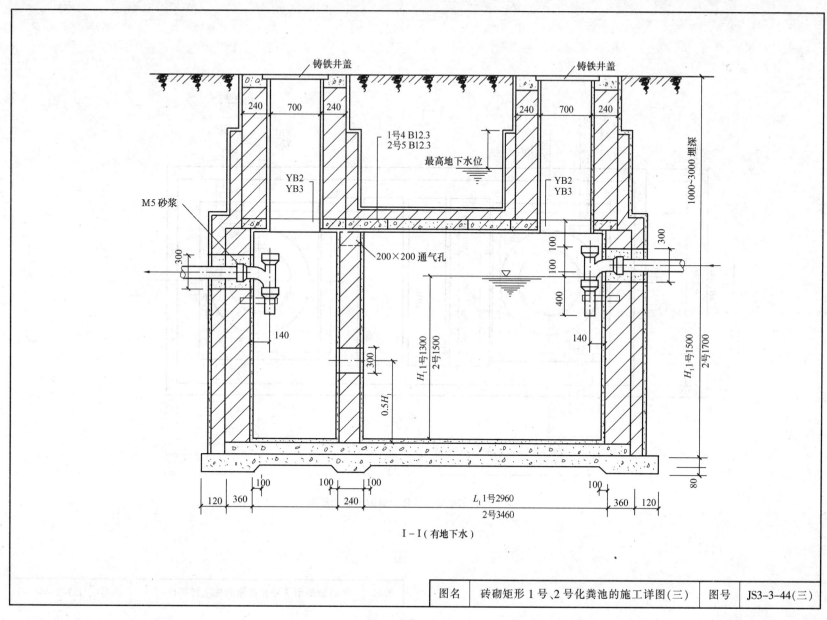

铸铁井盖

铸铁井盖

240 700 240

240 700 240

1号4 B12.3
2号5 B12.3

最高地下水位

1000～3000 埋深

YB2
YB3

YB2
YB3

M5 砂浆

300

300

100
100

200×200 通气孔

400

140

140

$H_1$1号1300
2号1500

300

$H_1$1号1500
2号1700

0.5H_1

80

120 360

100

100 100

240

$L_1$1号2960
2号3460

100

360 120

I－I（有地下水）

| 图名 | 砖砌矩形1号、2号化粪池的施工详图(三) | 图号 | JS3-3-44(三) |

425

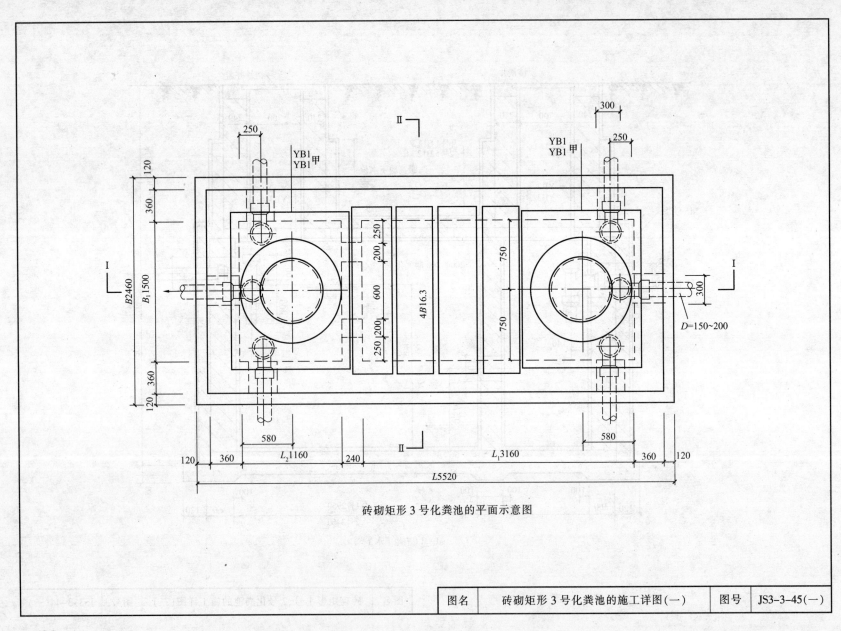

砖砌矩形 3 号化粪池的平面示意图

| 图名 | 砖砌矩形 3 号化粪池的施工详图(一) | 图号 | JS3-3-45(一) |

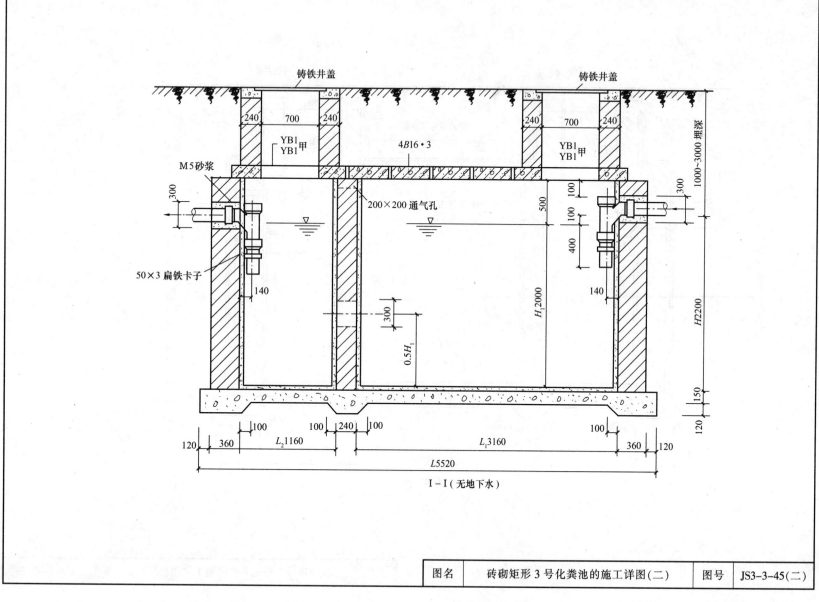

I–I（无地下水）

| 图名 | 砖砌矩形 3 号化粪池的施工详图(二) | 图号 | JS3-3-45(二) |

427

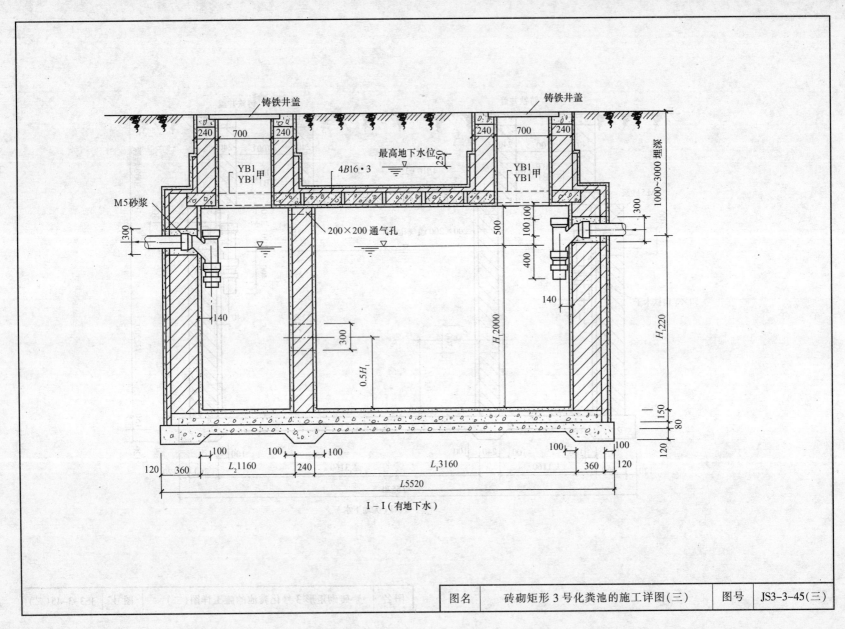

I-I(有地下水)

| 图名 | 砖砌矩形3号化粪池的施工详图(三) | 图号 | JS3-3-45(三) |

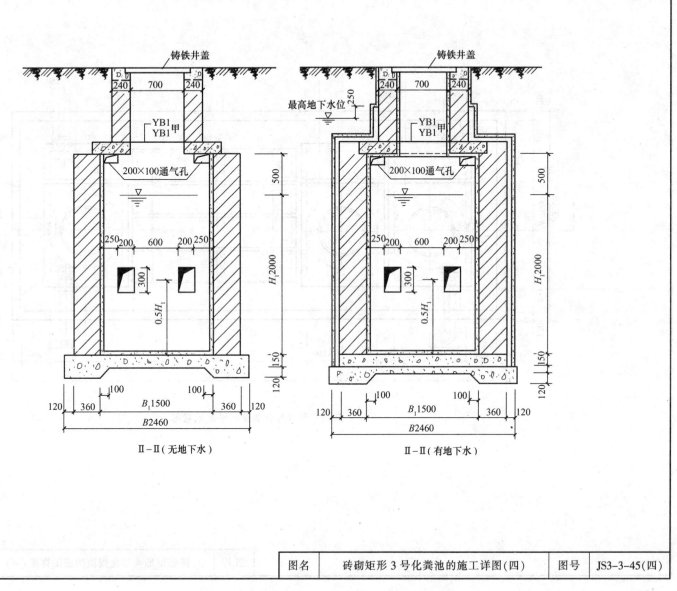

Ⅱ-Ⅱ(无地下水)　　　　　　　　Ⅱ-Ⅱ(有地下水)

| 图名 | 砖砌矩形3号化粪池的施工详图(四) | 图号 | JS3-3-45(四) |

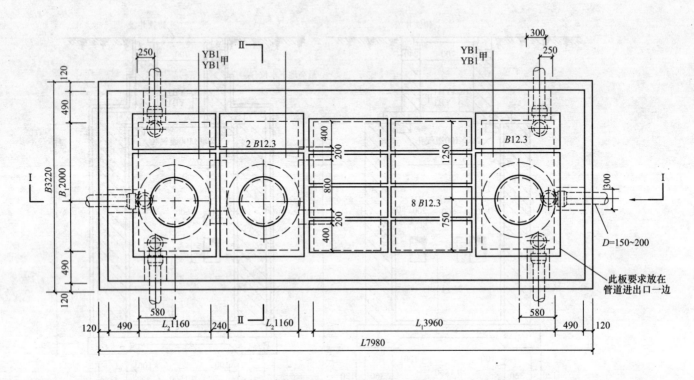

砖砌矩形 4 号化粪池的平面示意图

| 图名 | 砖砌矩形 4 号化粪池的施工详图(一) | 图号 | JS3-3-46(一) |

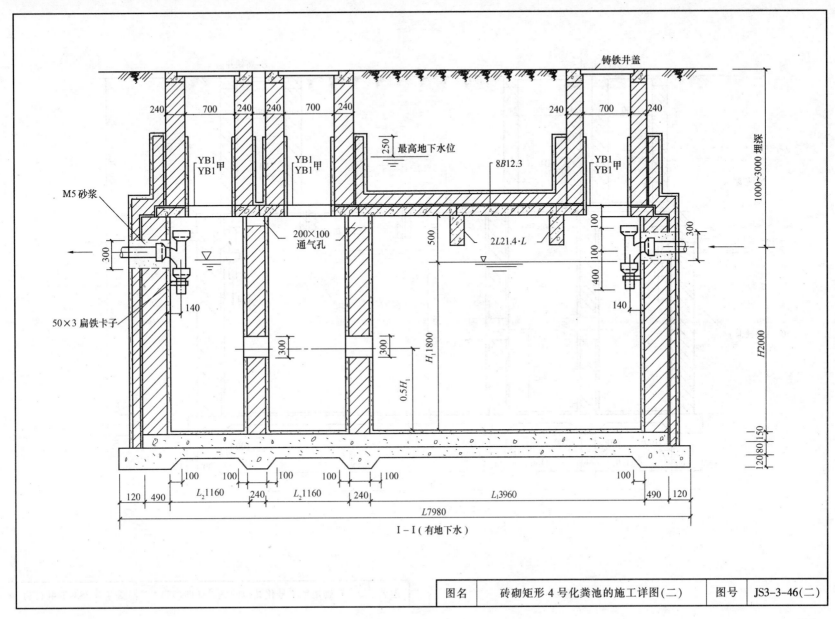

铸铁井盖

M5 砂浆

YB1
YB1甲

200×100
通气孔

50×3 扁铁卡子

最高地下水位

8B12.3

2L21.4·L

I-I(有地下水)

| 图名 | 砖砌矩形 4 号化粪池的施工详图(二) | 图号 | JS3-3-46(二) |

431

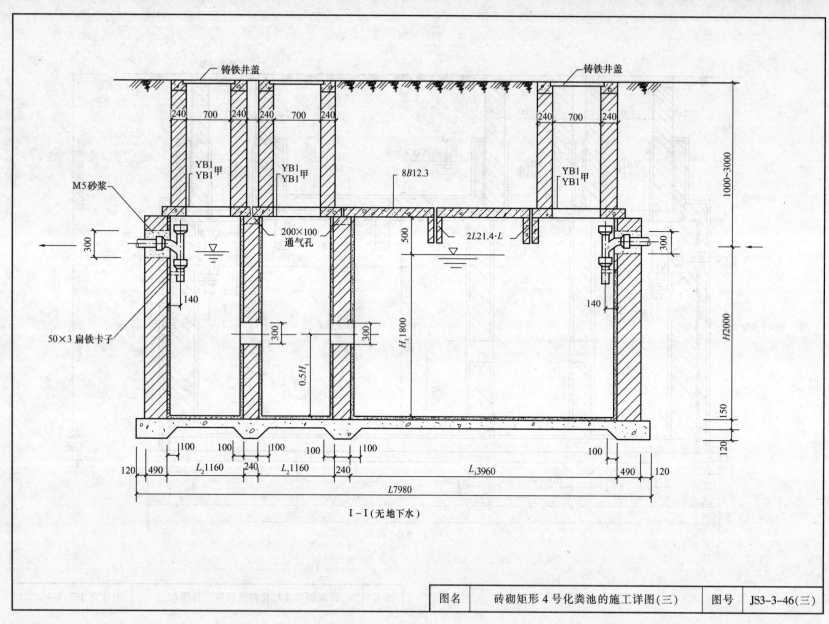

铸铁井盖

铸铁井盖

240 700 240 240 700 240

240 700 240

M5砂浆

YB1
YB1甲

YB1
YB1甲

8B12.3

YB1甲
YB1

300

200×100
通气孔

500

2L21.4·L

300

50×3 扁铁卡子

140

300

$0.5H_1$

$H_1$1800

140

300

150

120

100 100 100 100 100

100

120 490 $L_2$1160 240 $L_2$1160 240 $L_1$3960 490 120

L7980

1000~3000

H2000

I－I(无地下水)

| 图名 | 砖砌矩形4号化粪池的施工详图(三) | 图号 | JS3-3-46(三) |

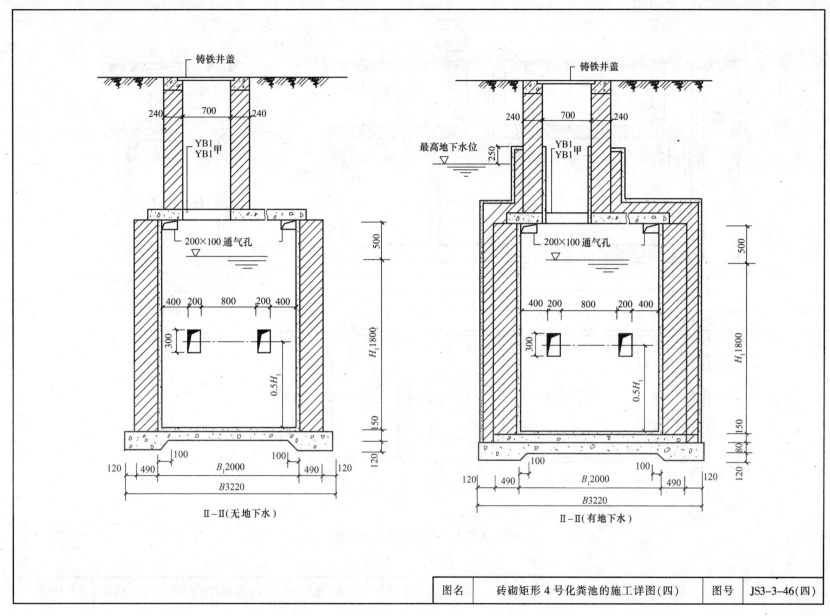

| 图名 | 砖砌矩形 4 号化粪池的施工详图(四) | 图号 | JS3-3-46(四) |

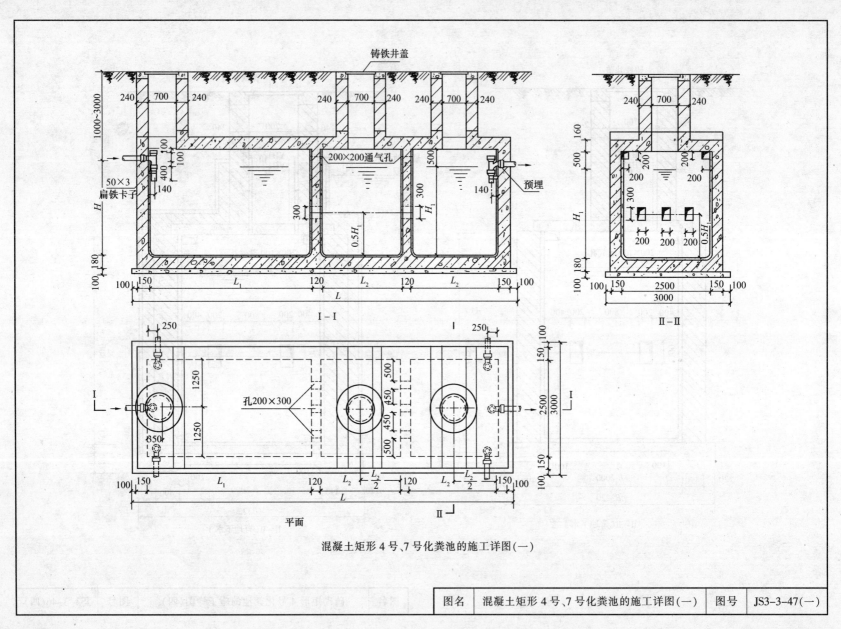

铸铁井盖

200×200通气孔

50×3

扁铁卡子

预埋

孔200×300

I—I

II—II

平面

混凝土矩形4号、7号化粪池的施工详图(一)

| 图名 | 混凝土矩形4号、7号化粪池的施工详图(一) | 图号 | JS3-3-47(一) |

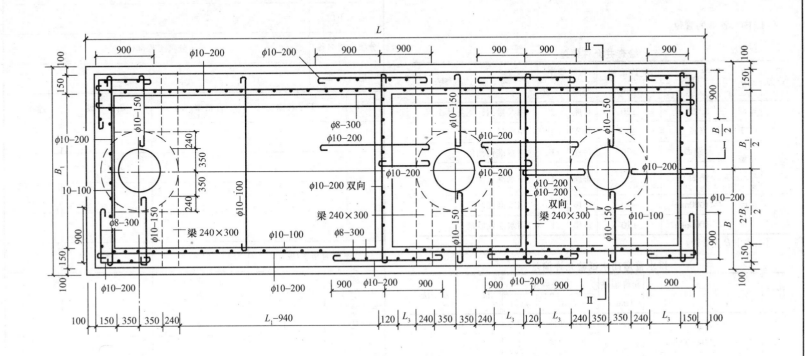

混凝土矩形 4 号、7 号化粪池的施工详图(二)

| 图名 | 混凝土矩形 4 号、7 号化粪池的施工详图(二) | 图号 | JS3-3-47(二) |

3.4 排水管渠工程质量检验评定要求与记录

1. 排水管渠的管道

检查井允许偏差

序号	项　目		允许偏差 (mm)	检验频率		检验方法
				范围	点数	
1	井身 尺寸	长、宽	±20	每座	2	用尺量,长、宽各计1点
		直径	±20	每座	2	用尺量
2	井盖 高程	非路面	±20	每座	1	用水准仪测量
		路面	与道路的 规定一致	每座	1	用水准仪测量
3	井底 高程	D<1000mm	±10	每座	1	用水准仪测量
		D>1000mm	±10	每座	1	用水准仪测量

注:表中 D 为管径。

排水管道闭水试验允许偏差

序号	项　目		允许偏差 (mm)	检验频率		检验方法
				范围	点数	
1		Δ 倒虹吸管		每个井段	2	灌水
2	其 他 管 道	ΔD<700mm	不大于表 3.7.2—2 的规定	每个井段	1	
3		ΔD<700~1500mm		每3个井段 抽验1段	1	计算渗水量
4		ΔD>1500mm		每3个井段 抽验1段	1	

注:1. 闭水试验应在管道填土前行;
　　2. 闭水试验应在管道灌满水后经24h后再进行;
　　3. 闭水试验的水位,应为试验段上游管道内顶以上2m,如上游管内顶至检查口
　　　　的高度小于2m时,闭水试验水位可至井口为上;
　　4. 对渗水量的测定时间不少于30min;
　　5. 表中 D 为管径。

排水管渠工程工序的质量检验评定记录(CJJ 3—90)

工程名称		编　号	
施工单位			
分项工程名称		分项工程部位	
执行标准			

序号	工序名称	合格率(%)	质量等级	备注
平均合格率(%)				
评 定 意 见		评 定 等 级		

自 检 结 果	技术负责人	质检员	验 收 结 论	技术负责人	检查员

项目负责人		监理(建设)负责人	

图名	排水管渠工程工序的质量检验评定记录	图号	PS3-4-1

顶管允许偏差

序号	项 目		允许偏差（mm）	检验频率		检 验 方 法
				范围	点数	
1	中线位移		50	每节管	1	测量并查阅测量记录
2	管内底高程	$D<1000mm$	0.1%H	每节管	1	用水准仪测量
		$D>1000mm$	0.1%L			
3	相邻管间错口		+3mm 0 左 3mm 右 3mm	每个接口	1	用尺量
4	对顶时管子错口		50	对顶接口		用尺量

注：表中 D 为管径。

检查井允许偏差

序号	项 目		允许偏差（mm）	检验频率		检 验 方 法
				范围	点数	
1	中线位移		15	两井之间	2	挂中心线用尺量
2	Δ管内底高程	$D<1000mm$	±10	两井之间	2	用水准仪测量
		$D>1000mm$	±15	两井之间	2	用水准仪测量
		倒虹吸管	±30	每道井管	4	
3	相邻管内底错口	$D<1000mm$	3	两井之间	3	用水准仪测量
						用水准仪测量
		$D>1000mm$	3	两井之间	3	用尺量
						用尺量

注：1. $D<700mm$ 时，其相邻管内底错口在施工中自检，不计点；
2. 表中 D 为管径。

排水管渠工程部位的质量检验评定记录(CJJ 3—90)

工程名称		编 号	
施工单位			
分项工程名称		分项工程部位	
执行标准			

序号	检查项目	质 量 情 况

序号	实测项目	允许偏差（mm）	各实测点偏差值(mm) 1 2 3 4 5 6 7 8 9 10 11 12 13	应检查点数	合格点数	合格率（%）

交方班组		接方班组		平均合格率（%）	
				评定等级	

自检结果	技术负责人	质 检 员	验收结论	技术负责人	检 查 员

项目负责人		监理(建设)负责人	

图名	排水管渠工程的部位质量检验评定记录	图号	PS3-4-2

437

顶管工作坑允许偏差

序号	项目		允许偏差 (mm)	检验频率		检验方法
				范围	点数	
1	工作坑每侧宽度、长度		不小于设计规定	每座	2	挂中心用尺量
2	后背	垂直度	0.1%H	每座	1	用垂线与角尺
		水平线与中心线	0.1%L		1	
3	导轨	高程	+3mm 0	每座	1	用水平仪测
		中线位移	左 3mm 右 3mm		1	用水平仪测

注：表内 H 为后背的垂直高度(单位:mm)；

L 为后背的水平长度(单位:mm)。

平基、管座允许偏差

序号	项目		允许偏差 (mm)	检验频率		检验方法
				范围	点数	
1	△ 混凝土坑压强度		必须符合规定	100mm	1组	必须符合规定
2	垫层	中线每侧宽度	不小于设计规定	10mm	2	挂中心线用尺量每侧计 1 点
		高程	0 −15mm	10mm	1	用水准仪测量
3	平基	中线每侧宽度	+10mm −0	10mm	2	挂中心线用尺量每侧计 1 点
		高程	0 −15mm	10mm	1	用水准仪测量
		厚度	不小于设计规定	10mm	1	用尺量
4	管座	肩宽	+10mm −5mm	10mm	2	挂边线用尺量每侧计 1 点
		肩高	±20mm	10mm	2	用水准仪测量每侧计 1 点
5	蜂窝面积		1%	两井之间 (每侧面)	1	用尺量蜂窝总面积

排水管渠工程的质量检验评定记录(CJJ 3—90)

工程名称		编号	
施工单位			
分项工程名称		分项工程部位	
执行标准			

序号	单位工程名称	合格率(%)	质量等级	备注

平均合格率(%)	

评定意见		评定等级	

自检结果	技术负责人	质检员	验收结论	技术负责人	检查员

项目负责人		监理(建设)负责人	

图名	排水管渠工程的质量检验评定记录	图号	PS3-4-3

438

沟槽允许偏差

序号	项 目	允许偏差 (mm)	检验频率		检 验 方 法
			范围	点数	
1	槽底高程	0 -30	两井之间	3	用水准仪测量
2	槽底中线每侧宽底	不小于规定	两井之间	6	挂中心线用尺量每侧计3点
3	沟槽边坡	不陡于规定	两井之间	6	用坡度尺检验每侧计3点

排水管道闭水试验允许渗水量

管径 (mm)	允许渗水量			
	陶土管		混凝土管、钢筋混凝土管和石棉水泥管	
	m²/d·km	L/h·km	m²/d·km	L/h·m
150 以下	7	0.3	7	0.3
200	12	0.5	20	0.8
250	15	0.6	24	1.0
300	18	0.7	28	1.1
350	20	0.8	30	1.2
400	21	0.9	32	1.3
450	22	0.9	34	1.4
500	23	1.0	36	1.5
600	24	1.0	40	1.7
700	—		44	1.8
800	—		48	2.0
900	—		53	2.2
1000	—		58	2.4
1100	—		64	2.7
1200	—		70	2.9
1300	—		77	3.2
1400	—		85	3.5
1500	—		93	3.9
1600	—		102	4.3
1700	—		112	4.7
1800	—		123	5.1
1900	—		135	5.6
2000	—		148	6.2
2100	—		163	6.8
2200	—		179	7.5
2300	—		197	8.2
2400	—		217	9.0

排水管渠工程管道的质量检验评定记录 (CJJ 3—90)

工程名称		编 号	
施工单位			
分项工程名称		分项工程部位	
执行标准			

标准规定项目			检 查 记 录	
序号	项 目	标准条号	施工单位自检	监理(建设)单位验收
1	沟槽偏差	第3.1.3条		
2	平基、管座偏差	第3.2.1条		
3	安管偏差	第3.3.2条		
4	抹带接口偏差	第3.4.3条		
5	顶管工作坑偏差	第3.5.4条		
6	顶管偏差	第3.5.5条		
7	检查井偏差	第3.6.4条		

自检结果	年 月 日		验收结论	年 月 日	
	技术负责人	质 检 员		技术负责人	检 查 员
项目负责人			监理(建设)负责人		

图名	排水管道的质量检验评定记录(一)	图号	PS3-4-4(一)

439

抹带接口允许偏差

序号	项目	允许偏差 (mm)	检验频率		检验方法
			范围	点数	
1	宽 度	+5 0	两井之间	2	用尺量
2	厚 度	+5 0	两井之间	2	用尺量

回填土的压实度标准

序号	项目			点 数	检验方法
1	胸腔部分			每层一组(3组)	用环刀法检验
2	管顶以上 500mm			每层一组(3组)	用环刀法检验
3	管顶500mm以上 当年修路按槽以下深度计	0~800mm	高级路面次高级路面过渡式路面	每层一组 (3组)	用环刀法检验
		800~1500mm	高级路面次高级路面过渡式路面		
		>1500mm	高级路面次高级路面过渡式路面		
		当年不修路或农田			

续表

序号	项目			压实度(%)	范 围
1	胸腔部分			>90	两井之间
2	管顶以上 50mm			>85	两井之间
3	管顶500mm以上 当年修路按槽以下深度计	0~800mm	高级路面次高级路面过渡式路面	>98 >95 >90	两井之间
		800~1500mm	高级路面次高级路面过渡式路面	>95 >90 >90	
		>1500mm	高级路面次高级路面过渡式路面	>95 >90 >85	
		当年不修路或农田			

排水管渠工程管道的质量检验评定记录(CJJ 3—90)

工程名称		编号	
施工单位			
分项工程名称		分项工程部位	
执行标准			

标准规定项目			检 查 记 录	
序号	项目	标准条号	施工单位自检	监理(建设)单位验收
8	排水管道闭水试验	第3.7.2条		
9	排水管道闭水试验渗水量			
10	管顶上回填土要求	第3.8.1条		
11	回填土压实度	第3.8.3条		

自检结果	年 月 日		验收结论	年 月 日	
	技术负责人	质检员		技术负责人	检查员
项目负责人			监理(建设)负责人		

图名	排水管道的质量检验评定记录(二)	图号	PS3-4-4(二)

440

2. 排水管渠的沟渠

护底、护坡、挡土墙允许偏差

序号	项目		允许偏差				检验频率		检 验 方 法
		浆砌料石、砖、砌块	浆砌块石		干砌块石		范围	点数	
		挡土墙	挡土墙	护底、护坡	护底、护坡				
1	△砂浆坑压强度	平均值不低于设计规定							必须符合表4.4.3注的规定
2	断面尺寸	+10 0	+20 -10	不小于设计规定			3		用尺量长、宽、高各计1点
3	顶面高程	±10	±15				4		用水准仪测量
4	中线位移	10	15				2		用经纬仪测量纵、横向各计1点
5	墙面垂直度	0.5%H <20	0.5%H <20				3		用垂线检验
6	平整度 料石	20	30	30	30		3		用2m直尺或小线量取最大值
	平整度 砖、砌块	10							
7	水平缝平直	10					4		拉10m小线量取最大值
8	墙面坡度	不陡于设计规定					2		用坡度尺检验

注:表中 H 为构筑物高度(单位:mm)。

砖渠允许偏差

序号	项 目	允许偏差(mm)	检验频率		检 验 方 法
			范围	点数	
1	△砂浆抗压强度	必须符合规定	100m、每一配合比	1组	必须符合规定
2	渠底高程	±10mm	20mm	2	用水准仪测量
3	拱圈断面尺寸	不小于设计规定	20mm	2	用尺量,宽厚各计1点
4	墙 高	±20mm	20mm	2	用尺量,每侧计1点
5	渠底中线每侧宽度	±10mm	20mm	2	用尺量,每侧计1点
6	墙面垂直度	15mm	20mm	2	用垂线检验每侧计1点
7	墙面平整度	10mm	20mm	2	用2m直尺或小线量取最大值每侧计1点

排水管渠工程沟渠的质量检验评定记录(CJJ 3—90)

工程名称		编 号	
施工单位			
分项工程名称		分项工程部位	
执行标准			

	标准规定项目			检 查 记 录	
序号	项 目	标准条号	施工单位自检	监理(建设)单位验收	
1	土渠偏差	第4.1.3条			
2	基础垫层压实度偏差	第4.2.2条			
3	混凝土渠偏差	第4.3.5条			
4	石渠偏差	第4.4.3条			
5	砖渠偏差	第4.5.4条			
6	护底、护坡、挡土墙偏差	第4.7.7条			

自检结果	年 月 日	验收结论	年 月 日
	技术负责人　质检员		技术负责人　检查员

项目负责人		监理(建设)负责人	

图名	沟渠的质量检验评定记录	图号	PS3-4-5

441

水泥混凝土及钢筋混凝土渠允许偏差

序号	项 目	允许偏差 (mm)	检验频率 范围	检验频率 点数	检 验 方 法
1	△ 混凝土抗压强度	必须符合有关规定	每台班	1组	必须符合有关规定
2	渠底高程	±10mm	20mm	1	用水准仪测量
3	拱圈断面尺寸	不小于设计规定	20mm	2	用尺量、宽厚各计1点
4	盖板断面尺寸	不小于设计规定	20mm	2	用尺量、宽厚各计1点
5	墙 高	±20mm	20mm	2	用尺量、每侧计1点
6	渠底中线每侧宽度	±10mm	20mm	2	用尺量、每侧计1点
7	墙面垂直度	15mm	20mm	2	用垂线检验每侧计1点
8	墙面平整度	10mm	20mm	2	用2m直尺或小线量取最大值每侧计1点
9	墙 厚	+10mm 0	20mm	2	用尺量、每侧计1点

基础垫层压实度及允许偏差

序号	项 目	压实度(%) 及允许偏差	检验频率 范围	检验频率 点数	检 验 方 法
1	垫层 灰土压实度	>95	100mm	1组	环刀法
	垫层 高程	0 −15mm	20mm	1	用水准仪测量
	垫层 中线每侧宽度	±10mm	20mm	2	用尺量每侧计1点
	垫层 厚度	±15mm	20mm	1	用尺量
2	基础 △ 混凝土抗压强度	必须符合有关规定	每台班	1组	必须符合有关规定
	基础 高程	±10mm	20mm	1	用水准仪测量
	基础 厚度	−10	20mm	1	用尺量
	基础 中线每侧宽度	±10mm	20mm	2	用尺量每侧计1点
	基础 蜂窝麻面面积	1%	20m(每侧面)	1	用尺量蜂窝麻面总面积

土渠允许偏差

序号	项 目	允许偏差 (mm)	检验频率 范围	检验频率 点数	检 验 方 法
1	高 程	0 −30mm	20	1	用水准仪测量
2	渠底中线每侧宽度	不小于设计规定	20	2	用尺量每侧计1点
3	边 坡	不小于设计规定	40	每侧1	用坡度尺量

石渠允许偏差

序号	项 目		允许偏差 (mm)	检验频率 范围	检验频率 点数	检 验 方 法
1	△ 砂浆抗压强度		必须符合本表注规定	100	1组	必须符合本表注
2	渠底高程	混凝土	±20mm	20	1	用水准仪测量
		石	±10mm			
3	拱圈断面尺寸		不小于设计规定	20	2	用尺量、宽厚各计1点
4	墙 高		±20mm	20	2	用尺量、每侧计1点
5	渠底中线每侧宽度	料石、混凝土	±10mm	20	2	用尺量、每侧计1点
		块石	±20mm	20	2	
6	墙面垂直度		15mm	20	2	用垂线检验每侧计1点
7	墙面平整度		15mm	20	2	用2m直尺或小线量取最大值每侧计1点
8	墙 厚		不小于设计厚度	20	2	用尺量、每侧计1点

注:砂浆强度检验必须符合下列规定:

(1) 每个构筑物或每50m³砌体中制作一组试块(6块),如砂浆配合比变更时,也应制作试快。

(2) 同强度砂浆的各组试块的平均强度不低于设计规定。

(3) 任意一组试块的强度最低值不得低于设计规定的85%。

图名	沟渠的质量检验评定要求	图号	PS3-4-6

442

3. 排水泵站

回填土压实度标准

项　目	允许偏差 （mm）	检验频率		检验方法
		范围	点数	
压实度	＞90	每一构筑物	每层一组 （3点）	用环刀法检查

整体结构模板允许偏差

序号	项　目		允许偏差 （mm）	检验频率		检验方法
				范围	点数	
1	相邻两板表面高低差	刨光模板、钢模板	2	每个构筑物或构件	4	用尺量
		不刨光模板	4			
2	表面平整度	刨光模板、钢模板	3		4	用2m直尺检验
		不刨光模板	5			
3	垂直度	墙、柱	0.1%H 且不大于6		2	用垂线或经纬仪检验
4	模内尺寸	基础	+10 -20		3	用尺量，长、宽、高各计1点
		梁、板、墙、柱	+3 -8			
5	轴线位移	基础	15		4	用经纬线测量，纵、横向各计2点
		墙	10			
		梁柱	8			
6	预埋件，预留孔位移		10	每件（孔）	1	用尺量

注：表中 H 为构筑物高度（单位：mm）。

排水管渠工程排水泵站的质量检验评定记录（CJJ 3—90）

工程名称		编号	
施工单位			
分项工程名称		分项工程部位	
执行标准			

标准规定项目			检　查　记　录	
序号	项　目	标准条号	施工单位自检	监理(建设)单位验收
1	基坑偏差	第5.1.3条		
2	回填土压实度	第5.2.3条		
3	泵站沉井偏差	第5.3.2条		
4	整体式模板偏差	第5.4.3条		
5	小型预制构件模板偏差	第5.4.4条		

自检结果	年 月 日			验收结论	年 月 日	
	技术负责人	质检员			技术负责人	检查员

项目负责人		监理(建设)负责人	

图名	排水泵站的质量检验评定记录(一)	图号	PS3-4-7(一)

443

泵站沉井允许偏差

序号	项目	允许偏差(mm)		检验频率		检验方法
		小型	大型	范围	点数	
1	轴线位移	1%H		每座	4	用经纬仪测量
2	底板高程	+40 −60	+40 −[60+10·(H−10)]		4	用水准仪测量
3	垂直度	0.7%H	1%H		2	用垂线或经纬仪检验，横向各取1点

注:1. 表中 H 为沉井下沉深度(单位:m);

2. 基础、垫层的质量检验标准可参照有关规定;

3. 沉井的外壁平面面积大于或等于 250m², 且下沉深度 H>10m, 按大型检验; 不具备以上的两个条件, 按小型检验。

小型预制构件模板允许偏差

序号	项目		允许偏差(mm)	检验频率		检验方法
				范围	点数	
1	断面尺寸		5	每件(每一类型构件抽查10%且不少于5件)	4	用经纬仪测量纵横向各计2点
2	长度		0 5		1	用尺量
3	榫头	断面尺寸	0 3		2	用尺量,宽、高各计1点
		长度	0 −3		1	用尺量
4	榫槽	断面尺寸	+3 0		2	用尺量,宽、高各计1点
		深度	+3 0		1	用尺量

排水管渠工程排水泵站的质量检验评定记录(CJJ 3—90)

工程名称		编号	
施工单位			
分项工程名称		分项工程部位	
执行标准			

标准规定项目			检查记录	
序号	项目	标准条号	施工单位自检	监理(建设)单位验收
6	钢筋加工偏差	第5.5.4条		
7	焊接钢筋接头的缺陷和尺寸偏差	第5.5.8条		
8	钢筋网片和骨架成型偏差	第5.2.3条		
9	钢筋安装偏差	第5.5.11条		
10	现场浇筑水泥混凝土结构偏差	第5.6.2条		

自检结果	年 月 日		验收结论	年 月 日	
	技术负责人	质检员		技术负责人	检查员
项目负责人			监理(建设)负责人		

图名	排水泵站的质量检验评定记录(二)	图号	PS3-4-7(二)

钢筋加工允许偏差

序号	项 目		允许偏差（mm）	检验频率		检 验 方 法
				范围	点数	
1	冷拉率		不小于设计规定	每件（每一类型构件抽查10%且不少于5件）	1	用尺量
2	受力钢筋成型长度		+5mm −10mm		1	用尺量
3	弯起钢筋	弯起点位置	±20		1	用尺量
		弯起高度	0 10mm		1	用尺量
4	箍筋尺寸		0 −5mm		2	用尺量,宽、高各计1点

钢筋安装允许偏差

序号	项 目		允许偏差（mm）	检验频率		检 验 方 法
				范围	点数	
1	顺高度方向配置两排以上受力钢筋时钢筋的排距		±5	每个构件或构筑物	2	用尺量
2	受力钢筋间距	梁、柱	±10		2	在任意一个断面量取每根钢筋间距最大偏差值,计1点
		板、墙	±10		2	
		基 础	±20		4	
3	箍筋间距		0 −5mm		5	用尺量
4	保护层厚度	梁、柱	±5		5	用尺量
		板、墙	±3			
		基 础	±100			

排水管渠工程排水泵站的质量检验评定记录（CJJ 3—90）

工程名称			编 号	
施工单位				
分项工程名称			分项工程部位	
执行标准				

标准规定项目			检 查 记 录	
序号	项 目	标准条号	施工单位自检	监理(建设)单位验收
11	砖砌结构偏差	第5.7.3条		
12	构件安装偏差	第5.8.2条		
13	水泵安装偏差	第5.9.4条		
14	承插式管道连接	第5.10.3条		
15	法兰式管道连接	第5.10.4条		
16	铸铁管件安装偏差	第5.10.6条		
17	管道连接	第5.11.3条		
	一、焊接连接			
	二、丝扣连接			
	三、法兰连接			
18	钢管安装偏差	第5.11.7条		

自检结果	年 月 日		验收结论	年 月 日	
	技术负责人	质检员		技术负责人	检查员

项目负责人		监理(建设)负责人	

图名	排水泵站的质量检验评定记录(三)	图号	PS3-4-7(三)

钢管安装允许偏差

序号	项目		允许偏差 (mm)	检验频率		检验方法
				范围	点数	
1	△管道高程		±10	每节点	2	用水准仪测量
2	中线位移		10		2	用尺量
3	立管垂直度		每米2,且不大于10		2	用垂线和尺检验
4	对口错口壁厚(mm)	2.5~5	0.5	每口	1	用尺量
		6~10	1		1	用尺量
		12~14	1.5		1	用尺量
		>16	2		1	用尺量

构件安装允许偏差

序号	项目		允许偏差 (mm)	检验频率		检验方法
				范围	点数	
1	平面位置		10	每个构筑物	1	用经纬仪测量
2	相邻两构件支点处顶面高差		10		2	用尺测量
3	焊缝长度		不大于设计规定			抽查焊缝10%每处计1点
4	吊车架	中线偏差	5		1	用垂线或经纬仪测量
		顶面高程	0 −5		1	用水准仪测量
		相邻两梁端顶面高差	0 −5		1	用尺量

水泵安装允许偏差

序号	项目		允许偏差 (mm)	检验频率		检验方法
				范围	点数	
1	基座水平度		±2	每台	4	用水准仪测量
2	地脚螺栓位置		±2	每只	1	用尺量
3	△泵体水平度		每米0.1			用水准仪测量
4	联轴器同心度	轴向倾斜	每米0.8	每台	2	在联轴器互相垂直四个位置上用水平仪、百分表、测微螺钉和塞尺检查
		径向位移	每米0.1		2	
5	皮带	轮宽中心 平皮带	1.5		2	在主从动皮带轮端面拉线用尺检查
		平面位移 三角皮带	1.0		2	

钢筋网片和骨架成型允许偏差

序号	项目	允许偏差 (mm)	检验频率		检验方法
			范围	点数	
1	网的长度	±10	每片网或骨架	2	用尺量长度各计1点
2	骨架的长度	+5,−10		3	用尺量长、宽、高各计1点
3	骨架的宽、高度	0,−10		3	
4	网眼尺寸及骨架箍筋间距	±10		3	用尺量

注:用直钢筋制成的网和平面骨架,其尺寸系指最外边的两根钢筋中心线之间的距离;当钢筋末端有弯钩或弯曲时,系指弯钩或弯曲处切线间的距离。

图名	排水泵站的质量检验评定要求(一)	图号	PS3-4-8(一)

构件安装允许偏差

序号	项 目	允许偏差 (mm)	检验频率		检 验 方 法
			范围	点数	
1	△管道高程	±10	每节管	2	用水准仪测量
2	中线位移	10		2	用尺量
3	立管垂直度	每 m2,且不大于 10		2	用垂线和尺检验

砖砌结构允许偏差

序号	项 目	允许偏差 (mm)	检验频率		检 验 方 法
			范围	点数	
1	△砂浆强度	必须符合有关规定	每个构筑物	1组	必须符合有关规定
2	轴线位移	20		2	用经纬仪测量,纵、横向各计 1 点
3	室内地坪高程	±20		2	用水准仪测量
4	尺 寸	0.5%L(D)		2	用尺量
5	墙面垂直度	每层 5	每个构筑物每层	4	用垂线检验
6	墙柱表面平整度	清水墙 5 混水墙 8		4	用 2m 直尺或小线量取最大值
7	预埋件、预留孔位移	5	每件(孔)	1	用尺量
8	门、窗口宽度	±5	樘	1	用尺量

注:1. 表中 L 为矩形构筑物边长(单位:mm);

　　 D 为圆形构筑物直径(单位:mm);

　2. 木门窗、钢门窗、玻璃安装、油漆抹灰等工程质量检验标准可参照国家现行的《建筑安装工程质量检验评定标准》(GBJ 300)中有关规定执行。

现场浇筑水泥混凝土结构允许偏差

序号	项 目		允许偏差 (mm)	检验频率		检 验 方 法
				范围	点数	
1	△混凝土抗压强度		必须符合有关规定	每台班	1组	必须符合有关规定
2	△混凝土抗渗		必须符合 GBJ 82 的规定		1组(6块)	必须符合 GBJ 82 的规定
3	轴线位移		20m	每个构筑物	2	用经纬仪测量,纵横向各计 1 点
4	各部位高程		±20mm		2	用水准仪测量
5	构筑物尺寸(mm)	长、宽或直径	0.5%且不大于 50mm		2	用尺量
6	构筑物厚度(mm)	<200	±5mm		4	用尺量
		200~600	±10mm		4	用尺量
		>600	±15mm		4	用尺量
7	墙面垂直度		15mm		4	用垂线或经纬仪测量
8	麻 面		每侧不得超过该面积的 1%		1	用尺量麻面总面积
9	预埋件、预留孔位移		10mm	每件(孔)	1	用尺量

注:无抗渗要求的构筑物可不检验第二项。

图名	排水泵站的质量检验评定要求(二)	图号	PS3-4-8(二)

基坑允许偏差

序号	项目		允许偏差 (mm)	检验频率		检验方法
				范围	点数	
1	轴线位移			每座	4	用经纬仪测量纵横向各计2点
2	基底高程	土方	±30	每座	5	用水准仪测量
		石方	±100			
3	基坑尺寸		不小于规定		4	用尺量每边各计1点
4	基坑边坡		不小于规定		4	用坡度尺检验,每边各计1点

用电弧焊焊接头的缺陷和尺寸允许偏差

序号	项目		允许偏差	检验方法
1	绑条对焊焊接接头中心的纵向偏移		$0.5d$	
2	钢模、钢模对焊接接头中心的纵向偏移		$0.1d$	
3	接头处钢筋轴线的曲折		4°	
4	接头处钢筋轴线的偏移		$0.1d$ 且不大于 3mm	
5	焊缝高度		$-0.05d$	用尺量
6	焊接宽度		$-0.1d$	
7	焊接长度		$-0.5d$	
8	咬肉深度		$0.05d$ 且不大于 1mm	
9	焊接表面上气孔及夹道	在 $2d$ 长度上	不多于2个	
		直径	不大于 3mm	

注:1. 表中 d 为钢筋直径(mm);
　　2. 本表供抽查焊接接头质量时使用,不计点。

排水管渠工程测量的质量检验评定记录(CJJ 3—90)

工程名称			编　号	
施工单位				
分项工程名称			分项工程部分	
执行标准				

标准规定项目			检　查　记　录	
序号	项　　目	标准条号	施工单位自检	监理(建设)单位验收
1	直接丈量测距偏差	第 6.0.3 条		

自检结果	年　月　日		验收结论	年　月　日	
	技术负责人	质检员		技术负责人	检查员

项目负责人		监理(建设)负责人	

图名	排水管渠工程测量的质量检验评定记录	图号	PS3-4-9

3.5 排水管道

3.5.1 给排水管道施工说明

1. 施工前的准备

(1) 给水排水管道工程施工前应由设计单位进行设计交底。当施工单位发现施工图有错误时,应及时向设计单位提出变更设计的要求。

(2) 给水排水管道工程施工前,应根据施工需要进行调查研究,并应掌握管道沿线的下列情况和资料:

1) 现场地形、地貌、建筑物、各种管线和其他设施的情况。

2) 工地地质、水文地质资料和气象资料。

3) 工地用地、交通运输及排水条件,施工供水、供电条件,工程材料、施工机械供应条件等。

4) 给水排水管道工程施工前应编制施工组织设计,主要包括工程概况、施工部署、施工方法、材料、主要机械设备的供应、保证施工质量、安全、工期、降低成本和提高经济效益的技术组织措施、施工计划、施工总平面图以及保护周围环境的措施等。

(3) 施工测量应符合下列规定

1) 施工前,建设单位应组织有关单位向施工单位进行现场交桩。

2) 临时水准点和管道轴线控制桩的设置应便于观测且必须牢固,并应采取保护措施。开槽铺设管道的沿线临时水准点,每200m不少于1个。

3) 临时水准点、管道国线控制桩、高程桩应经过复核方可使用,并应经常校核。

(4) 施工测量的允许偏差,应符合表1的规定。

施工测量允许偏差 表1

主 要 项 目		允许偏差
水准测量高程闭合差	平地	$+20\sqrt{L}$ (mm)
	山地	$+6\sqrt{n}$ (mm)
导线测量方位角闭合差		$+4\sqrt{n}$ (")
导线测量相对闭合差		1/3000
直接丈量测距两次较差		1/5000

注:1. L 为水准测量闭合路线的长度(km);
2. n 为水准或导线测量的测站数。

2. 预制管安装与铺设

(1) 一般规定

1) 管及管件应采用专用工具起吊,装卸时应轻装轻放,运输时应垫稳、绑牢,不得相互撞击;接口及钢管的内外防腐层应采取保护措施。

2) 管节堆放宜选择使用方便、平整、坚实的场地;堆放时必须垫,堆放层高应符合表2的规定。

管节堆放层高 表2

管材种类	管 径 (mm)							
	100~150	200~250	300~400	500~600	400~500	600~800	800~1200	≥1400
自应力混凝土管	7层	5层	4层	3层	—	—	—	—
预应力混凝土管	—	—	—	—	4层	3层	2层	1层
铸铁管	≤3m							

图名	给水排水管道施工说明(一)	图号	PS3-5-1(一)

3) 管道安装前,宜将管、管件按施工设计的规定摆放,摆放的位置应便于起吊及运送。

4) 起重机下管时,起重机架设的位置不得影响沟槽边坡的稳定;起重机在高压输电线路附近作业与线路间的安全距离应符合当地电业管理部门的规定。

5) 管道应在沟槽地基、管基质量检验合格后安装,安装时宜自下游开始,承口朝向施工前进的方向。

6) 接口工作坑应配合管道铺设及时开挖,开挖尺寸应符合表3的规定。

接口工作坑开挖尺寸(mm) 表3

| 管材种类 | 管 径 | 宽 度 | 长 度 | | 深度 |
			承口前	承口后	
刚性接口铸铁管	75~300	D_1+1800	800	200	300
	400~700	D_1+1200	1000	400	400
	800~1200	D_1+1200	1000	450	500
预应力、自应力混凝土管,滑入式柔性接口铸铁和球墨铸铁管	≤500	承口外径加	800	承口长度加200	200
	600~1000		1000		400
	1100~1500		1600		450
	>1600		1800		500

注:1. D_1 为管外径(mm);
　2. 柔性机械式接口铸铁、球墨铸铁管接口工作坑开挖各部尺寸,按照预应力、自应力混凝土管一栏的规定,但表中承口前的尺寸宜适当放大。

7) 管节下入沟槽时,不得与槽壁支撑及槽下的管道相互碰撞;沟内运管不得扰动天然地基。

8) 管道地基应符合下列规定:

① 采用天然地基时,地基不得受扰动;

② 槽底为岩石或坚硬地基时,应按设计规定施工,设计无规定时,管身下方应铺设砂垫层,其厚度应符合表4的规定;

砂垫层厚度(mm) 表4

| 管材种类 | 管 径 | | |
	≤500	>500,且≤1000	>1000
金属管	≥100	≥150	≥200
非金属管	150~200		

③ 当槽底地基土质局部遇有松软地基、流砂、溶洞、墓穴等,应与设计单位商定处理措施;

④ 非永冻土地区,管道不得安放在冻结的地基上;管道安装过程中,应防止地基冻胀。

9) 合槽施工时,应先安装埋设较深的管道,当回填土高程与邻近管道基础高程相同时,再安装相邻的管道。

10) 管道安装时,应将管节的中心及高程逐节调整正确,安装后的管节应进行复测,合格后方可进行下一工序的施工。

11) 管道安装时,应随时清扫管道中的杂物,给水若是暂时停止安装时,两端应临时封堵。

12) 雨期施工应采取以下措施:

① 合理缩短开槽长度,及时砌筑检查井,暂时中断安装的管道及与河道相连通的管口应临时封堵;已安装的管道验收后应及时回填土;

② 做好槽边雨水径流导路线的设计、槽内排水及防止漂管事故的应急措施;

③ 雨天不宜进行接口施工。

13) 冬期施工不宜使用冻硬的橡胶圈。

14) 当冬期施工管口表面温度低于-3℃,进行石棉水泥及水泥砂浆接口施工时,应采取以下措施:

图名	给水排水管道施工说明(二)	图号	PS3-5-1(二)

① 刷洗管口时宜采用盐水,有防冻要求的素水泥砂浆接口,掺食盐,其掺量应符合表5的要求。

食盐掺量(占水的重量%)　表5

接口材料	日 最 低 温 度 (℃)		
	0~-5	-6~-10	-10~-15
水泥砂浆	3	5	8

砂及水加热后拌和砂浆,其加热温度应符合表6的规定:

材料加热温度(℃)　表6

接口材料	加 热 材 料	
	水	砂
水泥砂浆	≤80	≤40
石棉水泥	≤50	—

② 接口材料填充打实、抹平后,应及时覆盖保温材料进行养护。

15) 新建管道与已建管道连接时,必须先核查获得已建管道接口高程及平面位置后,方可开挖。

16) 当地面坡度大于18%时,且采用机械法施工时,施工机械应采取稳定措施。

17) 安装柔性接口的管道,当其纵坡大于18%时,或安装刚性接口的管道,当其纵坡大于36%时应采取防止管道下滑的措施。

18) 压力管道上采用的闸阀,安装前应进行启闭检验,并宜进行解体检验。

19) 已验收合格入库存放的管、管件、闸阀,在安装前应进行外观及启闭等复验。

20) 钢管内、外防腐层遭受损伤或局部未做防腐层的部位,下管前应修补,修补后的质量应符合 GB 50268—97 的规定。

21) 露天或埋设在对柔性接口橡胶圈有腐蚀作用的土质及地下水中时,应采用对橡胶圈无影响的柔性材料,封堵住外露橡胶圈的接口缝。

22) 管道保温层的施工应符合下列规定:
① 管道焊接完毕,必须经水压试验合格后方可进行通水;
② 法兰连接处应留有空隙,其长度为螺栓长加 20~30mm;
③ 保温层与滑动支座、吊架、支架处应留出空隙;
④ 硬质保温结构,应留伸缩缝;施工期间,不得使保温材料受潮;
⑤ 保温层变形缝宽度允许偏差应为±5mm。

(2) 钢管安装

1) 钢管质量应符合下列要求:
① 管节的材料、规格、压力等级、加工质量应符合设计规定;
② 管节表面应无斑痕、裂纹.严重锈蚀等缺陷;
③ 焊缝外观应符合 GB 50268—97 中的有关规定;
④ 直焊缝卷管管节几何尺寸允许偏差应符合表7的规定;

直焊缝卷管管节几何尺寸允许偏差　表7

项目	允 许 偏 差 (mm)	
周 长	D≤600	±2.0
	D>600	±0.0035D
圆 度	管端 0.005D;其他部位 0.01D	
端面垂直度	0.001D,且不大于 1.5	
弧 度	用弧长 D/6 的弧形板量测于管内壁或外壁纵缝处形成的间隙,其间隙为 0.1t+2,且不大于 4;距管端 200nun 纵缝处的间隙不大于 2	

注:1. D 为管内径(mm),t 为壁厚(mm);
2. 圆度为同端管口相互垂直的最大直径与最小直径之差。

图名	给水排水管道施工说明(三)	图号	PS3-5-1(三)

451

⑤ 同一管节允许有两条纵缝,管径大于或等于 600mm 时纵向焊缝的间距应大于 300mm;管径小于 600mm 时,其间距应大于 100mm。

2) 管道安装前,管节应逐根测量、编号,宜选取用管径差最小的管节组对对接。

3) 下管前先检查管节的内外防腐层;合格后方可下管。

4) 管节组成管段下管时,管段的长度、吊距,应根据管径、壁厚、外防腐层材料的种类及下管方法。

5) 弯管起弯点至接口的距离不得小于管径,且不得小于 100mm。

6) 管节焊接前应先修口、清根,管端端面的坡口角度、钝边、间隙,应符合表 8 的规定;不得在对口间隙夹焊帮条或用加热法缩小间隙施焊。

电弧焊端修口各部尺寸 表 8

修 口 形 式		间隙 b (mm)	钝边 p (mm)	坡口角度 α(°)
图 示	壁厚 t(mm)			
	4~9	1.5~3.0	1.0~1.5	60~70
	10~26	2.0~4.0	1.0~2.0	60±5

7) 对口时应使内壁齐,当采用长 300mm 的直尺在接口内壁周围顺序贴靠,错口的允许偏差应为 0.2 倍壁厚,且不得大于 2mm。

8) 纵向焊缝应放在管道中心垂线上半圆的 45°左右处,且纵向焊缝错开,有加固环的钢管,其对焊焊线应与管节纵向焊缝错开,间距不小于 100mm。加固环距管节的环向焊缝不小于 50mm。

9) 直管管段两相邻环向焊缝的间距不应小于 200mm;管道任何位置不得有十字形焊缝。

10) 管道上开孔时,不得在纵向、环向焊缝处开孔,也不得在短节上开孔,并且在管道的任何位置不得开方孔。直线管段不宜采用长度小于 800mm 的短节拼接。

11) 管道法兰接口平行度允许偏差应为法兰外径的 1.5%,且不应大于 2mm;螺孔中心允许偏差应为孔径的 5%。

12) 钢管安装允许偏差应符合表 9 的规定。

钢管安装允许偏差(mm) 表 9

项 目	允 许 偏 差	
	无压力管道	压力管道
轴线位置	15	30
高 程	±10	±20

(3) 铸铁、球墨铸铁管安装

1) 铸铁、球墨铸铁管及管件的外观不得有裂纹,不得有妨碍使用的凸凹不平的缺陷,且承口的内工作面和插口的外工作面应光滑、轮廓清晰,不得有影响接口密封性的缺陷。

2) 管及管件的尺寸偏差应符合现行国家产品标准的规定。

3) 管及管件下沟前,应清除承口内部的油污、飞刺、铸砂及凹凸不平的铸瘤,柔性接口铸铁管及管件承口的内工作面、插口的外工作面应修整光滑,不得有沟槽、凸脊缺陷。

4) 沿直线安装管道时,宜选用管径公差组合最小的管节组对连接。沿曲线安装接口的允许转角不大于表 10 的规定。

沿曲线安装接口的允许转角 表 10

接 口 种 类	管径(mm)	允许转角(°)
刚性接口	75~450	2
	500~1200	1
滑入式 T 形、梯唇形橡胶圈接口及柔性机械式接口	75~600	3
	700~800	2
	≥900	1

图名	给水排水管道施工说明(四)	图号	PS3-5-1(四)

(4) 非金属管安装

1) 非金属管安装外观质量及尺寸公差应符合现行国家产品标准的规定。

2) 混凝土及钢筋混凝土管刚性接口的接口材料除了应符合 GB 50268—97 的有关规定外，应选用粒径 0.5~1.5mm，含泥量不大于 3%的洁净砂及网格 10mm×10mm、丝径为 20 号的钢丝网。

3) 管节安装前应进行外观检查，发现裂缝、保护层脱落、空鼓、接口掉角等缺陷，使用前应修补并经鉴定合格后，方可使用。

4) 管座分层浇筑时，管座平基混凝土抗压强度应大于 5.0N/mm² 方可进行安管。管节安装前应将管内外清扫干净，安装时就使管节内底高程符合设计规范，调整管节中心及高程时，必须垫稳，两侧设撑杠，不得发生滚动。

5) 采用混凝土管座基础时，管节中心、高程复验合格后，应及时浇筑管座混凝土。

6) 砂及砂石基础材料应振实，并应与管身和承口外壁均匀接触。

7) 管座分层浇筑时，应先将管座平基凿毛冲净，并将管座平基与管材相接触的三角部位，用同强度等级的混凝土砂浆填满、捣实后，再浇混凝土。

8) 采用垫块法一次浇筑管座时，必须先从一侧灌注混凝土，当对侧的混凝土与灌注一侧混凝土高度相同时，两侧再同时浇筑，并保持两侧混凝土高度一致。

9) 预应力管、自应力混凝土管安装应平直、无凸起、凸弯现象。沿曲线安装时，管口间的纵向间隙最小处不大于 5mm。

10) 承口内和插口外的工作面应彻底清洗干净，安装时，橡胶圈应均匀滚动到位，放松外力后回弹不得大于 10mm，就位后应在承、插口工作面上。

11) 承插式甲型接口，采用水泥砂浆填缝时，应将接口部位清洗干净。插口进入承口后，应将管节接口环向间隙调整均匀，再用水泥砂浆填满、捣实、表面抹平。

12) 非金属管道基础及安装的允许偏差应符合表 11 规定。

非金属管道基础及安装的允许偏差　　表 11

项目				允许偏差	
				无压力管道	压力管道
垫层			中线每侧宽度	不小于设计规定	
垫层			高程	0 −15(mm)	
管道基础	混凝土	管座平基	中线每侧宽度	0 +10(mm)	
管道基础	混凝土	管座平基	高程	0 −15(mm)	
管道基础	混凝土	管座平基	厚度	不小于设计规定	
管道基础	混凝土	管管	肩宽	+10 −5(mm)	
管道基础	混凝土	管管	肩高	±20(mm)	
管道基础	混凝土	管管	抗压强度	不低于设计规定	
管道基础	混凝土	管管	蜂窝麻面面积	两井间每侧≤1.0%	
管道基础	土弧、砂或砂砾		厚度	不小于设计规定	
管道基础	土弧、砂或砂砾		支撑角侧边高程	不小于设计规定	
管道安装(mm)	轴线位置			15	30
管道安装(mm)	管道内底高程		$D\leqslant1000$	±10	±20
管道安装(mm)	管道内底高程		$D>1000$	±15	±30
管道安装(mm)	刚性接口相邻管节内底错口		$D\leqslant1000$	3	3
管道安装(mm)	刚性接口相邻管节内底错口		$D>1000$	5	5

注：D 为管道内径(mm)。

图名	给水排水管道施工说明(五)	图号	PS3-5-1(五)

3.5.2 给水排水管道施工组织设计

1. 工程概况

(1) 工程特点：占地面积，结构特征，抗渗、抗冻、抗震的要求，管线铺设和设备安装的难易程度、工作量，主要工程实物量及交付使用期限等。

(2) 施工方法的选择：工程量大的、在单位工程中占重要地位的分部(项)工程；施工技术复杂或采用新技术、新工艺及对工程质量起关键作用的分部(项)工程；不熟悉的特殊结构工程或由专业施工单位施工的特殊专业工程等。

2. 施工组织总设计

(1) 基础文件

1) 建设项目可行性研究报告或计划任务书批准文件；

2) 建设项目规划红线范围和用地批准文件；

3) 设计图纸和说明书；

4) 建设项目总概算或修正总概算；

5) 建设项目施工招标文件和工程承包合同文件。

(2) 有关上级的指示、国家现行的工程建设政策、法规和规范、验收标准等。

(3) 建设地区的调查资料。

(4) 类型相近项目的经验资料等。

3. 编制程序(见图所示)

4. 编制内容

(1) 明确任务分工及组织安排：明确建设项目的施工机械，划分各参与施工的各单位任务，建立施工现场统一的组织领导部门及其职能部门，确定综合的、专业化的施工组织，划分施工阶段，明确各单位分期分批的主攻项目和穿插配合的项目等。

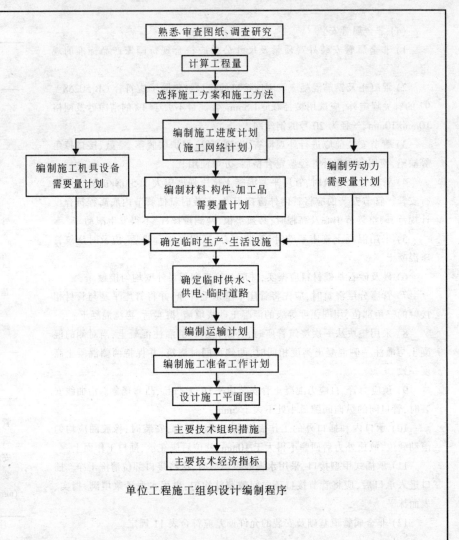

单位工程施工组织设计编制程序

图名	给水排水管道施工组织设计编制程序(一)	图号	PS3-5-2(一)

(2) 确定建设项目的开展程序

在确定开展程序时,主要应考虑以下几点:

1) 在满足项目建设的要求下,组织分期分批施工,既可使一些项目尽快建成,又能使组织施工在全局上取得连续性和均衡性,并可减少暂设工程数量,有利于降低工程成本。

在按交工系统组织施工时,应同时安排好与之配套的生产辅助和附属项目的施工,以保证生产系统能按期交付投入生产。

2) 确定开展程序,应注意首先安排下列项目:按生产工艺要求,须先期投产或起主导作用的工程项目;运输系统、动力系统;工程量大且施工通信难度大、施工周期长的项目;适当安排部分拟建的次要零星项目(如检修车间、仓库、办公楼、食堂、住宅等),既可供施工期间使用,也可作为均衡施工任务的"调节工程"。

3) 安排项目的开展程序,需考虑到季节性的影响。

(3) 拟定主要项目的施工方案:根据施工图纸、项目承包合同和施工部署要求,分别选择主要构筑物确定其施工方案,主要内容包括:施工工艺与方法、施工程序、施工机械和施工进度。

(4) "三通一平"规划。

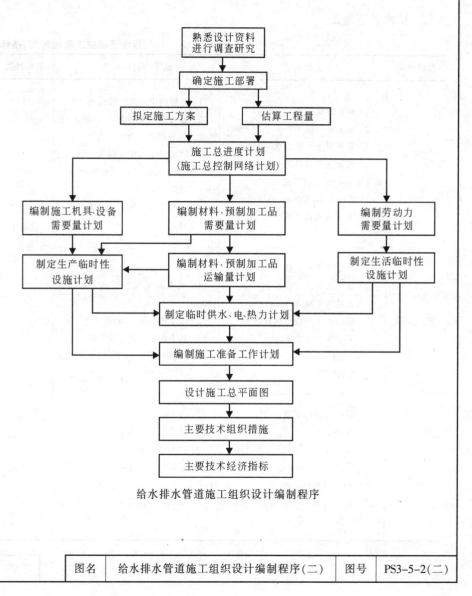

给水排水管道施工组织设计编制程序

| 图名 | 给水排水管道施工组织设计编制程序(二) | 图号 | PS3-5-2(二) |

455

3.5.3 排水管道施工

排水管道施工基础种类、条件及方法

基础种类	适用条件	施工方法和要求	基础种类	适用条件	施工方法和要求
弧形素土基础	(1) 槽基土质较好 (2) 地下水位低于管底 (3) 管顶覆土厚度为 0.7~2.0m (4) 敷设在室外且不在车道下的次要管道及临时埋设管道 (5) 管径 DN≤600mm 的混凝土管、钢筋混凝土管及缸瓦管	(1) 弧形的中心角一般采用 90° (2) 稳管前用粗砂按弧形填好,使管壁与弧形槽相吻合 (3) 回填时采用中松侧实的回填方法,侧部夯实须达到最佳密实度的 95% (4) 在管道接口处必须按要求做混凝土垫块	混凝土基础	(1) 管道在地下水位以上或以下均可 (2) 槽基是在施工中未被扰动的原土层 (3) 管径为 150~2000mm (4) 管道埋设深度为 0.8~6.0m (5) 90°混凝土基础垫适用于管顶覆土层厚度为 0.7~2.5m,不在车道下的次要管道和临时管道;135°混凝土基础垫适用于管顶覆土层厚度为 2.6~4.0m (6) 适用于下列接口的管道 水泥砂浆抹带接口 套管接口 承插接口	(1) 无地下水时,可在槽基原土层上直接浇筑混凝土基础;有地下水时,可在槽基铺一层厚 100~150mm 的卵石,然后在上面浇筑混凝土砂 (2) 混凝土强度等级一般为 C10 (3) 回填要求:管道两侧最佳密实度为 90%;管顶上 500mm 内密实度为 85%
灰土基础	(1) 槽基土质较松软 (2) 地下水位低于管底 (3) 管径为 150~700mm (4) 适用于下列接口的管道: 水泥砂浆抹带接口 承插接口 套管接口	(1) 灰土基础也是弧形,厚度为 150mm (2) 弧形中心角采用 60° (3) 灰土的配合比为 3:7(质量比) (4) 回填时的要求同弧形素土基础			
砂垫层基础	(1) 岩石或多石土壤 (2) 无地下水 (3) 管顶覆土层厚度为 0.7~2.0m (4) 管径 DN≤600mm 的混凝土管、钢筋混凝土管及缸瓦管 (5) 管道埋设深度为 1.5~3.0m,小于 1.5m 时不应采用	(1) 砂垫层厚度为 100~150mm (2) 砂料最好为带棱角的中砂 (3) 管道接口处必须按要求做混凝土垫 (4) 回填要求同弧形素土基础	枕基	(1) 干燥土壤 (2) 适用于下列接口的管道: 水泥砂浆抹带 DN≤900mm 承插 DN≤600mm	在管道接口下做 C10 混凝土枕状垫块

	图名	排水管道基础种类、条件及方法	图号	PS3-5-3

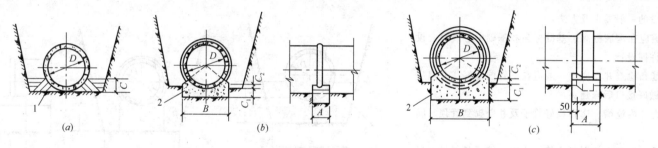

排水管素土基础

(a) 素土基础;(b) 抹带接口混凝土垫;(c) 承插接口混凝土垫

1—回填土;2—C10 混凝土

素土基础、混凝土垫尺寸及材料用量

管径 D	C	抹带接口混凝土垫					承插接口混凝土垫				
		A	B	C_1	C_2	混凝土(m³/个)	A	B	C_1	C_2	混凝土(m³/个)
150	60	200	210	100	30	0.005	300	350	140	30	0.017
200	70	200	260	100	40	0.006	300	400	140	40	0.020
250	80	200	320	100	50	0.008	300	450	140	50	0.023
300	100	200	370	100	60	0.010	300	500	140	60	0.026
350	110	200	420	100	60	0.011	300	550	140	70	0.029
400	120	200	480	100	70	0.013	300	600	150	80	0.034
450	140	200	530	100	80	0.015	300	650	150	80	0.037
500	150	200	590	100	90	0.018	300	700	150	90	0.041
600	180	200	700	100	110	0.022	300	800	160	110	0.050

图名	基础尺寸及材料用量	图号	PS3-5-4

管道铺设的一般要求及方法：

(1) 管道应在沟底标高、基础标高和基础中心线符合设计要求后方许铺设；

(2) 管基和检查井室底座一般应在下管前做好，井壁应在稳好管子做好接口后修建；

(3) 检查井内流槽，应在稳好管子及井壁砌到管顶时随即修建；

(4) 铺设在地基上的混凝土管，应根据管子长度量好尺寸，可在下管前挖好枕基坑，预制的应稳好，中心应在同一直线上并应水平，枕基应低于管底皮10mm。如采用捣制枕基，应在下管前支好模板；

(5) 下管可依管径大小及施工现场的具体情况，分别采用压绳法、三角架、木架漏大绳、大绳二绳挂钩法、吊链滑车、起重机吊车等方法，但应有一名熟练工人指挥，防止发生安全事故；

(6) 下管应由两检查井间的一端开始，如铺设承插管，应以承口在前；

(7) 下管时应缓慢进行，防止绳索折断。下管后应立即拨正找直，拨正时撬棍下应垫以木板，不应直接插在混凝土基础上；

(8) 稳管前应将管口内外刷洗干净，管径大于600mm的平口或承插口管道接口，应留有10mm缝隙。管径小于600mm时，应留出不少于3mm的对口缝隙；

(9) 使用套环接口时，应稳好一根管子安装一个套环，注意避免管子互相碰撞；

(10) 铺设小口径承插管时，在稳好第一节管后，应在承口下垫满灰浆。然后将第二节管插入，挤入管内灰浆应抹平里口，多余的应清除干净。余下的接口应填灰打严，或用砂浆抹严。

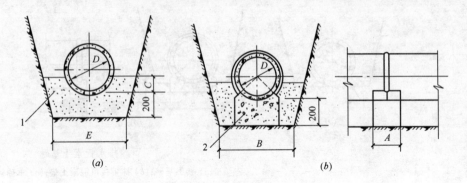

(a) (b)

排水管砂垫层基础

(a) 砂垫层基础；(b) 抹带接口混凝土垫

1—粗砂；2—C10 混凝土

砂垫层基础、混凝土垫尺寸及材料用量

管径 D	C	A	B	E	粗砂 (m³/m)	混凝土 (m³/个)
150	30	200	210	380	0.090	0.009
200	40	200	260	500	0.125	0.011
250	50	200	320	630	0.160	0.014
300	60	200	370	750	0.200	0.017
350	60	200	420	880	0.225	0.019
400	70	200	480	1000	0.270	0.023
450	80	200	530	1130	0.315	0.026
500	90	200	590	1250	0.365	0.030
600	110	200	700	1500	0.465	0.036

图名	排水管砂垫层基础尺寸及材料	图号	PS3-5-5

<h2 align="center">90°混凝土基础尺寸及材料用量</h2>

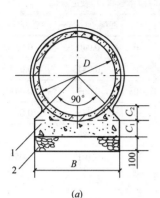

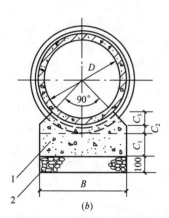

(a)

(b)

排水管 90°混凝土基础
(a) 抹带接口；(b) 套环接口或承插接口
1—C10 混凝土；2—砂砾石

管径	抹带接口管道基础					套环接口(或承插接口)管道基础					
D	B	C_1	C_2	混凝土(m³/m)	砂砾石(m³/m)	B	C_1	C_2	C_3	混凝土(m³/m)	砂砾石(m³/m)
150	210	100	30	0.023	0.021	240	50	40	50	0.027	0.024
200	260	100	40	0.030	0.026	290	50	40	50	0.033	0.029
250	320	100	50	0.038	0.032	350	50	40	60	0.042	0.035
300	370	100	50	0.044	0.037	400	60	40	70	0.052	0.040
350	420	100	60	0.052	0.042	460	60	40	80	0.056	0.046
400	480	100	70	0.060	0.048	520	60	40	90	0.073	0.052
450	530	100	80	0.068	0.053	570	60	40	100	0.080	0.057
500	590	100	90	0.078	0.059	630	60	40	110	0.092	0.063
600	700	100	100	0.096	0.070	750	60	50	130	0.129	0.075
700	820	120	120	0.134	0.082	880	70	60	150	0.171	0.088
800	930	130	140	0.167	0.093	1000	70	60	170	0.202	0.100
900	1050	150	150	0.217	0.105	1130	70	80	190	0.261	0.113
1000	1170	160	170	0.260	0.117	1250	80	80	210	0.312	0.125
1100	1280	180	190	0.318	0.128	1370	80	90	230	0.363	0.137
1200	1390	200	200	0.382	0.139	1490	80	90	250	0.406	0.149
1350	1560	210	230	0.458	0.156	1670	100	120	280	0.554	0.167
1500	1750	250	260	0.602	0.175	1880	120	120	320	0.699	0.188
1650	1920	270	280	0.716	0.192	2060	120	120	350	0.779	0.206
1800	2100	300	300	0.867	0.210	2250	130	120	380	0.903	0.225
2000	2340	340	340	1.090	0.234	2510	130	140	430	1.117	0.251

注：当槽基土质较好或施工时地下水位低于槽基时,可取消砂砾石垫层。

图名	排水管 90°混凝土基础	图号	PS3-5-6

135°混凝土基础尺寸及材料用量

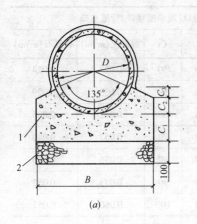

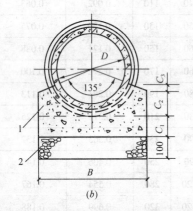

排水管 135°混凝土基础
(a) 抹带接口；(b) 套环接口或承插接口
1—C10 混凝土；2—砂砾石

管径	抹带接口管道基础						套环接口(或承插接口)管道基础					
D	B	C_1	C_2	C_3	混凝土(m^3/m)	砂砾石(m^3/m)	B	C_1	C_2	C_3	混凝土(m^3/m)	砂砾石(m^3/m)
150	290	100	50	20	0.039	0.029	290	50	100	20	0.040	0.029
200	350	100	60	20	0.048	0.035	350	60	110	20	0.051	0.035
250	410	100	70	30	0.059	0.041	410	60	130	30	0.063	0.041
300	470	100	90	30	0.072	0.047	470	60	140	30	0.075	0.047
350	530	100	100	30	0.083	0.053	530	60	150	30	0.086	0.053
400	590	100	120	30	0.098	0.059	590	60	170	30	0.101	0.059
450	660	100	130	40	0.113	0.066	660	70	180	40	0.123	0.066
500	720	110	150	40	0.137	0.072	720	70	210	40	0.147	0.072
600	850	120	170	40	0.179	0.085	850	70	250	40	0.195	0.085
700	990	140	200	50	0.244	0.099	990	80	290	50	0.262	0.099
800	1130	160	230	60	0.318	0.113	1130	90	320	60	0.330	0.113
900	1280	180	260	70	0.408	0.128	1280	90	380	70	0.427	0.128
1000	1410	200	290	70	0.497	0.141	1410	100	390	70	0.479	0.141
1100	1550	220	320	80	0.604	0.155	1550	100	450	80	0.591	0.155
1200	1680	240	350	80	0.713	0.168	1680	110	480	80	0.682	0.168
1350	1880	260	390	90	0.873	0.188	1880	120	570	90	0.896	0.188
1500	2130	310	440	110	1.160	0.213	2130	140	610	110	1.112	0.213
1650	2330	340	480	120	1.385	0.233	2330	160	660	120	1.308	0.233
1800	2550	370	520	130	1.648	0.255	2550	180	710	130	1.558	0.255
2000	2850	420	580	150	2.080	0.285	2850	230	770	150	1.981	0.285

注：1. 槽基土质较好或施工时地下水位低于槽基时,可取消砂砾石垫层;
　　2. 在施工时如需在 C_1 层面处留施工缝的话,则在继续施工时应将间歇面凿毛刷净,以使整个管基结为一体。

图名	排水管 135°混凝土基础	图号	PS3-5-7

180°混凝土基础尺寸及材料用量

管径	抹带接口管道基础					套环接口(或承插接口)管道基础				
D	B	C_1	C_2	混凝土(m³/m)	砂砾石(m³/m)	B	C_1	C_2	混凝土(m³/m)	砂砾石(m³/m)
150	320	100	100	0.048	0.032	320	50	160	0.050	0.032
200	380	100	130	0.061	0.038	380	60	180	0.063	0.038
250	440	100	160	0.074	0.044	440	60	210	0.076	0.044
300	500	100	180	0.094	0.050	500	60	240	0.096	0.050
350	570	100	210	0.108	0.057	570	60	260	0.110	0.057
400	630	100	240	0.124	0.063	630	60	290	0.127	0.063
450	700	100	270	0.144	0.070	700	70	320	0.154	0.070
500	770	110	300	0.174	0.077	770	70	360	0.184	0.077
600	900	120	350	0.231	0.090	900	70	430	0.248	0.090
700	1050	140	410	0.314	0.105	1050	80	490	0.323	0.105
800	1200	160	470	0.409	0.120	1200	90	560	0.418	0.120
900	1350	180	530	0.518	0.135	1350	90	640	0.523	0.135
1000	1500	200	580	0.641	0.150	1500	100	680	0.614	0.150
1100	1640	220	640	0.768	0.164	1640	100	770	0.746	0.164
1200	1770	240	700	0.958	0.177	1770	110	830	0.864	0.177
1350	1980	260	780	1.105	0.198	1980	120	960	1.132	0.198
1500	2250	310	880	1.464	0.225	2250	140	1050	1.394	0.225
1650	2460	340	960	1.750	0.246	2460	160	1140	1.646	0.246
1800	2700	370	1050	2.107	0.270	2700	180	1240	1.990	0.270
2000	3020	420	1170	2.651	0.302	3020	230	1360	2.519	0.302

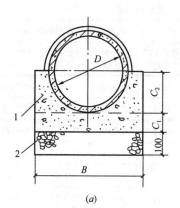

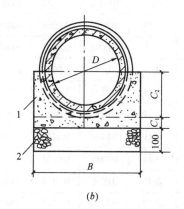

排水管 180°混凝土基础
(a) 抹带接口;(b) 套环接口或承插接口
1—C10 混凝土;2—砂砾石

注:1. 槽基土质较好或施工时地下水位低于槽基时,可取消砂砾石垫层;

2. 在施工过程中如需在 C_1 层面处留施工缝的话,则在继续施工时应将间歇面凿毛刷净,以使整个管基结为一体。

图名	排水管 180°混凝土基础	图号	PS3-5-8

排水管钢丝网水泥砂浆抹带接口

接口形式图

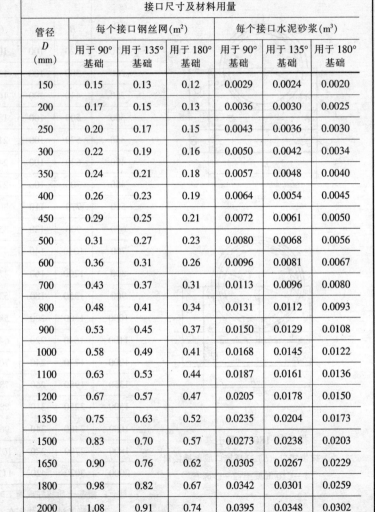

接口尺寸及材料用量

管径 D (mm)	每个接口钢丝网（m²）			每个接口水泥砂浆（m³）		
	用于90°基础	用于135°基础	用于180°基础	用于90°基础	用于135°基础	用于180°基础
150	0.15	0.13	0.12	0.0029	0.0024	0.0020
200	0.17	0.15	0.13	0.0036	0.0030	0.0025
250	0.20	0.17	0.15	0.0043	0.0036	0.0030
300	0.22	0.19	0.16	0.0050	0.0042	0.0034
350	0.24	0.21	0.18	0.0057	0.0048	0.0040
400	0.26	0.23	0.19	0.0064	0.0054	0.0045
450	0.29	0.25	0.21	0.0072	0.0061	0.0050
500	0.31	0.27	0.23	0.0080	0.0068	0.0056
600	0.36	0.31	0.26	0.0096	0.0081	0.0067
700	0.43	0.37	0.31	0.0113	0.0096	0.0080
800	0.48	0.41	0.34	0.0131	0.0112	0.0093
900	0.53	0.45	0.37	0.0150	0.0129	0.0108
1000	0.58	0.49	0.41	0.0168	0.0145	0.0122
1100	0.63	0.53	0.44	0.0187	0.0161	0.0136
1200	0.67	0.57	0.47	0.0205	0.0178	0.0150
1350	0.75	0.63	0.52	0.0235	0.0204	0.0173
1500	0.83	0.70	0.57	0.0273	0.0238	0.0203
1650	0.90	0.76	0.62	0.0305	0.0267	0.0229
1800	0.98	0.82	0.67	0.0342	0.0301	0.0259
2000	1.08	0.91	0.74	0.0395	0.0348	0.0302

图名	水泥砂浆抹带接口	图号	PS3-5-9

排水管预制钢筋混凝土套环接口

接 口 形 式 图

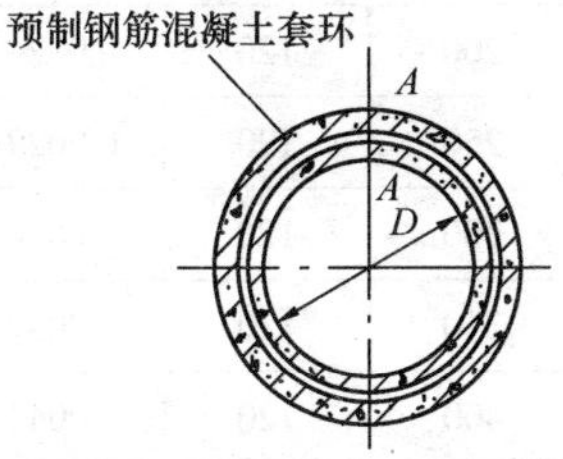

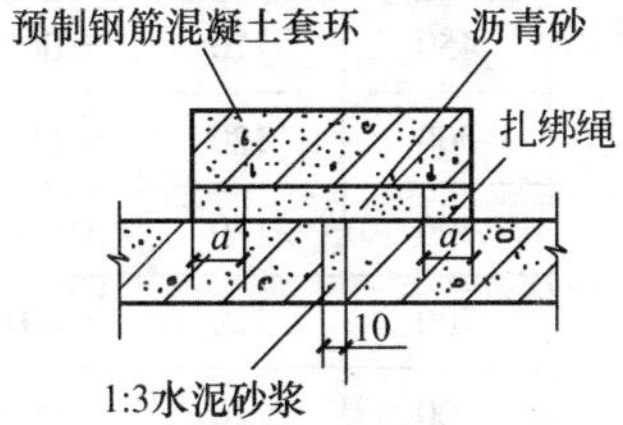

预制钢筋混凝土套环

预制钢筋混凝土套环　　沥青砂

扎绑绳

1:3水泥砂浆

A—A
用于沥青砂接口

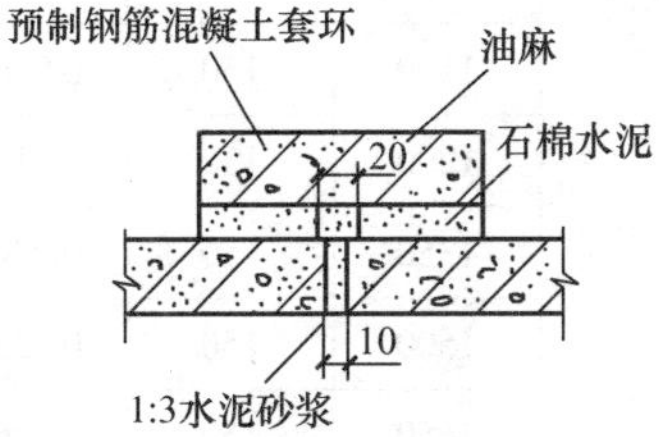

预制钢筋混凝土套环　　油麻

石棉水泥

1:3水泥砂浆

A—A
用于石棉水泥接口

管径 D (mm)	填缝水泥砂浆 (m³)	沥青砂接口 沥青砂(m³)	石棉水泥接口	
			油麻(kg)	石棉水泥(m³)
150	0.00016	0.0011	0.18	0.0016
200	0.00022	0.0014	0.22	0.0019
250	0.00028	0.0016	0.26	0.0023
300	0.00035	0.0025	0.40	0.0035
350	0.00044	0.0021	0.34	0.0030
400	0.00052	0.0019	0.30	0.0027
450	0.00063	0.0027	0.42	0.0037
500	0.00075	0.0037	0.50	0.0056
600	0.0010	0.0041	0.55	0.0062
700	0.0014	0.0048	0.64	0.0072
800	0.0018	0.0073	0.98	0.0110
900	0.0023	0.0104	1.38	0.0156
1000	0.0028	0.0112	1.09	0.166
1100	0.0033	0.0137	1.33	0.0203
1200	0.0039	0.0148	1.44	0.0220
1350	0.0048	0.0166	1.61	0.0247
1500	0.0064	0.0234	2.26	0.0347
1650	0.0076	0.0256	2.48	0.0380
1800	0.0092	0.0279	2.70	0.0414
2000	0.0116	0.0310	3.01	0.0460

表头：每个接口材料用量

图名	钢筋混凝土套环接口	图号	PS3-5-10

<table>
<tr><td colspan="3">排水管道敷设时的对口间隙(mm)</td></tr>
</table>

管材	管径		沿直线敷设时对口间隙
预应力钢筋混凝土管（一阶段生产工艺）	400~1400		20
预应力钢筋混凝土管（三阶段生产工艺）自应力钢筋混凝土管	100~350		10~17
	400~500		20
	600~1400		25
钢筋混凝土管混凝土管	柔口	<1000	20
		≥1000	30
	刚口		5~8
石棉水泥管	柔口		10~20
	刚口		3~6
陶土管			3~6

排水管水泥砂浆抹带接口

接口形式图

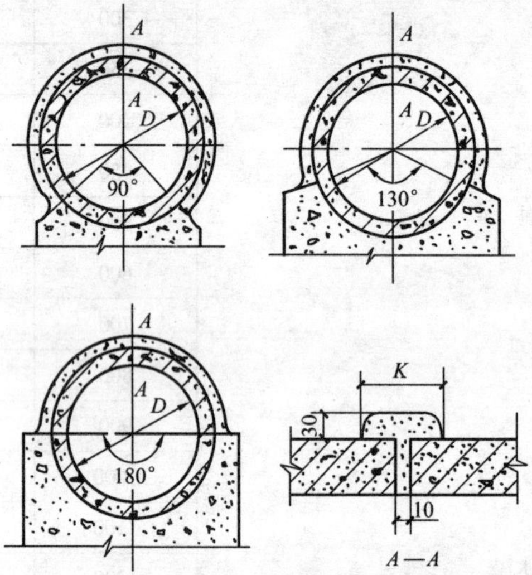

A—A

接口尺寸及材料用量

管径 D (mm)	带宽 K (mm)	每个接口水泥砂浆用量(m³)		
		90°基础	135°基础	180°基础
150	120	0.0019	0.0017	0.0014
200	120	0.0024	0.0021	0.0017
250	120	0.0029	0.0025	0.0020
300	120	0.0034	0.0029	0.0024
350	120	0.0039	0.0033	0.0027
400	120	0.0044	0.0037	0.0031
450	120	0.0049	0.0042	0.0035
500	120	0.0054	0.0047	0.0039
600	120	0.0065	0.0056	0.0047
700	120	0.0078	0.0067	0.0057
800	120	0.0091	0.0079	0.0067
900	120	0.0107	0.0093	0.0079
1000	120	0.0119	0.0104	0.0088
1100	150	0.0161	0.0140	0.0119
1200	150	0.0177	0.0153	0.0131
1350	150	0.0203	0.0177	0.0151
1500	150	0.0236	0.0208	0.0179
1650	150	0.0265	0.0233	0.0202
1800	150	0.0299	0.0264	0.0230
2000	150	0.0346	0.0308	0.0269

图名	对口间隙及抹带接口	图号	PS3-5-11

90°转弯井尺寸(mm)

示意图	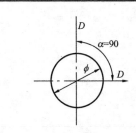					
井径 φ	700	1000	1250	1500	2000	2500
管径 D	≤300	≤500	≤600	≤800	≤1000	≤1100

直线、转弯井尺寸(mm)

示意图	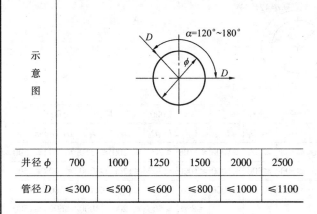					
井径 φ	700	1000	1250	1500	2000	2500
管径 D	≤300	≤500	≤600	≤800	≤1000	≤1100

排水承插管接口

接口形式图	每个接口材料用量		
	管径 D (mm)	沥青油膏接口	水泥砂浆接口
		沥青油膏(m^3)	水泥砂浆(m^3)
用于沥青油膏接口 A—A 用于水泥砂浆接口 A—A	150	0.0003	0.0006
	200	0.0004	0.0009
	250	0.0005	0.0011
	300	0.0006	0.0015
	350	0.0008	0.0021
	400	0.0010	0.0028
	450	0.0012	0.0034
	500	0.0014	0.0041
	600	0.0018	0.0057

沥青油膏
1:2.5水泥砂浆

直线管道上检查井间距

管道类别	管径或暗渠净高(mm)	最大间距(m)	常用间距(m)
污水管道	≤400	40	20~25
	500~900	50	35~50
	1000~1400	75	50~65
	≥1500	100	65~80
雨水管道 合流管道	≤600	50	25~40
	700~1100	65	40~55
	1200~1600	90	55~70
	120		70~85

图名	排水承插管接口、间距及尺寸	图号	PS3-5-12

一侧、两侧支管通入干管交汇井尺寸(mm)

示意图

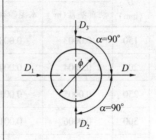

井径	管径		井径	管径	
700	D_1	≤400	1500	D_1	≤1000
	D_2、D_3	≤300		D_2、D_3	≤800
	D	≤400		D	≤1000
1000	D_1	≤600	2000	D_1	≤1000
	D_2、D_3	≤500		D_2、D_3	≤1200
	D	≤600		D	≤1000
1250	D_1	≤800	2500	D_1	≤1500
	D_2、D_3	≤600		D_2、D_3	≤1100
	D	≤800		D	≤1500

一侧、两侧支管通入干管交汇井尺寸(mm)

示意图

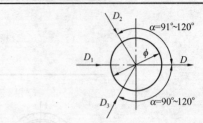

井径φ	700			1000			1250			1500			2000			2500		
管径	D_1	D_2、D_3	D	D_1	D_2、D_3	D	D_1	D_2、D_3	D	D_1	D_2、D_3	D	D_1	D_2、D_3	D	D_1	D_2、D_3	D
	≤400	≤200	≤400	≤600	≤200	≤600	≤800	≤200	≤800	≤1000	≤300	≤1000	≤1200	≤500	≤1200	≤1500	≤600	≤1500
	≤300	≤300	≤400	≤500	≤300	≤600	≤700	≤300	≤800	≤900	≤400	≤1000	≤1100	≤600	≤1200	≤1350	≤800	≤1500
				≤400	≤400	≤600	≤600	≤400	≤800	≤800	≤500	≤1000	≤1000	≤700	≤1200	≤1200	≤900	≤1500
				≤500	≤500	≤800	≤700	≤600	≤1000	≤900	≤800	≤1200	≤1100	≤1000	≤1500			

一侧、两侧支管通入干管交汇井尺寸(mm)

示意图

井径φ	700			1000			1250			1500			2000			2500		
管径	D_1	D_2、D_3	D	D_1	D_2、D_3	D	D_1	D_2、D_3	D	D_1	D_2、D_3	D	D_1	D_2、D_3	D	D_1	D_2、D_3	D
	≤200	≤200	≤400	≤400	≤200	≤600	≤600	≤200	≤800	≤700	≤200	≤1000	≤1100	≤200	≤1200	≤1350	≤300	≤1500
				≤300	≤300	≤600	≤500	≤300	≤800	≤600	≤300	≤1000	≤1000	≤300	≤1200	≤1200	≤400	≤1500
							≤400	≤400	≤800	≤500	≤400	≤1000	≤900	≤400	≤1200	≤1100	≤500	≤1500
													≤800	≤500	≤1200	≤1000	≤600	≤1500
													≤700	≤600	≤1200	≤900	≤700	≤1500
																≤800	≤800	≤1500

图名	一侧、两侧支管通入干管交汇井尺寸	图号	PS3-5-13

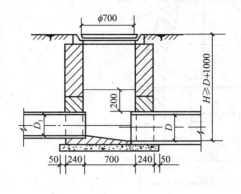

A–A

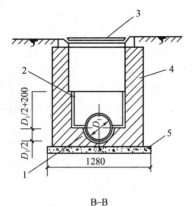

B–B

ϕ700mm 单座检查井工程量

管径 D (mm)	砖砌体(m³)		C10 混凝土 (m³)	砂浆抹面 (m²)
	流槽	井筒/m		
200	0.05	0.71	0.13	1.40
300	0.08	0.71	0.13	1.47
400	0.10	0.71	0.13	1.58

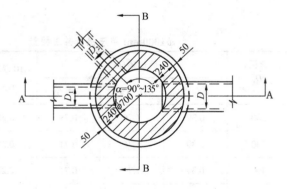

ϕ700mm 砖砌圆形雨水检查井

1—流槽;2—抹面层(20mm 厚);3—井盖及盖座;
4—井筒;5—C10 混凝土井基(100mm 厚)

说明:

1. 抹面、勾缝、坐浆均用 1:2 水泥砂浆。

2. 遇地下水时,井外壁抹面至地下水位以上 500mm,厚 20mm,井底铺
   碎石,厚 100mm。

3. 接入支管,超挖部分用级配砂石、混凝土或砌砖填实。

4. 本图适用于 $DN \leqslant 400$mm 的排水管。

图名	ϕ700 砖砌圆形雨水检查井	图号	PS3–5–14

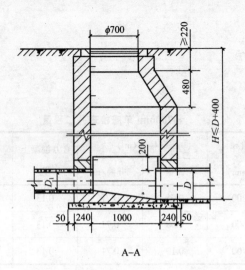

A–A

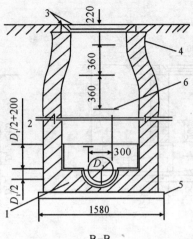

B–B

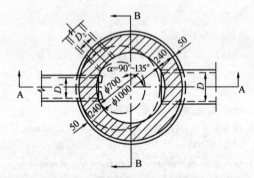

φ1000mm 砖砌圆形雨水检查井

1—流槽;2—抹面层(20mm厚);3—井盖及盖座;
4—井筒;5—C10 混凝土井基(100mm 厚);6—爬梯

φ1000mm 单座检查井工程量

管径 *D* (mm)	砖砌体(m³)			C10 混凝土 (m³)	砂浆抹面 (m²)
	收口段	井室	井筒/m		
200	0.39	1.76	0.71	0.20	2.48
300	0.39	1.76	0.71	0.20	2.60
400	0.39	1.76	0.71	0.20	2.70
500	0.39	1.76	0.71	0.22	2.79
600	0.39	1.76	0.71	0.24	2.86

图名	φ1000 砖砌圆形雨水检查井	图号	PS3-5-15

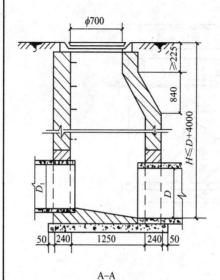

A–A

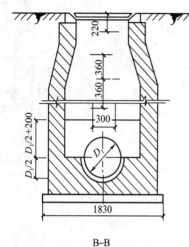

B–B

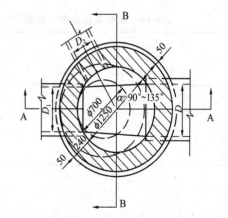

φ1250mm 单座检查井工程量

管径 D (mm)	砖砌体(m³)			C10 混凝土 (m³)	砂浆抹面 (m²)
	收口段	井 室	井筒/m		
600	0.77	3.05	0.71	0.32	4.14
700	0.77	3.18	0.71	0.37	4.23
800	0.77	3.31	0.71	0.42	4.32

说明:

1. 抹面、勾缝、坐浆均用1:2水泥砂浆。

2. 遇地下水时,井外壁抹面至地下水位以上500m,厚20mm,井底铺碎石,厚100mm。

3. 接入支管超挖部分用级配砂石,混凝土或砌砖填实。

4. 井室高度:自井底至收口段一般为 $d+1800$,当埋深不允许时可酌情减小。

5. 井基材料采用C10混凝土,厚度等于干管管基厚。

6. 本图适用于 $d=600\sim800mm$ 的排水管。

图名	φ1250 砖砌圆形雨水检查井	图号	PS3-5-16

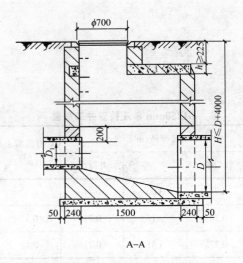

A–A

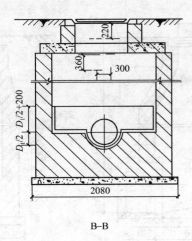

B–B

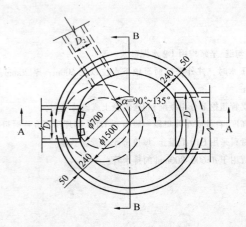

φ1500mm 单座检查井工程量

管径 D (mm)	砖砌体(m³)		混凝土(m³)		砂浆抹面 (m²)
	井 室	井筒/m	C10	C20	
800	2.70	0.71	0.54	h=120mm 为 0.26	5.86
900	2.69	0.71	0.61		5.96
1000	2.68	0.71	0.68	h=180mm 为 0.39	6.04

图名	φ1500 砖砌圆形雨水检查井	图号	PS3-5-17

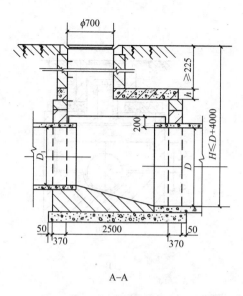

A–A

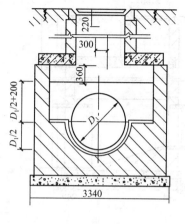

B–B

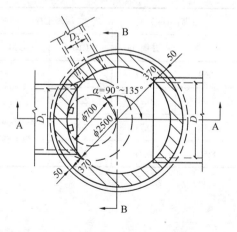

φ2000mm 单座检查井工程量

管径 D (mm)	砖砌体(m³)		混凝土(m³)		砂浆抹面 (m²)
	井室	井筒/m	C10	C20	
1000	3.95	0.71	1.05	h=150mm 为 0.57 h=220mm 为 0.83	9.89
1100	3.98	0.71	1.15		10.04
1200	4.00	0.71	1.25		10.23

图名	φ2000 砖砌圆形雨水检查井	图号	PS3-5-18

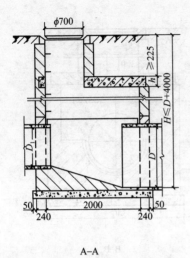

A–A

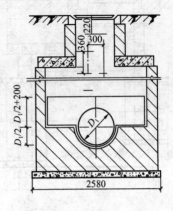

B–B

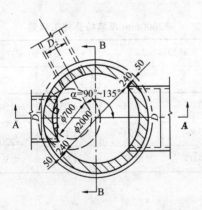

$\phi 2500mm$ 单座检查井工程量

管径 D (mm)	砖砌体(m³)		混凝土(m³)		砂浆抹面 (m²)
	井　室	井筒/m	C10	C20	
1100	7.69	0.71	1.93	h=160mm 为 1.98 h=250mm 为 1.53	14.76
1200	7.98	0.71	2.10		15.07
1350	8.18	0.71	2.28		15.26
1500	8.52	0.71	2.72		15.52

图名	$\phi 2500$ 砖砌圆形雨水检查井	图号	PS3-5-19

3.6 排水工程通用图

排水工程通用图说明

（广州市标准）

1. 井盖、井盖座

（1）适用范围：φ700mm 适用于车行道，φ630mm 适用于绿化带和绿岛内。

（2）设计载荷：按汽车载重量为 20t 设计。

（3）采用 HTl5—33 铸铁。

（4）铸件表面应光滑平整，字样及花纹应清晰。

2. 检查井

（1）适用范围：雨、污水管的检查井及合流管检查井。

（2）适用于雨、污水管、合流管之直线、转弯、一侧支管接入干管及二侧支管接入干管等情况。

（3）设计荷载：按汽车载重量为 20t 设计。

（4）材料：

1）砌砖：一般用 M10 水泥砂浆砌 MU20 砖(不得采用黏土砖)。

2）基础：采用 C20 混凝土，下铺 20%碎石砂厚 150mm。

3）抹面：采用 1:2 水泥砂浆，厚 20mm，雨水井井内壁、收口部分要求抹面，污水井井身内外均需抹面。

4）流槽：采用与井墙一次砌筑的砖砌流槽，如果要改用 C20 混凝土时，浇筑前应先将检查井的井基、井墙洗刷干净，以保证共同受力。

（5）安装井盖座须坐浆，井盖顶面要求与路面平。

（6）回填土时，先将井盖座坐浆，井盖盖好，在井身周围同时回填，回填土

密实度要求按《给水排水管道工程施工及验收规范》(GB 50286)执行。

3. 管道、管道基础、接口

（1）适用于开槽施工的雨、污水管，如遇有软弱地基应根据有关规范另作处理。

（2）管道应该按照其《混凝土和钢筋混凝土排水管标准》(GB/T 11836)的技术要求设计，Ⅰ级钢筋，混凝土管内径 D=250~2000mm。

（3）接口：采用承插式或企口式接口，膨胀水泥填塞。

（4）要求管道基础地基承载力 $f_k \geq 110kPa$，如达不到要求应另外进行地基处理。

（5）当用机械开挖土方时，保留 20cm 土用人工清槽，不得超挖。

（6）开槽达到设计高程后，应会同有关方面验槽。

（7）管道应根据《给水排水管道工程施工及验收规范》(GB 50286)执行。

（8）管道应根据《给水排水管道工程施工及验收规范》(GB 50286)的有关要求进行闭水试验及竣工验收。

4. 使用本图集时应遵照国家现行的有关规范、标准、规程和规范。

图名	排水工程通用图说明(广州市标准)	图号	PS3-6-1

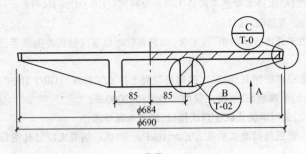

F—F

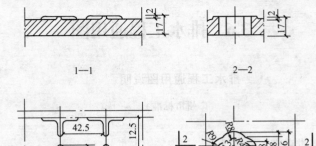

1—1　　　　2—2

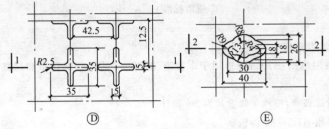

Ⓓ　　　　Ⓔ

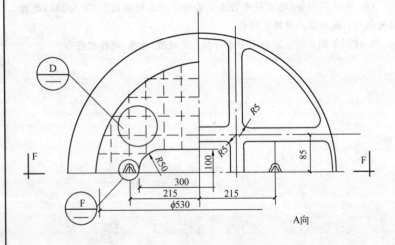

A向

井盖平面图

说明:
1. 本图单位尺寸以 mm 计。
2. 井盖设计荷载:汽-20。
3. 图中未注圆角半径为 R3。
4. 盖顶空白处作为填铸"xx市市政管理局园林局监制"、"雨"、"污"等标志用。
5. 井盖锁紧装置设置位置,请生产厂家自行考虑。
6. 本井盖座采用 HT15—33 铸铁制造,若用其他材料(如工程尼龙)必须参照相关的行业标准,进行承载力和正常使用验算及必要的试验,以使能达到要求的使用荷载。

| 图名 | φ700 井盖设计图 | 图号 | PS3-6-2 |

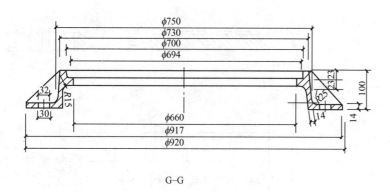

G–G

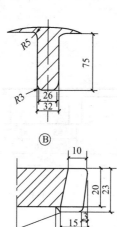

Ⓑ

Ⓒ

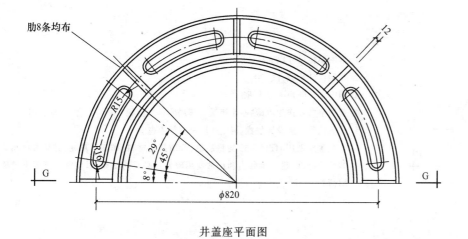

肋8条均布

井盖座平面图

说明：

1. 本图单位尺寸以 mm 计。

2. 井盖座设计荷载：汽-20。

3. 图中未注圆角半径为 R3。

4. 本井盖座采用 HTl5—33 铸铁制造,若用其他材料(如工程
   尼龙)必须参照相关的行业标准,进行承载力和正常使用
   验算及必要的试验,以使能达到要求的使用荷载。

图名	φ700 井盖座设计图	图号	PS3-6-3

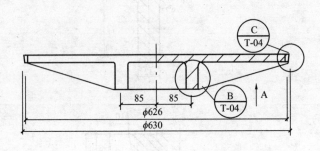

F–F

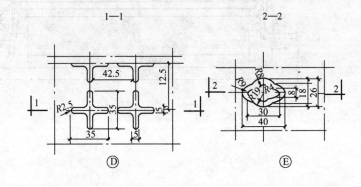

1—1

2—2

ⒹⒺ

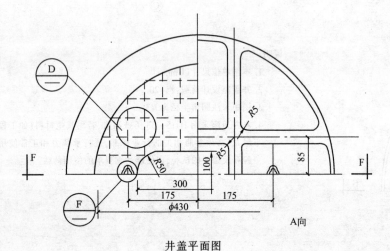

A向

井盖平面图

说明：
1. 本图单位尺寸以 mm 计。
2. 井盖设计荷载：汽–20。
3. 图中未注圆角半径为 R3。
4. 盖顶空白处作为填铸"××市市政管理局园林局监制"、"雨"、"污"等标志用。
5. 井盖锁紧装置设置位置，请生产厂家自行考虑。
6. 本井盖座采用 HT15—33 铸铁制造,若用其他材料(如工程尼龙)必须参照相关的行业标准,进行承载力和正常使用验算及必要的试验,以使能达到要求的使用荷载。

图名	φ630 井盖设计图	图号	PS3-6-4

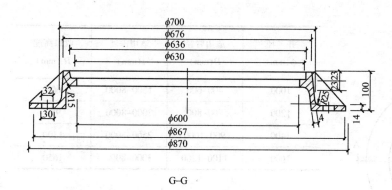

G–G

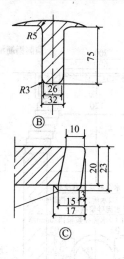

Ⓑ

Ⓒ

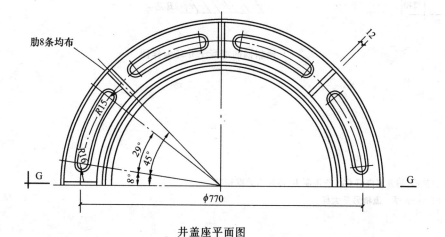

肋8条均布

井盖座平面图

说明:
1. 本图单位尺寸以 mm 计。
2. 井盖座设计荷载:汽–20。
3. 图中未注圆角半径为 R3。
4. 本井盖座采用 HTl5—33 铸铁制造,若用其他材料(如工程尼龙)必须参照相关的行业标准,进行承载力和正常使用验算及必要的试验,以使能达到要求的使用荷载。

图名	φ630 井盖座设计图	图号	PS3–6–5

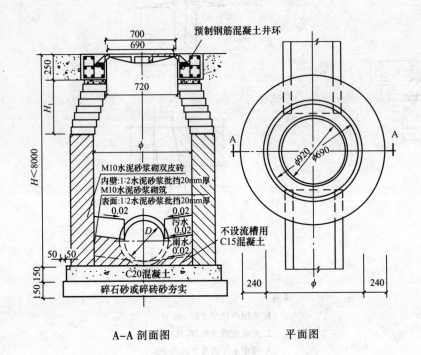

井 径 ϕ(mm)	适用管径 D(mm)	适用深度 (mm)	收口高度 H_1(mm)
1000	400~600	1500~8000	600
1200	700~800	2000~8000	950
1400	900~1000	2500~8000	1300
1600	1100~1200	3000~8000	1650

A-A 剖面图 平面图

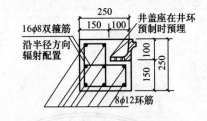

预制钢筋混凝土井环大样图

说明：

1. 本图尺寸以 mm 为单位。

2. 检查井盖可用生铁盖、井盖座。

3. 井盖、井盖座尺寸详见排水工程通用图 ϕ700 井盖设计图。

4. 本图用作雨水管检查井时，仅当 $D \geqslant 600$ 时，井内设流槽；$D<600$，不设流槽，则井底浇筑 C15 级混凝土，厚度与管壁相同。

5. 本图用作污水检查井时井底均设流槽，井身内外用 1:2 水泥砂浆批挡 20mm 厚。流槽另见大样。

图名	马路甲式检查井设计图(ϕ700检查井盖)	图号	PS3-6-6

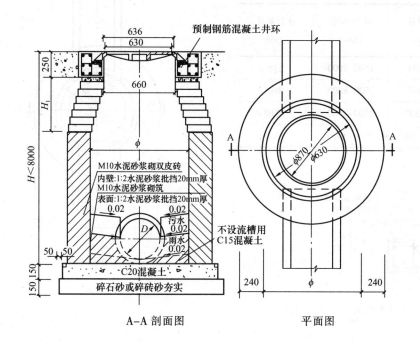

井 径 ϕ(mm)	适用管径 D(mm)	适用深度 (mm)	收口高度 H_1(mm)
1000	400~600	1500~8000	600
1200	700~800	2000~8000	950
1400	900~1000	2500~8000	1300
1600	1100~1200	3000~8000	1650

A–A 剖面图　　　　　平面图

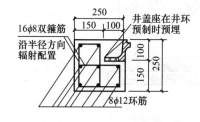

预制钢筋混凝土井环大样图

说明:

1. 本图尺寸以 mm 为单位。

2. 检查井盖可用生铁盖、井盖座。

3. 井盖、井盖座尺寸详见排水工程通用图 ϕ630 井盖设计图。

4. 本图用作雨水管检查井时,仅当 $D \geqslant 600$ 时,井内设流槽;$D < 600$,不设流槽,则井底浇筑 C15 级混凝土,厚度与管壁相同。

5. 本图用作污水检查井时井底均设流槽,井身内外用 1:2 水泥砂浆批挡 20mm 厚。流槽另见大样。

图名	马路甲式检查井设计图(ϕ630 检查井盖)	图号	PS3-6-7

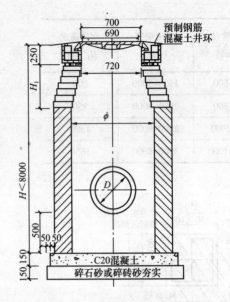

A-A 剖面图

井　径 ϕ(mm)	适用管径 D(mm)	适用深度 (mm)	收口高度 H_1(mm)
1000	400~600	1500~8000	510
1200	700~800	2000~8000	860
1400	900~1000	2500~8000	1210
1600	1100~1200	3000~8000	1560

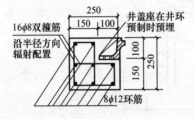

预制钢筋混凝土井环大样图

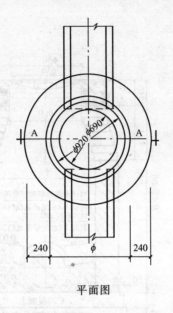

平面图

说明:
1. 本图尺寸以 mm 为单位。
2. 井盖、井盖座采用检查井盖、井盖座。
3. 井盖、井盖座尺寸详见排水工程通用图井盖、井盖座设计图。
4. 井身结构详见马路甲式检查井设计图。

图名	马路甲式沉砂井设计图(ϕ700 检查井盖)	图号	PS3-6-8

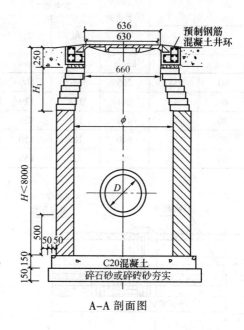

A-A 剖面图

井 径 ϕ(mm)	适用管径 D(mm)	适用深度 (mm)	收口高度 H_1(mm)
1000	400~600	1500~8000	600
1200	700~800	2000~8000	950
1400	900~1000	2500~8000	1300
1600	1100~1200	3000~8000	1650

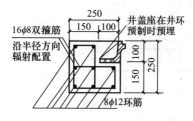

预制钢筋混凝土井环大样图

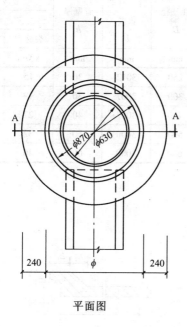

平面图

说明:
1. 本图尺寸以 mm 为单位。
2. 井盖、井盖座采用检查井盖、井盖座。
3. 井盖、井盖座尺寸详见排水工程通用图井盖、井盖座设计图。
4. 井身结构详见马路甲式检查井设计图。

图名	马路甲式沉砂井设计图(φ630 检查井盖)	图号	PS3-6-9

管 径 D	管子有效长度 L	管壁厚 h	II级钢筋混凝土管 荷 载			管子外径 D_w	承 口 尺 寸						管子重量 W	管基础厚	
			裂缝 P_c	破坏 P_p	内水压力		D_1	D_2	D_3	L_1	L_2	L_3		h_1	h_2
mm	mm	mm	kN/m	kN/m	MPa	mm	mm	mm	mm	mm	mm	mm	kg/条	mm	mm
250	3012	30	15	23	0.10	310	386	326	316	80	80	38	205	96	100
300	3007	30	19	29	0.10	360	436	376	366	80	80	43	241	114	120
400	3007	40	27	41	0.10	480	576	496	486	80	80	43	429	151	120
500	3000	50	32	48	0.10	600	718	618	606	80	80	50	670	185	150
600	3000	60	40	60	0.10	720	858	738	726	80	80	50	964	222	150

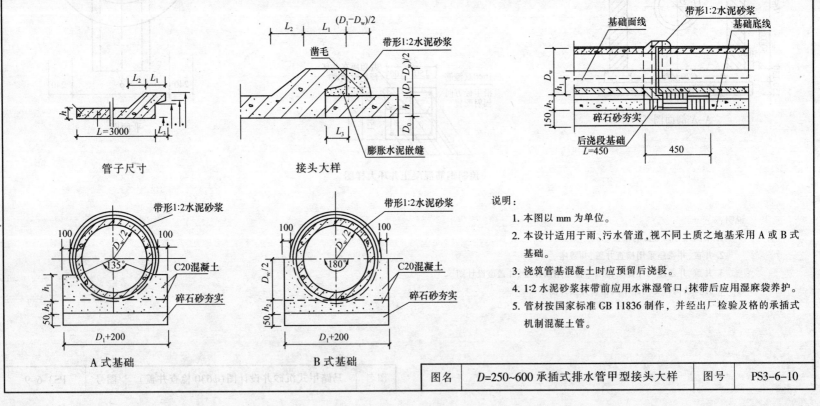

管子尺寸

接头大样

A 式基础

B 式基础

说明：

1. 本图以 mm 为单位。

2. 本设计适用于雨、污水管道,视不同土质之地基采用 A 或 B 式基础。

3. 浇筑管基混凝土时应预留后浇段。

4. 1:2 水泥砂浆抹带前应用水淋湿管口,抹带后应用湿麻袋养护。

5. 管材按国家标准 GB 11836 制作,并经出厂检验及格的承插式机制混凝土管。

图名	D=250~600 承插式排水管甲型接头大样	图号	PS3-6-10

管 径 D_0	承 口									插 口			管基础厚度	
	承口外径 D_1	外导坡 直径 D_2	工作面 直径 D_3	内导坡 直径 D_4	细 部 尺 寸					止口外径 D_5	工作面直径		h_1	h_2
					L_1	L_2	L_3	L_4			D_6	D'_6		
300	484	404	384	354		50				376	360	352	114	120
400	604	514	494	464		50				486	470	462	151	120
500	728	628	608	578		50				600	584	576	185	150
600	854	744	724	694		50				716	700	692	222	150
700	974	854	834	804	15	55	30	10		826	810	802	256	150
800	1104	974	954	924		55				946	930	922	290	180
900	1126	1086	1066	1034		55				1058	1040	1032	372	180
1000	1346	1196	1176	1144		55				1168	1150	1142	361	200
1100	1486	1316	1296	1266		60				1288	1270	1262	400	200
1200	1616	1426	1406	1376		60				1398	1380	1372	435	200

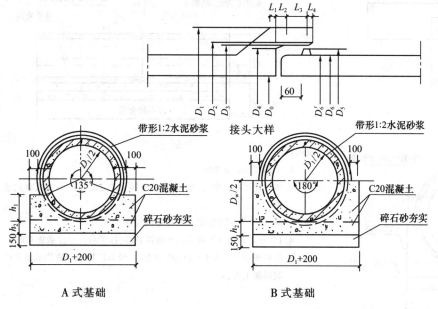

A 式基础　　　　接头大样　　　　B 式基础

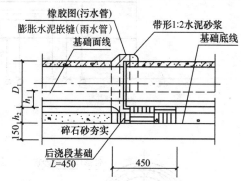

说明:
1. 本图以 mm 为单位。
2. 本设计适用于雨、污水管道,视不同土质之地基采用 A 或 B 式基础。
3. 浇筑管基础混凝土时应预留后浇段。
4. 当雨水、污水管管径 D≥800 时,用 1:2 水泥砂浆在管内勾缝。
5. 1:2 水泥砂浆抹带前应用水淋湿管口,抹带后应用湿麻袋养护。
6. 管材按国家标准 GB 11836 制作,并经出厂检验及格的承插式机制混凝土管。

图名	**D=300~1200 承插式排水管乙型接头大样**	图号	PS3-6-11

管 径 D	承 口								插 口			管基础厚度	
	承口外径 D_1	外导坡直径 D_2	工作面直径 D_3	内导坡直径 D_4	细 部 尺 寸				止口外径 D_5	工作面直径			
					L_1	L_2	L_3	L_4		D_6	D'_6	h_1	h_2
1350	1220	1519	1499	1467					1491	1471	1463	500	220
1500	1800	1682	1664	1632					1656	1636	1628	600	250
1650	1980	1847	1829	1797	15	60	30	10	1821	1801	1793	600	250
1800	2160	2015	1995	1963					1987	1965	1957	650	300
2000	2400	2235	2215	2183					2207	2185	2177	650	300

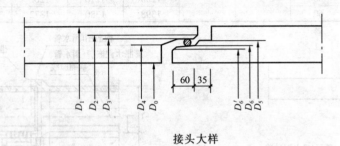

接头大样

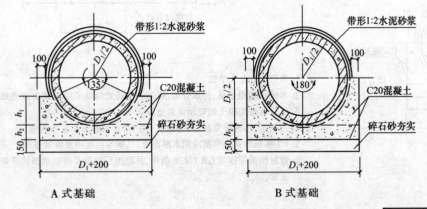

A 式基础   B 式基础

说明:
1. 本图以 mm 为单位。
2. 本设计适用于雨、污水管道,视不同土质之地基采用 A 或 B 式基础。
3. 雨、污水管均用膨胀水泥在管内勾缝。
4. 1:2 水泥砂浆抹带前应用水淋湿管口,抹带后应用湿麻袋养护。
5. 管材按国家标准 GB 11836 制作,并经出厂检验合格的承插式机制混凝土管。

图名	D=1350~2000 承插式排水管接头大样	图号	PS3-6-12

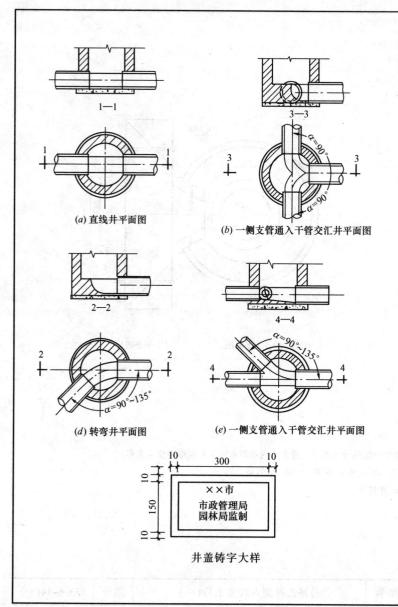

(a) 直线井平面图

(b) 一侧支管通入干管交汇井平面图

(c) 二侧支管通入干管交汇井平面图

(d) 转弯井平面图

(e) 一侧支管通入干管交汇井平面图

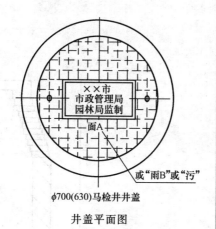

φ700(630)马检井井盖

井盖平面图

井盖铸字大样

说明:

1. 本图尺寸以 mm 为单位。

2. 污水井砌体采用马路甲式检查井(见另图),配"污"字井环盖。井身砖砌横竖饱满,内外用 M10 水泥砂浆抹面厚20mm。

3. 雨水检查井,沉砂井砌体均采用马路甲式检查井,检查井配"雨 A"。沉砂井配"雨 B"字井环盖,井身内及收口部分用 1:2 水泥砂浆抹面厚20mm。

4. 流槽用 M10 水泥砂浆砌砖,表面用 1:2 水泥砂浆抹面厚20mm,污水井均设流槽,雨水井当管径 $D \geqslant 600$ 时设流槽。

5. 流槽高度
   雨水检查井:相同直径的管道连接时,流槽顶与管中心平;
   不同直径的管道连接时,流槽顶一般与小管中心平。
   污水检查井:流槽顶一般与管内顶平。

6. 流槽材料:采用与井墙一次砌筑的砖砌流槽,如改用 C10 混凝土时,浇筑前应先将检查井的井基、井壁洗刷干净。

图名	检查井流槽及井盖铸字大样图	图号	PS3-6-13

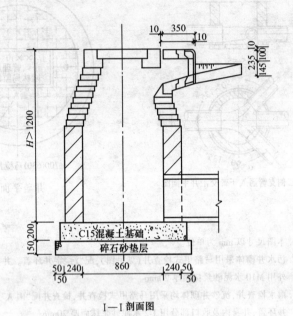

I—I 剖面图

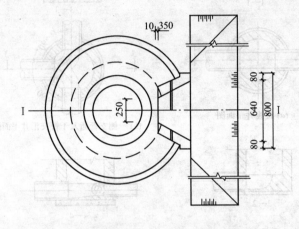

1/2 平面图   1/2 平剖图

说明:

1. 图中尺寸以 mm 为单位。

2. 本设计除雨水进水口改为铸铁及钢筋混凝土预制品外,其他结构按原设计不变。进水口内部顺水方向从矩形渐变为方形。

3. 雨水口基础范围内地基土承载力要求达到 100MPa,若土质达不到此要求,需换填 100mm 石屑。

4. 进水口分前后两部分,衬砌时用 M10 水泥砂浆坐浆 $h=20$mm,并接顺。

| 图名 | 马路乙种侧入式进水口(一) | 图号 | PS3-6-14(一) |

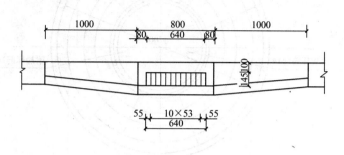

(a) 正立面

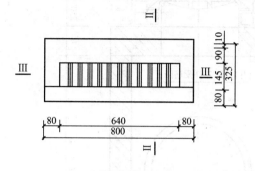

(b) 进水口铸铁部分大样

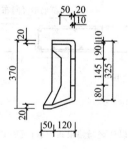

(c) Ⅱ—Ⅱ剖面图

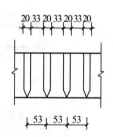

(d) Ⅲ—Ⅲ剖面图

说明：

1. 图中尺寸以 mm 为单位。

2. 本设计除雨水进水口改为铸铁及钢筋混凝土预制品外，其他结构按原设计不变，进水口内部顺水方向从矩形渐变为方形。

3. 雨水口基础范围内地基土承载力要求达到 100MPa，若土质达不到此要求，需换填 100mm 石屑。

4. 进水口分前后两部分，衬砌时用 M10 水泥砂浆坐浆 $h=20mm$，并接顺。

图名	马路乙种侧入式进水口(二)	图号	PS3-6-14(二)

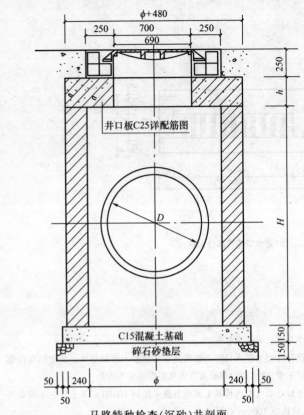

马路特种检查(沉砂)井剖面

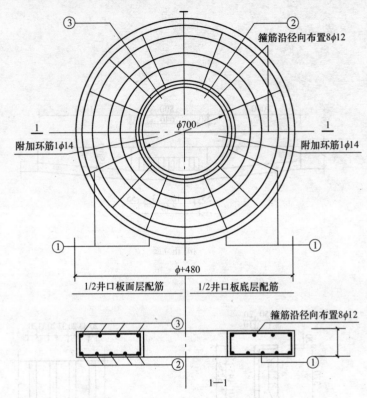

1—1

说明:
1. 本图尺寸单位以 mm 表示。
2. 当井身收口高度不足时,本图用以代替马路甲式检查(沉砂)井。井内流槽与马路甲式检查井同。
3. 井身砖砌体采用 M10 砂浆,MU20 砖砌筑。
4. 本图用于雨水井时其内壁面,用于污水井时其内外壁面采用 1:2 水泥砂浆批挡,厚度 20mm。
5. Ⅱ级钢筋 f_y=310MPa,钢筋保护层 20mm。

钢 筋 表

ϕ	适用管径	①	②	③	h
ϕ1000	D400~D600	8ϕ14	5ϕ16	4ϕ16	250
ϕ1200	D700~D800	8ϕ16	5ϕ18	4ϕ18	250
ϕ1400	D900~D1000	8ϕ18	6ϕ18	5ϕ18	300
ϕ1600	D1100~D1200	8ϕ20	6ϕ20	5ϕ20	300

图名	马路特种检查(沉砂)井设计图(ϕ700 井盖)	图号	PS3-6-15

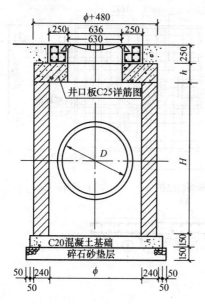

井口板C25详筋图

C20混凝土基础

碎石砂垫层

马路特种检查(沉砂)井剖面

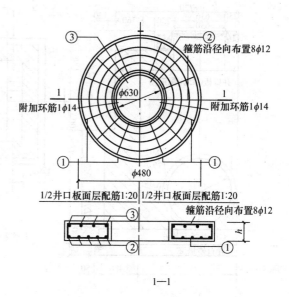

箍筋沿径向布置8φ12

附加环筋1φ14   附加环筋1φ14

1/2井口板面层配筋1:20 1/2井口板面层配筋1:20

箍筋沿径向布置8φ12

1—1

钢 筋 表

φ	适用管径	①	②	③	h
φ1000	D400~D600	8φ14	5φ16	4φ16	250
φ1200	D700~D800	8φ16	5φ18	4φ18	250
φ1400	D900~D1000	8φ18	6φ18	5φ18	300
φ1600	D1100~D1200	8φ20	6φ20	5φ20	300

说明:
1. 本图尺寸单位以 mm 表示。
2. 当井身收口高度不足时,本图用以代替马路甲式检查(沉砂)井。井内流槽与马路甲式检查井同。
3. 井身砖砌体采用 M10 砂浆,MU20 砖砌筑。
4. 本图用于雨水井时其内壁面,用于污水井时其内外壁面采用 1:2 水泥砂浆批挡,厚度 20mm。
5. Ⅱ级钢筋 f_y=310MPa,钢筋保护层 20mm。
6. 其他要求见设计总说明。

图名	马路特种检查(沉砂)井设计图(φ630井盖)	图号	PS3-6-16

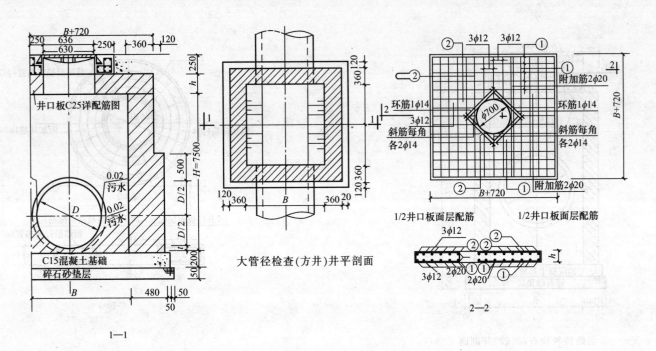

大管径检查(方井)井平剖面

1/2井口板面层配筋

1/2井口板面层配筋

2—2

1—1

钢　筋　表

B	适用管径	①	②	h
1700	$D1200$	$5\phi16$	$5\phi14$	250
1900	$D1350$	$5\phi18$	$5\phi16$	250
2200	$D1650$	$6\phi18$	$6\phi16$	300
2600	$D2000$	$6\phi20$	$6\phi19$	300

说明:
1. 本图尺寸单位以 mm 表示。
2. 本图为管径 $D \geqslant 1200$ 的马路检查井。
3. 井身砖砌体采用 M10 砂浆,MU20 砖砌筑。
4. 本图用于雨水井时其内壁面,用于污水井时其内外壁面采用 1:2 水泥砂浆批挡,厚度 20mm。
5. Ⅱ级钢筋 $f_y=310$MPa,钢筋保护层 20mm。

图名	马路大管径检查井设计图(ϕ630井盖)	图号	PS3-6-17

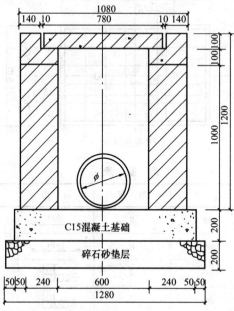

I－I 剖面图

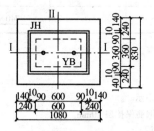

落水管检查井平面图

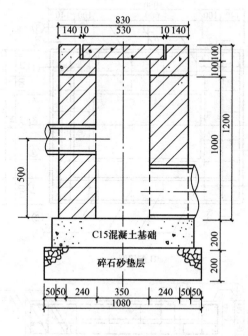

II－II 剖面图

说明：
1. 本图尺寸单位以 mm 表示。
2. 本设计用于接桥面落水管排水。
3. 井身砖砌体采用 M10 砂浆，MU20 砖砌筑，井身内外用 1:2 水泥砂浆抹面厚 20mm。

图名	落水管检查井设计图	图号	PS3-6-18

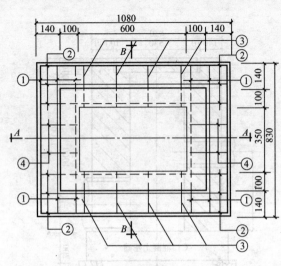

JH 配筋图

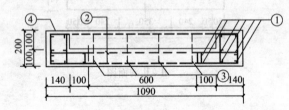

A—A 剖面图

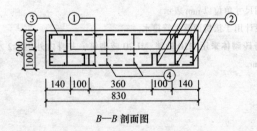

B—B 剖面图

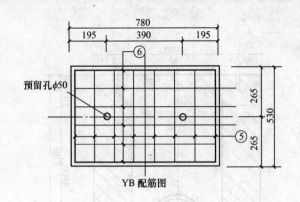

预留孔 $\phi50$

YB 配筋图

钢 筋 表

编 号	直 径	数 量	详 图	备 注
①	$\phi8$	8	790	
②	$\phi8$	8	1040	
③	$\phi6$	4	60 200 100 160	双 箍
④	$\phi6$	2	60 200 100 160	双 箍
⑤	$\phi10$	8	490	
⑥	$\phi6$	6	740	

说明：
1. 本图尺寸单位以 mm 表示。
2. Ⅰ级钢筋 f_y=210MPa,钢筋保护层 20mm。
3. 其他要求见设计总说明。

图名	落水管检查井、井盖、井盖座配筋设计图	图号	PS3-6-19

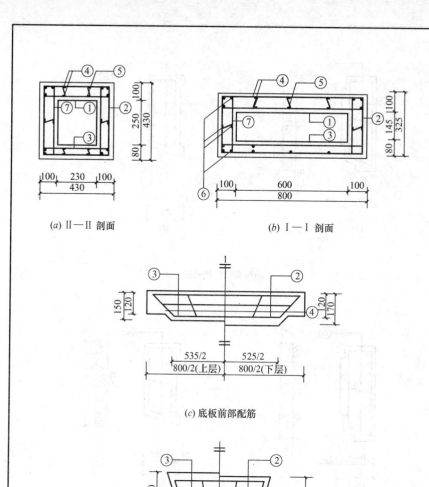

(a) Ⅱ—Ⅱ 剖面

(b) Ⅰ—Ⅰ 剖面

(c) 底板前部配筋

(d) 底板后部配筋

钢　筋　表

编号	形　式	直径	根数	长　　度		总长	总重
1	⊏—————⊐	φ12	6	502	577	3810	3.383
				640	630		
				692.5	750		
2	▭	φ10	6	1895	1832	10620	6.542
				1780	1760		
				1707.5	1645		
3	⊏—————⊐	φ8	6	520	577.5	3810	1.505
				640	630		
				692.5	750		
4	⊏———⊐	φ6	36	215		7740	1.718
5	⌐—	φ8	20	140		2800	1.141
6	⊏———⊐	φ8	24	220	227.5	5420	2.141
				235			
				(各 8 根)			
7	⊏———⊐	φ6	8	360	410	3320	0.737
				425	465		
				(各 2 根)			

说明：

1. 图中长度单位为 mm。

2. 钢筋为Ⅰ级钢,钢筋保护层厚 2cm(中间接缝处为 3cm)。

3. 由于进水口结构变截面,故钢筋应按根数均匀排布。

4. 混凝土采用 C25。

图名	马路乙种侧入式井进水口配筋图(一)	图号	PS3-6-20(一)

493

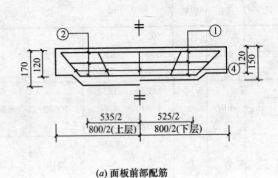

(a) 面板前部配筋

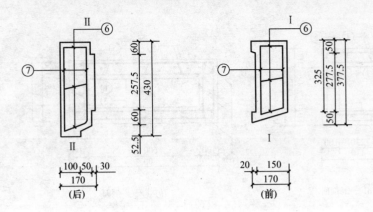

(b) 侧墙内侧配筋

(c) 面板后部配筋

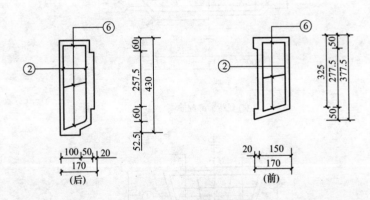

(d) 侧墙内侧配筋

说明：

1. 图中长度单位为 mm。

2. 钢筋为Ⅰ级钢,钢筋保护层厚2cm(中间接缝处为3cm)。

3. 由于进水口结构变截面,故钢筋应按根数均匀排布。

4. 混凝土采用C25。

| 图名 | 马路乙种侧入式井进水口配筋图(二) | 图号 | PS3-6-20(二) |

3.7 排水泵站

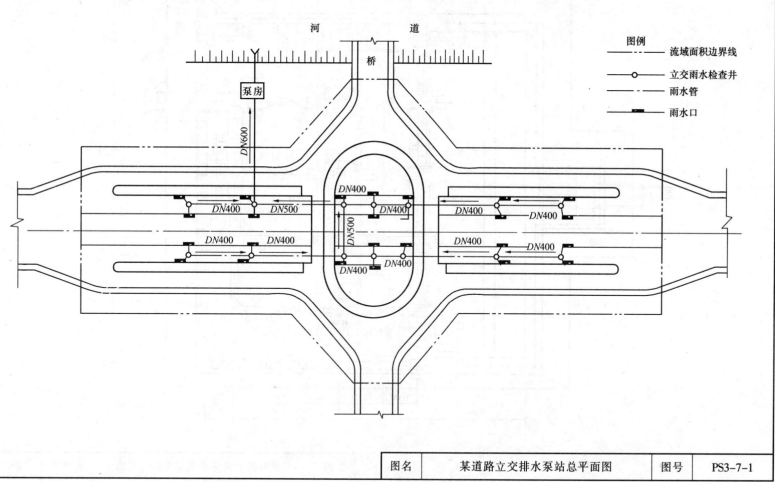

图名	某道路立交排水泵站总平面图	图号	PS3-7-1

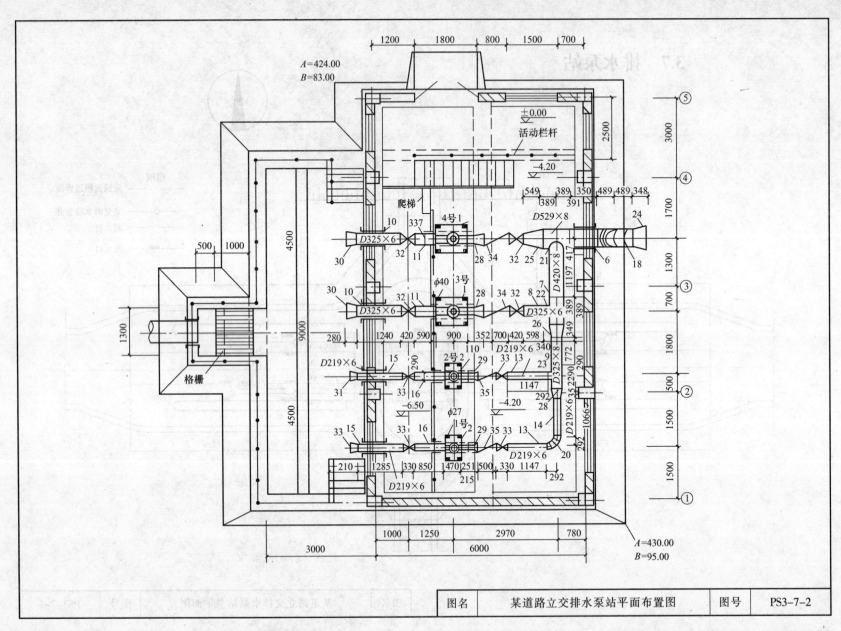

| 图名 | 某道路立交排水泵站平面布置图 | 图号 | PS3-7-2 |

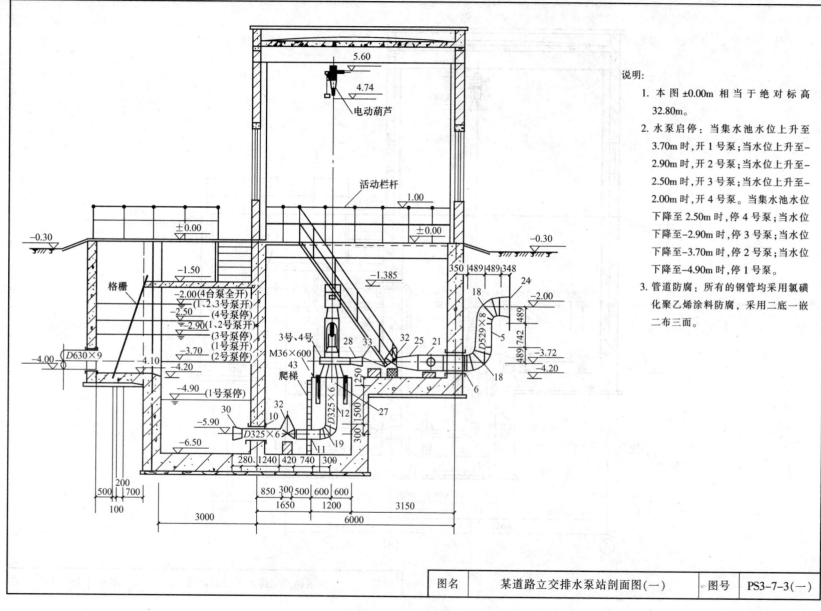

说明:

1. 本图 ±0.00m 相当于绝对标高 32.80m。
2. 水泵启停:当集水池水位上升至 3.70m 时,开 1 号泵;当水位上升至 -2.90m 时,开 2 号泵;当水位上升至 -2.50m 时,开 3 号泵;当水位上升至 -2.00m 时,开 4 号泵。当集水池水位下降至 2.50m 时,停 4 号泵;当水位下降至 -2.90m 时,停 3 号泵;当水位下降至 -3.70m 时,停 2 号泵;当水位下降至 -4.90m 时,停 1 号泵。
3. 管道防腐:所有的钢管均采用氯磺化聚乙烯涂料防腐,采用二底一嵌二布三面。

| 图名 | 某道路立交排水泵站剖面图(一) | 图号 | PS3-7-3(一) |

497

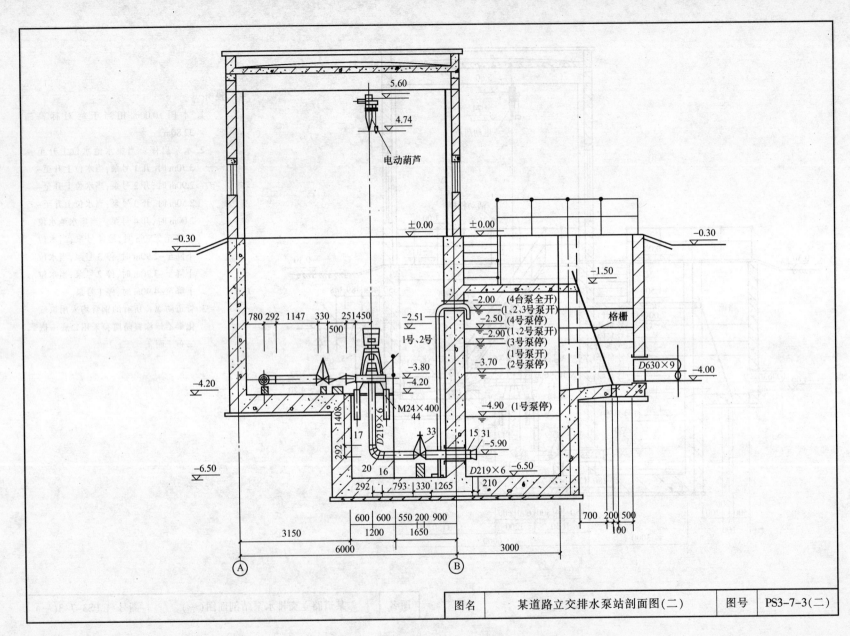

| 图名 | 某道路立交排水泵站剖面图(二) | 图号 | PS3-7-3(二) |

材 料 表

编号	名称及规格	数量	材 料	重量(kg) 单重	重量(kg) 总重
1	焊接钢管 D529×8l=742	1 根	Q235	76.35	76.35
2	焊接钢管 D529×8l=741	1 根	Q235	76.25	76.25
3	焊接钢管 D426×8l=1197	1 根	Q235	98.70	98.70
4	焊接钢管 D325×6l=598	1 根	Q235	37.40	37.40
5	焊接钢管 D325×6l=772	1 根	Q235	48.28	48.28
6	焊接钢管 D325×6l=1240	2 根	Q235	77.55	155.10
7	焊接钢管 D325×6l=740	2 根	Q235	46.28	92.56
8	焊接钢管 D325×6l=1150	2 根	Q235	71.92	143.84
9	焊接钢管 D219×6l=1147	2 根	Q235	36.15	72.30
10	焊接钢管 D219×6l=1066	1 根	Q235	33.60	33.60
11	焊接钢管 D219×6l=1285	2 根	Q235	40.50	81.00
12	焊接钢管 D219×6l=793	2 根	Q235	25.00	50.00
13	焊接钢管 D219×6l=1408	2 根	Q235	44.38	88.76
14	90°弯头 DN500	2 个	Q235	93.80	187.60
15	90°弯头 DN300	2 个	Q235	29.00	58.00
16	90°弯头 DN200	3 个	Q235	15.65	46.95
17	90°三通 DN500×400	1 个	Q235	103.74	103.74
18	90°三通 DN400×300	1 个	Q235	79.82	79.82
19	90°三通 DN300×200	1 个	Q235	39.93	39.93
20	大小头 DN600×500	1 个	Q235	42.0	42.0
21	大小头 DN500×300	1 个	Q235	51.0	51.0

编号	名称及规格	数量	材 料	重量(kg) 单重	重量(kg) 总重
22	大小头 DN400×300	1 个	Q235	28.5	28.5
23	大小头 DN300×250	2 个	Q235	14.0	28.0
24	大小头 DN300×200	3 个	Q235	18.0	54.0
25	大小头 DN200×150	2 个	Q235	6.73	13.46
26	钢制喇叭口 DN450×300	2 个	Q235	21.94	43.88
27	钢制喇叭口 DN300×200	2 个	Q235	8.51	17.02
28	闸阀 Z45T-10 DN300	4 个	铸铁	226	904
29	闸阀 Z45T-10 DN200	4 个	铸铁	118	472
30	止回阀 HH44Z-10 DN300	2 个	铸铁	397	784
31	止回阀 HH44Z-10 DN200	2 个	铸铁	182	364
32	平焊法兰 DN300 PN1.0	12 个	铸铁	13.45	161.40
33	平焊法兰 DN200 PN1.0	12 个	铸铁	8.59	103.08
34	垫片 368×325	12 个	石棉橡胶板	0.094	1.128
35	垫片 269×219	12 个	石棉橡胶板	0.077	0.924
36	六角头螺栓 M20×85	144 个	Q275	0.267	38.448
37	六角头螺栓 M20×75	96 个	Q275	0.242	23.232
38	六角螺母 M20	240 个	Q235	0.062	14.880
39	地脚螺栓 M36×600	8 个	Q235	5.83	46.64
40	地脚螺栓 M24×400	8 个	Q235	1.53	12.24
41	拍门 DN600				

图名	某道路立交排水泵站材料一览表	图号	PS3-7-4

编 号	名 称	规 范	单位	数量	重量(kg)		备 注
					单重	总重	
1	立式排污泵 200WL594-15.2	594m³/h 15.2m 735r/min	台	2	1200	2400	3号4号泵
	配用电机 Y250M-8	45kW 736r/min 380V	台	2	465	930	
2	立式排污泵 150WL300-11	300m³/h 11m 1450r/min	台	2	1150	2300	1号2号泵
	配用电机 Y180L₁-4	15kW 1458r/min 380V	台	2			
3	电动葫芦 MD₁2-9D	起重量 2t 起升高度 9m	台	1	278	278	
4	格 栅	$B×H$=1270mm×3000mm	个	1	486.46	486.46	

图名	某道路立交排水泵站设备一览表	图号	PS3-7-5

泵房试运行注意事项

1. 当泵房的进水量超过设计能力时,可以经泵房前面的溢流管放掉超载水量,避免厂内工艺受到冲击负荷而降低处理效果。如进水量超过设计要求,处理效果能达到排放标准时,也可以不从溢流管放掉超载水量。试运行中,处理设施或工艺出故障,也可适当降低进水量,来调整整个工艺系统,也可以通过调节水泵的工作台数,使问题得到解决。

2. 水泵在运行中的巡回检查工作很重要,若发现问题应及时解决。

(1) 通过观察电表显示的数字,可了解和判定机器是否运转正常。当电流表、电压表读数超出其额定范围时,则属不正常,应停机检修。

(2) 轴承过热的原因很多,如轴承安装不准确;轴承缺油或油太多;油质不良、不干净及滑动轴承的甩油环不起作用;轴承损坏等。发现轴承温度过高时,应停机查明原因加以维修。

(3) 引起设备产生异常振动、噪声的原因很多,发现此类情况,应仔细查找原因,及时排除。运行中应经常检查集水池水位。水位太低,在吸水管水面上产生漩涡。应设法提高水位,避免水泵产生气蚀现象。

3. 除应保持电机进、出风口通畅外,还应保证各种电器开关、附属电气设备等齐全、灵敏可靠。各种电器接触点连接处、电机进线、补偿线的连接及开关接线等应保持良好的接触,如有磨损、腐蚀严重、松动,应及时处理。为使水流通畅,保证水泵的运行效率,发现出水量减少及水泵电流急剧上升时,应及时停泵,清除叶轮等处的阻塞物。

4. 泵房集水池长期使用,大量的砂粒将积存在池内,不仅减少了集水池的容积,还可能堵塞进水口,降低水泵的运转效率或造成水泵磨损。所以应定期放空清池,并记录积砂量,积累运行经验。如设有曝气装置,还应对空气管的堵塞或其他损坏的部位进行维修,使空气管发挥作用。

5. 由于水泵和电机的转速较高,操作人员不得接触转动部位,并偏离转

动部件的切线方向。避免造成人身伤亡事故。

6. 泵房停电或设备出故障时,泵房值班人员均不得擅自接电或修理设备。应首先采取相应的措施,防止污水淹泡机电设备和其他设施,然后上报试车指挥部。由试车指挥部组织协调,在维修人员配合下,分析事故原因。找出故障,进行检修。待检修合格后,恢复运转。

7. 清洗泵房集水池的操作程序一般如下:关闭进水闸阀;用临时泵抽空集水池的积水;下池操作人员应系好安全带,配备安全照明灯具,使用隔离防护面具;工作时间每次不超过30min;池上池下应保持密切联系;清池的全过程应有专人负责监护。

8. 水泵开启后,操作人员应再次对电机、电气设备、轴承、填料函、各种仪表作一次全面检查。一切正常后,操作人员方可离开。

9. 为了控制水泵发生故障后的进一步恶化,所以水泵运行中,一旦发现故障不可排除,就立即停机。

10. 集水池设置的水标尺或液位计一般均引入值班室。浮子装置虽简单,但其组成的部件易损坏。为了及时、准确地反映集水池水位,以便控制水泵的启闭,应定期做好工作。

11. 自吸式泵房集水池水位低于最低设计水位时,将导致水泵遭受气蚀的破坏,规定集水池正常水位的合格率为100%,保证水泵安全、经济地运行。

图名	泵房试运行注意事项	图号	PS3-7-6

4 预 算 实 例

4.1 工程概述

1. 工程项目名称:某写字楼。
2. 工程项目建设地点:天津市武清区××路。
3. 工程项目概况与规模:某写字楼位于天津市武清区××路,建筑面积约 3.86 万 m^2。该项目是栋写字楼建筑。地面以上高度为 53.6m;地下室 3 层,建筑高度为−16.80m,建筑面积大约 1.8 万 m^2。
4. 工程结构形式:框架剪力墙结构体系。
5. 场地面积:该项目场地面积约 4800m^2,其中首层建筑面积约为 1200m^2,场地面积约为首层建筑面积的 4 倍。

4.2 招标范围

1. 服务于邻楼的各管道只安装到出墙面 500mm。
2. 雨水系统按照招标人提供的暂定金额进入报价范围。
3. 消火栓、喷淋灭火系统、水喷雾灭火系统等都按施工图施工到位,其中水泵列入暂估设备价格项目,消火栓、喷头提供暂估材料价格。
4. 消防排烟系统、正压送风系统、车库送排风系统按施工图施工到位,其中风机、风口、消声器列入暂估设备价格项目。
5. 厨房设备及管路系统、天然气系统按照招标人提供的暂定金额进入报价范围。
6. 车库及设备用房部分:给水排水及暖通空调工程按施工图施工到位,其中风冷式冷水机组由甲方提供;组合式空调机组,新风机组列入暂估设备价格项目;热交换站设备及管路系统、锅炉房设备及管路系统、中水处理站内设备及管路系统按照招标人提供的暂定金额进入报价范围。
7. 蒸汽加湿、冷水机组补水系统从锅炉房墙面算至末端,按施工图施工

到位。
8. 给水排水工程:给水做到水表前阀门;中水做到立管甩口;热水做到立管用口;排水管做至地面;排气管按施工图施工到位。
9. 暖通空调工程:风管做到干管,与风口连接支风管甩口;风机盘管用空调水管安装至干管,与风机盘管相连接支管甩口;空调机组用空调水按施工图施工到位;冷凝水管只作干管,与风机盘管相连接支管甩口。
10. 公寓的户式空调工程按照招标人提供的暂定金额进入报价范围。给水做到水表前阀门;中水做至立管甩口;热水做至立管甩口;排水管做至地面上。采暖工程:仅做到干管及竖井立管,支管做至表前阀门。办公及物业管理用房等房间。
11. 空调工程:风管做至干管,与风口连接支风管甩口;风机盘管用空调水管安装至干管,与风机盘管相连接支管甩口,空调机组用空调水按图施工到位。冷凝水管只作干管,与风机盘管相连接支管甩口。
12. 给排水工程:给水做到水表前阀门;中水做至立管甩口热水做至立管甩口;排水管做至地面上;排气管按施工图施工到位。

4.3 清单计价预算实例

下面介绍该楼部分给水排水工程(包括地上部分和地下部分)的清单计价预算。具体内容见下面表 4-1、表 4-2 所列。

图名	给水排水工程量清单计价预算概述	图号	SL4-1

表 4-1

某写字楼给排水工程量清单综合单价分析表(地上部分)

序号	项目编码	项目名称	工程内容	综合单价组成(元)							综合单价(元)
				人工费	材料费	机械使用费	现场经费	企业管理费	利润	风险费用	
1	05060201001	铜管 DN32 (1) 橡塑保温,保温层厚度20mm (2) 保护层外缠玻璃布镀锌钢丝绑扎,外刷两道调合漆	室内低压铜管(氧乙炔焊接)管外径(mm 以内)30	2.97	0.25	0.14	0.80	0.92	2.70		124.86
			铜管 管外径(mm 以内)30	—	32.31	—	—	—	—		
			室内低压铜管件(氧乙炔焊)管外径(mm 以内)30	6.08	1.85	0.33	1.64	1.88	3.04		
			铜管件 管外径(mm 以内)30	—	29.20	—	—	—	—		
			管道保温 橡塑保温壳 ϕ57 以内	0.35	29.78	0.05	0.09	0.11	2.14		
			保温层 管道设备 缠玻璃丝布	0.25	0.92	0.01	0.07	0.08	0.10		
			布面刷漆 管道 调合漆 第一遍	0.69	0.46	0.03	0.19	0.22	0.13		
			布面刷漆 管道 调合漆 第二遍	0.44	0.35	0.02	0.12	0.14	0.09		
			水冲洗 公称直径(mm 以内)50	0.65	0.06	0.11	0.17	0.20	0.10		
			低、中压管道液压试验 公称直径(mm 以内)100	1.18	0.29	0.19	0.32	0.36	0.20		
			试压用液	—	—	—	—	—	—		
			压力表 公称直径(mm 以内)100	—	0.02	—	—	—	—		
			截止阀 J11W-10T 25(mm)	—	0.08	—	—	—	—		
			合 计	12.60	95.57	0.89	3.40	3.90	8.50		
2	05060201002	钢管 DN25 (1) 橡塑保温,保温层厚度20mm (2) 保护层外缠玻璃布镀锌钢丝绑扎,外刷两道调合漆	室内低压铜管(氧乙炔焊接)管外径(mm 以内)30	2.97	0.25	0.14	0.80	0.92	1.80		108.10
			铜管 管外径(mm 以内)30	—	19.43	—	—	—	—		
			室内低压铜管件(氧乙炔焊)管外径(mm 以内)30	7.40	2.26	0.40	2.00	2.29	3.22		
			铜管件 管外径(mm 以内)30	—	28.65	—	—	—	—		
			管道保温 橡塑保温壳 ϕ57 以内	0.30	25.42	0.04	0.08	0.09	1.82		
			保温层 管道设备 缠玻璃丝布	0.23	0.83	0.01	0.06	0.07	0.09		

图名	给水排水工程量(地上)清单综合单价表(一)	图号	SL4-2(一)

序号	项目编码	项目名称	工程内容	综合单价组成(元)							综合单价(元)
				人工费	材料费	机械使用费	现场经费	企业管理费	利润	风险费用	
3	05060201002	钢管 DN25 (1)橡塑保温,保温层厚度20mm (2)保护层外缠玻璃布镀锌钢丝绑扎,外刷两道调合漆	布面刷漆 管道 调合漆 第一遍	0.63	0.42	0.03	0.17	0.19	0.12		108.10
			布面刷漆 管道 调合漆 第二遍	0.39	0.32	0.02	0.11	0.12	0.08		
			水冲洗 公称直径(mm以内)50	0.65	0.06	0.11	0.17	0.20	0.10		
			低、中压管道液压试验 公称直径(mm以内)100	1.18	0.29	0.19	0.32	0.36	0.20		
			试压用液	—	—	—	—	—	—		
			压力表 公称直径(mm以内)100		0.02						
			截止阀 J11W-10T 25(mm)		0.08						
			合　计	13.74	78.02	0.95	3.70	4.25	7.43		
4	05060201003	钢管 DN20 (1)橡塑保温,保温层厚度20mm (2)保护层外缠玻璃布镀锌钢丝绑扎,外刷两道调合漆	室内低压铜管(氧乙炔焊接)管外径(mm以内)20	2.53	0.17	0.12	0.68	0.78	1.20		79.18
			铜管 管外径(mm以内)20		11.88	—					
			室内低压铜管件(氧乙炔焊)管外径(mm以内)20	5.84	1.81	0.30	1.58	1.81	2.10		
			铜管件 管外径(mm以内)20		16.29						
			管道保温 橡塑保温壳 φ57以内	0.26	22.52	0.04	0.07	0.08	1.62		
			保温层 管道设备 缠玻璃丝布	0.21	0.76	0.01	0.06	0.07	0.08		
			布面刷漆 管道 调合漆 第一遍	0.58	0.39	0.03	0.15	0.18	0.11		
			布面刷漆 管道 调合漆 第二遍	0.36	0.30	0.02	0.10	0.11	0.07		
			水冲洗 公称直径(mm以内)50	0.65	0.06	0.11	0.17	0.20	0.10		
			低、中压管道液压试验 公称直径(mm以内)100	1.18	0.29	0.19	0.32	0.36	0.20		
			试压用液	—	—	—	—	—	—		
			压力表 公称直径(mm以内)100		0.02						
			截止阀 J11W-10T 25(mm)		0.08						
			合　计	11.60	54.55	0.82	3.13	3.59	5.48		

图名	给水排水工程量(地上)清单综合单价表(二)	图号	SL4-2(二)

序号	项目编码	项目名称	工程内容	综合单价组成(元)							综合单价(元)
				人工费	材料费	机械使用费	现场经费	企业管理费	利润	风险费用	
5	05060201004	铜管 DN50 (1)橡塑保温,保温层厚度 20mm (2)保护层外缠玻璃布镀锌钢丝绑扎,外刷两道调合漆	保温层 管道设备 缠玻璃丝布	0.30	1.09	0.01	0.08	0.09	0.12		180.17
			布面刷漆 管道 调合漆 第一遍	0.83	0.55	0.04	0.22	0.26	0.16		
			布面刷漆 管道 调合漆 第二遍	0.52	0.42	0.02	0.14	0.16	0.10		
			水冲洗 公称直径(mm 以内)50	0.65	0.06	0.11	0.17	0.20	0.10		
			低、中压管道液压试验 公称直径(mm 以内)100	1.18	0.29	0.19	0.32	0.36	0.20		
			试压用液	—	—	—	—	—	—		
			压力表 公称直径(mm 以内)100	—	0.02	—	—	—	—		
			截止阀 J11W-10T 25(mm)	—	0.08	—	—	—	—		
			合　计	14.62	143.89	1.02	3.95	4.52	12.17		
6	050602010015	钢管 DN40 (1)橡塑保温,保温层厚度 20mm (2)保护层外缠玻璃布镀锌钢丝绑扎,外刷两道调合漆	室内低压铜管(氧乙炔焊接)管外径(mm 以内)40	3.36	0.38	0.16	0.91	1.03	3.23		145.62
			铜管 管外径(mm 以内)40	—	39.02	—	—	—	—		
			室内低压铜管件(氧乙炔焊)管外径(mm 以内)40	6.78	2.43	0.38	1.83	2.10	3.67		
			铜管件 管外径(mm 以内)40	—	36.16	—	—	—	—		
			管道保温 橡塑保温壳 ϕ57 以内	0.38	32.69	0.05	0.10	0.12	2.34		
			保温层 管道设备 缠玻璃丝布	0.27	0.97	0.01	0.07	0.08	0.10		
			布面刷漆 管道 调合漆 第一遍	0.74	0.49	0.04	0.20	0.23	0.14		
			布面刷漆 管道 调合漆 第二遍	0.46	0.38	0.02	0.12	0.14	0.09		
			水冲洗 公称直径(mm 以内)50	0.65	0.06	0.11	0.17	0.20	0.10		
			试压用液	—	—	—	—	—	—		
			压力表 公称直径(mm 以内)100	—	0.02	—	—	—	—		
			截止阀 J11W-10T 25(mm)	—	0.08	—	—	—	—		
			合　计	13.81	112.96	0.97	3.73	4.27	9.88		

图名	给水排水工程量(地上)清单综合单价表(三)	图号	SL4-2(三)

序号	项目编码	项目名称	工程内容	综合单价组成(元)							综合单价(元)
				人工费	材料费	机械使用费	现场经费	企业管理费	利润	风险费用	
7	05060201005	铜管 DN70 (1)橡塑保温,保温层厚度 20mm (2)保护层外缠玻璃布镀锌钢丝绑扎,外刷两道调合漆	室内低压铜管(氧乙炔焊接)管外径(mm 以内)75	4.56	0.93	0.23	1.23	1.41	8.41		275.98
			铜管　管外径(mm 以内)75	—	109.93	—	—	—	—		
			室内低压铜管件(氧乙炔焊)管外径(mm 以内)75	5.69	3.18	0.32	1.54	1.76	6.35		
			铜管件　管外径(mm 以内)75	—	75.98	—	—	—	—		
			管道保温　橡塑保温壳 φ57 以外	0.30	41.02	0.06	0.08	0.09	2.92		
			保温层　管道设备　缠玻璃丝布	0.34	1.25	0.02	0.09	0.11	0.13		
			布面刷漆　管道　调合漆　第一遍	0.94	0.63	0.05	0.25	0.29	0.18		
			布面刷漆　管道　调合漆　第二遍	0.59	0.48	0.03	0.16	0.19	0.12		
			水冲洗　公称直径(mm 以内)50	0.71	0.12	0.14	0.19	0.22	0.12		
			低、中压管道液压试验　公称直径(mm 以内)100	1.18	0.29	0.19	0.32	0.36	0.20		
			试压用液	—							
			压力表　公称直径(mm 以内)100		0.02						
			截止阀 J11W-10T 25(mm)		0.08						
			合　计	14.31	233.90	1.04	3.86	4.42	18.43		
8	05060201004	钢管 DN50 (1)橡塑保温,保温层厚度 20mm (2)保护层外缠玻璃布镀锌钢丝绑扎,外刷两道调合漆	室内低压铜管(氧乙炔焊接)管外径(mm 以内)50	3.92	0.45	0.19	1.06	1.21	4.12		180.17
			铜管　管外径(mm 以内)50	—	50.49	—	—	—	—		
			室内低压铜管件(氧乙炔焊)管外径(mm 以内)50	6.80	2.70	0.38	1.81	2.10	4.65		
			铜管件　管外径(mm 以内)50	—	49.97	—	—	—	—		
			管道保温　橡塑保温壳 φ57 以内	0.44	37.77	0.06	0.12	0.14	2.71		

图名	给水排水工程量(地上)清单综合单价表(四)	图号	SL4-2(四)

序号	项目编码	项目名称	工程内容	综合单价组成(元)							综合单价(元)
				人工费	材料费	机械使用费	现场经费	企业管理费	利润	风险费用	
9	05060201006	铜管 DN20 (1)橡塑保温,保温层厚度 20mm (2)保护层外缠玻璃布镀锌钢丝绑扎,外刷两道调合漆	低、中压管道液压试验 公称直径(mm 以内)100	1.18	0.29	0.19	0.32	0.36	0.20		79.18
			试压用液	—	—	—	—	—	—		
			压力表 公称直径(mm 以内))100	—	0.02	—	—	—	—		
			截止阀 J11W-10T 25(mm)	—	0.08						
			合　计	11.60	54.55	0.82	3.12	3.59	5.48		
10	05060201007	钢管 DN1 (1)橡塑保温,保温层厚度 20mm (2)保护层外缠玻璃布镀锌钢丝绑扎,外刷两道调合漆	室内低压铜管(氧乙炔焊接)管外径(mm 以内)20	2.53	0.17	0.12	0.68	0.78	0.93		73.49
			铜管 管外径(mm 以内)20	—	7.98	—	—	—	—		
			室内低压铜管件(氧乙炔焊)管外径(mm 以内)20	8.30	2.57	0.43	2.24	2.57	2.29		
			铜管件 管外径(mm 以内)20	—	13.23						
			管道保温 橡塑保温壳 φ57 以内	0.23	19.61	0.03	0.06	0.07	1.41		
			保温层 管道设备 缠玻璃丝布	0.19	0.71	0.01	0.05	0.06	0.08		
			布面刷漆 管道 调合漆 第一遍	0.54	0.36	0.03	0.14	0.17	0.10		
			布面刷漆 管道 调合漆 第二遍	0.34	0.27	0.02	0.09	0.11	0.07		
			水冲洗 公称直径(mm 以内)50	0.65	0.06	0.11	0.17	0.20	0.10		
			低、中压管道液压试验 公称直径(mm 以内)100	1.18	0.29	0.19	0.32	0.36	0.20		
			试压用液	—	—	—	—	—	—		
			压力表 公称直径(mm 以内)100	—	0.02	—	—	—	—		
			截止阀 J11W-10T 25(mm)	—	0.08						
			合　计	13.95	45.34	0.94	3.76	4.32	5.18		

图名	给水排水工程量(地上)清单综合单价表(五)	图号	SL4-2(五)

序号	项目编码	项目名称	工程内容	综合单价组成(元)							综合单价(元)
				人工费	材料费	机械使用费	现场经费	企业管理费	利润	风险费用	
11	05060201008	铜管 DN32 (1)橡塑保温,保温层厚度 20mm (2)保护层外缠玻璃布镀锌钢丝绑扎,外刷两道调合漆	室内低压铜管(氧乙炔焊接)管外径(mm 以内)30	2.97	0.25	0.14	0.80	0.92	2.70		124.86
			铜管　管外径(mm 以内)30	—	32.31	—	—	—	—		
			室内低压铜管件(氧乙炔焊)管外径(mm 以内)30	6.08	1.85	0.33	1.64	1.88	3.04		
			铜管件　管外径(mm 以内)30	—	29.20	—	—	—	—		
			管道保温　橡塑保温壳 ϕ57 以内	0.35	29.78	0.05	0.09	0.11	2.14		
			保温层　管道设备　缠玻璃丝布	0.25	0.92	0.01	0.07	0.08	0.10		
			布面刷漆　管道　调合漆　第一遍	0.69	0.46	0.03	0.19	0.22	0.13		
			布面刷漆　管道　调合漆　第二遍	0.44	0.35	0.02	0.12	0.14	0.09		
			水冲洗　公称直径(mm 以内)50	0.65	0.06	0.11	0.17	0.20	0.10		
			低、中压管道液压试验　公称直径(mm 以内)100	1.18	0.29	0.19	0.32	0.36	0.20		
			试压用液	—	—	—	—	—	—		
			压力表　公称直径(mm 以内)100	—	0.02	—	—	—	—		
			截止阀 J11W-10T 25(mm)	—	0.08	—	—	—	—		
			合　　计	12.60	95.57	0.89	3.40	3.90	8.50		
12	05060201006	钢管 DN20 (1)橡塑保温,保温层厚度 20mm (2)保护层外缠玻璃布镀锌钢丝绑扎,外刷两道调合漆	室内低压铜管(氧乙炔焊接)管外径(mm 以内)20	2.53	0.17	0.12	0.68	0.78	1.20		79.18
			铜管　管外径(mm 以内)20	—	11.88	—	—	—	—		
			室内低压铜管件(氧乙炔焊)管外径(mm 以内)20	5.84	1.81	0.30	1.58	1.81	2.10		
			铜管件　管外径(mm 以内)20	—	16.29	—	—	—	—		
			管道保温　橡塑保温壳 ϕ57 以内	0.26	22.52	0.04	0.07	0.08	1.62		
			保温层　管道设备　缠玻璃丝布	0.21	0.76	0.01	0.06	0.07	0.08		
			布面刷漆　管道　调合漆　第一遍	0.58	0.39	0.03	0.15	0.18	0.11		
			布面刷漆　管道　调合漆　第二遍	0.36	0.30	0.02	0.10	0.11	0.07		
			水冲洗　公称直径(mm 以内)50	0.65	0.06	0.11	0.17	0.20	0.10		

图名	给水排水工程量(地上)清单综合单价表(六)	图号	SL4-2(六)

序号	项目编码	项目名称	工程内容	综合单价组成(元)							综合单价(元)
				人工费	材料费	机械使用费	现场经费	企业管理费	利润	风险费用	
13	05060201009	铜管 DN32 (1)橡塑保温,保温层厚度20mm (2)保护层外缠玻璃布镀锌钢丝绑扎,外刷两道调合漆	室内低压铜管(氧乙炔焊接)管外径(mm以内)30	2.97	0.25	0.14	0.80	0.92	2.70		124.86
			铜管 管外径(mm以内)30	—	32.31	—	—	—	—		
			室内低压铜管件(氧乙炔焊)管外径(mm以内)30	6.08	1.85	0.33	1.64	1.88	3.04		
			铜管件 管外径(mm以内)30	—	29.20	—	—	—	—		
			管道保温 橡塑保温壳φ57以内	0.35	29.78	0.05	0.09	0.11	2.14		
			保温层 管道设备 缠玻璃丝布	0.25	0.92	0.01	0.07	0.08	0.10		
			布面刷漆 管道 调合漆 第一遍	0.69	0.46	0.03	0.19	0.22	0.13		
			布面刷漆 管道 调合漆 第二遍	0.44	0.35	0.02	0.12	0.14	0.09		
			水冲洗 公称直径(mm以内)50	0.65	0.06	0.11	0.17	0.20	0.10		
			低、中压管道液压试验 公称直径(mm以内)100	1.18	0.29	0.19	0.32	0.36	0.20		
			试压用液	—	—	—	—	—	—		
			压力表 公称直径(mm以内)100	—	0.02	—	—	—	—		
			截止阀 J11W-10T 25(mm)	—	0.08	—	—	—	—		
			合 计	12.60	95.57	0.89	3.40	3.90	8.50		
14	05060201010	铜管 DN25 (1)橡塑保温,保温层厚度20mm (2)保护层外缠玻璃布镀锌钢丝绑扎,外刷两道调合漆	室内低压铜管(氧乙炔焊接)管外径(mm以内)30	2.97	0.25	0.14	0.80	0.92	1.80		108.10
			铜管 管外径(mm以内)30	—	19.43	—	—	—	—		
			室内低压铜管件(氧乙炔焊)管外径(mm以内)30	7.40	2.26	0.40	2.00	2.29	3.22		
			铜管件 管外径(mm以内)30	—	28.65	—	—	—	—		
			管道保温 橡塑保温壳φ57以内	0.30	25.42	0.04	0.08	0.09	1.82		
			保温层 管道设备 缠玻璃丝布	0.23	0.83	0.01	0.06	0.07	0.09		
			布面刷漆 管道 调合漆 第一遍	0.63	0.42	0.03	0.17	0.19	0.12		
			布面刷漆 管道 调合漆 第二遍	0.39	0.32	0.02	0.11	0.12	0.08		

图名	给水排水工程量(地上)清单综合单价表(七)	图号	SI4-2(七)

序号	项目编码	项目名称	工程内容	综合单价组成(元)							综合单价(元)
				人工费	材料费	机械使用费	现场经费	企业管理费	利润	风险费用	
15	050602010011	铜管 DN50 (1)橡塑保温,保温层厚度20mm (2)保护层外缠玻璃布镀锌钢丝绑扎,外刷两道调合漆	保温层 管道设备 缠玻璃丝布	0.30	1.09	0.01	0.08	0.09	0.12		180.17
			布面刷漆 管道 调合漆 第一遍	0.83	0.55	0.04	0.22	0.26	0.16		
			布面刷漆 管道 调合漆 第二遍	0.52	0.42	0.02	0.14	0.16	0.10		
			水冲洗 公称直径(mm以内)50	0.65	0.06	0.11	0.17	0.20	0.10		
			低、中压管道液压试验 公称直径(mm以内)100	1.18	0.29	0.19	0.32	0.36	0.20		
			试压用液	—	—	—	—	—	—		
			压力表 公称直径(mm以内)100		0.02						
			截止阀 J11W–10T 25(mm)		0.08						
			合　计	14.62	143.89	1.02	3.95	4.52	12.17		
16	050602010012	铜管 DN40 (1)橡塑保温,保温层厚度20mm (2)保护层外缠玻璃布镀锌钢丝绑扎,外刷两道调合漆	室内低压铜管(氧乙炔焊接)管外径(mm以内)40	3.36	0.38	0.16	0.91	1.03	3.23		145.62
			铜管 管外径(mm以内)40	—	39.02	—	—	—	—		
			室内低压铜管件(氧乙炔焊)管外径(mm以内)40	6.78	2.43	0.38	1.83	2.10	3.67		
			铜管件 管外径(mm以内)40	—	36.16	—	—	—	—		
			管道保温 橡塑保温壳φ57以内	0.38	32.69	0.05	0.10	0.12	2.34		
			保温层 管道设备 缠玻璃丝布	0.27	0.97	0.01	0.07	0.08	0.10		
			布面刷漆 管道 调合漆 第一遍	0.74	0.49	0.04	0.20	0.23	0.14		
			布面刷漆 管道 调合漆 第二遍	0.46	0.38	0.02	0.12	0.14	0.09		
			水冲洗 公称直径(mm以内)50	0.65	0.06	0.11	0.17	0.20	0.10		
			低、中压管道液压试验 公称直径(mm以内)100	1.18	0.29	0.19	0.32	0.36	0.20		
			试压用液	—	—	—	—	—	—		
			压力表 公称直径(mm以内)100	—	0.02	—	—	—	—		
			截止阀 J11W–10T 25(mm)	—	0.08	—	—	—	—		
			合　计	13.81	112.96	0.97	3.73	4.27	9.88		

图名	给水排水工程量(地上)清单综合单价表(八)	图号	SL4-2(八)

序号	项目编码	项目名称	工程内容	综合单价组成(元)							综合单价(元)
				人工费	材料费	机械使用费	现场经费	企业管理费	利润	风险费用	
17	050602010013	铜管 DN70 (1) 橡塑保温,保温层厚度 20mm (2) 保护层外缠玻璃布镀锌钢丝绑扎,外刷两道调合漆	室内低压铜管(氧乙炔焊接)管外径(mm 以内)75	4.56	0.93	0.23	1.23	1.41	8.41		275.98
			铜管　管外径(mm 以内)75	—	109.93	—	—	—	—		
			室内低压铜管件(氧乙炔焊)管外径(mm 以内)75	5.69	3.18	0.32	1.54	1.76	6.35		
			铜管件　管外径(mm 以内)75	—	75.98	—	—	—	—		
			管道保温　橡塑保温壳 φ57 以外	0.30	41.02	0.06	0.08	0.09	2.92		
			保温层　管道设备　缠玻璃丝布	0.34	1.25	0.02	0.09	0.11	0.13		
			布面刷漆　管道　调合漆　第一遍	0.94	0.63	0.05	0.25	0.29	0.18		
			布面刷漆　管道　调合漆　第二遍	0.59	0.48	0.03	0.16	0.19	0.12		
			低、中压管道液压试验　公称直径(mm 以内)100	1.18	0.29	0.19	0.32	0.36	0.20		
			试压用液	—	—	—	—	—	—		
			压力表　公称直径(mm 以内)100	—	0.02	—	—	—	—		
			截止阀 J11W−10T 25(mm)	—	0.08						
			水冲洗　公称直径(mm 以内)100	0.71	0.12	0.14	0.19	0.22	0.12		
			合　计	14.31	233.90	1.04	3.86	4.42	18.43		
18	050602010011	铜管 DN50 (1) 橡塑保温,保温层厚度 20mm (2) 保护层外缠玻璃布镀锌钢丝绑扎,外刷两道调合漆	室内低压铜管(氧乙炔焊接)管外径(mm 以内)50	3.92	0.45	0.19	1.06	1.21	4.12		180.17
			铜管　管外径(mm 以内)50	—	50.49	—	——	—	—		
			室内低压铜管件(氧乙炔焊)管外径(mm 以内)50	6.80	2.70	0.38	1.84	2.10	4.65		
			铜管件　管外径(mm 以内)50	—	49.97	—	—	—	—		
			管道保温　橡塑保温壳 φ57 以内	0.44	37.77	0.06	0.12	0.14	2.71		

图名	给水排水工程量(地上)清单综合单价表(九)	图号	SL4-2(九)

序号	项目编码	项目名称	工程内容	综合单价组成(元)							综合单价(元)
				人工费	材料费	机械使用费	现场经费	企业管理费	利润	风险费用	
19	05060201004	水喷淋镀锌钢管 (1)镀锌焊接钢管DN100,沟槽连接 (2)橡塑保温,保温层厚度20mm (3)保温层外缠玻璃布镀锌钢丝绑扎,外刷两道调合漆	低、中压管道液压试验 公称直径(mm以内)100	1.18	0.29	0.19	0.32	0.36	0.20		158.46
			试压用液	—	—	—	—	—	—		
			压力表 公称直径(mm以内)100	—	0.02						
			截止阀 J11W-10T 25(mm)	—	0.08						
			水冲洗 公称直径(mm以内)100	0.71	0.12	0.14	0.19	0.22	0.12		
			合 计	10.52	130.21	1.00	2.83	3.26	10.64		
20	05060201009	水喷淋镀锌钢管 (1)镀锌焊接钢管DN80,丝扣连接 (2)橡塑保温,保温层厚度20mm (3)保温层外缠玻璃布镀锌钢丝绑扎,外刷两道调合漆	室内低压镀锌铜管(螺纹连接)公称直径(mm以内)80	7.40	30.11	0.60	2.00	2.29	3.18		107.09
			管道保温 橡塑保温壳 ϕ57以外	0.34	46.97	0.07	0.09	0.11	3.34		
			保温层 管道设备 缠玻璃丝布	0.37	1.38	0.02	0.10	0.12	0.15		
			布面刷漆 管道 调合漆 第一遍	1.04	0.70	0.05	0.28	0.32	0.20		
			布面刷漆 管道 调合漆 第二遍	0.65	0.53	0.03	0.17	0.20	0.13		
			低、中压管道液压试验 公称直径(mm以内)100	1.18	0.29	0.19	0.32	0.36	0.20		
			试压用液	—	—	—	—	—	—		
			压力表 公称直径(mm以内)100	—	0.02		—		—		
			截止阀 J11W-10T 25(mm)	—	0.08						
			水冲洗 公称直径(mm以内)100	0.71	0.12	0.14	0.19	0.22	0.12		
			合 计	11.70	80.19	1.11	3.15	3.62	7.32		

图名	给水排水工程量(地上)清单综合单价表(十)	图号	SL4-2(十)

515

序号	项目编码	项目名称	工程内容	综合单价组成(元)							综合单价(元)
				人工费	材料费	机械使用费	现场经费	企业管理费	利润	风险费用	
21	050602010014	水喷淋镀锌钢管 (1) 镀锌焊接钢管DN70,丝扣连接 (2) 橡塑保温,保温层厚度20mm (3) 保温层外缠玻璃布镀锌钢丝绑扎,外刷两道调合漆	室内低压镀锌铜管(螺纹连接)公称直径(mm 以内)70	6.98	24.26	0.56	1.89	2.15	2.71		93.01
			管道保温　橡塑保温壳 φ57 以外	0.30	41.02	0.06	0.08	0.09	2.92		
			保温层　管道设备　缠玻璃丝布	0.34	1.25	0.02	0.09	0.11	0.13		
			布面刷漆　管道　调合漆　第一遍	0.94	0.63	0.05	0.25	0.29	0.18		
			布面刷漆　管道　调合漆　第二遍	0.59	0.48	0.03	0.16	0.19	0.12		
			低、中压管道液压试验　公称直径(mm 以内)100	1.18	0.29	0.19	0.32	0.36	0.20		
			试压用液	—	—	—	—	—	—		
			压力表　公称直径(mm 以内)100		0.02		—	—	—		
			截止阀 J11W–10T 25(mm)		0.08		—	—	—		
			水冲洗　公称直径(mm 以内)100	0.71	0.12	0.14	0.19	0.22	0.12		
			合　计	11.04	68.14	1.05	2.98	3.41	6.38		
22	050602010015	水喷淋镀锌钢管 (1) 镀锌焊接钢管DN50,丝扣连接 (2) 橡塑保温,保温层厚度20mm (3) 保温层外缠玻璃布镀锌钢丝绑扎,外刷两道调合漆	室内低压镀锌铜管(螺纹连接)公称直径(mm 以内)50	6.84	17.89	0.54	1.85	2.11	2.24		81.77
			管道保温　橡塑保温壳 φ57 以内	0.44	37.77	0.06	0.12	0.14	2.71		
			保温层　管道设备　缠玻璃丝布	0.30	1.09	0.01	0.08	0.09	0.12		
			布面刷漆　管道　调合漆　第一遍	0.83	0.55	0.04	0.22	0.26	0.16		
			布面刷漆　管道　调合漆　第二遍	0.52	0.42	0.02	0.14	0.16	0.10		
			低、中压管道液压试验　公称直径(mm 以内)100	1.18	0.29	0.19	0.32	0.36	0.20		
			试压用液	—	—	—	—	—	—		
			压力表　公称直径(mm 以内)100		0.02		—	—	—		
			截止阀 J11W–10T 25(mm)		0.08		—	—	—		
			水冲洗　公称直径(mm 以内)50	0.65	0.06	0.11	0.17	0.20	0.10		
			合　计	10.75	58.17	0.99	2.90	3.32	5.63		

图名	给水排水工程量(地上)清单综合单价表(十一)	图号	SL4–2(十一)

序号	项目编码	项目名称	工程内容	综合单价组成(元)							综合单价(元)
				人工费	材料费	机械使用费	现场经费	企业管理费	利润	风险费用	
23	05060201003	水喷淋镀锌钢管 (1)镀锌焊接钢管DN40,丝扣连接 (2)橡塑保温,保温层厚度20mm (3)保温层外缠玻璃布镀锌钢丝绑扎,外刷两道调合漆	室内低压镀锌铜管(螺纹连接)公称直径(mm以内)40	6.68	13.88	0.43	1.81	2.06	1.93		70.98
			管道保温 橡塑保温壳 ϕ57以内	0.38	32.69	0.05	0.10	0.12	2.34		
			保温层 管道设备 缠玻璃丝布	0.27	0.97	0.01	0.07	0.08	0.10		
			布面刷漆 管道 调合漆 第一遍	0.74	0.49	0.04	0.20	0.23	0.14		
			布面刷漆 管道 调合漆 第二遍	0.46	0.38	0.02	0.12	0.14	0.09		
			低、中压管道液压试验 公称直径(mm以内)100	1.18	0.29	0.19	0.32	0.36	0.20		
			试压用液								
			压力表 公称直径(mm以内)50	—	0.02						
			截止阀 J11W-10T 25(mm)	—	0.08						
			水冲洗 公称直径(mm以内)50	0.65	0.06	0.11	0.17	0.20	0.10		
			合　计	10.35	48.85	0.86	2.80	3.19	4.92		
24	050602010016	水喷淋镀锌钢管 (1)镀锌焊接钢管DN32,丝扣连接 (2)橡塑保温,保温层厚度20mm (3)保护层外缠玻璃布镀锌钢丝绑扎,外刷两道调合漆	室内低压镀锌铜管(螺纹连接)公称直径(mm以内)32	5.61	12.38	0.38	1.51	1.73	1.67		64.03
			管道保温 橡塑保温壳 ϕ57以内	0.35	29.78	0.05	0.09	0.11	2.14		
			保温层 管道设备 缠玻璃丝布	0.25	0.92	0.01	0.07	0.08	0.10		
			布面刷漆 管道 调合漆 第一遍	0.69	0.46	0.03	0.19	0.22	0.13		
			布面刷漆 管道 调合漆 第二遍	0.44	0.35	0.02	0.12	0.14	0.09		
			低、中压管道液压试验 公称直径(mm以内)100	1.18	0.29	0.19	0.32	0.36	0.20		
			试压用液	—							
			压力表 公称直径(mm以内)100	—	0.02	—	—	—	—		
			截止阀 J11W-10T 25(mm)	—	0.08						
			水冲洗 公称直径(mm以内)50	0.65	0.06	0.11	0.17	0.20	0.10		
			合　计	9.16	44.34	0.80	2.47	2.83	4.43		

图名	给水排水工程量(地上)清单综合单价表(十二)	图号	SL4-2(十二)

序号	项目编码	项目名称	工程内容	综合单价组成(元)							综合单价(元)
				人工费	材料费	机械使用费	现场经费	企业管理费	利润	风险费用	
25	050602010011	水喷淋镀锌钢管 (1)镀锌焊接钢管DN25,丝扣连接 (2)橡塑保温,保温层厚度20mm (3)保温层外缠玻璃布镀锌钢丝绑扎,外刷两道调合漆	室内低压镀锌铜管(螺纹连接)公称直径(mm以内)25	5.61	9.83	0.39	1.51	1.73	1.49		56.14
			管道保温 橡塑保温壳 φ57以内	0.30	25.42	0.04	0.08	0.09	1.82		
			保温层 管道设备 缠玻璃丝布	0.23	0.83	0.01	0.06	0.07	0.09		
			布面刷漆 管道 调合漆 第一遍	0.63	0.42	0.03	0.17	0.19	0.12		
			布面刷漆 管道 调合漆 第二遍	0.39	0.32	0.02	0.11	0.12	0.08		
			低、中压管道液压试验 公称直径(mm以内)100	1.18	0.29	0.19	0.32	0.36	0.20		
			试压用液	—	—	—	—	—	—		
			压力表 公称直径(mm以内)100	—	0.02	—	—	—	—		
			截止阀 J11W-10T 25(mm)	—	0.08	—	—	—	—		
			水冲洗 公称直径(mm以内)100	0.65	0.06	0.11	0.17	0.20	0.10		
			合　计	8.98	37.27	0.80	2.42	2.77	3.91		
26	050602010012	管道支架制作安装 除锈、刷防锈漆两遍、银粉两遍	管道支架制作安装 制作 室内管道 一般管架	1.60	2.92	0.79	0.43	0.50	0.48		11.08
			安装 室内管道 一般管架	0.86	1.15	0.28	0.23	0.27	0.22		
			金属构件及支架刷漆 防锈漆 第一遍	0.08	0.15	0.17	0.02	0.03	0.03		
			金属构件及支架刷漆 防锈漆 第二遍	0.06	0.13	0.09	0.02	0.02	0.02		
			金属构件及支架刷漆 银粉漆 第一遍	0.06	0.06	0.09	0.02	0.02	0.02		
			金属构件及支架刷漆 银粉漆 第二遍	0.06	0.05	0.09	0.02	0.02	0.02		
			合　计	2.74	4.46	1.50	0.74	0.84	0.80		

图名	给水排水工程量(地上)清单综合单价表(十三)	图号	SL4-2(十三)

续表

序号	项目编码	项目名称	工程内容	综合单价组成(元)							综合单价(元)
				人工费	材料费	机械使用费	现场经费	企业管理费	利润	风险费用	
27	050602040051	消火栓 减压消火栓双栓	水灭火系统 室内消火栓(暗装)普通 公称直径(mm以内)双栓70	36.47	13.95	2.42	9.86	11.26	146.21		2220.17
			消火栓 公称直径(mm以内)双栓70	—	2000.00	—	—	—	—		
			合　计	36.47	2013.95	2.42	9.86	11.26	146.21		
28	050602020049	消火栓钢管 (1)焊接钢管DN100 (2)除锈、刷防锈漆两遍、调合漆两遍	室内低压焊接钢管(焊接)公称直径(mm以内)100	6.74	30.43	3.75	1.82	2.08	3.33		58.80
			钢管刷漆 除锈漆 第一遍	0.90	0.71	0.04	0.24	0.28	0.18		
			钢管刷漆 除锈漆 第二遍	0.42	0.62	0.02	0.11	0.13	0.10		
			钢管刷漆 调合漆 第一遍	0.57	0.49	0.03	0.15	0.18	0.11		
			钢管刷漆 调合漆 第二遍	0.42	0.44	0.02	0.11	0.13	0.09		
			低、中压管道液压试验 公称直径(mm以内)100	1.18	0.29	0.19	0.32	0.36	0.20		
			试压用液	—	—	—	—	—	—		
			压力表 公称直径(mm以内)100	—	0.02	—	—	—	—		
			截止阀 J11W-10T 25(mm)	—	0.08	—	—	—	—		
			水冲洗 公称直径(mm以内)100	0.71	0.12	0.14	0.19	0.22	0.12		
			合　计	10.93	33.20	4.20	2.95	3.38	4.13		
29	050602020050	消火栓钢管 (1)焊接钢管DN70 (2)除锈、刷防锈漆两遍、调合漆两遍	室内低压焊接钢管(焊接)公称直径(mm以内)70	5.71	17.93	2.32	1.54	1.76	2.21		39.92
			钢管刷漆 除锈漆 第一遍	0.59	0.47	0.03	0.16	0.18	0.12		
			钢管刷漆 除锈漆 第二遍	0.28	0.41	0.01	0.08	0.09	0.07		
			钢管刷漆 调合漆 第一遍	0.37	0.33	0.02	0.10	0.12	0.08		
			钢管刷漆 调合漆 第二遍	0.28	0.29	0.01	0.08	0.09	0.06		
			低、中压管道液压试验 公称直径(mm以内)100	1.18	0.29	0.19	0.32	0.36	0.20		
			试压用液	—	—	—	—	—	—		
			压力表 公称直径(mm以内)100	—	0.02	—	—	—	—		

图名	给水排水工程量(地上)清单综合单价表(十四)	图号	SL4-2(十四)

序号	项目编码	项目名称	工程内容	综合单价组成(元)							综合单价(元)
				人工费	材料费	机械使用费	现场经费	企业管理费	利润	风险费用	
30	050602030038	UPVC 排水管 DN110 (1)橡塑保温,保温层厚度20mm (2)保护层外缠玻璃布镀锌钢丝绑扎,外刷两道调合漆 (3)含检查口、阻火圈等	阻火圈安装　公称直径(mm以内)100	0.35	0.25	0.02	0.10	0.11	0.38		128.32
			阻火圈　公称直径(mm以内)100	—	4.44	—	—	—	—		
			下水通球试验　公称直径(mm以内)100	0.55	0.15	0.07	0.15	0.17	0.09		
			合　计	10.56	102.35	0.62	2.85	3.27	8.68		
31	050602030045	UPVC 排水管 DN75 (1)橡塑保温,保温层厚度20mm (2)保护层外缠玻璃布镀锌钢丝绑扎,外刷两道调合漆 (3)含检查口、阻火圈等	室内PVC-U排水塑料管(粘接)管外径(mm以内)75	5.27	16.98	0.26	1.42	1.63	1.94		85.86
			管道保温　橡塑保温壳φ57以内	0.34	46.97	0.07	0.09	0.11	3.34		
			保温层　管道设备　缠玻璃丝布	0.37	1.38	0.02	0.10	0.12	0.15		
			布面刷漆　管道　调合漆　第一遍	1.04	0.70	0.05	0.28	0.32	0.20		
			布面刷漆　管道　调合漆　第二遍	0.65	0.53	0.03	0.17	0.20	0.13		
			下水通球试验　公称直径(mm以内)75	0.46	0.13	0.06	0.12	0.14	0.08		
			合　计	8.14	66.68	0.50	2.19	2.52	5.83		
32	050602030043	UPVC 排水管 DN50 (1)橡塑保温,保温层厚度20mm (2)保护层外缠玻璃布镀锌钢丝绑扎,外刷两道调合漆 (3)含检查口、阻火圈等	室内PVC-U排水塑料管(粘接)管外径(mm以内)50	4.94	9.03	0.24	1.33	1.52	1.33		65.74
			管道保温　橡塑保温壳φ57以内	0.44	37.77	0.06	0.12	0.14	2.71		
			保温层　管道设备　缠玻璃丝布	0.30	1.09	0.01	0.08	0.09	0.12		
			布面刷漆　管道　调合漆　第一遍	0.83	0.55	0.04	0.22	0.26	0.16		
			布面刷漆　管道　调合漆　第二遍	0.52	0.42	0.02	0.14	0.16	0.10		
			下水通球试验　公称直径(mm以内)75	0.46	0.13	0.06	0.12	0.14	0.08		
			合　计	7.48	49.00	0.45	2.01	2.31	4.49		

图名	给水排水工程量(地上)清单综合单价表(十五)	图号	SI4-2(十五)

序号	项目编码	项目名称	工程内容	综合单价组成(元)							综合单价(元)
				人工费	材料费	机械使用费	现场经费	企业管理费	利润	风险费用	
33	0506020100012	水喷淋镀锌钢管 (1)镀锌焊接钢管DN150,沟槽连接 (2)橡塑保温,保温层厚度20mm (3)保温层外缠玻璃布镀锌钢丝绑扎,外刷两道调合漆	沟槽连接件　公称直径(mm以内)150	—	53.89	—	—	—	—		249.42
			管道保温　橡塑保温壳φ57以内	0.58	80.05	0.12	0.16	0.18	5.69		
			保温层　管道设备　缠玻璃丝布	0.58	2.14	0.03	0.16	0.18	0.23		
			布面刷漆　管道　调合漆　第一遍	1.62	1.08	0.08	0.43	0.50	0.30		
			布面刷漆　管道　调合漆　第二遍	1.01	0.82	0.05	0.27	0.32	0.20		
			低、中压管道液压试验　公称直径(mm以内)200	1.44	0.49	0.27	0.39	0.45	0.26		
			试压用液	—	—	—	—	—	—		
			压力表	—	0.02	—	—	—	—		
			阀门	—	0.03	—	—	—	—		
			水冲洗　公称直径(mm以内)200	0.87	0.27	0.24	0.23	0.27	0.16		
			合　计	13.83	209.52	1.39	3.73	4.27	16.68		
34	05060201004	水喷淋镀锌钢管 (1)镀锌焊接钢管DN100,沟槽连接 (2)橡塑保温,保温层厚度20mm (3)保温层外缠玻璃布镀锌钢丝绑扎,外刷两道调合漆	钢管沟槽连接　管道安装　公称直径(mm以内)100	3.97	0.16	0.19	1.07	1.23	2.91		158.46
			镀锌钢管	—	33.43	—	—	—	—		
			钢管沟槽连接　管道安装　管件连接　公称直径(mm以内)100	1.79	0.28	0.27	0.49	0.55	2.75		
			沟槽连接件　公称直径(mm以内)100	—	35.19	—	—	—	—		
			管道保温　橡塑保温壳φ57以内	0.42	57.56	0.09	0.11	0.13	4.09		
			保温层　管道设备　缠玻璃丝布	0.44	1.63	0.02	0.12	0.14	0.18		
			布面刷漆　管道　调合漆　第一遍	1.23	0.83	0.06	0.33	0.38	0.23		
			布面刷漆　管道　调合漆　第二遍	0.77	0.63	0.04	0.21	0.24	0.15		

图名	给水排水工程量(地上)清单综合单价表(十六)	图号	SL4-2(十六)

序号	项目编码	项目名称	工程内容	综合单价组成(元)							综合单价(元)
				人工费	材料费	机械使用费	现场经费	企业管理费	利润	风险费用	
35	03080203003	管道支架制作安装 除锈、刷防锈漆两遍、银粉漆两遍	管道支架制作安装 制作 室内管道 一般管架	1.60	2.92	0.79	0.43	0.50	0.48		11.08
			安装 室内管道 一般管架	0.86	1.15	0.28	0.23	0.27	0.22		
			金属构件及支架刷漆 防锈漆 第一遍	0.08	0.15	0.17	0.02	0.03	0.03		
			金属构件及支架刷漆 防锈漆 第二遍	0.06	0.13	0.09	0.02	0.02	0.02		
			金属构件及支架刷漆 银粉漆 第一遍	0.06	0.06	0.09	0.02	0.02	0.02		
			金属构件及支架刷漆 银粉漆 第二遍	0.06	0.05	0.09	0.02	0.02	0.02		
			合 计	2.74	4.46	1.50	0.73	0.84	0.80		
36	050602010014	螺纹阀门 铜芯截止阀 DN20	低压丝扣阀门 公称直径(mm 以内)20	2.55	2.40	0.14	0.69	0.79	1.49		21.70
			截止阀 J11T–16 20(mm)	—	13.64	—	—	—	—		
			合 计	2.55	16.04	0.14	0.69	0.79	1.49		
37	050602010013	螺纹阀门 铜芯截止阀 DN15	低压丝扣阀门 公称直径(mm 以内)15	2.55	2.02	0.13	0.69	0.79	1.33		19.33
			截止阀 J11T–16 15(mm)	—	11.82	—	—	—	—		
			合 计	2.55	13.84	0.13	0.69	0.79	1.33		
38	050602030038	UPVC 排水管 DN110 (1)橡塑保温,保温层厚度 20mm (2)保护层外缠玻璃布镀锌钢丝绑扎,外刷两道调合漆 (3)含检查口、阻火圈等	室内 PVC–U 排水塑料管(粘接)管外径(mm 以内)100	6.79	36.87	0.33	1.83	2.10	3.55		128.32
			管道保温 橡塑保温壳 φ57 以外	0.42	57.56	0.09	0.11	0.13	4.09		
			保温层 管道设备 缠玻璃丝布	0.44	1.63	0.02	0.12	0.14	0.18		
			布面刷漆 管道 调合漆 第一遍	1.23	0.83	0.06	0.33	0.38	0.23		
			布面刷漆 管道 调合漆 第二遍	0.77	0.63	0.04	0.21	0.24	0.15		

图名	给水排水工程量(地上)清单综合单价表(十七)	图号	SL4–2(十七)

序号	项目编码	项目名称	工程内容	综合单价组成(元)							综合单价(元)
				人工费	材料费	机械使用费	现场经费	企业管理费	利润	风险费用	
39	050602030040	UPVC通气管 DN110	室内PVC-U排水塑料管(粘接)管外径(mm以内)100	6.79	36.87	0.33	1.83	2.10	3.55		51.47
			合　计	6.79	36.87	0.33	1.83	2.10	3.55		
40	050602030041	UPVC通气管 DN50	室内PVC-U排水塑料管(粘接)管外径(mm以内)50	4.94	9.03	0.24	1.33	1.52	1.33		18.39
			合　计	4.94	9.03	0.24	1.33	1.52	1.33		
41	050602030042	UPVC通气管 DN32	室内PVC-U排水塑料管(粘接)管外径(mm以内)50	4.94	9.03	0.24	1.33	1.52	1.33		18.39
			合　计	4.94	9.03	0.24	1.33	1.52	1.33		
42	050602010016	管道支架制作安装除锈、刷防锈漆两遍、银粉两遍	管道支架制作安装　制作　室内管道　一般管架	1.60	2.92	0.79	0.43	0.50	0.48		11.08
			安装　室内管道　一般管架	0.86	1.15	0.28	0.23	0.27	0.22		
			金属构件及支架刷漆　防锈漆　第一遍	0.08	0.15	0.17	0.02	0.03	0.03		
			金属构件及支架刷漆　防锈漆　第二遍	0.06	0.13	0.09	0.02	0.02	0.02		
			金属构件及支架刷漆　银粉漆　第一遍	0.06	0.06	0.09	0.02	0.02	0.02		
			金属构件及支架刷漆　银粉漆　第二遍	0.06	0.05	0.09	0.02	0.02	0.02		
			合　计	2.74	4.46	1.50	0.74	0.84	0.80		
43	030803003158	螺纹阀门(铜芯截止阀 DN40mm)	低压丝扣阀门公称直径40mm以内	6.39	6.17	0.37	2.28	3.42	7.33		108.78
			合　计	6.39	6.17	0.37	2.28	3.42	7.33		
44	050602060043	消火栓减压消火栓单栓	水灭火系统　室内消火栓(暗装)普通　公称直径(mm以内)单栓70	28.55	7.94	1.72	7.72	8.81	144.64		2199.38
			消火栓　公称直径(mm以内)单栓70	—	2000.00	—	—	—	—		
			合　计	28.55	2007.94	1.72	7.72	8.81	144.64		

图名	给水排水工程量(地上)清单综合单价表(十八)	图号	SL4-2(十八)

表 4-2

某写字楼给水排水工程量清单综合单价分析表(地下部分)

序号	项目编码	项目名称	工程内容	综合单价组成(元)							综合单价(元)
				人工费	材料费	机械使用费	现场经费	企业管理费	利润	风险费用	
1	05060201004	铜 管 (1) 型号、规格:DN150 (2) 连接方式:管件连接 (3) 除锈、刷油、防腐、绝热及保护层设计要求:增强铝箔玻璃棉管壳保温,保温层厚度 30mm,管道外壁缠电伴热带 (4) 套管形式、材质:刚性防水套管及刚套管	试压用液	—	—	—	—	—	—		826.08
			压力表	—	0.015	—	—	—	—		
			阀门	—	—	—	—	—	—		
			水冲洗　公称直径(mm 以内)200	0.87	0.27	0.24	0.23	0.27	0.16		
			合　计	15.52	729.89	17.23	4.19	4.79	54.45		
2	05060201010015	铜 管 (1) 型号、规格:DN100 (2) 连接方式:管件连接 (3) 除锈、刷油、防腐、绝热及保护层设计要求:增强铝箔玻璃棉管壳保温,保温层厚度 30mm,管道外壁缠电伴热带 (4) 套管形式、材质:刚性防水套管及刚套管	室内低压铜管(氧乙炔焊接)管外径(mm 以内)100	5.15	1.48	2.78	1.39	1.59	13.13		388.41
			铜管　管外径(mm 以内)100	—	173.16	—	—	—	—		
			室内低压铜管件(氧乙炔焊)管外径(mm 以内)100	4.92	3.36	5.66	1.32	1.52	7.36		
			铜管件　管外径(mm 以内)100	—	86.35	—	—	—	—		
			管道保温　玻璃棉管壳 φ57 以外	0.49	7.73	0.11	0.13	0.15	0.62		
			管道警示带、电伴热带/缆敷设电伴热带/缆	0.51	4.61	0.90	0.14	0.16	4.32		
			电伴热带/缆	—	55.22	—	—	—	—		
			低、中压管道液压试验　公称直径(mm 以内)100	1.18	0.29	0.19	0.32	0.36	0.20		
			试压用液	—	—	—	—	—	—		
			压力表　公称直径(mm 以内)100	—	0.02	—	—	—	—		
			截止阀 J11W-10T 25(mm)	—	0.08	—	—	—	—		

图名	给水排水工程量(地下)清单综合单价表(一)	图号	SL4-3(一)

序号	项目编码	项目名称	工程内容	综合单价组成(元)							综合单价(元)
				人工费	材料费	机械使用费	现场经费	企业管理费	利润	风险费用	
3	05060201001	铜 管 (1)型号、规格:DN40 (2)连接方式:管件连接 (3)除锈、刷油、防腐、绝热及保护层设计要求:B1级难燃橡塑管壳保温,保温层厚度30mm,保护层:玻璃布镀锌钢丝绑扎,外刷两道调合漆 (4)套管形式、材质:刚性防水套管及刚套管	管道保温 橡塑保温壳 φ57 以内	0.65	55.93	0.09	0.18	0.20	4.01		515.47
			管道保温 玻璃棉管壳 φ57 以内	37.08	258.41	4.79	10.02	11.45	23.57		
			布面刷漆 管道 调合漆 第一遍	0.89	0.60	0.04	0.24	0.28	0.17		
			布面刷漆 管道 调合漆 第二遍	0.56	0.46	0.03	0.15	0.18	0.11		
			低、中压管道液压试验 公称直径(mm 以内)100	1.18	0.29	0.19	0.32	0.36	0.20		
			试压用液	—	—	—	—	—	—		
			压力表 公称直径(mm 以内)100	—	0.02	—	—	—	—		
			截止阀 J11W-10T 25(mm)	—	0.08	—	—	—	—		
			水冲洗 公称直径(mm 以内)50	0.64	0.06	0.11	0.17	0.20	0.10		
			合 计	51.16	393.83	5.80	13.82	15.80	35.07		
4	05060201002	铜 管 (1)型号、规格:DN32 (2)连接方式:管件连接 (3)除锈、刷油、防腐、绝热及保护层设计要求:B1级难燃橡塑管壳保温,保温层厚度30mm (4)保护层:玻璃布镀锌钢丝绑扎,外刷两道调合漆 (5)套管形式、材质:刚性防水套管及刚套管	室内低压铜管(氧乙炔焊接)管外径(mm 以内)30	2.97	0.25	0.14	0.80	0.92	1.80		135.85
			铜管 管外径(mm 以内)30	—	19.43	—	—	—	—		
			室内低压铜管件(氧乙炔焊)管外径(mm 以内)30	6.08	1.85	0.33	1.64	1.88	3.04		
			铜管件 管外径(mm 以内)30	—	29.20	—	—	—	—		
			管道保温 橡塑保温壳 φ57 以内	0.60	51.57	0.09	0.16	0.18	3.70		
			保温层 管道设备 缠玻璃丝布	0.31	1.13	0.01	0.09	0.10	0.12		
			布面刷漆 管道 调合漆 第一遍	0.85	0.57	0.04	0.23	0.26	0.16		
			布面刷漆 管道 调合漆 第二遍	0.54	0.44	0.02	0.15	0.17	0.11		

图名	给水排水工程量(地下)清单综合单价表(二)	图号	SL4-3(二)

序号	项目编码	项目名称	工程内容	综合单价组成(元)							综合单价(元)
				人工费	材料费	机械使用费	现场经费	企业管理费	利润	风险费用	
5	050602010015	铜　管 (1)型号、规格:DN100 (2)连接方式:管件连接 (3)除锈、刷油、防腐、绝热及保护层设计要求:增强铝箔玻璃棉管壳保温,保温层厚度30mm,管道外壁缠电伴热带 (4)套管形式、材质:刚性防水套管及刚套管	水冲洗　公称直径(mm 以内)100	0.71	0.12	0.14	0.19	0.22	0.12		388.41
			合　计	12.95	332.41	9.79	3.50	4.00	25.75		
6	05060201003	铜　管 (1)型号、规格:DN80 (2)连接方式:管件连接 (3)除锈、刷油、防腐、绝热及保护层设计要求:增强铝箔玻璃棉管壳保温,保温层厚度30mm,管道外壁缠电伴热带 (4)套管形式、材质:刚性防水套管及刚套管	室内低压铜管(氧乙炔焊接)管外径(mm 以内)85	4.75	1.10	0.53	1.28	1.47	10.17		376.77
			铜管　管外径(mm 以内)85	—	134.17	—	—	—	—		
			室内低压铜管件(氧乙炔焊)管外径(mm 以内)85	6.18	3.41	2.22	1.67	1.90	9.57		
			铜管件　管外径(mm 以内)85	—	118.87	—	—	—	—		
			管道保温　玻璃棉管壳φ57 以外	0.50	7.93	0.12	0.14	0.16	0.63		
			管道警示带、电伴热带/缆敷设电伴热带/缆	0.51	4.61	0.90	0.14	0.16	4.32		
			电伴热带/缆	—	55.22	—	—	—	—		
			低、中压管道液压试验　公称直径(mm 以内)100	1.18	0.29	0.19	0.32	0.36	0.20		
			试压用液	—	—	—	—	—	—		
			压力表　公称直径(mm 以内)100	—	0.02	—	—	—	—		
			截止阀 J11W-10T 25(mm)	—	0.08	—	—	—	—		
			水冲洗　公称直径(mm 以内)100	0.71	0.12	0.14	0.19	0.22	0.12		
			合　计	13.83	325.81	4.10	3.74	4.27	25.02		

图名	给水排水工程量(地下)清单综合单价表(三)	图号	SL4-3(三)

序号	项目编码	项目名称	工程内容	综合单价组成(元)							综合单价(元)
				人工费	材料费	机械使用费	现场经费	企业管理费	利润	风险费用	
7	050602010012	铜 管 (1)型号、规格:DN40 (2)连接方式:管件连接 (3)除锈、刷油、防腐、绝热及保护层设计要求:增强铝箔玻璃棉管壳保温,保温层厚度30mm,管道外壁缠电伴热带 (4)套管形式、材质:刚性防水套管及刚套管	试压用液	—	—	—	—	—	—		178.33
			压力表 公称直径(mm 以内)100	—	0.02	—	—	—	—		
			截止阀 J11W-10T 25(mm)	—	0.08	—	—	—	—		
			水冲洗 公称直径(mm 以内)50	064	0.06	0.11	0.17	0.20	0.10		
			合 计	13.24	143.57	1.84	3.58	4.09	12.01		
8	05060201009	铜 管 (1)型号、规格:DN32 (2)连接方式:管件连接 (3)除锈、刷油、防腐、绝热及保护层设计要求:增强铝箔玻璃棉管壳保温,保温层厚度30mm,管道外壁缠电伴热带 (4)套管形式、材质:刚性防水套管及刚套管	室内低压铜管(氧乙炔焊接)管外径(mm 以内)30	2.97	0.25	0.14	0.80	0.92	2.70		160.45
			铜管 管外径(mm 以内)30	—	32.31	—	—	—	—		
			室内低压铜管件(氧乙炔焊)管外径(mm 以内)30	6.08	1.85	0.33	1.64	1.88	3.04		
			铜管件 管外径(mm 以内)30	—	29.20	—	—	—	—		
			管道保温 玻璃棉管壳 φ57 以内	0.71	4.90	0.09	0.19	0.22	0.45		
			管道警示带、电伴热带/缆敷设电伴热带/缆	0.51	4.61	0.90	0.14	0.16	4.32		
			电伴热带/缆	—	55.22	—	—	—	—		
			低、中压管道液压试验 公称直径(mm 以内)100	1.18	0.29	0.19	0.32	0.36	0.20		
			试压用液	—	—	—	—	—	—		
			压力表 公称直径(mm 以内)100	—	0.02	—	—	—	—		
			截止阀 J11W-10T 25(mm)	—	0.08	—	—	—	—		
			水冲洗 公称直径(mm 以内)50	0.64	0.06	0.11	0.17	0.20	0.10		
			合 计	12.09	128.78	1.77	3.26	3.74	10.82		

图名	给水排水工程量(地下)清单综合单价表(四)	图号	SL4-3(四)

序号	项目编码	项目名称	工程内容	综合单价组成(元)							综合单价(元)
				人工费	材料费	机械使用费	现场经费	企业管理费	利润	风险费用	
9	050602010014	铜 管 (1)型号、规格:DN25 (2)连接方式:管件连接 (3)除锈、刷油、防腐、绝热及保护层设计要求:增强铝箔玻璃棉管壳保温,保温层厚度30mm,管道外壁缠电伴热带 (4)套管形式、材质:刚性防水套管及刚套管	室内低压铜管(氧乙炔焊接)管外径(mm以内)30	2.97	0.25	0.14	0.80	0.92	1.80		148.12
			铜管 管外径(mm以内)30	—	19.43	—	—	—	—		
			室内低压铜管件(氧乙炔焊)管外径(mm以内)30	7.41	2.26	0.40	2.00	2.29	3.22		
			铜管件 管外径(mm以内)30	—	28.65	—	—	—	—		
			管道保温 玻璃棉管壳φ57以内	0.63	4.35	0.08	0.17	0.19	0.40		
			管道警示带、电伴热带/缆敷设电伴热带/缆	0.51	4.61	0.90	0.14	0.16	4.32		
			电伴热带/缆	—	55.22	—	—	—	—		
			低、中压管道液压试验 公称直径(mm以内)100	1.18	0.29	0.19	0.32	0.36	0.20		
			试压用液	—	—	—	—	—	—		
			压力表 公称直径(mm以内)100	—	0.02	—	—	—	—		
			截止阀 J11W-10T 25(mm)	—	0.08	—	—	—	—		
			水冲洗 公称直径(mm以内)50	0.64	0.06	0.11	0.17	0.20	0.10		
			合　计	13.33	115.21	1.83	3.60	4.12	10.04		
10	05060201008	铜 管 (1)型号、规格:DN20 (2)连接方式:管件连接 (3)除锈、刷油、防腐、绝热及保护层设计要求:增强铝箔玻璃棉管壳保温,保温层厚度30mm,管道外壁缠电伴热带 (4)套管形式、材质:刚性防水套管及刚套管	室内低压铜管(氧乙炔焊接)管外径(mm以内)20	2.53	0.17	0.12	0.68	0.78	1.20		122.04
			铜管 管外径(mm以内)20	—	11.88	—	—	—	—		
			室内低压铜管件(氧乙炔焊)管外径(mm以内)20	5.84	1.81	0.30	1.58	1.81	2.10		
			铜管件 管外径(mm以内)20	—	16.29	—	—	—	—		
			管道保温 玻璃棉管壳φ57以内	0.55	3.86	0.07	0.15	0.17	0.35		

图名	给水排水工程量(地下)清单综合单价表(五)	图号	SL4-3(五)

序号	项目编码	项目名称	工程内容	综合单价组成(元)							综合单价(元)
				人工费	材料费	机械使用费	现场经费	企业管理费	利润	风险费用	
11	050602010016	铜 管 (1)型号、规格:DN70 (2)连接方式:管件连接 (3)除锈、刷油、防腐、绝热及保护层设计要求:增强铝箔玻璃棉管壳保温,保温层厚度30mm,管道外壁缠电伴热带 (4)套管形式、材质:刚性防水套管及刚套管	室内低压铜管(氧乙炔焊接)管外径(mm以内)75	4.56	0.93	0.23	1.23	1.41	7.04		279.03
			铜管 管外径(mm以内)75	—	90.32	—	—	—	—		
			室内低压铜管件(氧乙炔焊)管外径(mm以内)75	5.69	3.18	0.32	1.54	1.76	6.35		
			铜管件 管外径(mm以内)75	—	75.98	—	—	—	—		
			管道保温 玻璃棉管壳φ57以外	0.45	7.11	0.10	0.12	0.13	0.57		
			管道警示带、电伴热带/缆敷设电伴热带/缆	0.51	4.61	0.90	0.14	0.16	4.32		
			电伴热带/缆	—	55.22	—	—	—	—		
			低、中压管道液压试验 公称直径(mm以内)100	1.18	0.29	0.19	0.32	0.36	0.20		
			试压用液	—	—	—	—	—	—		
			压力表 公称直径(mm以内)100		0.02						
			截止阀J11W-10T 25(mm)		0.08						
			水冲洗 公称直径(mm以内)100	0.71	0.12	0.14	0.19	0.22	0.12		
			合 计	13.09	237.86	1.89	3.54	4.05	18.60		
12	050602010011	铜 管 (1)型号、规格:DN50 (2)连接方式:管件连接 (3)除锈、刷油、防腐、绝热及保护层设计要求:增强铝箔玻璃棉管壳保温,保温层厚度30mm,管道外壁缠电伴热带 (4)套管形式、材质:刚性防水套管及刚套管	室内低压铜管(氧乙炔焊接)管外径(mm以内)50	3.92	0.45	0.19	1.06	1.21	4.12		207.87
			铜管 管外径(mm以内)50	—	50.49	—	—	—	—		
			室内低压铜管件(氧乙炔焊)管外径(mm以内)50	6.80	2.70	0.38	1.84	2.09	4.65		
			铜管件 管外径(mm以内)50	—	49.97	—	—	—	—		
			管道保温 玻璃棉管壳φ57以内	0.88	6.14	0.11	0.24	0.27	0.56		

图名	给水排水工程量(地下)清单综合单价表(六)	图号	SL4-3(六)

序号	项目编码	项目名称	工程内容	综合单价组成(元)							综合单价(元)
				人工费	材料费	机械使用费	现场经费	企业管理费	利润	风险费用	
13	05060201007	铜　管 (1)型号、规格:DN20 (2)连接方式:管件连接 (3)除锈、刷油、防腐、绝热及保护层设计要求:B1级难燃橡塑管壳保温,保温层厚度30mm (4)保护层:玻璃布镀锌钢丝绑扎,外刷两道调合漆 (5)套管形式、材质:刚性防水套管及刚套管	室内低压铜管(氧乙炔焊接)管外径(mm以内)20	2.53	0.17	0.12	0.68	0.78	1.20		99.98
			铜管　管外径(mm以内)20	—	11.88	—	—	—	—		
			室内低压铜管件(氧乙炔焊)管外径(mm以内)20	5.84	1.81	0.30	1.58	1.81	2.10		
			铜管件　管外径(mm以内)20	—	16.29	—	—	—	—		
			管道保温　橡塑保温壳φ57以内	0.47	40.68	0.07	0.13	0.15	2.92		
			保温层　管道设备　缠玻璃丝布	0.27	0.97	0.01	0.07	0.09	0.10		
			布面刷漆　管道　调合漆　第一遍	0.74	0.49	0.04	0.20	0.23	0.14		
			布面刷漆　管道　调合漆　第二遍	0.46	0.38	0.02	0.12	0.14	0.09		
			低、中压管道液压试验　公称直径(mm以内)100	1.18	0.29	0.19	0.32	0.36	0.20		
			试压用液	—	—	—	—	—	—		
			压力表　公称直径(mm以内)100	—	0.02	—	—	—	—		
			截止阀J11W–10T 25(mm)	—	0.08	—	—	—	—		
			水冲洗　公称直径(mm以内)50	0.64	0.06	0.11	0.17	0.20	0.10		
			合　计	12.13	73.11	0.87	3.27	3.76	6.86		
14	0506020010017	铜　管 (1)型号、规格:DN15 (2)连接方式:管件连接 (3)除锈、刷油、防腐、绝热及保护层设计要求:B1级难燃橡塑管壳保温,保温层厚度30mm (4)保护层:玻璃布镀锌钢丝绑扎,外刷两道调合漆 (5)套管形式、材质:刚性防水套管及刚套管	室内低压铜管(氧乙炔焊接)管外径(mm以内)20	2.53	0.17	0.12	0.68	0.78	0.93		93.50
			铜管　管外径(mm以内)20	—	7.98	—	—	—	—		
			室内低压铜管件(氧乙炔焊)管外径(mm以内)20	8.29	2.57	0.43	2.24	2.57	2.29		
			铜管件　管外径(mm以内)20	—	13.23	—	—	—	—		

图名	给水排水工程量(地下)清单综合单价表(七)	图号	SL4–3(七)

序号	项目编码	项目名称	工程内容	综合单价组成(元)							综合单价(元)
				人工费	材料费	机械使用费	现场经费	企业管理费	利润	风险费用	
15	050602010011	铜 管 (1)型号、规格:DN50 (2)连接方式:管件连接 (3)除锈、刷油、防腐、绝热及保护层设计要求:增强铝箔玻璃棉管壳保温,保温层厚度30mm,管道外壁缠电伴热带 (4)套管形式、材质:刚性防水套管及刚套管	管道警示带、电伴热带/缆敷设电伴热带/缆	0.51	4.61	0.90	0.14	0.16	4.32		207.87
			电伴热带/缆	—	55.22	—	—	—	—		
			低、中压管道液压试验 公称直径(mm以内)100	1.18	0.29	0.1926	0.32	0.36	0.20		
			试压用液								
			压力表 公称直径(mm以内)100	—	0.02						
			截止阀 J11W-10T 25(mm)		0.08						
			水冲洗 公称直径(mm以内)50	0.64	0.06	0.11	0.17	0.20	0.10		
			合 计	13.93	170.02	1.89	3.76	4.30	13.96		
16	050602010012	铜 管 (1)型号、规格:DN40 (2)连接方式:管件连接 (3)除锈、刷油、防腐、绝热及保护层设计要求:增强铝箔玻璃棉管壳保温,保温层厚度30mm,管道外壁缠电伴热带 (4)套管形式、材质:刚性防水套管及刚套管	室内低压铜管(氧乙炔焊接)管外径(mm以内)40	3.36	0.38	0.16	0.91	1.03	3.23		178.33
			铜管 管外径(mm以内)40	—	39.02	—	—	—	—		
			室内低压铜管件(氧乙炔焊)管外径(mm以内)40	6.78	2.43	0.38	1.83	2.10	3.67		
			铜管件 管外径(mm以内)40	—	36.16						
			管道保温 玻璃棉管壳φ57以内	0.76	5.31	0.11	0.21	0.23	0.48		
			管道警示带、电伴热带/缆敷设电伴热带/缆	0.51	4.61	0.90	0.14	0.16	4.32		
			电伴热带/缆	—	55.22	—	—	—	—		
			低、中压管道液压试验 公称直径(mm以内)100	1.18	0.29	0.19	0.32	0.36	0.20		

图名	给水排水工程量(地下)清单综合单价表(八)	图号	SL4-3(八)

续表

序号	项目编码	项目名称	工程内容	综合单价组成(元)							综合单价(元)
				人工费	材料费	机械使用费	现场经费	企业管理费	利润	风险费用	
17	05060201005	铜管 (1)型号、规格:DN50 (2)连接方式:管件连接 (3)除锈、刷油、防腐、绝热及保护层设计要求:B1级难燃橡塑管壳保温,保温层厚度30mm (4)保护层:玻璃布镀锌钢丝绑扎,外刷两道调合漆 (5)套管形式、材质:刚性防水套管及刚套管	室内低压铜管(氧乙炔焊接)管外径(mm以内)50	3.92	0.45	0.19	1.06	1.21	4.12		210.49
			铜管 管外径(mm以内)50	—	50.49	—	—	—	—		
			室内低压铜管件(氧乙炔焊)管外径(mm以内)50	6.80	2.70	0.38	1.84	2.09	4.65		
			铜管件 管外径(mm以内)50	—	49.97	—	—	—	—		
			管道保温 橡塑保温壳φ57以内	0.76	64.65	0.11	0.21	0.23	4.64		
			保温层 管道设备 缠玻璃丝布	0.36	1.30	0.02	0.09	0.11	0.14		
			布面刷漆 管道 调合漆 第一遍	0.98	0.66	0.05	0.26	0.31	0.19		
			布面刷漆 管道 调合漆 第二遍	0.62	0.50	0.03	0.16	0.19	0.12		
			低、中压管道液压试验 公称直径(mm以内)100	1.18	0.29	0.19	0.32	0.36	0.20		
			试压用液	—							
			压力表 公称直径(mm以内)100	—	0.02						
			截止阀 J11W-10T 25(mm)	—	0.08						
			水冲洗 公称直径(mm以内)50	0.64	0.06	0.11	0.17	0.20	0.10		
			合 计	15.25	171.16	1.08	4.12	4.71	14.17		
18	5060201001	铜管 (1)型号、规格:DN40 (2)连接方式:管件连接 (3)除锈、刷油、防腐、绝热及保护层设计要求:B1级难燃橡塑管壳保温,保温层厚度30mm (4)保护层:玻璃布镀锌钢丝绑扎,外刷两道调合漆 (5)套管形式、材质:刚性防水套管及刚套管	室内低压铜管(氧乙炔焊接)管外径(mm以内)40	3.36	0.38	0.16	0.91	1.03	3.23		515.47
			铜管 管外径(mm以内)40	—	39.02	—	—	—	—		
			室内低压铜管件(氧乙炔焊)管外径(mm以内)40	6.78	2.43	0.38	1.83	2.10	3.67		
			铜管件 管外径(mm以内)40	—	36.16	—	—	—	—		

图名	给水排水工程量(地下)清单综合单价表(九)	图号	SI4-3(九)

序号	项目编码	项目名称	工程内容	综合单价组成(元)							综合单价(元)
				人工费	材料费	机械使用费	现场经费	企业管理费	利润	风险费用	
19	05060201008	铜 管 (1)型号、规格:DN20 (2)连接方式:管件连接 (3)除锈、刷油、防腐、绝热及保护层设计要求:增强铝箔玻璃棉管壳保温,保温层厚度30mm,管道外壁缠电伴热带 (4)套管形式、材质:刚性防水套管及刚套管	管道警示带、电伴热带/缆敷设电伴热带/缆	0.51	4.61	0.90	0.14	0.16	4.32		122.04
			电伴热带/缆	—	55.22	—	—	—	—		
			低、中压管道液压试验 公称直径(mm以内)100	1.18	0.29	0.19	0.32	0.36	0.20		
			试压用液	—	—	—	—	—	—		
			压力表 公称直径(mm以内)100		0.02	—	—	—	—		
			截止阀 J11W–10T 25(mm)		0.08	—	—	—	—		
			水冲洗 公称直径(mm以内)50	0.64	0.06	0.11	0.17	0.20	0.10		
			合 计	11.26	94.28	1.70	3.04	3.48	8.27		
20	0506020100013	铜 管 (1)型号、规格:DN15 (2)连接方式:管件连接 (3)套管形式、材质:刚套管	室内低压铜管(氧乙炔焊接)管外径(mm以内)20	2.53	0.17	0.12	0.68	0.78	0.93		48.75
			铜管 管外径(mm以内)20	—	7.98	—	—	—	—		
			室内低压铜管件(氧乙炔焊)管外径(mm以内)20	8.29	2.57	0.43	2.24	2.57	2.29		
			铜管件 管外径(mm以内)20	—	13.23	—	—	—	—		
			低、中压管道液压试验 公称直径(mm以内)100	1.18	0.29	0.19	0.32	0.36	0.20		
			试压用液	—	—	—	—	—	—		
			压力表 公称直径(mm以内)100	—	0.02	—	—	—	—		
			截止阀 J11W–10T 25(mm)	—	0.076	—	—	—	—		
			水冲洗 公称直径(mm以内)50	0.64	0.06	0.11	0.17	0.20	0.10		
			合 计	12.65	24.39	0.85	3.42	3.91	3.53		

图名	给水排水工程量(地下)清单综合单价表(十)	图号	SL4–3(十)

序号	项目编码	项目名称	工程内容	综合单价组成(元)							综合单价(元)
				人工费	材料费	机械使用费	现场经费	企业管理费	利润	风险费用	
21	050602010010	铜 管 (1)型号、规格:DN100 (2)连接方式:管件连接 (3)除锈、刷油、防腐、绝热及保护层设计要求:B1级难燃橡塑管壳保温,保温层厚度35mm (4)保护层:玻璃布镀锌钢丝绑扎,外刷两道调合漆 (5)套管形式、材质:刚性防水套管及刚套管	室内低压铜管(氧乙炔焊接)管外径(mm以内)100	5.15	1.48	2.78	1.39	1.59	12.79		438.47
			铜管 管外径(mm以内)100	—	168.26	—	—	—	—		
			室内低压铜管件(氧乙炔焊)管外径(mm以内)100	4.92	3.36	5.66	1.32	1.52	7.36		
			铜管件 管外径(mm以内)100	—	86.35	—	—	—	—		
			管道保温 橡塑保温壳 ϕ57以外	0.83	113.79	0.18	0.22	0.26	8.09		
			保温层 管道设备 缠玻璃丝布	0.54	1.96	0.02	0.15	0.17	0.21		
			布面刷漆 设备 调合漆 第一遍	0.66	0.96	0.03	0.18	0.20	0.16		
			布面刷漆 设备 调合漆 第二遍	0.57	0.73	0.02	0.16	0.18	0.13		
			低、中压管道液压试验 公称直径(mm以内)100	—	0.02	—	—	—	—		
			试压用液	—	—	—	—	—	—		
			压力表 公称直径(mm以内)100	—	0.02	—	—	—	—		
			截止阀J11W-10T 25(mm)	—	0.08	—	—	—	—		
			水冲洗 公称直径(mm以内)100	0.71	0.12	0.14	0.19	0.22	0.12		
			合 计	14.55	377.40	9.04	3.93	4.49	29.06		

图名	给水排水工程量(地下)清单综合单价表(十一)	图号	SL4-3(十一)

序号	项目编码	项目名称	工程内容	综合单价组成(元)							综合单价(元)
				人工费	材料费	机械使用费	现场经费	企业管理费	利润	风险费用	
22	050602010017	铜　管 (1)型号、规格:DN15 (2)连接方式:管件连接 (3)除锈、刷油、防腐、绝热及保护层设计要求:B1级难燃橡塑管壳保温,保温层厚度30mm (4)保护层:玻璃布镀锌钢丝绑扎,外刷两道调合漆 (5)套管形式、材质:刚性防水套管及刚套管	管道保温　橡塑保温壳 ϕ57 以内	0.43	37.04	0.06	0.12	0.14	2.66		93.50
			保温层　管道设备　缠玻璃丝布	0.25	0.92	0.01	0.07	0.08	0.10		
			布面刷漆　管道　调合漆　第一遍	0.69	0.46	0.03	0.19	0.21	0.13		
			布面刷漆　管道　调合漆　第二遍	0.44	0.35	0.02	0.12	0.13	0.09		
			低、中压管道液压试验　公称直径(mm 以内)100	1.18	0.29	0.19	0.32	0.36	0.20		
			试压用液	—	—	—	—	—	—		
			压力表　公称直径(mm 以内)100	—	0.02						
			截止阀 J11W-10T 25(mm)	—	0.08						
			水冲洗　公称直径(mm 以内)50	0.64	0.06	0.11	0.17	0.20	0.10		
			合　　计	14.47	63.17	0.98	3.91	4.48	6.50		
23	05060202005	管道支架制作安装 除锈、刷油设计要求除锈、刷防锈漆二道、银粉二道	管道支架制作安装　制作　室内管道　一般管架	1.60	2.92	0.79	0.44	0.50	0.48		11.08
			安装　室内管道　一般管架	0.86	1.15	0.28	0.23	0.27	0.22		
			金属构件及支架刷漆　防锈漆　第一遍	0.08	0.15	0.17	0.03	0.03	0.03		
			金属构件及支架刷漆　防锈漆　第二遍	0.07	0.13	0.09	0.02	0.02	0.02		
			金属构件及支架刷漆　银粉漆　第一遍	0.07	0.06	0.09	0.02	0.02	0.02		
			金属构件及支架刷漆　银粉漆　第二遍	0.07	0.05	0.09	0.02	0.02	0.02		
			合　　计	2.74	4.46	1.50	0.74	0.84	0.80		

图名	给水排水工程量(地下)清单综合单价表(十二)	图号	SL4-3(十二)

序号	项目编码	项目名称	工程内容	综合单价组成(元)							综合单价(元)
				人工费	材料费	机械使用费	现场经费	企业管理费	利润	风险费用	
24	050602010018	铜 管 (1)型号、规格:DN32 (2)连接方式:管件连接 (3)除锈、刷油、防腐、绝热及保护层设计要求:防结露保温,增强铝箔玻璃棉管壳保温,保温层厚度30mm,管道外壁缠电伴热带 (4)套管形式、材质:刚性防水套管及刚套管	室内低压铜管(氧乙炔焊接)管外径(mm以内)30	2.97	0.25	0.14	0.80	0.92	2.70		160.45
			铜管 管外径(mm以内)30	—	32.31	—	—	—	—		
			室内低压铜管件(氧乙炔焊)管外径(mm以内)30	6.08	1.85	0.33	1.64	1.88	3.04		
			铜管件 管外径(mm以内)30	—	29.20	—	—	—	—		
			管道保温 玻璃棉管壳φ57以内	0.71	4.90	0.09	0.19	0.22	0.45		
			管道警示带、电伴热带/缆敷设电伴热带/缆	0.51	4.61	0.90	0.14	0.16	4.32		
			电伴热带/缆	—	55.22	—	—	—	—		
			低、中压管道液压试验 公称直径(mm以内)100	1.18	0.29	0.19	0.32	0.36	0.20		
			试压用液	—	—	—	—	—	—		
			压力表 公称直径(mm以内)100	—	0.02	—	—	—	—		
			截止阀J11W-10T 25(mm)	—	0.08	—	—	—	—		
			水冲洗 公称直径(mm以内)50	0.64	0.06	0.11	0.17	0.20	0.10		
			合 计	12.09	128.78	1.77	3.26	3.74	10.82		
25	05060202006	管道支架制作安装 除锈、刷油设计要求除锈、刷防锈漆二道、银粉二道	管道支架制作安装 制作 室内管道 一般管架	1.60	2.92	0.79	0.44	0.50	0.48		11.08
			安装 室内管道 一般管架	0.86	1.15	0.28	0.23	0.27	0.22		
			金属构件及支架刷漆 防锈漆 第一遍	0.08	0.15	0.17	0.03	0.03	0.03		
			金属构件及支架刷漆 防锈漆 第二遍	0.07	0.13	0.09	0.02	0.02	0.02		

图名	给水排水工程量(地下)清单综合单价表(十三)	图号	SL4-3(十三)

序号	项目编码	项目名称	工程内容	综合单价组成(元)							综合单价(元)
				人工费	材料费	机械使用费	现场经费	企业管理费	利润	风险费用	
26	050602010022	铜　管 (1)型号、规格:DN150 (2)连接方式:管件连接 (3)除锈、刷油、防腐、绝热及保护层设计要求:防结露保温,增强铝箔玻璃棉管壳保温,保温层厚度30mm,管道外壁缠电伴热带 (4)套管形式、材质:刚性防水套管及刚套管	室内低压铜管(氧乙炔焊接)管外径(mm 以内)150	6.14	2.15	8.37	1.66	1.90	31.90		826.08
			铜管　管外径(mm 以内)150	—	433.05	—	—	—	—		
			室内低压铜管件(氧乙炔焊)管外径(mm 以内)150	5.74	4.75	7.26	1.55	1.77	16.78		
			铜管件　管外径(mm 以内)150	—	216.27	—	—	—	—		
			管道保温　玻璃棉管壳φ57 以外	0.82	13.06	0.19	0.22	0.26	1.04		
			管道警示带、电伴热带/缆敷设电伴热带/缆	0.51	4.61	0.90	0.14	0.16	4.32		
			电伴热带/缆	—	55.22	—	—	—	—		
			低、中压管道液压试验　公称直径(mm 以内)200	1.45	0.49	0.27	0.39	0.45	0.25		
			试压用液	—	—	—	—	—	—		
			压力表	—	0.02	—	—	—	—		
			阀门								
			水冲洗　公称直径(mm 以内)200	0.87	0.27	0.24	0.23	0.27	0.16		
			合　　计	15.52	729.89	17.23	4.19	4.79	54.45		
27	050602010023	铜　管 (1)型号、规格:DN70 (2)连接方式:管件连接 (3)除锈、刷油、防腐、绝热及保护层设计要求:防结露保温,增强铝箔玻璃棉管壳保温,保温层厚度30mm,管道外壁缠电伴热带 (4)套管形式、材质:刚性防水套管及刚套管	室内低压铜管(氧乙炔焊接)管外径(mm 以内)75	4.56	0.93	0.23	1.23	1.41	7.04		279.03
			铜管　管外径(mm 以内)75	—	90.32	—	—	—	—		
			室内低压铜管件(氧乙炔焊)管外径(mm 以内)75	5.69	3.18	0.32	1.54	1.76	6.35		
			铜管件　管外径(mm 以内)75	—	75.98	—	—	—	—		
			管道保温　玻璃棉管壳 φ57 以外	0.45	7.11	0.10	0.12	0.13	0.57		

图名	给水排水工程量(地下)清单综合单价表(十四)	图号	SL4-3(十四)

序号	项目编码	项目名称	工程内容	综合单价组成(元)							综合单价(元)
				人工费	材料费	机械使用费	现场经费	企业管理费	利润	风险费用	
28	050602010024	铜管 (1) 型号、规格:DN50 (2) 连接方式:管件连接 (3) 除锈、刷油、防腐、绝热及保护层设计要求:防结露保温,增强铝箔玻璃棉管壳保温,保温层厚度30mm,管道外壁缠电伴热带 (4) 套管形式、材质:刚性防水套管及刚套管	低、中压管道液压试验 公称直径(mm以内)100	1.18	0.29	0.19	0.32	0.36	0.20		207.87
			试压用液	—	—	—	—	—	—		
			压力表 公称直径(mm以内)100	—	0.02	—	—	—	—		
			截止阀 J11W-10T 25(mm)	—	0.08	—	—	—	—		
			水冲洗 公称直径(mm以内)50	0.64	0.06	0.11	0.17	0.20	0.10		
			合　计	13.93	170.02	1.89	3.76	4.30	13.96		
29	050602010025	铜　管 (1) 型号、规格:DN40 (2) 连接方式:管件连接 (3) 除锈、刷油、防腐、绝热及保护层设计要求:防结露保温,增强铝箔玻璃棉管壳保温,保温层厚度30mm,管道外壁缠电伴热带 (4) 套管形式、材质:刚性防水套管及刚套管	室内低压铜管(氧乙炔焊接)管外径(mm以内)40	3.36	0.38	0.16	0.91	1.03	3.23		178.33
			铜管 管外径(mm以内)40	—	39.02						
			室内低压铜管件(氧乙炔焊)管外径(mm以内)40	6.78	2.43	0.38	1.83	2.10	3.67		
			铜管件 管外径(mm以内)40	—	36.16						
			管道保温 玻璃棉管壳φ57以内	0.76	5.31	0.10	0.21	0.23	0.48		
			管道警示带、电伴热带/缆敷设电伴热带/缆	0.51	4.61	0.90	0.14	0.16	4.32		
			电伴热带/缆	—	55.22						
			低、中压管道液压试验 公称直径(mm以内)100	1.18	0.29	0.19	0.32	0.36	0.20		
			试压用液	—	—	—	—	—	—		
			压力表 公称直径(mm以内)100	—	0.02	—	—	—	—		
			截止阀 J11W-10T 25(mm)	—	0.08	—	—	—	—		
			水冲洗 公称直径(mm以内)50	0.64	0.06	0.11	0.17	0.20	0.10		
			合　计	13.24	143.57	1.85	3.58	4.08	12.01		

图名	给水排水工程量(地下)清单综合单价表(十五)	图号	SL4-3(十五)

序号	项目编码	项目名称	工程内容	综合单价组成(元)							综合单价(元)
				人工费	材料费	机械使用费	现场经费	企业管理费	利润	风险费用	
30		变频给水设备 HLS36/0.75	变频给水设备安装 变频泵 四台泵组 公称直径(mm以内)150	1598.35	1047.21	365.86	431.9	493.48	320.69		4257.49
			变频给水设备 HLS36/0.75	—	—	—	—	—	—		
			合　计	1598.35	1047.21	365.86	431.9	493.48	320.69		
31	050602020013	水箱制作安装 (1)生活水箱 不锈钢拼装水箱 6000×5000×3000 (2)电伴热保温	组装式水箱安装 水箱总容量(m³以内)100	646.48	273398.69	975.19	174.69	199.6	19295.87		294690.52
			合　计	646.48	273398.69	975.19	174.69	199.6	19295.87		
32		水箱自洁消毒器 WTS-RA	水箱自洁消毒器 WTS-RA	162.54	—		43.92	50.18	1688.55		25745.19
				—	23800.00						
			合　计	162.54	23800.00		43.92	50.18	1688.55		
33	05060201004	铜　管 (1)型号、规格:DN150 (2)连接方式:管件连接 (3)除锈、刷油、防腐、绝热及保护层设计要求:增强铝箔玻璃棉管壳保温,保温层厚度30mm,管道外壁缠电伴热带 (4)套管形式、材质:刚性防水套管及刚套管	室内低压铜管(氧乙炔焊接)管外径(mm以内)150	6.14	2.15	8.37	1.66	1.90	31.90		826.08
			铜管 管外径(mm以内)150	—	433.05	—	—	—	—		
			室内低压铜管件(氧乙炔焊)管外径(mm以内)150	5.74	4.75	7.26	1.55	1.77	16.78		
			铜管件 管外径(mm以内)150	—	216.27	—	—	—	—		
			管道保温 玻璃棉管壳φ57以外	0.82	13.06	0.19	0.22	0.26	1.04		
			管道警示带、电伴热带/缆敷设电伴热带/缆	0.51	4.61	0.90	0.14	0.16	4.32		
			电伴热带/缆	—	55.22	—	—	—	—		
			低、中压管道液压试验 公称直径(mm以内)200	1.45	0.49	0.27	0.39	0.45	0.25		

图名	给水排水工程量(地下)清单综合单价表(十六)	图号	SL4-3(十六)

序号	项目编码	项目名称	工程内容	综合单价组成(元)							综合单价(元)
				人工费	材料费	机械使用费	现场经费	企业管理费	利润	风险费用	
34	050602020048	钢管 (1)焊接钢管 DN50 (2)保温:增强铝箔玻璃棉管壳保温,保温层厚度30mm (3)套管形式、材质:刚性防水套管、刚套管	室内低压焊接钢管(螺纹连接)公称直径(mm 以内)50	6.84	13.99	0.55	1.85	2.11	1.97		38.16
			管道保温 玻璃棉管壳 φ57 以内	0.88	6.14	0.11	0.24	0.27	0.56		
			低、中压管道液压试验 公称直径(mm 以内)100	1.18	0.29	0.19	0.32	0.36	0.20		
			试压用液	—	—	—	—	—	—		
			压力表 公称直径(mm 以内)100	—	0.02	—	—	—	—		
			截止阀 J11W-10T 25(mm)	—	0.08	—	—	—	—		
			合 计	8.90	20.52	0.86	2.41	2.75	2.73		
35	050602010013	柔性抗震铸铁管 (1)揉性离心铸铁排水管 DN100 (2)专用接头/不锈钢卡箍连接 (3)保温:增强铝箔玻璃棉管壳保温,保温层厚度30mm	室内柔性排水铸铁管(法兰接口) 公称直径(mm 以内)100	7.67	118.73	0.37	2.07	2.37	9.40		153.30
			管道保温 玻璃棉管壳 φ57 以外	0.61	9.64	0.14	0.16	0.18	0.77		
			下水通球试验 公称直径(mm 以内)100	0.55	0.15	0.07	0.14	0.17	0.09		
			合 计	8.82	128.52	0.58	2.39	2.72	10.26		
36	050602020014	柔性抗震铸铁管 (1)揉性离心铸铁排水管 DN75 (2)专用接头/不锈钢卡箍连接 (3)保温:增强铝箔玻璃棉管壳保温,保温层厚度30mm	室内柔性排水铸铁管(法兰接口) 公称直径(mm 以内)75	5.93	82.06	0.29	1.60	1.83	6.59		107.78
			管道保温 玻璃棉管壳 φ57 以外	0.45	7.11	0.10	0.12	0.13	0.57		
			下水通球试验 公称直径(mm 以内)75	0.45	0.13	0.06	0.12	0.14	0.08		
			合 计	6.83	89.30	0.46	1.85	2.11	7.23		
37	050602020015	柔性抗震铸铁管 (1)柔性离心铸铁排水管 DN50 (2)专用接头/不锈钢卡箍连接 (3)保温:增强铝箔玻璃棉管壳保温,保温层厚度30mm	室内柔性排水铸铁管(法兰接口) 公称直径(mm 以内)50	5.10	54.52	0.25	1.38	1.57	4.54		76.55
			管道保温 玻璃棉管壳 φ57 以内	0.88	6.14	0.11	0.24	0.27	0.56		
			下水通球试验 公称直径(mm 以内)75	0.45	0.13	0.06	0.12	0.14	0.08		
			合 计	6.44	60.79	0.43	1.74	1.98	5.18		

图名	给水排水工程量(地下)清单综合单价表(十七)	图号	SL4-3(十七)

序号	项目编码	项目名称	工程内容	综合单价组成(元)							综合单价(元)
				人工费	材料费	机械使用费	现场经费	企业管理费	利润	风险费用	
38	050602010029	管道支架制作安装 除锈、刷油设计要求除锈、刷防锈漆二道、银粉二道	金属构件及支架刷漆 银粉漆 第一遍	0.07	0.057	0.09	0.02	0.02	0.02		11.08
			金属构件及支架刷漆 银粉漆 第二遍	0.07	0.05	0.09	0.02	0.02	0.02		
			合　计	2.74	4.46	1.50	0.74	0.84	0.80		
39	050605010035	离心式泵 潜污泵 50JYQW7-20-1200-1.1	离心杂质泵安装 设备重量(t以内)0.5	179.79	62.86	41.66	48.57	55.49	382.25		5770.57
			潜污泵 50JYQW7-20-1200-1.1	—	5000.00	—	—	—	—		
			合　计	179.74	5062.86	41.66	48.57	55.49	382.25		
40	050605010036	离心式泵 潜污泵 65JYQW40-25-1400-7.5	离心杂质泵安装 设备重量(t以内)0.5	179.74	62.86	41.66	48.57	55.49	382.25		5770.57
			潜污泵 65JYQW40-25-1400-7.5	—	5000.00	—	—	—	—		
			合　计	179.74	5062.86	41.66	48.57	55.49	382.25		
41	050602020047	钢管 (1)焊接钢管DN100 (2)保温:增强铝箔玻璃棉管壳保温,保温层厚度30mm (3)套管形式、材质:刚性防水套管、刚套管	室内低压焊接钢管(螺纹连接)公称直径(mm以内)100	8.40	32.20	0.66	2.27	2.59	3.47		63.74
			管道保温 玻璃棉管壳φ57以内	0.61	9.64	0.14	0.16	0.18	0.77		
			低、中压管道液压试验 公称直径(mm以内)100	1.18	0.29	0.19	0.32	0.36	0.20		
			试压用液	—							
			压力表 公称直径(mm以内)100	—	0.02						
			截止阀 J11W-10T 25(mm)	—	0.08						
			合　计	10.19	42.23	0.99	2.75	3.14	4.44		

图名	给水排水工程量(地下)清单综合单价表(十八)	图号	SL4-3(十八)